21世纪高等教育建筑环境与能源应用工程系列教材

暖通空调工程设计

主　编　陶求华　李峥嵘
副主编　王希星　韩明新　沈列丞
参　编　江树春　杨名东　李煊忠
　　　　朱　晨　刘春香
主　审　林忠平

机械工业出版社

本书介绍了普通民用建筑暖通空调工程的设计方法，内容涵盖供暖空调负荷计算、供暖系统设计、通风设计、民用建筑火灾烟气控制、空调系统选择及计算、空调风系统设计、空调水系统设计、空调冷热源设计、暖通空调监测与控制系统设计，以及暖通空调设计文件编制、专业配合及工程案例等，还提供了一套二维码链接的暖通空调施工图。书中有机融入了课程思政元素。

本书注重实用性、便利性及规范性，内容编排贴近工程设计思路，按工程设计步骤组织知识点，并嵌入相应的设计要点和参考数据，采用实际案例分析的形式强化设计步骤、统筹知识点和设计要点。设计案例与课程内容衔接得当，设计阶段常用数据及参考资料完善，知识点反映国内外暖通空调领域的新技术，设计方法与现行标准、规范同步，且能与全国勘察设计注册公用设备工程师暖通空调专业考试要求接轨。章后设置了二维码形式客观题，扫描二维码可在线做题，提交后可参考答案。

本书可作为高校建筑环境与能源应用工程专业教学用书，也可用作暖通空调课程设计与毕业设计阶段的指导教材，还适用于工程师的岗前培训及日常设计参考。

图书在版编目（CIP）数据

暖通空调工程设计/陶求华，李峥嵘主编. —北京：机械工业出版社，2024.5

21世纪高等教育建筑环境与能源应用工程系列教材

ISBN 978-7-111-75365-0

Ⅰ.①暖… Ⅱ.①陶… ②李… Ⅲ.①采暖设备-建筑设计-高等学校-教材②通风设备-建筑设计-高等学校-教材③空气调节设备-建筑设计-高等学校-教材 Ⅳ.①TU83

中国国家版本馆 CIP 数据核字（2024）第 054753 号

机械工业出版社（北京市百万庄大街 22 号　邮政编码 100037）
策划编辑：刘　涛　　　　　　责任编辑：刘　涛　于伟蓉
责任校对：杨　霞　张　薇　　责任印制：单爱军
保定市中画美凯印刷有限公司印刷
2024 年 7 月第 1 版第 1 次印刷
184mm×260mm · 28 印张 · 748 千字
标准书号：ISBN 978-7-111-75365-0
定价：89.00 元

电话服务　　　　　　　　　网络服务
客服电话：010-88361066　　机 工 官 网：www.cmpbook.com
　　　　　010-88379833　　机 工 官 博：weibo.com/cmp1952
　　　　　010-68326294　　金 书 网：www.golden-book.com
封底无防伪标均为盗版　机工教育服务网：www.cmpedu.com

前　言

为提升暖通空调专业学生的工程设计能力，使暖通空调教学与企业对毕业生设计能力的需求无缝衔接，理应有一本能让学生系统化、规范化地掌握暖通空调工程设计方法和设计流程，且适合本科教学的教材。

受机械工业出版社的委托，在广泛吸收现有暖通空调教材精髓的基础上，根据高校建筑环境与能源应用工程专业指导委员会对本专业开设专业课提出的基本要求，结合工程设计实践中专业分工的情况，我们按供暖设计、通风设计、防排烟设计、空调设计及暖通空调监控系统设计五个部分编写了本书。本书各部分均采用"设计步骤+知识点+设计方法+案例分析"的方式编写，按工程设计步骤组织知识点，并嵌入设计要点和相应的参考数据，通过实际工程案例分析综合体现暖通空调设计的完整架构和系统性特点。

本书内容涵盖负荷计算、供暖设计、通风设计、民用建筑火灾烟气控制、空调系统选择及计算、空调风系统设计、空调水系统设计、空调冷热源设计、暖通空调监测与控制系统设计和暖通空调设计文件编制、专业配合及工程案例。

在编写全过程中，我们力图体现实用性、便利性及规范性。

体现"实用性"，本书内容编排贴近工程设计思路，设计案例与课程内容衔接得当，设计阶段常用数据及参考资料完善，学生能根据教材中的设计步骤、知识点、设计要点、标准规范、数据资料完成课程设计及毕业设计。

突出"便利性"，本书内容编排注重层次，重点突出，涉及计算和设计选型的环节，都配以相应的计算方法、参考数据、标准规范供学生查询，并辅以例题或案例完整呈现计算、分析及选型过程。

强调"规范性"，本书知识点和设计方法与现行标准、规范同步，剔除行业标准规范中不提倡的做法及术语，图样表达及文件编制方面力求与设计行业现行做法接轨。

本书可作为高校建筑环境与能源应用工程专业教学用书，也可用作暖通空调课程设计及毕业设计阶段的指导教材，对工程师的岗前培训及日常设计也大有神益。

全书共10章，参编人员有：集美大学陶求华，同济大学李峥嵘，同济大学建筑设计院王希星，青岛北洋建筑设计有限公司韩明新，华东建筑设计研究总院沈列丞，厦门大学建筑设计研究院有限公司江树春，厦门中建东北设计院有限公司杨名东，中国联合工程有限公司李煊忠，中建四局建设发展有限公司朱晨，厦门中福元建筑设计研究院有限公司刘春香。第一章由李峥嵘编写，第二、四、五、六、七章由陶求华编写，第八章由王希星编写，第九章由韩明新编写，第十章由沈列丞编写；第三章第一、二节由江树春编写，第三节由杨名东编写，第四节由李煊忠编写，第五、六节由朱晨编写，第七节由刘春香编写，全书由陶求华统稿。本书由同济大学林忠平教授主审；在编写过程中，林忠平教授对本书的体系、框架及具体内容等提出了宝贵的意见，并对全书进行了详细的审阅，在此表示衷心的感谢。

编者在本书编写过程中参阅了国内外的众多教材、专著、规范、标准，参考了相关的资料、图表、例题和习题，同时也汇集了编者多年来的设计经验及教学体会。本书的编写得到了暖通空调界许多专家的大力支持，同济大学蔡龙俊教授，福建省建筑科学研究院赵仕怀高工，福建省建筑设计院郭筱莹高工，厦门合道工程设计集团黄成根、张敏华、陈建胜高工，青岛北洋建筑设计有限公司张兰才高工，同济大学建筑设计院徐天昊工程师，华东建筑设计研究总院夏琳高工，集美大学张建一、李莉教授等对本书提出了许多改进建议，在此一并感谢。

本书是集体智慧的结晶，特向编审组成员的通力合作表示感谢。同时，本书得以顺利完成，离不开奋战在暖通空调设计一线的集美大学各届毕业生（蒋仕、孙正章、吴裕玉、刘荣达、任悦、曾建华、陈志云、高燕清、王长锦、高小娇、徐婷、陈媛婷、邱怡婷、方婷、孙维亮、刘惠斌、杨静华、黄宁、郑敏、林淑华、王星方、刘玉双等）的辛勤付出，他们在繁忙的工作之余，提供了丰富的案例素材，完成了大量的图样绘制及校对工作。

本书的出版凝聚了责任编辑刘涛老师的辛勤工作，在此表示敬意和感谢。最后，对所有关心和支持本书编写的人士表示诚挚的谢意！

由于编者的学识和经验有限，书中难免存在不足与错漏之处，恳请读者指正并及时反馈给编者，编者将不胜感激！

编者联系方式：
地址：厦门市集美区石鼓路9号，集美大学机械与能源工程学院
邮编：361021
邮箱：13850061419@163.com

编　者

目 录

前言
第一章　民用建筑供暖空调负荷计算 …… 1
　第一节　建筑热工 ……………………… 1
　第二节　室内空气设计参数及室外计算
　　　　　参数 ………………………… 7
　第三节　供暖热负荷计算 ……………… 9
　第四节　建筑空调设计负荷计算 ……… 14
　二维码形式客观题 ……………………… 24
　课程思政导读 …………………………… 24
第二章　室内热水供暖系统设计 ………… 25
　第一节　室内散热器供暖设计 ………… 26
　第二节　低温热水地面辐射供暖系统设计 … 34
　第三节　室内热水供暖系统设计案例 … 46
　二维码形式客观题 ……………………… 58
　课程思政导读 …………………………… 58
第三章　通风设计 ………………………… 59
　第一节　通风设计基础 ………………… 59
　第二节　厨房通风设计 ………………… 63
　第三节　卫生间通风设计 ……………… 67
　第四节　汽车库通风、排烟设计 ……… 70
　第五节　柴油发电机房通风设计 ……… 76
　第六节　人民防空地下室通风设计 …… 79
　第七节　实验室通风设计 ……………… 96
　二维码形式客观题 ……………………… 101
第四章　民用建筑火灾烟气控制 ………… 102
　第一节　隔断或阻挡 …………………… 102
　第二节　建筑防烟 ……………………… 104
　第三节　建筑排烟 ……………………… 120
　第四节　防火、排烟设备及部件 ……… 135
　第五节　防排烟工程设计内容及案例 … 137
　二维码形式客观题 ……………………… 158
第五章　空调系统选择及计算 …………… 159
　第一节　空调风量确定及风量平衡 …… 159

第二节　空调系统的分类 ………………… 167
第三节　集中式空调系统及算例 ………… 170
第四节　半集中式空调系统及算例 ……… 185
第五节　分散式空调系统及算例 ………… 196
二维码形式客观题 ………………………… 199
第六章　空调风系统设计 ………………… 200
　第一节　送、回风口的形式及应用 …… 200
　第二节　空调区的气流分布方式 ……… 205
　第三节　气流组织的设计计算 ………… 208
　第四节　空调管路设计及风机选型 …… 214
　二维码形式客观题 ……………………… 216
第七章　空调水系统设计 ………………… 217
　第一节　空调冷热水系统的类型及参数 … 217
　第二节　空调冷热水系统的设计 ……… 228
　第三节　空调冷却水系统 ……………… 239
　第四节　空调冷凝水系统 ……………… 246
　第五节　其他附件 ……………………… 247
　第六节　空调水系统设计步骤及案例 … 254
　二维码形式客观题 ……………………… 265
第八章　空调冷热源设计 ………………… 266
　第一节　空调冷热源分类和常见形式 … 266
　第二节　空调冷热源选择 ……………… 278
　第三节　空调冷热源经济性比较 ……… 291
　第四节　空调冷热源组合方案 ………… 295
　第五节　空调冷热源系统设计 ………… 299
　第六节　空调冷热源机房设计 ………… 307
　二维码形式客观题 ……………………… 310
第九章　暖通空调监测与控制系统
　　　　设计 ……………………………… 311
　第一节　监测与控制的网络结构形式 … 311
　第二节　暖通空调常用现场仪表及阀门的
　　　　　控制要求 ……………………… 313
　第三节　制冷机房、换热站及空调通风末端

系统点表原则 …………………… 314
第四节 换热站、制冷机房监测与控制 …… 316
第五节 空调末端系统 DDC 控制原理 …… 334
第六节 通风系统 DDC 控制原理 ………… 341
二维码形式客观题 ……………………… 344
第十章 暖通空调设计文件编制、专业
        配合及工程案例 ………………… 345
第一节 暖通空调设计文件编制 ………… 345
第二节 暖通空调工种与其他工种之间的

协作关系 ………………………… 348
第三节 厦门某商业中心暖通空调方案设计 … 352
第四节 杭州某宾馆暖通空调初步设计 …… 360
第五节 上海市某办公楼暖通空调施工图
        设计 …………………………… 373
第六节 暖通空调施工图（二维码链接）… 386
二维码形式客观题 ……………………… 387
附录 ……………………………………… 388
参考文献 ………………………………… 440

第一章
民用建筑供暖空调负荷计算

建筑供暖空调负荷的计算是供暖空调系统设计及运行调节的基础。负荷的大小和分布规律是冷热源设备、空气处理设备及输配系统等设计选型的依据，直接影响供暖空调系统的初投资、运行费用以及室内环境的舒适健康水平。因此，建筑供暖空调负荷计算在暖通空调设计中具有举足轻重的意义。参照《建筑节能与可再生能源利用通用规范》（GB 55015—2021）（简称《节能规范》），除乙类公共建筑外，集中供暖和集中空调系统的施工图设计，必须对设置供暖、空调装置的每一个房间进行热负荷和逐项逐时冷负荷计算。

影响建筑供暖空调负荷及其变化规律的因素主要有：

1）室外计算参数：反映当地典型极端气候条件，是负荷计算的外部扰量。

2）室内空气设计参数：反映室内人员舒适健康的需求水平，是建筑供暖空调设计的目标和任务。

3）围护结构性能：围护结构的热工性能和光学性能不仅影响建筑内部冷、热量的迁移，且直接影响供暖、空调负荷的大小。

4）内部热湿扰量：包括室内人员、灯光、设备等。

5）空气渗透：门窗的渗透，包括空气流动和水蒸气的迁移。

6）地理条件、气候特征、建筑设计及其周围微环境等。

关于建筑供暖空调负荷，有两个概念要加以区分：设计负荷与全年8760h负荷。设计负荷是在规定的室内设计参数、室外计算参数下计算得到的负荷，用于供暖与空调系统设备的设计选型。而全年8760h的动态负荷计算是在典型年气候条件下，计算得到的全年供暖与空调负荷，通常用于建筑物全年能耗分析、节能设计、空调系统设计方案分析和优化，以及空调系统节能措施的评估。

第一节 建筑热工

一、建筑热工分区

建筑热工设计应与地区气候相适应，《民用建筑热工设计规范》（GB 50176—2016）将我国划分为五个建筑热工设计气候区域：严寒地区、寒冷地区、夏热冬冷地区、夏热冬暖地区及温和地区；建筑热工设计一级区划指标及设计要求应符合表1-1的规定。建筑热工设计二级区划指标、设计要求及代表城市见表1-2。

二、建筑热工要求

建筑节能设计对建筑体形系数、窗墙面积比、建筑朝向、围护结构的传热系数及换气次数等有具体要求。

表 1-1 建筑热工设计一级区划指标及设计要求

分区名称	分区指标		设计要求
	主要指标	辅助指标	
严寒地区	$t_{\min,m} \leqslant -10℃$	$145 \leqslant d_{\leqslant 5}$	必须充分满足冬季保温要求,一般可不考虑夏季防热
寒冷地区	$-10℃ < t_{\min,m} \leqslant 0℃$	$90 \leqslant d_{\leqslant 5} < 145$	应满足冬季保温要求,部分地区兼顾夏季防热
夏热冬冷地区	$0℃ < t_{\min,m} \leqslant 10℃$ $25℃ < t_{\max,m} \leqslant 30℃$	$0 \leqslant d_{\leqslant 5} < 90$ $40 \leqslant d_{\geqslant 25} < 110$	必须满足夏季防热要求,适当兼顾冬季保温
夏热冬暖地区	$10℃ < t_{\min,m}$ $25℃ < t_{\max,m} \leqslant 29℃$	$100 \leqslant d_{\geqslant 25} < 200$	必须充分满足夏季防热要求,一般可不考虑冬季保温
温和地区	$0℃ < t_{\min,m} < 13℃$ $18℃ < t_{\max,m} \leqslant 25℃$	$0 \leqslant d_{\leqslant 5} < 90$	部分地区应考虑冬季保温,一般可不考虑夏季防热

注:$t_{\min,m}$—最冷月平均温度;$t_{\max,m}$—最热月平均温度;$d_{\leqslant 5}$—日平均温度≤5℃的天数;$d_{\geqslant 25}$—日平均温度≥25℃的天数。

表 1-2 建筑热工设计二级区划指标、设计要求及代表城市

二级区划名称	区划指标		设计要求	代表城市
严寒A区 (1A)	$6000 \leqslant HDD18$		冬季保温要求极高,必须满足保温设计要求,不考虑防热设计	漠河,呼玛,黑河,嫩江,孙吴,伊春,图里河,海拉尔,新巴尔虎右旗,博克图,那仁宝拉格,乌鞘岭,刚察,五道梁,沱沱河,杂多,曲麻莱,玛多,达日,河南(青海),巴音布鲁克,狮泉河,班戈,那曲,申扎,帕里,色达
严寒B区 (1B)	$5000 \leqslant HDD18 < 6000$		冬季保温要求非常高,必须满足保温设计要求,不考虑防热设计	哈尔滨,克山,齐齐哈尔,海伦,富锦,泰来,安达,宝清,通河,尚志,鸡西,虎林,牡丹江,绥芬河,敦化,桦甸,长白,东乌珠穆沁旗,二连浩特,阿巴嘎旗,化德,西乌珠穆沁旗,锡林浩特,多伦,合作,茫崖,冷湖,大柴旦,都兰,玉树,阿勒泰,富蕴,和布克赛尔,北塔山,伊吾,定日,索县,丁青,若尔盖,理塘
严寒C区 (1C)	$3800 \leqslant HDD18 < 5000$		必须满足保温设计要求,可不考虑防热设计	长春,前郭尔罗斯,长岭,四平,延吉,临江,集安,沈阳,彰武,清原,本溪,宽甸,呼和浩特,额济纳旗,拐子湖,巴音毛道,满都拉,海力素,朱日和,乌拉特后旗,达尔罕茂明安联合旗,集宁,鄂托克旗,东胜,扎鲁特旗,巴林左旗,林西,通辽,赤峰,宝国图,蔚县,丰宁,围场,大同,河曲,马鬃山,玉门镇,酒泉,张掖,华家岭,西宁,德令哈,格尔木,乌鲁木齐,哈巴河,塔城,克拉玛依,奇台,精河,巴仑台,阿合奇,日喀则,隆子,德格,甘孜,松潘,稻城,康定,德钦
寒冷A区 (2A)	$2000 \leqslant HDD18 < 3800$	$CDD26 \leqslant 90$	应满足保温设计要求,可不考虑防热设计	朝阳,锦州,营口,丹东,大连,吉兰泰,临河,长岛,龙口,成山头,莘县,沂源,潍坊,青岛,海阳,日照,张家口,怀来,承德,青龙,唐山,乐亭,孟津,太原,原平,离石,榆社,介休,阳城,榆林,延安,宝鸡,兰州,敦煌,民勤,平凉,西峰镇,银川,中宁,盐池,伊宁,库车,喀什,巴楚,阿拉尔,莎车,皮山,和田,拉萨,昌都,林芝,赣榆,房县,道孚,马尔康,巴塘,九龙,威宁,毕节,邵通
寒冷B区 (2B)		$CDD26 > 90$	应满足保温设计要求,宜满足隔热设计要求,兼顾自然通风、遮阳设计	北京,天津,济南,德州,惠民县,定陶,兖州,石家庄,邢台,保定,郑州,安阳,西华,运城,西安,七角井,吐鲁番,库尔勒,铁干里克,若羌,哈密,亳州,徐州,射阳

（续）

二级区划名称	区划指标		设计要求	代表城市
夏热冬冷A区（3A）	1200≤HDD18<2000		应满足保温、隔热设计要求，重视自然通风、遮阳设计	上海，奉节，梁平，西阳，驻马店，信阳，固始，汉中，安康，合肥，阜阳，蚌埠，霍山，芜湖县，安庆，南京，东台，吕泗，溧阳，杭州，嵊泗，定海，嵊州，石浦，衢州，临海，大陈岛，武汉，老河口，枣阳，钟祥，麻城，恩施，宜昌，荆州，长沙，桑植，岳阳，沅陵，常德，芷江，邵阳，通道，武冈，零陵，郴州，南昌，修水，宜春，景德镇，南城，成都，平武，绵阳，雅安，万源，阆中，达州，南充，遵义，思南，三穗，蒲城
夏热冬冷B区（3B）	700≤HDD18<1200		应满足隔热、保温设计要求，强调自然通风、遮阳设计	重庆，丽水，吉安，赣州，广昌，寻乌，宜宾，泸州，罗甸，榕江，邵武，武夷山市，福鼎，南平，长汀，永安，连州，韶关，桂林，蒙山
夏热冬暖A区（4A）	500≤HDD18<700		应满足隔热设计要求，宜满足保温设计要求，强调自然通风、遮阳设计	福州，漳平，平潭，佛冈，连平，河池，柳州，那坡，梧州
夏热冬暖B区（4B）	HDD18<500		应满足隔热设计要求，可不考虑保温设计要求，强调自然通风、遮阳设计	元谋，景洪，元江，勐腊，厦门，广州，梅县，高要，河源，汕头，信宜，深圳，汕尾，湛江，阳江，上川岛，南宁，百色，桂平，龙州，钦州，北海，海口，东方，儋州，琼海，三亚
温和A区（5A）	CDD26≤10	700≤HDD18<2000	应满足冬季保温设计要求，可不考虑防热设计	会理，西昌，贵阳，兴义，独山，昆明，丽江，会泽，腾冲，保山，大理，楚雄，沾益，泸西，广南
温和B区（5B）		HDD18<700	宜满足冬季保温设计要求，可不考虑防热设计	耿马，瑞丽，临沧，澜沧，思茅，江城，蒙自

注：CDD26为以26℃为基准的空调度日数；HDD18为以18℃为基准的供暖度日数。

（一）公共建筑

根据《公共建筑节能设计标准》（GB 50189—2015）（简称《公标》）以及《节能规范》，严寒和寒冷地区公共建筑体形系数应符合表1-3的规定。

表1-3　严寒和寒冷地区公共建筑体形系数限值

单栋建筑面积 A/m^2	建筑体形系数	单栋建筑面积 A/m^2	建筑体形系数
300<A≤800	≤0.50	A>800	≤0.40

甲类公共建筑（单栋建筑面积大于 $300m^2$ 的建筑，或单栋建筑面积不大于 $300m^2$ 但总建筑面积大于 $1000m^2$ 的建筑群）的围护结构热工性能应分别符合书后附录1~附录5的规定。严寒地区甲类公共建筑各单一立面窗墙面积比（包括透光幕墙）均不宜大于0.60；其他地区甲类公共建筑各单一立面窗墙面积比（包括透光幕墙）均不宜大于0.70。甲类公共建筑单一立面窗墙面积比小于0.40时，透光材料的可见光透射比应大于或等于0.60；甲类公共建筑单一立面窗墙面积比大于或等于0.40时，透光材料的可见光透射比应大于或等于0.40。甲类公共建筑的屋顶透光部分面积不应大于屋顶总面积的20%。

乙类公共建筑（单栋建筑面积不大于 $300m^2$ 的建筑）的围护结构热工性能应符合附录6和附录7的规定。

夏热冬暖、夏热冬冷、温和地区的建筑各朝向外窗（包括透光幕墙）均应采取遮阳措施；寒冷地区的建筑宜采取遮阳措施。

当不能满足上述规定时，必须按《节能规范》规定的方法进行权衡判断。

（二）居住建筑

居住建筑体形系数应不高于表1-4规定的限值。

表 1-4　居住建筑的体形系数限值

热工区区划	建筑层数	
	建筑层数≤3层	建筑层数>3层
严寒地区	0.55	0.30
寒冷地区	0.57	0.33
夏热冬冷 A 区	0.60	0.40
温和 A 区	0.60	0.45

居住建筑的窗墙面积比及天窗面积比值应不高于表 1-5 规定的限值，其中每套住宅应允许一个房间在一个朝向上的窗墙比不大于 0.6。居住建筑外窗玻璃的可见光透射比不应小于 0.40。夏热冬暖地区，居住建筑的东、西向外窗的建筑遮阳系数不应大于 0.8。

表 1-5　居住建筑窗墙面积比限值及天窗面积比值的限值

热工分区		严寒地区	寒冷地区	夏热冬冷	夏热冬暖	温和 A 区
各朝向窗墙面积比限值	北	0.25	0.30	0.40	0.40	0.40
	东、西	0.30	0.35	0.35	0.30	0.35
	南	0.45	0.50	0.45	0.40	0.50
天窗面积与所在房间面积比值		0.10	0.15	0.06	0.04	0.10

1. 严寒和寒冷地区

参照《节能规范》，严寒地区建筑围护结构的传热系数不应大于表 1-6、表 1-7 规定的限值，周边地面和地下室外墙的保温材料层热阻不应小于表 1-6 规定的限值。

表 1-6　严寒地区居住建筑非透光围护结构传热系数及保温材料层热阻限值

围护结构部位	传热系数 $K/[W/(m^2 \cdot K)]$					
	A 区		B 区		C 区	
	≤3层	>3层	≤3层	>3层	≤3层	>3层
屋面	0.15	0.15	0.20	0.20	0.20	0.20
外墙	0.25	0.35	0.25	0.35	0.30	0.40
架空或外挑楼板	0.25	0.35	0.25	0.35	0.30	0.40
阳台门下部芯板	1.2	1.2	1.2	1.2	1.2	1.2
非供暖地下室顶板(上部为供暖房间)	0.35	0.35	0.40	0.40	0.45	0.45
分隔供暖与非供暖空间的隔墙、楼板	1.2	1.2	1.2	1.2	1.5	1.5
分隔供暖与非供暖空间的户门	1.5	1.5	1.5	1.5	1.5	1.5
分隔供暖设计温度温差大于5K的隔墙、楼板	1.5	1.5	1.5	1.5	1.5	1.5
围护结构部位	保温材料层热阻 $R/(m^2 \cdot K/W)$					
周边地面	2.0	2.0	1.8	1.8	1.8	1.8
地下室外墙(与土壤接触的外墙)	2.0	2.0	2.0	2.0	2.0	2.0

表 1-7　严寒地区居住建筑透光围护结构传热系数限值

围护结构部位		传热系数 $K/[W/(m^2 \cdot K)]$					
		A 区		B 区		C 区	
		≤3层	>3层	≤3层	>3层	≤3层	>3层
外窗	窗墙比≤0.3	1.4	1.6	1.4	1.8	1.6	2.0
	0.3<窗墙比≤0.45	1.4	1.6	1.4	1.6	1.4	1.8
	天窗	1.4	1.4	1.4	1.4	1.6	1.6

寒冷地区建筑非透光外围护结构的传热系数不应大于表 1-8 规定的限值，周边地面和地下室外墙的保温材料层热阻不应小于表 1-8 规定的限值。

表 1-8　寒冷地区居住建筑非透光围护结构传热系数及保温材料层热阻限值

围护结构部位	传热系数 $K/[\mathrm{W/(m^2 \cdot K)}]$			
	A 区		B 区	
	≤3 层	>3 层	≤3 层	>3 层
屋面	0.25	0.25	0.30	0.30
外墙	0.35	0.45	0.35	0.45
架空或外挑楼板	0.35	0.45	0.35	0.45
阳台门下部芯板	1.7	1.7	1.7	1.7
非供暖地下室顶板（上部为供暖房间）	0.5	0.5	0.50	0.50
分隔供暖与非供暖空间的隔墙、楼板	1.5	1.5	1.5	1.5
分隔供暖与非供暖空间的户门	2.0	2.0	2.0	2.0
分隔供暖设计温度温差大于 5K 的隔墙、楼板	1.5	1.5	1.5	1.5
围护结构部位	保温材料层热阻 $R/(\mathrm{m^2 \cdot K/W})$			
地面	1.6	1.6	1.5	1.5
地下室外墙（与土壤接触的外墙）	1.8	1.8	1.6	1.6

透光围护结构的热工性能指标应符合表 1-9 的规定。

表 1-9　寒冷地区居住建筑透光围护结构传热系数、太阳得热系数限值

窗墙面积比		传热系数 $K/[\mathrm{W/(m^2 \cdot K)}]$		太阳得热系数 SHGC
		≤3 层	>3 层	
A 区	窗墙面积比≤0.30	≤1.8	≤2.2	—
	0.30<窗墙面积比≤0.50	≤1.5	≤2.0	—
	天窗	≤1.8	≤1.8	—
B 区	窗墙面积比≤0.30	≤1.8	≤2.2	—
	0.30<窗墙面积比≤0.50	≤1.5	≤2.0	夏季东西向≤0.55
	天窗	≤1.8	≤1.8	≤0.45

2. 夏热冬冷地区

参照《节能规范》，夏热冬冷地区居住建筑非透光围护结构热工性能参数不应大于表 1-10 规定的限值。

表 1-10　夏热冬冷地区居住建筑非透光围护结构热工性能参数限值

围护结构部位		传热系数 $K/[\mathrm{W/(m^2 \cdot K)}]$	
		热惰性指标 $D \leqslant 2.5$	热惰性指标 $D > 2.5$
A 区	屋面	0.4	0.4
	外墙	0.6	1.0
	底面接触室外空气的架空或外挑楼板	1.0	
	分户墙、楼梯间隔墙、外走廊隔墙	1.5	
	楼板	1.8	
	户门	2.0	
B 区	屋面	0.4	0.4
	外墙	0.8	1.2
	底面接触室外空气的架空或外挑楼板	1.2	
	分户墙、楼梯间隔墙、外走廊隔墙	1.5	
	楼板	1.8	
	户门	2.0	

夏热冬冷地区居住建筑透光围护结构的传热系数和太阳得热系数应符合表 1-11 的规定。

3. 夏热冬暖地区

参照《节能规范》，夏热冬暖地区居住建筑非透光围护结构各部分的热工性能参数不应大于表 1-12 规定的限值。

表 1-11　夏热冬冷地区居住建筑透光围护结构的传热系数和太阳得热系数限值

外窗		传热系数 K /[W/(m²·K)]	太阳得热系数 SHGC （东、西向/南向）
A 区	窗墙面积比≤0.25	≤2.8	—/—
	0.25<窗墙面积比≤0.40	≤2.5	夏季≤0.40/—
	0.40<窗墙面积比≤0.60	≤2.0	夏季≤0.25/冬季≥0.50
	天窗	≤2.8	夏季≤0.20/—
B 区	窗墙面积比≤0.25	≤2.8	—/—
	0.25<窗墙面积比≤0.40	≤2.8	夏季≤0.40/—
	0.40<窗墙面积比≤0.60	≤2.5	夏季≤0.25/冬季≥0.50
	天窗	≤2.8	夏季≤0.20/—

表 1-12　夏热冬暖地区居住建筑非透光围护结构各部分的热工性能参数限值

围护结构部位	传热系数 K/[W/(m²·K)]	
	热惰性指标 D≤2.5	热惰性指标 D>2.5
屋面	0.4	0.4
外墙	0.7	1.5

夏热冬暖地区居住建筑透光围护结构各部分的传热系数和太阳得热系数不应大于表 1-13 规定的限值。

表 1-13　夏热冬暖地区居住建筑透光围护结构的传热系数和太阳得热系数限值

窗墙面积比		传热系数 K /[W/(m²·K)]	太阳得热系数 SHGC （西向/东、南向/北向）
A 区	窗墙面积比≤0.25	3.0	0.35/0.35/0.35
	0.25<窗墙面积比≤0.35	3.0	0.35/0.30/0.35
	0.35<窗墙面积比≤0.40	2.5	0.20/0.30/0.35
	天窗	3.0	0.20
B 区	窗墙面积比≤0.25	3.5	0.30/0.35/0.35
	0.25<窗墙面积比≤0.35	3.5	0.25/0.30/0.30
	0.35<窗墙面积比≤0.40	3.0	0.20/0.30/0.30
	天窗	3.5	0.20

4. 温和地区

参照《节能规范》，温和 A 区、温和 B 区居住建筑非透光围护结构热工性能参数不应大于表 1-14、表 1-15 规定的限值。

表 1-14　温和 A 区居住建筑非透光围护结构热工性能参数限值

围护结构部位	传热系数 K/[W/(m²·K)]	
	热惰性指标 D≤2.5	热惰性指标 D>2.5
屋面	0.4	0.4
外墙	0.6	1.0
底面接触室外空气的架空或外挑楼板	1.0	
分户墙、楼梯间隔墙、外走廊隔墙	1.5	
楼板	1.8	
户门	2.0	

表 1-15　温和 B 区居住建筑非透光围护结构热工性能参数限值

围护结构部位	传热系数 K/[W/(m²·K)]
屋面	1.0
外墙	1.8

温和地区居住建筑透光围护结构各部分的传热系数和太阳得热系数应符合表 1-16 的规定。

表 1-16　温和地区居住建筑透光围护结构的传热系数和太阳得热系数限值

<table>
<tr><td colspan="2">窗墙面积比</td><td>传热系数 K
/[W/(m²·K)]</td><td>太阳得热系数 SHGC
（东、西向/南向）</td></tr>
<tr><td rowspan="4">A 区</td><td>窗墙面积比≤0.20</td><td>≤2.8</td><td>—</td></tr>
<tr><td>0.20<窗墙面积比≤0.40</td><td>≤2.5</td><td>—/冬季≥0.50</td></tr>
<tr><td>0.40<窗墙面积比≤0.50</td><td>≤2.0</td><td>—/冬季≥0.50</td></tr>
<tr><td>天窗</td><td>≤2.8</td><td>夏季≤0.30/冬季≥0.50</td></tr>
<tr><td rowspan="2">B 区</td><td>东西向外窗</td><td>≤4.0</td><td>夏季≤0.40/—</td></tr>
<tr><td>天窗</td><td>—</td><td>夏季≤0.30/冬季≥0.50</td></tr>
</table>

当体形系数、围护结构、窗墙比及遮阳系数等不符合上述限值时，必须按照《节能规范》的规定权衡判断。

第二节　室内空气设计参数及室外计算参数

一、室内空气设计参数

室内空气设计参数是人为规定的一组参数，对舒适性空调供暖系统而言，室内空气设计计算参数是供暖空调系统运行调节的依据与目标，相关参数的确定依据是人体热舒适需求，同时兼顾当地的经济技术发展水平，并受国家和地区能源资源条件限制。

我国《民用建筑供暖通风与空气调节设计规范》（GB 50736—2012）（简称《民规》）对民用建筑供暖及舒适性空调的室内设计参数做了规定。

1. 民用建筑冬季供暖室内设计参数

1）寒冷地区和严寒地区主要房间应采用 18~24℃。

2）夏热冬冷地区主要房间宜采用 16~22℃。

3）辅助建筑物及辅助用室不应低于下列数值：浴室 25℃，更衣室 25℃，办公室、休息室 18℃，食堂 18℃，盥洗室、厕所 12℃。

4）设置值班供暖房间不应低于 5℃。

2. 民用建筑空调室内设计参数

考虑不同空间功能和使用场景，兼顾建筑节能要求，《民规》将民用建筑空调室内热舒适等级分为两个级别（Ⅰ级和Ⅱ级），相应的热舒适区间如下：

Ⅰ级：冬季 $-0.5 \leq PMV \leq 0$，$PPD \leq 10\%$，夏季 $0 \leq PMV \leq 0.5$，$PPD \leq 10\%$。

Ⅱ级：冬季 $-1 \leq PMV \leq -0.5$，$PPD \leq 27\%$，夏季 $0.5 \leq PMV \leq 1$，$PPD \leq 27\%$。

（注：PMV 为预计平均热感觉指数；PPD 为预计不满意者的百分数。）

根据热舒适分级，《民规》给出了长期逗留区空调室内计算参数范围，见表 1-17。

表 1-17　长期逗留区舒适性空调室内计算参数

<table>
<tr><td rowspan="2">参数</td><td colspan="2">Ⅰ级</td><td colspan="2">Ⅱ级</td></tr>
<tr><td>冬季</td><td>夏季</td><td>冬季</td><td>夏季</td></tr>
<tr><td>温度/℃</td><td>22~24</td><td>24~26</td><td>18~22</td><td>26~28</td></tr>
<tr><td>相对湿度(%)</td><td>≥30</td><td>40~60</td><td></td><td>≤70</td></tr>
<tr><td>风速/(m/s)</td><td>≤0.20</td><td>≤0.25</td><td>≤0.20</td><td>≤0.3</td></tr>
</table>

人员短期逗留区域室内空气设计参数，可在长期逗留区域基础上降低要求：夏季空调供冷

宜在长期逗留区域基础上提高 1~2℃，冬季空调供暖宜在长期逗留区域基础上降低 1~2℃。

参考国内相关设计规范，常见公共建筑室内空调设计参数推荐值见附录 8。

二、室外计算参数

暖通空调室外计算参数也是人为构造的一组参数，该参数的变化规律反映了当地的典型气候特征，冬、夏季的取值越严苛，供暖、空调负荷越大，暖通空调设备容量越大，初投资越高。在暖通空调设计中，应根据使用场合按现行规范选用对应的室外计算参数。

1. 夏季空调室外计算干、湿球温度

夏季空调室外计算干、湿球温度应采用历年平均不保证 50h 的干、湿球温度。

2. 夏季空调室外计算日平均温度及室外计算逐时温度

夏季，建筑通过围护结构传热形成的负荷应该考虑室外气温波动的影响和围护结构对于室外温度波的衰减和延迟，应按非稳态传热计算设计日逐时传热量和负荷。室外计算逐时温度可用于计算逐时传热量和负荷。

（1）夏季空调室外计算日平均温度　夏季空调室外计算日平均温度，应采用历年平均每年不保证 5 天的日平均温度。

（2）夏季空调室外计算逐时温度　任一时刻的围护结构夏季空调室外计算逐时温度可用式（1-1）计算：

$$t_{w\tau} = t_{wp} + \beta_\tau \frac{t_w - t_{wp}}{0.52} \tag{1-1}$$

式中　$t_{w\tau}$——室外计算逐时温度（℃）；

t_{wp}——室外计算日平均温度（℃），可查附录 9 得到；

β_τ——室外温度逐时变化系数，按表 1-18 采用；

t_w——夏季空调室外计算干球温度（℃），可查附录 9 得到。

表 1-18　室外温度逐时变化系数（β_τ）

时刻	1	2	3	4	5	6	7	8	9	10	11	12
β_τ	-0.35	-0.38	-0.42	-0.45	-0.47	-0.41	-0.28	-0.12	0.03	0.16	0.29	0.40
时刻	13	14	15	16	17	18	19	20	21	22	23	24
β_τ	0.48	0.52	0.51	0.43	0.39	0.28	0.14	0.00	-0.10	-0.17	-0.23	-0.26

3. 夏季通风室外计算温度和夏季通风室外计算相对湿度

夏季通风室外计算温度取历年最热月 14 时的月平均温度的平均值；夏季通风室外计算相对湿度取历年最热月 14 时的月平均相对湿度的平均值。这两个参数用于消除余热、余湿的通风、自然通风及通风预冷却的计算。

4. 冬季空调室外计算温度、相对湿度

冬季空调室外计算温度采用历年平均每年不保证 1 天的日平均温度；冬季空调室外计算相对湿度，采用累年最冷月平均相对湿度。冬季采用空调热风供暖时，建筑围护结构传热热负荷及新风热负荷均应采用冬季空调室外计算温度、相对湿度进行计算。

5. 冬季供暖室外计算温度和冬季通风室外计算温度

冬季供暖室外计算温度取冬季历年平均不保证 5 天的日平均温度，用于计算建筑物供暖系统的围护结构热负荷，以及用于计算消除有害物通风系统的进风热负荷。冬季通风室外计算温度取累年最冷月平均温度，用于计算全面通风的进风热负荷。

6. 室外平均风速和最多风向及其频率

冬季室外平均风速，应采用累年最冷 3 个月各月平均风速的平均值；冬季室外最多风向的平均风速，应采用累年最冷 3 个月最多风向（静风除外）的各月平均风速的平均值；夏季室外平均风速，应采用累年最热 3 个月各月平均风速的平均值。

冬季最多风向及其频率，应采用累年最冷 3 个月的最多风向及其平均频率；夏季最多风向及其频率，应采用累年最热 3 个月的最多风向及其平均频率；年最多风向及其频率，应采用累年最多风向及其平均频率。

7. 室外大气压力和冬季日照百分率

冬季室外大气压力，应采用累年最冷 3 个月各月平均大气压力的平均值；夏季室外大气压力，应采用累年最热 3 个月各月平均大气压力的平均值。

冬季日照百分率应采用累年最冷 3 个月各月平均日照百分率的平均值。

本书摘录了部分城市的室外空气计算参数，见附录 9。

8. 夏季空调室外计算日平均综合温度

建筑物外围结构受室外空气温度和太阳辐射两部分的作用，将两者合二为一称为"综合温度"，它是为了计算方便推出的一个当量室外温度，夏季空调室外计算日平均综合温度计算式见式（1-2）：

$$t_{zp} = t_{wp} + \frac{\rho J_p}{\alpha_w} \qquad (1-2)$$

式中　t_{zp}——夏季空调室外计算日平均综合温度（℃）；

t_{wp}——夏季空调室外计算日平均温度（℃），见附录 9；

J_p——围护结构所在朝向太阳总辐射照度的日平均值（W/m²），常用数据可查附录 10；

ρ——围护结构外表面对于太阳辐射热的吸收系数；常用围护结构外表面对于太阳辐射热的吸收系数可查附录 11。

α_w——围护结构外表面传热系数 [W/(m²·℃)]，可查表 1-19 得到。

表 1-19　围护结构外表面传热系数 α_w

室外平均风速/(m/s)	1.0	1.5	2.0	2.5	3.0	3.5	4.0
传热系数 α_w/[W/(m²·℃)]	14.0	17.4	19.8	22.1	24.4	25.6	27.9

第三节　供暖热负荷计算

供暖系统的设计热负荷指在设计室外温度 t_{wn} 下，为达到要求的室内温度 t_n，系统在单位时间内向建筑物供给的热量 Q，它是设计供暖系统的基本依据。

对于民用建筑而言，冬季热负荷主要包括：①围护结构的耗热量；②加热由外门、窗缝隙渗入室内的冷空气耗热量；③加热外门开启时经外门进入室内的冷空气耗热量；④通风耗热量；⑤通过其他途径的得失热量。

在集中供暖系统的施工图设计阶段，必须对每个房间进行供暖热负荷计算。

一、围护结构的基本耗热量

围护结构的基本耗热量，应按下式计算：

$$Q_j = aKF(t_n - t_{wn}) \qquad (1-3)$$

式中　Q_j——通过供暖房间某一围护结构的温差传热量，也称围护结构的基本耗热量（W）；

　　　　a——围护结构温差修正系数，在计算与大气不直接接触的外围护结构的基本耗热量时，可用温差修正系数 a 来修正温差，见表 1-20；

　　　　F——围护结构的面积（m^2），丈量准则见附录 12；

　　　　K——围护结构的传热系数 [$W/(m^2 \cdot ℃)$]，不同地区各类建筑围护结构的传热系数应满足该地区节能设计标准要求的有关规定，详见本章第一节，典型围护结构传热系数见附录 13~附录 15，当围护物是贴土的非保温地面时，其传热系数按表 1-21 和表 1-22 选用；

　　　　t_n——冬季室内设计温度（℃），按本章第二节确定；

　　　　t_{wn}——供暖室外计算温度（℃），常用城市温度参数见附录 9，其余城市可参考《民规》附录 A。

表 1-20　围护结构温差修正系数

围护结构特征	a
外墙、屋顶、地面以及与室外相通的楼板	1.00
闷顶和与室外空气相通的非供暖地下室上面的楼板等	0.90
与有外门窗的不供暖楼梯间相邻的隔墙（1~6 层建筑）	0.60
与有外门窗的不供暖楼梯间相邻的隔墙（7~30 层建筑）	0.50
非供暖地下室上面的楼板，外墙上有窗时	0.75
非供暖地下室上面的楼板，外墙上无窗且位于室外地坪以上时	0.60
非供暖地下室上面的楼板，外墙上无窗且位于室外地坪以下时	0.40
与有外门窗的非供暖房间相邻的隔墙	0.70
与无外门窗的非供暖房间相邻的隔墙	0.40
伸缩缝墙、沉降缝墙	0.30
防震缝墙	0.70

表 1-21　当房间仅有一面外墙时，地面平均传热系数

房间长度(进深)/m	3~3.6	3.9~4.5	4.8~6	6.6~8.4	9
地面平均传热系数/[$W/(m^2 \cdot ℃)$]	0.4	0.35	0.30	0.25	0.20

表 1-22　当房间有两面外墙时，地面平均传热系数　　　[单位：$W/(m^2 \cdot ℃)$]

房间长度(进深)/m	房间宽度(开间)/m					
	3.0	3.6	4.2	4.8	5.4	6.6
3.0	0.65	0.60	0.57	0.55	0.53	0.52
3.6	0.60	0.56	0.54	0.52	0.50	0.48
4.2	0.57	0.54	0.52	0.49	0.47	0.46
4.8	0.56	0.52	0.49	0.47	0.45	0.44
5.4	0.63	0.50	0.47	0.45	0.43	0.41
6.0	0.52	0.48	0.46	0.44	0.41	0.40

注：1. 当房间长或宽度超过 6.0m 时，超出部分可按表 1-21 选用。

　　2. 当房间有三面外墙时，需先将房间划分为两个相等的部分，每部分包含一个冷拐角，然后根据分割后的长与宽，使用本表。

　　3. 当房间有四面外墙时，需将房间先划分为四个相等的部分，做法同上。

二、围护结构的附加耗热量

附加耗热量按基本耗热量的百分数计算。考虑了各项附加率后，某面围护结构的传热耗热量 Q_1 按下式计算：

$$Q_1 = Q_j(1+\beta_{ch}+\beta_f+\beta_m)(1+\beta_{fg})(1+\beta_{jian}) \tag{1-4}$$

式中，各项附加率（修正率）按表 1-23 选取。

表 1-23　附加率（修正率）取值表

项目	取值	附加（修正）对象	备注
朝向修正率 β_{ch}	北、东北、西北：$0 \sim 10\%$ 东、西：-5% 东南、西南：$-10\% \sim -15\%$ 南：$-15\% \sim -30\%$	垂直外围护结构	1）当围护物倾斜设置时，取其垂直投影面的朝向和面积 2）冬季日照率 $<35\%$ 时，东南、西南和南向的为 $-10\% \sim 0$，东、西向可不修正
风力修正 β_f	$5\% \sim 10\%$	垂直外围护结构	仅对不避风的高地、河边、海岸、旷野上的建筑物，以及城镇中明显高出周围其他建筑物的建筑物进行该项修正
外门附加率 β_m	1）公共建筑的主要出入口按 500% 计 2）楼层数为 n 的建筑物入口：一道门 $65n\%$；两道门 $80n\%$；三道门 $60n\%$	对短时间开启的、无热空气幕的外门（建筑物底层入口的门）	各层每户的门及阳台门不应计入修正
高度附加率 β_{fg}	散热器供暖：$2(H-4)\%$ 地面辐射供暖：$(H-4)\%$	外墙、外窗、外门、地面及顶棚；且应附加于围护结构的基本耗热量和其他附加耗热量之和的基础上	1）H 为房间净高（m） 2）不适用于楼梯间 3）散热器供暖：$\beta_{fg} \leqslant 15\%$ 4）地面辐射供暖：$\beta_{fg} \leqslant 8\%$
间歇附加率 β_{jian}	仅白天使用：20% 不经常使用：30%	外墙、外窗、外门、地面及顶棚	1）仅白天使用：教学楼、办公楼 2）不经常使用：体育馆、展览馆

三、加热由门、窗缝隙渗入空气的耗热量

冬季受风压和热压作用，冷空气由门、窗缝隙侵入室内，把这部分冷空气加热到室内温度需消耗额外热量。冷风渗透耗热量在建筑热负荷占比中有时高达 30%，必须给予重视。由于不同门窗的缝隙宽度、风向、风速和频率不一，由门窗缝隙渗入室内的冷空气耗热量，应根据建筑物的内部隔断、门窗构造、门窗朝向、室内外温度和室外风速等因素确定。对于多层和高层建筑，可按下式计算门、窗缝隙渗入室内的冷空气的耗热量：

$$Q_2 = 0.278 c_p \rho_{wn} L (t_n - t_{wn}) \tag{1-5}$$

式中　Q_2——加热由门、窗缝隙渗入冷空气的耗热量（W）；

L——经门、窗缝隙渗入室内的总空气量（m^3/h），可用缝隙法或换气次数法计算；

ρ_{wn}——供暖室外计算温度下的空气密度（kg/m^3）；

c_p——冷空气的比定压热容，$c_p = 1.01 kJ/(kg \cdot ℃)$；

t_n——供暖室内设计温度（℃），按本章第二节确定；

t_{wn}——供暖室外计算温度（℃），按本章第二节确定；

0.278——单位换算系数，$1 kJ/h = 0.278 W$。

1. 缝隙法计算经门、窗缝隙渗入室内的总空气量

渗透冷空气量 L 可根据不同的朝向，按式（1-6）~式（1-10）计算：

$$L = L_0 l_1 m^b \tag{1-6}$$

$$L_0 = a_1 \left(\frac{\rho_{wn}}{2} v_0^2 \right)^b \tag{1-7}$$

$$m = C_r \Delta C_f (n^{1/b} + C) C_h \tag{1-8}$$

$$C_h = 0.3 h^{0.4} \tag{1-9}$$

$$C = 70 \frac{h_z - h}{\Delta C_f v_0^2 h^{0.4}} \times \frac{t_n' - t_{wn}}{273 + t_n'} \tag{1-10}$$

式中　L_0——在单纯风压作用下，不考虑朝向修正和建筑物内部隔断情况下，通过每米门窗缝隙进入室内的理论渗透冷空气量 $[m^3/(m \cdot h)]$；

　　　l_1——外门窗缝隙的长度（m）；

　　　m——风压与热压共同作用下，考虑建筑体形、内部隔断和空气流通等因素后，不同朝向、不同高度的门窗冷风渗透压差综合修正系数；

　　　b——门、窗缝隙渗风指数，当无实测数据时，可取 $b = 0.67$；

　　　a_1——外门、窗缝隙渗风系数 $[m^3/(m \cdot h \cdot Pa^b)]$，当无实测数据时，按表 1-24 采用；

　　　v_0——冬季室外最多风向的平均风速（m/s），按附录 9 确定；

　　　C_r——热压系数，当无法精确计算时，按表 1-25 采用；

　　　ΔC_f——风压差系数，当无实测数据时，可取 0.7；

　　　n——单纯风压作用下，渗透冷空气量的朝向修正系数，按附录 16 采用；

　　　C——作用于门、窗上的有效热压差与有效风压差之比；

　　　C_h——高度修正系数；

　　　h——计算门、窗的中心线标高（m）；

　　　h_z——单纯热压作用下，建筑物中和面的标高（m），可取建筑物总高度的 1/2；

　　　t_n'——建筑物内形成热压作用的竖井计算温度（℃），应根据楼梯间等竖井是否供暖等情况经分析确定。

表 1-24　外门、窗缝隙渗风系数

建筑外窗空气渗透性能分级	I	II	III	IV	V
缝隙渗风系数 $a_1/[m^3/(m \cdot h \cdot Pa^b)]$	0.1	0.3	0.5	0.8	1.2

表 1-25　热压系数

内部隔断情况	开敞空间	有内门或房门		有前室、楼梯间门或走廊两端设门	
		密闭性差	密闭性好	密闭性差	密闭性好
热压系数 C_r	1.0	1.0~0.8	0.8~0.6	0.6~0.4	0.4~0.2

2. 换气次数法计算经门、窗缝隙渗入室内的总空气量

当无准确数据时，多层建筑可采用换气次数法计算渗透冷风量：

$$L = N V_f \tag{1-11}$$

式中　N——换气次数（次/h），推荐值见表 1-26；

　　　V_f——房间净体积（m³）。

表 1-26　计算渗透冷风量的换气次数　　　　　　　　　　（单位：次/h）

房间类型	一面有外窗的房间	两面有外窗的房间	三面有外窗的房间	门厅
换气次数	0.5	0.5~1.0	1.0~1.5	2.0

【例 1-1】　试计算济南某多层教学楼（共 6 层，1 楼层高 5.0m，2~6 楼层高 3.0m）一楼 101 教室的冬季供暖热负荷。已知条件：①101 教室平面尺寸如图 1-1 所示；②外墙构造见附录 13 序号 7，传热系数 $K = 0.43 W/(m^2 \cdot ℃)$；③内墙为两面抹灰一砖内墙，传热系数 $K = 1.72 W/(m^2 \cdot ℃)$；

④外窗为双玻塑钢窗，其传热系数 $K = 2.5\text{W}/(\text{m}^2 \cdot \text{℃})$，面积 $A_\text{w} = 2.77\text{m}^2$，外形尺寸为 $1.85\text{m} \times 1.5\text{m}$；⑤地面为不保温地面。

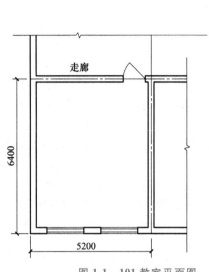

图 1-1　101 教室平面图

【解】　取教室室内温度为 18℃；查附录 9，济南冬季供暖室外计算温度 -5.3℃，冬季室外最多风向的平均风速为 3.6m/s。

1. 围护结构耗热量计算

围护结构耗热量包括基本耗热量和附加耗热量，计算结果见表 1-27。

表 1-27　围护结构耗热量计算表

| 围护结构 | | 传热系数 K /[W/(m²·℃)] | 计算温度差 $t_\text{n}-t_\text{w}$ /℃ | 温差修正系数 a | 基本耗热量 Q_j/W | 耗热量修正(%) | | | | | 修正后耗热量 Q_1 /W |
名称及方向	面积/m²					β_ch	β_f	β_m	β_fg	β_jian	
南外墙	20.46	0.43		1	205.0	-20	0	0	2	20	200.7
南外窗	5.54	2.5	23.3	1	322.7	-20	0	0	2	20	316.0
西外墙	32.00	0.43		1	320.6	-5	0	0	2	20	372.8
地面	29.89	0.44		1	306.4	0	0	0	2	20	375.1
小计 ∑ Q_1/W											1264.6

2. 冷风渗透耗热量计算

（1）缝隙法　热压作用下，中和面高度为建筑物高度的 1/2，$h_\text{z} = [(1 \times 5.0 + 5 \times 3.0)/2]\text{m} = 10\text{m}$。设窗户中心在层高一半处，对 101 教室，当考虑热压时，$h = 2.5\text{m}$。查表 1-24 得缝隙渗风系数 $a_1 = 0.5$；查表 1-25 得热压系数 $C_\text{r} = 0.8$；查附录 16，取 $n = 0.55$；无实测数据，取楼梯间值班温度为 5℃，$\Delta C_\text{f} = 0.7$，取 $b = 0.67$。

计算压差比 C：

$$C = 70 \frac{h_\text{z}-h}{\Delta C_\text{f} v_0^2 h^{0.4}} \cdot \frac{t_\text{n}'-t_\text{wn}}{273+t_\text{n}'} = 70 \times \frac{10-2.5}{0.7 \times 3.6^2 \times 2.5^{0.4}} \times \frac{5+5.3}{273+5} = 1.49$$

计算 C_h：

$$C_\text{h} = 0.3h^{0.4} = 0.3 \times 2.5^{0.4} = 0.43$$

计算 m：

$$m = C_r \Delta C_f (n^{1/b} + C) C_h = 0.8 \times 0.7 \times (0.55^{1/0.67} + 1.49) \times 0.43 = 0.46$$

基准高度下单位缝隙长度的渗透空气量：

$$L_0 = a_1 \left(\frac{\rho_{wn}}{2} v_0^2\right)^b = 0.5 \left(\frac{1.3}{2} \times 3.6^2\right)^{0.67} \mathrm{m^3/(m \cdot h)} = 2.08 \mathrm{m^3/(m \cdot h)}$$

渗透冷空气量：

$$L = L_0 l_1 m^b = 2.08 \times 13.4 \times 0.46^{0.67} \mathrm{m^3/h} = 16.6 \mathrm{m^3/h}$$

则冷风渗透耗热量：

$$Q_2 = 0.278 \times 1.01 \times 1.30 \times 16.6 \times (18 + 5.3) \mathrm{W} = 141.2 \mathrm{W}$$

（2）换气次数法 由表1-26查得换气次数0.5次/h。按式（1-11），$L = (0.5 \times 4.8 \times 6.0 \times 5.0) \mathrm{m^3/h} = 72 \mathrm{m^3/h}$，则冷风渗透耗热量：

$$Q_2 = [0.278 \times 72 \times 1.30 \times 1.01 \times (18 + 5.3)] \mathrm{W} = 612.3 \mathrm{W}$$

3. 房间供暖热负荷

假定没有通风及其他途径得失热量，冷风渗透耗热量按缝隙法计算结果，则房间供暖热负荷：

$$Q = \sum Q_1 + Q_2 = (1264.6 + 141.2) \mathrm{W} = 1405.8 \mathrm{W}$$

第四节　建筑空调设计负荷计算

与室内外温差比较，冬季室外气温变化较小，其波动对冬季围护结构供暖或空调负荷计算结果影响比较小，因此《民规》规定：供暖负荷及冬季空调热负荷均采用稳态传热计算方法计算。

而夏季太阳辐射的日变化很大，在围护结构传热形成的冷负荷计算中，必须考虑室外气温和太阳辐射的综合作用（综合温度）。综合温度的日变化幅度比夏季空调建筑室内外空气温差大得多，特别是围护结构的蓄热对室外温度波的传递具有显著的衰减和延迟性，因此《民规》规定："施工图阶段应对空调区进行夏季逐项逐时冷负荷计算。"

一、建筑空调区及空调系统冬季热负荷

1. 空调区冬季热负荷计算

空调区冬季热负荷计算与冬季供暖热负荷计算方法类似。计算时应该注意以下几点：

1）应采用冬季空调室外计算温度作为室外计算温度。

2）空调建筑室内通常保持正压，一般不计算由门窗缝隙、孔洞渗入室内的冷空气引起的热负荷。

3）对工艺性空调、大型公共建筑等，当室内热源（如计算机设备等）稳定放热时，此部分散热量应予以考虑扣除。

4）对于内外分区的空调建筑，如果建筑内区常年存在冷负荷，则内区无须计算热负荷。

2. 空调系统冬季热负荷计算

空调系统冬季热负荷包括所服务各空调区热负荷的累计值、新风负荷及冬季附加热负荷。

1）冬季新风热负荷按下式计算：

$$\mathrm{HL_w} = G_w(h_w - h_n) \tag{1-12}$$

式中　$\mathrm{HL_w}$——新风热负荷（kW）；

　　　G_w——新风量（kg/s）；

h_w，h_n——室外、室内空气计算焓［kJ/kg（干空气）］。

室外空气焓值依据冬季空调室外计算干球温度和冬季空调室外计算相对湿度确定，见附录9；室内空气焓值依据室内设计温度和相对湿度确定。

2）冬季附加热负荷是指空调风管、热水管道等热损失所引起的附加热负荷。除空调风管、热水管道均布置在空调区内的情况外，均应计入各项附加热负荷。

二、建筑空调夏季冷负荷计算方法

夏季冷负荷计算内容一般包括：通过围护结构的传热、通过玻璃窗的太阳辐射得热形成的冷负荷，以及室内人员和照明、设备、食品、物料等散热形成的冷负荷；渗透空气带入的热量，以及伴随各种散湿过程产生的潜热量。夏季空调负荷计算是一个复杂的动态过程，建议采用计算机软件计算。设计日负荷通常采用鸿业、天正及华电源等软件，全年负荷计算常用 Energy-Plus、DOE、DeST、eQUEST、TRNSYS 等软件。条件不具备时，宜按简化法手算，以下介绍冷负荷系数法手算冷负荷的具体步骤。

1. 围护结构传热形成的逐时冷负荷

外墙、屋面及外窗传热形成的逐时冷负荷按式（1-13）~式（1-15）计算：

$$CL_{wq} = KF(t_{wq} - t_n) \tag{1-13}$$

$$CL_{wm} = KF(t_{wm} - t_n) \tag{1-14}$$

$$CL_{wc} = KF(t_{wc} - t_n) \tag{1-15}$$

式中　　CL_{wq}——外墙传热形成的逐时冷负荷（W）；

CL_{wm}——屋面传热形成的逐时冷负荷（W），当屋面处于空调区之外时，只考虑屋面辐射至空调区部分得热所形成的负荷；

CL_{wc}——外窗由于空气温差传热形成的逐时冷负荷（W）；

K——外墙、屋面或外窗传热系数［W/（m²·K）］，分别按附录13~附录15确定；

F——外墙、屋面或外窗传热面积（m²）；按附录12准则丈量；

t_{wq}——外墙的逐时冷负荷计算温度（℃），可按附录17确定，当空调区允许波动范围≥±1.0℃时，其非轻型外墙（传热衰减系数$\beta \leqslant 0.2$）传热形成的冷负荷，可用夏季空调室外计算日平均综合温度t_{zp}代替t_{wq}，t_{zp}可用式（1-2）计算，此时可视为稳定传热；

t_{wm}——屋面的逐时冷负荷计算温度（℃），可按附录17确定；

t_{wc}——外窗的逐时冷负荷计算温度（℃），可按附录18确定；

t_n——夏季空调区设计温度（℃）。

对于通过地面传热形成的冷负荷，舒适性空调区可不考虑；而工艺性空调区有外墙时，宜计算距外墙2m范围内地面传热形成的冷负荷。

空调区和邻室的夏季温差大于3℃时，其通过内隔墙、楼板、顶棚、地面等围护结构传热形成的冷负荷CL_N可视为稳定传热，可按式（1-16）计算：

$$CL_N = KF(t_{wp} + \Delta t_j - t_n) \tag{1-16}$$

式中　　CL_N——邻室传热形成的冷负荷（W）；

K——内隔墙、楼板、顶棚、地面等围护结构的传热系数［W/（m²·℃）］，内隔墙可查附录19，楼板可查附录20；

F——内隔墙、楼板、顶棚、地面等围护结构的传热面积（m²）；

t_{wp}——夏季空调室外计算日平均温度（℃）；

Δt_j——邻室计算平均温度与夏季空调室外日平均温度的差值（℃），当邻室为非空调房间，邻室发热量很少（走廊，办公室等）时，Δt_j 取 $0 \sim 2$℃；当邻室发热量 $< 23\text{W/m}^2$ 时，Δt_j 取 3℃；当邻室发热量为 $23 \sim 116\text{W/m}^2$ 时，Δt_j 取 5℃。

2. 透过玻璃窗进入的太阳辐射得热形成的逐时冷负荷

透过玻璃窗进入的太阳辐射得热形成的逐时冷负荷按式（1-17）与式（1-18）计算：

$$\text{CL}_\text{C} = C_\text{clC} C_\text{z} D_{\text{Jmax}} F_\text{C} \tag{1-17}$$

$$C_\text{z} = C_\text{w} C_\text{n} \text{SC} \tag{1-18}$$

式中　CL_C——透过玻璃窗进入的太阳辐射得热形成的逐时冷负荷（W）；

C_clC——透过无遮阳标准玻璃太阳辐射冷负荷系数，按附录 21 采用；

C_z——外窗综合遮阳系数；

C_w——外遮阳系数；

SC——窗遮阳系数，按附录 15 采用；

C_n——内遮阳修正系数，按表 1-28 采用；

D_{Jmax}——夏季日射得热因数最大值，按表 1-29 采用；

F_C——窗口面积（m^2）。

表 1-28　内遮阳修正系数 C_n 值

窗的内遮阳类型	颜色	C_n 值	窗的内遮阳类型	颜色	C_n 值
布窗帘	白色	0.50	活动百叶（叶片45°）	白色	0.60
	浅蓝色	0.60		浅黄色	0.68
	深黄色	0.65		浅灰色	0.75
	紫红色	0.65	窗上涂白	白色	0.60
	深绿色	0.65	毛玻璃	次白色	0.40
不透明卷轴遮阳帘	白色	0.25	半透明卷轴遮阳帘	浅色	0.30
	深色	0.50	铝活动百叶	灰白	0.60

表 1-29　夏季透过标准玻璃窗的太阳总辐射照度（得热因数）最大值 D_{Jmax}

纬度	朝向								
	S	SE	E	NE	N	NW	W	SW	水平
20°	130	311	541	465	130	465	541	311	876
25°	146	332	509	421	134	421	509	332	834
30°	174	374	539	415	115	415	539	374	833
35°	251	436	575	430	122	430	575	436	844
40°	302	477	599	442	114	442	599	477	842
45°	368	508	598	432	109	432	598	508	811
拉萨	174	462	727	592	133	593	727	462	991

注：每一纬度带包括的宽度为 $\pm 2°30'$。

3. 人体散热形成的冷负荷

$$\text{CL}_\text{rt} = n\varphi(C_\text{rt} q_\text{s} + q_\text{p}) \tag{1-19}$$

式中　CL_rt——人体散热形成的逐时冷负荷（W）；

n——计算时刻空调区内的总人数；当缺少数据时，可根据空调区的使用面积按表 1-30 给出的人均面积指标推算；

φ——群集系数，各建筑功能的群集系数按表 1-31 采用；

C_rt——人体显热散热冷负荷系数，按附录 22 采用；

q_s、q_p——成年男子显热及潜热散热量，按表 1-32 采用，通常可认为成年妇女的散热量和散湿量为成年男子的 85%，儿童为成年男子的 75%。

表 1-30　不同类型房间人均占有的使用面积指标、照明功率密度及设备功率密度

建筑类别	房间类别	人均面积指标 /(m²/人)	照明功率密度 /(W/m²)	电气设备功率密度 /(W/m²)
办公建筑	普通办公	4	11	20
	高档办公	8	18	13
	会议室	2.5	11	5
	走廊	50	5	0
	其他	20	11	5
商场建筑	一般商店	3	12	13
	高档商店	4	19	13
宾馆建筑	普通客房	15	15	20
	高档客房	30	15	13
	会议厅、多功能厅	2.5	18	5
	餐厅	2~3	13	5
	走廊	50	5	0
	其他	20	15	5

表 1-31　某些场所的群集系数

工作场所	群集系数	工作场所	群集系数
影剧院	0.89	图书阅览室	0.96
百货商店	0.89	工厂轻度劳动	0.90
旅馆	0.93	银行	1.00
体育馆	0.92	工厂重劳动	1.00
餐厅	0.93	办公室	0.93
会议室	0.93	教室	0.89

表 1-32　成年男子散热量、散湿量

体力活动性质		散热量/W 散湿量/(g/h)	室内温度/℃										
			20	21	22	23	24	25	26	27	28	29	30
静坐	影剧院 会堂 阅览室	显热	84	81	78	74	71	67	63	58	53	48	43
		潜热	26	27	30	34	37	41	45	50	55	60	65
		全热	110	108	108	108	108	108	108	108	108	108	108
		湿量	38	40	45	45	56	61	68	75	82	90	97
极轻劳动	旅馆 体育馆 手表装配 电子元件	显热	90	85	79	75	70	65	60.5	57	51	45	41
		潜热	47	51	56	59	64	69	73.3	77	83	89	93
		全热	137	135	135	134	134	134	134	134	134	134	134
		湿量	69	76	83	89	96	109	109	115	123	132	139
轻度劳动	百货商店 化学实验室 电子计算机房	显热	93	87	81	76	70	64	58	51	47	40	35
		潜热	90	94	100	106	112	117	123	130	135	142	147
		全热	183	181	181	182	182	181	181	181	182	182	182
		湿量	134	140	150	158	167	175	184	194	203	212	220
中等劳动	纺织 印刷 机加工	显热	117	112	104	97	88	83	74	67	61	52	45
		潜热	118	123	131	138	147	152	161	168	174	183	190
		全热	235	235	235	235	235	235	235	235	235	235	235
		湿量	175	184	196	207	219	227	240	250	260	273	283
重度劳动	排练场 室内运动场	显热	169	163	157	151	145	140	134	128	122	116	110
		潜热	238	244	250	256	262	267	273	279	285	291	297
		全热	407	407	407	407	407	407	407	407	407	407	407
		湿量	356	365	373	382	391	400	408	417	425	434	443

4. 照明散热形成的冷负荷

$$CL_{zm} = C_{zm} Q_{zm} \tag{1-20}$$

式中　CL_{zm}——照明散热形成的逐时冷负荷（W）；

　　　　C_{zm}——照明冷负荷系数，见附录 23；

　　　　Q_{zm}——照明散热量（W）。

当荧光灯明装（整流器在空调房间内）时：

$$Q_{zm} = 1.2 P_1 n_1$$

当荧光灯暗装（灯光装在顶棚玻璃罩内）时：

$$Q_{zm} = P_1 n_1 n_2$$

式中　P_1——荧光灯功率（W）；

　　　　n_1——同时使用系数；

　　　　n_2——考虑灯罩玻璃反射、顶棚内通风情况等因素的系数；当荧光灯罩上部有小孔，可利用自然通风散热于顶棚内时，取 0.5~0.6；当灯罩无孔时，取 0.6~0.8。

5. 设备散热形成的逐时冷负荷

$$CL_{sb} = C_{sb} Q_{sb} \tag{1-21}$$

式中　CL_{sb}——设备散热形成的逐时冷负荷（W）；

　　　　C_{sb}——设备冷负荷系数，按附录 24 采用；

　　　　Q_{sb}——设备散热量（W）。

1）电动机和驱动设备均在空调房间内时：

$$Q_{sb} = n_1 n_2 n_3 N / \eta$$

2）电动机在空调房间内，驱动设备不在空调房间内时：

$$Q_{sb} = n_1 n_2 n_3 N (1 - \eta) / \eta$$

3）电动机不在空调房间，驱动设备在空调房间内时：

$$Q_{sb} = n_1 n_2 n_3 N$$

式中　N——电动设备的安装功率（W）；

　　　　n_1——同时使用系数；

　　　　n_2——安装系数，电动机最大实耗功率与安装功率之比，一般取 0.7~0.9；

　　　　n_3——电动机的负荷系数，即电动机每小时平均实耗功率与设计最大实耗功率之比，一般为 0.4~0.5；

　　　　η——电动机效率，可由产品样本查得，一般可取 0.8~0.9。

6. 食物散热形成的逐时冷负荷

在计算餐厅、宴会厅等空调冷负荷时，可按以下数值估算：食物全热量，可取 17.4W/人；食物显热量，可取 8.7W/人；食物潜热量，可取 8.7W/人。

三、建筑空调夏季湿负荷计算方法

空调建筑室内湿负荷的计算不考虑延迟和衰减，可根据散湿源的种类参考相关文献进行计算。民用空调建筑中常用的散湿量主要有人体散湿量、食物散湿量及敞开水面散湿量。

1. 人体散湿量

$$D_\tau = 0.001 \varphi n_\tau g \tag{1-22}$$

式中　D_τ——散湿量（kg/h）；

φ——群集系数，见表1-31；

n_τ——计算时刻空调区内的总人数；

g——成年男子小时散湿量（g/h），见表1-32。

2. 食物散湿量

在计算餐厅、宴会厅等湿负荷时，食物散湿量可取11.5g/（h·人）。

3. 敞开水面散湿量

敞开水面的散湿量可按式（1-23）计算：

$$D_\tau = \frac{B}{b} F_\tau g \tag{1-23}$$

式中　B——标准大气压力，其值为101325Pa；

b——工程所在地大气压力（Pa）；

F_τ——计算时刻的蒸发表面积（m^2）；

g——水面的单位蒸发量 [kg/（m^2·h）]，见表1-33。

表1-33　敞开水面的单位蒸发量　　　　　　　[单位：kg/（m^2·h）]

室温/℃	室内相对湿度(%)	水温/℃								
		20	30	40	50	60	70	80	90	100
20	40	0.24	0.59	1.27	2.33	3.52	5.39	9.75	19.93	42.17
	45	0.21	0.57	1.24	2.30	3.48	5.36	9.71	19.88	42.11
	50	0.19	0.55	1.21	2.27	3.45	5.32	9.67	19.84	42.06
	55	0.16	0.52	1.18	2.23	3.41	5.28	9.63	19.79	42.00
	60	0.14	0.50	1.16	2.20	3.38	5.25	9.59	19.74	41.95
	65	0.11	0.47	1.13	2.17	3.35	5.21	9.56	19.70	41.89
	70	0.09	0.45	1.10	2.14	3.31	5.17	9.52	19.65	41.84
22	40	0.21	0.57	1.24	2.30	3.48	5.36	9.71	19.88	42.11
	45	0.18	0.54	1.21	2.26	3.44	5.31	9.67	19.83	42.05
	50	0.16	0.51	1.18	2.22	3.40	5.27	9.62	19.78	41.98
	55	0.13	0.49	1.14	2.19	3.36	5.23	9.58	19.72	41.92
	60	0.10	0.46	1.11	2.15	3.33	5.19	9.53	19.67	41.86
	65	0.07	0.43	1.08	2.12	3.29	5.15	9.49	19.62	41.80
	70	0.04	0.40	1.05	2.08	3.25	5.11	9.44	19.57	41.74
24	40	0.18	0.54	1.21	2.26	3.44	5.31	9.67	19.83	42.04
	45	0.15	0.51	1.17	2.22	3.40	5.27	9.61	19.77	41.97
	50	0.12	0.48	1.13	2.18	3.35	5.22	9.56	19.71	41.90
	55	0.09	0.45	1.10	2.14	3.31	5.17	9.51	19.65	41.84
	60	0.06	0.42	1.06	2.10	3.27	5.13	9.46	19.59	41.77
	65	0.03	0.38	1.03	2.06	3.22	5.08	9.41	19.53	41.70
	70	-0.01	0.35	0.99	2.02	3.18	5.03	9.36	19.47	41.63
26	40	0.15	0.51	1.17	2.22	3.40	5.27	9.61	19.77	41.97
	45	0.12	0.47	1.13	2.17	3.35	5.21	9.56	19.70	41.90
	50	0.08	0.44	1.09	2.13	3.30	5.16	9.50	19.63	41.82
	55	0.05	0.40	1.05	2.08	3.25	5.11	9.44	19.57	41.74
	60	0.01	0.37	1.01	2.04	3.20	5.06	9.39	19.50	41.66
	65	-0.03	0.33	0.97	1.99	3.15	5.00	9.33	19.43	41.58
	70	-0.06	0.30	0.93	1.95	3.10	4.95	9.29	19.37	41.50
28	40	0.12	0.47	1.13	2.17	3.35	5.21	9.56	19.70	41.90
	45	0.08	0.43	1.09	2.12	3.29	5.15	9.49	19.63	41.81
	50	0.04	0.40	1.04	2.07	3.24	5.09	9.43	19.55	41.72
	55	0	0.36	1.00	2.02	3.18	5.04	9.37	19.48	41.63
	60	-0.04	0.32	0.95	1.97	3.13	4.98	9.30	19.40	41.54
	65	-0.08	0.28	0.91	1.92	3.07	4.92	9.24	19.33	41.45
	70	-0.12	0.24	0.86	1.87	3.02	4.86	9.18	19.25	41.36
冷凝热 r/（kJ/kg）		2510	2528	2544	2559	2570	2582	2602	2626	2653

四、空调区冷负荷、空调系统冷负荷及空调冷源冷负荷

1. 空调区设计冷负荷

按照建筑空调夏季冷负荷计算方法，应分项逐时进行围护结构传热、通过玻璃窗的太阳辐射得热，以及室内人员和照明、设备等散热形成的冷负荷计算，然后将各分项逐时累加，逐时累加结果的最大值（各项逐时冷负荷的综合最大值）即为该空调区的夏季设计冷负荷。空调区的夏季设计冷负荷与设计湿负荷将用于空调送风状态点的确定及送风量计算。

2. 空调系统的夏季冷负荷

空调系统冷负荷由系统所服务的各空调区的逐时冷负荷、系统承担的新风冷负荷以及附加冷负荷构成，同时应考虑所服务各空调区的同时使用系数。空调系统的夏季冷负荷将用于空气处理末端设备的选型。

（1）各空调区的逐时冷负荷　末端设备无温度自控装置时，空调系统夏季总冷负荷按所服务各空调区冷负荷的累计值确定，以保证最不利情况下各空调区温湿度要求。参照《节能规范》，供暖空调系统应设置自动室温调控装置，所以空调系统夏季总冷负荷一般均按所服务各空调区逐时冷负荷的综合最大值确定（所服务各空调区当作一个整体空间）。

（2）新风冷负荷及再热负荷　新风冷负荷按下式计算：

$$CL_w = G_w(h_w - h_n) \tag{1-24}$$

式中　CL_w——新风冷负荷（kW）；

G_w——新风量（kg/s）；

h_w，h_n——室外、室内空气计算焓［kJ/kg（干空气）］，室外计算焓值应采用夏季空气调节室外计算干球温度和湿球温度确定。

（3）夏季附加冷负荷的确定　夏季附加冷负荷包括：空气处理过程中冷热抵消引起的冷负荷（依据空气处理过程确定，详见第五章）；空气通过风机、风管的温升引起的冷负荷；当回风管敷设在非空调空间时，应考虑漏入风量对回风参数的影响；风管漏风引起的附加冷负荷。

1）空气经过风机后的温升按下式计算：

$$\Delta t = \frac{3.6 \times \dfrac{LH}{3600\eta_2}\eta}{1.013 \times 1.2\eta_1 L} = \frac{0.0008H\eta}{\eta_1\eta_2} \tag{1-25}$$

式中　Δt——空气经过风机后的温升（℃）；

L——空气量（m³/h）；

H——风机的风压（Pa）；

η——电动机安装位置的修正系数，电动机安装在气流内时，$\eta = 1$；电动机安装在气流外时，$\eta = \eta_2$；

η_1——风机的全压效率，取实际效率；

η_2——电动机效率。

当电动机效率 $\eta_2 = 0.85(0.8 \sim 0.9)$ 时，Δt 可按表 1-34 确定。

表 1-34　风机温升 Δt （单位：℃）

风机风压/Pa	电动机在气流外（$\eta = 0.85$）		电动机安装在气流内（$\eta = 1$）	
	$\eta_1 = 0.5$	$\eta_1 = 0.6$	$\eta_1 = 0.5$	$\eta_1 = 0.6$
300	0.48	0.42	0.57	0.48
400	0.64	0.56	0.76	0.64

（续）

风机风压/Pa	电动机在气流外（$\eta = 0.85$）		电动机安装在气流内（$\eta = 1$）	
	$\eta_1 = 0.5$	$\eta_1 = 0.6$	$\eta_1 = 0.5$	$\eta_1 = 0.6$
500	0.82	0.70	0.95	0.82
600	0.96	0.84	1.14	0.96
700	1.12	0.98	1.33	1.12
800	1.28	1.12	1.52	1.28

2）空气经过风管后的温升。传热系数 $K = 1.6 W/(m^2 \cdot K)$ 的保温薄钢板方形风管，风管内外空气温差 $\Delta t = 10℃$，长度 $L = 10m$ 时，温升可查表 1-35 确定。

表 1-35　保温方形风管的温升 $[K = 1.6 W/(m^2 \cdot ℃)$，$L = 10m$，$\Delta t = 10℃]$　　　　（单位：℃）

管道内空气流速/（m/s）	空气量/（m³/h）							
	500	1000	1500	2000	4000	6000	8000	10000
2.5	0.65	0.46	0.38	0.33	0.23	0.19	0.17	0.15
5.0	0.46	0.33	0.27	0.23	0.17	0.13	0.11	0.11
6.5	0.41	0.29	0.23	0.21	0.15	0.12	0.10	0.09
8.0	0.37	0.26	0.21	0.19	0.13	0.11	0.09	0.08
10.0	0.33	0.23	0.19	0.17	0.11	0.09	0.08	0.07
12.0	0.30	0.21	0.17	0.15	0.11	0.09	0.07	0.07

管道内空气流速/（m/s）	空气量/（m³/h）							
	12500	15000	20000	22500	25000	30000	35000	40000
2.5	0.13	0.12	0.11	0.10	0.09	0.09	0.08	0.07
5.0	0.09	0.09	0.07	0.07	0.07	0.06	0.06	0.05
6.5	0.08	0.07	0.07	0.06	0.06	0.05	0.05	0.05
8.0	0.07	0.07	0.06	0.05	0.05	0.05	0.05	0.04
10.0	0.06	0.06	0.05	0.05	0.05	0.04	0.04	0.04
12.0	0.06	0.05	0.05	0.05	0.04	0.04	0.03	0.03

3. 空调冷源的夏季冷负荷

空调冷源的夏季冷负荷按各空调系统冷负荷的综合最大值确定，并计入供冷系统输送冷损失，且考虑系统同时使用系数。空调冷源的夏季冷负荷是冷源需要供给的冷量，也是决定冷源设备（如制冷机等）总装机容量的依据。空调冷源的夏季冷负荷详见第八章"冷热源设计"。

【例 1-2】　试计算杭州地区某办公室（层高 4m）的夏季空调设计冷负荷、湿负荷及冬季空调热负荷。

已知条件：

1）南外墙：结构类型同附录 13 中序号 7，$K = 0.43 W/(m^2 \cdot K)$，$F = 22m^2$。

2）屋顶：结构类型同附录 14 中序号 7，$K = 0.34 W/(m^2 \cdot K)$，$F = 40m^2$。

3）南外窗：塑料型材（框面积 25%），6mm 中透光 Low-E+12mm 氩气+6mm 透明（见附录 15），$K = 1.7 W/(m^2 \cdot K)$，挂浅蓝色内窗帘，无外遮阳，$F = 16m^2$。

4）内墙和楼板：内墙轻钢龙骨内隔墙；楼板为 80mm 现浇钢筋混凝土，上铺水磨石预制块，下面粉刷。邻室和楼下房间均为空调房间，室温均相同。

5）夏季室内设计温度 26℃；冬季室内设计温度 20℃。

6）室内压力稍大于室外大气压力。

7）室内有 8 人工作，办公时间为上午 8 点至下午 6 点。室内照明采用暗装荧光灯、灯管安装在顶棚玻璃罩内，灯罩上部有通风孔，顶棚可自然通风，荧光灯功率 2.2kW，开灯时间为上午 8 时至下午 6 时。室内有办公自动化设备（台式电脑、复印机、打印机等），总安装功率 18kW，从上午 8 时至下午 6 时连续使用。

8）其余未注明条件，均按冷负荷系数法中的基本条件确定。

【解】1. 夏季冷负荷

（1）南外墙冷负荷 查附录 17（3）可得上海地区南外墙 8:00—18:00 的冷负荷计算温度 t_{wq} 值，地点修正为 +1℃，即可计算出修正后的杭州地区南外墙逐时冷负荷计算温度 t'_{wq} 和南外墙的瞬时冷负荷 CL_{wq}。计算公式见式（1-13），计算结果见表 1-36。

表 1-36 南外墙冷负荷 CL_{wq} 的计算

时间	8:00	9:00	10:00	11:00	12:00	13:00	14:00	15:00	16:00	17:00	18:00
$t_{wq}/℃$	32.0	31.8	31.7	31.7	31.9	32.2	32.7	33.3	33.9	34.5	34.9
$t_d/℃$						+1					
$t'_{wq}/℃$	33.0	32.8	32.7	32.7	32.9	33.2	33.7	34.3	34.9	35.5	35.9
$(t'_{wq}-t_n)/℃$	7.0	6.8	6.7	6.7	6.9	7.2	7.7	8.3	8.9	9.5	9.9
$K/[W/(m^2 \cdot K)]$						0.43					
F/m^2						22.0					
CL_{wq}/W	66.2	64.3	63.4	63.4	65.3	68.1	72.8	78.5	84.2	89.9	93.7

（2）屋顶冷负荷 查附录 17（3）可得上海地区屋面 8:00—18:00 的冷负荷计算温度 t_{wm} 值，地点修正为 1℃，即可计算出修正后的杭州地区屋面逐时冷负荷计算温度 t'_{wm} 和屋面的瞬时冷负荷 CL_{wm}。计算式见式（1-14），计算结果见表 1-37。

表 1-37 屋顶冷负荷 CL_{wm} 的计算

时间	8:00	9:00	10:00	11:00	12:00	13:00	14:00	15:00	16:00	17:00	18:00
$t_{wm}/℃$	42.6	42.2	41.8	41.5	41.1	40.9	40.8	40.8	40.9	41.1	41.4
$t_d/℃$						+1					
$t'_{wm}/℃$	43.6	43.2	42.8	42.5	42.1	41.9	41.8	41.8	41.9	42.1	42.4
$(t'_{wm}-t_n)/℃$	17.6	17.2	16.8	16.5	16.1	15.9	15.8	15.8	15.9	16.1	16.4
$K/[W/(m^2 \cdot K)]$						0.34					
F/m^2						40					
CL_{wm}/W	239.4	233.9	228.5	224.4	219.0	216.2	214.9	214.9	216.2	219.0	223.0

（3）南外窗温差传热引起的冷负荷 查附录 18 可得杭州地区外窗 8:00—18:00 的冷负荷计算温度 t_{wc} 值，地点修正为 0℃，据式（1-15），即可计算出外窗温差传热引起的瞬时冷负荷 CL_{wc}，计算结果见表 1-38。

表 1-38 南外窗温差传热引起的冷负荷 CL_{wc} 的计算

时间	8:00	9:00	10:00	11:00	12:00	13:00	14:00	15:00	16:00	17:00	18:00
$t_{wc}/℃$	30.4	31.3	32.0	32.8	33.5	34.1	34.5	34.5	34.3	34.1	33.6
$t_d/℃$						0					
$t'_{wc}/℃$	30.4	31.3	32.0	32.8	33.5	34.1	34.5	34.5	34.3	34.1	33.6
$(t'_{wc}-t_n)/℃$	4.4	5.3	6	6.8	7.5	8.1	8.5	8.5	8.3	8.1	7.6
$K/[W/(m^2 \cdot K)]$						1.7					
F/m^2						16					
CL_{wc}/W	119.7	144.2	163.2	185.0	204.0	220.3	231.2	231.2	225.8	220.3	206.7

（4）南外窗日射得热引起的冷负荷 由附录 15 查得外窗的遮阳系数 SC=0.38，由表 1-28 查得玻璃窗挂浅色窗帘的内遮阳系数 $C_n=0.6$，由式（1-18）得综合遮阳系数 $C_z=1×0.38×0.6=0.288$；查表 1-29 得杭州（北纬 30°14′）南向最大日射得热因数 $D_{Jmax}=174W/m^2$。

内墙及楼板均为轻型围护结构，由附录21查取杭州（采用上海地区）地区透过无遮阳标准玻璃太阳辐射冷负荷系数 C_{clC}，将各项代入式（1-17），可计算出玻璃窗日射得热引起的逐时冷负荷 CL_C，计算结果见表1-39。

表1-39　南外窗日射得热引起的逐时冷负荷 CL_C 的计算

时间	8:00	9:00	10:00	11:00	12:00	13:00	14:00	15:00	16:00	17:00	18:00
C_{clC}	0.24	0.34	0.43	0.54	0.57	0.69	0.7	0.67	0.5	0.44	0.36
C_z	0.288										
F/m^2	16										
D_{Jmax}	174										
CL_C/W	192.5	272.7	344.9	433.1	457.1	553.4	561.3	537.2	400.9	352.8	288.6

（5）人体散热引起的冷负荷　查表1-32，当室温为26℃时，成年男子极轻劳动散发的显热和潜热分别为：$q_s = 60.5W/人$，$q_p = 73.3W/人$。

查表1-31，取群集系数 $\varphi = 0.93$，且已知 $n = 8$ 人，则有

$$Q_s = (8 \times 0.93 \times 60.5)W = 450.1W$$

$$Q_p = (8 \times 0.93 \times 73.3)W = 545.4W$$

查附录22可得人体散热冷负荷系数 C_{rt} 的逐时值。将各项代入式（1-19）即可计算出人体散热的逐时冷负荷 CL_{rt}，计算结果见表1-40。

表1-40　人体散热引起的冷负荷 CL_{rt} 的计算

时间	8:00	9:00	10:00	11:00	12:00	13:00	14:00	15:00	16:00	17:00	18:00
C_{rt}	0.07	0.47	0.79	0.84	0.86	0.88	0.90	0.91	0.92	0.93	0.94
Q_s/W	450.1										
$Q_s C_{rt}/W$	211.5	355.6	378.1	391.6	396.1	405.1	409.6	414.1	418.6	153.0	427.6
Q_p/W	545.4										
CL_{rt}/W	576.9	756.9	901.0	923.5	932.5	941.5	950.5	955.0	959.5	964.0	968.5

（6）照明散热引起的冷负荷　取照明灯具同时使用系数 $n_1 = 1$，考虑灯罩玻璃反射、顶棚内通风情况等因素，取 $n_2 = 0.5$，则照明散热量 $Q_{zm} = (2200 \times 1 \times 0.5)W = 1100W$。由附录23查得计算时刻的照明散热冷负荷系数 C_{zm}，照明散热引起的冷负荷计算式见式（1-20），计算结果列于表1-41。

表1-41　照明散热形成的冷负荷 CL_{zm} 的计算

时间	8:00	9:00	10:00	11:00	12:00	13:00	14:00	15:00	16:00	17:00	18:00
C_{zm}	0.07	0.40	0.72	0.78	0.81	0.83	0.86	0.87	0.89	0.90	0.92
Q_{zm}/W	1100										
CL_{zm}/W	77	440	792	858	891	913	946	957	979	990	1012

（7）设备散热引起的冷负荷　办公自动化设备均在空调房间内，$Q_{sb} = n_1 n_2 n_3 N/\eta = (1 \times 0.8 \times 0.5 \times 18000/0.8)W = 9000W$。由附录24查得计算时刻的照明散热冷负荷系数 C_{sb}，设备散热引起的冷负荷计算式见式（1-21），计算结果列于表1-42。

表1-42　设备散热形成的冷负荷 CL_{sb} 的计算

时间	8:00	9:00	10:00	11:00	12:00	13:00	14:00	15:00	16:00	17:00	18:00
C_{sb}	0.01	0.78	0.91	0.93	0.94	0.95	0.96	0.96	0.97	0.97	0.97
Q_{sb}/W	9000										
CL_{sb}/W	90	7020	8190	8370	8460	8550	8640	8640	8730	8730	8730

把（1）~（7）项中的逐时冷负荷汇总并相加，列入表1-43。

表1-43　各项冷负荷汇总表　　　　　　　　　　（单位：W）

时间	8:00	9:00	10:00	11:00	12:00	13:00	14:00	15:00	16:00	17:00	18:00
屋顶	239.4	233.9	228.5	224.4	219.0	216.2	214.9	214.9	216.2	219.0	223.0
人体	576.9	756.9	901.0	923.5	932.5	941.5	950.5	955.0	959.5	964.0	968.5
照明	77	440	792	858	891	913	946	957	797	990	1012
设备	90	7020	8190	8370	8460	8550	8640	8640	8730	8730	8730
总冷负荷	1361.6	8931.9	10682.9	11057.3	11228.8	11462.3	11616.7	11613.8	11595.6	11566	11522.5

从冷负荷汇总表中可看出，该空调房间最大冷负荷出现的时刻是15:00，其冷负荷为11613.8W，此即为空调区的夏季室内设计冷负荷。

2. 夏季空调湿负荷

办公室只考虑人体散湿量，可由式（1-22）计算。查表1-32，当室温为26℃时，成年男子散湿量为109g/h；查表1-31，取群集系数$\varphi=0.93$，且已知$n=8$人，则：

$$D_\tau = 0.001\varphi n_\tau g = (0.001 \times 0.93 \times 8 \times 109)\,\text{kg/h} = 0.811\,\text{kg/h}$$

3. 冬季空调热负荷

围护结构稳态传热负荷见表1-44。

表1-44　冬季空调稳态传热负荷

名称及方向	面积 F /m²	传热系数 K /[W/(m²·℃)]	室外计算温度 t_w/℃	室内计算温度 t_n/℃	室内外计算温度差 (t_w-t_n)/℃	温差修正系数	基本耗热量 Q_j/W	耗热量修正（%）					修正后耗热量 Q_1/W
								β_{ch}	β_f	β_m	β_{fg}	β_{jian}	
南外墙	22.0	0.43	-2.4	20.0	22.4	1.0	211.9	-20	0	0	0	20	203.4
南外窗	16.0	1.70	-2.4	20.0	22.4	1.0	609.3	-20	0	0	0	20	584.9
屋顶	40.0	0.34	-2.4	20.0	22.4	1.0	304.64	0	0	0	0	20	365.6
围护结构耗热量													1153.9

二维码形式客观题

微信扫描二维码，可在线做题，提交后可查看答案。

第一章
客观题

课程思政导读

碳达峰碳中和
愿景与建筑
节能

第二章
室内热水供暖系统设计

供暖方式应根据建筑物规模，所在地区气象条件、能源状况及政策、节能环保和生活习惯要求等，通过技术经济比较确定。

1）累年日平均温度稳定低于或等于5℃的日数大于或等于90d的地区，应设置供暖设施，并宜采用集中供暖。

2）符合下列条件之一的地区，宜设置供暖设施；其中幼儿园、养老院、中小学校、医疗机构等建筑宜采用集中供暖：

① 累年日平均温度稳定低于或等于5℃的日数为60~89d。

② 累年日平均温度稳定低于或等于5℃的日数不足60d，但累年日平均温度稳定低于或等于8℃的日数大于或等于75d。

《公标》规定：严寒A区和严寒B区的公共建筑宜设热水集中供暖系统，对于设置空气调节系统的建筑，不宜采用热风末端作为唯一的供暖方式；对于严寒C区和寒冷地区的公共建筑，供暖方式应根据建筑等级、供暖期天数、能源消耗量和运行费用等因素，经技术经济综合分析比较后确定。

参照《节能规范》，除下列情况外，民用建筑不应采用蒸汽锅炉作为热源：

1）厨房、洗衣、高温消毒以及工艺性湿度控制等必须采用蒸汽的热负荷。

2）蒸汽热负荷在总热负荷中的比例大于70%且总热负荷不大于1.4MW。

参照《节能规范》，对于严寒和寒冷地区居住建筑，只有当符合下列条件之一时，允许采用电直接加热设备作为供暖热源：

1）无城市或区域集中供暖，采用燃气、煤、油等燃料受到环保或消防限制，且无法利用热泵供暖的建筑。

2）利用可再生能源发电，且其发电量能满足自身电加热用电量需求的建筑。

3）利用蓄热式电热设备在夜间低谷电进行供暖或蓄热，且不在用电高峰和平段时间启用的建筑。

4）电力供应充足，且当地电力政策鼓励用电供暖时。

对于公共建筑，只有当符合下列条件之一时，应允许采用电直接加热设备作为供暖热源：

1）无城市或区域集中供暖，采用燃气、煤、油等燃料受到环保或消防限制，且无法利用热泵供暖的建筑。

2）利用可再生能源发电，其发电量能满足自身电加热用电量需求的建筑。

3）以供冷为主、供暖负荷非常小，且无法利用热泵或其他方式提供供暖热源的建筑。

4）以供冷为主、供暖负荷小，无法利用热泵或其他方式提供供暖热源，但可以利用低谷电进行蓄热，且电锅炉不在用电高峰和平段时间启用的空调系统。

5）室内或工作区的温度控制精度小于0.5℃，或相对湿度控制精度小于5%的工艺空调系统。

第一节　室内散热器供暖设计

以散热器为末端散热装置的室内热水供暖系统设计步骤如下：

1）确定热媒种类。

2）计算建筑供暖负荷。

3）选择供暖系统管道敷设方式。

4）选择散热器类型并计算房间散热器面积。

5）布置散热器。

6）布置管路。

7）系统水力计算。

8）水泵及附件选型。

一、确定热媒种类

供暖系统的热媒主要有热水、蒸汽及热风。以热水作为热媒的供暖系统，称为热水供暖系统。热水又分为低温热水（供水温度≤100℃）和高温热水（供水温度>100℃）；蒸汽又分为高压蒸汽（表压 p>70kPa）、低压蒸汽（表压 p≤70kPa）和真空（绝对压力 p≤大气压）。

《工业建筑供暖通风与空气调节设计规范》（GB 50019—2015）规定：对于工业建筑，当厂区只有供暖用热或以供暖用热为主时，宜采用高温水作为热媒；当厂区供暖以工艺用蒸汽为主时，在不违反卫生、技术和节能要求的条件下，可采用蒸汽作为热媒。

《民规》规定：散热器供暖系统应采用热水作为热媒；散热器集中供暖系统宜按热媒温度为75℃/50℃连续供暖进行设计，且供水温度不宜大于85℃，供回水温差不宜小于20℃。若为低温辐射供暖，则供水温度不超过60℃。《全国民用建筑工程设计技术措施——节能专篇》规定：集中供暖系统应采用热水作为热媒。

二、计算建筑供暖负荷

第一章对建筑冬季供暖负荷做了详细讲解，需注意的是：

1）集中供暖系统的施工图设计，必须对每个房间进行供暖热负荷计算，计算书中应附标有房间编号的建筑平面图，以满足审核需要。

2）严寒或寒冷地区设置供暖的公共建筑，在非使用时间内，室内温度应保持在0℃以上；当利用房间蓄热量不能满足要求时，应按保证室内温度5℃设置值班供暖；当工艺有特殊要求时，应按工艺要求确定值班供暖温度。

3）设置供暖的建筑物，其围护结构的传热系数应符合国家现行相关节能设计标准的规定。

三、选择供暖系统管道敷设方式

供暖系统的组成：热媒制备设施/热源（加热中心）、热媒利用设施/散热设备（冷却中心）、热媒输送管道。必须使用管道来连接散热器和热媒制备设备，这些管道有引入管、供水总立管、供水干管、供水立管、回水立管、散热器支管和回水干管。供暖系统管道敷设方式的分类主要有以下5种：

1）按系统循环动力的不同，可分为重力（自然）循环系统和机械循环系统。

一般来说，当供暖半径小于50m时可以考虑使用自然循环，超过50m时应采用机械循环。

2）按散热器与系统管道连接方式的不同，可分为垂直式和水平式。

垂直式是指不同楼层的各散热器用垂直立管连接；水平式是同一楼层的散热器用水平管线连接。水平式立管很少，但穿墙管道多，适用于大的房间，如影剧院、展览馆、大会议室等。其他类型的建筑空间一般采用垂直式系统。

3）按散热器供、回水方式的不同，可分为单管式系统和双管式系统，见图 2-1。

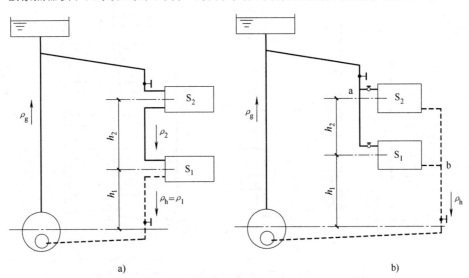

图 2-1　单管、双管热水供暖系统
a）单管式　b）双管式

双管式系统见图 2-1b，有 S_1、S_2 两层散热器，就有两个循环环路，每个循环环路的重力循环作用压力等于加热中心与各环路冷却中心这段高度差内的水柱压力差。显而易见，上层环路的作用压力大于下层环路的作用压力，容易出现上层分配水量多而下层分配水量少的情况，从而导致上热下冷现象，这种在垂直方向出现的热力失调现象称为垂直热力失调，这种现象会随层数的增加（高差增大）而表现得愈发强烈，所以一般只用于 4 层以下的建筑物。双管式的优点是立管管径小、每组散热器可以单独调节。

而单管式系统由于每根立管只有一个循环作用压力，见图 2-1a，不存在这种原理性的垂直热力失调，因此被用于多层或者高层建筑热水供暖系统。但是单管式顺流式系统存在立管管径大、每组散热器无法单独调节的缺点。对于单独调节的问题，采取的改进方法是把顺流式改成三通阀跨越式或单双管式，见图 2-2。

对于多层建筑和高层，单管跨越式可解决建筑层数过多垂直失调及不能单独调节的问题。对八层以上建筑，单双管式可避免垂直失调现象产生，又可解决散热器立管管径过大及不能调节的问题。

4）按供、回水干管程式可以分为同程式和异程式，见图 2-3。

异程式系统中，离供水总立管最近的立管环路供水干管最短、回水干管也是最短，而离供水总立管最远的立管环路供水干管最长、回水干管也是最长，如图 2-3b 所示，从而导致最近立管环路阻力小、最远立管环路阻力大的水力失调，进而造成近处立管分配的流量多而房间过热，远处立管分配的流量少而房间过冷。这种水平方向上的热力失调现象称为水平热力失调。由于平衡阀等大力推广，异程式系统水平热力失调问题得以解决，因异程式系统简单、管不可少、施工难度小等优点，被广泛应用。同程式系统各立管环路的供、回水干管长度大致相等，见图 2-3a，

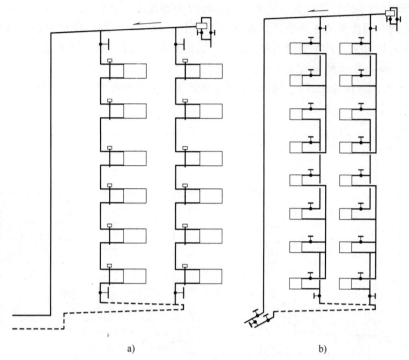

图 2-2   单管式系统用于多层或者高层建筑热水供暖系统

a）单管跨越式   b）单双管式

使得各立管间不易出现因为与供水总立管距离的远近而产生水力失调现象。但管道长度增加，初投资高，水阻力增大。

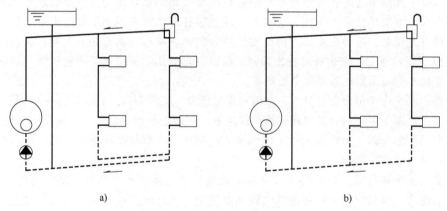

图 2-3   同程式和异程式系统

a）同程式   b）异程式

5）按供、回水管水平干管位置，可以分为上供下回式、上供上回式、下供上回式、下供下回式及中分式。

上供下回式广泛运用于工程实践，其他形式较少应用。各种供、回水干管位置对应的适用场合及特点见表 2-1。

常用建筑室内散热器供暖系统方式见表 2-2。

表 2-1　供、回水管位置及特点

	适用场合	特点
上供下回式	最常用的循环系统	排气方便、散热器的传热系数大
上供上回式	用于单层工厂或地下水位高的地区	系统形式不利,一般不采用
下供上回式	热媒为高温水的场合	排气方便,散热器的传热系数较小
下供下回式	建造时不等封顶,即可使用(建筑可以设置地沟或地下室等)	排气困难
中分式	品字形等顶部不能放供回水干管的建筑	

表 2-2　常用建筑室内散热器供暖系统方式及适用场合

供暖系统方式		适用场合
垂直式	垂直双管	适用于四层及四层以下的建筑。当散热器设自力式恒温阀,经过水力平衡计算符合要求时,可应用于层数超过四层的建筑
	垂直单管	五层及五层以上建筑宜采用垂直单管系统。立管所带层数不宜大于十二层。严寒地区立管所带层数不宜超过六层
	垂直单双管	十二层以上建筑可采用单双管系统
水平式	水平双管	低层大空间供暖建筑(如汽车库、大餐厅等)可采用水平双管系统。供回水管道可设于本层地面下、本层地面
	水平单管	一般用于低层大空间供暖建筑,当需要单独调节散热器散热量时,应采用全带跨越管的水平单管系统,否则可采用水平串联式系统;无条件设置诸多立管的多层或高层建筑,在建筑条件适宜时,也可采用水平单管系统

四、计算房间散热器面积、片数

本小节的任务是将设计计算的热负荷落实到散热设备上,即量化房间内设计散热器的组数,每组散热器需设几片。

具体方法:计算散热器内热媒温度并且选择散热器的种类和型号规格;求出房间需要的散热器总面积;目前常用的散热器为柱形,所以最后求得该组片数。

散热器的总面积按下式计算:

$$F = \frac{Q}{K(t_{pj}-t_n)}\beta_1\beta_2\beta_3 \tag{2-1}$$

式中　F——散热器的总面积（m^2）;

　　　Q——散热器的散热量（W）;

　　　t_{pj}——散热器内热媒平均温度（℃）;

　　　t_n——供暖室内计算温度（℃）;

　　　K——散热器的传热系数［$W/(m^2 \cdot ℃)$］;

　　　β_1——散热器组装片数或长度修正系数;

　　　β_2——散热器连接方式修正系数;

　　　β_3——散热器安装形式修正系数。

1. 计算热水供暖系统散热器内热媒温度

$$t_{pj} = \frac{t_{sg}+t_{sh}}{2} \tag{2-2}$$

式中　t_{sg}——散热器进水温度（℃）;

　　　t_{sh}——散热器出水温度（℃）。

注意,单管系统散热器进、出水温度不是系统供、回水温度。

2. 选择散热器的种类和型号规格

散热器传热系数 K 是散热能力强弱的主要标志，它受热媒种类、房间温度、放置位置、系统连接方式、房间内壁面热辐射强度等因素影响。它的数值主要采用试验方法获取，即在长×宽×高为 $(4\pm0.2)\,m\times(4\pm0.2)\,m\times(2.8\pm0.2)\,m$ 的封闭小室，室温 $t_n=18℃$，一定片数散热器敞开布置，同侧上进下出的条件下测试，得到 K 的经验公式，可以整理成 $K=a(\Delta t)^b=a(t_{pj}-t_n)^b$ 的形式。在进行设计计算之前，应明确采用的散热器的种类和规格，并由厂家提供系数 a、b 的具体数值和单片散热器的面积 f。

但试验结果不能代表一切不同条件的真值，实际使用条件与测试工况条件不同，因此散热器的传热系数需要考虑必要的修正。

1）散热器片数或长度修正系数见表 2-3。

表 2-3 散热器片数或长度修正系数 β_1

散热器形式	各种铸铁及钢制柱型				钢制板型及扁管型		
每组片数或长度	<6 片	6~10 片	11~20 片	>20 片	≤600mm	800mm	≥1000mm
β_1	0.95	1.00	1.05	1.10	0.95	0.92	1.00

2）散热器支管连接方式修正系数见表 2-4。

表 2-4 散热器支管连接方式修正系数 β_2

连接方式	同侧上进下出	同侧下进上出	异侧上进下出	异侧下进下出
铸铁柱型	1.00	1.42	1.00	1.20
铸铁长翼型	1.00	1.4	0.99	1.29
钢制柱型	1.00	1.19	0.99	1.18
钢制板型	1.00	1.69	1.00	2.17
闭式串片型	1.00	1.14	—	—

3）散热器安装形式修正系数见表 2-5。

表 2-5 散热器安装形式修正系数 β_3

安装形式	修正系数
装在墙的凹槽内,散热器上部距墙距离为 0.1m	1.06
明装但在散热器上部有窗台板覆盖,散热器距窗台板高度 0.15m	1.02
装在罩内,上部敞开,下部距地 0.15m	0.95
装在罩内,上部、下部开口,开口高度 0.15m	1.04
明装不加罩	1.00

3. 计算房间散热器面积、片数计算

根据连接方式、安装形式确定 β_2、β_3 并假定 $\beta_1=1$，采用式（2-1）计算房间散热器面积，并根据式（2-3）计算片数 n。

$$n=F/f \qquad\qquad (2-3)$$

而后再对 n 进行片数（β_1）修正，而最终得到片数。取舍原则：

柱型面积可比计算值小 $0.1\,m^2$，翼型或其他可比计算值小 5%，否则进 1。

双管系统：热量尾数不超过所需散热量的 5%时可舍去，大于或等于 5%时应进位。

单管系统：上游（1/3）、中间（1/3）及下游（1/3）散热器数量计算尾数分别不超过所需散热量的 7.5%、5%及 2.5%时可舍去，反之应进位。

五、布置散热器

1）散热器布置在外墙的窗台下，从散热器上升的对流热气流能阻止从玻璃窗下降的冷气流，使流经生活区和工作区的空气比较暖和，给人以舒适的感觉，因此推荐把散热器布置在外墙的窗台下；若布置在外窗有难度，可靠内墙布置，见图2-4。

2）散热器一般采用明装。托儿所、幼儿园、老年公寓等有防烫伤要求的场合必须暗装或加防护罩。

3）楼梯间，宜分配在底层或按一定比例分配在下部各层。

4）有冻结危险的楼梯间或其他有冻结危险的场所，应由单独的立、支管供暖，散热器前不得设置调节阀。

5）铸铁散热器的组装片数，不宜超过下列数值：粗柱型（包括柱翼型）20片，细柱型25片，长翼型7片。组装长度不超过1.5m。

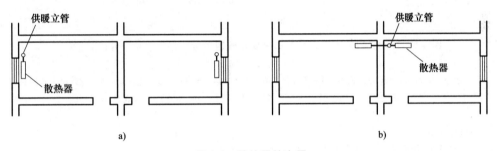

图 2-4 散热器的布置

a）置于外墙窗台下 b）置于内墙下

六、布置管路

1. 热力入口处

集中供暖系统中应在建筑物热力入口处的供水、回水总管道上设置温度计、压力表、过滤器等，并应在回水管道上设置静态水力平衡阀，工程上也可采用自力式压差控制阀，见图2-5。

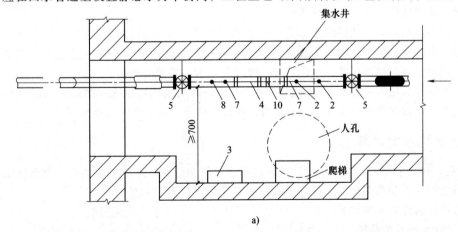

a）

图 2-5 热水供暖系统热力引入口平面及管道布置（地沟、检查井内）

a）入口平面图

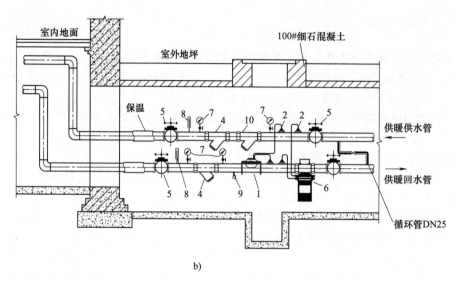

b)

图 2-5 热水供暖系统热力引入口平面及管道布置（地沟、检查井内）（续）

b）入口管道布置图

1—流量计 2—温度、压力传感器 3—积分仪 4—水过滤器（60 目） 5—截止阀 6—自力式压差控制阀
7—压力表 8—温度计 9—泄水阀（DN15） 10—水过滤器（孔径 3mm）

2. 干管布置

1）根据建筑物负荷分环路（南北环路或东西环路）。

2）干管明装敷设。

3）注意排气，供水管道应按水流方向设上升坡度，每个环路均应设立独立排气装置，回水管道应按水流方向设下降坡度。水平干管的坡度宜采用 0.003，不得小于 0.002。

4）每个并联环路应设置关闭和调节阀门。维修时关闭用的阀门，应选择低阻力阀，如闸阀、双偏心半球阀或球阀等；需要承担调节功能的阀门，应选择用高阻力阀，如截止阀、静态水力平衡阀、调节阀等。

3. 立管

供暖系统管路的立管布置见图 2-6。

立管分为供水总立管及供回水立管，一般明装敷设；上供下回式系统有一根总立管把热水供至顶层供水干管；注意，为减小散热器及配件所承受的压力，保证系统安全运行，避免立管管径过大及出现垂直失调等现象，当建筑高度超过 50m 时，应进行竖向分区。

供回水立管是供水干管和回水干管间的立管，负责向散热器供水。多层和高层建筑的热水供暖系统中，每根立管和分支管道的始末段均应设置调节、检修和泄水用的阀门。

七、系统水力计算

《民规》规定：室内供暖系统设计必须进行水力平衡计算，并应采取措施，使设计工况的各并联环路之间（不包括共用段）的压力损失相对差额不应大于 15%。

水力计算的计算步骤如下：

1）绘制供暖系统草图。

2）求出通过各管段的流量，对各管段进行编号，对整个系统进行水力计算确定管道直径。

3）并联管路水力平衡计算（不平衡率低于 15%，不包括共同段压力损失相对差额）。

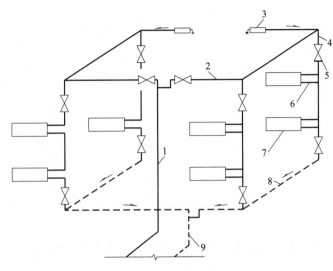

图 2-6　立管布置

1—供水总立管　2—供水干管　3—自动排气阀　4—供水立管　5—截止阀　6—散热器支管
7—散热器　8—回水干管　9—引入口回水管

4）选择水泵。水泵的流量和扬程需在系统循环流量、阻力的基础上考虑 10% 的附加量进行选型。

八、选择膨胀水箱

膨胀水箱的作用：吸纳膨胀水量、补偿系统水量、定压及排气。

设置要点：设置于系统最高点，高出管路 1.5m；膨胀管接于循环水泵吸入口的水管上；膨胀管、溢水管和循环管上严禁安装阀门，而排水管和信号管上应设置阀门。

开式高位水箱的容积按下式计算确定：

$$V_{\mathrm{P}} = \alpha \Delta t_{\max} V_{\mathrm{s}} \tag{2-4}$$

式中　V_{P}——膨胀水箱的有效容积（L）；

　　　α——水的膨胀系数，其值为 $0.0006 \mathrm{L/(℃ \cdot L)}$；

　　　V_{s}——系统的水容量（L）；每供给 1kW 热量，换热器中水容量为 3L，常用散热器为 6~12L，室内机械循环管路为 7.8L；

　　　$\Delta t_{\max}$——系统内的水受热及冷却时温度的最大波动值，一般以 20℃ 起算。

求出所需的膨胀水箱的有效容积后，可按《国家建筑标准设计图集》T905（一）《方形膨胀水箱》、T905（二）《圆形膨胀水箱》选用所需的型号，具体规格见表 2-6。

表 2-6　膨胀水箱规格表

水箱形式	型号	公称容积/m³	有效容积/m³	外形尺寸/mm 长×宽 L×B（或 d）	高 H	水箱配管的公称直径 Dg/mm 溢流管	排水管	膨胀管	信号管	循环管	自重/kg	供暖通风标准图集图号
方形	1	0.5	0.61	900×900	900	40	32	25	20	20	156.3	T905（一）
	2	0.5	0.63	1200×700	900	40	32	25	20	20	164.4	
	3	1.0	1.15	1100×1100	1100	40	32	25	20	20	242.3	
	4	1.0	1.20	1400×900	1100	40	32	25	20	20	255.1	

（续）

水箱形式	型号	公称容积/m³	有效容积/m³	外形尺寸/mm		水箱配管的公称直径 D_g/mm					自重/kg	供暖通风标准图集图号
				长×宽 $L×B$（或 d）	高 H	溢流管	排水管	膨胀管	信号管	循环管		
圆形	1	0.3	0.35	900	700	40	32	25	20	20	127.3	T905（二）
	2	0.3	0.33	800	800	40	32	25	20	20	119.4	
	3	0.5	0.54	900	1000	40	32	25	20	20	153.6	
	4	0.5	0.59	1000	900	40	32	25	20	20	163.4	
	5	0.8	0.83	1000	1200	50	32	32	20	25	193.0	
	6	0.8	0.81	1100	1000	50	32	32	20	25	193.8	
	7	1.0	1.10	1100	1300	50	32	32	20	25	238.4	
	8	1.0	1.20	1200	1200	50	32	32	20	25	253.1	

第二节　低温热水地面辐射供暖系统设计

　　散热设备主要依靠辐射传热方式向房间进行供热的供暖方式称为辐射供暖。按照辐射板面温度可分为高温辐射、中温辐射和低温辐射。其中低温热水地面辐射供暖系统应用最为广泛，其以温度不高于60℃的热水作为热源，在埋置于地板下的盘管系统内循环流动，加热整个地板，通过地面均匀地向室内辐射散热。供暖状态下其辐射换热占全部换热的比例可达50%以上。

一、组成及地面构造

1. 地面辐射供暖系统的组成

　　地面辐射供暖（简称地暖）系统从加热管开始至供暖热源依次为：埋地加热管、分水器、集水器、温控装置及热量表、楼内输送管道、用户入口装置、室外输送管道及供暖热源等，见图2-7。

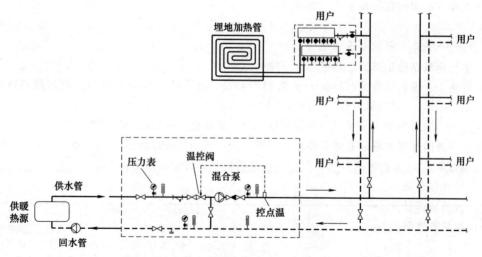

图 2-7　地面辐射供暖系统组成

2. 地面辐射供暖的地面构造

热水地面辐射供暖可分为埋管式与组合式两大类型。

埋管式也称湿式，它需要在现场进行铺设绝热层、敷设并固定加热管、浇灌混凝土填充层等全部工序，见图 2-8。埋管式热水地面辐射供暖系统的地面构造，自下而上一般由基层（结构层楼板或地面）、找平层（水泥砂浆）、绝热层（上部敷设加热管）、填充层（水泥砂浆或豆石混凝土）和地面覆盖层（面层）等组成；必要时在填充层和基层上部设隔离层（如洗手间、游泳池等潮湿房间）。

组合式也称干式，它的构造特点是不需混凝土填充层，所以没有湿作业。图 2-9 所示为预制轻薄供暖板供暖地面构造。

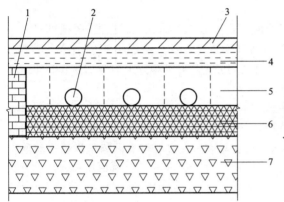 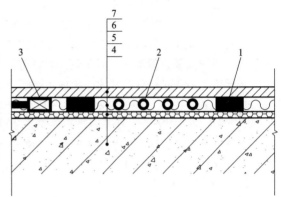

图 2-8　地板辐射供暖构造
1—聚苯乙烯保温板　2—交聚乙烯管　3—地面层
4—水泥砂浆找平层　5—细石混凝土
6—聚苯乙烯保温板　7—楼板

图 2-9　预制轻薄供暖板供暖地面构造
（与供暖房间相邻，木地板面层）
1—木龙骨　2—加热管　3—二次分水器　4—楼板
5—可发性聚乙烯（EPE）垫层　6—供暖板　7—木地板面层

3. 地面辐射供暖的特征及应用

在热辐射的作用下，地面辐射供暖的围护结构内表面和室内其他物体表面的温度，都比对流供暖时高，人体的辐射散热相应减少。在保持相同舒适感的前提下，辐射供暖时的室内空气温度，可以比对流供暖时降低 2~3℃。地面辐射供暖的供水温度一般为 40~60℃，为利用低温热水（如热泵机组的供水）、废热等创造了条件。

住宅与别墅是使用地面辐射供暖最多的民用建筑，地面辐射供暖可在各类民用建筑中使用，对于空间高大、窗台低矮、散热器难以摆放的场所尤为适用。

二、低温热水地面辐射供暖系统的设计

本节主要讲述低温热水地面辐射供暖系统的设计步骤及方法，其设计应执行《辐射供暖供冷技术规程》（JGJ 142—2012）的规定，简称《规程》。主要设计步骤如下：

1）区块划分及伸缩缝设置。
2）供暖负荷计算。
3）加热管选择及埋管间距确定。
4）分、集水器选择及管道布置。
5）计算供暖房间的热媒供应量。
6）用户室内埋地加热管及分、集水器水力计算。
7）热源选择及连接方式。
8）热媒输送系统敷设及水力计算。

9）水泵及附件选型。

1. 区块划分与伸缩缝设置

敷设有加热管的地面，在供暖后，整个填充层会向四周膨胀，为了防止出现地面隆起和龟裂通常是将较大供暖地面用膨胀材料分隔为较小的区块，在区块与区块之间，区块与墙、柱之间留有足够的伸缩空隙。同时起到保温作用，减少无效热损失。

在进行地面辐射供暖设计时，首先要依据房间的尺寸，分、集水器的位置，管道走向及加热管的长度等因素，合理进行区块的划分。区块是由伸缩缝的分隔而形成的，伸缩缝是由浇筑混凝土时预先埋设的弹性保温膨胀材料而形成的。

通常 100m 长的加热管约可铺设 $20 \sim 30 m^2$ 的地面，若采用 120m 长的加热管，面积可稍大一些，但每块的面积最好不超过 $30 m^2$。面积较小的房间（不超过 $30 m^2$，进深小于 6m 者），可不划分区块，但四周要设伸缩缝。面积较大的场所，合理地划分区块并处理好地面与加热管的伸缩问题，是保障工程质量、延长使用年限的重要环节。

按《规程》要求，伸缩缝的设置应符合下列规定：

1）填充层与内外墙、柱等垂直构件交接处应留不间断的伸缩缝。伸缩缝填充材料应采用搭接方式连接，搭接宽度不应小于 10mm；伸缩缝填充材料与墙、柱应有可靠的固定措施，与地面绝热层连接应紧密；伸缩缝宽度不宜小于 10mm。

2）当地面面积超过 $30 m^2$ 或边长超过 6m 时，应按不大于 6m 间距设置伸缩缝，区块之间的伸缩缝宽度不应小于 8mm。

2. 供暖负荷的确定

辐射供暖系统建筑耗热量的计算方法与第一章冬季供暖负荷大致相同，但室内供暖计算温度宜降低 2℃。当地面辐射供暖房间高度大于 4m 时，应在基本耗热量和朝向、风力、外门附加耗热量之和的基础上，计算高度附加率，每高 1m 宜附加 1%，但总附加不宜大于 8%。建筑物地面敷设加热管时，供暖热负荷中不计算地面的热损失。进深大于 6m 的房间，宜以距外墙 6m 为界进行分区，分别计算热负荷及进行管线布置。

对于局部辐射供暖系统，供暖热负荷可按全面辐射供暖时的热负荷，乘以表 2-7 的计算系数确定。

表 2-7 局部辐射供暖热负荷计算系数

供暖区面积与房间总面积的比值	≥0.75	0.55	0.40	0.25	≤0.20
计算系数	1.00	0.72	0.54	0.38	0.30

3. 加热管选择及埋管间距确定

根据有效散热量 q_x 查地板供暖设计表格，确定管径及管间距。

1）选择埋地加热管及参数。辐射供暖系统的加热管，一般采用热塑性塑料管或铝塑复合管，应用较为普遍的是热塑性塑料管。地暖系统工作压力一般为 0.4MPa，最高不大于 0.8MPa。目前，国际上普遍认为最适宜作为辐射供暖加热管的管材，是耐热聚乙烯（PE-RT）和交联聚乙烯（PE-X）。地暖管管径为 DN16、DN20 两种，一般家用地暖采用 DN16。

2）计算供暖房间地面单位面积所需有效散热量。埋管间距一般在 $100 \sim 300 mm$，通常以 50mm 的间隔进行选择，实际工程建议间距不大于 250mm。靠近门窗的区域（$1.0 \sim 1.5 m$）可以局部加密管道间距（$100 \sim 200 mm$）。供暖地面向上的有效散热量 Q_1 应满足房间所需散热量；Q_1 为计算热负荷 Q 扣除来自上层地面辐射供暖的散热量 Q_2' 的剩余部分（顶层及公共建筑门厅除外，$Q_2' = 0$）。

本层房间所需有效散热量 Q_1 按下式计算：

$$Q_1 = Q - Q_2' \tag{2-5}$$

式中　Q_1——供暖房间所需有效散热量（W）；

　　　Q——供暖房间计算热负荷（W）；

　　　Q_2'——来自上层地面辐射供暖的散热量（W）。

而供暖房间单位加热地面面积所需散热量按下式计算：

$$q_x = \beta \frac{Q_1}{F} \tag{2-6}$$

式中　q_x——单位地面面积所需散热量（W/m²）；

　　　Q_1——房间所需有效散热量（W）；

　　　F——房间内铺设加热设备的地面面积（m²）；

　　　β——考虑家具等遮挡的安全系数。

室内有遮挡物的（如床、柜等），应考虑遮挡物的影响（修正方法见表2-8），进而确定相应的管间距，但水系统设计负荷不变。

表 2-8　遮挡有效面积系数

遮挡面积/埋管面积	0.10	0.15	0.20	0.25	0.30	0.35	0.40
修正系数	1.08	1.12	1.16	1.21	1.27	1.32	1.39

3）查有效散热量计算表，确定加热管间距，并校核地表面平均温度。

单位地面面积的有效散热量 q_x 与向下传热损失，热媒的平均温度及流量，加热管的管径、管材及管间距，加热管上覆盖面层的厚度、材质以及室内温度状况等诸多因素有关。

当加热管为交联聚乙烯（PE-X）管时，可直接按附录25取值，铝塑复合管（XPAP）和耐热聚乙烯（PE-RT）管，可参照交联聚乙烯（PE-X）管的散热量计算表使用。当加热管为聚丁烯（PB）管时，可直接按附录26取值。无规共聚聚丙烯（PP-R）管和嵌段共聚聚丙烯（PP-B）管，可参照聚丁烯（PB）管的散热量计算表使用，使得 $q_x \leqslant q_1$ 即可。

地面面层材料做法对有效散热量有影响，按《规程》要求，地面面层宜采用热阻值小于 $0.05\,\text{m}^2 \cdot \text{K/W}$ 的材料。水泥、瓷砖或石料是最适合做地面辐射供暖的地面材料，塑料制品及木地面的热阻值偏高；而需要铺设地毯的高级客房、客厅等，尽量不采用地面辐射供暖方式。

热水地面辐射供暖系统供水温度宜采用 35~45℃，不应大于60℃；供回水温差不宜大于10℃，且不宜小于5℃；确定地面的单位面积供热量时，必须校核地表面平均温度，保证其不超过表2-9规定的最高限值。

表 2-9　地面辐射供暖及供冷时地表面平均温度

区域特征	适宜范围/℃	最高（最低）限值/℃	最高供热[①]（供冷）量/（W/m²）
人员经常停留区	25~27	≤29	100
人员短期停留区	28~30	32	140
无人停留区	35~40	42	240
浴室及游泳池	30~33	33	50

① 最高供热量计算条件：室温18℃（浴室及游泳池为28℃）。

地表面平均温度 t_m（℃），可按下式计算：

$$t_m = t_n + 9.82 \times \left(\frac{q_x}{100} \right)^{0.969} \tag{2-7}$$

式中　t_n——室内计算温度（℃）；

$\quad\quad q_x$——单位地面面积的所需有效散热量（W/m²）。

在工程设计实践中，式（2-7）的主要用途是求出具体条件下地面的最大允许供热量。当地面的最大允许供热量小于房间的供暖负荷值时，应改善建筑热工性能，减少供暖负荷，或提高热媒温度，或增设其他辅助供暖设备。例如住宅中的卫生间，若根据 $t_n = 25$℃ 设计，往往会出现加热管布置不下的问题。其实，按 $t_n = 18\sim20$℃ 设计加热管，另配辅助供暖器如浴霸（供洗澡时升温）更合理、更加符合舒适要求。此外，卫生间管道间距一般不小于 150mm，当卫生间较大，计算可以满足要求时也可采用 200mm。

4. 分、集水器选择及地暖管道布置

（1）确定分、集水器数量和位置　分、集水器是地面辐射热水供暖系统中十分重要的部分，同时也是造价构成中占据较大比重的环节，因此减少分、集水器数量可以降低工程造价。分、集水器与埋地加热管连接的卡套式管接头上方均有截止阀，可以调节各环路流量及关断水流。分、集水器末端设有手动放气阀或自动排气阀用于排除系统中的空气。如房间里设有温控器，则分水器上可以设置与截止阀配套的执行器，在室温达到设定值时关断对应的阀门。集水器上根据需要可以设置流量计，可供调试时观察各环路水流量是否满足设计要求。

1）分、集水器数量。先估算埋设地暖管道的区域面积，再按照一般不超过 100m 的换热管长度（DN20 最多不超过 120m），分、集水器最多不超过 8 路（住宅一般不会超过 6 路）的原则确定分、集水器数量。

特殊情况：当需要分房间控制时，可以按房间划分环路，较小的房间可以考虑两个房间一路。卫生间可以包含到邻近的卧室中。不同房间需要控制时，应按房间布置回路，这时集水器上应有流量显示，以便流量调节。

2）分、集水器位置。分、集水器一般布置在卫生间、厨房内，也可布置在客厅及走廊的角落，有时可以布置在阳台上。分、集水器及其附件通常放在分、集水器箱中，埋地加热管则从分、集水器箱的下部接出，弯曲后进入地面敷设。

在分水器的总进水支管上，顺水流方向应装置截止阀、过滤器、热量表和截止阀；在集水器的回水支管上，顺水流方向应装置泄水短管（带截止阀）、平衡阀和截止阀；在分水器的总进水支管（始端）与集水器的总回水管（末端）之间，应设旁通管并安装截止阀，以保证管路冲洗时冲洗水不流入加热管系统。分、集水器安装示意见图 2-10。

分、集水器的直径一般比供回水管大 1~2 号，最大截面流速不宜超过 0.8m/s。

（2）布置地暖管道　布置地暖管道时应先确定伸缩缝，再划分回路地带，地暖管应尽量减少穿越伸缩缝。典型布管方式有：

1）回折型布管方式：通常可以产生均匀的地面温度，并可通过调整管间距来满足局部区域的特殊要求，推荐采用这种方式，见图 2-11a。

2）平行型布管方式：通常产生的地面温度一端高一端低，室内会产生温差，只推荐在较小空间内采用，见图 2-11b。

由于房间结构复杂多样，除上述典型布管方式外，双平行型布管方式也常被采用，见图 2-11c。

在布置加热管时，应将温度较高的进水管段优先布置在房间热损失较大的外墙及外窗部分，外墙及外窗附近的加热管间距也可适当减小，做法见图 2-11d。

当按照最大埋管间距仍有较大供热量富裕时，可考虑增大埋管距离墙脚的间距（<300mm），局部角落不铺设管道。但对于住宅应尽量铺满地面，以满足用户脚部舒适感要求。

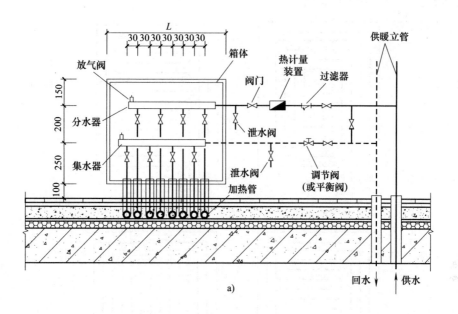

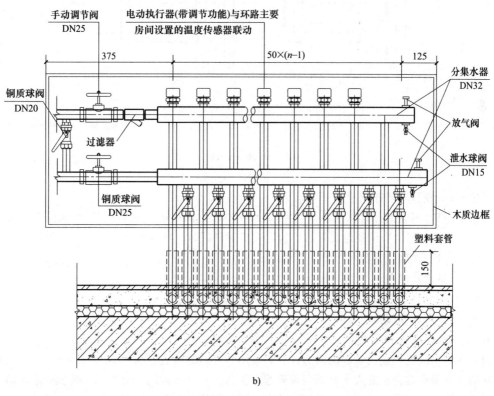

图 2-10　分、集水器安装示意图

a）分户温控　b）分室温控

5. 计算供暖房间的热媒供应量 G

供暖房间热媒供应量 G 及单环路水量 g 分别按式（2-8）和式（2-9）计算：

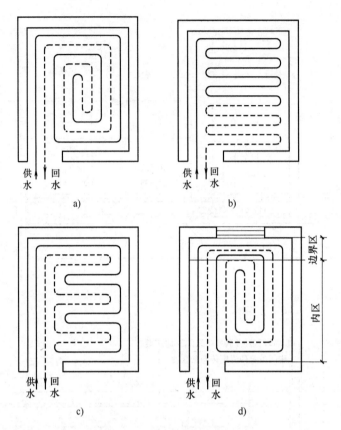

图 2-11 地暖管道布置示意图

a) 回折型（双回型） b) 平行型（单蛇型） c) 双平行型均匀布置 d) 带外区的双平行型布置

$$G = 0.86Q_m / \Delta t \qquad (2-8)$$

$$g = G/n \qquad (2-9)$$

式中 G——供暖房间热媒供应量（L/h）。

Q_m——供暖房间的热媒供应热量（W），包括本层房间所需有效散热量 Q_1 及向下层的热损失量 Q_2'，当供暖建筑各层均为地面辐射供暖时，除顶层外，各层房间的热媒供应热量与房间计算负荷可取相同数值；

Δt——供回水温差（℃）；

n——划分区块数量；

g——单环路水流量（L/h）。

6. 用户室内埋地加热管及分、集水器水力计算

地面辐射供暖用户室内系统的阻力计算，最不利环路的压力损失不宜超过 30kPa。所谓最不利环路的压力损失是指从总进水管阀门前算起，包括：总进水阀门、分水器、最长一个环路的加热管、支路阀门、集水器及出水总阀门。其中，不包括热量表和自动调节阀的局部阻力。为便于排除加热管内的气体，防止泥砂杂质的沉积，加热管内的热媒流速不宜小于 0.25m/s，一般控制在 0.25~0.6m/s 之间。

加热管环路的压力损失 Δp（Pa），可按下式计算：

$$\Delta p = \Delta p_m + \Delta p_j \qquad (2-10)$$

沿程损失：

$$\Delta p_{\mathrm{m}} = \lambda \frac{l}{d} \frac{\rho v^2}{2} = Rl \qquad (2-11)$$

局部压力损失：

$$\Delta p_{\mathrm{j}} = \xi \frac{\rho v^2}{2} \qquad (2-12)$$

式中　λ——管道的摩擦阻力系数；

d——管道的内径（m）；

l——管道长度（m）；

ρ——水的密度（kg/m^3）；

v——水的流速（m/s）；

R——设计温度和设计流量下的比摩阻（Pa/m）；

ξ——局部阻力系数，见表2-10。

表 2-10　局部阻力系数 ξ 值

管路附件	曲率半径≥5d 的 90°弯头	直流三通	旁流三通	全流三通	分流三通	直流三通
ξ 值	0.30~0.5	0.5	1.5	1.5	3.0	2.0
管路附件	分流四通	乙字弯	括弯	突然扩大	突然缩小	压紧螺母连接件
ξ 值	3.0	0.5	1.0	1.0	0.5	1.5

根据以上诸式，给定平均水温和流量，即可算出塑料管的水力计算表（附录27）。附录27中的比摩阻，是根据平均水温 $t=45℃$ 计算得出的；当水温不等于45℃时，应按下式进行修正：

$$R = aR_{45} \qquad (2-13)$$

式中　R_{45}——在设计流量和热水平均温度等于45℃时，由附录27查出的比摩阻（Pa/m）；

a——比摩阻修正系数，见表2-11。

表 2-11　比摩阻修正系数 a

热媒平均温度/℃	60	55	50	45	40	35
修正系数 a	0.957	0.971	1.03	1.0	1.014	1.029

7. 热源选择及连接方式

低温热水地面供暖系统可以利用城市热网、区域集中锅炉房、地热水、蓄热式电锅炉、热泵机组、工业余热以及小型热水炉等多种热源。只要水质符合供暖要求、水压稳定、水温在30~60℃之间，一般都可以直接用于地面辐射供暖。但是，当热源的水温高于60℃时，与之相连接的低温地面供暖系统，必须采取可靠的技术措施，防止高温热水进入地面加热管系统，从而避免加热管损坏，延长其使用年限，杜绝发生渗漏事故。

（1）小型热水炉或者热泵作为热源　可采用燃气热水炉、电热水炉或热泵作为地面辐射热水供暖系统的热源，见图2-12。

（2）集中热水供暖热源的连接　低温热水地面供暖系统与高温供暖热源的连接，主要有混合泵直接连接与换热器间接连接两种方式。

1）混合泵直接连接。低温热水地面供暖系统，在利用温度较高的城市热网或区域锅炉房供暖系统时，可以采用混合水泵直接连接方式。混合水泵可安装在供水干管上（图2-13），也可装在旁通管上（图2-14）。

2）换热器间接连接。当热源的温度较高，供回水的温差较大，热源系统的工作压力不适合地暖要求，或建筑面积较大、使用要求较高，不适合采用混合水连接方式时，可以采用换热器间

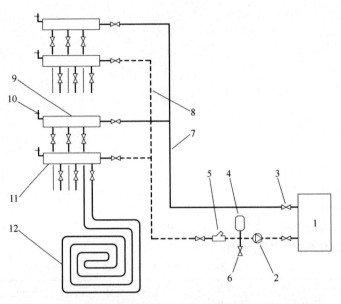

图 2-12　小型热水炉或者热泵作为热源的地暖系统示意图

1—热源　2—循环水泵　3—阀门　4—闭式膨胀水箱　5—Y 型过滤器　6—补水管　7—供水干管　8—回水干管
9—分水器　10—放气阀　11—集水器　12—埋地加热管

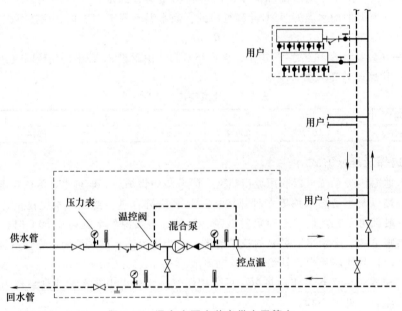

图 2-13　混合水泵安装在供水干管上

接连接方式。常见的换热器间接连接做法见图 2-15。

　　一次水系统的管道水力计算，应按一次热媒的计算温差取值，采用相应的管道水力计算表。二次低温水系统的水力计算，建议按温差 10℃ 取值换算成水量，利用室外热水供暖管道水力计算表进行近似计算。

　　（3）利用散热器回水的连接　利用散热器供暖回水作热源的地面辐射供暖系统，通常都是直接串联在供暖系统的下游（图 2-16）。如果系统的资用压力足以克服两个供暖系统阻力损失，

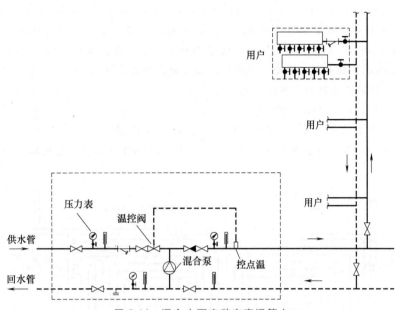

图 2-14 混合水泵安装在旁通管上

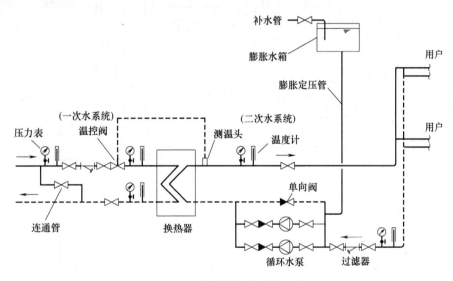

图 2-15 换热器间接连接方式

可以充分利用低温热源，提高供暖设备效能，符合节能、环保要求。

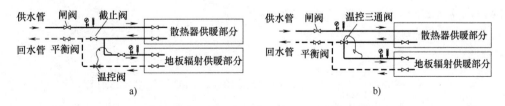

图 2-16 利用散热器供暖回水的连接方式

a) 采用直通式温控阀 b) 采用三通式温控阀

【例2-1】 某商场一层营业厅,长10.2m,宽8.4m,为规则矩形。常规供暖计算热负荷为9kW,室内计算度18℃。拟采用铝塑复合管做地面辐射供暖,管材规格16mm/20mm。供暖热媒为45~35℃低温热水;铺大理石地面,试进行地面辐射供暖设计计算。

【解】 1. 根据供暖面积划分铺设区块

建筑面积 $F = (10.8 \times 9.0) \, \text{m}^2 = 97.20 \, \text{m}^2$。

通常每100m长加热管铺设面积约为20~30m²,取平均值25m²。

97.20/25 = 3.89,取整数,分为4个区块,每块铺一根铝塑复合管,区块的划分与伸缩缝的做法参见图2-17。

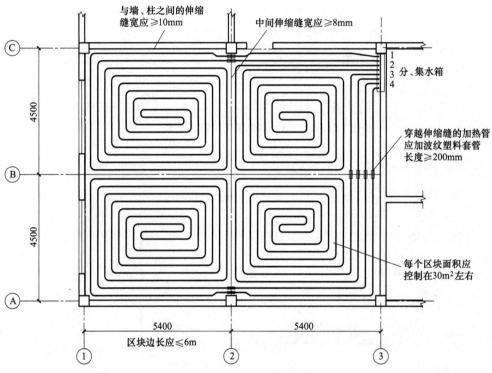

图 2-17 区块的划分与伸缩缝的做法

2. 计算地面单位面积所需有效散热量,确定加热管间距

供暖房间的热负荷按常规供暖热负荷的90%取值;地暖面积考虑地面遮挡有效面积系数80%,则 $q_x = [9000 \times 0.9/(97.2 \times 0.8)] \, \text{W/m}^2 = 104.2 \, \text{W/m}^2$。

当地面铺设大理石时,查附录25(1),平均水温40℃,室内空气温度18℃时,表中 $q_1 = 108.7 \, \text{W/m}^2$,$q_2 = 27.9 \, \text{W/m}^2$,管道间距为250mm。

3. 计算地表面平均温度

将数据代入式(2-7):

$$t_m = t_n + 9.82 \times \left(\frac{q_x}{100}\right)^{0.969} = [18 + 9.82 \times (104.2/100)^{0.969}] \, \text{℃} = 28.2 \, \text{℃}$$

对照表2-9,人员短期停留的商场营业厅,地表面平均温度在28~30℃之间,可以采用。

4. 计算供暖房间的热媒供应量

$$Q_m = (108.7+27.9) \times 97.2 \mathrm{W} = 13278 \mathrm{W}$$

折合水量：

$$G = (13278 \times 0.86/10) \mathrm{L/h} = 1142 \mathrm{L/h}$$

每个环路水量：

$$g = (1142/4) \mathrm{L/h} = 285.6 \mathrm{L/h}$$

5. 管道系统的阻力计算。

查附录 27，当管径为 16mm/20mm 时，流量 285.6L/h，流速为 0.43m/s，比摩阻 $R_{45} = 194 \mathrm{Pa/m}$，查表 2-11，修正系数 a 为 1.014，则 $R = (1.014 \times 194) \mathrm{Pa/m} = 196.72 \mathrm{Pa/m}$。

摩擦压力损失：

$$\Delta p_m = (196.72 \times 100) \mathrm{Pa} = 19672 \mathrm{Pa}$$

统计最远环路系统总的局部阻力系数 $\xi = 30$，将相关数据带入局部阻力计算公式。

局部压力损失：

$$\Delta p_j = (0.5 \times 30 \times 990.25 \times 0.43^2) \mathrm{Pa} = 2746 \mathrm{Pa}$$

最远环路系统总阻力：

$$\Delta p = (19672 + 2746) \mathrm{Pa} = 22418 \mathrm{Pa}$$

最远环路系统总阻力不大于 30kPa，在合理范围内。

通过以上例题看出，地面辐射供暖的计算，主要就是确定加热管间距的间距。或者说，单位面积有效散热量的大小，取决于埋设管道的多少。

为了方便在进行地面辐射供暖设计时合理进行区块划分，快速确定埋管长度，将地暖面积、布管间距与理论埋管长度之间的关系，编制成地面供暖布管长度快速计算表（表 2-12）供参考使用。

表 2-12　地面辐射供暖布管长度速算表　　　　　　　　（单位：m）

地暖面积/m²	布管间距/mm				
	300	250	200	150	100
6	20	24	30	40	54
8	26.6	32	40	54.4	72
10	33.3	40	50	66.7	90
12	40	48	60	80	108
14	46.6	56	70	93.4	126
16	53.3	64	80	106.7	144
18	60	72	90	120	162
20	66.6	80	100	133.4	180
22	73.3	88	110	146.7	198
24	80	96	120	160	
25	83.3	100	125	166.8	
26	86.6	104	130	173.4	
28	93.2	112	140	186.8	
30	100	120	150	200	
32	106.6	128	160		
34	113.2	136	180		

通过表 2-12 可以看出一个规律，即每 100m 管道的敷设间距与敷设面积之间的关系：间距为 200mm 敷设面积 20m²；间距为 250mm 敷设面积 25m²；间距为 300mm 敷设面积 30m²。

第三节　室内热水供暖系统设计案例

一、散热器供暖系统（北京市某办公楼供暖系统设计）

1. 工程概况

本工程为北京市一栋三层的办公楼，其中有办公、会议、培训等功能用途的房间。层高为 3.7m，建筑占地面积约 550m²，建筑面积约 1300m²。本工程以 0.4MPa 饱和蒸汽的市政管网为热源，采用散热器供暖系统。

2. 热媒选择

根据《民规》选用低温热水作为热媒。选择底层 104 房间为设备间，放置水泵和换热器，用换热器将市政蒸汽换成低温热水，设计供/回水温度为 75℃/50℃。

3. 负荷计算

根据负荷计算方法，可以计算出办公楼供暖负荷，统计见表 2-13。负荷计算结果将作为散热器选型、膨胀水箱选型及水力计算的依据。

表 2-13　负荷统计表

房间编号	用途	建筑面积/m²	设计温度/℃	总负荷/W
101	会议	43.2	20	1801
102	会议	43.2	20	1368
103	计算机房	82.7	18	3464
105	培训	97.2	18	4300
106	休息室	21.6	20	950
107	接待室	29.2	22	960
108	多功能厅	63	20	4800
109	男厕	21.6	20	977
	门厅	27.8	18	1100
底层小计		429.5		19720
201	办公	21.6	20	929
202	办公	21.6	20	929
203	办公	21.6	20	929
204	办公	21.6	20	929
205	会议	61.1	20	3200
206	库房	21.6	18	980
207	库房	21.6	18	980
208	办公	32.4	20	1380
209	办公	21.6	20	1100
210	办公	21.6	20	929
211	办公	21.6	20	929
212	办公	21.6	20	929
213	女厕	21.6	20	929
	楼梯间	5	15	1200
	走道	60	18	1400
二层小计		396.1		17672
301	会议	43.2	20	2326
302	休息室	21.6	20	990
303	电控室	21.6	18	1050

（续）

房间编号	用途	建筑面积/m²	设计温度/℃	总负荷/W
304	培训	104.3	18	5568
305	办公	32.4	20	1654
306	办公	43.2	20	2100
307	办公	43.2	20	2100
308	男厕	21.6	20	1208
	楼梯间	5	15	1000
	走道	60	18	1800
三层小计		396.1		19796
全楼总计		1221.7		57188

4. 管道敷设方式

考虑到本工程的实际规模和施工的方便性，本设计采用机械循环、单管制垂直式的上供下回系统。散热片安装形式为同侧的上供下回。对于建筑平面中只有单层的房间，如一层的多功能厅，采用水平串联式系统，单设一根立管为其供水。供水立管之间为同程式，在底层设一根总的回水同程管。根据建筑的结构形式，布置干管和立管，为每个房间分配散热器组，见图 2-18~图 2-20。

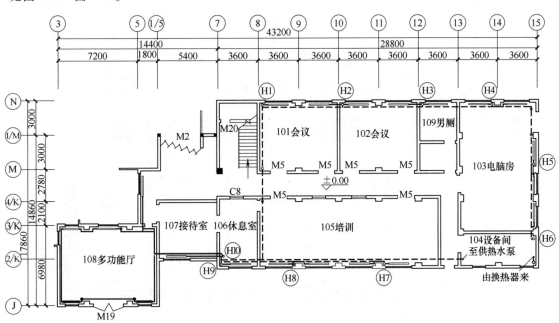

图 2-18　一层供暖平面图

5. 散热器片数计算

考虑到散热器的耐用性和经济性，本工程选用铸铁柱型散热器。结合室内负荷，选择四柱 760 型较适合。散热片主要参数如下，散热面积 0.28m²，水容量 1.4L/片，多数散热器安装在窗台下的墙龛内，距窗台底 80mm，表面喷银粉。

每片散热器的散热量 ［W/（m²·℃）］ 按下式计算：

$$Q = 0.6495(t_{pj} - t_n)^{1.286} \tag{2-14}$$

式中　t_{pj}——散热器进出口水温的算术平均值。

本工程为垂直式串联上供下回系统，散热器平均温度上层要高于下层，散热量同样上层大

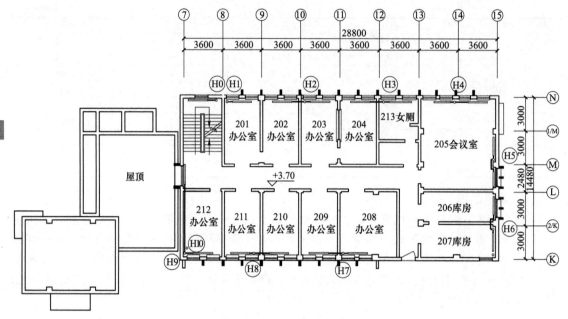

图 2-19 二层供暖平面图

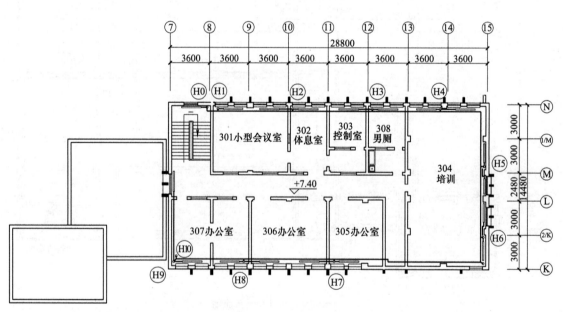

图 2-20 三层供暖平面图

于下层。在不考虑干管温降的情况下，顶层入口为 75℃，底层出口为 50℃，各层散热器的平均温度是按负荷比例分配的。按负荷的分配计算立管上各层散热器平均温度，见表 2-14。

表 2-14 上供下回垂直串联系统散热器平均温度计算表

楼层	立管编号		H0		H1		H2		H3		H4		H5		H6		H7		H8		H9	
第三层	入口温度/℃	总负荷/W	75.0	1688	75.0	1163	75.0	2153	75.0	2258	75.0	1856	75.0	1856	75.0	1856	75.0	2704	75.0	2100	75.0	2850

（续）

楼层	立管编号		H0	H1	H2	H3	H4	H5	H6	H7	H8	H9
第三层	平均温度/℃	左组负荷/W	67.7 / 1688	71.3 / 0	70.2 / 1163	70.1 / 1050	70.2 / 928	70.2 / 928	69.9 / 928	69.9 / 1050	70.1 / 1050	70.0 / 1800
	出口温度/℃	右组负荷/W	60.4 / 0	67.5 / 1163	65.4 / 990	65.2 / 1208	65.4 / 928	65.4 / 928	64.7 / 928	64.7 / 1654	65.2 / 1050	64.9 / 1050
第二层	入口温度/℃	总负荷/W	60.4 / 1200	67.5 / 929	65.4 / 1858	65.2 / 1858	65.4 / 1600	65.4 / 1600	64.7 / 1960	64.7 / 2480	65.2 / 1858	64.9 / 2329
	平均温度/℃	左组负荷/W	55.2 / 1200	64.5 / 0	61.2 / 929	61.2 / 929	61.3 / 800	61.3 / 800	59.3 / 980	60.0 / 1100	60.8 / 929	60.8 / 1400
	出口温度/℃	右组负荷/W	50.0 / 0	61.6 / 929	57.1 / 929	57.2 / 929	57.2 / 800	57.2 / 800	53.8 / 980	55.3 / 1380	56.5 / 929	56.7 / 929
第一层	入口温度/℃	总负荷/W	50.0 / 0	61.6 / 1801	57.1 / 1584	57.2 / 1660	57.2 / 1386	57.2 / 1386	53.8 / 693	55.3 / 1386	56.5 / 1386	56.7 / 1910
	平均温度/℃	左组负荷/W	50.0 / 0	55.8 / 1801	53.5 / 900.5	53.6 / 683.8	53.6 / 692.8	53.6 / 692.8	51.9 / 693	52.6 / 692.8	53.2 / 692.8	53.4 / 950
	出口温度/℃	右组负荷/W	50.0 / 0	50.0 / 0	50.0 / 683.8	50.0 / 977	50.0 / 692.8	50.0 / 692.8	50.0 / 0	50.0 / 692.8	50.0 / 692.8	50.0 / 960

根据每个房间的热负荷和室内设计温度，可计算得到散热器片数，见表 2-15。

表 2-15　办公楼供暖散热片数量计算表

房间编号	用途	设计温度/℃	平均温度/℃	散热量/W	散热器组数	每组散热量/W	每片散热量/W	每组片组	片数修正系数	修正后散热量/W	修正后每组片数
101	会议	20	55.8	1801	2	901	65	14	1.05	1012	16
102	会议	20	53.6	1368	2	684	60	11	1.05	768	13
103	计算机房	18	53.6	3464	5	693	64	11	1.05	778	12
105	培训	18	53.2	4300	·4	1075	63	17	1	1150	18
106	休息室	20	53.4	950	1	950	59	16	1.05	1067	18
107	接待室	22	53.4	960	1	960	55	18	1.1	1130	21
108	多功能厅	20		4800	4	1200	138	9	1.05	1348	10
						1200	123	10	1.05	1348	11
						1200	108	11	1.05	1348	12
						1200	94	13	1.05	1348	14
109	男厕	20	53.6	977	1	977	60	16	1.05	1097	18
	门厅	18	53.4	1100	1	954	64	15	1.1	1259	20
底层小计				20527				161			181
201	办公	20	64.5	929	1	929	86	11	1.05	1044	12
202	办公	20	61.2	929	1	929	78	12	1	994	13
203	办公	20	61.2	929	1	929	78	12	1	994	13
204	办公	20	61.2	929	1	929	78	12	1	994	13

（续）

房间编号	用途	设计温度/℃	平均温度/℃	散热量/W	散热器组数	每组散热量/W	每片散热量/W	每组片组	片数修正系数	修正后散热量/W	修正后每组片数
205	会议	20	61.3	3200	4	800	78	10	1	856	11
206	库房	18	59.3	980	1	980	78	13	1	1049	13
207	库房	18	59.3	980	1	980	78	13	1.05	1101	14
208	办公	20	60.0	1380	1	1380	75	18	1	1477	20
209	办公	20	60.8	1100	1	1100	77	14	1	1177	15
210	办公	20	60.8	929	1	929	77	12	1	994	13
211	办公	20	60.8	929	1	929	77	12	1	994	13
212	办公	20	60.8	929	1	929	77	12	1.05	1044	14
213	女厕	20	61.2	929	1	929	78	12	1	994	13
	楼梯间	18	55.2	1200	1	1200	68	18	1.1	1412	21
	走道	18	60.8	1400	1	1400	82	17	1.05	1573	19
二层小计				17672				198			217
301	会议	20	71.3	2326	2	1163	103	11	1.05	1307	13
302	休息室	20	70.2	990	1	990	100	10	1.05	1112	11
303	电控室	18	61.2	1050	1	1050	82	13	1.05	1180	14
304	培训	18	70.2	5568	6	928	105	9	1	993	9
305	办公	20	69.9	1654	1	1654	99	17	1.05	1858	19
306	办公	20	70.1	2100	2	1050	100	11	1	1124	11
307	办公	20	70.0	2100	2	1050	99	11	1.05	1180	12
308	男厕	20	70.1	1208	1	1208	100	12	1.05	1357	14
	楼梯间	18	67.7	1688	1	1688	99	17	1.05	1896	19
	走道	18	70.0	1800	1	1800	104	17	1.05	2022	19
三层小计				20484				127			142
全楼总计				58683				486			540

6. 散热器布置

散热器大部分布置于外墙的窗台下。

7. 绘制草图

绘制草图，标注流量和管段标号，见图 2-21。

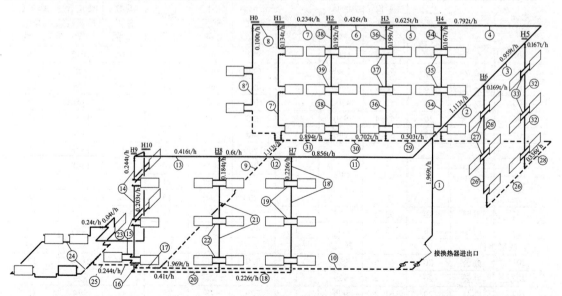

图 2-21　水力计算管段编号草图

8. 水力计算

画出系统图，求出通过各管段的流量，对各管段进行编号（图 2-21），对整个系统进行水力计算，以确定各段管径，及最不利环路的压力损失等（表 2-16），供暖系统图见图 2-22。

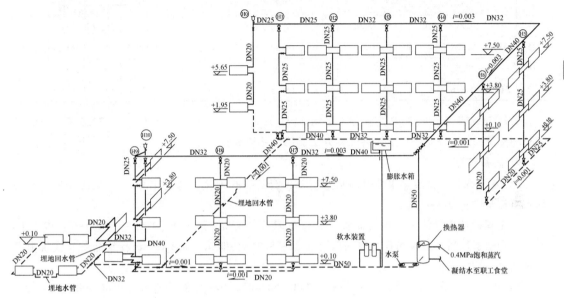

图 2-22　供暖系统图

表 2-16　办公楼机械循环同程式单管热水供暖系统管路水力计算表

管段编号	负荷/W	流量/(t/h)	长度/m	公称管径 DN	内径/mm	流速/(m/s)	比摩阻/(Pa/m)	沿程损失/Pa	局部阻力系数 $\Sigma\zeta$	动压/Pa	局部阻力损失/Pa	总损失/Pa	从起点算起的损失/Pa	备注
通过立管 H1 的环路															
1	56366	1.939	8.4	50	53	0.25	29.08	244.3	11	30.3	333.7	578.0	578.0	
2	32529	1.119	3	40	41	0.24	30.70	92.1	1	28.2	28.2	120.3	698.3	
3	27878	0.959	5.6	40	41	0.21	22.73	127.3	1	20.7	20.7	148.0	846.3	
4	23023	0.792	10	32	35.75	0.22	46.59	465.9	2	24.5	48.9	514.8	1361.1	
5	18169	0.625	6.9	32	35.75	0.18	29.61	204.3	1	15.2	15.2	219.6	1580.7	
6	12384	0.426	7.2	32	35.75	0.12	14.36	103.4	1	7.1	7.1	110.4	1691.1	
7	6802	0.234	6.2	25	27	0.12	15.54	96.3	1	6.6	6.6	102.9	1794.0	
8	2907	0.1	11.4	20	21.25	0.08	9.42	107.4	45	3.1	140.5	247.9	2041.9	包括 8′
9	32529	1.119	14.4	40	41	0.24	27.67	398.4	15	28.2	423.2	821.7	2863.6	
10	56366	1.939	27	50	53	0.25	25.44	686.8	25	30.3	758.5	1445.3	4308.9	
$\Sigma(\Delta p_{\mathrm y}+\Delta p_{\mathrm j})1\sim10=$							4308.9								
通过立管 H9 的环路															
11	24012	0.826	14	40	41	0.18	17.78	248.9	9	15.4	138.4	387.3	965.3	
12	17442	0.6	7.5	32	35.75	0.17	28.73	215.5	1	14.0	14.0	229.5	1194.8	
13	12093	0.416	7	32	35.75	0.12	14.37	100.6	1	6.7	6.7	107.3	1302.2	

（续）

管段编号	负荷/W	流量/(t/h)	长度/m	公称管径DN	内径/mm	流速/(m/s)	比摩阻/(Pa/m)	延程损失/Pa	局部阻力系数$\Sigma\zeta$	动压/Pa	局部阻力损失/Pa	总损失/Pa	从起点算起的损失/Pa	备注
14	7093	0.244	10	25	27	0.12	17.56	175.6	8	7.1	57.1	232.6	1534.8	
15	3547	0.122	42	20	21.25	0.10	14.22	597.3	45	4.6	209.2	806.5	2341.2	
16	17442	0.6	0.8	32	35.75	0.17	27.05	21.6	2.5	14.0	35.1	56.7	2398.0	
17	24012	0.826	3.6	40	41	0.18	16.25	58.5	9	15.4	138.4	196.8	2594.8	

管段 11~17 与管段 2~9 并联，不平衡率 = $(\Delta p_{2\sim9} - \Delta p_{11\sim17})/\Delta p_{2\sim9} \times 100\%$ = （2285.6 - 2016.8）/ 2285.6×100% = 11.8%。其余管路计算方法类似，不再赘述。

9. 设备选型

1) 水泵选型。供暖热水按供回水温差 25℃ 计算，热水流量约为 1.94t/h，取 1.1 安全系数，热水泵流量选择 2.13t/h。

本工程设计选择的半集热式盘管换热器压阻为 20kPa，则 H_p = （9253 + 20000）Pa = 29253Pa。取 1.1 安全系数后，水泵扬程相应的压力选 32178.3Pa，即 3.22mH$_2$O。选择某品牌立式管道泵。水泵选择一用一备的方式安装。

2) 膨胀水箱选型。当供/回水温度为 75℃/50℃ 时，膨胀水箱的有效容积（即相当于检查管到溢流管之间的高度容积）按式（2-4）计算。

根据每种设备单位供热量的水容量，计算得系统内水容量为 1260L。则膨胀水箱有效容积为 40.8L，约 0.04m^3。参照表 2-6，选择公称容积为 0.3m^3 的 1 号圆形膨胀水箱。

3) 换热器选型。全楼总供暖负荷乘以 1.1 系数后约为 62.0kW，热水流量为 2.13t/h。采用 0.4MPa（表压）饱和蒸汽加热。根据厂家样本选用某品牌 SW1B+05 型半集热式盘管汽水换热器。额定供热量和热水流量分别为 100kW、3.5t/h。

二、低温辐射地板供暖设计实例

1. 项目概况

韩家庄 A 地块城中村改造项目位于山西省临汾市，属寒冷 B 区。住宅楼总建筑面积 25486m^2，建筑高度 52.2m，地上 18 层，地下一层（有夹层），主要功能为住宅。

2. 设计依据及参数

1) 设计依据：《民用建筑供暖通风与空气调节设计规范》（GB 50736—2012）、《公共建筑节能设计标准》（GB 50189—2015）、山西省《居住建筑节能设计标准》（DBJ 04/242—2019）、《辐射供暖供冷技术规程》（JGJ 142—2012）等。

2) 室外计算参数：冬季供暖计算温度为 -6.6℃；冬季室外计算相对湿度为 58%；冬季平均室外风速为 1.6m/s；最大冻土深度为 57cm。供暖度日数为 2467（℃·d），供暖期天数为 100 天。

3) 室内设计参数：室内供暖计算温度为 18℃，新风换气次数为 0.5 次/h。卫生间设计成分段升温模式，平时保持 18℃，洗浴时，可借助辅助加热设备（如浴霸）升温至 25℃。

3. 热负荷

热负荷统计见表 2-17。

表 2-17　热负荷统计表

楼层	建筑面积/m²	供暖负荷/W	热负荷指标/(W/m²)
1～16 层	1270	44100	34.7
17 层	1270	59314	53.9
全楼总计	25480	809014	35.4

4. 热源

采用市政热力热水管网经小区换热站换热后的二次热水为热源，小区换热站设置在本小区地下室内，二次热水管道在地下室内分别接至各单体（1 号、2 号及 3 号楼，分别位于建筑北侧 ⑩～⑪，㉗～㉘，㊹～㊺轴处）引入口。3 号楼热力入口平面见图 2-23，热力入口的详细设置见图 2-5。一次热水供/回水温度为 70℃/50℃，二次热水供/回水温度为 55℃/45℃，系统工作压力 0.6MPa，资用压力 80kPa。

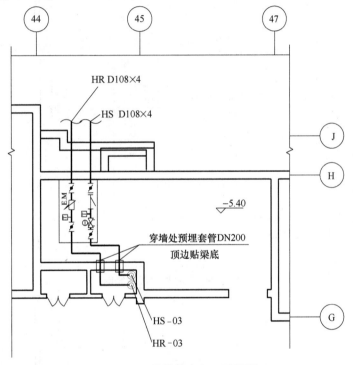

图 2-23　3 号楼热力入口平面图

5. 室内供暖系统设计

供暖系统均采用共用立管的分户独立系统形式。系统竖向为异程式，供回水立管设于公共管井内，立管顶端设自动排气装置，回水立管设平衡阀，立管通过分（集）水器与户内系统连接，3 号楼供暖系统图见图 2-24。各层按户数设置支管，各支管在管井内设置分户热量表后接各住宅单元分、集水器，入户支管平面见图 2-25。管井内水平入户供水管上设过滤器及热量表，入户供回水管设锁闭阀，入户支管埋设在土建垫层内，见图 2-26。各住宅单元每层设置一套分（集）水器。通过该分（集）水器，再分为多个地板供暖环路，按细分区域分环路布置地板加热管，分、集水器各供水支管上设置温控手轮，见图 2-27。加热管敷设建筑地面下的垫层内，垫层内的加热管材采用 S5 系列耐热聚乙烯（PE-RT）管，公称外径 20mm，壁厚 2.0mm。一个环路一根管材，地下部分无接头，户内地板辐射供暖平面图见图 2-28。该设计聚乙烯（PE-RT）管单位地面面积的散热量和向下传热损失是以地面层为地砖或石材、热阻 $R = 0.02\text{m} \cdot ℃/\text{W}$ 为基础。

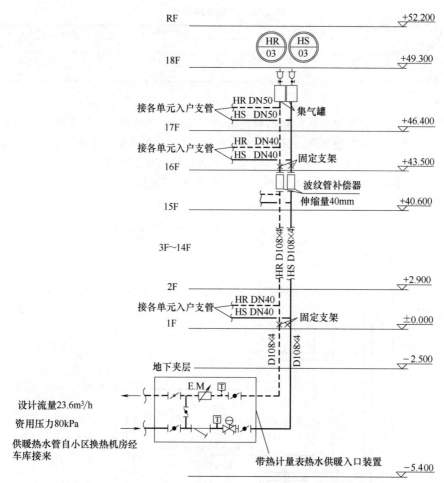

图 2-24　3 号楼供暖系统图

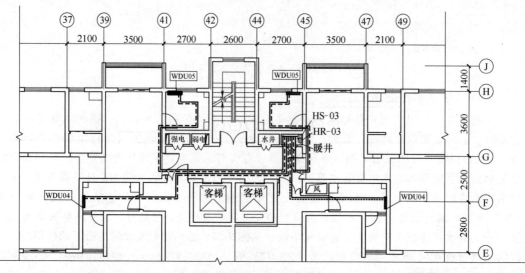

图 2-25　入户支管平面图

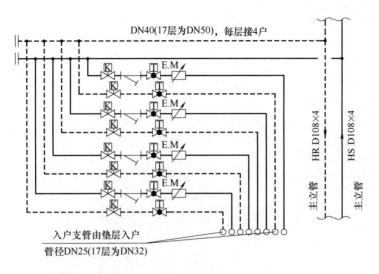

图 2-26　立管接入户支管示意图

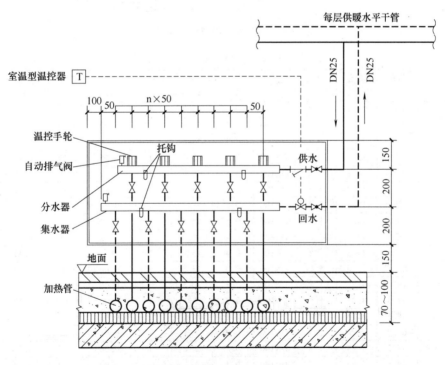

图 2-27　供暖系统入户剖面图

6. 水力计算及设备选型

（1）水力计算　根据整个项目中的水系统情况，选取系统最近端、最远端两个支路进行水力平衡计算，支路编号见图 2-29。

A 支路（最远端）计算结果见表 2-18。

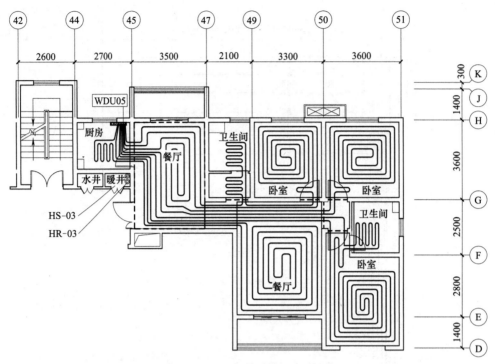

图 2-28　户内地板辐射供暖平面图

表 2-18　A 支路（最远端）水力计算表

管段	负荷 /kW	流量 /(t/h)	管长 /m	管径	v /(m/s)	R /(Pa/m)	ζ	Δp_y /kPa	Δp_j /kPa	$\Delta p_{热压}$ /kPa	Δp_{All} /kPa
1	269.7	23.2	5.8	DN100	0.7	61.9	5	0.36	1.35	-0.13	1.58
2	255.0	21.9	5.8	DN100	0.7	55.5	1	0.32	0.24	-0.13	0.43
3	240.3	20.7	5.8	DN100	0.7	49.5	1	0.29	0.21	-0.13	0.37
4	225.6	19.4	5.8	DN100	0.6	43.7	1	0.25	0.19	-0.13	0.31
5	210.9	18.1	5.8	DN100	0.6	38.4	1	0.22	0.16	-0.13	0.26
6	196.2	16.9	5.8	DN100	0.5	33.4	1	0.19	0.14	-0.13	0.21
7	181.5	15.6	5.8	DN100	0.5	28.7	1	0.17	0.12	-0.13	0.16
8	166.8	14.3	5.8	DN100	0.5	24.4	1	0.14	0.1	-0.13	0.12
9	152.1	13.1	5.8	DN100	0.4	20.4	1	0.12	0.09	-0.13	0.08
10	137.4	11.8	5.8	DN100	0.4	16.8	1	0.1	0.07	-0.13	0.04
11	122.7	10.6	5.8	DN100	0.3	13.5	1	0.08	0.06	-0.13	0.01
12	108.0	9.29	5.8	DN100	0.3	10.6	1	0.06	0.04	-0.13	0
13	93.3	8.02	5.8	DN100	0.3	8.0	1	0.05	0.03	-0.13	0
14	78.6	6.76	5.8	DN100	0.2	5.8	1	0.03	0.02	-0.13	-0.1
15	63.9	5.5	5.8	DN100	0.2	3.3	1	0.01	0.05	-0.13	-0.1
16	49.2	4.23	5.8	DN100	0.1	2.1	1	0.06	0.07	-0.13	0.01
17	34.5	2.97	5.8	DN100	0.1	1.1	1	0.02	0.07	-0.13	0
A1	10.7	0.92	4	DN50	0.3	33.0	3.4	0.13	0.11	0	0.24
A1 支管至 17 层 A 户型	10.7	0.92	40	DN32	0.3	33.0	8	1.32	0.59	0.066	1.98
分户热量表									20		20
分、集水器及 末端盘管									35		35
合计											60.55

57

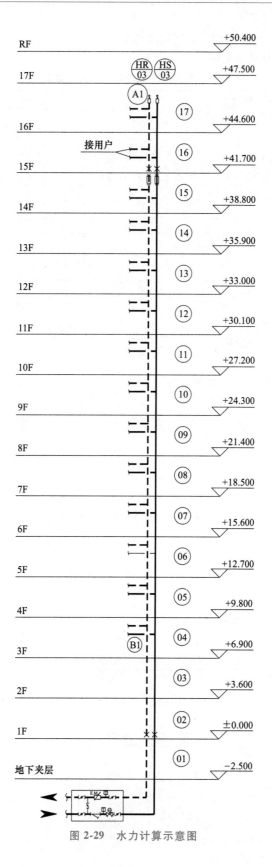

图 2-29　水力计算示意图

最不利环路总阻力 60.55kPa<引入口资用压力 80kPa。

B 支路（最近端）计算结果见表 2-19。

表 2-19　B 支路（最近端）水力计算表

管段	负荷 /kW	流量 /(t/h)	管长 /m	管径	v /(m/s)	R /(Pa/m)	ξ	Δp_y /kPa	Δp_j /kPa	$\Delta p_{热压}$ /kPa	Δp_{All} /kPa
1	269.7	23.2	5.8	DN100	0.74	61.9	5	0.36	1.35	−0.13	1.58
2	255.0	21.9	5.8	DN100	0.7	55.5	1	0.32	0.24	−0.13	0.43
3	240.3	20.7	5.8	DN100	0.7	49.5	1	0.29	0.21	−0.13	0.37
B1	2.9	0.25	4	DN40	0.05	9.9	3.4	0.04	0	0	0.04
B1 支管至 3 层 B 户型分、集水器	2.9	0.25	22	DN25	0.12	9.9	18	0.22	0	0.066	0.28
分户热量表									20		20
分、集水器及末端盘管									35		35
合计											57.7

两支路阻力差异：

$$\frac{\Delta p_A - \Delta p_B}{\Delta p_A - \Delta p_共} \times 100\% = \frac{60.55 - 57.7}{60.55 - 2.40} \times 100\% = 4.9\% < 15\%，满足要求。$$

（2）分、集水器选型

所选的分、集水器型号与规格见表 2-20。

表 2-20　分、集水器型号规格

序号	分、集水器编号	支路数(个)	工作压力/MPa	数量
1	WDU03	3	0.6	6
2	WDU04	4	0.6	102
3	WDU05	5	0.6	108

说明：①分、集水器箱体可采用明装或暗装；②分、集水器回水接管上设置 24V 电动二通调节阀，由房间温度控制器控制；③材质为铜质；④配调节阀、排气阀、排污阀、安装支架、箱体，支路配温控手轮。

二维码形式客观题

微信扫描二维码，可在线做题，提交后可查看答案。

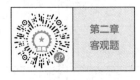

第二章
客观题

课程思政导读

火灾烟气
控制及安全
疏散

3

第三章

通风设计

第一节　通风设计基础

一、通风量计算

1. 消除有害物所需通风量

$$L = \frac{kx}{y_B - y_S} \tag{3-1}$$

式中　L——全面通风量（m^3/s）；

　　　k——安全系数，一般在 3~10 范围内选用；

　　　x——有害物散发量（g/s）；

　　　y_B——室内空气中有害物的最高允许浓度（g/m^3），部分有害物允许浓度见表 3-1；

　　　y_S——送风中含有该种有害物浓度（g/m^3）。

表 3-1　室内空气中有害物的最高允许浓度

序号	参数类别	参数	单位	标准值	备注
1		二氧化硫	mg/m^3	0.5	1h 均值
2		二氧化氮	mg/m^3	0.20	1h 均值
3		一氧化碳	mg/m^3	10.0	1h 均值
4		二氧化碳	%	0.10	1h 均值
5		氨	mg/m^3	0.20	1h 均值
6		臭氧	mg/m^3	0.16	1h 均值
7	化学性	甲醛	mg/m^3	0.08	1h 均值
8		苯	mg/m^3	0.03	1h 均值
9		甲苯	mg/m^3	0.20	1h 均值
10		二甲苯	mg/m^3	0.20	1h 均值
11		苯并[a]芘 B(a)P	ng/m^3	1.0	日均值
12		可吸入颗粒(PM10)	mg/m^3	0.10	日均值
13		总挥发性有机物	mg/m^3	0.60	8h 均值

注：来源于《室内空气质量标准》（GB/T 18883—2022）。

　　如果将室内余热、余湿也看成"污染物"，也可以利用全面通风的方式来消除。

2. 消除余热所需的通风量

$$L = \frac{Q}{c_p \rho (t_p - t_s)} \tag{3-2}$$

式中　Q——室内余热（指显热）量（kW）；

　　　c_p——空气的比定压热容，通常可取 $1.01kJ/(kg \cdot ℃)$；

ρ——空气的密度（kg/m³）；

t_p——排风温度（℃）；

t_s——送风温度（℃）。

3. 消除余湿所需的通风量

$$L = \frac{W}{\rho(d_p - d_s)} \tag{3-3}$$

式中　W——余湿量（g/s）；

　　　d_p——排风含湿量（g/kg 干空气）；

　　　d_s——送风含湿量（g/kg 干空气）。

4. 房间内存在多种污染物的通风量

当通风房间同时存在多种有害物时，一般情况下，应分别计算，然后取其中的最大值作为房间的全面换气量。但是，当房间内同时散发数种溶剂（苯及其同系物，醇、醋酸酯类）的蒸汽，或数种刺激性气体（三氧化硫、二氧化硫、氯化氢、氟化氢、氮氧化合物及一氧化碳）时，由于这些有害物对人体的危害在性质上是相同的，在计算全面通风量时，应把它们看成是一种有害物质，房间所需的全面换气量应当是分别排除每一种有害气体所需的全面通风量之和。即"同类相加、异类取大"的原则。

《民规》规定：同时放散有害物质、余热和余湿时，全面通风量应按其中所需最大的空气量确定，且送入室内的新风量应满足室内人员的卫生要求。民用建筑房间新风量可根据单位面积所需最小新风量或人均最小新风量确定。例如，《民规》第 3.0.6 节规定：办公室每人所需最小新风量为 30m³/(h·人)，大堂每人所需最小新风量 10m³/(h·人)，详见第五章第一节"空调风量确定及风量平衡"。

工业建筑保证每人新风量不小于 30m³/h，且保证车间内已知污染物的浓度低于《工作场所有害因素职业接触限值　第 1 部分：化学有害因素》（GBZ 2.1—2019）规定的容许浓度。

二、风管设计计算及风机选用原则

1. 风管设计原则

1）风管系统要简单、灵活与可靠。风管布置要尽可能短，避免复杂的局部构件，减少分支管；要便于安装、调节、控制与维修。

2）正确选用风速，是风管设计的关键。

表 3-2 给出空气管道系统内不同部位的推荐风速和最大风速（适于低速系统），表 3-3 为考虑不同噪声要求和高速风道内的推荐风速。

表 3-2　空气管道系统内不同部位推荐风速和最大风速

管道部位	推荐风速/(m/s)			最大风速/(m/s)		
	住宅	公共建筑	工厂	住宅	公共建筑	工厂
风机吸入口	3.5	4	5	4.5	5	7
风机出口	5~8	6.5~10	8~12	8.5	7.5~11	8.5~14
主风道	3.5~4.5	5~6.5	6~9	4~6	5.5~8	6.5~11
支风道	3	3~4.5	4~5	3.5~5	4~6.5	5~9
支管接出的风管	2.5	3~3.5	4	3.25~4	4~6	5~8

表 3-3　考虑不同噪声要求和高速风道内的推荐风速

低速风管				高速风管			
室内允许噪声/[dB(A)]	主管风速/(m/s)	支管风速/(m/s)	新风入口风速/(m/s)	风量范围/(m³/h)	最大风速/(m/s)	风量范围/(m³/h)	最大风速/(m/s)
25~35	3~4	≤2	3	1700~5000	12.5	25500~42500	22.5
35~50	4~7	2~3	3.5	5000~10000	15	42500~68000	25
50~65	6~9	2~5	4~4.5	10000~17000	17.5	68000~100000	30
65~85	8~12	5~8	5	17000~25500	20		

3）风管的断面形状要因建筑空间制宜，风管断面尺寸要标准化。风管的断面尺寸应采用国家标准《通风与空调工程施工质量验收规范》（GB 50243—2016）中规定的规格，钢板制圆形风管的常用规格见表 3-4，钢板制矩形风管的常用规格见表 3-5。

表 3-4　钢板制圆形风管的常用规格

风管直径 D/mm	风管直径 D/mm	风管直径 D/mm	风管直径 D/mm
100	250	560	1120
120	280	630	1250
140	320	700	1400
160	360	800	1600
180	400	900	1800
200	450	1000	2000
220	500		

表 3-5　钢板制矩形风管的常用规格　　　　　　　（单位：mm）

风管截面尺寸 a×b	风管截面尺寸 a×b	风管截面尺寸 a×b	风管截面尺寸 a×b
120×120	320×320	630×500	1250×400
160×120	400×200	630×630	1250×500
160×160	400×250	800×320	1250×630
200×120	400×320	800×400	1250×800
200×160	400×400	800×500	1250×1000
200×200	500×200	800×630	1600×500
250×120	500×250	800×800	1600×630
250×160	500×320	1000×320	1600×800
250×200	500×400	1000×400	1600×1000
250×250	500×500	1000×500	1600×1250
320×160	630×250	1000×630	200×800
320×200	630×320	1000×800	2000×1000
320×250	630×400	1000×1000	2000×1250

2. 风管水力计算

（1）沿程阻力　风管沿程阻力按下式计算：

$$\Delta p = R_m l \tag{3-4}$$

式中　Δp——风管沿程阻力（Pa）；

R_m——风管单位长度摩擦阻力，即比摩阻（Pa/m）；

l——风管长度（m）。

可制成线解图求比摩阻 R_m（图 3-1），该图适用于压力 $p = 101.3\text{kPa}$，温度 $t = 20℃$，空气密度 $\rho = 1.2\text{kg/m}^3$，运动黏度 $v = 15.06 \times 10^{-6}\text{m}^2/\text{s}$ 及管壁粗糙度 $K \approx 0$ 的条件。实际的空气状态和管壁粗糙度不同于上述条件时，则应予以修正，即实际的比摩阻 R'_m 应为

$$R'_m = k_k k_t k_B R_m \tag{3-5}$$

式中　k_k——粗糙度的修正系数，图3-1的左图即可用于对粗糙度的修正；

　　　k_t——温度修正系数，考虑空气温度不是20℃时，其密度和运动黏度的变化，可查图3-2；

　　　k_B——大气压力修正系数，可由图3-2查得。

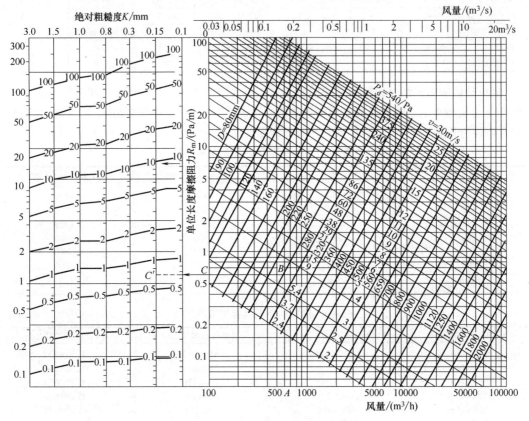

图 3-1　风管单位长度摩擦阻力线解图

注：对矩形断面，$D = 2ab/(a+b)$

（2）局部阻力　空气流过断面变化、流向变化和流量变化的局部管件产生的局部阻力 Z 按下式计算：

$$Z = \zeta \frac{\rho v^2}{2} \qquad (3-6)$$

式中　ζ——局部阻力系数。附录28列出常用管件的局部阻力系数，选用 ζ 值时必须注意其所对应的流速和动压。

3. 风管设计步骤

1）确定通风空调系统方案，绘制系统轴测图，标注各管段长度和风量。

2）选定最不利环路，并对各管段编号。最不利环路是指阻力最大的管路，一般指最远或配件和部件最多的环路。

3）根据风管设计原则，初步选定各管段风速，使其在表3-2、表3-3推荐范围。

4）根据风量和风速，计算管道断面尺寸，并使其符合

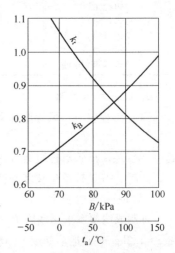

图 3-2　温度、大气压力修正系数

表 3-4、表 3-5 中所列的通风管道统一规格，再用规格化的断面尺寸及风量，算出管道内的实际风速。

5）根据风量和管道断面尺寸，查相关表格可得到单位长度摩擦阻力 R_m（图 3-1）。

6）计算各管段的沿程阻力及局部阻力，并使各并联管路之间的不平衡率不超过 15%（除尘系统不宜超过 10%）。当差值超过允许值时，要重新调整断面尺寸，若仍不满足平衡要求，则应辅以阀门调节。

7）计算出最不利环路的风管阻力，加上设备阻力，并考虑风量与阻力的安全系数，进而确定风机型号及电机功率。

4. 风机的选择原则及注意事项

1）根据通风机输送气体的性质，以及对应管路系统的基本特性，确定选用风机的类型。

2）风机的风量应在系统计算总风量上附加风管和设备的漏风量。一般用在送、排风系统的定转速通风机，风量附加 5%～10%，除尘系统风量附加 10%～15%，排烟系统风量附加 20%。

3）采用定转速通风机时，通风机的压力应在系统计算的压力损失上附加 10%～15%，除尘系统附加 15%～20%，排烟系统附加 10%。

4）采用变频调速时，通风机的压力应以系统计算总压力损失作为额定压力，但风机电动机的功率应在计算值上附加 15%～20%。

5）风机的选用设计工况效率，不应低于风机最高效率的 90%。

6）多台风机并联或串联运行时，宜选择同型号通风机。

7）当风机使用工况与风机样本工况不一致时，应对风机性能进行修正。性能曲线和样本上给出的性能，均指风机在标准状态下（大气压力 101.3kPa，温度 20℃，相对湿度 50%，密度 $\rho = 1.20\text{kg/m}^3$）的参数。如果使用条件改变，其性能应进行换算，按换算后的性能参数进行选择，同时应核对风机配用电动机轴功率是否满足使用条件状态下的功率要求。

第二节 厨房通风设计

厨房污染源主要有两个方面：燃料燃烧过程产生污染物（CO、氮氧化物、颗粒），烹饪所产生的有害物。另外，公共厨房还存在大量余热量、余湿量。

一、居民住宅厨房

居民住宅厨房通风一般在炉灶上方 0.8～1.0m 处设置抽油烟机捕集污染物，并通过支管送至排风竖井。居民住宅厨房应采用机械排风系统或预留机械排风系统开口，且应留有必要的进风面积。厨房全面通风换气次数不宜小于 3 次/h。住宅的厨房宜设竖向排风道，竖向排风道应具有防火、防倒灌、防串味及均匀排气的功能。顶部应设置防止室外风倒灌装置。排风道设置位置和安装应符合《住宅厨房和卫生间排烟（气）道制品》（JG/T 194—2018）及《住宅排气道（一）》（16J916-1）要求，并根据实际使用情况进行设计计算。

二、公共厨房

公共厨房应设置全面通风与局部通风系统。公共厨房通风系统主要由集烟罩、排烟管道、油烟净化器、排烟风机（含消音器）和厨房整体补风装置构成。

1. 公共厨房通风量

公共厨房通风系统的风量可用式（3-2）按热平衡计算，式中 t_p 为厨房排风设计温度，冬季取 15℃、夏季取 35℃；t_s 为厨房进风设计温度，取当地通风设计温度，可查附录 9。厨房内总发热量 Q 包括厨房设备散热量 Q_1、操作人员散热量 Q_2、照明灯具散热量 Q_3 及室内外围护结构的冷负荷 Q_4。

在实际工程设计中，往往采用估算的方法，根据《民用建筑暖通空调设计技术措施》（简称《措施》）中对厨房通风量的规定，厨房通风量也可按换气次数确定，中餐厨房区 40～50 次/h；西餐厨房取 30～40 次/h；职工餐厅厨房取 25～35 次/h。

（1）局部排风罩排风量　炉灶、洗碗机、蒸汽消毒设备等发热量大且散发大量油烟和蒸汽的厨房设备，应设排气罩等局部排风设施。

1）炉灶局部排风罩排风量。采用局部排风罩罩口吸入风速计算通风量作为设计风量，罩口断面风速不小于 0.5m/s。排气罩的最小排风量可按下式计算：

$$L = 1000PH \tag{3-7}$$

式中　L——局部排风量（m³/h）；

　　　P——罩子的周边长（靠墙边长不计）（m）；排风罩的平面尺寸应比炉灶边尺寸大 0.1m；

　　　H——罩口距灶面的距离（m）；排风罩的下沿距炉灶面的距离不宜大于 1.0m，排风罩的高度不宜小于 0.6m。

2）洗碗间局部排风罩排风量。洗碗间的排风量按排风罩断面速度不宜小于 0.2m/s 计算，通常可按每间 2000～3000m³/h 选取。

（2）全面通风量计算　比较上述公共厨房通风量计算结果与局部排风罩计算风量，如果公共厨房通风量较大，则差额部分通过全面排风系统排出，且全面排风量需满足炉灶不运行时消除余热和异味的风量要求；如果排风罩计算风量较大，则针对炉灶等设备不运行的时候，消除厨房各区域的余热和异味计算全面排风量。由于厨房处于值班、准备、热加工的不同过程，所需通风量变化较大，全面通风系统宜考虑多速运行或变频调节的设计。

当厨房通风不具备准确计算条件时，全面通风量可按换气次数进行估算，正常工作取 6 次/h，燃气事故通风取 12 次/h。

（3）公共厨房压力要求及厨房补风要求　厨房通风应考虑风量的匹配，根据全面通风量和局部通风量计算结果确定补风量，以维持厨房负压状态。但负压值宜为 5～10Pa，因为负压过大，炉膛会倒风。应使送风机与排风机均有调速的可能。

一般地，送风量宜按排风量的 80%～90% 考虑。厨房送风可直接利用室外新风，仅设置粗效过滤器。此外，为改善炊事人员工作环境，宜按条件设局部或全面冷却装置（空气调节的风量可取全面通风换气量 6 次/h）。

2. 通风管道及风口布置

厨房的排气系统宜按防火分区划分，尽量不穿过防火墙，穿过时应装防火阀。厨房通风系统的管道应采用不燃材料制成。公共建筑的厨房的排油烟管道宜按防火分区设置，且在与垂直排风管连接的支管处应设置动作温度为 150℃ 的防火阀。排油烟补风风口应沿排风罩方向布置，补风风口与排风罩间距不宜小于 0.7m。厨房全面排风口应远离排风罩。

3. 排气处理

烹调期间厨房排风需经净化后方可排放。中餐厨房，其烹调的发热量和排烟量一般较大，排风量也较大。按照《饮食业油烟排放标准》（GB 18483—2001）的规定，油烟排放浓度不得超过 2.0mg/m³，小型净化设备的最低去除效率不宜低于 60%，中型不宜低于 75%，大型不宜低于 85%。

【例 3-1】　某中餐厨房面积 274m²，吊顶下净高 3.1m。平面图见图 3-3。要求进行厨房通风系统设计。

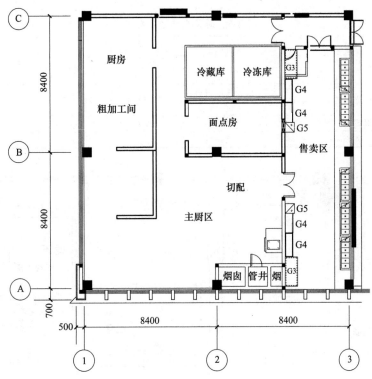

图 3-3　厨房平面布置图

【解】　1. 风量计算

1) 厨房的排风量根据中餐厨房换气次数 50 次/h 估算，则

$$L_p = (274 \times 3.1 \times 50)\,m^3/h = 42470\,m^3/h$$

2) 排风罩排风量：假设 $P = 47m$，$H = 0.8m$，则

$$L_j = (1000 \times 47 \times 0.8)\,m^3/h = 37600\,m^3/h$$

3) 全面排风量 $L_q = L_p - L_j = (42470 - 37600)\,m^3/h = 4870\,m^3/h$，由于全面排风量不宜小于每小时 6 次换气量，即 $L_q' = (274 \times 3.1 \times 6)\,m^3/h = 5096.4\,m^3/h$，取全面排风量为 5100m³/h。

4) 补风量取排风量的 80%，则有 $L_b = (42470 \times 0.8)\,m^3/h = 33976\,m^3/h$。

5) 空调新风机风量 $L_x = 5100\,m^3/h$。

6) 直接送室外空气补风量 $L_w = L_b - L_x = (33976 - 5100)\,m^3/h = 28876\,m^3/h$。

7) 厨房采用燃气，燃气事故通风换气次数不应小于 12 次/h（10200m³/h），结合厨房全面排风设计双速风机，风机平时低速排风，事故排风高速运行。

2. 通风方案的确定及风机选择

该建筑厨房设置于一层，三层为不上人屋面，设计局部排风接立管到屋面并设油烟过滤器、排油烟风机及消声器。

排风罩的罩面风速控制在 0.4～0.5m/s，罩内接风管处的喉部风速控制在 4～5m/s，主干管的风速设计为 8～10m/s。排风管道的水平管道坡度为 3%，坡向排风罩。

局部排风罩采用不锈钢板制作,厚度为1.5mm,排风罩的下沿距炉灶面的距离为0.8m,罩口下沿四周设置集油集水槽,沟槽底部装设排油污管。

通风机选型风量及风压均考虑1.1的安全系数,参数见表3-6,通风平面图及屋面设备布置见图3-4、图3-5。

表3-6 通风机选型参数表

风机编号	风机型式	风机用途	风量/(m³/h)	风压/Pa	噪声/[dB(A)]	数量(台)
PF-1	柜式离心风机(电机外置)	局部排风	41110	550	72	1
PF-2	防爆双速柜式离心风机	全面排风兼事故排风	5600/11200	280/420	61/65	1
BF-1	柜式离心风机	厨房补风	30770	340	69	1
XF-1	离心风机	空调新风	5500	300	62	1

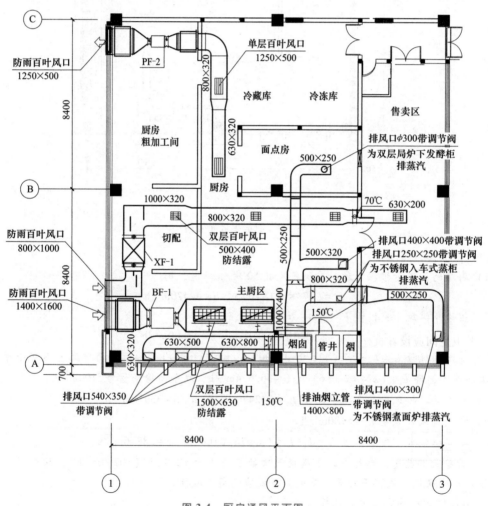

图3-4 厨房通风平面图

厨房通风三种运行状态如下:

1)厨房运行(油烟机开启)时的通风:PF-1/BF-1/XF-1开启,PF-2低速运行。

2)平时非运行时段的微负压通风:风机XF-1开,PF-2低速运行。

3）燃气泄漏时紧急状态时的通风：风机 XF-1 开，PF-2 高速运行。

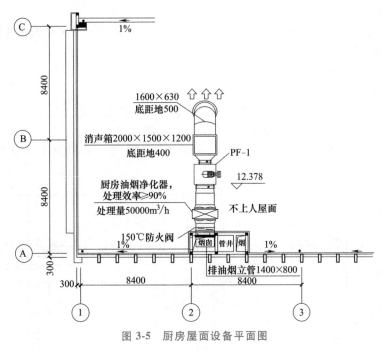

图 3-5 厨房屋面设备平面图

第三节 卫生间通风设计

卫生间主要污染物为水蒸气及硫化氢、甲硫醇、氨、吲哚、粪臭素等。卫生间内良好的通风设计，可以稀释室内的污浊空气，保持室内空气清新，也避免其他房间空气环境受到影响。

一、通风方式及通风量

1. 公共卫生间

公共卫生间应设置机械排风系统。公共浴室宜设气窗；无条件设气窗时，应设独立的机械排风系统。应采取措施保证浴室、卫生间对更衣室以及其他公共区域的负压。公共卫生间、浴室及附属房间采用机械排风时，其排风量可按表 3-7 中的换气次数确定。

表 3-7 公共卫生间、浴室及附属用房机械排风换气次数

房间名称	公共卫生间	淋浴室	开水间	洗浴单间或小于 5 个喷头的淋浴间	更衣室	走道、门厅
换气次数/（次/h）	10~15	5~6	5~10	10	2~3	1~2

2. 住宅卫生间

无外窗的住宅卫生间应有通风措施，且应预留安装排风机的位置和条件，住宅卫生间全面通风换气次数不宜小于 3 次/h，一般可取 6 次/h。

二、排风系统设置

设置竖向集中排风系统时，宜在上部集中安装排风机。当在每层或每个卫生间（或开水间）

设排气扇时，集中排风机的风量确定应考虑一定的同时使用系数。同时使用系数根据使用场所不同可取 0.6~1.0。

公共建筑的浴室、卫生间和厨房的竖向排风管，应采取防回流措施并宜在支管上设置防火阀（图 3-6），防火阀的公称动作温度为 70℃。

常用排风管道防回流措施有以下三种：

1）在排风支管上设置密闭性较强的止回阀，见图 3-6a。

2）将浴室、卫生间的排风竖管分成大小两个管道，大管为总管，直通屋面；而每间浴室、卫生间的排风小管，分别在本层上部接入总排风管，见图 3-6b。

3）将支管顺气流方向插入排风竖管内，且使支管到支管出口的高度不小于 600mm，见图 3-6c。

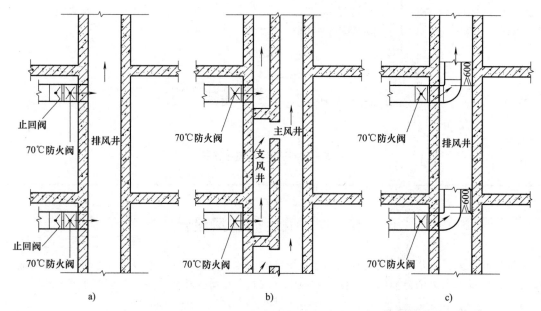

图 3-6　防回流做法示意图

a）设止回阀　b）设主支排风井的防回流　c）增加支风管长度的防回流做法

三、排风风机

常用卫生间通风设备有离心风机、低噪声轴流风机和天花嵌入型换气扇，在进行卫生间通风设计时应注意风机设备的消声和隔振处理。风机设备尽量选用低噪声高效型，在通风管道上宜设消声静压箱，阻式、阻抗式消声器等。风机设备安装应采用隔振处理，如采用柔性软接头、弹簧减振器。

四、压力控制

建筑的卫生间、餐厅、地下车库等区域的排风设计应合理，并避免其空气和污染物串通到其他空间或室外活动场所，进行施工图设计时应与建筑专业进行专业间配合。住区内尽量将厨房和卫生间设置于建筑单元（或户型）自然通风的负压侧，防止厨房或者卫生间气味因主导风反灌进入室内，而影响室内空气质量。卫生间设计机械通风，应保证负压，并且应注意排放口应避开人员经常停留和活动的区域，避免气流短路或污染，并排放至呼吸线以上。

五、卫生间通风与空调

对于设计要求较高的场所，如酒店、高档写字楼的公共卫生间，设计可以根据需要及冷热源形式，对其进行供冷、供暖设计，如采用风机盘管、VRV 空调系统。进行末端空调送风口、新风口布置时，应与卫生间排风口进行综合考虑布置，形成有效的室内空气气流组织，有利于绿色节能设计，提高卫生间空气品质。

【例 3-2】 厦门某酒店卫生间通风设计。酒店 1~5 层为裙楼，为大堂、宴会厅及精品商铺，每层设一公共卫生间；6 至 19 层为酒店客房，每间客房设一独立卫生间。

1）每层公共卫生间面积 72m²，吊顶高度 3.0m，设计一套机械排风系统，采用低噪声柜式离心风机，采用换气次数法，取 12 次/h，通风管道漏风系数取 1.1，则系统设计排风量 $L=(72×3×12×1.1)$ m³/h=2852m³/h，采用一台离心风机 2900m³/h，见图 3-7。

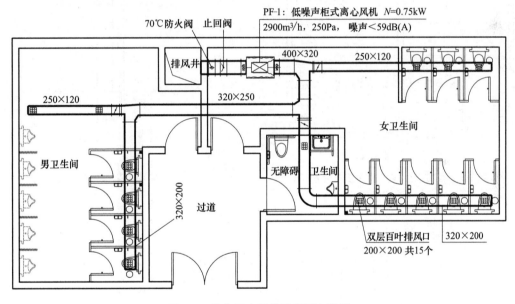

图 3-7 公共卫生间排风平面布置图

2）酒店客房卫生间面积 5.6m²，吊顶高度 2.4m，设计天花嵌入式排气扇机械排风，采用换气次数法，系统设计排风量 $L=(5.6×2.4×12×1.1)$ m³/h=177.4m³/h，选用一台天花嵌入式换气扇，排风量 200m³/h。

每层卫生间排风接至共用排风竖井，在屋顶集中设置总排风机，左右两间共用，层数 $n=14$，共 28 台，同时使用系数取 0.75，则总排风机排风量 $L_总=(200×28×0.75)$ m³/h=4200m³/h，排风系统主要设备技术参数见表 3-8，布置图和系统图见图 3-8~图 3-10。

表 3-8 卫生间排风系统设备选型明细表

序号	设备编号	设备名称	设备主要技术参数	数量
1	PF-1	低噪声柜式离心风机	风量：2900m³/h，全压：250Pa，电功率：0.75kW	1
2	PF-2	低噪声柜式离心风机	风量：4200m³/h，全压：450Pa，电功率：1.1kW	1
3	PF-3	静音管道离心风机	风量：200m³/h，全压：100Pa，电功率：23W	28

（续）

序号	设备编号	设备名称	设备主要技术参数	数量
4	FVD	防火阀	钢制常开 70℃ 关闭	28
5	FK-1	单层百叶风口	单层百叶风口 250mm×250mm 带调节阀	28

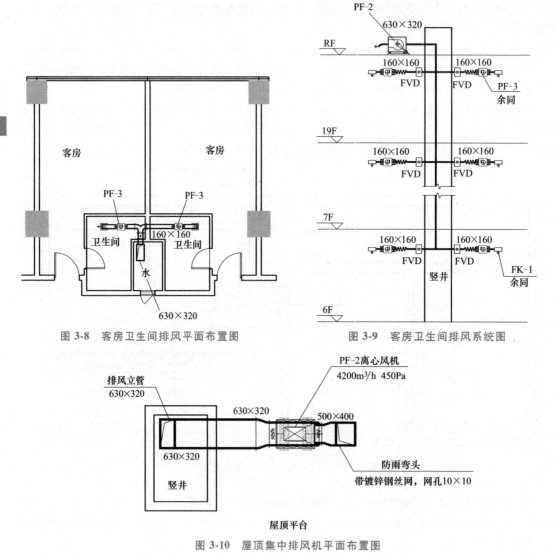

图 3-8　客房卫生间排风平面布置图

图 3-9　客房卫生间排风系统图

图 3-10　屋顶集中排风机平面布置图

第四节　汽车库通风、排烟设计

一、汽车库通风设计

1. 通风方式

1) 地上单排车位≤30 辆的汽车库，当可开启门窗的面积≥2m²/辆且分布较均匀时，可采用自然通风方式。

2）当地下、半地下汽车库设有开敞的车辆出、入口，且开敞出、入口面积≥0.3m²/辆时，可采用自然进风、机械排风的方式；当地下、半地下汽车库不具备自然通风条件时，应设置机械送风、排风系统。

2. 车库的通风量计算

（1）稀释浓度法

1）有害物计算。有害物源强度与停车车位、车位利用率、单位时间排气量和汽车在停车库内工作时间有关系。汽车排气温度按500℃时的排气量数据，而检测汽车在排放有害物浓度时库内气温为常温20℃左右。由此可以得出汽车排放有害物源强度的公式为

$$q = \frac{T_1}{T_0} WSBt \tag{3-8}$$

式中　q——停止场内排气总量（m³/h）；

T_1——排气温度，（500+273）K＝773K；

T_0——常温，以车库内20℃计的标准温度，（273+20）K＝293K；

W——停车总车位数；

S——1h内出入车数与设计车位数之比，也称车位利用系数，一般取0.5~1.2；

t——每辆车在车库内发动机工作时间，取2~6min；

B——每辆车单位时间排气量（m³/min），B值一般可取0.02~0.025m³/(min·台)。

则车库CO排放量可按式（3-9）计算：

$$q_m = q C_n \tag{3-9}$$

式中　q_m——车库内CO排放量（mg/h）；

C_n——典型汽车排放CO的平均质量浓度（mg/m³），通常取55000mg/m³；

q——汽车排气总量（m³/h）。

2）通风量计算。按稀释CO所需的全面通风量计算，公式如下：

$$L = \frac{q_m}{C - C_0} \tag{3-10}$$

式中　C——车库内CO的允许浓度，参考GBZ 2.1，短时接触容许浓度取30mg/m³，8h时间加权平均允许浓度取20mg/m³；

C_0——室外大气中CO的浓度，一般取2~3mg/m³。

（2）余热消除法　由于电动汽车基本不散发CO，不宜以CO为主要控制因素，稀释浓度法不再适用。纯电动汽车的结构主要包括：电源系统、驱动电机系统、整车控制系统和辅助系统等。车库还包括充电桩。与通风相关的主要发热设备有电池、电机及充电桩。可计算出电动车库余热量（电池、电机及充电桩），再采用消除余热所需的通风量计算式（3-2）计算通风量，式中 t_p 可取车库内设计温度，t_s 可取当地通风设计温度。

（3）估算法　由于缺乏准确的计算资料，工程实际中对车库通风量多采用估算的方法。《措施》规定：一般地下停车库汽车为单层停放，采用机械通风系统时，机械排风量可按换气次数计算。

1）当层高小于3m时，按实际高度计算换气体积；当层高大于或等于3m，按3m高度计算换气体积。

2）商业建筑停车库汽车出入频率较大时，换气次数按6次/h；汽车出入频率一般时，换气

次数按 5 次/h；住宅建筑停车库汽车出入频率较小时，换气次数按 4 次/h。

全部或部分为双层或多层停车库情形，排风量应按稀释浓度法计算；单层停车库的排风量宜按稀释浓度法计算。当汽车出入频率较大时，可按每辆车 500m³/h 估算；出入频率一般时，按每辆车 400m³/h；住宅建筑可按每辆车 300m³/h。

3. 补风

1）补风方式：当地下汽车库设有开敞的车辆出、入口、开口，且车道进风断面风速小于 0.5m/s 时，可采用自然补风。

2）机械补风：当车库内无直接通向室外的车道出入口、车道较长、弯道较多或者采用车道补风风速大于 0.5m/s 时，应采用机械补风；补风量取排风量的 80%~85%。

4. 车库通风系统的布置

（1）气流组织

1）当汽车库采用自然进风、机械排风的方式，应将排风口布置在远离车库出入口处，以防止气流短路。

2）当汽车库采用机械送风、排风系统时，送风、排风口布置应使室内气流分布均匀，避免出现死区。送风口宜设置在汽车库主要通道的上部，如条件许可，排风系统风口宜设置在停车位尾部上方；如受车库建筑结构的限制，车库排风口也可布置在停车位上部。

3）当车库层高较低，不易布置风管时，或采用喷射导流式机械通风方式经济合理时，宜采用喷射导流式通风，以保证室内不产生气流死角。

喷射导流式机械通风系统由送风风机、诱导风机（多台）和排风风机组成，其中诱导风机由超薄箱体、低噪声前向多翼离心风机、可任意调节方向的喷嘴三部分组成。系统的流程是由主送风机提供清洁空气源，诱导风机将其与室内污染空气进行混合，并沿预定的方向流向排风口，由主排风机排出车库。其工作流程见图 3-11。

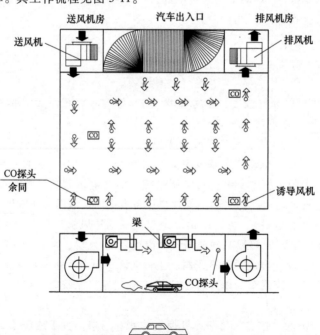

图 3-11　诱导通风的组成

智能型诱导风机自带 CO 感测探头，可以对风机附近空气的 CO 浓度进行采样，由反馈信息自动控制诱导风机的启停。因此，诱导通风系统仅靠诱导风机单独运行（送、排风风机停止运行）也能使室内空气流动，避免出现局部空气质量恶劣的情况。这种方式较好地满足了节能要求（《公标》第 4.5.1 条）。

车库诱导通风由于诱导风机布置于车位上方，要注意设备噪声带来的影响，同时设备造价相对较高。主要适用于当车库层高较低，不易布置风管时，或考虑土建成本采用喷射导流式机械通风方式经济合理时。

（2）风机及控制

1）车流量随时间变化较大的车库，风机宜采用多台并联方式或设置风机调速装置，在满足室内空气质量的前提下，宜采用定时启、停（台数或转速）控制风机运行，以降低机械通风系统风机运行能耗。

2）当车流量变化无规律时，宜采用 CO 浓度传感器联动控制多台并联风机或可调速风机的方式。根据国家相关标准（GBZ 2.1、GBZ 2.2）规定，CO 的 8h 时间加权平均允许浓度为 $20mg/m^3$，短时间接触允许浓度为 $30mg/m^3$。

CO 浓度传感器的布置方式如下：当采用传统的风管机械进、排风系统时，传感器宜分散设置；当采用诱导式通风系统时，传感器应设在排风口附近，宜安装在高于地面 1.5~2.5m 位置。

3）汽车库机械通风系统宜结合消防排烟系统设置，通风量、风机类型以及控制应同时满足两者的需要和不同功能的转换。

二、地下车库的排烟设计

室内停车场内汽车燃料用汽油易燃烧和爆炸，电动车电池充放电过程也有自燃风险。车体材料有大量可燃材料，所以室内停车场是火灾危险极大的场所。按防火规范要求室内停车场应有灭火和防排烟设施，以保证火灾发生时迅速扑灭火源，防止火灾蔓延，并限制烟气的扩散，排除已产生的烟气以保证人员安全撤离现场，减少伤亡，以及保障消防人员安全有效地扑救。

1. 防火分类和耐火等级

车库的防火分类分为四类，并应符合表 3-9 的规定。

表 3-9　汽车库的防火分类

类别	I	II	III	IV
停车数量（辆）	>300	151~300	51~150	≤50
或总建筑面积/m²	>10000	5001~10000	2001~5000	≤2000

注：地下汽车库、半地下汽车库、高层汽车库的耐火等级应为一级。

2. 防火分区和防烟分区

（1）防火分区　汽车库每个防火分区的最大允许建筑面积应符合表 3-10 的规定。

表 3-10　汽车库防火分区最大允许建筑面积　　　　　　（单位：m²）

耐火等级	单层汽车库	多层汽车库	地下汽车库或高层汽车库
一、二级	3000	2500	2000
三级	1000		

注：设置自动灭火系统的汽车库，每个防火分区的最大允许建筑面积可按本表的规定增加 1.0 倍。

（2）防烟分区　除敞开式汽车库、建筑面积小于 1000m² 的地下一层汽车库和修车库外，汽车库、修车库应设排烟系统，并应划分防烟分区，防烟分区的建筑面积不宜超过 2000m²，且防烟分区不应跨越防火分区。

3. 排烟方式

排烟系统可采用自然排烟方式或机械排烟方式。

当采用自然排烟方式时，可采用手动排烟窗、自动排烟窗、孔洞等作为自然排烟口，并应满足以下规定：

1）自然排烟口的总面积不应小于室内地面面积的 2%。

2）自然排烟口应设置在外墙上方或屋顶上，并应设置方便开启的装置；房间外墙上的排烟口（窗）宜沿外墙周长方向均匀分布，排烟口（窗）的下沿不应低于室内净高的 1/2，并应沿气流方向开启。

4. 车库的排烟量及补风量

汽车库、修车库内每个防烟分区排烟风机的排烟量不应小于表 3-11 的规定。

表 3-11　车库排烟风机排烟量

车库的净高/m	车库的排烟量/(m³/h)	车库的净高/m	车库的排烟量/(m³/h)
3.0 及以下	30000	6.1~7.0	36000
3.1~4.0	31500	7.1~8.0	37500
4.1~5.0	33000	8.1~9.0	39000
5.1~6.0	34500	9.1 及以上	40500

注：设计时，车库排烟风机排烟量按车库净高线性插值法取值。

汽车库内无直接通向室外的汽车疏散出口的防火分区，当设置机械排烟系统时，应同时设置补风系统，且补风量不宜小于排烟量的 50%。

其他排烟系统设计可参阅第四章第五节。

【例 3-3】　某住宅建筑地下汽车库（选取一个防烟分区），建筑平面图如图 3-12 所示。该车库位于地下一层，面积 1600m²，层高 3.8m，试进行车库通风、排烟设计。

【解】　1. 通风、排烟方式

平时采用机械进风、排风的通风方式，火灾采用机械排烟、机械补风的排烟方式。

2. 风量计算

（1）平时通风

1）换气次数法：取 4 次/h 换气（计算高度 3m），计算排风量为 19200m³/h。

2）稀释浓度法。该防火分区设计车位 46 个，车位利用系数取 0.7，车库内汽车的运行时间取 6min，单台车单位时间的

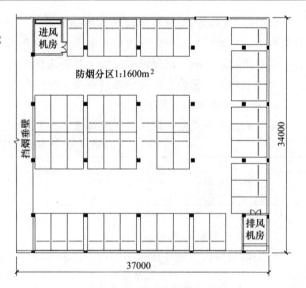

图 3-12　地下车库平面图

排气量取 0.025m³/min，据式（3-8）计算车库内汽车排出气体的总量为 12.14m³/h。据式（3-9）计算车库内 CO 排放量为 667471mg/h。室外大气中 CO 浓度取 3mg/m³，据式（3-10）计算车库排风量为 24722m³/h。

比较两种方法的计算结果可知，排风量为 24722m³/h，补风量为 19778m³/h。

（2）火灾排烟　该项目车库层高 3.8m，车库净高 3.6m，根据上表按线性插值法算得排烟量 30900m³/h，补风量取排烟量的 50%，为 15450m³/h。

3. 风机选型

排风机选用双速风机作为排风兼排烟风机。由风量计算结果得，车库平时进风量大于排烟最小补风量，因此，采用平时进风机兼消防补风（消防电源）。风机风量需考虑一定安全系数，计算如下：

1) 排风机：

平时工况风机风量 $L = (1.1 \times 24722) \, \mathrm{m^3/h} = 27195 \, \mathrm{m^3/h}$。

消防工况风机风量 $L = 30900 \, \mathrm{m^3/h}$。

2) 进风机：

平时送风风量 $L = (1.1 \times 19778) \, \mathrm{m^3/h} = 21756 \, \mathrm{m^3/h}$。

消防补风风机风量 $L = (30900 \times 50\%) \, \mathrm{m^3/h} = 15450 \, \mathrm{m^3/h}$。

参考表 3-12 选择风机的型号。

表 3-12 风机选型表

风机类型	系统编号	服务区域	风量/(m³/h)	转速/(r/min)	全压/Pa	功率/kW
消防离心风机箱（双速）	PY/F-B1-1	地下车库排风兼排烟	31720	700	683	12.0
			27500	460	300	4.0
消防离心风机箱	B(S)F-B1-1	地下车库平时送风兼火灾补风	22000	500	350	4.0

4. 平面图

该项目的风机、风管及风口都是排风兼排烟共用，排风（烟）口尺寸 800mm×250mm。

地下车库排风、排烟平面图见图 3-13。

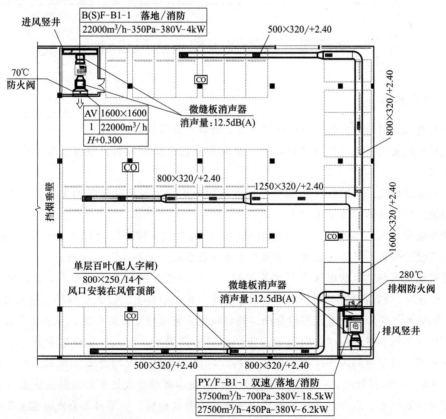

图 3-13 地下车库排风、排烟平面图

5. 机房详图

地下车库通风机房布置平面图见图 3-14，剖面图见图 3-15。

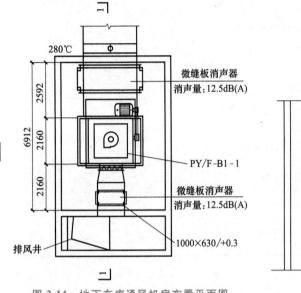

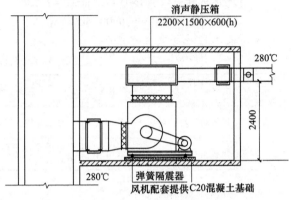

图 3-14 地下车库通风机房布置平面图　　　　图 3-15 地下车库通风机房剖面图

第五节　柴油发电机房通风设计

一、系统形式

柴油发电机房可采用自然通风或机械通风，通风系统宜独立设置。

排风部分通常由机组内置散热器承担，宜设置专用全面排风机，以保证柴油发电机房负压排风的要求。

补风应根据情况，采用自然补风或机械补风的形式，应满足补充柴油发电机自身排风和为柴油机提供燃烧空气两部分要求。

柴油发电机房内的储油间应设机械通风，储油间的油箱应密闭且设置通向室外的通气管，通气管上应设置带阻火器的呼吸阀，油箱的下部应设置防止油品流散的设施。

排烟系统是将柴油机的烟气排至室外的管路。柴油发电机组的排烟管出口，经波纹管与排烟引管柔性连接，排烟引管与水平烟道、烟囱相连。排烟引管上应设置消声器。每台柴油机的排烟引管和消声器均应单独配置，不得合用。每台机组宜采用独立排烟系统，当有 2 台或多台机组合用水平烟道和烟囱时，应在每台机组的排烟引管上设置止回阀，并在排烟引管与总水平烟道连接处采用避免各烟道间烟气干扰的特殊结构，以保证各台机组均能安全排烟。水平烟道一般应保持 0.3%～0.5% 的坡度，在水平烟道的低凹点和烟囱底部应设置水封或泄水管道（配阀门），以排除烟气的凝结水。水平烟道和烟囱均应考虑热力补偿措施，当不具备自然补偿条件时，应设置补偿器。烟道系统和烟囱应配置防静电装置和避雷装置。

二、风量

1. 柴油发电机房

（1）排风系统　柴油发电机房排风量包括两部分：柴油发电机组自身排风量，保持负压所需的通风量。保持机房负压排风量可按换气次数法计算，取 3 次/h。柴油发电机组自身通风量可由生产厂家直接提供，也可采用如下方法计算。

1）采用水冷方式的柴油发电机组通风量计算。当柴油发电机组采用水冷方式时，按稀释有害物浓度计算通风量，计算公式如下：

$$L = Nq \tag{3-11}$$

式中　L——水冷时按稀释有害物浓度计算的通风量（m^3/h）；

　　　N——柴油机的额定功率（kW）；

　　　q——稀释有害物浓度低于允许浓度的进风标准 [$m^3/(kW \cdot h)$]，可取经验数据 $q \geqslant 20m^3/(kW \cdot h)$。

2）采用风冷方式的柴油发电机组通风量计算。当柴油发电机组采用风冷方式时，应分别按稀释有害物浓度和消除余热计算通风量，比较取大值。按消除室内余热（夏季机房内温度低于40℃）所需的通风量计算见式（3-2）。对于开式机组，室内显热发热量 Q 包括柴油机、发电机和排烟管的散热量之和；对于闭式机组，室内显热发热量 Q 包括柴油机气缸冷却水管和排烟管的散热量之和。以上数据由生产厂家提供，当无确切资料时，可按以下估算取值：全封闭式机组取发电机额定功率的 0.3~0.35；半封闭式机组取发电机额定功率的 0.5。

（2）进风系统　柴油发电机组的进风量为机组自身排风量与机组燃烧空气量之和。燃烧用空气量宜按生产厂家提供的参数取用，如无确切资料，燃烧空气量可按 $7m^3/(kW \cdot h)$ 的机组额定功率进行计算。

2. 储油间排风量

储油间排风量可按换气次数法计算，取 ≥5 次/h。

三、风井、风口设置要求

柴油发电机房设置在高层或多层建筑物内时，机房内应有足够的进、排风井（口）及合理的排烟道位置。进、排风井宜采用土建风道，风速不宜大于 6m/s。

机组排风井（口），宜靠近且正对柴油机散热器。热风管与柴油机散热器连接处应采用软接头。排风口不宜设在主导风向一侧，当有困难时，应增设挡风墙。当机组设在地下层，排风道弯头不宜超过 2 处。

进风口宜设在正对发电机端或发电机端两侧。当周围对环境噪声要求高时，进风口宜做消声处理。

排烟道内应设置圆形排烟管。排烟口应避开居民敏感区，烟囱一般高出屋面 2m，出口处应设置防雨罩。当排烟口设置在裙房屋顶时，宜将烟气处理后再行排放。

【例 3-4】　厦门市某公共建筑内柴油发电机房通风设计。建筑平面图如图 3-16 所示。柴油发电机房位于一层，机房面积 37m²，净高 4.1m，储油间面积 3m²。

1. 系统形式

本案例设置全面排风机，以保证负压排风的要求。补风经降噪室（减弱由柴油发电机房传播至室外的噪声）自然进入。储油间设置机械排风系统，并设防火风口作为储油间自然补风口。柴油发电机排烟采用屋顶高空排放的方式。

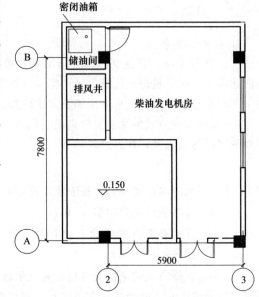

图 3-16　柴油发电机房平面图

2. 风量计算

（1）排风系统　本案例采用 400kW 风冷开式柴油发电机组，柴油发电机房的余热量 $Q = 79.67$kW（计算方法参见《全国民用建筑工程设计技术措施—防空地下室》）。

1）柴油发电机房消除余热进风量：

$$L_j = 3600 \frac{Q}{c_p \rho (t_n - t_w)}$$
$$= \left[3600 \frac{79.67}{1.01 \times 1.2 \times (40 - 31.3)} \right] \text{m}^3/\text{h}$$
$$= 27201 \text{m}^3/\text{h}$$

2）柴油机燃烧空气量：

$$L_r = 7N_e = (7 \times 400) \text{m}^3/\text{h} = 2800 \text{m}^3/\text{h}$$

3）发电机组的总进风量，即机组自身排风量与机组燃烧空气量之和：

$$L_z = (27201 + 2800) \text{m}^3/\text{h} = 30001 \text{m}^3/\text{h}$$

4）保持负压排风量，按 3 次换气次数计算，全面排风量：

$$L_{st} = (37 \times 4.1 \times 3) \text{m}^3/\text{h} = 455.1 \text{m}^3/\text{h}$$

（2）储油间排风量　储油间排风量取 6 次/h，则有 $L_e = (3 \times 4.1 \times 6) \text{m}^3/\text{h} = 74 \text{m}^3/\text{h}$。

3. 风井、风口设置

排风总量 30600m³/h，风井面积 4.76m²，风井风速 1.8m/s，小于 6m/s，满足要求。自然进风百叶面积 $= (30001/3600/1.5) \text{m}^2 = 5.6 \text{m}^2$。

4. 水力计算及风机选型

1）采用假定流速法进行水力计算，确定管径及最不利管路各管段总阻力，为 103.9Pa。

2）排风机选型。

排风机总排风量：$L_{st} + L_e = (455.1 + 74) \text{m}^3/\text{h} = 529.1 \text{m}^3/\text{h}$

风机风量：$L = (529.1 \times 1.1) \text{m}^3/\text{h} = 582 \text{m}^3/\text{h}$，取 600m³/h。

机外余压：$p = (1.1 \times 103.9) \text{Pa} = 114.3 \text{Pa}$。

查风机样本，选型低噪声离心风机箱，排风量 600m³/h、全压 170Pa、静压 120Pa、功率 0.18kW。

5. 通风系统设置

设置全面排风机，以保证机房及储油间负压排风的要求，系统编号为 PF-1F-1。

优先采用自然进风，满足补充柴油发电机自身排风和为柴油机提供燃烧用空气两部分要求，有利于节能运行。

条件允许时优先采用高空排放的排烟方式，若无高空排放条件，可增设烟气净化设备。

柴油发电机房通风平面图见图 3-17。

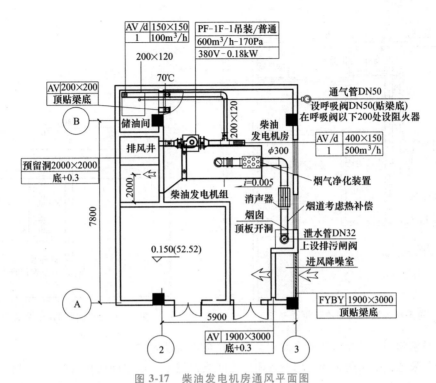

图 3-17　柴油发电机房通风平面图

AV—单层百叶风口　FYBY—防雨百叶风口　d—带风量调节阀

第六节　人民防空地下室通风设计

　　人防地下室建筑是建筑的一种类型，是为战时居民防空需要而建造的有一定的防护能力的建筑物。整个建筑是密闭的，在战争空袭的条件下，其口部设计与通风设计能满足必要的条件，确保生命安全。人防地下室通风设计，必须严格按《人民防空地下室设计规范》（GB 50038—2005）进行。应确保战时的防护要求，满足战时与平时使用功能所需的空气环境与工作条件。设计中可采取平战功能转换的措施。防空地下室的通风室外空气计算参数，应按国家现行《民规》有关条文执行。

一、口部平面布置

1. 进风口部

　　进风口部由竖井、扩散室、除尘室、集气室、滤毒室、进风机房等构成，见图3-18，一般布置在靠近人员出入的口部，而且要在相同的一侧。风机房与滤毒室用墙分割开，滤毒室的门开在防护密闭门与密闭门之间，风机房的门开向清洁区。

2. 排风口部

　　排风口部由竖井、扩散室、防毒通道、洗消间等组成，见图3-19。

3. 口部主要组成

　　1）密闭门：能阻挡毒剂通过的门。

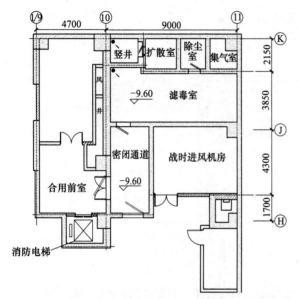

图 3-18 进风口部建筑平面布置　　　　图 3-19 排风口部建筑平面布置

2）防护密闭门：既能阻挡冲击波，又能阻挡毒剂通过的门。

3）密闭通道：是由防护密闭门与密闭门之间或两道密闭门之间所构成的，并仅依靠其密闭隔绝作用阻挡毒剂侵入室内的密闭空间。当室外染毒时，密闭通道不允许有人员出入。

4）防毒通道：是具有通风换气设施的密闭通道。形成防毒通道需满足：防空地下室设有机械进风系统和滤毒通风设备，在室外染毒情况下，滤毒通风使室内能够维持一定的通风超压；在防毒通道内设有通风换气设备，在超压排风过程中使防毒通道不断通风换气，并将污秽空气不断排至室外。

5）洗消间：是战时专供染毒人员通过，并清除全身有害物的通道（房间），通常由脱衣室、淋浴室和穿衣检查室组成。

6）防爆波活门：在自重作用下，悬板处于开启状态；在冲击波压力作用下，悬板与底座处于闭合状态，底座孔洞被覆盖，阻挡冲击波超压的进入。

7）扩散室：当冲击波由断面较小的管道进入较大并有一定体积的扩散室内时，由于高压气体的扩散、膨胀，使其密度下降，压力降低。

二、防护通风

1. 通风方式

防护通风包括清洁式通风、滤毒式通风及隔绝式通风。战时为医疗救护工程、专业队员掩蔽部、人员掩蔽工程以及食品站、生产车间和电站控制室、区域供水站的防空地下室，应设置清洁通风、滤毒通风和隔绝通风。战时为物资库的防空地下室，应设置清洁通风和隔绝防护。滤毒通风的设置可根据实际需要确定。

2. 战时清洁通风工况室内温湿度标准

防空地下室战时清洁通风时的室内空气温度和相对湿度宜符合表 3-13 规定。

3. 战时滤毒通风工况的防毒要求

设计滤毒通风时，防空地下室清洁区超压和最小防毒通道换气次数应符合表 3-14 的规定。

表 3-13 战时清洁通风时的室内空气温度和相对湿度

功能		夏季		冬季	
		温度 /℃	相对湿度（%）	温度 /℃	相对湿度（%）
医疗救护工程	手术室、急救室	22~28	50~60	20~28	30~60
	病房	≤28	≤70	≥16	≥30
柴油电站	机房 人员直接操作	≤35			
	机房 人员间接操作	≤40			
	控制室	≤30	≤75		
专业队队员掩蔽部、人员掩蔽工程		自然温湿度			
配套工程		按工艺要求			

表 3-14 战时滤毒通风时的防毒要求

防空地下室类别	最小防毒通道换气次数 /（次/h）	清洁区超压 /Pa
医疗救护工程、专业队队员掩蔽部、一等人员掩蔽所、食品站、生产车间、区域供水站	≥50	≥50
二等人员掩蔽所、电站控制室	≥40	≥30

4. 新风量计算

防空地下室清洁通风时的新风量应按式（3-12）计算：

$$L_q = L_1 n \tag{3-12}$$

式中　L_q——清洁通风时按掩蔽人员计算所得新风量（m^3/h）；

　　　L_1——清洁通风时人员新风量标准 [$m^3/(h \cdot 人)$]，见表 3-15；

　　　n——掩蔽人数（人）。

防空地下室滤毒通风时的新风量应分别按式（3-13）、式（3-14）计算，取其中的较大值。

$$L_R = L_2 n \tag{3-13}$$

$$L_H = V_F K_H + L_f \tag{3-14}$$

式中　L_R——滤毒通风时按掩蔽人员计算所得新风量（m^3/h）；

　　　L_2——滤毒通风时人员新风量标准 [$m^3/(h \cdot 人)$]，见表 3-15；

　　　n——掩蔽人数（人）；

　　　L_H——室内保持正压所需的新风量（m^3/h）；

　　　V_F——战时主要出入口最小防毒通道的有效容积（m^3）；

　　　K_H——战时主要出入口最小防毒通道的设计换气次数（h^{-1}），见表 3-16；

　　　L_f——室内保持超压时的漏风量（m^3/h），可按清洁区有效容积的 4%~7%（每小时）计算。

表 3-15 室内人员战时新风量标准　　　　　　[单位：$m^3/(h \cdot 人)$]

防空地下室类别	清洁通风	滤毒通风
医疗救护工程	≥12	≥5
防空专业队队员掩蔽部、生产车间	≥10	≥5
一等人员掩蔽所、食品站、区域供水站、电站控制室	≥10	≥3
二等人员掩蔽所	≥5	≥2
其他配套工程	≥3	
物资库	1~2	

表 3-16　滤毒通风时的防毒要求

防空地下室类别	最小防毒通道换气次数/h^{-1}	清洁区超压/Pa
医疗救护工程、专业队队员掩蔽部、一等人员掩蔽所、食品站、生产车间、区域供水站	≥50	≥50
二等人员掩蔽所、电站控制室	≥40	≥30

5. 战时隔绝防护时间校核

防空地下室战时的隔绝防护时间，应按式（3-15）进行校核。当计算出的隔绝防护时间不能满足表 3-17 的规定时，应采取增加 O_2、吸收 CO_2 或减少战时掩蔽人数等措施。

$$\tau = \frac{1000V_0(C-C_0)}{nC_1} \tag{3-15}$$

式中　τ——隔绝防护时间（h）；

V_0——防护地下室清洁区内的容积（m^3）；

C——防空地下室室内 CO_2 容许体积分数（%），应按表 3-17 确定；

C_0——隔绝防护前防空地下室室内 CO_2 初始体积分数（%），宜按表 3-18 确定；

C_1——清洁区内每人每小时呼出的 CO_2 量 [L/(人·h)]；掩蔽人员宜取 20 [L/(人·h)]，工作人员宜取 20~25 [L/(人·h)]；

n——室内的掩蔽人数（人）。

防空地下室战时隔绝防护时间，以及隔绝防护时室内 CO_2 容许体积分数、O_2 体积分数应符合表 3-17 规定。

表 3-17　战时隔绝防护时间，隔绝防护时室内 CO_2 容许体积分数、O_2 体积分数

防空地下室类别	隔绝防护时间/h	CO_2 容许体积分数（%）	O_2 体积分数（%）
医疗救护工程、专业队队员掩蔽部、一等人员掩蔽所、食品站、生产车间、区域供水站	≥6	≤2.0	≥18.5
二等人员掩蔽所、电站控制室	≥3	≤2.5	≥18.0
物资库等其他配套工程	≥2	≤3.0	

表 3-18　隔绝防护前防空地下室室内 CO_2 初始体积分数 C_0

新风量 /[m^3/(人·h)]	25~30	20~25	15~20	10~15	7~10	5~7	3~5	2~3
C_0（%）	0.13~0.11	0.15~0.13	0.18~0.15	0.25~0.18	0.34~0.25	0.45~0.34	0.72~0.45	1.05~0.72

6. 防护进风设置

防护进风系统必须设有消波装置、粗效过滤器、密闭阀和通风机。滤毒通风要求防空地下室需保持正压，进风系统还应有过滤吸收器。

1）设有清洁、滤毒、隔绝三种防护通风方式，且清洁进风、滤毒进风合用进风机时，进风系统应按原理图 3-20 设计。

通风方式转换、系统气流说明：

清洁通风系统气流：$1 \rightarrow 2 \rightarrow 3_1 \rightarrow 3_2 \rightarrow 5 \rightarrow 8$（关闭密闭阀 3_3、3_4）。

滤毒通风系统气流：$1 \rightarrow 2 \rightarrow 3_3 \rightarrow 4 \rightarrow 3_4 \rightarrow 5 \rightarrow 8$（关闭密闭阀 3_1、3_2）。

隔绝通风系统气流为内部循环，开 $7 \rightarrow 5 \rightarrow 8 \rightarrow$（关闭密闭阀 3_1、3_2、3_3、3_4）。

2）设有清洁、滤毒、隔绝三种防护通风方式，且清洁进风、滤毒进风分别设置进风机时，进风系统应按原理图 3-21 设计。

平时人防地下室所需通风量与战时滤毒通风风量相差悬殊，但合用的一台手摇电动风机不能满足平时使用要求时，清洁通风与滤毒通风应分别设置通风机，其进风口、粗过滤器、送风管路均合用。按最大的风量选用消波装置、粗过滤器、防火阀及室内送风管道。

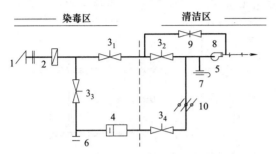

图 3-20　清洁通风与滤毒通风合用系统
1—消波装置　2—粗效过滤器　3—密闭阀
4—过滤吸收器　5—通风机　6—换气堵头
7—插板阀　8—增压管（DN25 热镀锌光管）
9—球阀　10—风量调节阀

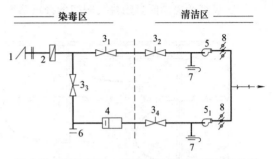

图 3-21　清洁进风、滤毒进风分别设置进风机时
1—消波装置　2—粗效过滤器　3—密闭阀
4—过滤吸收器　5—通风机　6—换气堵头
7—插板阀　8—风量调节阀

通风方式转换时，系统气流说明：

清洁通风系统气流：$1 \to 2 \to 3_1 \to 3_2 \to 5$（关密闭阀 3_3、3_4、停风机 5_1）。

滤毒通风系统气流：$1 \to 2 \to 3_3 \to 4 \to 3_4 \to 5_1$（关密闭阀 3_1 及 3_2、停风机 5）。

隔绝通风系统气流：$7 \to 5_1$（关密闭阀 3_2、3_4，停风机 5）。

3）无滤毒要求而有抗冲击波要求的人防地下室通风系统，战时采用隔绝式通风，平时为清洁通风，不设过滤吸收器。设有清洁、隔绝两种防护通风方式，进风系统应按原理图 3-22 设计。隔绝式通风时，打开插板阀 7 及通风机 5。

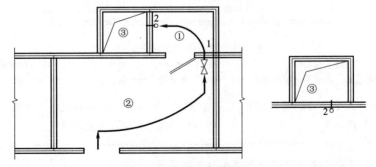

图 3-22　隔绝式通风
1—消波装置　2—粗效过滤器　3—密闭阀
5—通风机　7—插板阀

7. 防护排风设置

防空地下室的排风系统由消波设施、密闭阀门、超压自动排气活门或防爆超压自动排气活门等防护通风设备组成。

1）战时设清洁、隔绝通风方式时，排风系统应设防爆波设施和密闭设施。

不设洗消间或简易洗消间的人防地下室，在厕所设防爆超压自动排气活门排风系统见图 3-23。

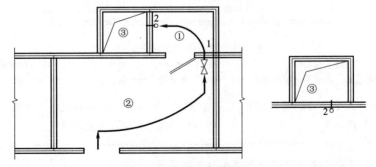

图 3-23　防爆超压自动排风系统
1—密闭阀　2—防爆超压排气活门　①—扩散室　②—厕所　③—排风竖井
注：滤毒式通风时，气流由②→1→①→2→③或由②→2→③。

防爆超压自动排气活门，可直接安装在墙上。穿越密闭墙的风管要采取密闭措施。

2）设有清洁、滤毒、隔绝三种防护通风方式时，排风系统可根据洗消间设置方式的不同，设计方式如下：

① 设简易洗消间自动排气阀门的排风系统，见图3-24。

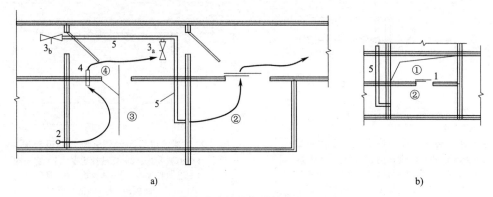

图 3-24　设简易洗消间和自动排气阀门的排风系统

1—防爆波活门（门式防爆悬板活门）　2—自动排气阀　3—密闭阀　4—短管　5—排风管

①—排风竖井　②—扩散室　③—简易洗消室　④—防毒通道

排风气流流向说明：清洁通风的排风，由室内过道→3_b→②→1→通道或①排出（关闭3_a密闭阀）。滤毒通风的排风，由室内→2→③→4→④→3_a→②→1→通道或①（关闭3_b密闭阀）。

② 设洗消间的排风系统，在主要出入口设排风管排出，同时厕所设防爆超压自动排气活门排出，见图3-25。

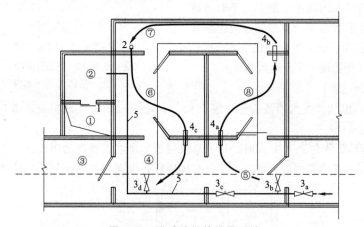

图 3-25　设洗消间的排风系统

1—防爆波活门（门式防爆悬板活门）　2—自动排气阀　3—密闭阀　4—短管　5—风管　①—排风竖井　②—扩散室
③—染毒通道　④—第一防毒通道　⑤—第二防毒通道　⑥—脱衣室　⑦—淋浴室　⑧—穿衣室

排风气流流向说明：清洁通风的排风，由室内→3_a→3_c→②→1→①（关闭3_b与3_d）；滤毒通风的排风，由室内→3_a→3_b→4_a→4_b→2→4_c→3_d→②→1→①（关闭3_c）。

【例 3-5】　厦门某医院门诊综合大楼人防专项设计

1. 项目概况

该工程为厦门某医院门诊综合大楼（地下人防）人防部分专项设计，人防建筑面积$4361m^2$

（其中核 5 常 5 级战时急救医院建筑面积 2937.4m²）。人防位于地下二层和地下三层。地下三层：北区结合人防设计，平时布置为储藏空间，战时为核 5 常 5 级战时急救医院。地下二层：主要为地下停车库和设备用房，战时为核 6 常 6 级二等人防掩蔽所及核 5 常 5 级人防电站。人防分区见表 3-19。

设计防火分类及耐火等级：地下室耐火等级为一级。本次设计范围为人防区的战时通风及空调设计。

表 3-19 人防分区

序号	战时功能	防护等级	位置	层高/m	建筑面积/m²	掩蔽人/物
人防单元(一)	二等人员掩蔽所	核 6 常 6	地下 2	3.6	1202	841 人
人防单元(二)	急救医院	核 5 常 5	地下 3	5.7	2350	218 人
人防单元(三)	战时人防电站	核 5 常 5	地下 2	4.5	809	2×160kW 柴油发电机组

2. 设计参数

1）室外设计参数采用厦门市室外设计参数，参阅附录 9。

2）战时急救医院清洁通风室内空气温度和相对湿度设计参数，见表 3-20。

表 3-20 战时急救医院清洁通风室内空气温度和相对湿度设计参数

房间名称	夏季		冬季		新风量
	温度/℃	相对湿度（%）	温度/℃	相对湿度（%）	/[（m³/(h·人)]
手术部、急救观察、重症室	24~26	50~60	20~24	30~60	20
病房	25~27	45~65	18~22	30~65	20
其他	25~28	≤70	16~22	≥30	20

3）战时通风设计参数见表 3-21。

表 3-21 战时通风设计参数

房间名称	防护通风设方式	战时防化等级	隔绝防护时间	CO₂ 容许含量	室内超压	最小防毒通道换气次数	人员新风量/[m³(h·人)]	
							清洁式	滤毒式
急救医院	清洁式、滤毒式、隔绝式	乙级	≥6h	≤2.0%	≥50Pa	≥50 次/h	15	7
二等人员掩蔽所		丙级	≥3h	≤2.5%	≥30Pa	≥40 次/h	5	2
人防电站控制室		丙级	≥3h	≤2.5%	≥30Pa	≥40 次/h	10	3

3. 战时空调设计计算

1）空调系统冷负荷 136.63kW、湿负荷 70.62kg/h，选 1 台全自动风冷调温除湿机，单台名义除湿量 100kg/h，制冷量 169.8kW。采用一次回风系统，总送风量 28000m³/h。清洁通风时，新风量 4927m³/h，回风量 23073m³/h；滤毒通风时，新风量 3000m³/h，回风量 25000m³/h。

2）夏季，新风与回风混合后，经全自动调温除湿机除湿降温后，通过空调送风机送入各功能房间。冬季，根据工程内外温湿度变化，调节新回风混合比，维持室内温湿度，也可以使除湿机运行于升温工况，提高人防室内温度。过渡季节，调温除湿机关闭，采用新风加回风的循环方式。主要功能房间的换气次数大于 8 次/h。

4. 战时通风设计计算

（1）人防单元（一）

1）计算依据：掩蔽人数 $n = 841$ 人，清洁新风量 $L_1 = 5.2 m^3/(h·人)$，滤毒新风量 $L_2 = 2.2 m^3/(h·人)$，最小防毒通道体积 $V = 24 m^3$，清洁区容积 $V = 2622 m^3$。

2）清洁式风量：$L_q = nL_1 = (841×5.2) m^3/h = 4373 m^3/h$。

3）滤毒式风量：$L_R = nL_2 = (841×2.2) m^3/h = 1850 m^3/h$；$L_H = (24×40 + 2622×0.07) m^3/h =$

$1146m^3/h$。

由于 $L_R > L_H$，取滤毒通风量为 $1850m^3/h$；又取滤毒罐额定风量为 $1000m^3/h$，所以，选择两个 $1000m^3/h$ 的滤毒罐，即实际滤毒风量为 $2000m^3/h$。

4）隔绝防护时间：

$$\tau = \frac{1000V_0(C-C_0)}{nC_1} = \left[\frac{1000\times2622(2.5\%-0.45\%)}{841\times20} \right]h = 3.2h > 3h，满足要求。$$

最小防毒通道换气次数：

$$K_H = \frac{L_{滤毒}-0.07V}{V_0} = \left(\frac{2000-0.07\times2622}{24} \right)次/h = 76 次/h > 40 次/h，满足要求。$$

超压排气活门个数：

$$n = \frac{L_{滤毒}-0.07V}{L_0} = \frac{2000-0.07\times2622}{800} = 2.3，选 3 只 PS-D250 型超压排气活门。$$

（2）人防单元（二）

1）计算依据：掩蔽人数 $n=218$ 人，清洁新风量 $L_1=20m^3/(h\cdot 人)$，滤毒新风量 $L_2=7m^3/(h\cdot 人)$，最小防毒通道体积 $V=53m^3$，清洁区容积 $V=8337m^3$。

2）清洁式风量：$L_q = nL_1 = (218\times20)m^3/h = 4360m^3/h$。

3）滤毒式风量：$L_R = nL_2 = (218\times7)m^3/h = 1526m^3/h$；$L_H = (53\times50 + 8337\times0.07)m^3/h = 3233m^3/h$。

由于 $L_R < L_H$，取滤毒通风量为 $3233m^3/h$；选择 4 个 $1000m^3/h$ 的滤毒罐，即实际滤毒风量为 $4000m^3/h$。

4）隔绝防护时间：

$$\tau = \frac{1000V_0(C-C_0)}{nC_1} = \left[\frac{1000\times8337\times(2.0\%-0.18\%)}{218\times20} \right]h = 34.8h > 6h，满足要求。$$

最小防毒通道换气次数：

$$K_H = \frac{L_{滤毒}-0.07V}{V_0} = \left(\frac{4000-0.07\times8337}{53} \right)次/h = 64.5 次/h > 50 次/h，满足要求。$$

超压排气活门个数：

$$n = \frac{L_{滤毒}-0.07V}{L_0} = \frac{4000-0.07\times8337}{800} = 4.27，选 5 只 PS-D250 型超压排气活门。$$

（3）人防单元（三）　电站进风量、排风量及排烟量参阅柴油发电机房设计，风管及风井依此进行设计。

5. 防护通风设计原理图、平面图及剖面图

人防通风图例见表 3-22。

表 3-22　人防通风图例

图例	名称	图例	名称
—— RX ——	人防新风管	—————→	清洁式通风气流方向
—— RS ——	人防送风管	----→	滤毒式通风气流方向
—— RP ——	人防排风管	⋈	手动密闭阀
—— P ——	测压管	—⊢●	超压排气活门

（续）

图例	名称	图例	名称
⊣‖	换气堵头	▭	插板阀
◁▷	球阀	▯	门式防爆波门

（1）人防单元（一）　二等人员掩蔽所，采用清洁通风与滤毒通风合用的系统。合用系统进风口部原理图和排风口部原理图分别见图 3-26 和图 3-27。人防通风操作表见表 3-23，设备表见表 3-24。合用系统进风平面图和排风平面图分别见图 3-28 和图 3-29。

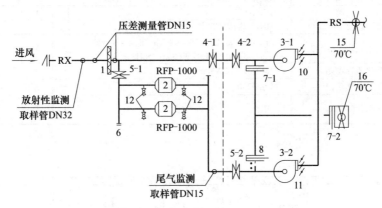

图 3-26　合用系统进风口部原理图

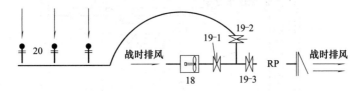

图 3-27　合用系统排风口部原理图

表 3-23　合用系统人防通风操作表

通风方式	阀门		风机	
	开	关	开	关
清洁式通风	4-1、4-2、19-1、19-2、10（调节）	5-1、5-2、19-2、11、7-1、8、19、7-2	3-1、18	3-2
滤毒式通风	5-1、5-2、19-2、19-3、11（调节）、19	4-1、4-2、19-1、10、7-1、7-2	3-2	3-1、19
隔绝式通风	7-1、7-2、8、10、11	4-1、4-2、5-1、5-2、19、19-1、19-2、19-3	3-1 3-2	19
滤毒间换气	6、5-2、11 （滤毒间门打开）	4-1、4-2、5-1、7-1、7-2、8、10、19-1、19-2、19-3	3-2	19

表 3-24　合用系统人防通风设备表

系统	编号	名称	参数	单位	数量	备注
进风系统	1	油网滤尘器	LWP-X 型-2×2	块	4	
	2	过滤吸收器	RPF-1000，$L=1000\mathrm{m^3/h}$	只	2	
	3-1	混流风机 RFSF-3	SWF-I-3.5，$L=4927\mathrm{m^3/h}$，$n=2900\mathrm{r/min}$，$p=741\mathrm{Pa}$，$N=3\mathrm{kW}(380\mathrm{V}/50\mathrm{Hz})$	台	1	清洁通风
	3-2	离心风机 RFSF-4	T4-72-3.0，$L=2000\mathrm{m^3/h}$，$n=2900\mathrm{r/min}$，$p=1096\mathrm{Pa}$，$N=1.1\mathrm{kW}(380\mathrm{V}/50\mathrm{HZ})$	台	1	滤毒通风（人防所认证风机）
	4	手动风管密闭阀	D40J-0.5，DN500	个	2	
	5	手动风管密闭阀	D40J-0.5，DN400	个	2	

（续）

系统	编号	名称	参数	单位	数量	备注
进风系统	6	换气堵头	DN400	个	1	滤毒间换气
	7	密闭式插板阀	DN500	个	2	
	8	密闭式插板阀	DN400	个	1	
	9	隔绝通风短管	DN500	个	1	
	10	风量调节阀	1000mm×250mm	个	1	
	11	风量调节阀	500mm×250mm	个	1	
	12	放射性监测取样管	热镀锌钢管 DN32 末端加球阀	套	1	详见 07 FK02,第58、59 页
	13	压差测量管	热镀锌钢管 DN32 末端加球阀	套	2	
	14	尾气监测取样管	热镀锌钢管 DN15 末端加截止阀	套	1	
	15	70℃ 防火阀	1000mm×250mm	个	1	
	16	70℃ 防火阀	DN500	个	1	
	17	测压装置	DN15 热镀锌钢管 倾斜式微压计	套	1	
排风系统	18	混流风机 RFPF-3	HL3-2A No. 4. 5A,$L = 4362m^3/h$,$n = 1450r/min$,$p = 439Pa$,$N = 1. 1kW(380V/50Hz)$	台	1	清洁排风
	19	手动风管密闭阀	D40J-0. 5,DN500	个	3	
	20	自动排气活门	PS-D250	个	3	超压排风
	21	气密性测量管	DN50	根	6	详见 07 FK02,第60 页

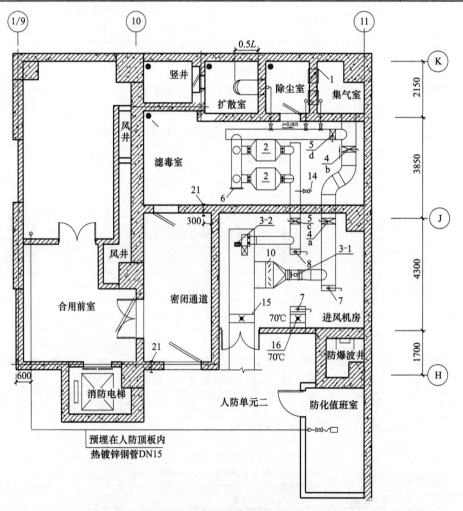

图 3-28 合用系统进风平面图

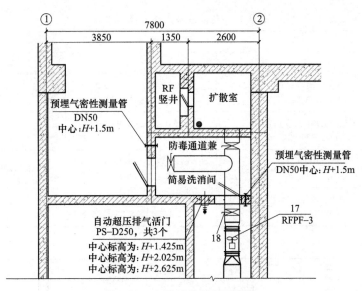

图 3-29　合用系统排风平面图

（2）人防单元（二）　急救医院防护进风和排风原理图分别见图 3-30 和图 3-31，人防通风操作表和设备表分别见表 3-25 和表 3-26，防护进风平面图和进风机房剖面图分别见图 3-32 和图 3-33，防护排风平面图见图 3-34。

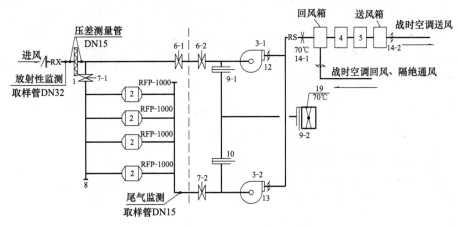

图 3-30　急救医院防护进风原理图

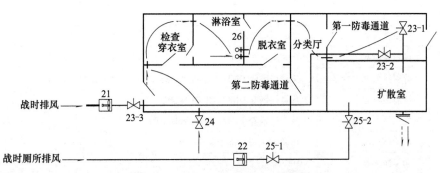

图 3-31　急救医院防护排风原理图

表 3-25　急救医院人防通风操作表

通风方式	阀门		风机	
	开	关	开	关
清洁式通风	6-1、6-2、12(调节)、14-1、14-2；23-2、23-3、25-1、25-2	7-1、7-2、9-1、9-2、10、8；23-1、24、26	3-1、5、21、22	3-2
滤毒式通风	7-1、7-2、13(调节)、14-1、14-2；23-1、24、26	6-1、6-2、9-1、9-2、10、8；23-2、23-3、25-1、25-2	3-2、5	3-1、21、22
隔绝式通风	9-1、9-2、10、12、13、14-1、14-2	6-1、6-2、7-1、7-2；23-1、23-2、23-3、24、25-1、25-2、26	5、3-1、3-2、	21、22
滤毒间换气	8、7-2、13、14-2（滤毒间门打开）	6-1、6-2、7-1；9-1、9-2、10；23-1、23-2、23-3、24、25-1、25-2、26	3-2、5	3-1、21、22

表 3-26　急救医院人防通风设备表

系统	编号	名称	参数	单位	数量	备注
进风系统	1	油网滤尘器	LWP-X 型-2x2	块	4	
	2	过滤吸收器	RPF-1000，$L=1000\mathrm{m^3/h}$	只	2	
	3-1	混流风机 RFSF-3	SWF-I-3.5，$L=4927\mathrm{m^3/h}$，$n=2900\mathrm{r/min}$，$p=741\mathrm{Pa}$，$N=3\mathrm{kW}(380\mathrm{V}/50\mathrm{Hz})$	台	1	清洁通风
	3-2	离心风机 RFSF-4	T4-72-3.0，$L=2000\mathrm{m^3/h}$，$n=2900\mathrm{r/min}$，$p=1096\mathrm{Pa}$，$N=1.1\mathrm{kW}(380\mathrm{V}/50\mathrm{Hz})$	台	1	滤毒通风（人防所认证风机）
	4	风冷调温管道除湿机	CGTZF100，$Q=165\mathrm{kW}$，$D=100\mathrm{kg/h}$，$L=28000\mathrm{m^3/h}$，$p=220\mathrm{Pa}$，$N=65\mathrm{kW}(380\mathrm{V}/50\mathrm{Hz})$	台	1	气：3-$\phi28.6\times1.2$ 液：3-$\phi22.2\times1.2$
	5	空调送风机	DBF280-a，$L=28000\mathrm{m^3/h}$，$p=444\mathrm{Pa}$，$N=7.5\mathrm{kW}(380\mathrm{V}/50\mathrm{Hz})$	台	1	低噪声离心风机箱
	6	手动风管密闭阀	D40J-0.5，DN500	个	2	
	7	手动风管密闭阀	D40J-0.5，DN400	个	2	
	8	换气堵头	DN400	个	1	滤毒间换气
	9	密闭式插板阀	DN500	个	2	
	10	密闭式插板阀	DN400	个	1	
	11	隔绝通风短管	DN500	个	1	
	12	风量调节阀	500mm×500mm	个	1	
	13	风量调节阀	500mm×250mm	个	1	
	14	风量调节阀	1400mm×800mm	个	2	
	15	放射性监测取样管	热镀锌钢管 DN32　末端加球阀	套	1	详见 07 FK02，第58、59 页
	16	压差测量管	热镀锌钢管 DN32　末端加球阀	套	2	
	17	尾气监测取样管	热镀锌钢管 DN15　末端加截止阀	套	1	
	18	70℃防火阀	1400mm×800mm	个	1	
	19	70℃防火阀	DN500	个	1	
	20	测压装置	DN15 热镀锌钢管　倾斜式微压计	套	1	

（续）

系统	编号	名称	参数	单位	数量	备注
排风系统	21	混流风机 RFPF-1	HL3-2A No. 4. 5A, $L = 3908\text{m}^3/\text{h}$, $n = 1450\text{r}/\text{min}$, $p = 449\text{Pa}$, $N = 1.1\text{kW}$（380V/50Hz）	台	1	急救医院清洁排风
	22	混流风机 RFPF-2	HL3-2A No. 3A, $L = 1158\text{m}^3/\text{h}$, $n = 1450\text{r}/\text{min}$, $p = 200\text{Pa}$, $N = 0.55\text{kW}$（380V/50Hz）	台	1	急救医院密闭区排风
	23	手动风管密闭阀	D40J-0. 5, DN500	个	3	
	24	手动风管密闭阀	D40J-0. 5, DN400	个	1	
	25	手动风管密闭阀	D40J-0. 5, DN300	个	2	
	26	自动排气活门	PS-D250	个	5	超压排风
	27	气密性测量管	DN50	根	8	详见 07 FK02,第60 页

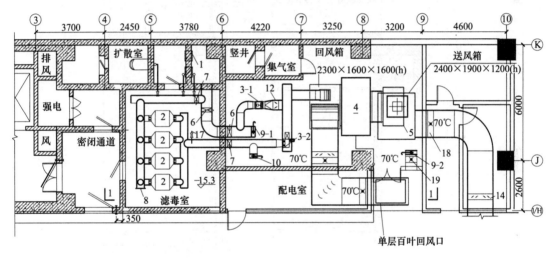

图 3-32　急救医院防护进风平面图

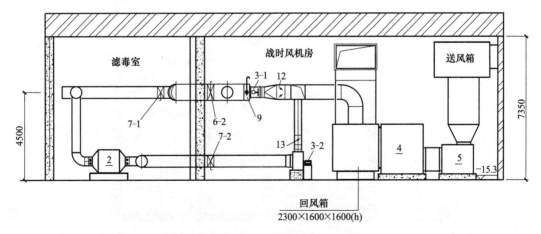

图 3-33　急救医院防护进风机房剖面图

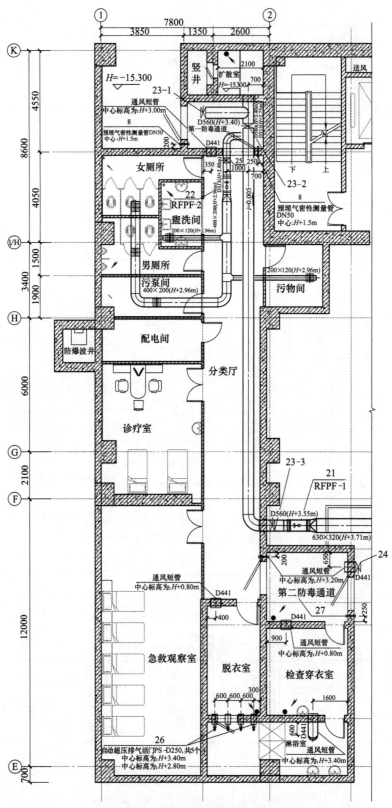

图3-34　急救医院防护排风平面图

（3）人防单元（三） 人防电站的风量计算见柴油发电机房部分，人防固定电站的通风原理见图 3-35，排风平面图见图 3-36，主要设备表见表 3-27。

地下二层平时通风平面图见图 3-37，战时通风平面图见图 3-38。

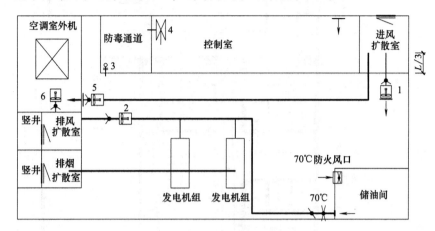

图 3-35 人防固定电站的通风原理图

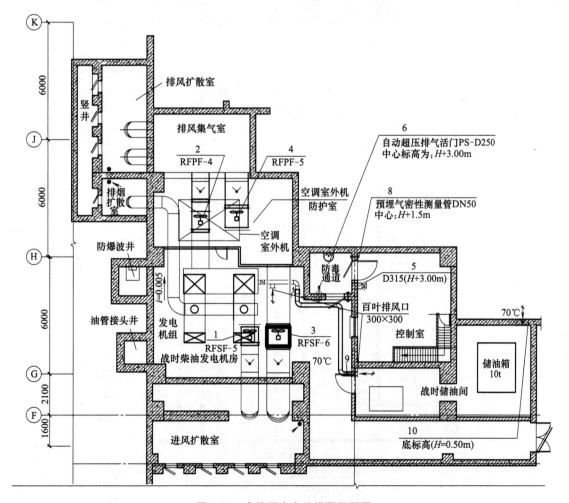

图 3-36 人防固定电站排风平面图

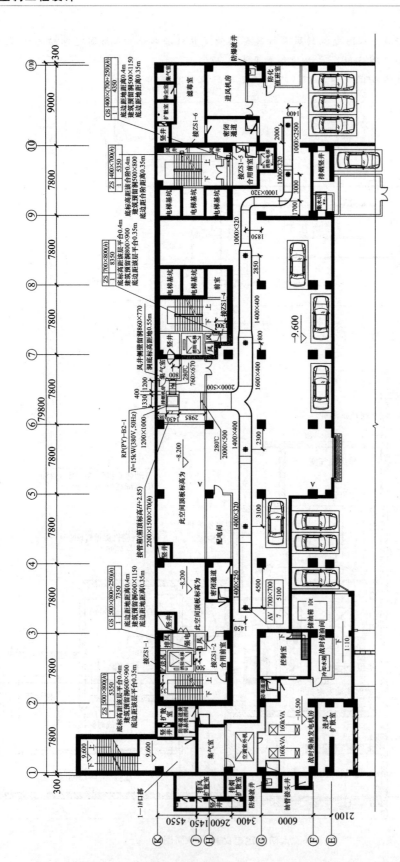

地下二层人防平时通风平面图

注：本层风管除注明外，管顶标高为 $H+3.00$m，H为本层建筑地面标高。

图 3-37　地下二层人防平时通风平面图

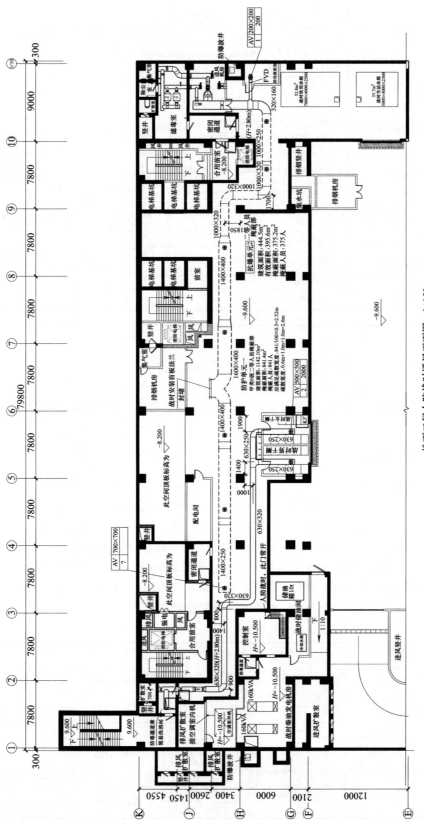

地下二层人防战时通风平面图 1:150

注:1. 本层风管除注明外,管顶标高为H+3.00m,H为本层建筑地面标高。

2. 本图中虚线表示的风管,是指地下室平时通风系统所用的风管。

图3-38 地下二层人防战时通风平面图

表 3-27 人防固定电站口部主要设备表

	编号	名称	参数	单位	数量	备注
进风系统	1	混流风机 RFSF-5	SWF-I-9，$L = 34206\text{m}^3/\text{h}$，$n = 960\text{r/min}$，$p = 282\text{Pa}$，$N = 5.5\text{kW}(380\text{V}/50\text{Hz})$	台	1	人防电站送风
	2	混流式消防排烟风机 RFPF-4	PYHL-14A No.8A，$L = 25413\text{m}^3/\text{h}$，$n = 960\text{r/min}$，$p = 451\text{Pa}$，$N = 5.5\text{kW}(380\text{V}/50\text{Hz})$	台	1	人防电站排风
	3	混流风机 RFSF-6	SWF-I-12，$L = 64292\text{m}^3/\text{h}$，$n = 720\text{r/min}$，$p = 429\text{Pa}$，$N = 15\text{kW}(380\text{V}/50\text{Hz})$	台	1	空调室外机散热送风与空调联锁开启
	4	混流风机 RFSF-5	T4-72-3.0，$L = 2000\text{m}^3/\text{h}$，$n = 2900\text{r/min}$，$p = 1096\text{Pa}$，$N = 1.1\text{kW}(380\text{V}/50\text{Hz})$	台	1	空调室外机散热排风与空调联锁开启
	5	手动风管密闭阀	D40J-0.5，DN300	个	1	
	6	自动排气活门	PS-D250	个	1	超压排风
	7	通风短管	DN300	个	2	
	8	气密性测量管	DN50	根	2	详见 07FK02 第 60 页
	9	70℃防火阀	200×200	个	1	
	10	70℃防火阀	400×400	个	1	

第七节 实验室通风设计

通风系统的完善与否，直接对实验室环境、实验人员的身体健康、实验设备的运行维护等方面产生重要影响。

一、实验室通风量计算

1. 实验室通风柜技术参数

1）通风柜的性能参数应符合《排风柜》（JB/T 6412—1999）技术标准。目前实验室通风柜均有三种工作模式，即应急强排风、正常排风、休眠工作状态。应急排风面风速为 1.0 m/s，正常排风面风速是 0.4~0.5m/s，休眠状态可自动调低通风柜操作窗口，风速小于 0.3m/s。通风柜的面风速应分布均匀，其最大值、最小值与算术平均值的偏差应小于 15%。通风柜控制浓度应小于 0.5 mL/m³。通风柜阻力应小于 70Pa，操作口平均面风速为 0.4~0.5m/s。通风柜排风量范围应满足规范要求。常用通风柜的排风量、补风量可参考表 3-28。

表 3-28 常用通风柜性能参数

型式	排风量范围 /(m^3/h)	补风量范围 /(m^3/h)	型式	排风量范围 /(m^3/h)	补风量范围 /(m^3/h)
FG-120	900~1500	0	FGTB-150	1100~1900	700~1300
FGB-120		600~1000	FGS-150	2200~3800	0
FGT-120		0	FGSB-150		1400~2600
FGTB-120		600~1000	FG-180	1400~2400	0
FGS-120	1800~3000	0	FGB-180		900~1600
FGSB-120		1200~2000	FGT-180		0
FG-150	1100~1900	0	FGTB-180		900~1600
FGB-150		700~1300	FGS-180	2800~4800	0
FGT-150		0	FGSB-180		1800~3200

2）通风柜的尺寸参数应符合《排风柜》（JB/T 6412—1999）技术标准。通风柜高度≤2400mm，柜门最大开启高度600~800mm，排风柜内部有效高度≥1100mm；通风柜外形尺寸和内部有效高度的允许偏差均为3mm。常用通风柜的尺寸、台面高度可参考表3-29。

表3-29　通风柜尺寸参数

型式	宽/mm	厚/mm	工作台面高度/mm
FG-120	1200	800~900	800~900
FGB-12			
FGT-120			—
FGTB-120			
FGS-120		1600~1800	800~900
FGSB-120			
FG-150	1500	800~900	800~900
FGB-150			
FGT-150			—
FGTB-150			
FGS-150		1600~1800	800~900
FGSB-150			
FG-180	1800	800~900	800~900
FGB-180			
FGT-180			—
FGTB-180			
FGS-180		1600~1800	800~900
FGSB-180			

2. 实验室全面排风量

实验室内空气污染程度通常高于周围环境，因此，即使通风柜不工作时室内也应保持一定的负压值，压差约5Pa。为保持实验室的微负压状态，实验室应设全面排风系统，且室内排风管段应保持负压。实验室全面排风量可根据房间的换气次数来确定，实验室的换气次数取8~15次/h，特殊情况可以相应增大。

3. 实验室补风量

为保证实验室的排风效果，维持风量平衡，应设置补风系统。当自然补风能满足风平衡要求时，可采用自然补风；当自然补风无法满足要求时，应设置机械补风。补风宜采用新风机组，于夏季、冬季分别对新风进行冷却、加热处理，保证室内温湿度满足舒适性。

4. 通风风管风速

通风柜支管风速不大于6m/s，干管风速为10~14m/s。

二、实验室通风系统设置和排放处理

1）实验室通风系统的设置原则是有毒、无毒分开排放，有机物、无机物分开排放。根据各实验室的实际情况，每个实验室排风系统基本是单独设置的，少部分实验室排风系统是同层相同功能房间的多台并联系统。

2）实验室通风柜面风速高于或低于设定风速都可能导致有害气体外逸。过低的面风速无法有效捕捉排放的有害物质，过高的面风速导致通风柜内气流形成紊流和涡流，同样可能导致有害物质逸出。为确保排风效果，通风柜宜采用变风量控制方式，要求通风柜面风速稳定在设定风速±5%。实验室通风柜排风时，其排风机宜选用变频风机，保证24h不间断排放效果。

3）实验室排出的有毒和酸碱腐蚀性极强的气体会对环境造成污染，在排入大气前根据气体的成分采取吸取、过滤等措施对其进行净化处理，使排出气体有害成分低于国家环保卫生要求。

三、通风管道的材质要求

1）对于一般实验室，若室内排放的气体没有腐蚀性，风管可以采用镀锌薄钢板或不锈钢风管。

2）若实验室排放的气体有一定的腐蚀性，风管应采用耐腐蚀材料的PVC、有机玻璃钢风管；若排放的气体含强酸（如盐酸、硝酸等），风管应采用PP材料。

3）若实验室设有机械补风，补风风管材质可选用镀锌钢板。

四、通风系统控制

1）系统采用静压传感自动变频控制（或PLC编程控制），静压传感自动变频控制可以根据开启通风设备的数量变化，将其感应到的静压转变成0~10V的电信号输入变频器从而自动调节风机频率，使风机的抽风量与实际所需排风量相匹配，从而确保排风效果，达到节能降噪的效果。

2）每台通风柜安装一个电子风量调节阀，其控制开关和变频控制系统及风机联动，可实现单台或多台通风设备等不同工况下的控制。系统风阀和风机整体联锁，实现气流的有序流动，平衡系统风量，防止气流反窜、倒流。

【例3-6】 某检测中心综合楼实验室通风设计。实验室位于四层，共有六间实验室，每间实验室设四个通风柜（尺寸为1.8m×0.85m×2.4m），每间面积62m²，层高3.9m。建筑平面图见图3-39。

1. 实验室通风柜排风量

每间实验室设一套通风柜排风系统，查表3-28取每个通风柜排风量为1700m³/h，则

$$L_1 = (1700 \times 4 \times 1.1)\,\mathrm{m^3/h} = 7480\,\mathrm{m^3/h}$$

2. 实验室全面排风量

每间实验室设一套全面排风系统，换气次数取13次/h，则

$$L_2 = (62 \times 13 \times 3.9 \times 1.1)\,\mathrm{m^3/h} = 3458\,\mathrm{m^3/h}$$

3. 实验室补风

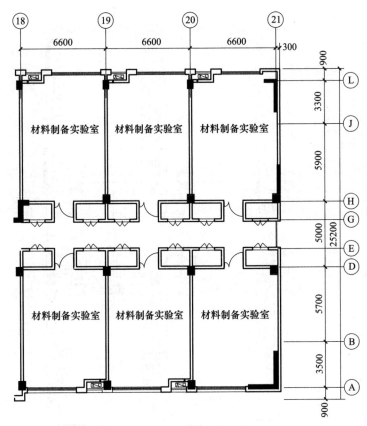

图 3-39　实验室平面图

实验室自然补风条件较好，采用门下设百叶自然补风。

4. 通风方案的确定及风机选择

每间实验室通风柜排风和全面排风共用一套排风系统，通过设置在设备管井内的通风管道与屋面排风机连接，从屋面高空排放。

每台通风柜上设电动风量调节阀，其控制开关和变频控制系统与柜门开启联锁和风机联动，可实现单台或多台通风设备等不同工况下的控制。实验室通风柜排风系统在夜间及本系统通风柜全部关闭时，排风机要求低速运转，维持主管道负压，以确保通风柜内气体不弥散至实验室内。实验室通风系统配套使用的风机均采用变频风机。风机选型见表 3-30。

表 3-30　风机选型表

风机编号	风机型式	服务区域	风量/（m³/h）	风压/Pa	噪声/dB（A）	数量（台）
PF-RF-1~6	离心直联排风机	实验室排风	3700~7500	1000~620	82	6

5. 其他

实验室通风风管均采用有机玻璃钢板制作。露天安装的风机及防火阀需设防雨罩，风机入口设防虫网，防雨罩采用 0.75mm 厚镀锌钢板现场制作。在屋面总排风机主管前端设置压差传感器，屋面总排风机可以根据压差传感器的数值调整变频风机的转速，有利于房间压差和节能控制。

实验室通风平面图和剖面图分别见图 3-40 和图 3-41，屋顶通风平面图见图 3-42。

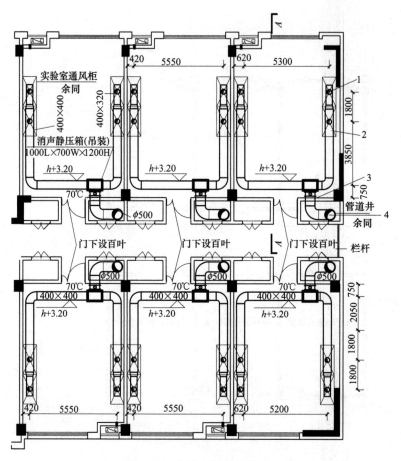

图 3-40　实验室通风平面图

1—通风立管 φ300 连接通风柜，立管上设置风量调节阀，并设置与通风柜联动控制的密闭电动风阀

2—风管安装中心标高距离 3.20m，采用耐腐蚀玻璃钢风管

3—风管安装中心标高距离 2.80m，采用耐腐蚀玻璃钢风管　4—通风立管 φ600，共设 3 根，连接屋顶变频离心风机

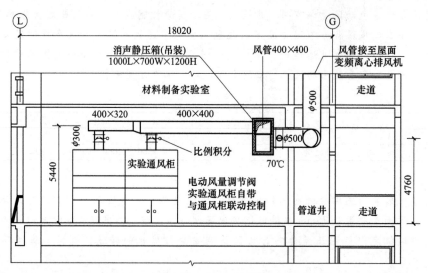

图 3-41　A—A 剖面图

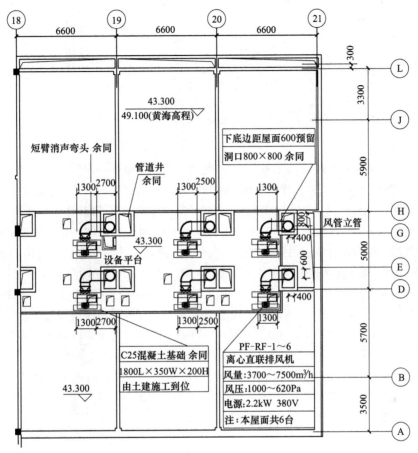

图 3-42 屋顶通风平面图

二维码形式客观题

微信扫描二维码，可在线做题，提交后可查看答案。

第四章

民用建筑火灾烟气控制

建筑火灾烟气具有毒害性（其含有 CO、氰化物、酮类、醛类、NH$_3$ 等有毒性气体及悬浮微粒，且氧气含量少易使人窒息）、遮光作用及高温危害，是造成人员伤亡的主要原因。火灾发生时应当及时对烟气进行控制，并在建筑物内创造无烟/少烟的水平和垂直的疏散通道或安全区，以保证建筑物内人员安全疏散或临时避难和消防人员及时到达火灾区扑救。所采取的主要措施有：隔断或阻挡，防烟及排烟。主要遵循如下规范：《建筑设计防火规范》（GB 50016—2014）（简称《建规》）、《建筑防烟排烟系统技术标准》（GB 51251—2017）（简称《烟标》）、《人民防空工程设计防火规范》（GB 50098—2009）。地下停车库应按现行《汽车库、修车库、停车场设计防火规范》（GB 50067—2014）以及防排烟系统相关地方标准规范进行设计，设计时应结合国标图集《建筑防烟排烟系统技术标准》15K606 的图示，理解《防排烟及暖通防火设计审查与安装》20K607 及项目所在地消防主管部门发布的技术要求文件，并执行有关条文。

防排烟设计有三重目标：①及时排除有毒有害的烟气，提供室内人员清晰的疏散高度和合理的疏散时间；②排烟排热，有利于消防人员进入火场开展对火灾事故的内攻处置；③在火灾熄灭后，对残余的烟气进行排除，恢复正常的环境。

第一节 隔断或阻挡

一、防火分区

民用建筑按照其建筑高度、功能、火灾危险性和扑救难易程度等进行了分类，见表 4-1。

表 4-1 民用建筑的分类

名称	高层民用建筑		单、多层民用建筑
	一类	二类	
住宅建筑	建筑高度大于 54m 的住宅建筑（包括设置商业服务网点的住宅建筑）	建筑高度大于 27m,但不大于 54m 的住宅建筑（包括设置商业服务网点的住宅建筑）	建筑高度不大于 27m 的住宅建筑（包括设置商业服务网点的住宅建筑）
公共建筑	1. 建筑高度大于 50m 的公共建筑 2. 建筑高度 24m 以上部分任一楼层建筑面积大于 1000m^2 的商店、展览、电信、邮政、财贸金融建筑和其他多种功能组合的建筑 3. 医疗建筑、重要公共建筑、独立建造的老年人照料设施 4. 省级及以上的广播电视和防灾指挥调度建筑、网局级和省级电力调度建筑 5. 藏书超过 100 万册的图书馆、书库	除一类高层公共建筑外的其他高层公共建筑	1. 建筑高度大于 24m 的单层公共建筑 2. 建筑高度不大于 24m 的其他公共建筑

在建筑设计中对建筑物进行防火分区划分的目的是防止发生火灾时火势蔓延和烟气传播，同时便于消防人员扑救，减少火灾损失。进行防火分区，即是把建筑物划分成若干防火单元，在两个防火分区之间，在水平方向应设防火墙、防火门和防火卷帘等进行隔断。不同耐火等级建筑的允许建筑高度或层数、防火分区最大允许建筑面积应符合表 4-2 的规定。

表 4-2　不同耐火等级建筑的允许建筑高度或层数、防火分区最大允许建筑面积

名称	耐火等级	允许建筑高度或层数	防火分区的最大允许建筑面积/m²	备注
高层民用建筑	一、二级	见表 4-1	1500	对于体育馆、剧场的观众厅，防火分区的最大允许建筑面积可适当增加
单、多层民用建筑	一、二级	见表 4-1	2500	—
	三级	5 层	1200	
	四级	2 层	600	
地下或半地下建筑(室)	一级	—	500	设备用房的防火分区最大允许建筑面积不应大于 1000m²。机动车库的防火分区不大于 2000m²

注：当建筑内设置自动灭火系统时，可按本表的规定增加 1.0 倍。

二、防烟分区

储烟仓：位于建筑空间顶部，由挡烟垂壁、梁或隔墙等形成的用于蓄积火灾烟气的空间，见图 4-1。

防烟分区：在设置排烟设施的过道、房间用隔墙或其他措施限制烟气流动的区域，见图 4-1。防烟分区的划分是在防火分区内进行的，是防火分区的细化。

走道、室内空间净高不大于 3m 的区域，其最小清晰高度不宜小于其净高的 1/2，其他区域的最小清晰高度（图 4-2）应按下式计算：

$$H_q = 1.6 + 0.1H' \qquad (4-1)$$

式中　H'——对于单层空间取排烟空间的建筑净高度（m），对多层空间，取最高疏散楼层的层高；

　　　H_q——最小清晰高度（m），烟层下缘至室内地面的高度。

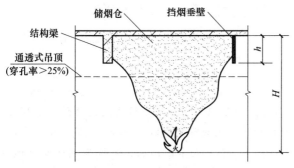
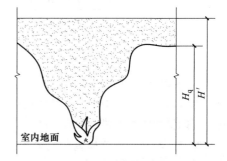

图 4-1　无吊顶或通透式吊顶的储烟仓　　　　　　图 4-2　单个楼层空间清晰高度

H—空间净高（m）　h—储烟仓高度，即设计烟层厚度（m）；

储烟仓高度应根据清晰高度确定

分隔的方法除采用隔墙外，还可采用挡烟垂壁或从顶棚下突出不小于 0.5m 的梁（图 4-3）。

当采用自然排烟方式时，储烟仓的厚度不应小于空间净高的 20% 且不应小于 0.5m；当采用机械排烟方式时，不应小于空间净高的 10% 且不应小于 0.5m。同时储烟仓底部距地面的高度应大于安全疏散所需的最小清晰高度。

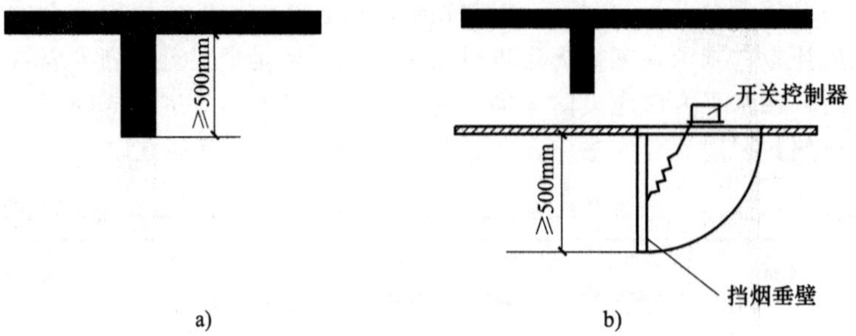

图 4-3 用梁和挡烟垂壁阻挡烟气流动
a）下凸 ≥ 500mm 的梁　　b）挡烟垂壁

第二节　建 筑 防 烟

一、安全疏散

发生火灾时，在火灾初期阶段，建筑内所有人员及时撤离建筑物到达安全地点的过程称为安全疏散。安全疏散的目的是引导人们向不受火灾威胁的地方撤离。疏散路线一般分为 4 个阶段（图 4-4）：

第一阶段为室内任一点到房间门口（疏散出口）；第二阶段为从房间门口至进入楼梯间的路程（水平疏散）；第三阶段为楼梯间内疏散（垂直疏散）；第四阶段为出楼梯间进入安全区。沿着疏散路线，各个阶段的安全性应当依次提高。

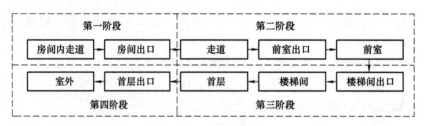

图 4-4　安全疏散

1. 疏散出口与安全出口

疏散出口指人们走出活动场所或使用房间的出口或门，而安全出口指通往室外、防烟楼梯间、封闭楼梯间等安全地带的出口或门，敞开楼梯也可当成安全出口。一般，人们从疏散出口出来，经过一段水平或阶梯疏散走道才达到安全出口。进入安全出口后，可视为到达安全地点。《建规》要求每层设置 2 个及以上安全出口，公共建筑内每个防火分区或一个防火分区的每个楼层，其安全出口的数量不应少于 2 个。

2. 水平疏散通道（疏散走道）

1）敞开式外廊：在房间的一侧设有能采光通风的敞开式公共走廊，走廊的一端通向楼梯和电梯，见图 4-5。

2）疏散走道：发生火灾时，建筑内人员从火灾现场逃往安全场所的通道。疏散走道的设置应保证逃离火场的人员进入走道后，能顺利地继续通行至楼梯间，到达安全地带，见图 4-6。

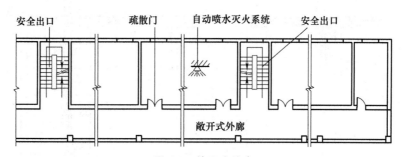

图 4-5　敞开式外廊

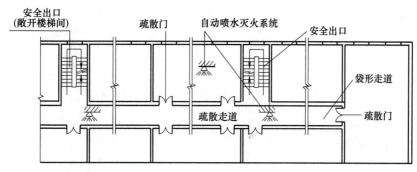

图 4-6　疏散走道

3）避难走道：采取防烟措施且两侧设置耐火极限不低于 3.00h 的防火隔墙，用于人员安全通行至室外的走道。避难走道与疏散走道的区别见表 4-3。

表 4-3　避难走道与疏散走道的区别

类别	防排烟设计	防火设计（耐火极限）	疏散照明设计
疏散走道	长度 ≥20m 的疏散走道应设置排烟设施，按《烟标》设计	两侧隔墙的耐火极限：一、二级为 1.00h 不燃性，三级为 0.50h 不燃，四级为 0.25h 难燃性	>1lx
避难走道	避难走道应在其前室及避难走道分别设置机械加压送风系统。若一端设置安全出口，且总长度小于 30m，或两端设置安全出口，且总长度小于 60m 可仅在前室设置机械加压送风系统	两侧防火隔墙的耐火极限不应低于 3.00h	≥5lx

3. 垂直疏散通道（楼梯间）

建筑垂直疏散通道主要有敞开楼梯间、封闭楼梯间和防烟楼梯间（包括剪刀楼梯间），见图 4-7。

（1）敞开楼梯间　敞开楼梯间一般指建筑物室内由墙体等围护构件构成的无封闭防烟功能，且与其他使用空间直接相通的楼梯间，一般用于 5 层及 5 层以下建筑。

（2）封闭楼梯间　封闭楼梯间是指设有阻挡烟气的双向弹簧门及外开门的楼梯间。裙房和建筑高度不大于 32m 的二类高层公共建筑，其疏散楼梯应采用封闭楼梯间。高层民用建筑和高层工业建筑的封闭楼梯间的门应为乙级防火门。当封闭楼梯间不能自然通风或自然通风不能满足要求时，应设置机械加压送风系统或采用防烟楼梯间。

（3）防烟楼梯间　防烟楼梯间是具有防烟前室等防烟设施的楼梯间，一类高层公共建筑和建筑高度大于 32m 的二类高层公共建筑，其疏散楼梯应采用防烟楼梯间。在楼梯间出口处设有

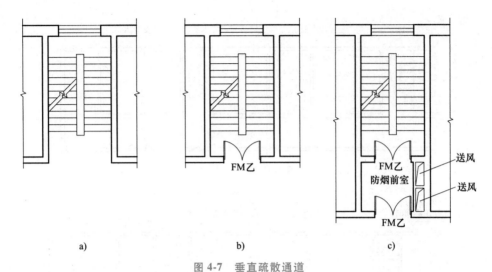

图 4-7　垂直疏散通道

a）敞开楼梯间　b）封闭楼梯间　c）防烟楼梯间

前室（图 4-8a），且面积不小于规定数值，并设有防烟设施，或设专供防烟用的阳台（图 4-8b）、凹廊等，且通向前室和楼梯间的门均为乙级防火门。

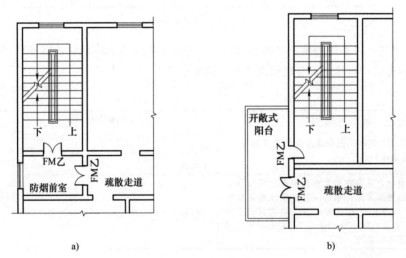

图 4-8　防烟楼梯间

　　广义的"前室"包括开敞式的阳台、凹廊等类似空间。当采用开敞式阳台或凹廊等防烟空间作为前室时，阳台或凹廊等的使用面积也要满足前室的有关要求。防烟楼梯间在首层直通室外时，其首层可不设置前室。根据服务对象不同，可以分为独立前室及合用前室，见图 4-9。

　　（4）剪刀楼梯间（也要设置成防烟楼梯间）　剪刀楼梯是联系建筑物楼层之间的通常形式之一，也可称之为叠合楼梯、交叉楼梯或套梯。它在同一楼梯间设置一对相互重叠，又互不相通的两个楼梯，在其楼梯间的梯段一般为单跑直梯段。剪刀楼梯最重要的特点是，在同一楼梯间里设置了两个楼梯，具有两条垂直方向疏散通道的功能。不同楼梯之间应设置分隔墙，使之成为各自独立的空间。剪刀楼梯间的前室不宜共用；共用时，前室的使用面积不应小于 $6.0 m^2$，见图 4-10a。剪刀楼梯间的前室或共用前室不宜与消防电梯的前室合用；合用时，合用前室的使用面积不应小于 $12.0 m^2$，且短边不应小于 2.4m，见图 4-10b。

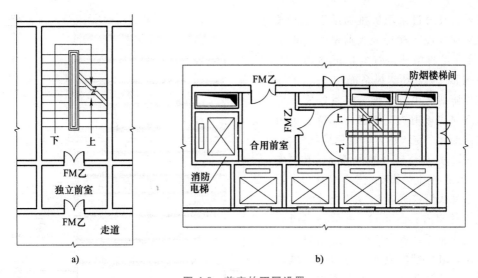

图 4-9　前室的不同设置

a）独立前室　b）合用前室（楼梯间与消防电梯合用前室）

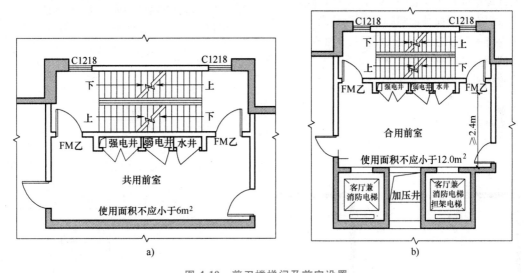

图 4-10　剪刀楼梯间及前室设置

a）剪刀楼梯间共用前室　b）剪刀楼梯间合用前室（三合一前室）

4. 避难层（间）

避难层（间）指建筑内用于人员暂时躲避火灾及其烟气危害的楼层（房间）。

《建规》规定：建筑高度大于 100m 的公共建筑应设置避难层（间）；高层病房楼应在二层及以上的病房楼层和洁净手术部设置避难间。

避难层可兼作设备层，设备管道宜集中布置，其中的易燃、可燃液体或气体管道应集中布置。第一个避难层（间）的楼地面至灭火救援场地地面的高度不应大于 50m，两个避难层（间）之间的高度不宜大于 50m（图 4-11）。

二、防烟设计原则及程序

防烟系统是指通过采用自然通风方式，防止火灾烟气在楼梯间、前室、避难层（间）等空间内积聚，或通过采用机械加压送风方式阻止火灾烟气侵入楼梯间、前室、避难层（间）等空间的系统。防烟系统分为自然通风系统和机械加压送风系统。

加压防烟是用风机把一定量的室外空气送入房间或通道内，使室内保持一定压力或门洞处有一定流速，以避免烟气侵入。图 4-12 所示是加压防烟两种情况，其中图 4-12a 所示是当门关闭时，房内保持一定正压值，空气从门缝或其他缝隙处流出，防止了烟气的侵入；图 4-12b 所示是当门开启时，送入加压区的空气以一定的风速从门洞流出，阻止烟气流入。当向外的风速较低时，烟气可能从上部流入室内。由上述两种情况分析可以看到，为了阻止烟气流入被加压的房间，必须达到：①门开启时，门洞有一定向外的风速；②门关闭时，房间内有一定正压值。这也是设计加压送风系统的两条原则。加压送风是有效的防烟措施。

防烟设计程序见图 4-13。

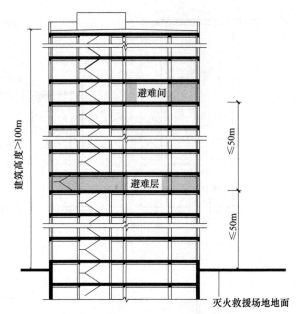

图 4-11　建筑高度超过 100m 的公共建筑
避难层（间）设置位置剖面示意图

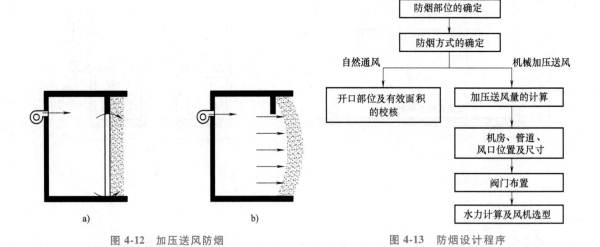

图 4-12　加压送风防烟
a) 门关闭时　b) 门开启时

图 4-13　防烟设计程序

三、防烟设计

（一）防烟部位

1. 应设置防烟设施的部位

《建规》规定建筑的下列场所或部位应设置防烟设施：

1）防烟楼梯间及其前室。

2）消防电梯间前室或合用前室。

3）避难走道的前室、避难层（间）。

2. 楼梯间可不设防烟的情形

建筑高度不大于 50m 的公共建筑、厂房、仓库和建筑高度不大于 100m 的住宅建筑，当其防烟楼梯间的前室或合用前室符合下列条件之一时，楼梯间可不设置防烟系统：

1）独立前室或合用前室采用全敞开的阳台、凹廊，见图 4-14。

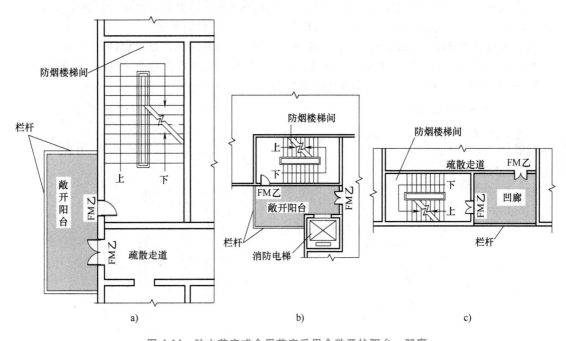

图 4-14　独立前室或合用前室采用全敞开的阳台、凹廊

a）利用敞开阳台作为独立前室的楼梯间　b）利用敞开阳台作为合用前室的楼梯间

c）利用凹廊作为独立前室的楼梯间

2）前室或合用前室具有两个及以上不同朝向的可开启外窗，且独立前室两个不同朝向的可开启外窗面积分别不小于 2.0m²，合用前室分别不小于 3.0m²，见图 4-15。

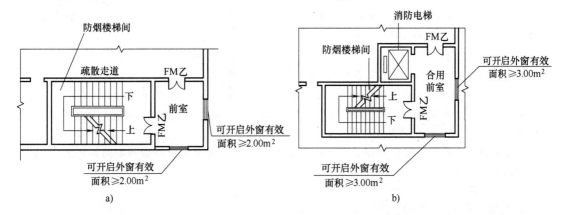

图 4-15　前室或合用前室具有不同朝向的可开启外窗

a）设有两个及以上不同朝向可开启外窗独立前室　b）设有不同朝向可开启外窗的合用前室

（二）自然通风

1. 楼梯间

建筑高度小于或等于 50m 的公共建筑、工业建筑和建筑高度小于或等于 100m 的住宅建筑，其防烟楼梯间、独立前室、共用前室、合用前室（除共用前室与消防电梯前室合用外，即"三合一前室"不能采用自然通风）及消防电梯前室应采用自然通风系统；当不能设置自然通风系统时，应采用机械加压送风系统。如图 4-16 和图 4-17 所示。

1）当前室或合用前室采用机械加压送风方式的防烟系统，且其加压送风口设置在前室的顶部或正对前室入口的墙面上时，楼梯间可采用自然通风方式的防烟系统。

2）采用自然通风方式的封闭楼梯间、防烟楼梯间，应在最高部位设置面积不小于 1.0m² 的可开启外窗或开口；当建筑高度大于 10m 时，尚应在楼梯间的外墙上每 5 层内设置总面积不小于 2.0m² 的可开启外窗或开口，且布置间隔不大于 3 层。

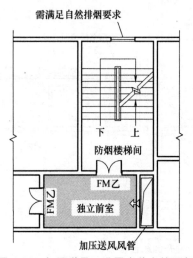

图 4-16　加压送风口设置在前室的顶部
或正对前室入口的墙面上

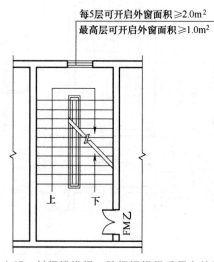

图 4-17　封闭楼梯间、防烟楼梯间采用自然通风

2. 前室

前室采用自然通风的方式进行防烟需满足：防烟楼梯间的独立前室（图 4-18）、消防电梯独立前室（图 4-19）可开启外窗或开口的面积不应小于 2.0m²，合用前室（图 4-20）不应小于 3.0m²。

3. 避难层（间）

采用自然通风方式防烟的避难层中的避难区，应具有不同朝向的可开启外窗或开口，可开启有效面积应大于或等于避难区地面面积的 2%，且每个朝向的面积均应大于或等于 2.0m²（图 4-21）。避难间

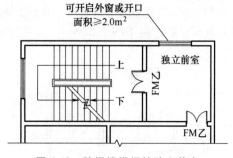

图 4-18　防烟楼梯间的独立前室

应至少有一侧外墙具有可开启外窗，可开启有效面积应大于或等于该避难间地面面积的 2%，并应大于或等于 2.0m²。

（三）机械加压送风设计

1. 机械加压送风设施的设置部位

1）建筑高度大于 50m 的公共建筑、工业建筑和建筑高度大于 100m 的住宅建筑，其防烟楼梯间、独立前室、共用前室、合用前室及消防电梯前室应采用机械加压送风系统。

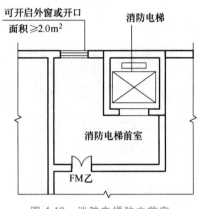

图 4-19　消防电梯独立前室　　　　　　　图 4-20　合用前室

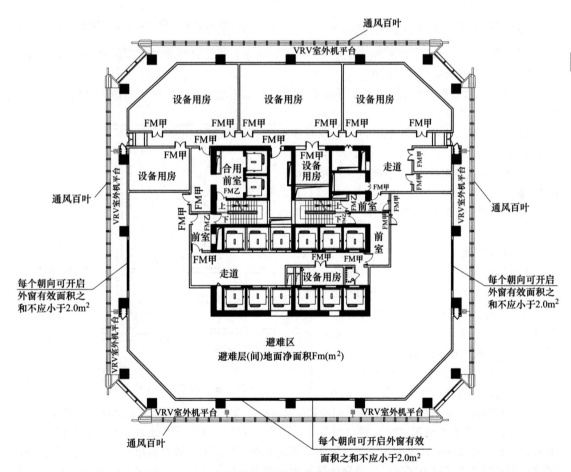

图 4-21　避难层平面示意图

2）无自然通风条件的封闭楼梯间，应采用机械加压送风方式防烟，见图 4-22。

3）建筑高度小于或等于 50m 的公共建筑、工业建筑和建筑高度小于或等于 100m 的住宅建筑，当前室的加压送风口未设置在前室的顶部或正对前室入口的墙面时，防烟楼梯间的楼梯间应采用机械加压送风方式的防烟系统，见图 4-23。

4）不具备自然通风条件的避难层应采用机械加压送风系统。

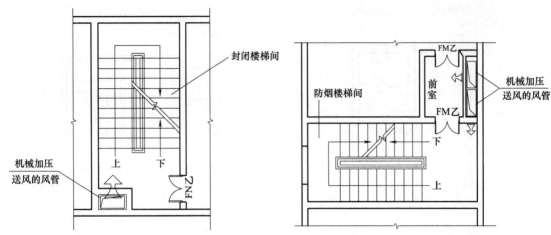

图 4-22 无自然通风条件的封闭楼梯间   图 4-23 独立前室送风口未能正对前室入口的墙面

5）建筑地下部分的防烟楼梯间前室及消防电梯前室，当无自然通风条件或自然通风不符合要求时，应采用机械加压送风系统。

6）避难走道应在其前室及避难走道分别设置机械加压送风系统，但下列情况可仅在前室设置机械加压送风系统：

① 避难走道一端设置安全出口，且总长度小于 30m。

② 避难走道两端设置安全出口，且总长度小于 60m。

2. 防烟楼梯间及其前室的机械加压送风系统的设置要求

1）建筑高度小于或等于 50m 的公共建筑、工业建筑和建筑高度小于或等于 100m 的住宅建筑，当采用独立前室且其仅有一个门与走道或房间相通时，可仅在楼梯间设置机械加压送风系统；当独立前室有多个门时，楼梯间、独立前室应分别独立设置机械加压送风系统（图 4-24）。

2）当采用合用前室时，楼梯间、合用前室应分别独立设置机械加压送风系统（图 4-25）。

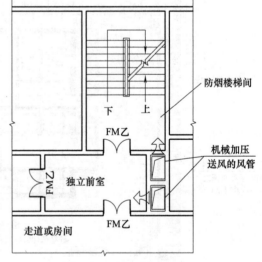

图 4-24 独立前室有多个门与走道或房间相通

3）当采用剪刀楼梯时，其两个楼梯间及其前室的机械加压送风系统应分别独立设置（图 4-26）。

4）地下、半地下建筑（室）楼梯间与地上部分楼梯间均需设置机械加压送风系统时，宜分别独立设置，见图 4-27。当受建筑条件限制，且地下部分为汽车库或设备用房，与地上部分的楼梯间共用机械加压送风系统时，应分别计算地上、地下的加压送风量，相加后作为共用加压送风系统风量，且应采取有效措施分别满足地上、地下送风量的要求，见图 4-28。

注意：设置机械加压送风系统并靠外墙或可直通屋面的封闭楼梯间、防烟楼梯间，在楼梯间的顶部或最上一层外墙上应设置常闭式应急排烟窗，且该应急排烟窗应具有手动和联动开启功能。采用机械加压送风的场所不应设置百叶窗，且不宜设置可开启外窗，见图 4-29。但设置机械加压送风系统的避难层（间），尚应在外墙设置可开启外窗，其有效面积不应小于该避难层（间）地面面积的 1%。

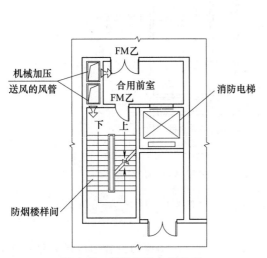

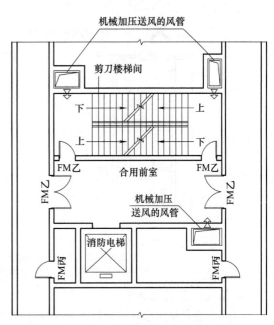

图 4-25　楼梯间及合用前室

图 4-26　剪刀楼梯的两个楼梯间及合用前室

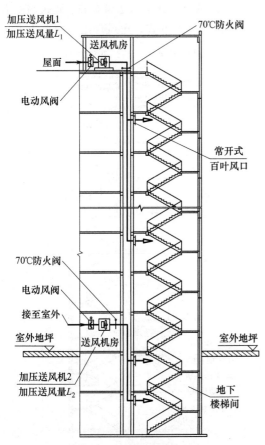

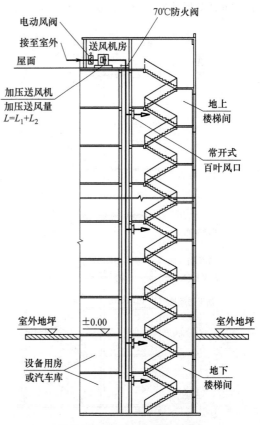

图 4-27　地上、地下楼梯间
分别设独立加压送风系统

图 4-28　地上、地下楼梯间
共用加压送风系统

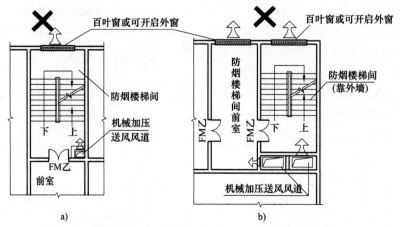

图 4-29　采用机械加压送风场所不应设置百叶窗或可开启外窗
a）设置机械加压送风防烟楼梯间不宜设置百叶窗或可开启外窗
b）设置机械加压送风前室合用前室不宜设置百叶窗或可开启外窗

3. 机械加压送风系统

（1）直灌式加压送风　建筑高度小于或等于 50m 的建筑，当楼梯间设置加压送风井（管）道确有困难时，楼梯间可采用直灌式加压送风系统，并应符合下列规定：

1）建筑高度小于或等于 32m 的建筑，采用图 4-30 所示的直灌式加压送风系统。建筑高度大于 32m 的高层建筑，应采用图 4-31 所示的楼梯间两点部位送风的方式，送风口之间距离不宜小

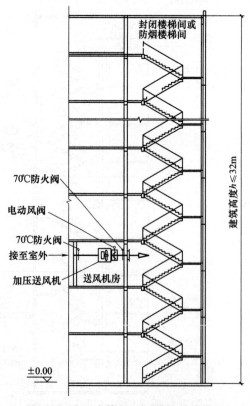

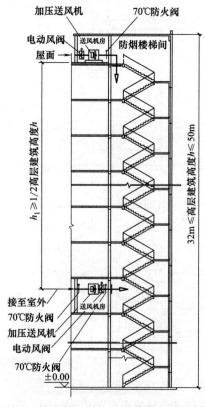

图 4-30　小于或等于 32m 的建筑楼梯间　　　　图 4-31　大于 32m 且小于或等于 50m 的高层
直灌式加压送风系统　　　　　　　　　　建筑楼梯间直灌式加压送风系统

于建筑高度的 1/2。

2）直灌式加压送风系统的送风量应按计算值或表 4-4~表 4-7 规定的送风量增加 20%。

3）加压送风口不宜设在影响人员疏散的部位。

（2）管道式加压送风　管道式加压送风系统由加压送风机房、吸风口、电动风阀、加压送风机、70°防火阀、加压送风管、加压送风口等组成，见图 4-32。建筑高度大于 100m 的建筑，其机械加压送风系统应竖向分段独立设置，且每段高度不应超过 100m。

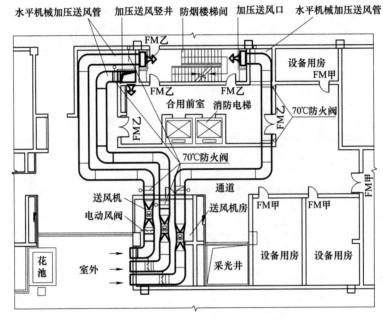

图 4-32　管道式加压送风的组成

1）加压送风机。机械加压送风机可采用轴流风机或中、低压离心风机，其安装位置应符合下列要求：

① 送风机的进风口应直通室外，且应采取防止烟气被吸入的措施。

② 送风机的进风口宜设在机械加压送风系统的下部，且应采取保证各层送风量均匀性的措施。

③ 送风机的进风口不应与排烟风机的出风口设在同一楼层的立面上，见图 4-33。当必须设在同一楼层的立面上时，送风机的进风口与排烟风机的出风口应分开布置，见图 4-34。竖向布置时，送风机的进风口应设置在排烟机出风口的下方，其两者边缘最小垂直距离不应小于 6.0m；水平布置时，两者边缘最小水平距离不应小于 20.0m。

④ 送风机应设置在专用机房内，且风机两侧应有 600mm 以上的安装空间。该房间应采用耐火极限不低于 2.00h 的防火隔墙和 1.50h 的楼板及甲级防火门与其他部位隔开。

⑤ 当送风机出风管或进风管上安装单向风阀或电动风阀时，应采取火灾时阀门自动开启的措施。

2）送风井（管）道。送风管道应采用不燃烧材料制作且井（管）道内壁光滑，不应采用土建井道。当送风管道内壁为金属时，管道设计风速不应大于 20m/s；当送风管道内壁为非金属时，管道设计风速不应大于 15m/s。竖向设置的送风管道应独立设置在管道井内，当确有困难时，未设置在管道井内或与其他管道合用管道井的送风管道，其耐火极限不应低于 1.00h，见

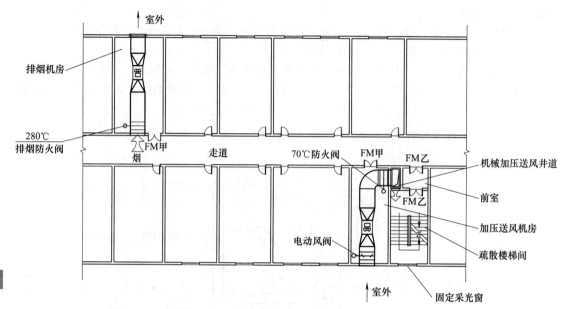

图 4-33　加压送风机进风口与排烟风机的出风口在不同层建筑立面上

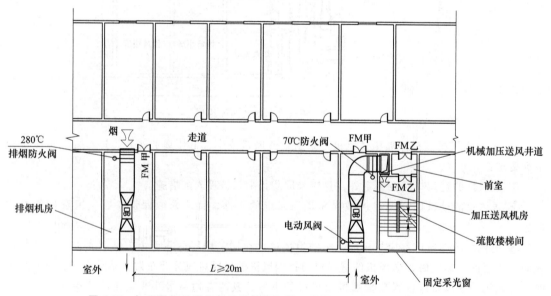

图 4-34　加压风机进风口与排烟风机出风口在同一立面上水平布置的要求

图 4-35。水平设置的送风管道，当设置在吊顶内时，其耐火极限不应低于 0.50h；当未设置在吊顶内时，其耐火极限不应低于 1.00h。机械加压送风系统的管道井应采用耐火极限不低于 1.00h 的隔墙与相邻部位分隔，当墙上必须设置检修门时应采用乙级防火门。

　　3）加压送风口。加压送风口的设置见图 4-36。

　　① 楼梯间宜每隔 2~3 层设一个常开式百叶送风口；剪刀楼梯的两个楼梯间机械加压送风系统应分别独立设置，每隔一层设一个常开式百叶送风口。

　　② 前室、合用前室应每层设一个常闭式加压送风口，并应设手动开启装置。

　　③ 送风口的风速不宜大于 7m/s。

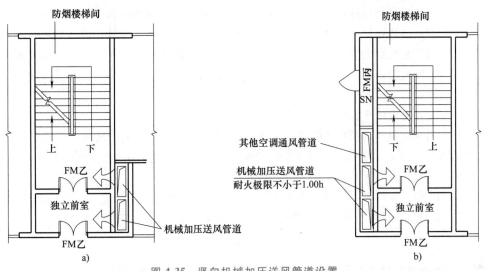

图 4-35　竖向机械加压送风管道设置

a）竖向机械加压送风管道设置在独立管道井内　b）竖向机械加压送风管道未设置在独立管道井内

④ 送风口不宜设置在被门挡住的部位。

⑤ 剪刀楼梯的两个楼梯间应分别设置送风井道和机械加压送风机。

4. 机械加压风量的确定

（1）楼梯间或前室、合用前室的机械加压送风量

$$L_j = L_1 + L_2 \qquad (4\text{-}2)$$

$$L_s = L_1 + L_3 \qquad (4\text{-}3)$$

式中　L_j——楼梯间的机械加压送风量（m^3/s）；

　　　L_s——前室或合用前室的机械加压送风量（m^3/s）；

　　　L_1——门开启时，达到规定风速值所需的送风量（m^3/s）；

　　　L_2——门开启时，规定风速值下，其他门缝漏风总量（m^3/s）；

　　　L_3——未开启的常闭送风阀的漏风总量（m^3/s）。

1）门开启时，达到规定风速值所需的送风量应按下式计算：

$$L_1 = A_k v N_1 \qquad (4\text{-}4)$$

式中　A_k——每层开启门的总断面积（m^2）；

　　　v——门洞断面风速（m/s），当楼梯间机械加压送风、合用

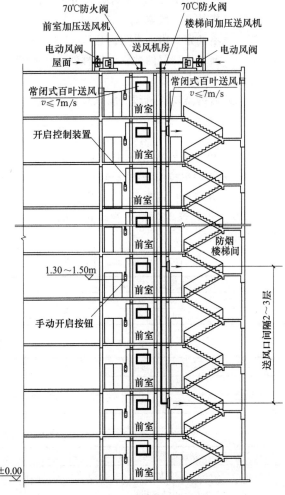

图 4-36　加压送风口的设置

前室机械加压送风时，取 $v = 0.7\text{m/s}$；当楼梯间机械加压送风、前室不送风时，门洞断面风速取 $v = 1.0\text{m/s}$；当前室或合用前室采用机械加压送风方式且楼梯间采用可开启外窗的自然通风方式时，通向前室或合用前室疏散门的门洞风速不应小于 $0.6(A_1/A_g + 1)\text{m/s}$，其中，$A_1$ 为楼梯间疏散门的总面积（m^2），A_g 为前室疏散门的总面积（m^2）；

N_1——设计疏散门开启的楼层数量。

楼梯间采用常开风口，当地上楼梯间为 24m 以下时，设计 2 层内的疏散门开启，取 $N_1 = 2$；当地上楼梯间为 24m 及以上时，设计 3 层内的疏散门开启，取 $N_1 = 3$；当地下楼梯间时，设计 1 层内的疏散门开启，取 $N_1 = 1$。

前室、合用前室采用常闭风口，取 $N_1 = 3$。

2）门开启时，规定风速值下的其他门漏风总量应按下式计算：

$$L_2 = 0.827A\Delta p^{1/n} \times 1.25N_2 \tag{4-5}$$

式中　A——每个疏散门的有效漏风面积（m^2），疏散门的门缝宽度取 $0.002 \sim 0.004\text{m}$；

Δp——计算漏风量的平均压力差（Pa），当开启门洞处风速分别为 0.7m/s、1.0m/s 及 1.2m/s 时，Δp 分别取 6.0Pa、12.0Pa 及 17.0Pa；

n——指数，一般取 2；

1.25——不严密处附加系数；

N_2——漏风疏散门的数量；楼梯间采用常开风口，取 $N_2 =$ 加压楼梯间的总门数 $- N_1$ 楼层数上的总门数。

3）未开启的常闭送风阀的漏风总量应按下式计算：

$$L_3 = 0.083A_f N_3 \tag{4-6}$$

式中　A_f——单个送风阀门的面积（m^2）；

0.083——阀门单位面积的漏风量 $[\text{m}^3/(\text{s} \cdot \text{m}^2)]$；

N_3——漏风阀门的数量；合用前室、消防电梯前室采用常闭风口，取 $N_3 =$ 楼层数 -3。

当系统负担建筑高度大于 24m 时，加压送风量应按计算值与表 4-4~表 4-7 的值（插值法）中的较大值确定。

表 4-4　消防电梯前室的加压送风的计算风量

系统负担高度 h/m	加压送风量/（m^3/h）
$24 < h \leqslant 50$	35400~36900
$50 < h \leqslant 100$	37100~40200

表 4-5　楼梯间自然通风，前室、合用前室的加压送风的计算风量

系统负担高度 h/m	加压送风量/（m^3/h）
$24 < h \leqslant 50$	42400~44700
$50 < h \leqslant 100$	45000~48600

表 4-6　前室不送风，封闭楼梯间、防烟楼梯间的加压送风的计算风量

系统负担高度 h/m	加压送风量/（m^3/h）
$24 < h \leqslant 50$	36100~39200
$50 < h \leqslant 100$	39600~45800

表 4-7　防烟楼梯间及前室、合用前室的分别加压送风的计算风量

系统负担高度 h/m	送风部位	加压送风量/(m³/h)
$24<h\leqslant 50$	楼梯间	25300~27500
	前室、合用前室	24800~25800
$50<h\leqslant 100$	楼梯间	27800~32200
	前室、合用前室	26000~28100

注意：① 表 4-4~表 4-7 的风量按开启 1 个 2.0m×1.6m 的双扇门确定，当采用单扇门时，其风量可乘以系数 0.75 计算。

② 表 4-4~表 4-7 中风量按开启着火层及上下层，共开启 3 层的风量计算。

③ 表 4-4~表 4-7 中风量的选取按建筑高度或层数、风道材料、防火门漏风量等因素综合确定。

（2）封闭避难层（间）、避难走道的机械加压送风量　封闭避难层（间）、避难走道的机械加压送风量应按避难层（间）净面积每平方米不少于 30m³/h 计算。

$$L = 30F_m \tag{4-7}$$

式中　L——封闭避难层（间）的机械加压送风量（m³/h）；

30——单位净面积上的送风量 [m³/(h·m²)]；

F_m——避难层（间）的净面积（m²），避难层见图 4-21，避难走道见图 4-37。

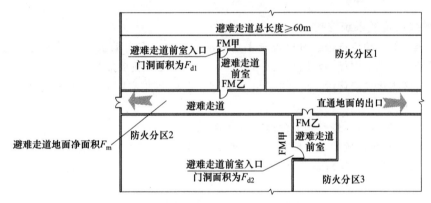

图 4-37　避难走道示意图

（3）避难走道前室的送风量　避难走道前室的送风量应按直接开向前室的疏散门的总断面积乘以 1.0m/s 门洞断面风速计算。

$$L = 1.0F_d \tag{4-8}$$

式中　L——避难走道前室的机械加压送风量（m³/s）；

1.0——门洞断面风速（m/s）；

F_d——直接开向前室的疏散门的总断面积（m²）。

5. 机械加压送风系统的设计风量

机械加压送风系统的设计风量不应小于计算风量的 1.2 倍。

6. 压力梯度

机械加压送风量应满足走道至前室至楼梯间的压力呈递增分布（图 4-38），余压值应符合下列要求：

1）各部位与走道的压差要求为

前室、合用前室、消防电梯前室：$\Delta p = p_2 - p_3 = 25 \sim 30\text{Pa}$。

防烟楼梯间、封闭楼梯间：$\Delta p = p_1 - p_3 = 40 \sim 50\text{Pa}$。

2）当系统余压值超过最大允许压力差时应采取泄压措施。

119

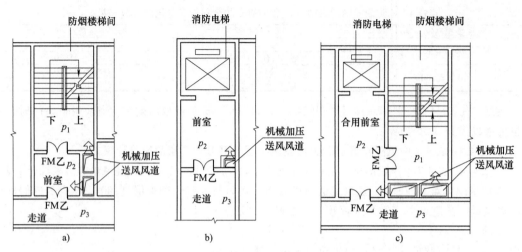

图 4-38 余压要求

a）防烟楼梯间的余压要求 b）消防电梯前室的余压要求 c）合用前室的余压要求

p_1—防烟楼梯间的送风压力（Pa） p_2—前室、合用前室、消防电梯前室的送风压力（Pa） p_3—走道的送风压力（Pa）

7. 机械加压送风系统控制

加压送风机的启动应符合送风机现场手动启动、通过火灾自动报警系统自动启动及消防控制室手动启动，且系统中任一常闭加压送风口开启时，加压风机应能自动启动。

当防火分区内火灾确认后，应能在 15s 内联动开启常闭加压送风口和加压送风机，并应符合下列要求：

1）应开启该防火分区楼梯间的全部加压送风机。

2）机械加压送风系统中，楼梯间应设常开送风口，前室应设常闭送风口，火灾确认后，应开启着火层及其相邻上下层前室及合用前室的常闭送风口，同时开启加压送风机。

第三节 建筑排烟

排烟系统是指采用机械排烟或自然排烟的方式，将房间、走道等空间的烟气排至建筑物外的系统，排烟的目的是排除着火区的烟气和热量，不使烟气流向非着火区，以利于人员疏散和进行扑救。排烟设计程序见图 4-39。

一、排烟设置部位

1. 厂房或仓库

厂房或仓库的下列场所或部位应设置排烟设施：

1）人员或可燃物较多的丙类生产场所，丙类厂房内建筑面积大于 300m² 且经常有人停留或可燃物较多的地上房间。

2）建筑面积大于 5000m² 的丁类生产车间。

3）占地面积大于 1000m² 的丙类仓库。

4）高度大于 32m 的高层厂房（仓库）内长度大

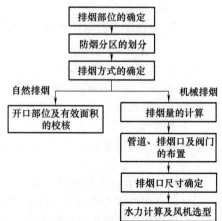

图 4-39 排烟设计程序

于 20m 的疏散走道，其他厂房（仓库）内长度大于 40m 的疏散走道。

2. 民用建筑

民用建筑的下列场所或部位应设置排烟设施：

1）设置在一、二、三层且房间建筑面积大于 100m² 的歌舞娱乐放映游艺场所，设置在四层及以上楼层、地下或半地下的歌舞娱乐放映游艺场所，见图 4-40。

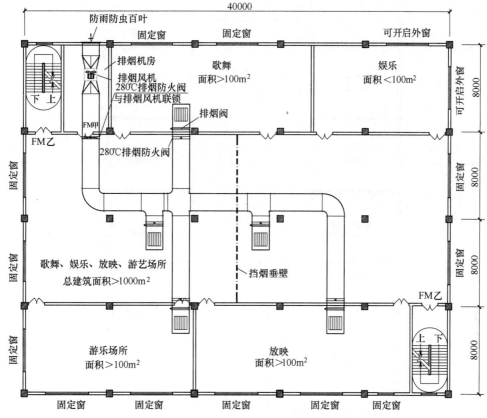

图 4-40　地上歌舞娱乐放映游艺场所排烟示意图

2）公共建筑内建筑面积大于 100m² 且经常有人停留的地上房间。

3）公共建筑内建筑面积大于 300m² 且可燃物较多的地上房间。

4）中庭，见图 4-41。

5）建筑内长度大于 20m 的疏散走道。

3. 其他

地下或半地下建筑（室）、地上建筑内的无窗房间，当总建筑面积大于 200m² 或一个房间建筑面积大于 50m²，且经常有人停留或可燃物较多时，应设置排烟设施。

二、防烟分区的划分

设置排烟系统的场所或部位应划分防烟分区。防烟分区不应跨越防火分区，防烟分区面积一般不宜大于 2000m²（表 4-8）。设置排烟设施的建筑内，敞开楼梯和自动扶梯穿越楼板的开口部应设置挡烟垂壁等设施；采用隔墙等形成封闭的分隔空间时，该空间应作为一个防烟分区，见图 4-42。

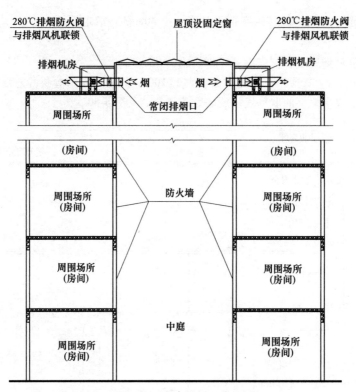

图 4-41 中庭排烟示意图

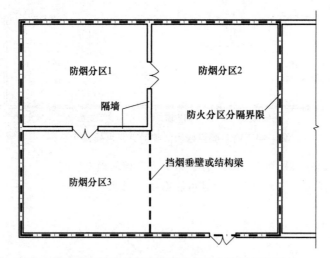

图 4-42 防火分区内防烟分区分隔方法示意图

表 4-8 公共建筑、工业建筑防烟分区的最大允许面积及其长边最大允许长度

空间净高 H/m	最大允许面积/m²	长边最大允许长度/m
$H \leqslant 3.0$	500	24
$3.0 < H \leqslant 6.0$	1000	36
$H > 6.0$	2000	60;具有自然对流条件时,不应大于 75

注: 1. 公共建筑、工业建筑中的走道宽度不大于 2.5m 时, 其防烟分区的长边长度不应大于 60m。

2. 当空间净高大于 9m 时, 防烟分区之间可不设置挡烟设施。

3. 汽车库防烟分区的划分及其排烟量应符合现行国家规范《汽车库、修车库、停车场设计防火规范》(GB 50067—2014)的相关规定。

三、自然排烟

自然排烟是通过室内外空气对流排烟，必须有冷空气入口和热烟排出口。多层建筑宜采用自然排烟系统。自然排烟窗的设置有一定的条件和要求，自然排烟口的面积应能满足排烟量需求，具体见本节"四、机械排烟"部分的"（六）排烟量的确定"。

可用可开启外窗、专用排烟口进行自然排烟，自然排烟口的位置应满足：

1）室内或走道的任一点至防烟分区内最近的排烟口或排烟窗的水平距离不应大于 30m，见图 4-43。

2）排烟窗应设置在排烟区域的顶部或外墙，见图 4-44。当设置在外墙上时，排烟窗应在储烟仓以内，但走道、室内空间净高不大于 3m 的区域的自然排烟窗（口）可设置在室内净高度的 1/2 以上。

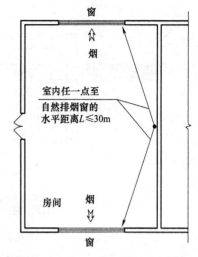

图 4-43 室内任一点至最近的自然排烟窗（口）之间水平距离要求示意图

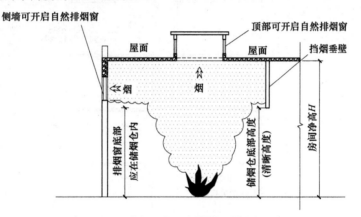

图 4-44 自然排烟窗应设置在排烟区域的顶部或外墙上

四、机械排烟

机械排烟就是使用排烟风机进行强制排烟，以确保疏散时间和疏散通道安全的排烟方式。机械排烟系统工作可靠、排烟效果好，当需要排烟的部位不具备自然排烟条件时，均应采用机械排烟方式。高层建筑受自然条件（风速风向）的影响，多采用机械排烟方式。

机械排烟可分为局部排烟和集中排烟两种方式。局部排烟是在每个房间内设置排烟风机进行排烟，适用于不能设置竖风道的空间或旧建筑。集中排烟是将建筑物分为若干个区域，在每个分区内设置排烟风机，通过排烟风道排出各房间内的烟气。通常，对于重要的疏散通道必须排烟，以便在火灾发生时延长疏散时间和保证疏散通道的安全。

机械排烟系统由排烟口（排烟阀）、排烟管、排烟防火阀、排烟风机等组成。

（一）机械排烟设施的设置

1）机械排烟系统横向应按每个防火分区独立设置（1 套系统 1 个分区，不能跨越防火分区），见图 4-45。

2）建筑高度超过 50m 的公共建筑和建筑高度超过 100m 的住宅，其排烟系统应竖向分段独立设置，且公共建筑每段高度不应超过 50m，住宅建筑每段高度不应超过 100m，见图 4-46。

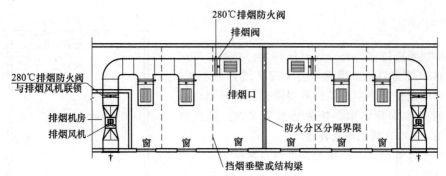

图 4-45　机械排烟横向设置示意图

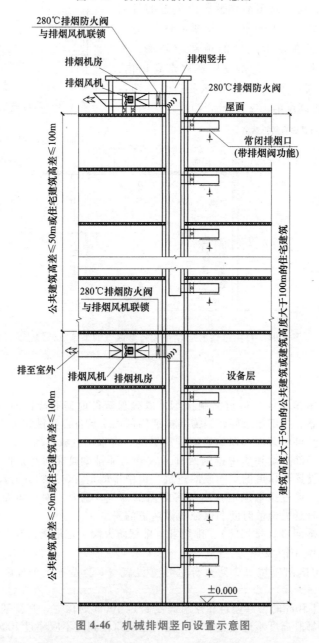

图 4-46　机械排烟竖向设置示意图

（二）机械排烟口

1）排烟口应设在防烟分区所形成的储烟仓内，见图 4-47；但走道、室内空间净高不大于 3m 的区域，其排烟口可设置在其净空高度的 1/2 以上；当设置在侧墙时，吊顶与其最近边缘的距离不应大于 0.5m。

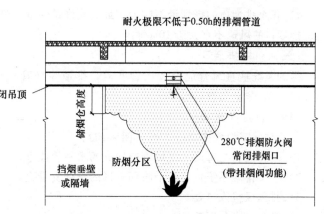

图 4-47　机械排烟口设在储烟仓内的示意图

2）排烟口的设置宜使烟流方向与人员疏散方向相反，排烟口与附近安全出口相邻边缘之间的水平距离不应小于 1.5m，见图 4-48。

3）排烟口与室内任意一点的水平距离不大于 30m，见图 4-49。

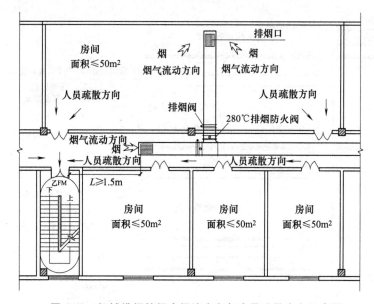

图 4-48　机械排烟储烟仓烟流方向与人员疏散方向示意图

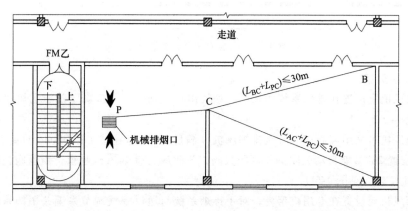

图 4-49　室内任意一点至最近的机械排烟口之间水平距离要求示意图

4）每个排烟口的排烟量不应大于最大允许排烟量，最大允许排烟量应按照《烟标》计算确定；排烟口的风速不宜大于 10m/s。

（三）机械排烟管

排烟系统垂直风管应设置在管井内，排烟井（管）道应采用不燃材料制作，金属风道风速≤20m/s，非金属管道≤15m/s。

（四）排烟防火阀

如下位置需设置排烟防火阀（图 4-50）：

1）垂直风管与每层水平风管交接处的水平管段上。

2）一个排烟系统负担多个防烟分区的排烟支管上。

3）排烟风机入口处。

4）穿越防火分区处。

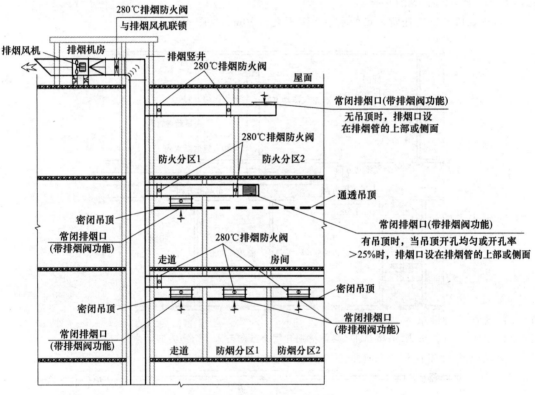

图 4-50　排烟防火阀安装示意图

（五）排烟风机

1）排烟风机宜设置在排烟系统的顶部，烟气出口宜朝上，并应高于加压送风机和补风机的进风口，见图 4-51。

2）排烟风机可采用离心式或轴流排烟风机（满足 280℃时连续工作 30min 的要求），排烟风机入口处应设置 280℃能自动关闭的排烟防火阀，该阀应与排烟风机联锁，当该阀关闭时，排烟风机应能停止运转，见图 4-51。

3）排烟风机应设置在专用机房内，对于排烟系统与通风空气调节系统共用的系统，其排烟风机与排风机的合用机房，应符合下列条件（图 4-52）：

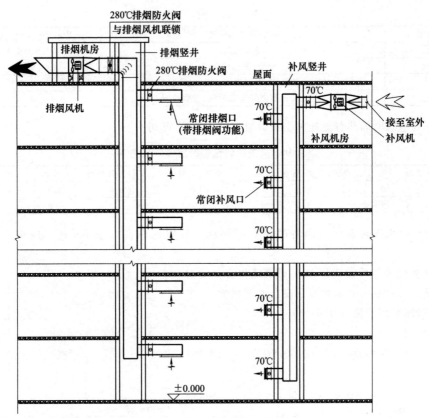

图 4-51　排烟风机及出口示意图

① 机房内应设有自动喷水灭火系统。

② 机房内不得设置用于机械加压送风的风机与管道。

③ 排烟风机与排烟管道上不宜设有软接管。当排烟风机及系统中设置有软接头时，该软接头应能在 280℃ 的环境条件下连续工作不少于 30min，且为不燃材料制作。

（六）排烟量的确定

1. 一个防烟分区的排烟量计算方法

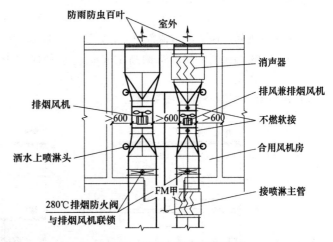

图 4-52　排烟风机安装示意图

一个防烟分区的排烟量应根据场所内的热释放速率以及《烟标》计算确定，步骤如下：

（1）确定热释放速率 Q　火灾热释放速率应按下式计算：

$$Q = \alpha t^2 \tag{4-9}$$

式中　Q——热释放速率（kW）；

　　　t——自动灭火系统启动时间（s）；

　　　α——火灾增长系数（kW/s²），按表 4-9 取值。

表 4-9　火灾增长系数

火灾类别	典型的可燃材料	火灾增长系数/(kW/s²)
慢速火	硬木家具	0.00278
中速火	棉质/聚酯垫子	0.011
快速火	装满的邮件袋、木制货架托盘、泡沫塑料	0.044
超快速火	池火、快速燃烧的装饰家具、轻质窗帘	0.178

火灾达到稳态时的热释放速率也可以直接查表 4-10 得到。

表 4-10　火灾达到稳态时的热释放速率

建筑类别		办公、教室、客房、走道	商店、展览	其他公共场所	汽车库	厂房	仓库
热释放率 Q/MW	无喷淋	6.0	10.0	8.0	3.0	8.0	20.0
	有喷淋	1.5	3.0	2.5	1.5	2.5	4.0

设置自动喷水灭火系统（简称喷淋）的场所，其室内净高大于 8m 时，应按无喷淋场所对待。

（2）计算烟羽流质量流量 M_ρ　烟羽流可分为轴对称型烟羽流、阳台溢出型烟羽流及窗口型烟羽流。

1）轴对称型烟羽流（图 4-53）：

当 $Z > Z_1$ 时

$$M_\rho = 0.071 Q_c^{1/3} Z^{5/3} + 0.0018 Q_c \qquad (4\text{-}10)$$

当 $Z \leqslant Z_1$ 时

$$M_\rho = 0.032 Q_c^{3/5} Z \qquad (4\text{-}11)$$

式中　M_ρ——烟羽流质量流量（kg/s）；

Z_1——火焰极限高度（m）；

$$Z_1 = 0.166 Q_c^{2/5} \qquad (4\text{-}12)$$

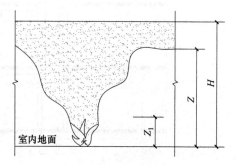

图 4-53　轴对称型烟羽流

Q_c——热释放速率的对流部分（kW），一般取 $0.7Q$；

Z——燃料面到烟层底部的高度（m），取值应大于或等于最小清晰高度与燃料面高度之差。

2）阳台溢出型烟羽流（图 4-54）：

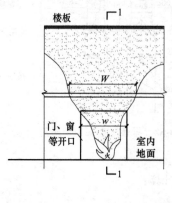

a)

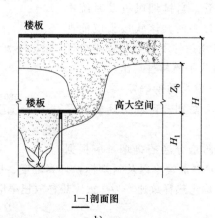

1—1剖面图

b)

图 4-54　阳台溢出型烟羽流

a）正视图　b）剖面图

$$M_\rho = 0.36(QW^2)^{1/3}(Z_b + 0.25H_1) \tag{4-13}$$

式中　H_1——燃料面至阳台的高度（m）；

　　　Z_b——从阳台下缘至烟层底部的高度（m）；

　　　W——烟羽流扩散宽度（m），$W = w + b$；

　　　w——火源区域的开口宽度（m）；

　　　b——从开口至阳台边沿的距离（m），$b \neq 0$。

3）窗口型烟羽流（图 4-55）：

$$M_\rho = 0.68(A_w H_w^{1/2})^{1/3}(Z_w + \alpha_w)^{5/3} + 1.59 A_w H_w^{1/2} \tag{4-14}$$

$$\alpha_w = 2.4 A_w^{2/5} H_w^{1/5} - 2.1 H_w \tag{4-15}$$

式中　A_w——窗口开口面积（m^2）；

　　　H_w——窗口开口高度（m）；

　　　Z_w——开口的顶部到烟层底部的高度（m）；

　　　α_w——窗口型烟羽流的修正系数（m）。

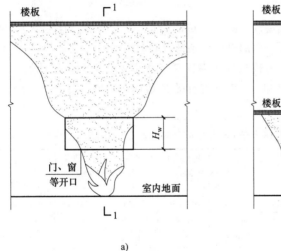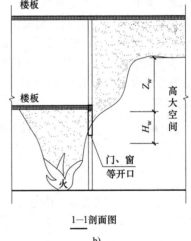

图 4-55　窗口型烟羽流

a）正视图　b）剖面图

（3）计算烟气平均温度与环境温度差 ΔT

$$\Delta T = \frac{KQ_c}{c_p M_\rho} \tag{4-16}$$

式中　ΔT——烟层温度与环境温度的差（K）；

　　　c_p——空气的比定压热容，一般取 $1.01\text{kJ}/(\text{kg} \cdot \text{K})$；

　　　K——烟气中对流放热量因子。当采用机械排烟时，取 $K = 1.0$；当采用自然排烟时，取 $K = 0.5$。

（4）计算排烟量 V

$$V = \frac{M_\rho T}{\rho_0 T_0} \tag{4-17}$$

式中　V——排烟量（m^3/s）；

　　　T——烟层的平均绝对温度（K），$T = T_0 + \Delta T$；

ρ_0——环境温度下气体密度，一般取 1.2kg/m^3；

T_0——环境温度对应的绝对温度（K）。

（5）排烟口的最大允许排烟量 $V_{\max}$　机械排烟系统中，排烟口的最大允许排烟量 $V_{\max}$ 应按以下公式计算，且 d_b/D 不宜小于 2.0：

$$V_{\max} = 4.16\gamma d_b^{5/2}(\Delta T/T_0)^{1/2} \tag{4-18}$$

式中　$V_{\max}$——排烟口最大允许排烟量（m^3/s）；

$\quad\quad\gamma$——排烟位置系数；当风口中心点到最近墙体的距离 ≥ 2 倍的排烟口当量直径时，γ 取 1.0；当风口中心点到最近墙体的距离小于 2 倍的排烟口当量直径时，γ 取 0.5；当吸入口位于墙体上时，γ 取 0.5；

$\quad\quad d_b$——排烟系统吸入口最低点之下烟气层厚度（m）；

$\quad\quad D$——排烟口的当量直径（m），当排烟口为矩形时，$D = 2a_1b_1/(a_1+b_1)$，a_1、b_1 分别为排烟口的长和宽（m）。

2. 排烟量的确定

（1）房间、走道、车库排烟量确定

1）建筑空间净高 $\leq 6\text{m}$ 时，其排烟量按不应小于 $60\text{m}^3/(\text{h}\cdot\text{m}^2)$ 计算，且不小于 $15000\text{m}^3/\text{h}$，或设置有效面积不小于该房间建筑面积 2% 的自然排烟窗（口）。

2）建筑空间净高 $>6\text{m}$ 时，其排烟量按热释放率计算（按烟羽流类型区别计算），且不小于表 4-11 中数值，或设置自然排烟窗（口），其所需有效排烟面积应根据表 4-11 及自然排烟窗（口）处风速计算。

表 4-11　公共建筑、工业建筑中空间净高大于 6m 场所的计算排烟量及自然排烟侧窗（口）部风速

空间净高/m	办公、学校的计算排烟量/($\times 10^4\text{m}^3/\text{h}$)		商店、展览的计算排烟量/($\times 10^4\text{m}^3/\text{h}$)		厂房、其他公建的计算排烟量/($\times 10^4\text{m}^3/\text{h}$)		仓库的计算排烟量/($\times 10^4\text{m}^3/\text{h}$)	
	无喷淋	有喷淋	无喷淋	有喷淋	无喷淋	有喷淋	无喷淋	有喷淋
6.0	12.2	5.2	17.6	7.8	15.0	7.0	30.1	9.3
7.0	13.9	6.3	19.6	9.1	16.8	8.2	32.8	10.8
8.0	15.8	7.4	21.8	10.6	18.9	9.6	35.4	12.4
9.0	17.8	8.7	24.2	12.2	21.1	11.1	38.5	14.2
自然排烟侧窗（口）部风速/(m/s)	0.94	0.64	1.06	0.78	1.01	0.74	1.26	0.84

注：1. 建筑空间净高大于 9.0m 的，按 9.0m 取值；建筑空间净高位于表中两个高度之间的，按线性插值法取值；表中建筑空间净高为 6m 处的各排烟量值为线性插值法的计算基准值。

2. 当采用自然排烟方式时，储烟仓厚度应大于房间净高的 20%；自然排烟窗（口）面积 = 计算排烟量/自然排烟窗（口）处风速；当采用顶开窗排烟时，其自然排烟窗（口）的风速可按侧窗口部风速的 1.4 倍计。

3）当公共建筑仅需在走道或回廊设置排烟时，其机械排烟量不应小于 $13000\text{m}^3/\text{h}$，或在走道两端（侧）均设置面积不小于 2m^2 的自然排烟窗（口）且两侧自然排烟窗（口）的距离不应小于走道长度的 2/3。

4）当公共建筑房间内与走道或回廊均需设置排烟时，其走道或回廊的机械排烟量可按 $60\text{m}^3/(\text{h}\cdot\text{m}^2)$ 计算且不小于 $13000\text{m}^3/\text{h}$，或设置有效面积不小于走道、回廊建筑面积 2% 的自然排烟窗（口）。

5）汽车库内每个防烟分区排烟风机的排烟量不应小于表 4-12 的规定。

表 4-12　汽车库内每个防烟分区排烟风机的排烟量

汽车库的净高/m	汽车库的排烟量/(m³/h)	汽车库的净高/m	汽车库的排烟量/(m³/h)
3.0 及以下	30000	7.0	36000
4.0	31500	8.0	37500
5.0	33000	9.0	39000
6.0	34500	9.0 以上	40500

注：车库净高位于表中两个高度之间时，按线性插值法取值。排烟风机风量就按表格数据选型，不另做附加。

6）当汽车库采用自然排烟方式时，可采用手动排烟窗、自然排烟窗、孔洞等作为自然排烟口，并应符合下列规定：

① 自然排烟口的总面积不应小于室内地面面积的 2%。

② 自然排烟口应设置在外墙上方或屋顶上，并应设置方便开启的装置。

③ 房间外墙上的排烟口（窗）宜沿外墙周长方向均匀分布，排烟口（窗）的下沿不应低于室内净高的 1/2，并应沿气流方向开启。

（2）中庭排烟量确定

1）当中庭周围场所设有机械排烟时，中庭的排烟量应按周围场所防烟分区中最大排烟量的 2 倍数值计算，且不应小于 107000m³/h；中庭采用自然排烟系统时，按上述排烟量和自然排烟窗（口）的风速不大于 0.5m/s 计算有效开窗面积。

2）当中庭周围场所不需要设置排烟系统，仅在回廊设置排烟系统时，回廊的排烟量不应小于上述"1. 一个防烟分区的排烟量计算方法"层节所述方法计算排烟量，中庭的排烟量不应小于 40000m³/h；中庭采用自然排烟系统时，应按上述排烟量和自然排烟窗（口）的风速不大于 0.4m/s 计算有效开窗面积。

（3）当排烟风机担负多个防烟分区时，机械排烟的确定

1）承担相同净高场所：$h>6m$，取排烟量最大值；$h≤6m$，取同一防火分区中任意两个相邻防烟分区排烟量之和的最大值。

2）承担不同净高的：按上述方法计算各场所排烟量，取最大值。

（4）排烟系统的设计风量　排烟系统的设计风量不应小于该系统计算风量的 1.2 倍。

【例 4-1】　某建筑共 3 层，均设有自动喷水灭火，各房间功能及净高见图 4-56，假设二层的储烟仓厚度为 1.5m，即燃料面到烟层底部的高度为 6m，试计算机械排烟系统的排烟量。

【解】　1. 计算一层宴会厅 A1、餐厅 B1 及走道 C1 的排烟量

$$V(A1)=1000m^2×60m^3/(h·m^2)=60000m^3/h$$

$$V(B1)=800m^2×60m^3/(h·m^2)=48000m^3/h$$

$$V(C1)=120m^2×60m^3/(h·m^2)=7200m^3/h<13000m^3/h,取\ 13000m^3/h$$

相邻两个防烟分区排烟量之和：$V(A1)+V(B1)=108000m^3/h$；$V(C1)+V(B1)=61000m^3/h$。

则一层排烟量：$V(C1-D)=108000m^3/h$。

2. 计算二层展览厅 A2 与报告厅 B2 的排烟量

已知展览厅 A2 与报告厅 B2 空间净高 7.5m，即大于 6m。储烟仓厚度为 1.5m，即燃料面到烟层底部的高度为 6m。

（1）计算展览厅 A2 的排烟量 $V(A2)$

1）查表 4-10（有喷淋的展览）确定热释放速率的对流部分 Q_c：

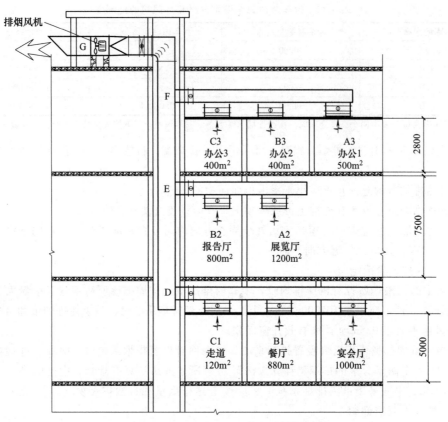

图 4-56　某三层建筑排烟量计算示意图

$$Q_C = 0.7Q = 0.7 \times 3000 \text{kW} = 2100 \text{kW}$$

2）确定火焰极限高度 Z_1：

$$Z_1 = 0.166 Q_C^{2/5} \text{m} = 3.54 \text{m}$$

3）确定燃料面到烟层底部的高度 Z：

$$Z = 6\text{m}$$

4）确定轴对称烟羽流质量流量 M_ρ：

$$M_\rho = 0.071 Q_C^{1/3} Z^{5/3} + 0.0018 Q_C = 21.79 \text{kg/s}$$

5）计算烟气平均温度与环境温度差 ΔT：

$$\Delta T = K Q_C / (M_\rho c_p) = [1.0 \times 2100 / (21.79 \times 1.01)] \text{K} = 95.42 \text{K}$$

6）确定烟层的平均绝对温度 T：

$$T = T_0 + \Delta T = (293.15 + 95.42) \text{K} = 388.57 \text{K}$$

7）计算排烟量 $V(A2)$：

$$V(A2) = M_\rho T / (\rho_0 T_0) = [21.79 \times 388.57 / (1.2 \times 293.15)] \text{m}^3/\text{s} = 24.07 \text{m}^3/\text{s} = 86650 \text{m}^3/\text{h}$$

因为 $V(A2)$ 的计算值小于表 4-11 的数值 99000m³/h，所以二层展览 A2 厅的排烟量 $V(A2)$ 取 99000m³/h。

（2）计算报告厅 B2 的排烟量 $V(B2)$

1）确定热释放速率的对流部分 Q_C：

$$Q_\text{C} = 0.7Q = 0.7 \times 2500\text{kW} = 1750\text{kW}$$

2）确定火焰高度 Z_1：
$$Z_1 = 0.166Q_\text{C}^{2/5} = 3.29\text{m}$$

3）确定燃料面到烟层底部的高度 Z：
$$Z = 6\text{m}$$

4）确定轴对称烟羽流质量流量 M_ρ：
$$M_\rho = 0.071Q_\text{C}^{1/3}Z^{5/3} + 0.0018Q_\text{C} = 20.10\text{kg/s}$$

5）计算烟气平均温度与环境温度差 ΔT：
$$\Delta T = KQ_\text{C}/(M_\rho c_p) = [1.0 \times 1750/(20.10 \times 1.01)]\text{K} = 86.20\text{K}$$

6）确定烟层的平均绝对温度 T：
$$T = T_0 + \Delta T = (293.15 + 86.20)\text{K} = 379.35\text{K}$$

7）计算排烟量 $V(\text{B2})$：
$$V(\text{B2}) = M_\rho T/(\rho_0 T_0) = [20.10 \times 379.35/(1.2 \times 293.15)]\text{m}^3/\text{s} = 21.68\text{m}^3/\text{s} = 78032\text{m}^3/\text{h}$$

因为 $V(\text{B2})$ 的计算值小于 $V(\text{A2})$ 的取值，所以二层排烟量 $V(\text{B2-E})$ 取值99000m³/h。

3. 计算三层办公室 A3、B3 的排烟量
$$V(\text{A3}) = 500\text{m}^2 \times 60\text{m}^3/(\text{h} \cdot \text{m}^2) = 30000\text{m}^3/\text{h}$$
$$V(\text{B3}) = 400\text{m}^2 \times 60\text{m}^3/(\text{h} \cdot \text{m}^2) = 24000\text{m}^3/\text{h}$$
$$V(\text{C3}) = 400\text{m}^2 \times 60\text{m}^3/(\text{h} \cdot \text{m}^2) = 24000\text{m}^3/\text{h}$$

相邻两个防烟分区排烟量之和：$V(\text{A3}) + V(\text{B3}) = 54000\text{m}^3/\text{h}$；$V(\text{C3}) + V(\text{B3}) = 48000\text{m}^3/\text{h}$。
则三层排烟量：$V(\text{C3-F}) = 54000\text{m}^3/\text{h}$。

4. 系统计算排烟量
$$V(\text{F-G}) = \max(108000\text{m}^3/\text{h}, 99000\text{m}^3/\text{h}, 54000\text{m}^3/\text{h}) = 108000\text{m}^3/\text{h}$$

（七）补风系统

除地上建筑的走道或建筑面积小于 500m^2 的房间外，设置排烟系统的场所应设置补风系统，补风量不应小于排烟量的50%。

补风系统可采用疏散外门、手动或自动可开启外窗等自然进风方式（不可从内走道补风，见图4-57），以及机械送风方式，风机应设置在专用机房内。

补风口与排烟口设置在同一空间内相邻的防烟分区时，补风口位置不限；当补风口与排烟口设置在同一防烟分区时，补风口应设在储烟仓下沿以下；补风口与排烟口水平距离不应少于5m。补风口设置的正误示意见图4-58，设于储烟仓以下的补风口示意见图4-59。

机械补风口的风速不宜大于10m/s，人员密集场所补风口的风速不宜大于5m/s；自然补风口的风速不宜大于3m/s。补风管道耐火极限不应低于0.50h，当补风管道跨越防火分区时，管道的耐火极限不应小于1.50h。

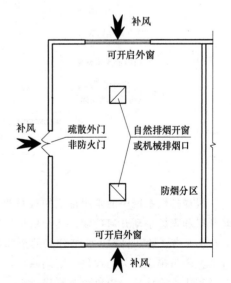

图4-57　采用疏散外门、手动或自动可开启外窗等自然进风方式补风

（八）机械排烟系统的控制

排烟风机、补风机的控制方式，应符合现场手动启动、消防控制室手动启动、火灾自动报警系统自动启动，以及系统中任一排烟阀或排烟口开启时，排烟风机、补风机自动启动。

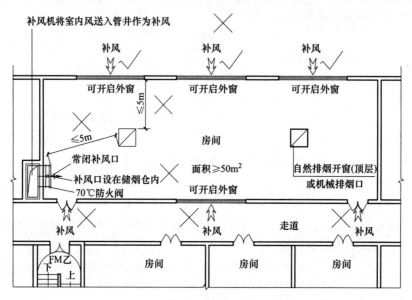

图 4-58 补风口设置的正误示意图

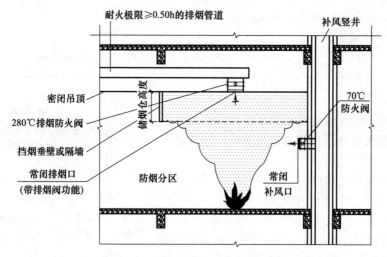

图 4-59 设于储烟仓以下的补风口示意图

机械排烟系统中的常闭排烟阀或排烟口应具有火灾自动报警系统自动开启、消防控制室手动开启和现场手动开启功能，其开启信号应与排烟风机联动。当火灾确认后，火灾自动报警系统应在 15s 内联动开启相应防烟分区的全部排烟阀、排烟口、排烟风机和补风设施，并应在 30s 内自动关闭与排烟无关的通风、空调系统。

当火灾确认后，担负两个及以上防烟分区的排烟系统，应仅打开着火防烟分区的排烟阀或排烟口，其他防烟分区的排烟阀或排烟口应呈关闭状态，见图 4-60 和图 4-61。

排烟防火阀在 280℃ 时应自行关闭，并应连锁关闭排烟风机。

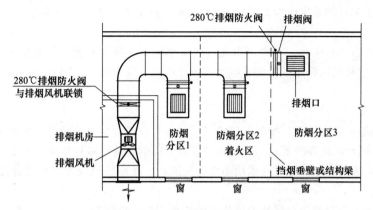

图 4-60　担负两个及以上防烟分区的排烟系统平面示意图

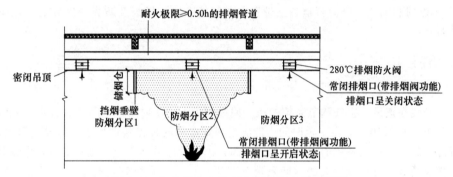

图 4-61　仅打开着火防烟分区排烟口的剖面图

第四节　防火、排烟设备及部件

防排烟系统包括风机、管道、阀门、进风口、排烟口、送风口、排烟风口、隔烟装置以及联动风机、阀门、风口、活动挡烟垂壁的控制装置等，其中风机是主要设备，其余为附属设备或附件。

一、防、排烟风机

在防排烟工程中，风机是有组织地送入空气或排出烟气的输送设备。排烟风机可采用普通钢制离心通风机，如 4-72 型、T4-72 型、4-68 型等，也可采用 SP4-79 型双速节能排烟离心通风机、消防排烟专用轴流风机 HTF 系列、GYF 系列、XGPF 系列等。要点如下：

1）排烟风机由于要承担火灾时排出高温烟气的工作，因此对于排烟风机应能够保证在介质温度不高于 85℃ 的条件下，应按风机至少使用 10 年进行设计，在烟气温度 280℃ 的环境条件下连续工作不小于 30min。

2）排烟风机可采用离心风机或专用排烟轴流风机，为不燃材料制作。

3）排烟风机的全压应满足排烟系统最不利环路的要求，其排烟量应考虑 10%～20% 的漏风量。

4）在排烟风机入口总管应设置当烟气温度超过 280℃ 时能自行关闭的排烟防火阀，该阀应与排烟风机联锁，当该阀关闭时，排烟风机应能停止运转。

5）加压风机和排烟风机应满足系统风量和风压的要求，并尽可能使工作点处在风机的高效区。

6）高原地区由于海拔高，大气压力低，气体密度小，排烟系统在质量流量与阻力相同时，风机所需要的风量和风压都比平原地区的大，因此不能忽视当地大气压力的影响。

二、管道

防排烟系统防火风管本体、框架与固定材料、密封垫料、柔性短管等必须采用不燃材料，防火风管的耐火极限时间应符合系统防火设计的规定。排烟管道的敷设应采取如下措施：

1）设在吊顶内的排烟管道，应采用不燃材料隔热；排烟管道应与可燃物保持不小于150mm的距离。

2）排烟管道不宜穿越防火墙和非燃烧体的楼板等防火隔断物。

3）防排烟管道如必须穿越防火隔断物，应采取防火措施，例如，设置防火阀，穿越段两侧2m内采用不燃材料隔热，竖向管道独立设置，在穿越隔墙、楼板及防火分区处的缝隙应采用防火封堵材料封堵。

三、阀门

1. 防火阀

防火阀安装在通风、空气调节系统的送、回风管道上，平时呈开启状态，火灾时当管道内烟气温度达到70℃时关闭，并在一定时间内能满足漏烟量和耐火完整性要求，起隔烟阻火的作用。下列情况之一的通风空调系统的风管应设防火阀：①风管穿越防火分区处；②风管穿越通风、空调机房及重要的或火灾危险性大的房间隔墙和楼板处；③垂直风管与每层水平风管交接处的水平管道上；④穿越变形缝处的两侧应各设一个。

2. 排烟防火阀

排烟防火阀安装在机械排烟系统的管道上，平时呈开启状态，火灾时当排烟管道内烟气温度达到280℃时关闭，并在一定时间内能满足漏烟量和耐火完整性要求，起隔烟阻火的作用。排烟防火阀一般由阀体、叶片、执行机构和温感器等部件组成。

3. 排烟阀

排烟阀安装在机械排烟系统各支管端部（烟气吸入口）处，平时呈关闭状态并满足漏风量要求，火灾或需要排烟时手动或电动打开，起排烟的作用。排烟阀一般由阀体、叶片、执行机构等部件组成。

防火阀及排烟阀的名称符号是：防火阀FHF、排烟防火阀PFHF、排烟阀PYF。列于名称符号第二位的是控制方式分类，W、S、D分别为温感器控制、手动控制及电动控制（D_e、D_j、D_q分别为电控电磁铁、电控电机及电控气动机构）；第三位的是功能分类，F、Y、K分别为风量调节、远距离复位及位置信号反馈功能。如：FHF WSD$_j$-F-630×500是具有温感器自动关闭、手动关闭、电控电机关闭方式和风量调节功能，公称尺寸为630mm×500mm的防火阀；PFHF WSD$_e$-Y-ϕ1000是具有温感器自动关闭、手动关闭、电控电磁铁关闭方式和远距离复位功能，公称直径为1000mm的排烟防火阀；PYF SD$_e$-K-500×500是具有手动开启、电控电磁铁开启方式和阀门开启后位置信号反馈功能的排烟阀。

防火阀、排烟风口的设置应满足：

1）普通防火阀动作温度应为70℃，用于厨房排油烟系统的防火阀动作温度应为150℃，排烟防火阀动作温度应为280℃，易熔部件应符合相关产品标准。

2）阀门的阀体、叶片、挡板、执行机构底板及外壳宜采用冷轧钢板、镀锌钢板、不锈钢板等材料制作，板材厚度应不小于1.5mm，转动部件应采用耐腐蚀的金属材料，并转动灵活。

3）防火阀宜靠近防火分隔处设置，距防火隔断物不宜大于200mm。

4）在防火阀两侧各2.0m范围内的风管及其绝热材料应采用不燃材料制作。

5）当防火阀、排烟风口采用暗装式时，应在安装部位设置方便检修的检修口，操作机构一侧应有不小于200mm的净空以利于检修。

4. 余压阀

余压阀是控制压力差的阀门。为了保证防烟楼梯间及其前室、消防电梯间前室和合用前室的正压值，防止正压值过大而导致疏散门难以推开，可在防烟楼梯间与前室，前室与走道之间设置余压阀，控制余压阀两侧正压间的压力差不超过50Pa。余压阀规格（长×宽）一般有：300mm×150mm、400mm×150mm、450mm×150mm、500mm×200mm、600mm×200mm、600mm×250mm、800mm×300mm，厚度尺寸由用户自定。

表4-13列出常用防火、排烟设备及部件。

表4-13 常用防火、排烟设备及部件

类别	名称	性能	用途
防火类	防火阀	常开,空气温度70℃时,阀门熔断器自动关闭,可输出联动电信号	用于通风空调系统的风管内,防止火势沿风管蔓延
	防烟防火阀	常开,靠烟感器控制动作,用电控电磁铁关闭(防烟),还可用70℃温度熔断器自动关闭(防火)	用于通风空调系统的风管内,防止火势沿风管蔓延
防烟类	加压送风口	常闭,可设有70℃温度熔断器防火关闭装置。加压送风口靠烟感器控制动作,电动控制开启,也可手动(或远距离缆绳)开启,输出动作电信号,联动加压风机开启	用于加压送风的送风口
	余压阀	防止加压超压	起泄压作用
排烟类	排烟阀	平时呈关闭状态并满足漏风量要求,火灾时可手动和电动启闭,输出开启电信号联动排烟风机开启	安装在机械排烟系统各支管端部(烟气吸入口)处
	排烟防火阀	常开,火灾时当排烟管道内烟气温度达到280℃时关闭,并在一定时间内能满足漏烟量和耐火完整性要求	安装在机械排烟系统的管道上(排烟机系统或排烟机入口的管段上),起隔烟阻火作用
	排烟口	常闭,相当于百叶风口,无相关联动或动作	用于烟气入口
分隔类	防火卷帘	用于不能设置防火墙的地方,水幕保护	划分防火分区
	挡烟垂壁	固定式或手动、自动控制	划分防烟区域

第五节 防排烟工程设计内容及案例

设计建筑物内一个完整的防烟、排烟系统的基本内容有：

1）正确选择防烟、排烟方式，见表4-14。

表4-14 建筑防烟、排烟方式

序号	防烟、排烟方式	适用建筑	设置部位
1	自然通风设施	建筑高度≤50m的公共建筑、工业建筑和建筑高度≤100m的住宅建筑优先采用	封闭楼梯间、防烟楼梯间、独立前室、消防电梯前室、共用前室、合用前室(除共用前室与消防电梯前室合用外)、避难层(间)

（续）

序号	防烟、排烟方式	适用建筑	设置部位
2	机械加压送风（设置竖井正压送风）	建筑高度>50m 的公共建筑、工业建筑和建筑高度>100m 的住宅建筑	防烟楼梯间、独立前室、消防电梯前室、共用前室、合用前室、避难层（间）；本表序号 1 中不具备自然通风设施设置条件的上述部位
3	自然排烟	需要设置排烟设施的建筑内满足自然排烟条件的场所或部位	有外窗或天窗的走道、房间
4	机械排烟	需要设置排烟设施的建筑内不满足自然排烟条件的场所或部位	不具备自然排烟条件的走道、房间

2）合理划分防烟分区，计算储烟仓的厚度和最小清晰高度，确定挡烟垂壁的高度。

3）采用机械防烟、排烟系统时，与建筑专业协调，在规定部位设置应急排烟窗。

4）计算加压送风量、排烟风量、排烟补风量。

5）机械排烟系统中，计算单个排烟口的最大允许排烟量，确定排烟口数量。

6）自然排烟系统需计算自然排烟窗（口）有效排烟面积，并应会同建筑专业或要求二次装饰设计专业，根据实际实施的可开启外窗的形式（上悬窗、中悬窗、下悬窗、平推窗、平开窗和推拉窗等）保证满足有效排烟面积的要求。

7）合理布置排烟风口、送风口、补风口的位置及风管位置。

8）计算风口及风管尺寸和排烟系统、加压送风系统、排烟补风系统的阻力。

9）选择加压送风系统、排烟系统、排烟补风系统的风机及布置相关附件。

10）正确设计防排烟系统的系统控制。

一、厦门某公寓防烟设计

（一）工程概况

该工程地上 25 层，地下 1 层，建筑高度 79.2m（楼梯间高度为 85.5m），建筑类别为一类高层公共建筑，标准层设两部楼梯：1 号楼梯（与消防电梯前室合用前室）及 2 号楼梯（设独立前室），地上标准层平面见图 4-62，地下一层平面见图 4-63。根据本章第二节关于机械加压防烟设置的要求（《烟标》第 3.1.2 条），建筑高度大于 50m 的公共建筑，其防烟楼梯间、独立前室、合用前室应采用机械加压送风系统，防烟楼梯间、独立前室、合用前室分别加压送风；根据本章第二节关于机械加压防烟设置的要求（《烟标》第 3.3.4 条），设置机械加压送风系统的楼梯间的地上部分与地下部分，其机械加压送风系统应分别独立设置。

（二）设计依据

1）《建筑设计防火规范》（GB 50016—2014）（2018 年版）。

2）《建筑防烟排烟系统技术标准》（GB 51251—2017）。

（三）地上机械加压送风系统风量计算

1. 1 号及 2 号楼梯间的机械加压送风量计算

（1）门开启时，达到规定风速值所需的送风量 一层内开启门的截面为宽 1.2m，高 2.1m，则面积 $A_k = 2.52m^2$；门洞断面风速 v 取 0.7m/s；采用常开风口，地上楼梯间高度为 85.5m（此为楼梯间高度，不是建筑高度），设计疏散门开启的楼层数量 N_1 取 3。则据式（4-4）可得

$$L_1 = A_k v N_1 = (2.52 \times 0.7 \times 3) \, m^3/s = 5.292 m^3/s = 19051 m^3/h$$

（2）门开启时，规定风速值下的其他门漏风总量 疏散门的门缝宽度取 0.002m，则每个疏

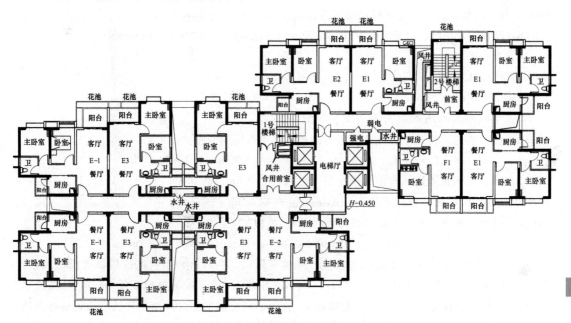

图 4-62　地上标准层平面图

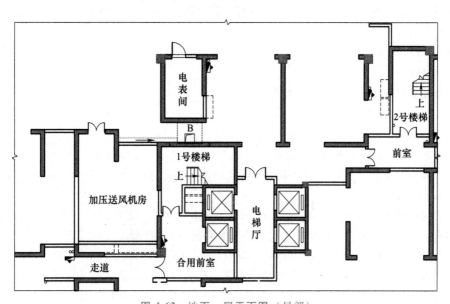

图 4-63　地下一层平面图（局部）

散门的有效漏风面积 $A = [0.002 \times (1.2 \times 2 + 2.1 \times 3)]\, m^2 = 0.0174\, m^2$；开启门洞处风速为 $0.7\, m/s$，计算漏风量的平均压力差 Δp 取 $6.0\, Pa$；指数 $n = 2$；不严密处附加系数取 1.25；楼梯间采用常开风口，取漏风疏散门的数量 $N_2 = $ 加压楼梯间的总门数 $- N_1 = 26 - 3 = 23$（地上 25 层，加上屋顶层，总 26 层）。则据式（4-5）可得

$$L_2 = 0.827 A \Delta p^{1/n} \times 1.25 N_2 = (0.827 \times 0.0174 \times 6.0^{1/2} \times 1.25 \times 23)\, m^3/s = 1.013\, m^3/s = 3648\, m^3/h$$

（3）楼梯间的机械加压送风系统设计风量　据式（4-2），楼梯间的机械加压送风量计算值 $L_j = L_1 + L_2 = (19051 + 3648)\, m^3/h = 22699\, m^3/h$。参照表 4-7，系统负担高度 85.5m 楼梯间加压送风量为 $30924\, m^3/h$（插值法），楼梯间机械加压送风量计算值小于表格范围值，所以取大值得

30924m³/h；据本章第二节关于机械加压设计风量的要求（《烟标》第3.4.1条），设计风量不应小于计算风量的1.2倍，因此设计风量不应小于（30924×1.2）m³/h＝37109m³/h。

（4）风机选型

风量：37215m³/h。

风压：705Pa。

2. 1号楼梯间合用前室机械加压送风量

（1）门开启时，达到规定风速值所需的送风量参数同前，据式（4-4）可得

$$L_1 = A_k v N_1 = (2.52 \times 0.7 \times 3) \text{m}^3/\text{s} = 5.292 \text{m}^3/\text{s} = 19051 \text{m}^3/\text{h}$$

（2）未开启的常闭送风阀的漏风总量　送风口宽0.8m，高0.8m，单个送风阀门的面积 A_f＝（0.8×0.8）m²＝0.64m²；阀门单位面积的漏风量取0.083m³/(s·m²)；合用前室采用常闭风口，取漏风阀门的数量 N_3＝25-3＝22。则据式（4-6）可得

$$L_3 = 0.083 A_f N_3 = (0.083 \times 0.64 \times 22) \text{m}^3/\text{s} = 1.169 \text{m}^3/\text{s} = 4207 \text{m}^3/\text{h}$$

（3）合用前室的机械加压送风系统设计风量　据式（4-3），合用前室的机械加压送风量计算值 $L_s = L_1 + L_3 = (19051 + 4207) \text{m}^3/\text{h} = 23258 \text{m}^3/\text{h}$，参照表4-7，系统负担高度79.5m合用前室、独立前室加压送风量为27239m³/h（插值法），合用前室机械加压送风量计算值小于表格范围值，所以取大值得27239m³/h；据本章第二节关于机械加压设计风量的要求（《烟标》第3.4.1条），设计风量不应小于计算风量的1.2倍，因此设计风量不应小于（27239×1.2）m³/h＝32687m³/h。

（4）风机选型

风量：32954m³/h。

风压：616Pa。

3. 2号楼梯间独立前室机械加压送风量

$$L_s = L_1 + L_3$$

（1）门开启时，达到规定风速值所需的送风量　据式（4-4）可得

$$L_1 = A_k v N_1 = (2.52 \times 0.7 \times 3) \text{m}^3/\text{s} = 5.292 \text{m}^3/\text{s} = 19051 \text{m}^3/\text{h}$$

（2）未开启的常闭送风阀的漏风总量　送风口宽0.4m，高1.6m，单个送风阀门的尺寸 A_f＝0.4m×1.6m＝0.64m²。

阀门单位面积的漏风量取0.083m³/(s·m²)；合用前室采用常闭风口，漏风阀门的数量 N_3：取 N_3＝24-3＝21（2号楼梯一层楼梯直通室外，没有前室）。则据式（4-6）可得

$$L_3 = 0.083 A_f N_3 = (0.083 \times 0.64 \times 21) \text{m}^3/\text{s} = 1.1156 \text{m}^3/\text{s} = 4016 \text{m}^3/\text{h}$$

（3）独立前室的机械加压送风系统设计风量　据式（4-3），独立前室机械加压送风量计算值 $L_s = L_1 + L_3 = (19051 + 4016) \text{m}^3/\text{h} = 23067 \text{m}^3/\text{h}$，参照表4-7，系统负担高度79.5m独立前室加压送风量为27239m³/h（插值法），独立前室机械加压送风量计算值小于表格范围值，所以取大值得27239m³/h；另据本章第二节关于机械加压设计风量的要求（《烟标》第3.4.1条），设计风量不应小于计算风量的1.2倍，因此设计风量不应小于（27239×1.2）m³/h＝32687m³/h。

（4）风机选型

风量：32954m³/h。

风压：616Pa。

（四）地下机械加压送风系统风量计算

1. 1号楼梯间地下部分的机械加压送风量计算

（1）门开启时，达到规定风速值所需的送风量　一层内开启门的截面宽1.2m，高2.1m，则

面积 $A_k = 2.52\text{m}^2$；门洞断面风速 v 取 0.7m/s；当为地下楼梯间时，设计 1 层内的疏散门开启，取 $N_1 = 1$。则据式（4-4）可得

$$L_1 = A_k v N_1 = (2.52 \times 0.7 \times 1)\text{m}^3/\text{s} = 1.764\text{m}^3/\text{s} = 6350\text{m}^3/\text{h}$$

（2）门开启时，规定风速值下的其他门漏风总量　疏散门的门缝宽度取 0.002m，则每个疏散门的有效漏风面积 $A = [0.002 \times (1.2 \times 2 + 2.1 \times 3)]\text{m}^2 = 0.0174\text{m}^2$；开启门洞处风速为 0.7m/s，取 $\Delta p = 6.0\text{Pa}$；指数 $n = 2$；不严密处附加系数取 1.25；楼梯间采用常开风口，取漏风疏散门的数量 $N_2 = $ 加压楼梯间的总门数 $- N_1 = 2 - 1 = 1$（总门数 2 = 地下一层 + 首层门数）。则据式（4-4）可得

$$L_2 = 0.827 A \Delta p^{1/n} \times 1.25 N_2 = (0.827 \times 0.0174 \times 6.0^{1/2} \times 1.25 \times 1)\text{m}^3/\text{s} = 0.044\text{m}^3/\text{s} = 159\text{m}^3/\text{h}$$

（3）楼梯间的机械加压送风系统设计风量　据式（4-2），$L_j = L_1 + L_2 = (6350 + 159)\text{m}^3/\text{h} = 6509\text{m}^3/\text{h}$；另据本章第二节关于机械加压设计风量的要求（《烟标》第 3.4.1 条），设计风量不应小于计算风量的 1.2 倍，因此设计风量不应小于 $(6509 \times 1.2)\text{m}^3/\text{h} = 7810\text{m}^3/\text{h}$。

（4）风机选型

风量：$7938\text{m}^3/\text{h}$。

风压：328Pa。

2. 1 号楼梯间合用前室机械加压送风量

（1）门开启时，达到规定风速值所需的送风量　门宽 1.5m，高 2.1m，一层内开启门的截面面积 $A_k = (1.5 \times 2.1)\text{m}^2 = 3.15\text{m}^2$；门洞断面风速 v 取 0.7m/s；采用常开风口，设计疏散门开启的楼层数量 $N_1 = 1$。则据式（4-4）可得

$$L_1 = A_k v N_1 = (3.15 \times 0.7 \times 1)\text{m}^3/\text{s} = 2.205\text{m}^3/\text{s} = 7938\text{m}^3/\text{h}$$

（2）未开启的常闭送风阀的漏风总量　合用前室采用常闭风口，漏风阀门的数量 $N_3 = 1 - 1 = 0$，则 $L_3 = 0\text{m}^3/\text{h}$。

（3）合用前室的机械加压送风系统设计风量　据式（4-3），$L_s = L_1 + L_3 = (7938 + 0)\text{m}^3/\text{h} = 7938\text{m}^3/\text{h}$，另据本章第二节关于机械加压设计风量的要求（《烟标》第 3.4.1 条），设计风量不应小于计算风量的 1.2 倍，因此设计风量不应小于 $(7938 \times 1.2)\text{m}^3/\text{h} = 9526\text{m}^3/\text{h}$。

（4）风机选型

风量：$9724\text{m}^3/\text{h}$。

风压：398Pa。

3. 2 号楼梯间地下部分的机械加压送风量计算

据《烟标》第 3.1.5 条，建筑高度小于或等于 50m 的公共建筑、工业建筑和建筑高度小于或等于 100m 的住宅建筑（该工程地下车库为高度 5.7m 的公共建筑），当采用独立前室且其仅有一个门与走道或房间相通时（图 4-63），可仅在楼梯间设置机械加压送风系统。所以，2 号楼梯间地下部分仅在楼梯间设置加压送风。

（1）门开启时，达到规定风速值所需的送风量　一层内开启门的截面为宽 1.2m，高 2.1m，则面积 $A_k = 2.52\text{m}^2$；当楼梯间机械加压送风、只有一个开启门的独立前室不送风时，通向楼梯间疏散门的门洞断面风速 v 取 1.0m/s；当为地下楼梯间时，设计 1 层内的疏散门开启，取 $N_1 = 1$。则据式（4-4）可得

$$L_1 = A_k v N_1 = (2.52 \times 1.0 \times 1)\text{m}^3/\text{s} = 2.52\text{m}^3/\text{s} = 9072\text{m}^3/\text{h}$$

（2）门开启时，规定风速值下的其他门漏风总量 疏散门的门缝宽度取 0.002 m，则每个疏散门的有效漏风面积 $A = [0.002 \times (1.2 \times 2 + 2.1 \times 3)] \text{m}^2 = 0.0174 \text{m}^2$；开启门洞处风速为 1.0m/s，取 $\Delta p = 12.0 \text{Pa}$；指数 $n = 2$；不严密处附加系数取 1.25；楼梯间采用常开风口，漏风疏散门的数量 $N_2 = $ 加压楼梯间的总门数 $- N_1 = 2 - 1 = 1$。则据式（4-5）可得

$$L_2 = 0.827 A \Delta p^{1/n} \times 1.25 N_2 = (0.827 \times 0.0174 \times 12^{1/2} \times 1.25 \times 1) \text{m}^3/\text{s} = 0.062 \text{m}^3/\text{s} = 224 \text{m}^3/\text{h}$$

（3）楼梯间的机械加压送风系统设计风量 据式（4-2），$L_j = L_1 + L_2 = (9072 + 224) \text{m}^3/\text{h} = 9296 \text{m}^3/\text{h}$；另据本章第二节关于机械加压设计风量的要求（《烟标》第 3.4.1 条），设计风量不应小于计算风量的 1.2 倍，因此设计风量不应小于 $(9296 \times 1.2) \text{m}^3/\text{h} = 11156 \text{m}^3/\text{h}$。

（4）风机选型

风量：11673m³/h。

风压：365Pa。

（五）风口及风管

楼梯间宜每隔 2 层设一个常开式百叶风口；前室应每层设一个常闭式加压送风口，并应设手动开启装置；当防火分区内火灾确认后，应能在 15s 内联动开启该防火分区内着火层及其相邻上下层前室及合用前室的常闭送风口，同时应开启该防火分区楼梯间的全部加压送风口。送风口的风速不宜大于 7m/s；送风口不宜设置在被门挡住的部位。本次设计采用镀锌钢板风管，设计风速不应大于 20m/s。送风口、送风管尺寸见表 4-15。

表 4-15 加压送风系统风口、风管尺寸计算

防烟部位	地上				地下		
	1号楼梯间	1号合用前室	2号楼梯间	2号独立前室	1号楼梯间	1号合用前室	2号楼梯间
计算总风量/(m³/h)	30924	27239	30924	27239	6509	7938	9296
风口个数	8	25	8	25	1	1	1
火灾开启风口数	8	3	8	3	1	1	1
单个风口承担风量/(m³/h)	3866	9080	3866	9080	6509	7938	9296
送风口控制风速/(m/s)	7	7	7	7	7	7	7
风口风速/(m/s)	5.37	4.93	5.37	4.93	4.52	4.59	5.04
风口尺寸/mm（长×宽）	500×500	800×800	500×500	1600×400	1000×500	1500×400	800×800
风口有效面积系数	0.8	0.8	0.8	0.8	0.8	0.8	0.8
送风管控制风速/(m/s)	20	20	20	20	20	20	20
风管断面风速/(m/s)	16.60	16.45	15.91	16.01	11.30	13.78	12.81
风管尺寸/mm	1150×450	1150×400	1200×450	1050×450	500×320	400×400	630×320

据本章第二节关于机械加压楼梯间固定窗的设置要求（《烟标》第 3.3.11 条），设置机械加压送风系统的封闭楼梯间、防烟楼梯间，尚应在其顶部设置不小于 1m² 的固定窗。靠外墙的防烟楼梯间，尚应在其外墙上每 5 层内设置总面积不小于 2m² 的固定窗。

（六）系统图、平面图

该项目防烟系统原理图、平面图见图 4-64~图 4-71。

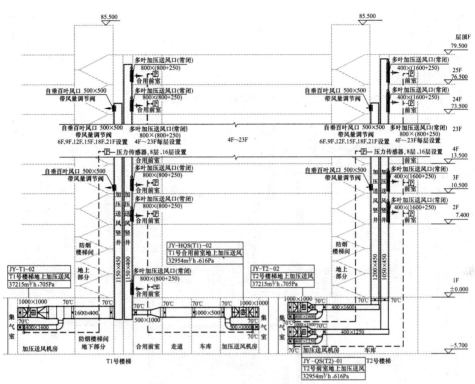

图 4-64 地上防烟系统原理图

图 4-65 地下 1 号防烟系统原理图

图 4-66 地下 2 号防烟系统原理图

144

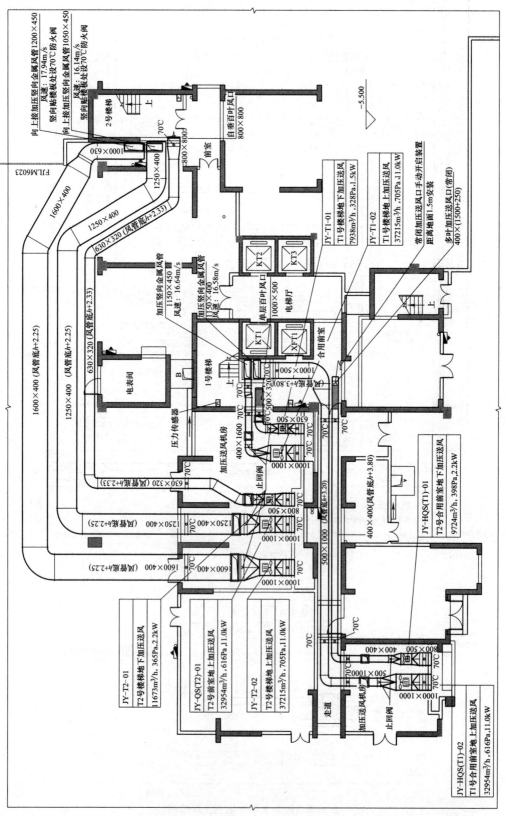

图 4-67 地下一层防烟平面图

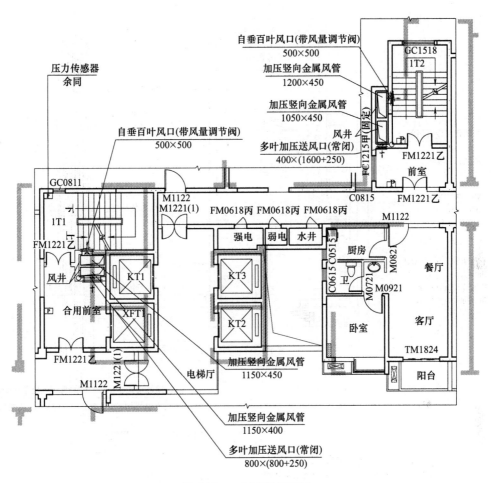

图 4-68 一层防烟平面图

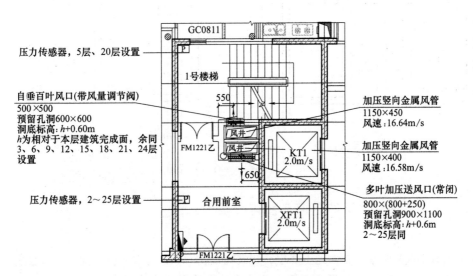

图 4-69 1号楼梯二~二十五层防烟平面图

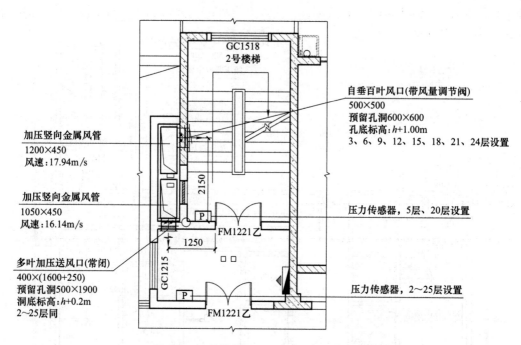

图 4-70　2 号楼梯二~二十五层防烟平面图

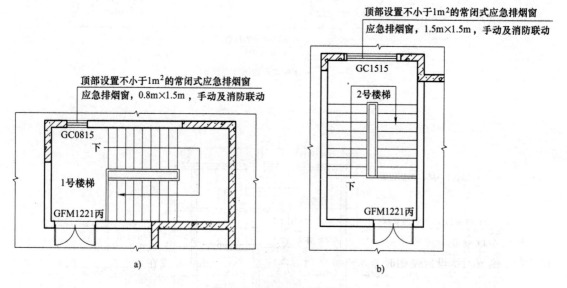

图 4-71　屋顶层防烟平面图

二、厦门某企业消防站走道自然排烟案例

（一）工程概况

该工程为企业消防站，其中地上 3 层，建筑高度 15.8m，为多层公共建筑。一层为停车库，二层为办公，三层为宿舍，根据本章第三节关于排烟设置部位的规定（《建规》第 8.5.3 条），民用建筑内长度大于 20m 的疏散走道应设置排烟设施，二层、三层内走道吊顶下净高 2.6m，宽

度 2.5m，长度 35.6m<60m，设自然排烟。二层、三层自然排烟平面图见图 4-72，二层走道两端门窗大样图见图 4-73。

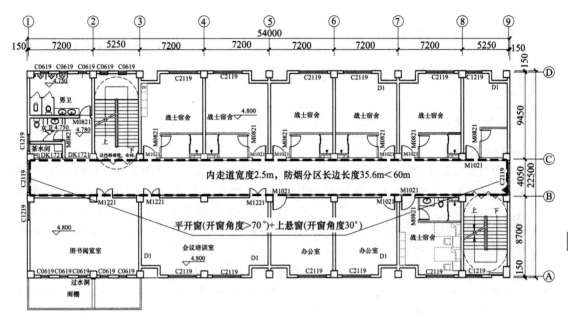

图 4-72　二层、三层自然排烟平面图

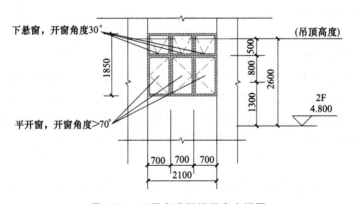

图 4-73　二层走道两端门窗大样图

根据本章第三节关于走道、回廊排烟量的规定（《烟标》第 4.6.3 条第 3 款），当公共建筑仅需在走道或回廊设置排烟时，其机械排烟量不应小于 13000m³/h 或在走道两端（侧）均设置面积不小于 2m² 的自然排烟窗（口）且两侧自然排烟窗（口）的距离不应小于走道长度的 2/3；根据本章第三节关于走道、回廊排烟量的规定（《烟标》第 4.6.3 条第 4 款），当公共建筑房间内与走道或回廊均需设置排烟时，其走道或回廊的机械排烟量可按 60m³/(h·m²) 计算且不小于 13000m³/h，或设置有效面积不小于走道、回廊建筑面积 2% 的自然排烟窗（口）。

根据本章第三节关于自然排烟口的设置要求（《烟标》第 4.3.3 条第 13 款），自然排烟窗（口）应设置在排烟区域的顶部或外墙，当设置在外墙上时，自然排烟窗（口）应在储烟仓以内，但走道、室内空间净高不大于 3m 的区域的自然排烟窗（口）可设置在室内净高度的 1/2 以上。

根据本章第三节关于自然排烟口的设置要求（《烟标》第4.3.6），自然排烟窗（口）应设置手动开启装置，设置在高位不便于直接开启的自然排烟窗（口），应设置在距地面高度 1.3~1.5m 的手动开启装置。

（二）走道两端自然排烟窗（口）有效面积计算

走道两端自然排烟窗（口）采用平开窗（开窗角度>70°）+上悬窗（开窗角度30°），净高度 1/2 以上可开启外窗有效总面积为 $(0.7×0.8×3+0.7×0.5×\sin30°×3)m^2 = 2.205m^2$，满足自然排烟要求。

三、厦门某三层综合楼机械排烟设计案例

（一）工程概况

该工程为建筑高度 15.0m 的多层公共建筑。根据本章第三节关于排烟设置部位的规定（《建规》第8.5.3条），公共建筑内建筑面积大于 $100m^2$ 且经常有人停留的地上房间应设置排烟设施。建筑一层为办公门厅及产品展示区（图4-74），产品展示区不满足自然排烟要求，设机械排烟系统，排烟风机设于一层排烟机房，采用可开启外窗自然补风。办公门厅满足自然排烟要求。产品展示区不设吊顶，楼板下净高 5.85m。

二层为办公及产品展示区（图4-75），三层为办公及活动中心（图4-76）。二层、三层内走道吊顶下净高 2.4m，宽度 2.2m，长度>60m，不满足自然排烟要求，设机械排烟系统，排烟风机设于三层排烟机房，采用可开启外窗自然补风。二层、三层办公、产品展示区及活动中心满足自然排烟要求。

（二）一层排烟量计算

1. 排烟量计算依据

根据本章第三节关于房间排烟量的规定（《烟标》第4.6.3条第3款）：建筑空间净高小于或等于6m的场所，其排烟量应按不小于 $60m^3/(h·m^2)$ 计算，且取值不小于 $15000m^3/h$；根据本章第三节关于一个排烟系统担负多个防烟分区排烟量的规定（《烟标》第4.6.4条第1款）：当一个排烟系统担负多个防烟分区排烟时，对于建筑空间净高为6m及以下的场所，其系统排烟量应按同一防火分区中任意两个相邻防烟分区的排烟量之和的最大值计算。

2. 排烟量计算

一层产品展示区任意两个相邻防烟分区的排烟量之和的最大值为 $L_1 = [(464+463)×60]m^3/h = 55620(m^3/h)$。

根据本章第三节关于机械排烟系统设计排烟量的规定（《烟标》第4.6.1条），设计风量不应小于计算风量的1.2倍，因此设计排烟量不应小于 $(55620×1.2)m^3/h = 66744m^3/h$。

3. 风机选型

风量：$66750m^3/h$。

风压：695Pa。

4. 排烟口最大允许排烟量计算

（1）烟羽流质量流量 查表4-10，热释放速率 $Q=3000kW$，轴对称烟羽流，其中热释放速率的对流部分 $Q_c = 0.7Q = (0.7×3000)kW = 2100kW$。

燃料面到烟层底部高度 Z = 清晰高度 = 4.45m。

据式（4-12），火焰极限高度 $Z_1 = 0.166Q_c^{2/5} = (0.166×2100^{2/5})m = 3.54m$，$Z>Z_1$。

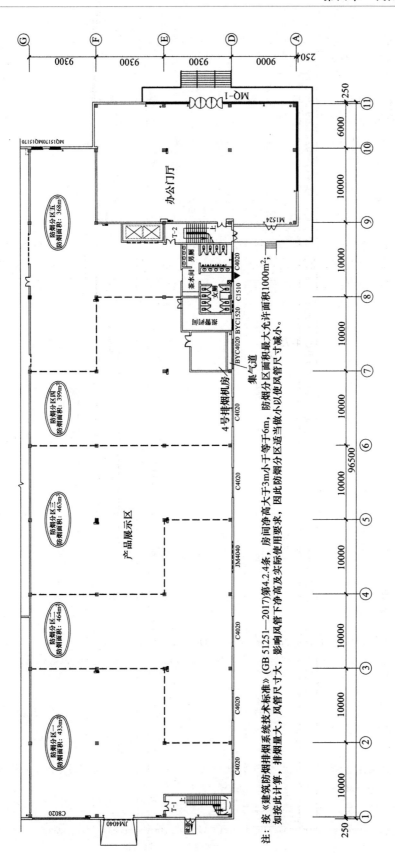

图 4-74　一层平面图

注：按《建筑防烟排烟系统技术标准》(GB 51251—2017)第4.2.4条，房间净高大于3m小于等于6m，防烟分区面积最大允许面积1000m²；如按此计算，排烟量大，风管尺寸大，影响风管下净高及实际使用要求，因此防烟分区适当做小以使风管尺寸减小。

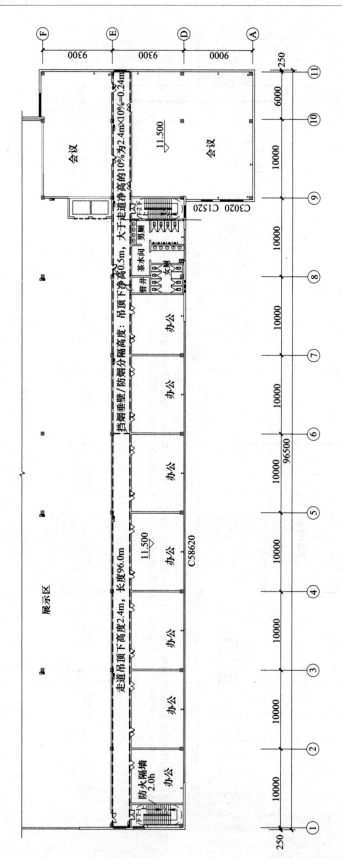

图 4-75　二层平面图

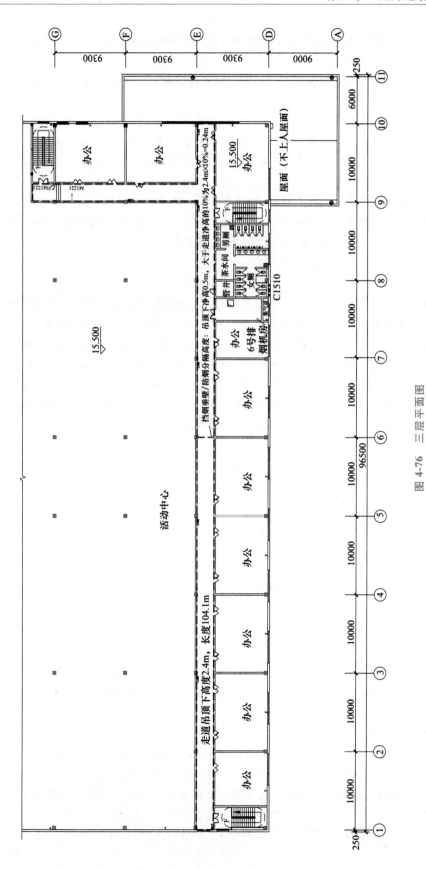

图4-76 三层平面图

据式（4-10），烟羽流质量流量 $M_\rho = 0.071Q_c^{1/3}Z^{5/3} + 0.0018Q_c = (0.071 \times 2100^{1/3} \times 4.45^{5/3} + 0.0018 \times 2100)\,kg/s = 14.73\,kg/s$。

（2）烟层平均温度与环境温度的差　当采用机械排烟时，烟气中对流放热量因子取 $K = 1.0$，则据式（4-16）得

$$\Delta T = KQ_c/(M_\rho C_\rho) = [1.0 \times 2100/(14.73 \times 1.01)]\,K = 141.19\,K$$

（3）单个排烟口的最大允许排烟量　排烟位置系数 γ 取 1.0，风口中心点到最近墙体的距离 ≥2 倍的排烟口当量直径；排烟系统吸入口最低点之下烟气层厚度 d_b 为 0.55m，则据式（4-18）得

$$V_{max} = 4.16\gamma d_b^{5/2}(\Delta T/T_0)^{1/2} = [4.16 \times 1.0 \times 0.55^{5/2} \times (141.19/293.15)^{1/2}]\,m^3/h = 2332\,m^3/h$$

（4）防烟分区一的排烟量为（433×60）$m^3/h = 25980\,m^3/h$，设 12 个排烟口，实际单个排烟口排烟量 $V = (25980/12)\,m^3/h = 2165\,m^3/h < 2332\,m^3/h$，满足要求。

（三）二层、三层走道机械排烟量计算

1. 排烟量计算依据

根据本章第三节关于走道、回廊排烟量的规定（《烟标》第 4.6.3 条第 3 款），当公共建筑仅需在走道或回廊设置排烟时，其机械排烟量不应小于 13000m^3/h；根据本章第三节关于走道、回廊排烟量的规定（《烟标》第 4.6.3 条第 4 款），当公共建筑房间内与走道或回廊均需设置排烟时，其走道或回廊的机械排烟量可按 60$m^3/(h \cdot m^2)$ 计算且不小于 13000m^3/h；根据本章第三节关于一个排烟系统担负多个防烟分区排烟的规定（《烟标》第 4.6.4 条第 1 款），当一个排烟系统担负多个防烟分区排烟时，对于建筑空间净高为 6m 及以下的场所，其系统排烟量应按同一防火分区中任意两个相邻防烟分区的排烟量之和的最大值计算。

2. 排烟量计算

二层两个防烟分区的排烟量之和的最大值为：$L_1 = [(110 + 101) \times 60]\,m^3/h = 12660 < m^3/h < 26000\,m^3/h$，取大值，按 26000$m^3/h$。

三层两个防烟分区的排烟量之和的最大值为：$L_2 = [(121 + 124) \times 60]\,m^3/h = 14700\,m^3/h$。

二层、三层走道竖向合用一套排烟系统，系统计算排烟量为二层、三层计算排烟量的最大值，即 26000m^3/h。

根据本章第三节关于机械排烟系统设计排烟量的规定（《烟标》第 4.6.1 条），设计风量不应小于计算风量的 1.2 倍，因此设计排烟量不应小于（26000×1.2）$m^3/h = 31200\,m^3/h$。

3. 风机选型

风量：31200m^3/h。

风压：505Pa。

4. 排烟口最大允许排烟量计算

查表 4-10，热释放速率 $Q = 1500\,kW$，轴对称烟羽流，其中热释放速率的对流部分 $Q_c = 0.7Q = (0.7 \times 1500)\,kW = 1050\,kW$。

燃料面到烟层底部高度 Z = 清晰高度 = 1.9m。

据式（4-12），火焰极限高度 $Z_1 = 0.166Q_c^{2/5} = (0.166 \times 1050^{2/5})\,m = 2.68\,m$，$Z < Z_1$。

据式（4-11），烟羽流质量流量：$M_\rho = 0.032Q_c^{3/5}Z = (0.032 \times 1050^{3/5} \times 1.9)\,kg/s = 3.95\,kg/s$。

1）烟层平均温度与环境温度的差。当采用机械排烟时，烟气中对流放热量因子取 $K = 1.0$；则据式（4-16）得

$$\Delta T = KQ_c/(M_\rho C_\rho) = [1.0 \times 1050/(3.95 \times 1.01)]\,K = 263.19\,K$$

2）单个排烟口的最大允许排烟量。排烟位置系数 γ 取 1.0，风口中心点到最近墙体的距离 ≥ 2 倍的排烟口当量直径；排烟系统吸入口最低点之下烟气层厚度 d_b 为 0.5m，则据式（4-18）得

$$V_{max} = 4.16\gamma d_b^{5/2}(\Delta T/T_0)^{1/2} = [4.16\times1.0\times0.5^{5/2}\times(263.19/293.15)^{1/2}]\ m^3/h = 2508m^3/h$$

3）每个防烟分区排烟口数量 6 个，实际单个排烟口排烟量 $V = (13000/6)\ m^3/h = 2167m^3/h < 2508m^3/h$，满足要求。

（四）风口选型

单个排烟口尺寸 0.3m×0.3m，一层排烟口的风速 $= [2165/(3600\times0.3\times0.3\times0.87)]\ m/s = 8.35m/s < 10m/s$，满足要求；防烟分区二~五的计算方法同防烟分区一。二层及三层排烟口的风速 $= [2167/(3600\times0.3\times0.3\times0.8)]\ m/s = 8.36m/s < 10m/s$，满足要求，具体见表 4-15。

排烟参数见表 4-16。

表 4-16 排烟参数表

楼层	防烟分区	面积/m²	排烟量/(m³/h)	排烟口最大允许排烟量/(m³/h)	排烟口数量	单个实际排烟量/(m³/h)
一	一	433	25980	2332	12	2165
	二	464	27840	2332	12	2320
	三	463	27780	2332	12	2315
	四	399	23940	2332	11	2176
	五	368	22080	2332	10	2208
二	一	110	13000	2508	6	2167
	二	101	13000	2508	6	2167
三	一	121	13000	2508	6	2167
	二	124	13000	2508	6	2167

注：一层空间净高均为 5.85m，储烟仓高度均为 1.4m，清晰高度均为 4.45m，排烟口以下烟气层厚度均为 0.55m，排烟口标高均为 5.0m。二层及三层空间净高均为 2.4m，储烟仓高度均为 0.5m，清晰高度均为 1.9m，排烟口以下烟气层厚度均为 0.5m，排烟口标高均为 2.4m。

（五）排烟平面图及系统图

该工程排烟系统的平面图及系统图见图 4-77~图 4-80。

四、厦门某高层住宅内走道机械排烟案例

（一）工程概况

该工程为住宅楼，其中地上 24 层，建筑高度 74.4m，建筑类别为一类高层住宅建筑。根据本章第三节关于排烟设置场所的规定（《建规》第 8.5.3 条第 5 款），民用建筑内长度大于 20m 的疏散走道应设置排烟设施。建筑一层为架空层，2~24 层为标准层住宅，标准层住宅房间满足自然排烟要求；内走道吊顶下净高 2.5m，宽度 1.9m，长度 27.5m，不满足自然排烟要求，设机械排烟系统，排烟风机设于屋面排烟机房。

（二）走道机械排烟量计算

1. 排烟量计算依据

根据本章第三节关于走道、回廊排烟量的规定（《烟标》第 4.6.3 条第 3 款），当公共建筑仅需在走道或回廊设置排烟时，其机械排烟量不应小于 13000m³/h；根据本章第三节关于走道、回廊排烟量的规定（《烟标》第 4.6.3 条第 4 款），当公共建筑房间内与走道或回廊均需设置排烟时，其走道或回廊的机械排烟量可按 60m³/(h·m²) 计算且不小于 13000m³/h。

2. 排烟量计算

计算排烟量：$L_1 = (44\times60)\ m^3/h = 2640m^3/h < 13000m^3/h$，取大值，按 $13000m^3/h$。

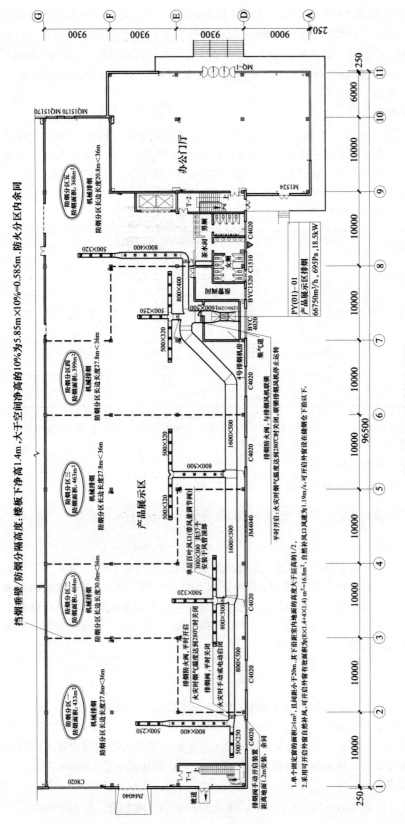

图 4-77 一层排烟平面图

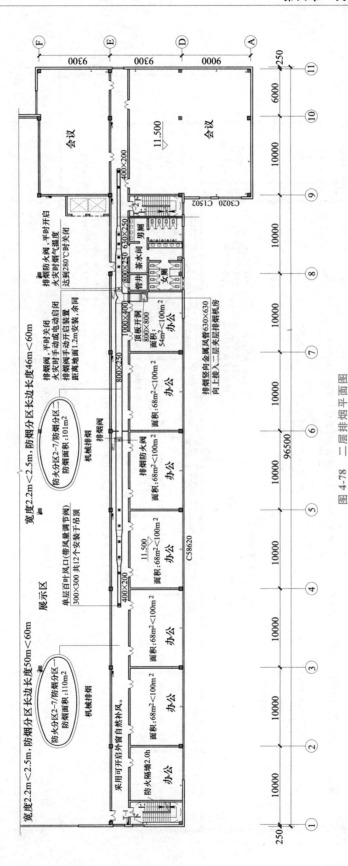

图 4-78 二层排烟平面图

156

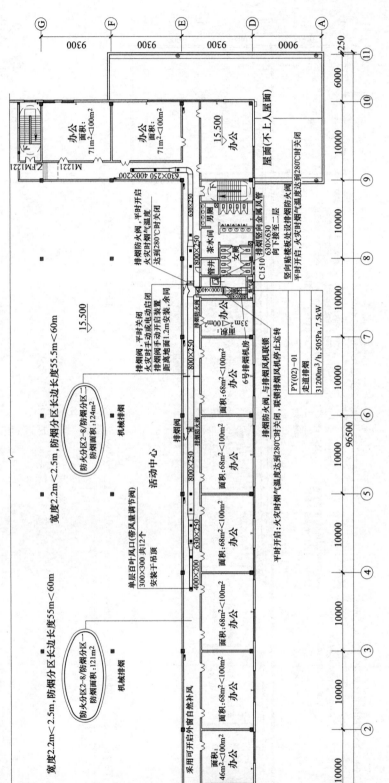

图 4-79　三层排烟平面图

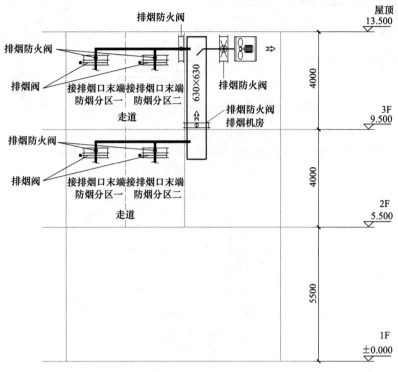

图 4-80　排烟系统图

根据本章第三节关于机械排烟系统设计排烟量的规定（《烟标》第 4.6.1 条），设计风量不应小于计算风量的 1.2 倍，因此设计排烟量不应小于（13000×1.2）m^3/h＝15600m^3/h。

3. 风机选型

风量：15600m^3/h。

风压：510Pa。

4. 风口选型

单个排烟口尺寸 0.8m×0.6m，考虑风口有效系数 0.8，则每层排烟口的风速 $v=L/(0.8×3600A)$＝[13000/（3600×0.8×0.6×0.8）]m/s＝9.4m/s<10m/s，满足要求。

（三）排烟平面图及系统图

该工程排烟系统的平面图和系统图见图 4-81～图 4-83。

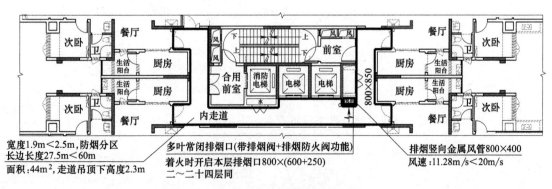

图 4-81　二～二十四层排烟平面图

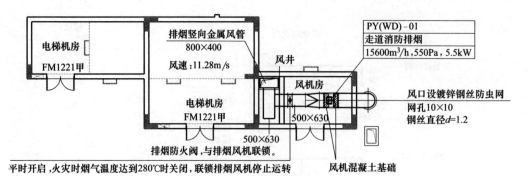

图 4-82　屋顶层排烟平面图

图 4-83　排烟系统图

二维码形式客观题

微信扫描二维码，可在线做题，提交后可查看答案。

第五章

空调系统选择及计算

第一节　空调风量确定及风量平衡

一、空调送风量确定

在已知空调房间的冷（热）、湿负荷的基础上，确定消除室内余热、余湿来维持空调房间所要求的空气参数所需的送风状态及送风量，以此作为选择空调设备的依据。

1. 夏季空调送风状态点及送风量的确定

如图 5-1 所示可按以下步骤确定送风状态点 S 和所需要的送风量 G：

1）在 h-d 图上确定出室内状态点 N。

2）由室内余热量 Q、余湿量 W 计算热湿比 ε，过 N 点作热湿比线。

3）根据所选取的送风温差 Δt，在热湿比线上定出送风状态点 S。

4）用式（5-1）计算所需要的送风量，并校核换气次数。

$$G = Q/(h_N - h_S) \tag{5-1}$$

《民规》和《公标》规定：

1）空气调节系统采用上送风气流组织形式时，在满足舒适和工艺要求的条件下，宜加大送风温差。

2）舒适性空调的送风温差按表 5-1 确定，采用置换通风方式时，不受限制。舒适性空调每小时不宜小于 5 次换气，但高大空间的换气次数应按其冷负荷通过计算确定。

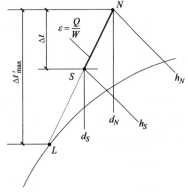

图 5-1　夏季送风
状态变化过程线

表 5-1　舒适性空调的送风温差

送风口高度/m	送风温差/℃
≤5.0	5 ~ 10
>5.0	10 ~ 15

3）工艺性空调的送风温差按表 5-2 确定；对于温湿度精度有要求的工艺性空调，按室温允许波动范围选择送风温差，并校核换气次数。

2. 冬季空调送风状态点及送风量的确定

室内散湿量一般冬、夏季相同，冬季送风量可以与夏季送风量相同，冬季送风量状态与室内状态点的含湿量差 Δd 应当与夏季相同，如图 5-2a 所示；也可以小于夏季送风量，确定方法同夏季，如图 5-2b 所示，但必须满足最小换气次数的要求，送风温度也不宜超出 45℃。

表 5-2　工艺性空调的送风温差及换气次数

室内温度允许波动范围/℃	送风温差/℃	换气次数/(次/h)	附注
>±1.0	人工冷源：≤15 天然冷源：可能的最大值		
±1.0	6~9	>5	高大空间除外
±0.5	3~6	>8	
±(0.1~0.2)	2~3	20~150	工作时间不送风的除外

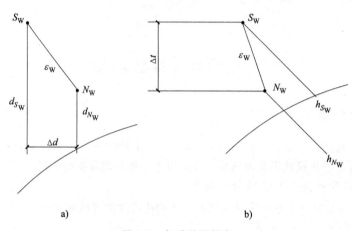

图 5-2　冬季送风状态

a) 冬夏季送风量相同　b) 冬夏季送风量不同

【例 5-1】　某空调房间夏季冷负荷 Q = 3314W，冬季热负荷 Q_D = -1105W，全年余湿量 W = 0.264g/s。夏季室内空气设计参数为：t_N = (22±1)℃，φ_N = (55±5)%，h_N = 45.5kJ/kg（干空气）。冬季室内设计参数为：t_{N_W} = (18±1)℃，φ_{N_W} = (50±5)%，h_{N_W} = 34.6kJ/kg（干空气）。当地大气压力 B = 101325Pa。试确定该空调房间的冬、夏季送风状态和送风量。

【解】　(1) 求热湿比

$$\varepsilon = Q/W = (3314/0.264)\text{kJ/kg} = 12553\text{kJ/kg}$$

$$\varepsilon_W = Q_D/W = (-1105/0.264)\text{kJ/kg} = -4185\text{kJ/kg}$$

(2) 依据精度要求，取夏季送风温差 Δt = 8℃，得出送风状点 S。在 h-d 图上查得

$$h_N = 45.5\text{kJ/kg（干空气）}, \quad d_N = 9.16\text{g/kg（干空气）}$$

$$h_S = 35.2\text{kJ/kg（干空气）}, \quad d_S = 8.33\text{g/kg（干空气）}$$

(3) 计算夏季送风量

按消除余热：

$$G = Q/(h_N - h_o) = [3.314/(45.5 - 35.2)]\text{kg/s} = 0.32\text{kg/s}$$

按消除余湿：

$$G = W/(d_N - d_o) = [0.264/(9.16 - 8.33)]\text{kg/s} = 0.32\text{kg/s}$$

(4) 确定冬季送风状态与送风量

1) 取与夏季相同的送风量。夏季含湿量差 Δd = (9.16 - 8.33)g/kg（干空气）= 0.83g/kg（干空气），冬季室内设计状态点的含湿量为 d_{N_W} = 6.47g/kg（干空气），则冬季送风含湿量 d_{S_W} = (6.47 - 0.83)g/kg（干空气）= 5.64g/kg（干空气）；如图 5-2a 所示，过室内状态点 N 作热湿比

$\varepsilon=-4185$ 的过程线，与 $d_{S_w}=5.64\text{g/kg}$（干空气）的等含湿量线的交点即是所求的冬季送风状态点 S_w，从 h-d 图上可查得：

$$h_{S_w}=37.8\text{kJ/kg}（干空气），t_{S_w}=23.1℃$$

2）取与夏季不同的送风量。如希望冬季采用较大的送风温差，减少送风量，则可按与夏季类似的步骤确定冬季的送风状态点和送风量。

设取冬季送风温度 $t_{S_w}=36℃$，则可由送风温度与冬季热湿比 $\varepsilon=-4185$ 的交点得到冬季送风状态点 S_w，见图 5-2b，从 h-d 图上可查得 $h_{S_w}=45.4\text{kJ/kg}$（干空气）。则冬季送风量 $G_D=Q_D/(h_N-h_{S_w})=[-1.105/(34.6-45.4)]\text{kg/s}=0.102\text{kg/s}$，小于夏季送风量。

二、新风量的确定及新风节能

（一）新风量的确定

1. 新风量的计算方法

（1）室内人员卫生要求的新风量及设计最小新风量 G_R　在人员停留时间较长的空调房间里，室内空气必须满足一定的卫生要求（根据室内所允许的 CO_2 浓度确定）：

$$G_{w,CO_2}=\frac{\rho_w X}{y_n-y_0} \tag{5-2}$$

式中　G_{w,CO_2}——空调房间稀释 CO_2 所需要的新风量（kg/h）；

$\quad\quad X$——室内产生的二氧化碳量（L/h），可按表 5-3 选取；

$\quad\quad y_n$——室内允许的二氧化碳浓度（L/m³），可按表 5-4 选取；

$\quad\quad y_0$——室外新风中的二氧化碳浓度（L/m³），对于一般的农村和城市，y_0 在 $0.33\sim$
$\quad\quad\quad 0.5\text{L/m}^3$（$0.5\sim0.75\text{g/kg}$）的范围内；

$\quad\quad \rho_w$——新风的密度（kg/m³）。

表 5-3　人体的二氧化碳呼出量

工作状态	CO_2 呼出量/[L/(h·人)]	CO_2 呼出量/[g/(h·人)]
安静时	10	19.5
极轻的劳动	17	33
轻劳动	23	45
中等劳动	35	69
重劳动	57	111

表 5-4　室内二氧化碳允许浓度

房间性质	CO_2 允许浓度/(L/m³)	CO_2 允许浓度/(g/kg)
人长期停留的地方	1.0	1.5
儿童和病人停留的地方	0.7	1.0
人周期性停留的地方（机关）	1.15	1.75
人短期停留的地方	2.0	3.0

由空调系统提供室内的新风量是保证室内空气品质的重要条件，由于处理室外新风需要消耗能量（约为空调总能耗的 25%～40%），故节约空调能耗和满足室内空气品质是一个重要的原则问题，确定设计最小新风量需二者兼顾。

1）公共建筑人员最小新风量 g_R。参照《旅馆建筑设计规范》（JGJ 62—2014）、《公标》及《民规》，公共建筑主要房间每人所需最小新风量应符合表 5-5 规定。

表 5-5 公共建筑主要房间每人所需最小新风量 g_R [单位：$m^3/(h \cdot 人)$]

建筑类型	办公室	客房	美容室	大堂	四季厅
新风量	30	2~3 级取 30,4 级取 40,5 级取 50	30	10	10
建筑类型	阅览室	宴会厅/餐厅/多功能厅	理发室	咖啡厅	游艺厅
新风量	45	2 级取 15,3 级取 20,4 级取 25,5 级取 30	30	10	30

2）居住建筑和医院建筑设计最小新风换气次数 n_W。由于居住建筑和医院建筑的建筑污染部分比重一般要高于人员污染部分，按照现有人员新风量指标所确定的新风量没有体现建筑污染部分的差异，不能保证满足室内卫生要求。综合考虑这两类建筑中的建筑污染与人员污染的影响，《民规》规定：居住建筑换气次数宜符合表 5-6 规定（注：参照美国 ASHRAE Standard 62.1—2016，经换算得到）；医院建筑内门诊室、急诊室、放射室及病房一般取每小时 2 次换气次数，而配药室取每小时 5 次换气次数（注：参考日本 HEAS-02—2013）。

表 5-6 居住建筑设计最小换气次数 n_W

人均居住面积 F_P	每小时换气次数
$F_P \leqslant 10m^2$	0.70
$10m^2 < F_P \leqslant 20m^2$	0.60
$20m^2 < F_P \leqslant 50m^2$	0.50
$F_P > 50m^2$	0.45

3）高密人群建筑人员最小新风量 g_R。在高密人群建筑，人员污染所需新风量高于建筑污染所需新风量，人员污染和建筑污染的比例随人员密度的改变而变化，且高密人群建筑的人流量变化大，出现高峰人流的持续时间短，受作息时间、节假日、季节、气候等因素影响明显，应该考虑不同人员密度条件下对新风量指标的具体要求。《民规》规定：高密度人群建筑最小新风量应符合表 5-7 规定。

表 5-7 高密度人群建筑最小新风量 g_R [单位：$m^3/(h \cdot 人)$]

建筑类型	人员密度 $P_F/(人/m^2)$		
	$P_F \leqslant 0.4$	$0.4 < P_F \leqslant 1.0$	$P_F > 1.0$
影剧院、音乐厅、大会厅、多功能厅、会议室	14	12	11
商场、超市	19	16	15
博物馆、展览厅	19	16	15
公共交通等候厅	19	16	15
歌厅	23	20	19
酒吧、咖啡厅、宴会厅、餐厅	30	25	23
游艺厅、保龄球厅	30	25	23
体育馆	19	16	15
健身房	40	38	37
教室	28	24	22
图书馆	20	17	16
幼儿园	30	25	23

（2）补充排风量或燃烧需要的空气量 G_B 当空调房间设有排除有害气体的局部排风或燃烧装置时，为了不使房间产生负压，空调系统中必须有相应的新风量来补偿排风量，即

$$G_B = G_P + G_{RS} \tag{5-3}$$

式中　G_P——空调房间的局部排风量（m³/h）；

　　　G_{RS}——燃烧所需空气量（m³/h）。

（3）保持正压的新风量 G_S　保持房间正压的新风量，等于在室内外一定压差下通过门缝、窗缝等缝隙渗出的风量，可按式（5-4）计算：

$$G_s = 3600\rho_n\mu f_c(\Delta p)^m \tag{5-4}$$

式中　G_s——从房间缝隙渗出的风量（m³/h）；

　　　f_c——缝隙（门、窗等）面积（m²）；

　　　ρ_n——室内空气的密度（kg/m³）；

　　　Δp——房间内正压，缝隙两侧的压差（Pa），一般取 5~10Pa；

　　　μ——流量系数，0.39~0.64；

　　　m——流动指数，0.5~1，一般取 0.65。

尚无确定的缝隙资料时，常按换气次数法对保持正压所需的新风量进行估算。空调房间保持室内正压所需的换气次数见表 5-8。

表 5-8　空调房间保持室内正压所需的换气次数　　（单位：次/h）

室内正压值/Pa	无外窗的房间	有外窗，密封性较好的房间	有外窗，密封性较差的房间
5	0.6	0.7	0.9
10	1	1.2	1.5
15	1.5	1.8	2.2
20	2.1	2.5	3
25	2.5	3	3.6
30	2.7	3.3	4
35	3	3.8	4.5
40	3.4	4.2	5
45	3.4	4.7	5.7
50	3.6	5.3	6.5

（4）除湿所需的新风量　在温湿度独立控制系统或者其他需要新风承担室内湿负荷时，保持房间湿度所需的新风量可按式（5-5）计算：

$$G_{CS} = \frac{W}{\rho(d_s-d_N)} \tag{5-5}$$

式中　G_{CS}——除湿所需的新风量（m³/h）；

　　　W——房间余湿量（g/h）；

　　　d_s——新风送风状态点含湿量 [g/kg（干空气）]；

　　　d_N——室内状态点含湿量 [g/kg（干空气）]；

　　　ρ——空气密度（kg/m³）。

2. 空调房间（区）的新风量

空调房间（区）应按不小于人员所需新风量（最小新风量Ⅱ，$G_{WⅡ}=G_R$）、补偿排风与保持空调区空气压力所需新风量之和（最小新风量Ⅰ，$G_{WⅠ}=G_s+G_B$）的较大值确定；若采用温湿度独立控制空调系统，新风量还需满足除湿要求。民用建筑空调房间（区）最小新风量的确定流程见图 5-3。

3. 全空气空调系统的新风量

当系统服务于多个不同新风比的空调区时，系统新风比应小于各空调区新风比中的最大值；

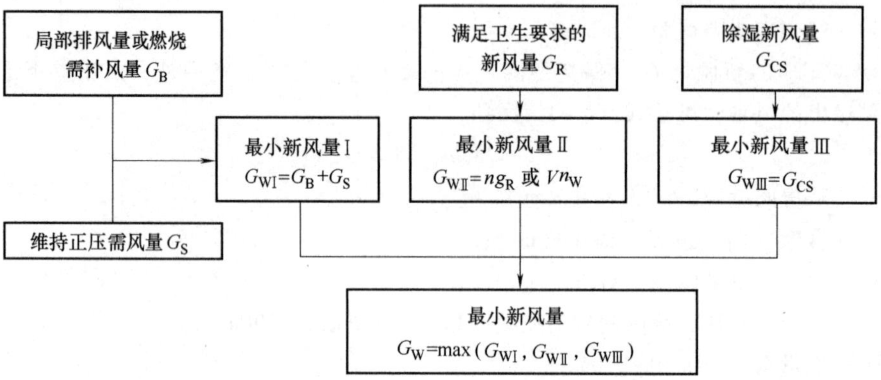

图 5-3　空调房间（区）最小新风量的确定流程

n—人员数量　g_R—高密度人群最小新风量 $[m^3/(h \cdot 人)]$　V—房间有效体积 (m^3)　n_w—最小换气次数（次/h）

《公标》规定：当全空气空调系统服务于多个不同新风比的空调区时，其系统新风比应按下列公式确定：

$$Y = \frac{X}{1+X-Z} \qquad (5-6)$$

式中　Y——修正后的系统新风量在送风量中的比例；

X——未修正的系统新风量在送风量中的比例；

Z——需求最大的房间的新风比。

4. 独立新风系统的新风量

独立新风系统是指用于风机盘管加新风、多联机、水环热泵等空调系统的新风系统，以及集中加压新风系统（如手术室空调系统新风集中预处理系统）。新风系统的新风量，宜按所服务空调区或系统的新风量累计值确定。

（二）新风节能措施

新风节能措施很多，如最小新风量设计及采用密闭风阀；在人员密度相对较大且变化较大的房间，宜根据室内 CO_2 浓度检测值进行新风需求控制，排风量也宜适应新风量的变化以保持房间的正压。当采用人工冷热源对空气调节系统进行预热或预冷运行时，新风系统应能关闭；当室外空气温度较低时，应尽量利用新风系统进行预冷。

在建筑物空调负荷中，新风负荷占的比例很大，采用空气-空气能量回收装置回收空调排风中的热量和冷量，用来预热和预冷新风，可以产生显著的节能效益。《节能规范》规定：严寒和寒冷地区采用集中新风的空调系统时，除排风含有毒有害高污染成分的情况外，当系统设计最小总新风量大于或等于 40000m³/h 时，应设置集中排风能量热回收装置。《公标》规定：设有集中排风的空调系统经技术经济比较合理时，宜设置空气-空气能量回收装置。严寒地区采用时，应对能量回收装置的排风侧是否出现结霜或结露现象进行核算。当出现结霜或结露时，应采取预热等保温防冻措施。

从排风中回收冷、热量的装置有转轮式、板式、板翅式、液体循环式、热管式等型式，常用的空气热回收装置性能和适用场合参见表 5-9。《热回收新风机组》（GB/T 21087—2020）将空气热回收装置按换热类型分为全热回收型和显热回收型两类，同时规定了内部漏风率、外部漏风率和热交换效率三个指标。其中，全热型的冷量回收全热交换效率≥55%，热量回收全热交换效率≥60%；显热型的冷量回收全热交换效率≥65%，热量回收全热交换效率≥70%。由于热回收原理和结构特点的不同，空气热回收装置的处理风量和排风泄漏量存在较大的差异。当排风中污染物浓度较大或污染物种类对人体有害时，在不能保证污染物不泄漏到新风送风中时，空气热回收装置不应采用转轮式空气热回收装置，同时也不宜采用板式或板翅式空气热回收装置。

表 5-9　热回收装置性能和适合场合

	转轮式	板式	板翅式	液体循环式	热管式
风量范围/(m^3/h)	1000~140000	1500~12000	200~8000	1500~36000	150~36000
最大效率(%)	65~85	50~65	50~70	40~60	45~60
排风泄漏量(%)	0.5~1.0	<0.6	<1.5	0	0
压力损失/Pa	70~180	100~250	200~300	150~250	150~400
热交换形式	显热或全热	显热	全热	显热	显热
清洁保养	较难	较难	困难	容易	容易
适用场合	风量较大且允许新风、排风间有渗透	回收显热为主的舒适性空调、工艺性空调及一般通风系统	需要回收全热且空气较为清洁的系统	排风中有有害物质或建筑有特殊卫生要求、新风和排风风道无法布置在一起	高温排热显热回收

在进行空气能量回收系统的技术经济比较时，应充分考虑当地的气象条件、能量回收系统的使用时间等因素。在满足节能标准的前提下，如果系统的回收期过长，则不宜采用能量回收系统。

排风热回收装置空气状态变化过程如图 5-4 所示，热回收装置的效率的表达式见表 5-10。

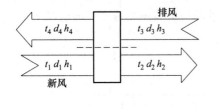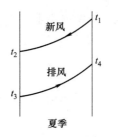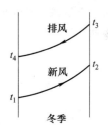

图 5-4　排风热回收装置空气状态变化

表 5-10　热回收装置的效率

季节	夏季	冬季
显热效率 η_t	$100\% \times (t_1-t_2)/(t_1-t_3)$	$100\% \times (t_2-t_1)/(t_3-t_1)$
潜热效率 η_d	$100\% \times (d_1-d_2)/(d_1-d_3)$	$100\% \times (d_2-d_1)/(d_3-d_1)$
全热效率 η_h	$100\% \times (h_1-h_2)/(h_1-h_3)$	$100\% \times (h_2-h_1)/(h_3-h_1)$

在严寒地区和夏季室外空气比焓 h_1 低于室内空气设计比焓 h_3，而室外空气温度 t_1 又高于室内空气设计温度 t_3 的温和地区，宜选用显热回收装置；在其他地区，尤其是夏热冬冷地区，宜选用全热回收装置。空气热回收装置的空气积灰对热回收效率的影响较大，设计中应予以重视，并考虑热回收装置的过滤器设置问题。

对室外温度较低的地区（如严寒地区），如果不采取保温、防冻措施，冬季就可能冻结，要求对热回收装置的排风侧是否出现结霜或结露现象进行核算，当出现结霜或结露时，应采取预热等措施。

有人员长期停留且不设置集中新风、排风系统的空气调节区或空调房间，宜在各空气调节区或空调房间分别安装带热回收功能的双向换气装置。

三、风量平衡

1. 半集中式空调系统

半集中式空调系统风量平衡示意图如图 5-5 所示。

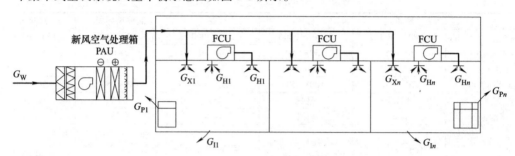

图 5-5　半集中式空调系统风量平衡示意图

设房间新风量为 G_X，门窗的渗透风量为 G_I，从回风口吸走的风量为 G_H，排风量为 G_P，则对空调房间：

$$G_X = G_P + G_I \tag{5-7}$$

对空调系统：

$$G_W = \sum_{i=1}^{n} G_{Xi} \tag{5-8}$$

2. 集中全空气空调系统

对于全年新风量可变的系统，在室内要求正压并借助门窗缝隙渗透排风的情况下，风量平衡关系如图 5-6 所示。

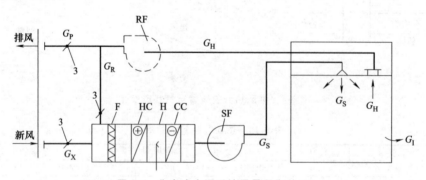

图 5-6　集中式空调系统风量平衡关系

设房间总送风量为 G_S，门窗的渗透风量为 G_I，从回风口吸走的风量为 G_H，进入空调箱的回风量为 G_R，全面排风量为 G_P，新风量为 G_X，则

对空调房间：　　　　　　$$G_S = G_H + G_I \tag{5-9}$$

对空调箱：　　　　　　　$$G_S = G_R + G_X \tag{5-10}$$

对空调系统：　　　　　　$$G_X = G_P + G_I \tag{5-11}$$

当过渡季节采用的新风量比设计工况下的新风量大，且要求室内正压恒定时，通常在回风管上装回风机或在排风管上装排风机进行排风，根据新风的多少来调节排风量（新风阀门和回风阀门联动控制），可保持室内恒定的正压，这一系统称为双风机系统。表 5-11 列出各种条件下风量平衡的原则关系。

表 5-11　空调系统风量平衡

条件	全年新风量固定的系统		全年新风量变化的系统	
	室内要求正压	室内不要求正压	室内要求正压	室内不要求正压
	室内靠门窗缝隙排风	室内有局部排风	室内靠门窗缝隙排风	室内无缝隙排风
图示				
空气量平衡	基本关系。 $G_S = G_H + G_I$ $G_S = G_R + G_X$ 因为 $G_H = G_R$ 所以 $G_X = G_I$ 系统不需排风	基本关系： $G_S = G_H + G_{JP}$ $G_S = G_R + G_X$ 因为 $G_H = G_R$ 所以 $G_X = G_{JP}$ （全年固定） 系统不需全面排风	基本关系： $G_S = G_H + G_I$ $G_S = G_R + G_X$ 因为 $G_H > G_R$ 所以 $G_X > G_I$ 且 $G_H - G_R = G_P$ 即系统必须排风，可设回风机，排风量随新风量调节，使室内正压保持恒定	基本关系： $G_S = G_H + G_I$ $G_S = G_R + G_X$ 若 $G_I = 0$，则 $G_S = G_H$ 为使 $G_X > 0$ 必须使 $G_H > G_R$ 故得 $G_P = G_H - G_R$，即系统必须设回风机，排风量依据新风量进行调节，使室内压力无波动
适用范围及特点	大多数空调系统采用这种方式。如新风量有变化会造成室内压力的波动	室内有局部排风柜的空调房间为避免有害物影响邻室，一般不考虑正压（如特殊情况下室内要求正压，则送风量中应加入 G_I）	空调设备容量较大的使用对象，为节约冷量要求全年新风可变时，常用这种形式，回风机风量应小于送风机风量	对电台播音，录音室、电视台等建筑，室内要求门窗严密（防止外界声音干扰），无法在室内靠正压渗透排风，同时又要求全年新风量可以变化，回风机风量应与送风机相同

第二节　空调系统的分类

空调系统的分类如图 5-7 所示。

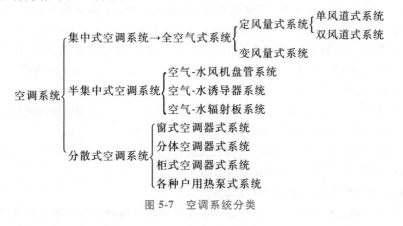

图 5-7　空调系统分类

一、按空气处理设备的位置分类

空调系统按空气处理设备的位置，可分为以下几类（图 5-8）：

1）集中式空调系统：将空气处理设备和风机都集中设置在一个专用的机房里，对空气进行集中处理，然后由送风系统将处理好的空气送至各个空调房间，空调房间内设有风口等。

2）半集中式空调系统：除有集中的空气处理机组外，还在各个分散的空调房间内设有空气处理设备。

3）全分散式空调系统：将把空气处理设备、风机、自动控制系统及冷、热源等组装在一起的空调机组，直接放在空调房间内就地处理空气的一种局部空调方式。分为个别独立型及构成系统型。

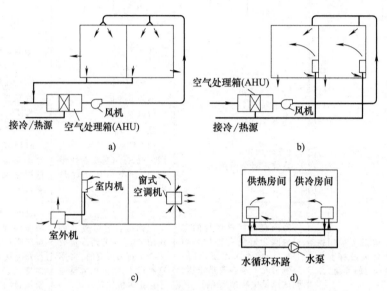

图 5-8　按空气处理设备的位置分类

a）集中式　b）半集中式　c）分散式-个别独立型　d）分散式-构成系统型

二、按负担室内热湿负荷所用的介质分类

（1）全空气系统　空调房间的热、湿负荷全部是由经过处理的空气来承担的空调系统，称为全空气系统（见图 5-9a）。全空气系统由于空气的比热容较小，需要较多的空气才能达到消除余热、余湿的目的，因此，这种系统要求有较大断面的风道，占用建筑空间较多。

（2）全水系统　空调房间的热湿负荷全部由水来负担的空调系统称为全水系统（见图 5-9b）。在相同负荷情况下全水系统只需要较少的水量，因而输送管道空间较少，但是无法解决空调房间的通风换气问题，室内空气品质较差，因此用得较少。

（3）空气-水系统　由空气和水共同负担空调房间的热、湿负荷的空调系统称为空气-水系统（见图 5-9c）。根据设在房间内的末端设备形式它还可分为以下三种系统：

1）空气-水风机盘管系统（房间内设置风机盘管）。

2）空气-水诱导器系统（房间内设置诱导器）。

3）空气-水辐射板系统（房间内设置辐射板）。

空气-水系统可同时解决全空气系统的风道占用建筑空间较多及全水系统无法新风换气的问题。

（4）冷剂系统　将制冷系统的蒸发器直接放在室内来吸收空调房间的余热、余湿的空调系统称为冷剂系统，如图 5-9d 所示。冷剂系统常用于分散安装的局部空调机组。

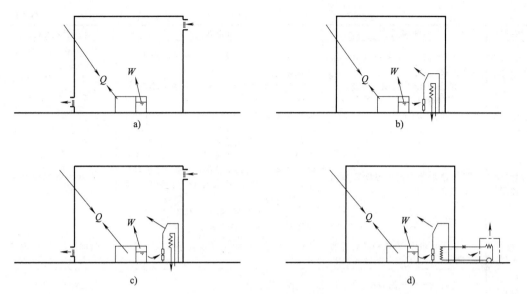

图 5-9　按负担室内负荷所用的介质种类分类的空调系统示意图
a）全空气系统　b）全水系统　c）空气-水系统　d）冷剂系统

三、其他分类方式

上面列举的是两种最主要的分类方法，实际上空调系统还可以根据另外一些原则进行分类，例如：

1）根据被处理空气的来源可以分为封闭式、直流式和混合式（一次回风、二次回风）。

2）根据系统的风量固定与否，可分为定风量和变风量空调系统。

3）根据系统风道内空气流速的高低，可分为低速（$v < 8\text{m/s}$）和高速（$v = 20 \sim 30\text{m/s}$）空调系统。

4）根据系统的用途不同，可分为工艺性和舒适性空调系统。

5）根据系统精度不同，可分为一般性空调系统和恒温恒湿空调系统。

6）根据系统运行时间不同，可分为全年性空调系统和季节性空调系统等。

四、常用空调系统的比较和适用性

分别以定风量全空气系统、风机盘管（加新风系统）和单元式空调器，作为集中式空调、半集中式空调和分散式空调系统的代表，比较其特征和适用性，见表 5-12。

表 5-12　典型空调系统的特征、适用性

类型	集中式	分散式	半集中式
风管系统	1. 空调送、回风管复杂，布置困难 2. 支风管和风口较多时不易均衡调节风量 3. 风管要求保温，影响造价 4. 空调房间之间有风管连通，噪声、气载污染物及火灾烟气容易在各房间传播	1. 系统小，风管短，各个风口风量的调节较易均匀 2. 直接放室内时，不接送风管，也没有回风管 3. 小型机组余压小，有时难以满足风管布置和必需的新风量 4. 各空调房间之间不会互相污染、串声。发生火灾时也不会通过风管蔓延	1. 放室内时，不接送、回风管 2. 当与新风系统联合使用时，新风管较小 3. 各空调房间之间不会互相污染

169

（续）

类型	集中式	分散式	半集中式
设备布置	1. 空调与制冷设备可以集中布置在机房 2. 机房面积较大,层高较高 3. 有时可以布置在屋顶上或安设在车间柱间平台上	1. 设备成套,紧凑,可以放在房间内,也可以安装在空调机房内 2. 机房面积较小,只有集中系统的50%,机房层高较低 3. 机组分散布置,敷设各种管线较麻烦	1. 只需要新风空调机房,机房面积小 2. 风机盘管可以安设在空调房间内 3. 分散布置,敷设各种管线较麻烦
温湿度控制	可严格地控制室内温度和室内相对湿度	各房间可根据各自负荷变化与参数要求进行温湿度调节。当要求全年必须保证室内相对湿度允许波动范围<±5%或要求室内相对湿度较大时,较难满足。多数机组按17~21kJ/kg(干空气)的最大焓降设计,当室内温度要求较低、室外湿球温度较高、新风量要求较多时,较难满足	当室内温湿度要求较严格时,难以满足
过滤与净化	可以采用粗效、中效和高效过滤器,满足不同室内空气清洁度要求	过滤性能差,室内清洁度要求较高时难以满足	过滤性能差,室内清洁度要求较高时难以满足
空气分布	可进行理想的气流分布	气流分布受制约	气流分布受制约
噪声与振动	可有效地采取消声和隔振措施	机组安设在空调房间内时,噪声、振动不易处理	须采用低噪声风机保证室内要求
调节与节能	1. 可据室外气象参数和室内负荷变化实现全年多工况节能运行调节,充分利用室外新风,减少热抵消,缩短冷冻机运行时间 2. 对于承担热湿负荷变化不一致或室内参数不同的多房间,不经济 3. 部分房间停止工作不需要空调时,整个空调系统仍须运行,不经济	1. 无法按室外气象参数及室内负荷变化实现全年多工况节能运行调节,过渡季无法全新风运行 2. 灵活性大,各空调房间可根据需要启停 3. 加热大多采用热泵方式,经济性好	1. 灵活性大,节能效果好,可根据各房间负荷情况自行调节 2. 盘管冬夏兼用,内壁容易结垢,降低传热效率 3. 无法实现全年多工况节能运行调节
造价	除制冷机、锅炉外,空气处理箱和风管造价均较高	仅设备造价,单元式空调器价格合理,故造价较低	介于集中式与分散式之间
寿命	长	较短	较长
维护	空调与制冷设备集中安设在机房,便于管理和维修	机组易积灰与油垢,清理比较麻烦,使用2~3年后,风量、冷量将减少,难以做到快速加热(冬天)与快速冷却(夏天)。分散维修与管理较麻烦	布置分散,维护管理不方便。水系统复杂,易漏水
适用性	1. 建筑空间大,可布置风管 2. 室内温湿度、洁净度控制要求严格的生产车间 3. 空调容量很大的大空间公共建筑,如商场、影剧院	1. 空调房间布置分散 2. 空调使用时间要求灵活 3. 无法设置集中式冷热源	1. 室内温湿度控制要求一般的场合 2. 层高较低的场合,如旅馆和一般标准的办公楼

第三节　集中式空调系统及算例

全空气空调系统存在风管占用空间较大的缺点,但人员较多的空调区新风比例较大,与风机盘管加新风等空气-水系统相比,多占用空间不明显。人员较多的大空间空调负荷和风量较大,便于独立设置空调风系统,可避免出现因多空调区共用一个全空气定风量系统而难以分别控制的问题。全空气定风量系统易于改变新回风比例,可实现全新风送风,以获得较好的节能效果。

全空气系统设备集中，便于维护管理，因此，推荐在剧院、体育馆等人员较多、运行时负荷和风量相对稳定的大空间建筑中采用。商场、航站楼、多功能厅也大多采用全空气空调系统。

全空气系统按向空气调节区送风参数的数量分为单风管系统及双风管系统。但是，分别送冷、热风的双风管系统存在冷热量互相抵消现象，不符合节能原则，《民规》规定："全空气空调系统宜采用单风管式系统"，以下涉及的系统均为单风管式系统。

一、全空气定风量空调系统

定风量式空调系统是指送风量全年固定不变，为适应室内负荷的变化，改变其送风温度来满足要求。普通集中式空调系统（指常用的低速单风管全空气空调系统）是典型的定风量式空调系统，它利用空调设备对空气进行较完善的集中处理后，通过风管系统将具有一定品质的空气送入空调房间，实现对环境的控制。

与其他半集中或冷剂系统相比，全空气定风量空调系统对空调区的温湿度控制、噪声处理、空气过滤和净化处理以及气流稳定等有利；与变风量空调系统相比，全空气定风量空调系统在温湿度控制、噪声处理以及气流稳定等方面更有优势。因此，推荐应用于要求温湿度允许波动范围小、噪声或洁净度标准高的播音室、净化房间、医院手术室等场所。《民规》规定：下列空调区，宜采用全空气定风量空调系统：①空间较大、人员较多；②温湿度允许波动范围小；③噪声或洁净度标准高。

除了少数全部采用室外新风（直流式）和无法或无须使用室外新风（循环式）的特殊工程外，通常大都采用新风和回风相混合的方式。新回风混合式又可分为一次回风和二次回风。

（一）一次回风空调系统

一次回风系统根据送风状态点的不同可分为露点送风及再热式送风系统两种。《民规》规定：除温湿度波动范围要求严格的空调区外，同一个空气处理系统中，不应有同时加热和冷却过程。所以，对于空调精度要求不高的空调区，如舒适性空调区，优先考虑采用"一次回风露点送风空调系统"。

1. 夏季工况

一次回风定风量空调系统夏季处理过程及冷热量计算方法见表 5-13。

表 5-13　一次回风定风量空调系统夏季处理过程及冷热量计算

送风方式	露点送风	再热式送风
h-d 图上的处理过程	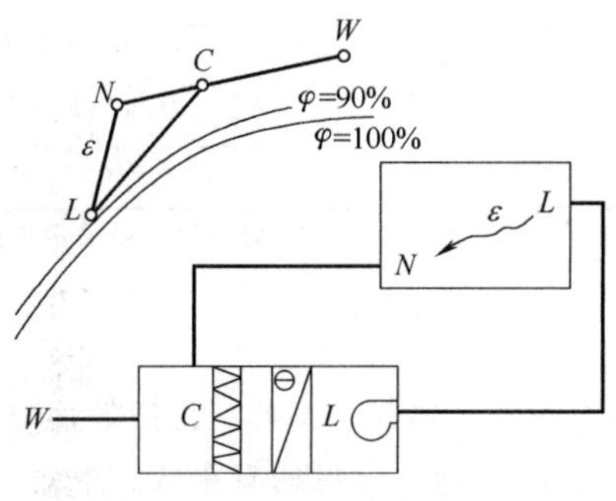	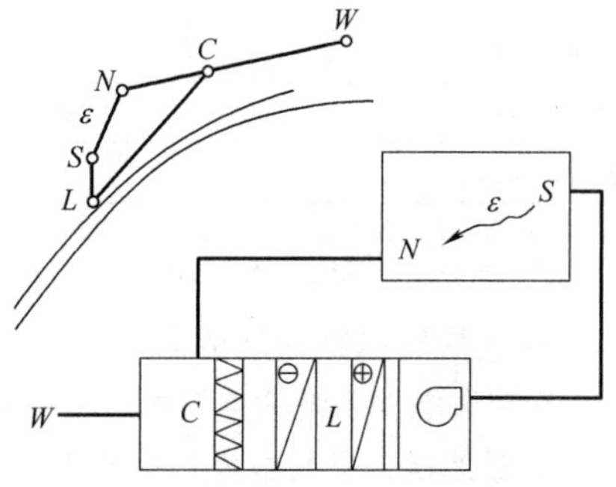
系统处理过程		

（续）

送风方式	露点送风	再热式送风
设备冷量/kW	$Q_0 = G(h_C - h_L)$	$Q_0 = G(h_C - h_L)$
再热量/kW	0	$Q_2' = G(h_S - h_L)$

注：相同的热、湿负荷下，再热式送风比露点送风的送风量 G 更大，设备冷量也更大。

2. 冬季工况

通常，一次回风系统冬季过程需要加湿，加湿处理可分为等温加湿及等焓加湿。在有些寒冷地区，在新风量大且回风量小的情况下，如采用先把新风和回风混合后再加热的方式，混合状态点有可能已接近饱和状态，甚至落在饱和线的下方，此时，可先把新风进行预热。一次回风定风量空调系统冬季处理过程及加热量、加湿量计算见表 5-14。

表 5-14　一次回风定风量空调系统冬季处理过程及加热量、加湿量计算

加湿方式	等温加湿	等焓加湿
$h\text{-}d$ 图上的处理过程		
处理过程	$W_d \xrightarrow{\text{预热}} W'$ ，$\left.\begin{array}{c}W' \\ N_d\end{array}\right\} \xrightarrow{\text{混合}} C_d$ ；$\xrightarrow{\text{加热}} M_d \xrightarrow{\text{等温加湿}} S_d \xrightarrow{\varepsilon_d} N_d$	$W_d \xrightarrow{\text{预热}} W'$ ，$\left.\begin{array}{c}W' \\ N_d\end{array}\right\} \xrightarrow{\text{混合}} C_d$ ；$\xrightarrow{\text{等焓加湿}} L_d \xrightarrow{\text{加热}} S_d \xrightarrow{\varepsilon_d} N_d$
预热条件	若 $h_{W_d} < h_{N_d} - \dfrac{G}{G_{W_d}}(h_{N_d} - h_{C_d})$ ，则需要预热	
预热量/kW	$Q_1 = G_w(h_{W'} - h_{W_d})$	$Q_1 = G_W(h_{W'} - h_{W_d})$
加热量/kW	$Q_2 = G(h_{M_d} - h_{C_d})$	$Q_2 = G(h_{S_d} - h_{L_d})$
加湿量/(kg/s)	$W = G(d_{S_d} - d_{M_d})$	$W = G(d_{L_d} - d_{C_d})$

注：等温加湿一般采用干蒸气加湿，加湿的同时，焓值增加，温度不变；等焓加湿一般采用喷循环水或湿膜加湿，加湿的同时，温度下降，焓值不变。

3. 空气处理机组的功能段

一次回风空调系统的空气处理机组需要混合过滤、冷却、加热、加湿等功能段。

（1）过滤段　空调系统的新风和回风应经过滤处理，常见的有粗效、中效、亚高效、高效、超高效过滤器，每种过滤器都有多个不同效率等级。各种空气过滤器一般均按额定风量或低于额定风量选用。同时还要符合如下规定：

1）舒适性空调，当采用粗效过滤器不能满足要求时，应设置中效过滤器。为了避免污染空气漏入系统，中效过滤器应设置在系统的正压段。

2）工艺性空调，应按空调区的洁净度要求设置过滤器。对于有一般净化要求的空调系统，选用一道粗效过滤器。对有中等净化要求的空调系统，可设置粗、中效两道过滤器。对于有超净净化要求的空调系统，则应至少设置三道过滤器：第一、第二道为粗、中效过滤器，作为预过滤，而高效过滤器则作为末级过滤器。为防止管道对洁净空气的再污染，高效过滤器应设置在系统的末端（即送风口处）。

3）空气过滤器的阻力应按终阻力计算。

4）宜设置过滤器阻力监测、报警装置，并应具备更换条件。

（2）冷却段　一般采用冷冻水表冷器或制冷剂直接膨胀式空气冷却器实现这一过程，空气冷却器的空气与冷媒应逆向流动。冷媒的进口温度，应比空气的出口干球温度至少低3.5℃，冷媒的温升宜采用5~10℃，其流速宜采用0.6~1.5m/s。迎风面的空气质量流速宜采用2.5~3.5kg/(m² · s)，当迎风面的空气质量流速大于3kg/(m² · s)时，应在冷却器后设置挡水板。制冷剂直接膨胀式空气冷却器的蒸发温度，应比空气的出口干球温度至少低3.5℃。常温空调系统满负荷运行时，蒸发温度不宜低于0℃；低负荷运行时，应防止空气冷却器表面结霜。

对低温送风空调系统的空气冷却器，空气冷却器的出风温度与冷媒的进口温度之间的温差不宜小于3℃，出风温度宜采用4~10℃，直接膨胀式蒸发器出风温度不应低于7℃。空气冷却器的迎风面风速宜采用1.5~2.3m/s，冷媒通过空气冷却器的温升宜采用9~13℃。

（3）加热段　空气加热器的选择，应符合下列规定：

1）加热空气的热媒宜采用热水；对于非预热盘管，供水温度宜采用50~60℃；用于严寒地区预热时，供水温度不宜低于70℃。严寒和寒冷地区供回水温差不宜小于15℃；夏热冬冷地区供回水温差不宜小于10℃。

2）加热量较大的场合不宜采用电加热。

3）工艺性空调，当室温允许波动范围小于±1.0℃时，送风末端的加热器宜采用电加热器。

常用冷热处理设备及空气处理过程见表5-15。

表5-15　常用冷热处理设备及空气处理过程

冷热处理设备	表冷器、直接膨胀式蒸发器	加热器
空气处理过程		
备注	A→C 湿盘管，A→B 干盘管	A→D 等湿升温

（4）加湿段　加湿器分为水加湿装置和蒸汽加湿装置，常用加湿设备见表5-16。

表5-16　常用加湿设备及空气处理过程

类型	水加湿装置		蒸汽加湿装置	
状态变化过程	等焓加湿		等温加湿	
种类	强制雾化式	自然蒸发式	蒸汽供给式	蒸汽发生式
名称	1. 压缩空气喷雾器 2. 电动喷雾机 3. 喷雾轴流风机 4. 高压水喷雾加湿器 5. 超声波加湿器	1. 吸水填料加湿器 2. 不吸水填料加湿器	1. 蒸汽喷管 2. 干蒸汽加湿器	1. 电热式加湿器 2. 电极式加湿器 3. PTC 蒸汽加湿器 4. 红外线加湿器

（续）

类型	水加湿装置		蒸汽加湿装置	
状态变化过程	等焓加湿		等温加湿	
种类	强制雾化式	自然蒸发式	蒸汽供给式	蒸汽发生式
空气处理过程	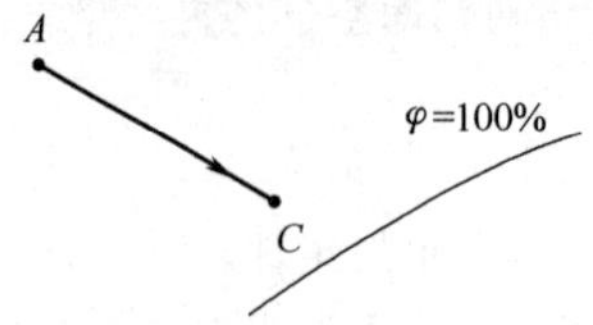		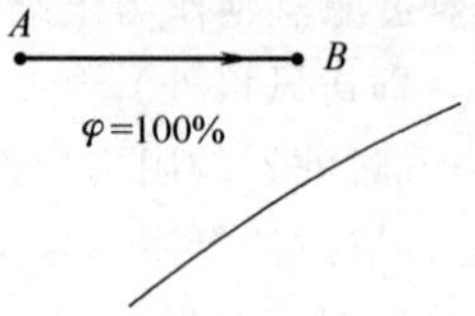	

设置加湿装置应符合下列规定：

1）有蒸汽源时，宜采用干蒸汽加湿器；医院洁净手术室净化空调系统宜采用干蒸汽加湿器；医院等卫生要求较高的空调系统不应采用循环高压喷雾加湿器和湿膜加湿器。

2）无蒸汽源，且空调区湿度控制精度要求严格时，宜采用电加湿器（电极式或电热式）。

3）空气湿度及其控制精度要求不高时可采用高压喷雾加湿器。

4）对湿度控制精度要求不高且经济条件许可时，可以采用湿膜加湿器或高压微雾加湿设备。

5）加湿装置的供水水质应符合卫生要求。

参照《节能规范》，只有当符合下列条件之一时，应允许采用电直接加热设备作为空气加湿热源：

1）冬季无加湿用蒸汽源，且冬季室内相对湿度控制精度要求高的建筑。

2）利用可再生能源发电，且其发电量能满足自身加湿用电量需求的建筑。

3）电力供应充足，且电力需求侧管理鼓励用电时。

（5）除湿段　除了可采用表冷器、直接膨胀式蒸发器冷冻减湿外，还可采用转轮除湿及液体除湿，见表 5-17。

表 5-17　常用除湿处理设备及空气处理过程

除湿设备	表冷器、直接膨胀式蒸发器	转轮除湿	液体除湿
原理	让湿空气流经低温表面，空气温度降至露点以下，使空气中的水蒸气凝结析出	湿空气通过含吸湿剂的纤维纸制的蜂窝状体（转轮），在水蒸气分压力差的作用下，水分被吸湿剂吸收或吸附	空气通过与水蒸气分压力低、不易结晶、黏性小、无毒、无臭的液体接触，依靠水蒸气的分压差吸收空气中的水分
空气处理过程	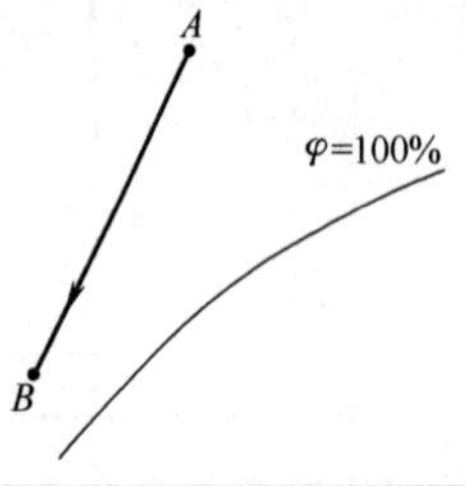	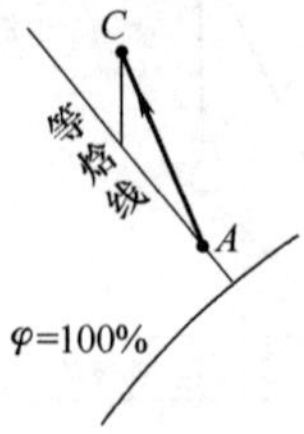	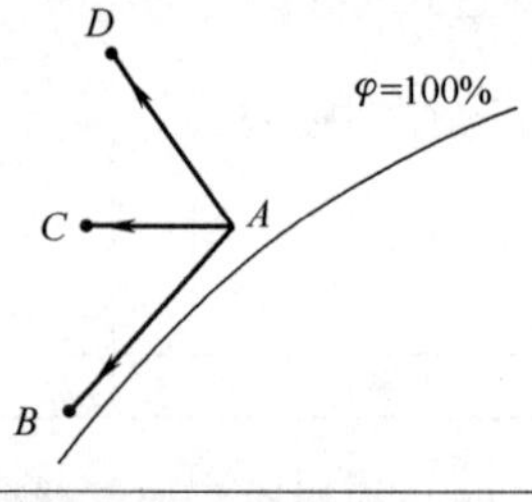
适用场合	适用于空气中的露点温度高于 4℃ 的场合	特别适用于低温低湿的状态	适用于室内显热比小于 60%，空气出口露点温度低于 5℃ 且除湿量较大的系统

（二）二次回风空调系统

在上述一次回风系统基础上，如将回风量 G 以 G_1 和 G_2 分两次引入空气处理设备，就构成了二次回风空调系统，如图 5-10 所示。

1. 夏季工况

二次回风系统夏季空调设计工况的空气处理过程如图 5-11 所示，该图表示室内允许温度波动范围较小或送风相对湿度小于某一值的场合，采用固定比例的一、二次回风，辅以调温用的再热器的情形。

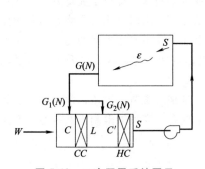

图 5-10　二次回风系统图示

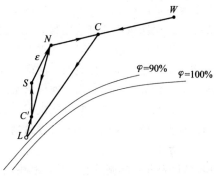

图 5-11　二次回风系统夏季空气处理过程

二次回风定风量空调系统夏季处理过程如下：

$$\begin{array}{c} W_1 \\ \\ N \end{array} \Big\rangle \xrightarrow[\text{混合}]{\text{一次}} C \xrightarrow{\text{冷却去湿}} L \begin{array}{c} \\ \\ N \end{array} \Big\rangle \xrightarrow[\text{混合}]{\text{二次}} C' \xrightarrow{\text{加热}} S \longrightarrow N$$

设备冷量 $Q_0 = (G_w + G_1) \times (h_C - h_L)$；再热量 $Q_2' = G(h_S - h_{C'})$。

2. 冬季工况

二次回风定风量空调系统冬季处理过程及加热量、加湿量计算见表 5-18。

表 5-18　二次回风定风量空调系统冬季处理过程及加热量、加湿量计算

名称	等温加湿	等焓加湿
$h\text{-}d$ 图上的处理过程		
处理过程	$\begin{array}{c} W_\mathrm{d} \\ \\ N_\mathrm{d} \end{array}$ 等（预热 W'）一次混合 C_d 加湿 L_d 二次混合 C'_d 加热 S_d ε_d N	
预热条件	若 $h_{W_\mathrm{d}} < h_{N_\mathrm{d}} - \dfrac{G_{W_\mathrm{d}} + G_1}{G_{W_\mathrm{d}}}(h_{N_\mathrm{d}} - h_{C_\mathrm{d}})$，则需要预热	
预热量/kW	$Q_1 = G_{W_\mathrm{d}}(h_{W'} - h_{W_\mathrm{d}})$	
加热量/kW	$Q_2 = G(h_{S_\mathrm{d}} - h_{C'_\mathrm{d}})$	
加湿量/(kg/s)	$W = (G_{W_\mathrm{d}} + G_1)(d_{L_\mathrm{d}} - d_{C_\mathrm{d}})$	

（三）一次回风、二次回风的选择

一次回风空调系统处理流程简单，操作管理方便，机器露点较高，有利于冷源选择与运行节

能；不利之处在于采用了再热过程，有冷热量抵消的现象，会造成能量浪费。对于室内状态和送风温差并无严格要求的工程，特别是对于允许直接采用机器露点送风的场合，采用一次回风系统将收到良好的综合效益。目前，空调系统控制送风温度常采用改变冷热水流量方式，而不常采用变动一、二次回风比的复杂控制系统；同时，由于变动一、二次回风比会影响室内相对湿度的稳定，不适用于散湿量大、湿度要求较严格的空调区；因此，在不使用再热的前提下，一般工程推荐采用系统简单、易于控制的一次回风式系统。《民规》规定：空调区允许采用较大送风温差或室内散湿量较大时，应采用一次回风系统。

二次回风系统则不同，它以二次混合取代再热过程，带来显著节能效益，但其设备、管理趋于复杂，且机器露点偏低，这不仅导致制冷系统运行效率变差，还可能限制天然冷源的利用。它适合于如下场合：

1）送风温差受限制，且不允许利用热源进行再热。

2）在1）的场合下，室内允许温度波动范围较小或送风相对湿度小于某一值的场合，可采用固定比例的一、二次回风，辅以调温用的再热器；对室内参数控制不严的场合，可利用变动的一、二次回风以调节负荷。

3）要求采用较小送风温差，且室内散湿量较小、相对湿度允许波动范围较大时，可采用二次回风系统。

4）采用下送风方式或洁净室空调系统（按洁净要求确定的风量，往往大于用空调负荷和允许送风温差计算出的风量），其允许送风温差都较小，为避免系统采用再热方式所产生的冷热量抵消现象，可以使用二次回风式系统。

（四）空调系统的划分原则

对多房间空调系统划分的原则见表5-19，集中式空调系统划分原则见表5-20。

表5-19 空调系统分区原则

划分依据	划分原则
负荷特性	1. 根据建筑朝向的不同，分别划分为不同的空调系统 2. 根据室内发热量的大小，分成不同的区域，分别设置空调系统 3. 按照室内热湿比大小，将相同或接近的房间划分为一个系统
使用时间	依据使用时间的不同进行划分。使用时间不相同的空调区，宜分别设置空调系统
使用功能	按照房间的使用功能进行划分。如在同一时间段里分别需要供热与供冷的空调区，不应划分为一个系统，但水环热泵和热回收型直接蒸发式多联机空调系统可以除外
建筑平面位置	将邻近外围护结构3~5m范围的区域与其他区域，区分为"外区"和"内区"分别配置空调系统，或者设置变风量空调系统
温湿度基数	根据室内空调的温湿度设计基数的不同，将温度、相对湿度等要求相同或相近的空调区划分为一个系统
洁净要求	对空气的洁净要求不相同的空调区，应分别或独立设置空调系统
噪声	产生噪声的空调区与对消声有要求的空调区，不应划分为同一个空调系统
建筑层数	在高层建筑中，根据静水压力的大小和设备、管道、管件、阀门等的承压能力，沿建筑物高度方向划分为低区、中区和高区，分别配置空调水系统。有时，为了使用灵活、充分利用设备能力或节省初投资，也可在高度方向上将若干楼层组合在一起，合用一个空调系统
空调精度	在工艺性空调中应将室内温湿度基数及其允许波动范围相同的空调对象划分为同一个系统。对于±(0.1~0.2)℃的高精度恒温恒湿系统，宜单独设置空调系统
防火防爆	空气中含有易燃易爆物质的空调区，必须独立设置空调系统
新风量	空调房间所需要新风量占送风量的比例悬殊时，可按比例相近者分设系统
施工管理	划分系统时，应使同一系统的主风管长度尽量缩短，减少风管重叠，以便施工、管理、调试和维护
制冷剂	对于变制冷剂流量多联分体式空调系统，系统的经常性同时使用率或满负荷率宜控制在40%~80%。可以将功能不同的区域组合在一个空调系统中，或把经常使用的房间和不经常使用的房间组合在一个空调系统中

表 5-20　集中式空调系统的划分原则

依据	空调系统合并	空调系统分设
温度波动 ≥ ±0.5℃ 或相对湿度波动 ≥ ±5%	1. 各室邻近,且室内温湿度基数、单位送风量的热湿扰量、运行时间接近时 2. 单位送风量的热湿扰量虽不同,但有室温调节加热器的再热系统	1. 房间分散 2. 室内温湿度基数、单位送风量的热湿扰量、运行时间差异较大时
空调精度 ±(0.1~0.2)℃	恒温面积较小且附近有温湿度基数和使用时间相同的恒温房间时	恒温面积较大且附近恒温房间温湿度基数和使用时间不同时
清洁度	1. 产生同类有害物质的多个空调房间 2. 个别房间产生有害物质,但可用局部排风较好地排除,而回风不致影响其他要求洁净的房间时	1. 个别产生有害物质的房间不宜与其他要求洁净的房间合一系统 2. 有洁净等级要求的房间不宜和一般空调房间合一系统
噪声标准	1. 各室噪声标准相近时 2. 各室噪声标准不同,但可做局部消声处理时	各室噪声标准差异较大而难以做局部消声处理时
大面积空调	1. 室内温湿度精度要求不严且各区热湿扰量相差不大时 2. 室内温湿度精度要求较严且各区热湿扰量相差较大时,可用按区分别设置再热系统的分区空调	1. 按热湿扰量的不同,分系统分别控制 2. 负荷特性相差较大的内区与周边区以及同一时间内须分别进行加热和冷却的房间,宜分区设置空调系统

注：如需合用时,应对标准要求高的空调区做处理,且应与建筑防火分区对应。

【例 5-2】　已知,杭州某工厂车间（尺寸为 35m×10m×3m）采用一次回风空调系统,新风百分比为 15%,夏季室内冷负荷 $Q = 52.1\text{kW}$,冬季 $Q_D = -25.2\text{kW}$,室内常年湿负荷 $W = 5.4\text{g/s}$,工艺要求的室内空气参数：$t_N = (25±1)℃$,$\varphi_N = 55\%$。试确定该空调系统风量、冷量、热量及加湿量。

【解】　(1) 求热湿比

$$\varepsilon = Q/W = (52100/5.4)\text{kJ/kg} = 9648\text{kJ/kg}$$
$$\varepsilon_w = Q_D/W = (-25200/5.4)\text{kJ/kg} = -4667\text{kJ/kg}$$

(2) 查附录 9 得杭州夏季空调室外设计计算参数：$t_w = 35.6℃$,$t_{ws} = 27.9℃$；根据室温允许波动范围,确定送风温差 $\Delta t_0 = 8℃$,得送风温度 $t_s = (25-8)℃ = 17℃$。在 h-d 图（图 5-12a）上,通过 N 点作 $\varepsilon = 9648$ 的直线与 $t = 17℃$ 的等温线相交,其交点即送风状态 S：$h_s = 42.1\text{kJ/kg}$（干空气）,$d_s = 9.9\text{g/kg}$（干空气）。

(3) 确定机器露点　过 S 点作 $d_s = 9.9\text{g/kg}$（干空气）的等含湿量线,与 $\varphi = 90\%$ 的等相对湿度线相交得 L 点：$t_L = 15.5℃$,$h_L = 40.5\text{kJ/kg}$（干空气）。

(4) 确定混合状态点　由新回风混合过程 $\dfrac{\overline{NC}}{\overline{NW}} = \dfrac{G_W}{G} = m\% = 15\%$,可得 $\overline{NC} = 0.15\overline{NW}$,从而在 h-d 图上运用作图法,可确定混合点 C：$h_c = 58.8\text{kJ/kg}$（干空气）,$d_c = 12.5\text{g/kg}$（干空气）。

(5) 确定空气处理过程　该一次回风式空调系统夏季设计工况下的空气处理过程如图 5-12a 所示。

(6) 计算系统送风量 G

$$G = \frac{Q}{h_N - h_s} = \frac{52.1}{53.3 - 42.1}\text{kg/s} = 4.65\text{kg/s}$$

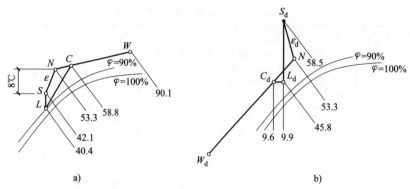

图 5-12　全空气一次回风系统算例空气处理过程

a) 夏季处理过程　b) 冬季处理过程

换气次数：

$$n = \frac{4.65 \times 3600 \div 1.2}{35 \times 10 \times 3} \text{次/h} = 13.3 \text{ 次/h}$$

（7）计算系统所需冷量

$$Q_1 = G(h_C - h_L) = [4.65 \times (58.8 - 40.5)] \text{kW} = 85.1 \text{kW}$$

（8）计算系统所需再热量

$$Q_{ZR} = G(h_S - h_L) = [4.65 \times (42.1 - 40.5)] \text{kW} = 7.4 \text{kW}$$

（9）冬季加热量、加湿量　全年室内空气设计参数一致，且散湿量相同，则冬季送风量状态与室内状态点的含湿量应当与夏季相同。见图 5-12b，过室内状态点 N 作热湿比 $\varepsilon = -4667$ 的过程线，与 $d_s = 9.9 \text{g/kg}$（干空气）的等含湿量线的交点即是所求的冬季送风状态点 S_d。从 h-d 图上可查得：$h_{S_d} = 58.5 \text{kJ/kg}$（干空气），$t_{S_d} = 32.9 \text{℃}$。冬季室外参数：$t_{w_d} = -2.4 \text{℃}$，$\varphi_{w_d} = 76\%$，$h_{w_d} = 3.2 \text{kJ/kg}$（干空气）。

如直接用冬季新风与室内回风进行混合，混合点 C_d 参数为：$t_{C_d} = 20.6 \text{℃}$，$h_{C_d} = 45.1 \text{kJ/kg}$（干空气）$d_{C_d} = 9.6 \text{g/kg}$（干空气）。

新风预热焓限值：$h_{w_{d'}} = h_{N_d} - \dfrac{G}{G_{w_d}}(h_{N_d} - h_{C_d}) = \left(53.3 - \dfrac{53.3 - 45.1}{0.15}\right) \text{g/kg}$（干空气）$= -1.4 \text{g/kg}$（干空气）

因为 $h_{w_d} > h_{w_{d'}}$，所以无须预热。

系统加热量：

$$Q_2 = G(h_{S_d} - h_{L_d}) = [4.65 \times (58.5 - 45.8)] \text{kW} = 59.1 \text{kW}$$

加湿量：

$$W = G(d_{L_d} - d_{C_d}) = [4.65 \times (9.9 - 9.6)] \text{g/s} = 1.4 \text{g/s}$$

【例 5-3】　将上题生产车间改造为没有温湿度控制精度要求的净化车间（余热量不变，余湿量减小为 3.2g/s）。净化要求换气次数 20 次/h，车间内有局部排风设备，排风量为 0.1kg/s，维持室内正压需要 1 次/h 的新风，车间内有 10 名工人，要求采用二次回风系统，试确定空调方案并计算设备容量。

【解】　（1）求热湿比

夏季　　　　　　　　　$\varepsilon = Q/W = (52100/3.2) \text{kJ/kg} = 16281 \text{kJ/kg}$

冬季 $$\varepsilon_d = Q_d / W = (-25200/3.2)\,\mathrm{kJ/kg} = -7875\,\mathrm{kJ/kg}$$

（2）送风量及新风量确定

送风量：

$$G = \frac{nV\rho}{3600} = \frac{20\times35\times10\times3\times1.18}{3600}\,\mathrm{kg/s} = 6.88\,\mathrm{kg/s}$$

局部排风风量：

$$G_P = 0.1\,\mathrm{kg/s}$$

维持正压所需新风量：

$$G_S = \frac{1\times35\times10\times3\times1.18}{3600}\,\mathrm{kg/s} = 0.344\,\mathrm{kg/s}$$

最小新风量 I：

$$G_{W1} = G_P + G_S = (0.1+0.344)\,\mathrm{kg/s} = 0.444\,\mathrm{kg/s}$$

最小新风量 II：

$$G_{W\mathrm{II}} = \frac{10\times30\times1.18}{3600}\,\mathrm{kg/s} = 0.1\,\mathrm{kg/s}$$

则空调房间最小新风量：

$$G_W = \max(G_\mathrm{I}, G_\mathrm{II}) = 0.444\,(\mathrm{kg/s})$$

回风量：

$$G_H = G - G_W = (6.880-0.444)\,\mathrm{kg/s} = 6.436\,(\mathrm{kg/s})$$

（3）夏季过程计算

1）机器露点 L 点。在 h-d 图上，过 N 点作 ε 线，与 $\varphi=95\%$（一般地，二次回风的机器露点比一次回风的机器露点温度低）线的交点 L，得 $t_L = 15.1\,℃$，$h_L = 41.2\,\mathrm{kJ/kg}$（干空气），如图 5-13a 所示。

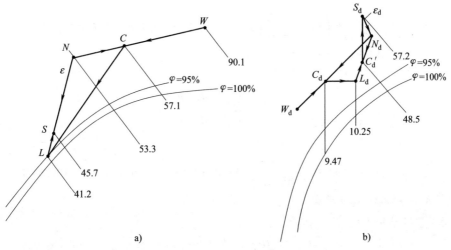

图 5-13　全空气二次回风系统算例空气处理过程

a）夏季处理过程　b）冬季处理过程

2）送风点 S 点。根据送风量及余热量，可求送风点 S 的焓值：$h_S = h_N - \dfrac{Q}{G} = \left(53.3 - \dfrac{52.1}{6.88}\right)\mathrm{kJ/}$kg（干空气）$= 45.7\,\mathrm{kJ/kg}$（干空气），由其等焓线与热湿比线的交点，可确定 S 点。

3）二次回风量。

因为
$$\frac{G_{H2}}{G} = \frac{\overline{LS}}{\overline{NL}} = \frac{h_S - h_L}{h_N - h_L}$$

所以
$$G_{H2} = G\frac{\overline{LS}}{\overline{NL}} = G\frac{h_S - h_L}{h_N - h_L} = \left(6.88 \times \frac{45.7 - 41.2}{53.3 - 41.2}\right) \text{kg/s} = 2.56 \text{kg/s}$$

4）一次回风量。
$$G_{H1} = G - G_X - G_{H2} = (6.88 - 0.444 - 2.56)\text{kg/s} = 3.876\text{kg/s}$$

5）一次混风点 C 点。

因为
$$\frac{\overline{NC}}{\overline{NW}} = \frac{G_X}{G_{H1} + G_X} = \frac{h_C - h_N}{h_W - h_N}$$

所以
$$h_C = h_N + \frac{G_X}{G_{H1} + G_X}(h_W - h_N) = \left[53.3 + \frac{0.444}{3.876 + 0.444} \times (90.1 - 53.3)\right] \text{kJ/kg(干空气)}$$
$$= 57.1\text{kJ/kg(干空气)}$$

6）计算系统所需冷量。
$$Q_1 = (G_X + G_{H1})(h_C - h_L) = [(0.444 + 3.876) \times (57.1 - 41.2)]\text{kW} = 68.7\text{kW}$$

（4）冬季过程计算　假设冬季送风量及一、二次回风量都与夏季一致。

1）确定一次混合点 C_d
$$h_{C_d} = h_N + \frac{G_X}{G_{H1} + G_X}(h_{W_d} - h_N) = \left[53.3 + \frac{0.444}{3.876 + 0.444} \times (3.4 - 53.3)\right] \text{kJ/kg(干空气)}$$
$$= 48.1\text{kJ/kg(干空气)}$$

查图得 $d_{C_d} = 9.47\text{g/kg}$（干空气），$t_{C_d} = 21.3\text{℃}$。

2）确定送风点 S_d。
$$d_{S_d} = d_N - \frac{W}{G} = \left(11.0 - \frac{3.2}{6.88}\right)\text{g/kg(干空气)} = 10.53\text{g/kg(干空气)}$$

查图得 $h_{S_d} = 57.2\text{kJ/kg}$（干空气）。

3）加湿终点 L_d。

因为
$$\frac{G - G_{H2}}{G} = \frac{\overline{N_d C_d'}}{\overline{N_d L_d}} = \frac{d_{N_d} - d_{C_d'}}{d_{N_d} - d_{L_d}}$$

所以
$$d_{L_d} = d_{N_d} - \frac{G}{G - G_{H2}}(d_{N_d} - d_{C_d'}) = \left[11.0 - \frac{6.88}{6.88 - 2.56}(11.0 - 10.53)\right]\text{g/kg(干空气)} = 10.25\text{g/kg(干空气)}$$

查图得 $h_{L_d} = 45.6\text{kJ/kg}$（干空气）。

4）确定二次混合点 C_d'。

因为
$$\frac{G - G_{H2}}{G} = \frac{h_{N_d} - h_{C_d'}}{h_{N_d} - h_{L_d}}$$

所以
$$h_{C_d'} = h_{N_d} - \frac{G - G_{H2}}{G}(h_{N_d} - h_{L_d}) = \left[53.3 - \frac{6.88 - 2.56}{6.88} \times (53.3 - 45.6)\right]\text{kJ/kg(干空气)}$$
$$= 48.5\text{kJ/kg(干空气)}$$

5）加热量及加湿量。

加热量：

$$Q_2 = G(h_{s_d} - h_{c'_d}) = [6.88 \times (57.2 - 48.5)] \mathrm{kW} = 59.9 \mathrm{kW}$$

加湿量：

$$W = (G_x + G_{H1})(d_{L_d} - d_{c_d}) = [4.32 \times (10.25 - 9.47)] \mathrm{g/s} = 3.37 \mathrm{g/s}$$

二、全空气变风量空调系统

定风量系统风量不变，而靠改变送风温度来适应室内负荷的变化；变风量系统则是送风温度不变，用改变风量的办法来适应负荷变化。变风量系统风量的变化是通过专用的变风量末端装置来实现的，可分为节流型、旁通型和诱导型。

1. 节流型

节流型变风量系统示意图及空气处理过程见图 5-14。

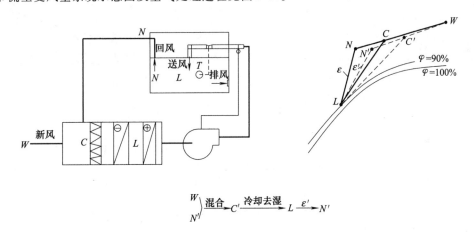

图 5-14　节流型变风量系统示意图及空气处理过程

当负荷减少而室温下降时，通过室温传感器调整出风口的风量（VAV）。风量调整采用阀板关小或其他风口节流的装置。一个 VAV（变风量）装置可带一个或多个风口。送风口节流后，风道静压增加，从节能考虑，应采用静压控制器调节送风机的风量。

2. 旁通型

旁通型变风量系统示意图及空气处理过程见图 5-15。

当负荷减少时，部分送风（L）旁流到吊顶内，经回风道送回到 AHU，空调系统的压力、风量不变化。旁通型变风量系统使用在节能要求不高、小规模建筑初投资不大的情况下，但不能节省风机动力。

3. 诱导型

诱导型变风量系统示意图及空气处理过程见图 5-16。

当负荷减少时，可减少一次风量，节约冷热量。通过二次风又可利用灯光作为再热热源。系统可与低温送风方式相结合，可采用较低露点。由于系统内仅为一次风量，故管道断面小，易于布置；室内空气循环高于上两种方式。

通过全年变风量运行可大量节约能耗，但室内相对湿度控制质量稍差；新风比不变时，新风量改变，调小时影响室内空气品质。末端设备（VAV 风口）价高，控制系统亦较复杂，故造价高。

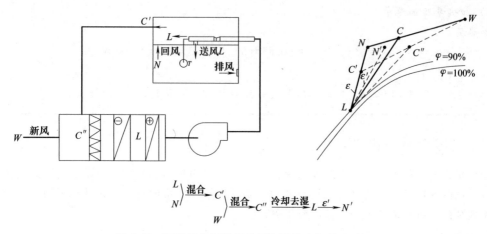

图 5-15 旁通型变风量系统示意图及空气处理过程

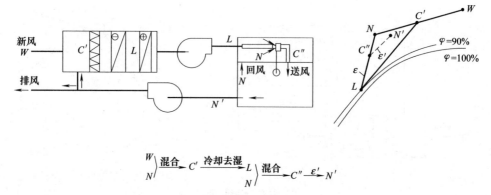

图 5-16 诱导型变风量系统示意图及空气处理过程

为解决前述变风量系统新风量与气流分布可能受影响的缺点,可采用如图 5-17 所示的新一代诱导型变风量系统——用末端风扇混合箱(FanPowerBox,FPB)的一次风变风量系统。

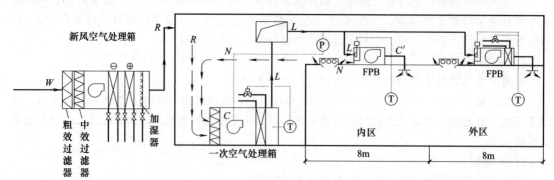

图 5-17 用末端风扇混合箱(FPB)的一次风变风量系统示意图

注:内区 Box 不带加热盘管,外区 Box 带加热盘管

这种系统本质上与诱导型变风量系统相似。其特点是采用新风定风量、一次风变风量而室内送风量不变的方式,相当于全空气诱导系统。其 h-d 图上的夏季处理过程(暂未考虑风机、风管及顶回风温升)如图 5-18 所示,其一次送风温度较低,一般在 10℃ 左右。

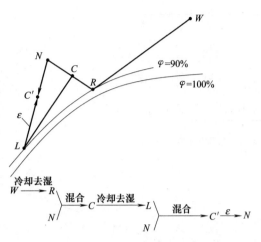

图 5-18 用末端风扇混合箱（FPB）的一次风变风量系统空气处理过程

【例 5-4】 某建筑的两个区域热湿负荷见表 5-21，室外设计计算参数为 $t_W = 34℃$，$t_{W.s} = 28℃$；室内设计参数为 $t_N = 24℃$，$\varphi = 55\%$。

表 5-21 区域热湿负荷

区域	最大显热量 Q_S/kW	两区叠加出现的最大显热量/kW	潜热量 Q_L/kW	湿负荷/(g/s)	最小新风量/(kg/s)
A	50	15	8	0.0032	0.49
B	50	50	8	0.0032	0.61

若送风温差为 8℃，风机温升为 2℃，要求采用变风量空调系统，其调节比（设计风量与最小风量之比）为 2.5∶1。

试求：1）回风量与新风量之比（最小送风量时）。

2）两区叠加出现最大显热量时各区的温度和相对湿度。

3）表冷器的接触系数。

4）表冷器的最大容量。

【解】 图 5-19 中分别是空调系统示意图、分区负荷和空气处理过程的 h-d 图。

（1）按室内显热量计算风量 由于 A、B 两区的最大显热量 Q_S 与调节比相同，故两区的最大送风量与最小送风量也相同。

$$G_{Amax} = G_{Bmax} = \frac{Q_{Smax}}{C_p \Delta t_o} = \frac{50}{1.02 \times 8} \text{kg/s} = 6.13 \text{kg/s}$$

$$G_{Amin} = G_{Bmin} = \frac{6.13}{2.5} \text{kg/s} = 2.45 \text{kg/s}$$

A、B 两区的最小送风量相同，因而回风量与新风量之比要由最小新风量大的 B 区所决定，则回风量与新风量之比 $= \frac{2.45 - 0.61}{0.61} = 3$。

（2）计算出现最大显热量时各区的温度和相对湿度

送风温度：

$$t_o = t_N - \Delta t_o = (24 - 8)℃ = 16℃$$

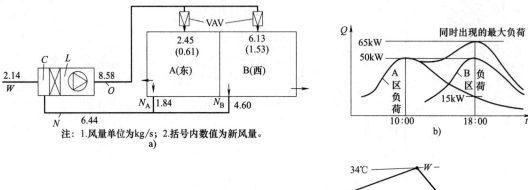

注：1.风量单位为kg/s；2.括号内数值为新风量。
a)

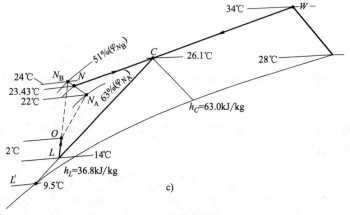

图 5-19　全空气变风量系统算例示意图
a）系统示意图　b）分区负荷　c）空气处理过程

机器露点温度：

$$t_L = t_O - 2\text{℃} = (16 - 2)\text{℃} = 14\text{℃}$$

露点 L 由 $t = 14\text{℃}$ 等温线与 $\varphi = 90\%$ 等相对湿度线相交而得。

室内热湿比：

$$\varepsilon_A = \frac{\sum Q_A}{\sum W_A} = \frac{15 + 8}{0.0032}\text{kJ/kg} = 7188\text{kJ/kg}$$

$$\varepsilon_B = \frac{\sum Q_B}{\sum W_B} = \frac{50 + 8}{0.0032}\text{kJ/kg} = 18125\text{kJ/kg}$$

则 A、B 两区的空气温度：

$$t_A = t_O + \frac{Q_S}{c_P G_A} = \left(16 + \frac{15}{1.02 \times 2.45}\right)\text{℃} = 22\text{℃}$$

$$t_B = t_O + \frac{Q_S}{c_P G_B} = \left(16 + \frac{50}{1.02 \times 6.13}\right)\text{℃} = 24\text{℃}$$

过送风状态点 O 作 $\varepsilon_A = 7188$ 及 $\varepsilon_B = 18125$ 的热湿比线，分别与 $t_A = 22\text{℃}$、$t_B = 24\text{℃}$ 等温线相交，得 A、B 两区的室内空气状态点 N_A、N_B。查得 $\varphi_A = 63\%$、$\varphi_B = 51\%$，此时两室参数不能同时满足。

（3）计算表冷器的接触系数　回风空气状态点 N 位于 N_A、N_B 两点的连线上，其温度可由二者的风量及温度计算所得

$$t_N = \left[\left(\frac{2.45}{2.45 + 6.13} \times 22\right) + \left(\frac{6.13}{2.45 + 6.13} \times 24\right)\right]\text{℃} = 23.43\text{℃}$$

在 $h\text{-}d$ 图上室内空气与室外空气的混合状态点 C 可由回风量与新风量之比为 3 计算得出，即

$$t_C = \left[\left(34 \times \frac{1}{4} \right) + \left(23.4 \times \frac{3}{4} \right) \right] \,^\circ\!C = 26.1\,^\circ\!C$$

在 $h\text{-}d$ 图上延长 CL 线与 $\varphi = 100\%$ 等相对湿度线相交，得 L' 点，$t_{L'} = 9.5\,^\circ\!C$

表冷器的接触系数：

$$\varepsilon_2 = \frac{t_C - t_L}{t_C - t_{L'}} = \frac{26.1 - 14.0}{26.1 - 9.5} = 0.73$$

（4）计算表冷器的最大容量

表冷器处理的总风量：

$$G = G_A + G_B = (2.45 + 6.13)\,\mathrm{kg/s} = 8.58\,\mathrm{kg/s}$$

表冷器的最大冷量：

$$Q = G(h_C - h_L) = [8.58 \times (63.0 - 36.8)]\,\mathrm{kW} = 224.8\,\mathrm{kW}$$

本例如分区采用定风量系统，则装置容量或能耗均较大，具体方法参见例 5-2。

《民规》规定：空调区允许温湿度波动范围或噪声标准要求严格时，不宜采用全空气变风量空调系统。技术经济条件允许时，下列情况可采用全空气变风量空调系统：

1）同一个空气调节风系统中，各空调区的冷、热负荷变化大，低负荷运行时间长，且需要分别控制各空调区温度。

2）建筑内区全年需要送冷风。

3）卫生等标准要求较高的舒适性空调系统。

第四节　半集中式空调系统及算例

半集中式空调系统（空气-水系统）包括风机盘管系统（风机盘管加新风系统）、空气-水诱导器系统、空气-水辐射板系统。

一、风机盘管加新风系统（FCU+PAU）

风机盘管加新风系统的组成、优缺点及适用场合。

（1）组成　风机盘管加新风系统是典型的空气-水系统，由风机盘管子系统和新风子系统组合而成。风机盘管子系统由众多风机盘管与水管系统组成。新风子系统由新风机与新风管系统组成。风机盘管就地处理空调房间内的循环空气；新风机处理室外空气，并通过新风管送至各空调房间。风机盘管加独立新风空调系统见图 5-20。

风机盘管机组按结构形式可分为立式、卧式、卡式和壁挂式；按安装形式可分为暗装和明装；按出口静压可分为标准型和高静压型（30Pa 和 50Pa）。风机盘管由风机（前向多翼离心风机或贯流风机）和盘管（即表冷器，一般为 2～3 排）组成，其风量在 250～2500m³/h 范围内；在额定工况下供冷时的空气处理焓差为 18.5～19.5kJ/kg（干空气）。

（2）优缺点　与全空气一次回风系统相比，风机盘管加独立新风系统具有如下优点：

1）新风管断面面积很小，既解决了全空气系统的风管道占用建筑空间较多的问题，又可向空调房间提供一定量的新风，保证空调房间的空气质量。

2）风机盘管机型种类多，安装和布置形式灵活多样，能与室内装修很好地配合。

3）每个风机盘管都能单独使用，调节简便，不用时可停机，因而系统运行费用较低。

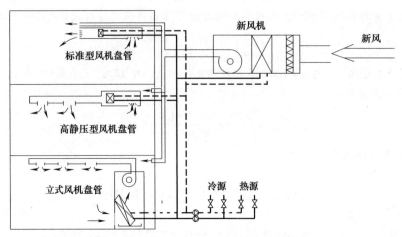

图 5-20　风机盘管加独立新风空调系统

与全空气一次回风系统相比，风机盘管加独立新风系统具有如下缺点：

1）由于风机盘管数量多，且一般多为暗装，维护保养工作量大，而且不方便。

2）受新风送风管断面面积的限制，春秋过渡季节不能采用全新风送风方式来满足室内空调要求。

3）没有加湿功能，难以满足有湿度要求的场合。

4）风机盘管在高速挡运行时，噪声较大。

5）凝结水盘易滋生微生物。

（3）适用场合　风机盘管加新风空调系统具有各空气调节区可单独调节，比全空气系统节省空间，比带冷源的分散设置的空气调节器和变风量系统造价低廉等优点，在宾馆客房、办公室等建筑中大量采用。《民规》规定：空调区较多、各空调区要求单独调节，且建筑层高较低的建筑物，宜采用风机盘管加新风系统。当空调区空气质量和温湿度波动范围要求严格，或空气中含有较多油烟时，不宜采用风机盘管。

适用于如下场合：

1）房间多，且各房间的空调使用要求能单独控制。

2）建筑层高较低，且房间温湿度控制要求不高。

3）房间面积较大但敷设风管有困难的场所，如写字楼、酒店等。

二、新风供给方式、新风终状态及空气处理过程

1. 新风供给方式

风机盘管机组的新风供给方式有靠室内机械排风渗入新风（图 5-21）、墙洞引入新风（图 5-22）及独立新风系统三种。前两种新风供给方式的共同特点是：在冬、夏季，新风不但不能承担室内冷热负荷，而且要求风机盘管负担对新风的处理，风机盘管机组必须具有较大的冷却和加热能力，使风机盘管尺寸增大，一般不采用。

一般选择独立新风系统，新风需经过处理，达到一定的参数要求，有组织地直接送入室内。具体的做法有：

1）新风管单独接入室内：这时送风口可以紧靠风机盘管的出风口（见图 5-23 中的①），也可以不在同一地点（见图 5-23 中的②）；从气流组织角度看，要求新风和风机盘管送风混合后再送入工作区。

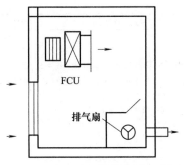

图 5-21　靠室内机械排风渗入新风

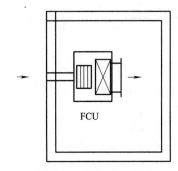

图 5-22　墙洞引入新风

2）新风接入风机盘管机组：新风和回风先混合，再经风机盘管处理后送入房间（见图 5-23 中的③）。这种做法，由于新风经过风机盘管机组，增加了机组风量的负荷，使运行费用增加和噪声增大。另一方面，当部分风机盘管关闭时，新风可能从风机盘管的回风口倒吹。所以《公标》4.3.16 规定不宜采用。此外，由于受热湿比的限制，盘管只能在湿工况下运行，一般不采用。

3）新风支管插入风机盘管送风管（见图 5-23 中的④）：节省新风口，但送风和新风的压力难以平衡，有可能影响新风量的送入；另外，风机盘管高、中、低三档调节也会影响新风量。

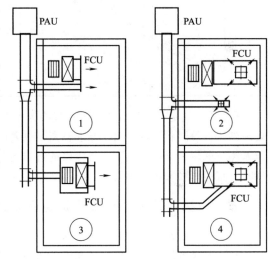

图 5-23　独立新风供给系统

2. 新风终状态及空气处理过程

根据所处理终状态的情况，新风系统可承担新风负荷和部分空调房间的冷、热负荷，其空气处理过程见表 5-22。

表 5-22　各种新风终状态点对应的空气处理流程、特点及适用场合

序号	夏季空气处理流程	特点及适用场合
1		1. 新风处理到 t_N 线（$t_L = t_N$） 2. FCU 负担的负荷很大，特别是湿负荷很大，造成卫生问题和水患，故不建议采用
2		1. 新风处理到室内状态的等焓线（考虑温升 $h_K = h_N$） 2. 新风不承担室内冷负荷 3. 对 PAU 提供的冷冻水温约 12.5~14.5℃，可用 FCU 的出水作为 PAU 的进水 4. 该方式易于实现，但 FCU 为湿工况，有水患之虞

（续）

序号	夏季空气处理流程	特点及适用场合
3	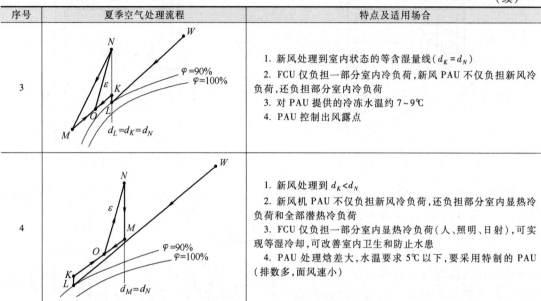	1. 新风处理到室内状态的等含湿量线（$d_K = d_N$） 2. FCU 仅负担一部分室内冷负荷，新风 PAU 不仅负担新风冷负荷，还负担部分室内冷负荷 3. 对 PAU 提供的冷冻水温约 7~9℃ 4. PAU 控制出风露点
4		1. 新风处理到 $d_K < d_N$ 2. 新风机 PAU 不仅负担新风冷负荷，还负担部分室内显热冷负荷和全部潜热冷负荷 3. FCU 仅负担一部分室内显热冷负荷（人、照明、日射），可实现等湿冷却，可改善室内卫生和防止水患 4. PAU 处理焓差大，水温要求 5℃ 以下，要采用特制的 PAU（排数多，面风速小）

《民规》规定：处理后的新风宜直接送入人员活动区域；室内散湿量较大的空调区，新风宜处理到室内等湿状态点；卫生标准较高的空调区，处理后的新风宜负担全部室内湿负荷。低温新风系统空气冷却器的出风温度与冷媒的进口温度之间的温差不宜小于 3℃，出风温度宜采用 4~10℃，直接膨胀系统不应低于 7℃。

三、风机盘管加独立新风系统空调过程计算及设备选型

本节以工程常用的"将新风处理至室内空气的焓值，并直接供入房间"方案，讲述风机盘管加独立新风系统空调计算方法及设备选型步骤。

1. 夏季工况

其夏季设计工况下的空气处理过程（见表 5-22，情况 2）可简示为 $\begin{array}{c} W \to L \to K \\ \\ N \to M \end{array} \Big\rangle \to O \xrightarrow{\varepsilon} N$，

夏季供冷设计工况的确定与设备选择可按以下步骤进行。

（1）确定新风处理状态　根据经验，新风机组处理空气的机器露点 L 可达到 $\varphi = 90\% \sim 95\%$，考虑风机、风道温升 Δt 和 $h_K = h_N$ 的处理要求，即可确定 W 状态的新风集中处理后的终状态 L 和考虑温升后的 K 点。新风机组处理的风量 G_W 即空调房间设计新风量的总和。故由 $W \to L$ 过程决定的新风机组设计冷量 Q_W 应为

$$Q_W = G_W(h_W - h_L) \tag{5-12}$$

（2）选择新风机组　根据考虑一定安全余量后，机组所需风量、冷量及机外余压，由产品资料初选新风机组类型与规格。而后，根据新风初状态和冷水初温进行表冷器的校核计算，并通过调节水量使新风处理满足 h_N 的要求。

1）新风机处理的总新风量和所需总冷（热）量，应不小于其作用范围内各个空调房间供给的新风量及处理这些新风量所需冷（热）量之和。

2）新风机所需机外余压，应不小于新风送风系统最不利环路的总阻力。

3）根据总新风量、所需总冷（热）量和所需机外余压及设计确定的进风参数、进水温度、

新风机的结构形式等条件，查新风机的产品样本，选择一个接近的型号。

（3）确定房间总风量 G 房间设计状态 N 及余热 Q，余湿 W 和 ε 线均已知，过 N 点作 ε 线与 $\varphi = 90\% \sim 95\%$ 线相交，即可得到在最大送风温差下的送风状态点 O，则房间总风量 G 可求 $\left(G = \dfrac{Q}{h_N - h_O} \right)$。

（4）确定风机盘管处理风量 G_F 及终状态 由 $G = G_F + G_W$，可得风机盘管的风量。风机盘管处理终状态 M 点应处于 $\overline{KO}$ 的延长线上，由新回风混合关系 $\overline{OM} = \dfrac{G_W}{G_F} \overline{KO}$ 即可确定 M 点。风机盘管处理空气的 $N \rightarrow M$ 过程所需设计冷量 Q_F 就可随之确定：

$$Q_F = G_F(h_N - h_M) \tag{5-13}$$

（5）选择风机盘管机组 根据考虑一定安全余量后机组所需的风量、冷量值，结合建筑、装修所能提供的安装条件，即可确定风机盘管的类型、台数，并初定其规格。

1）明确风机盘管的进风参数，确定进水温度，并根据风机盘管设置的地点，结合室内装饰要求，确定风机盘管的结构形式和安装形式。

2）根据风机盘管是采用直接送风方式还是外接风管送风方式，确定选用标准型或高静压型。

3）根据风机盘管与供回水管的接管方位确定左式或右式。

4）查相应风机盘管的产品样本，依据求得的风机盘管的处理风量和处理空气所需冷量，按中档（速）初选型号。

（6）风机盘管处理过程的校核计算 为检查所选风机盘管在要求风量、进风参数和水初温、水量等条件下，能否满足冷量和出风参数要求，应对其表冷器做校核计算。校核计算结果应使机组设计所能提供的全热制冷量和显热制冷量均满足设计要求，否则应重新选型。必要时可在保持风量、风速一定的条件下，调整盘管的进水量和进水温度。当设计工况与风机盘管的额定工况不同时，应将额定制冷量换算到设计工况下的制冷量。目前很多生产厂家在样本中已经给出了风机盘管在各种常见工况下的制冷量，上述数据大多用表格形式列出，如对某一型号 FCU 各种参数（风量、水量、风温、水温等）改变后，可用线解图 5-24 来分析空气出口参数以及总冷量和显热冷量等的变化。

如无此类资料，可据式（5-14），由额定工况的冷量 Q_0 推算出设计工况下的冷量 Q_0'：

$$Q_0' = Q_0 \left(\frac{t_{S1}' - t_{W1}'}{t_{S1} - t_{W1}} \right) \left(\frac{W'}{W} \right)^n e^{m(t_{S1}' - t_{S1})} e^{p(t_{W1}' - t_{W1})} \tag{5-14}$$

式中　　　Q_0'——设计工况下的冷量（kW）；

　　　　　Q_0——额定工况下的冷量（kW）；

t_{S1}、t_{W1}、W——额定工况下空气进口湿球温度（℃）、进水温度（℃）和水量（kg/s）；

t_{S1}'、t_{W1}'、W'——设计工况下空气进口湿球温度（℃）、进水温度（℃）和水量（kg/s）；

　　n、m、p——系数，$n = 0.284$（2 排管）或 0.426（3 排管），$m = 0.02$，$p = 0.0167$。

当其他工况参数不变仅是风量变化时，则可按下式计算：

$$Q_0' = Q_0 \left(\frac{G'}{G} \right)^\mu \tag{5-15}$$

式中　μ——系数，可取 0.57；

　　　G——额定工况下的风量（kg/h）；

　　　G'——设计工况下的风量（kg/h）。

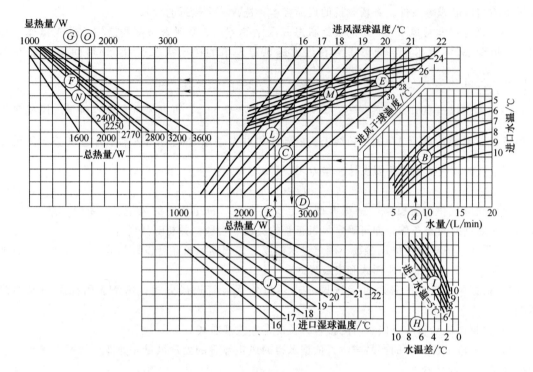

图 5-24 某型号风机盘管选型线解图

注：已知水量、进口水温及进风干、湿球温度，求风机盘管总冷量（$A \rightarrow B \rightarrow C \rightarrow D$），求显冷量
（进口空气参数 $E \rightarrow F \rightarrow G$）；已知进口水温、水温差及进风干、湿球温度，求风机
盘管总冷量（$H \rightarrow I \rightarrow J \rightarrow K \rightarrow L$），求显冷量（进口空气参数 $M \rightarrow N \rightarrow O$）。

2. 冬季工况

冬季设计工况下的空调过程只能以夏季工况为基础进行分析。风机盘管在夏季已选定，其设计风量、混合比在冬季一般不会改变，因而设计所需送风状态、机组处理终状态及混合过程要求的新风量最终处理状态均可一一确定，进一步可确定新风机组所应有的加热过程及必要的加湿措施。设计工况确定以后，原有新风机组和风机盘管在冬季使用能否满足各自过程设计的要求乃是校核问题。通过校核，应对某些技术参数进行必要调整。一般地，风机盘管在额定工况下的供热量约为制冷量的 1.5 倍，对于冬、夏两季都用的风机盘管空调系统，按夏季的冷负荷选择的风机盘管，都能满足冬季空调的要求。

四、空气-水诱导器系统

图 5-25 所示为诱导器示意图，它有立式、卧式及吊顶式等形式。经过集中空调机处理的新风（一次风 G_1）经风道送入各空调房间内的诱导器中，由诱导器的喷嘴高速（20 ~ 30m/s）喷出，在喷射气流的引射作用下，诱导器中形成负压，室内空气（二次风 G_2）被吸入诱导器。一般在诱导器的二次风进口处装有二次盘管（通入冷水或热水），经过冷却或加热的二次风在诱导器内与一次风混合达到送风状态，经风口送入房间。

诱导比是评价诱导器性能的一个重要参数，其按下式计算：

$$n = \frac{G_2}{G_1}$$

(5-16)

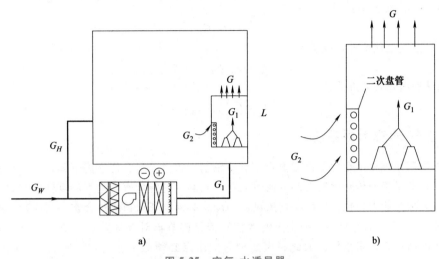

图 5-25 空气-水诱导器

a）诱导器系统原理图 b）诱导器的诱导比

式中 n——诱导比，一般在 2.5~5 之间；

G_2——被喷嘴诱入的二次风量（kg/h）；

G_1——通过静压箱送出的一次风量（kg/h）。

在一次风量相同的条件下，诱导比大的诱导器送风量大，室内换气次数高。二次盘管是用来冷却和加热空气的换热器，一般是用铜管铝片的肋片管制成。

空气-水诱导器系统夏季空气处理过程见图 5-26，具体计算如下：

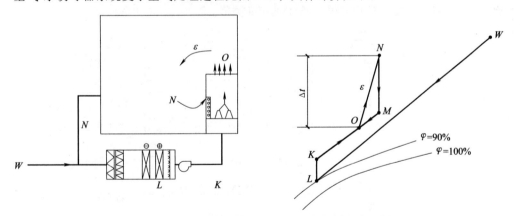

图 5-26 空气-水诱导器系统图示及夏季空气处理过程

1）由 Δt 确定送风状态点 O，由此计算送风量 G。

2）据新风机组形式及冷媒温度等确定新风露点 L 及诱导器终状态点 M（限定条件 $d_N = d_M$ 及

$n = \dfrac{\overline{OK}}{\overline{OM}}$ ），考虑风机、风管温升确定状态点 K。

3）确定一次风量 G_1：

$$G_1 = \frac{G}{n+1} = \frac{Q}{(n+1)(h_N - h_0)} \tag{5-17}$$

4）确定二次风量 G_2：

$$G_2 = G - G_1$$

5）一次空气处理箱处理冷量 Q_1：

$$Q_1 = G_1(h_W - h_L) \qquad (5\text{-}18)$$

6）诱导器内盘管处理冷量 Q_2：

$$Q_2 = G_2(h_N - h_M) \qquad (5\text{-}19)$$

五、空气-水辐射板系统

辐射板空调系统在吊顶内敷设辐射板，靠冷辐射面提供冷量，使室温下降，从而除去房间的显热负荷。冷却吊顶的传热中辐射部分所占的比例较高，可降低室内垂直温度梯度，提高人体舒适感；但它无除湿能力，也无法解决新风供应问题，必须与新风系统结合在一起应用，即辐射板加新风系统。空气-水辐射板系统的室内温度控制依靠调节辐射板冷量来实现。房间的通风换气和除湿任务由新风系统来承担，因此新风处理后的露点必须低于室内空气露点，新风的露点一般低于 14℃。

为防止辐射板表面结露（板表面温度应比室内空气露点温度高出 1~2℃），供冷期供水温度不仅稍高于常规空调系统，且供回水温差较小（取 2℃），而新风系统空气处理的除湿要求较大，供水水温一般取 5~7℃。为防止吊顶表面结露，冷却吊顶的供水温度较高，一般在 16℃ 左右。当采用一般冷水机组为冷源时，新风系统和冷吊顶装置可分为两个系统回路，进入冷吊顶辐射板的冷水经换热器而提升其冷水供水温度以防止结露。也可采用高温冷水机组（图 5-27），来提高制冷机组的蒸发温度，改善冷水机组的性能，进而降低其能耗，另外还有可能直接利用自然冷源，如地下水等。水辐射板系统除湿能力和供冷能力都比较弱，只能用于单位面积冷负荷和湿负荷均比较小的场所，其空气处理与表 5-22 中的第 4 类似。

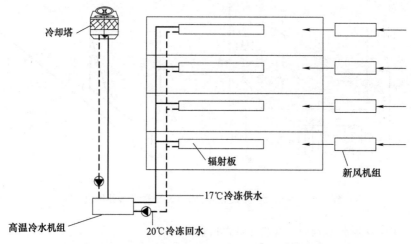

图 5-27　空气-水辐射板（温湿度独立控制）空调系统原理图

【例 5-5】　杭州某办公大楼第三层有 20 间办公室，已知每间办公室夏季室内冷负荷 $Q = 4.6\text{kW}$，内有 10 名工作人员；拟采用风机盘管机组加独立新风系统，试进行风机盘管及新风机组风量、冷量计算。

【解】　查附录 9 得杭州夏季室外设计计算参数为 $t_w = 35.6℃$，$t_{ws} = 27.9℃$。室内计算参数为

$t_N = 26℃$，$\varphi_N = 60\%$。采用新风不负担室内负荷的方案，即送入室内新风处理到与室内等焓。根据室内空气 h_N 线及新风处理后的机器露点相对湿度即可定出新风处理后的机器露点 L 及温升后的 K 点（温升 $0.5℃$）。

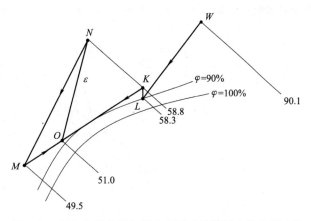

图 5-28　风机盘管机组加独立新风系统算例空气处理过程

（1）室内散湿量　据表 1-32，每人 109g/h，由式（1-22）得室内散湿量为

$$W = \varphi ng = \frac{0.9 \times 10 \times 109}{3600} \text{g/s} = 0.27 \text{g/s}$$

（2）室内热湿比及房间送风量

$$\varepsilon = \frac{Q}{W} = \frac{4600}{0.27} \text{kJ/kg} = 17037 \text{kJ/kg}$$

过 N 点作 ε 线按最大送风温差与 $\varphi = 90\%$ 线相交，即得送风点 O（图 5-28），则总送风量为

$$G = \frac{Q}{h_N - h_O} = \frac{4.6}{58.8 - 51.0} \text{kg/s} = 0.59 \text{kg/s}$$

（3）新风量

$$G_X = \frac{n \times 30 \rho}{3600} = \frac{10 \times 30 \times 1.17}{3600} \text{kg/s} = 0.098 \text{kg/s}$$

（4）风机盘管风量

$$G_F = G - G_W = (0.59 - 0.098) \text{kg/s} = 0.491 \text{kg/s}$$

（5）风机盘管机组出口空气的焓 h_M

$$h_M = \frac{G h_O - G_W h_K}{G_F} = \frac{0.59 \times 51.0 - 0.098 \times 58.8}{0.491} \text{kJ/kg} = 49.5 \text{kJ/kg（干空气）}$$

连接 K、O 两点并延长与 h_M 相交得 M 点（风机盘管的出风状态点），查出 $t_M = 19.1℃$。

（6）风机盘管冷量

显冷量：

$$Q_S = c_p G_F (t_N - t_M) = [1.01 \times 0.491 \times (26.0 - 19.1)] \text{kW} = 3.39 \text{kW}$$

全冷量就等于室内冷负荷 4.6kW。

（7）新风机组

新风量：

$$\sum G_X = (20 \times 0.098) \text{kg/s} = 1.96 \text{kg/s} = 6000 \text{m}^3/\text{h}$$

新风冷量：

$$Q_W = G_W (h_W - h_L) = [1.96 \times (90.1 - 58.3)] \text{kW} = 62.3 \text{kW}$$

【例 5-6】　已知杭州某研究所有 10 间实验室，要求 $t_N = 26℃$，$\varphi = 60\%$，每室 2 人，各室夏季冷负荷为 $Q = 1.4$kW，室内余湿量 $W = 0.054$g/s（$\varepsilon = 25926$），送风温差要求 $\leqslant 7℃$；水源温度为 16℃。试进行诱导器系统的设计计算。

【解】　（1）分析

由室内条件可得空气露点温度为 17.6℃，根据资料和实践经验采用水初温为 16℃ 时可以实现诱导器的表冷器为干工况。诱导器系统的空气处理过程见图 5-29。

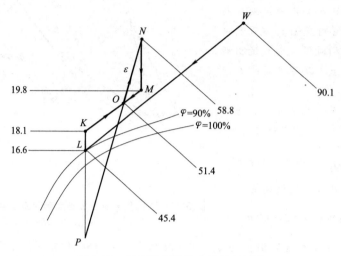

图 5-29　诱导器系统的空气处理过程

（2）确定一次风状态和二次风状态

1）过 N 点作 ε 线（图 5-29），按 $\Delta t_0 = 6.5℃$ 得送风点 O：$h_0 = 51.4\text{kJ/kg}$（干空气），$t_0 = 19.5℃$。

2）确定 L、K 点。选 $n = 4$ 的诱导器，则作 NO 的延长线至 P，并使 $\dfrac{\overline{PO}}{\overline{NO}} = 4$；过 P 向上作垂直线，与 $\varphi = 95\%$ 线相交得 L 点，考虑风机温升 1.5℃，可得一次风状态点 K。$h_K = 47.0\text{kJ/kg}$（干空气），$t_K = 18.1℃$，$d_K = 11.34\text{g/kg}$（干空气）。

3）确定 M 点。连 K、O 两点并延长与 d_N 线相交于 M 点，此即二次风终状态。$h_M = 52.5\text{kJ/kg}$（干空气），$t_M = 19.8℃$，$d_M = 12.81\text{g/kg}$（干空气）。

（3）确定一次风量 G_1 及二次风量 G_2

$$G = G_1 + G_2 = \frac{Q}{h_N - h_0} = \frac{1.4}{58.8 - 51.4}\text{kg/s} = 0.189\text{kg/s}$$

$G_1 = \dfrac{G}{n+1} = \dfrac{0.189}{5}\text{kg/s} = 0.038\text{kg/s}$，折合 $L_1 = 115\text{m}^3/\text{h} > 60\text{m}^3/\text{h}$，满足房间人员卫生要求。

$$G_2 = nG_1 = (4 \times 0.038)\text{kg/s} = 0.153\text{kg/s}$$

（4）诱导器负荷计算、选型及校核　计算一次风按 $L_1 = 115\text{m}^3/\text{h}$，可从产品样本中选诱导器，并确定二次风负担的室内冷负荷如下：

一次风负担的室内冷负荷为

$$Q_1 = G_1(h_N - h_0) = [0.038 \times (58.8 - 51.4)]\text{kW} = 0.28\text{kW}$$

二次盘管冷量为

$$Q_2 = G_2 c_p (t_N - t_M) = [0.038 \times 4 \times (26.0 - 19.8)]\text{kW} = 0.94\text{kW}$$

由 h-d 图上设计过程确定的冷量，应根据选定的诱导器对其热工性能进行校核。并希望实际供冷量有 10%～15% 的安全率裕量。此外，可进一步确定其工作压力和检查其噪声水平是否在允许范围内。

（5）AHU 一次风处理总冷量

$$Q' = \sum G_1(h_W - h_L) = [10 \times 0.038 \times (90.1 - 45.4)]\text{kW} = 17.0\text{kW}$$

（6）总冷量核算

1）总冷负荷可按室内负荷、新风负荷及再热器（此处为风机温升）负荷计算，即

$$Q_0 = \sum Q + \sum G_1(h_W - h_N) + \sum G_1 c_p(t_K - t_L)$$

$$= [10 \times 1.4 + 10 \times 0.038 \times (90.1 - 58.8) + 10 \times 0.038 \times 1.01 \times (18.1 - 16.6)]\text{kW}$$

$$= (14 + 11.9 + 0.6)\text{kW}$$

$$= 26.5\text{kW}$$

2）总冷负荷也可按一次风处理机供冷量及二次盘管冷量之和计算，即

$$Q_0 = \sum G_1(h_W - h_L) + \sum q = [10 \times 0.038 \times (90.1 - 45.4) + 10 \times 0.94]\text{kW}$$

$$= (17 + 9.4)\text{kW}$$

$$= 26.4\text{kW}$$

二者基本相等。

【例 5-7】　杭州某办公室（面积 200m^2），室内空气设计参数 $t_N = 26℃$，$\varphi = 60\%$，夏季室内余热 $Q = 20\text{kW}$，湿负荷 $W = 0.6\text{g/s}$，房间新风量按卫生要求确定为 $G_w = 0.15\text{kg/s}$，试对该冷却吊顶空调系统进行计算分析。

【解】　（1）确定新风系统处理的终状态点 L　新风系统的空气处理过程见图 5-30，在 h-d 图上确定 N 和 W 点。由于室内湿负荷全部由新风承担，可求得新风处理后的终状态点含湿量：

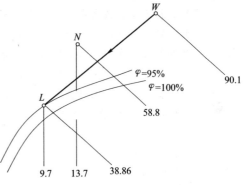

$$d_L = d_N - \frac{W}{G_w} = \left(13.7 - \frac{0.6}{0.15}\right)\text{g/kg（干空气）}$$

$$= 9.7\text{g/kg（干空气）}$$

则 d_L 线与 $\varphi = 95\%$ 线之交点即为 L 点，$t_L = 14.2℃$，$h_L = 38.86\text{kJ/kg}$（干空气）。

图 5-30　辐射板吊顶系统算例空气处理过程

（2）新风机组表冷器冷量

$$Q = G_w(h_W - h_L) = [0.15 \times (90.1 - 38.86)]\text{kW} = 7.7\text{kW}$$

（3）新风可承担的室内冷负荷

$$Q_{WCL} = G_w(h_N - h_L) = [0.15 \times (58.8 - 38.86)]\text{kW} = 3.0\text{kW}$$

（4）要求冷却顶板承担的室内负荷

$$Q_{PC} = Q - Q_{WCL} = (20.0 - 3.0)\text{kW} = 17.0\text{kW}$$

（5）冷却顶板承担的单位面积冷量

$$q_{PC} = \frac{Q_{PC}}{S} = \frac{17.0 \times 1000}{200}\text{W/m}^2 = 85\text{W/m}^2$$

可按此值选用由有关厂家提供的能满足所要求的性能参数的冷辐射板数量。

195

第五节 分散式空调系统及算例

一、分散式空调系统特点及适用场合

分散设置的空调装置或系统是指单一房间独立设置的蒸发冷却式或直接膨胀式空调系统（或机组），包括为单一房间供冷的水环热泵系统或多联机空调系统。直接膨胀式采用的是冷媒通过制冷循环而得到需要的空调冷热源或空调冷热风；而蒸发冷却式则主要依靠天然的干燥冷空气或天然的低温冷水来得到需要的空调冷热源或空调冷热风，在这一过程中没有制冷循环的过程。直接膨胀式又包括了风冷式和水冷式两类。这种分散式的系统更适宜应用在部分时间、部分空间供冷的场所。

当建筑全年供冷需求的运行时间较少时，如果采用设置冷水机组的集中供冷空调系统，会出现全年集中供冷系统设备闲置时间长的情况，导致系统的经济性较差；同理，如果建筑全年供暖需求的时间少，采用集中供暖系统也会出现类似情况。因此，如果集中供冷、供暖的经济性不好，宜采用分散式空调系统。从目前情况看：建议以全年供冷运行季节时间 3 个月（非累积小时）和年供暖运行季节时间 2 个月，作为上述的时间分界线。当然，在有条件时，还可以采用全年负荷计算与分析方法，或者通过供冷与供暖的"度日数"等方法，通过经济分析来确定。分散设置的空调系统，虽然设备安装容量下的能效比低于集中设置的冷（热）水机组或供热、换热设备，但其使用灵活多变，可适应多种用途、小范围的用户需求。同时，由于它具有容易实现分户计量的优点，能对行为节能起到促进作用。对既有建筑增设空调系统时，如果设置集中空调系统，在机房、管道设置方面存在较大的困难时，分散设置空调系统也是较好的选择。

《民规》规定：符合下列情况之一时，宜采用分散设置的空调装置或系统：

1）全年需要供冷、供暖运行时间较少，采用集中供冷、供暖系统不经济的建筑。

2）需设空气调节的房间布置过于分散的建筑。

3）设有集中供冷、供暖系统的建筑中，使用时间和要求不同的少数房间。

4）需增设空调系统，而机房和管道难以设置的既有建筑。

5）居住建筑。

《民规》规定：空调区内振动较大、油污蒸汽较多以及产生电磁波或高频波等场所，不宜采用多联机空调系统。

二、多联机空调系统设计

冷剂末端装置与新风系统相结合的空调方式见图 5-31。

1. 设计步骤

1）进行空调区负荷特性分析，负荷特性相差较大时，宜分别设置多联机空调系统；需要同时供冷和供热时，宜设置热回收型多联机空调系统。

2）进行空气处理过程分析，计算送风量及设备冷量。空气处理过程及具体计算过程可以参考风机盘管加独立新风空调系统。

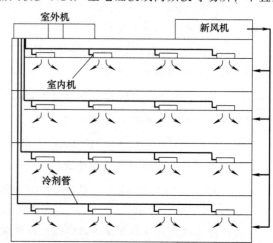

图 5-31 冷剂末端装置与新风系统相结合的空调方式

3）选定各室内机的额定容量并获得该型号在要求工况下的实际供冷量。

4）根据室内机额定制冷总容量，选定相应的室外机额定容量。一个系统内所有室内机额定制冷量之和与室外机额定容量之配比容许在 90%～130% 之内（同时使用系数在 70% 时）。

5）考虑连接室内机和室外机的配管长度、室内外机的位置高差进行容量修正，最终确定各室内机的实际容量（制冷量和制热量）；如某品牌机组配管长度及室内外机高差与衰减系数的关系见图 5-32 和图 5-33。

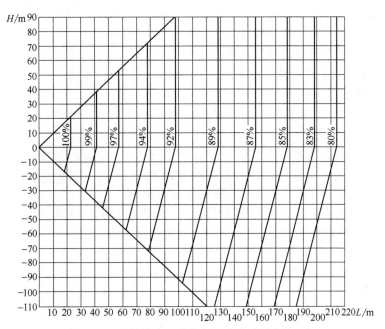

图 5-32　配管长度、落差修正系数（制冷能力）

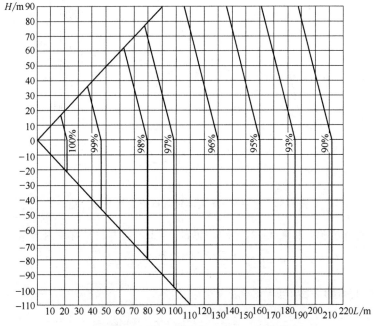

图 5-33　配管长度、落差修正系数（制热能力）

6）根据具体条件进行供热量校核，确定是否需要补充加热。

7）新风系统设计与风机盘管加新风系统相同，可采用热泵型直接蒸发式热回收机组或新风全热交换机组等。

2. 系统管路布置和室外机布局

（1）**系统设计原则** 冷媒管设计应根据厂商提供的设计指南进行。如图 5-34 所示为多联机系统高差示意图，室内机之间、室内机与室外机间的高差应符合产品技术要求；同时系统总管长应小于推荐长度，系统冷媒管等效长度应满足对应制冷工况下满负荷的性能系数不低于2.8；当产品技术资料无法满足核算要求时，系统冷媒管等效长度不宜超过 70m。注意，冷媒管路的作用长度与冷媒特性有关，R410A 的输送阻力仅为 R22 的 65% ~ 70%。

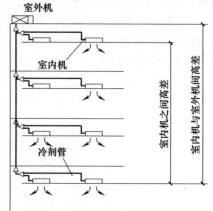

图 5-34 多联机系统管路
长度及高差示意图

（2）**室外机的布置** 多联系统的室外机组所在位置的通风条件对机组出力影响很大，不良的设计布置使机组的能效比（COP）大幅下降。室外机的安放位置在设计之初就应与建筑设计相配合。室外机变频设备，应与其他变频设备保持合理距离。

【例 5-8】 杭州某 4 层教学楼，每层有 20 间教室，已知每间教室夏季冷负荷 $Q = 9.0$ kW，内有 40 名学生及 1 名教师；教室采用风冷多联机，新风由新风换气机提供，试进行设备选型。

【解】 查附录 9 得杭州夏季室外设计计算参数：$t_w = 35.6℃$，$t_{ws} = 27.9℃$。室内计算参数：$t_N = 26℃$，$\varphi_N = 60\%$。多联机+新风换气机空调系统的空气处理过程见图 5-35。

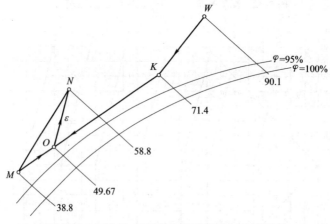

图 5-35 多联机+新风换气机算例空气处理过程

（1）**计算室内散湿量** 据表 1-32，每人 109g/h，由式（1-22）得室内散湿量为

$$W = \varphi ng = \frac{0.75 \times 41 \times 109}{3600} \mathrm{g/s} = 0.93 \mathrm{g/s}$$

（2）**计算室内热湿比及房间送风量**

$$\varepsilon = \frac{Q}{W} = \frac{9000}{0.93} \mathrm{kJ/kg} = 9677 \mathrm{kJ/kg}$$

过 N 点作 ε 线按最大送风温差与 $\varphi = 85\%$ 线相交，即得送风点 O（图 5-35），$h_o = 49.67\text{kJ/kg}$（干空气），则总送风量为

$$G = \frac{Q}{h_N - h_o} = \frac{9.00}{58.80 - 49.67}\text{kg/s} = 0.99\text{kg/s}$$

（3）新风量及选型

单个教室新风量：

$$G_X = \frac{n \times 24 \times \rho}{3600} = \frac{41 \times 24 \times 1.2}{3600}\text{kg/s} = 0.33\text{kg/s}$$

每层新风量：

$$G_W = \sum_1^{20} G_{Xi} = (20 \times 0.33)\text{kg/s} = 6.6\text{kg/s} = 19680\text{m}^3/\text{h}$$

选用某品牌 3200 型转轮式全热换热器，额定风量 $21667\text{m}^3/\text{h}$，焓效率、温度效率均能满足要求。

（4）确定新风经新风换气机后的状态点 假设新风换气机焓效率 60%，温度效率 70%，则有

$$\eta_h = \frac{h_W - h_K}{h_W - h_N} = \frac{90.1 - h_K}{90.1 - 58.8} = 0.6, \quad \eta_t = \frac{t_W - t_K}{t_W - t_N} = \frac{35.6 - t_K}{35.6 - 26} = 0.7$$

可得 $t_K = 28.9℃$，$h_K = 71.4\text{kJ/kg}$（干空气）。

（5）计算室内机风量

$$G_F = G - G_W = (0.99 - 0.33)\text{kg/s} = 0.66\text{kg/s} = 2067\text{m}^3/\text{h}$$

（6）计算室内机出口空气的焓 h_M

$$h_M = \frac{Gh_o - G_W h_K}{G_F} = \frac{0.99 \times 49.67 - 0.33 \times 71.4}{0.66}\text{kJ/kg（干空气）} = 38.8\text{kJ/kg（干空气）}$$

则连接 K、O 两点并延长与 h_M 相交，即可得 M 点（室内机的出风状态点）。

（7）室内机冷量及选型

$$Q_n = G_F(h_N - h_M) = [0.66 \times (58.8 - 38.8)]\text{kW} = 13.2\text{kW}$$

（8）机组选型 每个教室选用两台 RPI-71FSN9AQL 室内机组，每台机组全冷量 7.1kW，风量 $1140\text{m}^3/\text{h}$。每层选用两台外机，详见表 5-23。

表 5-23 室外机型号参数

室外机型号	室外机制冷量/kW	承担房间	配比
RAS-1350FSNY9AQ	135	教室 01~10	1.05
RAS-1350FSNY9AQ	135	教室 11~20	1.05

二维码形式客观题

微信扫描二维码，可在线做题，提交后可查看答案。

第五章
客观题

第六章
空调风系统设计

经过处理的空气要通过风管输送到被调节的空间，并通过一定形式的送风口将送入空间的空气合理地分配，以使空间内工作区的温、湿度或其他控制参数满足使用要求，空气输送和分配是空调系统设计的重要组成部分。空调风系统设计内容包括空调风管设计及气流组织设计。风管设计是解决空调系统的空气输送和分配问题，而如何在室内实现良好的空气分布是气流组织设计问题。

空调风系统设计主要步骤如下：

1）气流组织设计：气流组织确定、送回风口或风机盘管布置、气流组织计算。

2）风管设计：风管布置（送、回、新风）、水力计算、风管绘制。

3）根据风系统阻力校核设备机外余压或风机全压。

第一节　送、回风口的形式及应用

影响气流组织因素很多，如：房间的几何形状、送回风口的位置、送风口的形式、送风量等，其中送风口的空气射流和参数是重要因素。

一、送风口的形式及应用

1. 侧送风口

侧送是已有的几种送风方式中比较简单、经济的一种。在一般空调区中，大多可采用侧送。《民规》规定：空调区宜采用百叶、条缝型等风口贴附侧送；当侧送气流有阻碍或单位面积送风量较大，且人员活动区的风速要求严格时，不应采用侧送。表6-1列举了常用侧送风口。

表6-1　常用侧送风口形式

风口名称	射流特性及应用范围	图示
格栅送风口	叶片或空花图案的格栅 用于一般空调工程	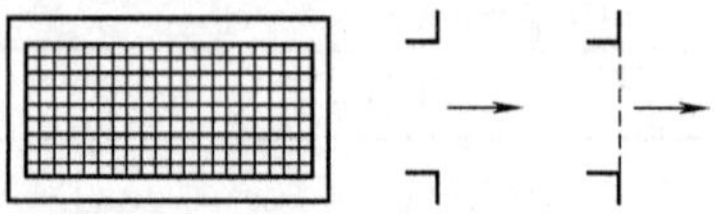
单层百叶送风口	叶片可活动,根据冷热射流调节送风的上、下倾角 用于一般空调工程	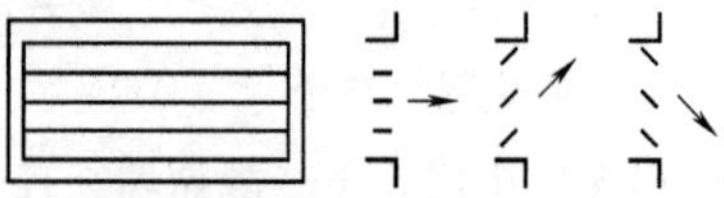
双层百叶风口	叶片可活动,内层对开叶片用以调节风量 用于较高精度空调工程	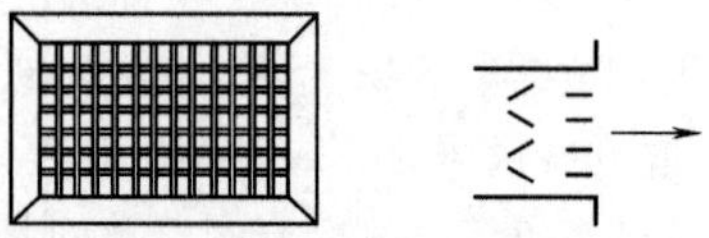

（续）

风口名称	射流特性及应用范围	图示
三层百叶风口	叶片可活动,有对开叶片可调风量,又有垂直叶片可调上下倾角和射流扩散角 用于高精度空调工程	
带出口隔板的条缝型风口	常用于工业车间的截面变化均匀送风管道 用于一般精度的空调工程	
条缝型送风口	常配合静压箱(兼作吸音箱)使用,可作风机盘管,诱导器的出风口 适用于一般精度的民用建筑空调工程	
喷嘴送风口	圆形射流、平面射流,用于一般空调工程	

当采用较大送风温差时,侧送贴附射流有助于增加气流射程,使气流混合均匀,见图 6-1a,这样既能保证舒适性要求,又能保证人员活动区温度波动小的要求。工程实践中发现风机盘管的送风不贴附时,室内温度分布则不均匀,见图 6-1b。贴附侧送有如下要求:

1）侧送风口安装位置宜靠近顶棚,这样容易贴附。如果送风口上缘离顶棚距离较大时,为了达到贴附目的,规定送风口处应设置向上倾斜 10°~20° 的导流片。

2）送风口内宜设置防止射流偏斜的导流片。

3）射流流程中应无阻挡物。

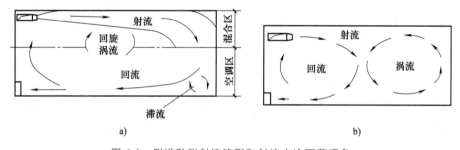

图 6-1 侧送贴附射流流型和射流中途下落现象

a）侧送贴附射流流型 b）贴附射流中途下落现象

2. 散流器

散流器一般安装于顶棚上。根据形状可分为圆形、方形或矩形。根据结构可分为盘式、直片式和流线型,另外还有与送回风口做成一体的称为送吸式散流器。表 6-2 是常用散流器的形式。盘式散流器的送风气流呈辐射状,比较适合于层高较低的房间,但冬季送热风易产生温度分层现象。片式散流器中,片的间距有固定的,也有可调的。采用可调叶片的散流器,它的送出气流可形成锥形或辐射形扩散,可满足冬、夏季不同的需要。散流器适用于公共建筑舒适性空调,其中自力式温控变流型散流器适用于高大空间采用顶部送风、下部回风的舒适性空调。

《民规》规定:设有吊顶时,应根据空调区的高度及对气流的要求,采用散流器或孔板送风。采用散流器送风时,应满足下列要求:

1）风口布置应有利于送风气流对周围空气的诱导,风口中心与侧墙的距离不宜小于 1.0m。

201

表 6-2　常用散流器形式

名称	图示	形式	特点
方(矩)形散流器	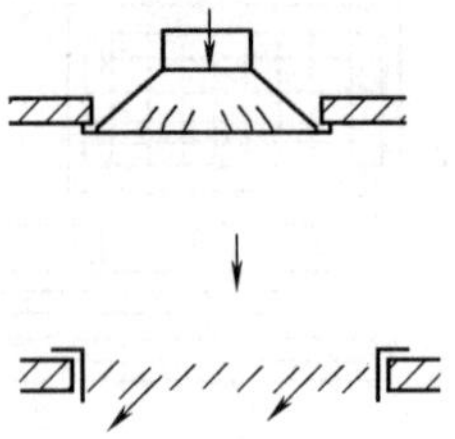	分为单面送风、两面送风、三面送风和四面送风等多种形式,四面送风最多。可配套对开多叶调节阀	1. 平送贴附流型 2. 能调节送风量 3. 矩形散流器可向各个送风方向分配风量
多层锥面形散流器	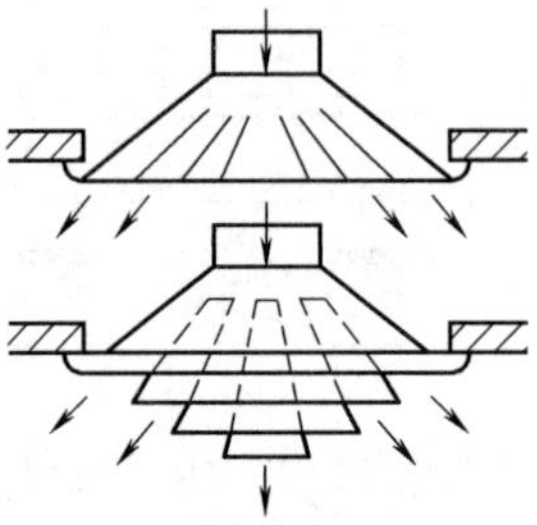	散流器扩散圈是由多层锥面组成。在颈部装双开板式(或单开板式)风量调节阀	1. 平送流型或下送流型(降低扩散圈在散流器中的相对位置时为平送流型,反之为下送流型) 2. 可调节送风量
圆盘形散流器	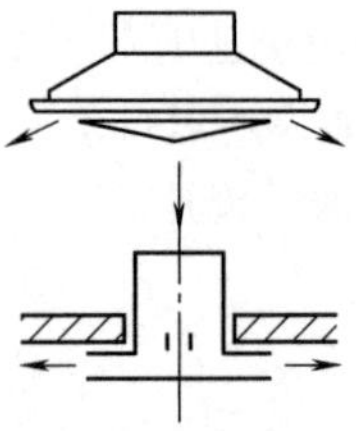	圆盘呈倒蘑菇形,并伸出吊顶表面,拆装方便。可与双开板式(或单开板式)调节阀配套使用	1. 圆盘挂在上面一挡时,呈下送流型;挂在下面一挡时呈平送流型 2. 可调节送风量
送回(吸)两用型散流器	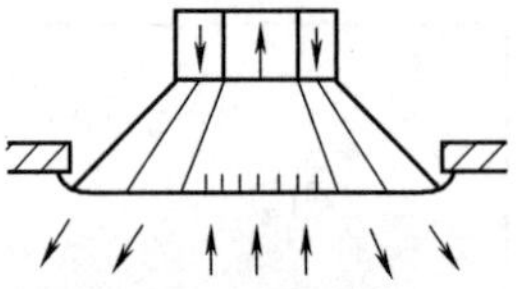	兼有送风和回风的双重功能。散流器的外圈为送风,中间为回风。上部为静压箱	1. 下送流型 2. 通常安装在层高较高的空调房间吊顶,分别布置送、回风管,利用柔性风管与散流器连接
自力式温控变流型散流器	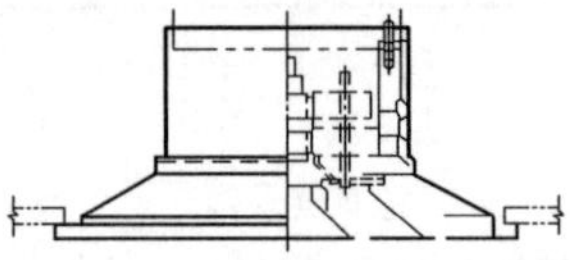	将热动元件温控器安装在散流器内,通过感受空调系统送风温度的高低来改变送风气流流型	夏季送风温度 ≤ 17℃时,自动改变为水平送风;冬季送风温度 ≥ 27℃时,自动变为垂直下送

2）采用平送方式时,贴附射流区无阻挡物。

3）兼作热风供暖,且风口安装高度较高时,宜具有改变射流出口角度的功能。

3. 孔板送风口

孔板实际为一块开有大量小孔（孔径 6~8mm）的平板。平板材料：镀锌钢板、硬质塑料板、铝板、铝合金板或不锈钢板。孔板送风口通常与空调房间的顶棚合为一体,既是送风口,又是顶棚。经过处理的空气由风管送入楼板与开孔顶棚之间的空间,在静压的作用下,再通过大面积分布的众多小孔进入室内。孔板送风的主要优点：

1）送风均匀,噪声小。

2）射流的速度和温度都衰减很快。

3）在直接控制的区域内,能够形成比较均匀的速度场和温度场。

4）区域温差小，可达到±0.1℃的要求。

《民规》规定：设有吊顶时，应根据空调区的高度及对气流的要求，采用散流器或孔板送风。当单位面积送风量较大，且人员活动区内的风速或区域温差要求较小时，应采用孔板送风。孔板风口适用于工艺性空调中的恒温室、洁净室及某些实验环境等。

根据孔板在顶棚上的布置形式不同，分为全面孔板和局部孔板两种。

全面孔板：在空调房间的整个顶棚上（除照明灯具所占面积外）均匀布置的孔板，见图6-2。

局部孔板：在顶棚的一个局部位置或多个局部位置，成带形、梅花形、棋盘形或其他形式布置的孔板。

采用孔板送风时，应符合下列规定：

1）孔板上部稳压层的高度应按计算确定，且净高不应小于0.2m。

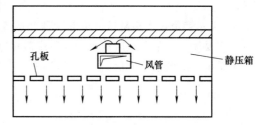

图6-2　全面孔板

2）向稳压层内送风的速度宜采用3~5m/s。除送风射流较长的以外，稳压层内可不设送风分布支管。稳压层的送风口处，宜设防止送风气流直接吹向孔板的导流片或挡板。

3）孔板布置应与局部热源分布相适应。

4. 喷射式送风口

对于高大空间，采用上述几种送风方式时，布置风管困难，难以达到均匀送风的目的。图6-3所示为用于远程送风的喷口，它属于轴向型风口，送风气流诱导的室内风量少，可以送较远的距离，射程可达到10~30m，甚至更远。通常在大空间如体育馆、候机大厅中用作侧送风口。如风口既送冷风又送热风应选用可调角度喷口，见图6-4b，角度调节范围为30°。送冷风时，风口水平或上倾；送热风时，风口下倾。

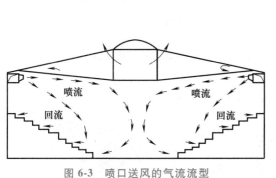

图6-3　喷口送风的气流流型

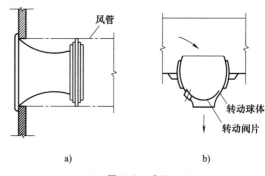

图6-4　喷口
a）固定式喷口　b）可调角度喷口

喷口送风的要求：

1）为满足卫生标准的要求，人员活动区宜位于回流区。

2）喷口安装高度应根据空调区的高度和回流区分布等确定。喷口送风的气流组织形式和侧送是相似的，都是受限射流。受限射流的气流分布与建筑物的几何形状、尺寸和送风口安装高度等因素有关。送风口安装高度太低，则射流易直接进入人员活动区；太高则使回流区厚度增加，回流速度过小，两者均影响舒适感。

3）对于兼作热风供暖的喷口，为防止热射流上翘，设计时应考虑使喷口具有改变射流角度的功能。

4）送风口直径宜取 0.2～0.8m，送风温差宜取 8～12℃，对高大公共建筑送风高度一般为 6～10m。

5. 旋流送风口

工作原理：依靠起旋器或旋流叶片等部件，使轴向气流起旋形成旋转射流。特点：由于旋转射流的中心处于负压区，它能诱导周围大量空气与之混合，然后送至工作区。形式：顶送式和上送式。

1）无芯管顶送式旋流风口由起旋器和圆壳体组成，见图 6-5，主要用于高大空调房间的顶送风。主要优点：单个送风量大，与散流器相比，可减少 30%～50% 的送风口数量，相应地可简化送风系统，降低系统造价。

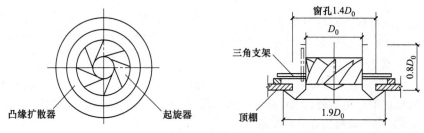

图 6-5　顶送式旋流风口

2）固定导流叶片旋流风口由固定式径向排列的导流片面板、静压箱和进风短管组成（图 6-6），适用于层高在 2.6～4.0m 范围内的房间。特点：一般与室内吊顶平齐安装，面板颜色可以多种多样，能够起到很好的装饰作用。

3）上送式旋流风口（地面旋流风口）的工作原理：来自地板下面静压箱或送风风管的空调送风，经旋流

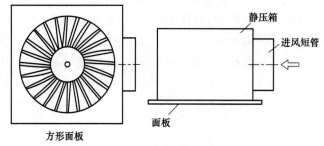

图 6-6　固定导流叶片旋流风口

叶片切向进入集尘箱，形成旋转气流后由出风格栅送出，见图 6-7。

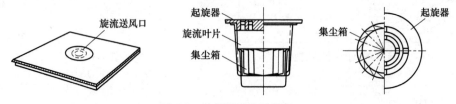

图 6-7　地板送风旋流风口

《民规》规定：高大空间宜采用喷口送风、旋流风口送风或下部送风。

1）喷口送风的喷口截面大，出口风速高，气流射程长，与室内空气强烈掺混，能在室内形成较大的回流区，达到布置少量风口即可满足气流均布的要求。同时，它还具有风管布置简单、便于安装、经济等特点。

2）当空间高度较低时，采用旋流风口向下送风，亦可达到满意的效果。

3）应用置换通风、地板送风的下部送风方式，使送入室内的空气先在地板上均匀分布，然

后被热源（人员、设备等）加热，形成以热烟羽形式向上的对流气流，更有效地将热量和污染物排出人员活动区，在高大空间应用时，节能效果显著，同时有利于改善通风效率和室内空气质量。对于演播室等高大空间，为便于满足空间布置需要，可采用可伸缩的圆筒形风口向下送风的方式。

二、回风口的形式及应用

回风口的构造比较简单，对室内气流组织影响不大。常用的回风口有单层百叶回风口、格栅回风口、网式回风口及活动篦板式回风口。在空调工程中，风口均应能进行风量调节，若风口上无调节装置时，则应在支风管上加以考虑。回风口的形状和位置根据气流组织要求而定，设计时，应考虑尽量避免射流短路和产生"死区"等现象。

1）不应设在送风射流区内和人员长期停留的地点；当送风采用侧送时，宜设在送风口的同侧下方。

2）兼做热风供暖、房间净高较高时，宜设在房间的下部。

3）条件允许时，宜采用集中回风或走廊回风，但走廊的断面风速不宜过大。

4）采用置换通风、地板送风时，应设在人员活动区的上方。

5）若设在房间下部时，为避免灰尘和杂物吸入，风口下缘离地面至少 0.15m。

三、送、回风口的风速

送、回风口的风速除了考虑气流组织，还应考虑气流噪声的影响，速度过高，可能产生噪声。

常用送风口的出风速度列于表 6-3，回风口的吸风速度列于表 6-4。

表 6-3　送风口出口风速　　　　　　（单位：m/s）

风口类型	侧送、散流器平送	孔板下送	条缝形风口	喷口送风	旋流风口
出口风速	2~5	3~5	2~4	4~10	3~8

表 6-4　回风口的吸风速度　　　　　　（单位：m/s）

回风口的位置		最大吸风速度
房间上部		≤4.0
房间下部	不靠近人经常停留的地点时	≤3.0
	靠近人经常停留的地点时	≤1.5

第二节　空调区的气流分布方式

房间气流分布方式也是对空调送、回风气流的组织方式，从基本形态来看，房间气流分布的基本方式见表 6-5。一般民用建筑采用稀释方式。

空调房间对工作区内的温度、相对湿度有一定的精度要求。除要求有均匀、稳定的温度场和速度场外，有时还要控制噪声和含尘浓度。这些都直接受气流流动和分布状况影响。而这些又取决于送风口的构造形式、尺寸、送风的温度、速度和气流方向及送风口的位置等。

气流组织形式一般分为上送下回、上送上回、中送风和下送风。

1. 上送下回

上送下回是最基本的气流组织形式。送风口安装在房间的侧上部或顶棚上，回风口则设在

表 6-5　房间气流分布的基本方式

方式		图示	特征	应用
挤压式	单向流		气流单一方向流动,以活塞作用消除室内热湿污染,换气量大,效果好;分垂直型和水平型,室内断面风速>0.2m/s	工业洁净室
	置换流		着重从房间下部送风,保证工作区有效消除热湿污染;人体、设备的散热对气流有提升作用;可比单向流方式大大节约风量	一般工业车间、办公室可采用
稀释方式	切向送入		凭借有限的风量(换气次数10h⁻¹),将未污染空气送入室内。在射流展开过程中,卷吸室内空气,稀释室内污染物;切线送入的空气有贴附效应,先吸收壁面的负荷而达到工作区	一般民用建筑采用风机盘管等方式时
	扩散送入		利用扩散性能好的风口,从室中央送入空气,在卷吸室内空气时,形成涡旋流并同时进行热质交换,使室温等达到均匀;诱导作用达不到的地方,会形成死角	一般民用建筑

房间的下部,见图 6-8。其主要特点是送风气流在进入工作区之前就已经与室内空气充分混合,易形成均匀的温度场和速度场。适用于温湿度和洁净度要求较高的空调房间。

2. 上送上回

若采用下回风时布置管路有困难,可采用上送上回方式,见图 6-9,主要特点是施工方便,但影响房间的净空使用。而且如设计计算不准确,会造成气流短路,影响空调质量。这种布置适用于有一定美观要求的民用建筑。

3. 中送风

高大空间采用前述方式需要大量送风,空调耗能大,此时可考虑在房间高度的中部位置用侧送风口或喷口的送风方式,见图 6-10 所示。中送风

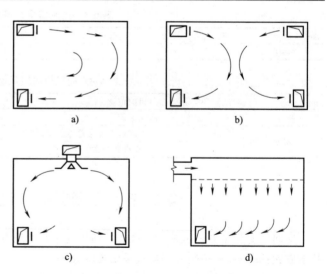

图 6-8　上送下回的气流分布
a) 单侧送风、单侧回风　b) 双侧送风、双侧回风
c) 顶棚散流器送风、双侧回风　d) 顶棚孔板送风、单侧回风

是将房间下部作为空调区,上部作为非空调区,在满足工作区要求的前提下,有显著的节能效果。

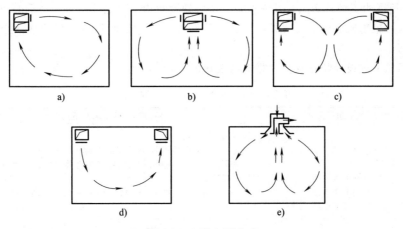

图 6-9　上送上回方式

a) 单侧送风　b) 双侧由内向外送风　c) 双侧由外向内送风
d) 送风与回风不在同一侧　e) 顶棚送风与回风两用散流器

4. 下送风

图 6-11a 所示为地面均匀送风、上部集中排风，送风直接进入工作区。为满足生产或人的要求，下送风的送风温差必然远小于上送方式，因而加大了送风量。同时考虑到人的舒适条件，送风速度也不能大，一般不超过 0.5~0.7m/s，这就必须增大送风口的面积或数量，给风口布置带来困难。此外，地面容易积聚污物，这将会影响送风的清洁度。但下送方式

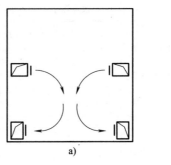
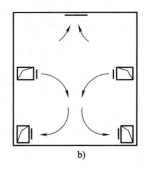

图 6-10　中送风下回风的气流分布

a) 中送风、下回风　b) 中送风、下回风加顶排风

能使新鲜空气首先通过工作区，同时由于是顶部排风，因而房间上部余热（照明散热、上部围护结构传热等）可以不进入工作区而直接排走，故具有一定的节能效果，同时有利于改善工作区的空气质量。

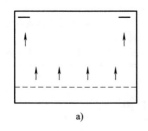
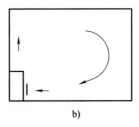
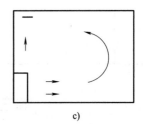

图 6-11　下送风方式

a) 地面均匀送风　b) 盘管下送　c) 置换式送风

图 6-11b 所示为送风口设于窗台下面垂直向上送风的形式，这样可在工作区造成均匀的气流流动，同时能阻挡通过窗户进入室内的冷热气流直接进入工作区。工程中风机盘管和诱导系统常采用这种布置方式。

207

图 6-11c 所示为置换式送风，其噪声小，热舒适及室内空气品质良好、空间特性与建筑设计兼容性好；但污染物密度比空气大或者与热源无关联时，置换通风不适用。置换通风也不适用于层高低的空间。

各种送回风方式设计特点及技术要求见表 6-6。

表 6-6 送回风方式特点及技术要求

送风方式	气流组织形式	特点、技术要求及适用范围
侧面送风	1. 单侧上送下回或走廊回风 2. 单侧上送上回 3. 双侧上送下回	1. 工作区流型：回流 2. 温度场、速度场均匀，混合层高度为 0.3~0.5m 3. 贴附侧送风口宜贴顶布置，宜采用可调双层百叶风口。回风口宜设在送风口同侧 4. 用于一般空调，也可用于精度 ±1℃ 的工艺空调，或精度 ≤±0.5℃ 的工艺空调
散流器送风	1. 平送下回 2. 下送下回 3. 送吸式散流器上送上回	1. 工作区流型：回流或直流 2. 温度场、速度场均匀，混合层高度为 0.5~1.0m 3. 需设置吊顶或技术夹层 4. 散流器平送用于一般空调，也可用于精度 ±1℃ 的工艺空调，或精度 ≤±0.5℃ 的工艺空调 5. 散流器下送密集布置，可用于净化空调
孔板送风	1. 全面孔板下送下部回风 2. 局部孔板下送下部回风	1. 工作区流型：直流或不稳定流 2. 温度场、速度场分布均匀，混合层高度为 0.2~0.3m 3. 需设置吊顶或技术夹层，静压箱高度不小于 0.3m 4. 用于层高较低或净空较小建筑的一般空调，也可用于精度 ±1℃ 的工艺空调，或精度 ≤±0.5℃ 的工艺空调。当单位面积送风量较大，工作区内要求风速较小，或区域温差要求严格时，采用孔板下送不稳定流型
喷口送风	上送下回、送回风口布置在同侧	1. 工作区流型：回流 2. 送风速度高、射程长、温度场和速度场分布均匀 3. 对于工作区有一定斜度的建筑物，喷口与水平面保持一个向下倾角 β。对于冷射流，$\beta=0°~12°$；对于热射流，$\beta>15°$ 4. 用于空间较大的公共建筑和精度 ≥±1℃ 的高大厂房一般空调
条缝送风	条缝形风口下送，下部回风	1. 工作区流型：回流 2. 送风温差、速度衰减较快，工作区温度速度分布均匀。混合层高度为 0.3~0.5m 3. 用于民用建筑和工业厂房的一般空调，也可与灯具配合布置
旋流风口送风	上送下回	1. 工作区流型：回流 2. 送风速度、温差衰减快，工作区风速、温度分布均匀 3. 可用大风口作大风量送风，也可用大温差送风，简化送风系统 4. 可直接向工作区或工作地点送风 5. 用于空间较大的公共建筑和精度 ≥±1℃ 的高大厂房一般空调

第三节 气流组织的设计计算

气流组织设计的任务是合理地组织室内空气的流动与分布、确定送风口的形式、数量和尺寸，使工作区的风速和温差满足工艺要求及人体舒适感的要求。以下介绍几种气流组织的设计方法。

气流组织设计一般需要的已知条件如下：房间总送风量 L_0（m^3/s）；沿送风方向的房间长度 L（m）；房间宽度 W（m）；房间净高 H（m）；送风温度 t_0（℃）；房间工作区温度 t_n（℃）；送

风温差 Δt_0（℃）。

气流组织设计计算中常用的符号说明如下：

ρ——空气密度，常温取 $1.2\mathrm{kg/m^3}$；

c_p——空气比定压热容，取 $1.01\mathrm{kJ/(kg\cdot℃)}$；

L_0——房间总送风量（$\mathrm{m^3/s}$）；

L——房间长度（m）；

W——房间宽度（m）；

H——房间净高（m）；

x——要求的气流贴附长度（m）；在气流分布设计时，要求射流贴附长度到达距离对面墙 0.5m 处，见图 6-12；

t_0——送风温度（℃）；

t_n——房间工作区温度（℃）；

$\sqrt{F_n}/d_0$——射流自由度，其中 F_n 为每个风口所管辖的房间的横截面面积（$\mathrm{m^2}$）；

d_0——风口直径（m），当为矩形风口时，按面积折算成圆的直径。

一、侧送风的计算

除了高大空间中的侧送风气流可以当自由射流外，大部分房间的侧送风气流都是受限射流。

侧送方式的气流流型宜设计为贴附射流，在整个房间截面内形成一个大的回旋气流，也就是使射流有足够的射程能够送到对面墙（对双侧送风方式，要求能送到房间的一半），整个工作区为回流区，避免射流中途进入工作区。侧送贴附射流流型见图 6-12（图中断面Ⅰ—Ⅰ处，射流断面和流量都达到了最大，回流断面最小，此处的回流平均速度最大即工作区的最大平均速度 v_h）。这样设计流型可使射流有足够的射程，在进入工作区前其风速和温差可以充分衰减，在工作区

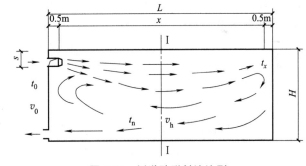

图 6-12　侧送贴附射流流型

达到较均匀的温度和速度；使整个工作区为回流区，可以减小区域温差。因此，在空调房间中，通常设计这种贴附射流流型。

在布置送风口时，风口应尽量靠近顶棚，使射流贴附顶棚。另外，为了不使射流直接进入工作区，需要一定的射流混合高度，因此侧送风的房间不得低于如下高度：

$$H = h + 0.07x + s + 0.3 \tag{6-1}$$

式中　h——工作区高度，1.8~2.0m；

x——要求的气流贴附长度（m）；

s——送风口下缘到顶棚的距离（m），见图 6-12；

0.3——安全值（m）。

侧送风气流组织的设计步骤：

1. 根据允许的射流温度衰减值，求出最小相对射程 x/d_0

在空调房间内，送风温度与室内温度有一定温差，射流在流动过程中，不断掺混室内空气，

其温度逐渐接近室内温度。因此，要求射流的末端温度与室内温度之差 Δt_x 小于要求的室温允许波动范围。射流温度衰减与射流自由度、素流系数、射程有关，对于室内温度波动允许值大于 1℃ 的空调房间，射流末端的 Δt_x 可为 1℃ 左右，此时可认为射流温度衰减只与射程有关。中国建筑科学研究院通过对受限空间非等温射流的试验研究，提出温度衰减的变化规律，见表 6-7。

表 6-7　受限射流温度衰减规律

x/d_0	2	4	6	8	10	15	20	25	30	40
$\Delta t_x/\Delta t_0$	0.54	0.38	0.31	0.27	0.24	0.18	0.14	0.12	0.09	0.04

注：1. Δt_x 为射流在 x 处的温度 t_x 与工作区温度 t_n 之差；Δt_0 为送风温差。

　　2. 试验条件：$\sqrt{F_n}/d_0 = 21.2 \sim 27.8$。

2. 计算风口的最大允许直径 $d_{0,max}$

根据射流实际所需贴附长度 x 和最小相对射程 x/d_0，计算风口允许的最大直径 $d_{0,max}$，从风口样本中预选风口的规格尺寸。对于非圆形的风口，按面积折算为风口直径，即

$$d_0 = 1.128\sqrt{F_0} \tag{6-2}$$

式中　F_0——风口的面积（m^2）。

从风口样本中预选风口的规格尺寸，使 $d_0 \le d_{0,max}$。

3. 选取送风口速度 v_0，计算各风口送风量

送风速度 v_0 如果取较大值，对射流温差衰减有利，但会造成回流平均风速即要求的工作区风速 v_h 太大。v_h 与 v_0 及 $\sqrt{F_n}/d_0$ 有关，见式（6-3），而 v_h 可根据要求的工作区风速或按工作区要求的温湿度来确定。

$$v_h = \frac{0.65v_0}{\sqrt{F_n}/d_0} \tag{6-3}$$

式中　v_h——回流区的最大平均风速（m/s）；

　　　　v_0——送风口出口风速（m/s）；

　　　　d_0——送风口当量直径（m）；

　　　　F_n——每个送风口所负担的空调区断面面积（m^2）。

除高大空间外，为了防止送风口产生噪声，建议送风速度采用 $2 \sim 5 m/s$。

确定送风速度后，即可得送风口的送风量为

$$l_0 = Cv_0\frac{\pi}{4}d_0^2 \tag{6-4}$$

式中　C——风口有效断面的系数，可根据实际情况计算确定，或从风口样本上查找，一般送风口取 0.95，双层百叶风口取 $0.70 \sim 0.82$。

4. 计算送风口数量 n 与实际送风速度 v_0

送风口数量：

$$n = \frac{L_0}{l_0} \tag{6-5}$$

实际送风速度：

$$v_0 = \frac{L_0/n}{\frac{\pi}{4} \times d_0^2} \tag{6-6}$$

5. 校核送风速度

根据房间的宽度 W 和风口数量，计算出射流服务区断面为

$$F_n = WH/n \qquad (6-7)$$

由此可计算出射流自由度 $\sqrt{F_n}/d_0$。由式（6-3）可知，当工作区允许风速为 $0.2 \sim 0.3 \text{m/s}$ 时，允许的风口最大出风风速为

$$v_{0,\max} = (0.29 \sim 0.43)\frac{\sqrt{F_n}}{d_0} \qquad (6-8)$$

如果实际出口风速 $v_0 \leqslant v_{0,\max}$，则认为合适；如果 $v_0 > v_{0,\max}$，则表明回流区平均风速超过规定值，超过太多时，应重新设置风口数量和尺寸，重新计算。

6. 校核射流贴附长度

贴附射流的贴附长度主要取决于阿基米德数 Ar，见式（6-9）。

$$Ar = \frac{gd_0\Delta t_0}{v_0^2(t_n+273.15)} \qquad (6-9)$$

式中　g——重力加速度。

Ar 数越小，射流贴附的长度越长；反之，贴附射程越短。中国建筑科学研究院空气调节研究所通过试验，给出阿基米德数与相对射程之间的关系，见表6-8。

表6-8　射流贴附长度

$Ar/(\times 10^{-3})$	0.2	1.0	2.0	3.0	4.0	5.0	6.0	7.0	9.0	11	13
x/d_0	80	51	40	35	32	30	28	26	23	21	19

从表6-8中查出与阿基米德数对应的相对射程，便可求出实际的贴附长度。若实际贴附长度大于或等于要求的贴附长度，则设计满足要求；若实际的贴附长度小于要求的贴附长度，则需重新设置风口数量和尺寸，重新计算。

【例6-1】　已知房间的尺寸为 $L = 6\text{m}$，$W = 21\text{m}$，净高 $H = 3.5\text{m}$，房间的净高符合侧送风条件，总送风量 $L_0 = 3000\text{m}^3/\text{h}$，送风温度 $t_0 = 20\text{℃}$，工作区温度 $t_n = 26\text{℃}$。试进行气流组织设计。

【解】　$L_0 = 3000\text{m}^3/\text{h} = 0.83\text{m}^3/\text{s}$。

（1）计算最小相对射程 x/d_0

取 $\Delta t_x = 1\text{℃}$，因此 $\Delta t_x/\Delta t_0 = 1/6 = 0.167$；由表6-7查得射流最小相对射程 $x/d_0 = 16.6$。

（2）计算风口面积当量直径 d_0　设在墙一侧靠顶棚安装风管，风口离墙为 0.5m，则射流的实际射程为 $x = (6-0.5-0.5)\text{m} = 5\text{m}$；由最小相对射程求得送风口最大直径 $d_{0,\max} = (5/16.6)\text{m} = 0.3\text{m}$。选用双层百叶风口，规格为 $300\text{mm} \times 200\text{mm}$。根据式（6-2）计算风口面积当量直径：

$$d_0 = (1.128\sqrt{0.3 \times 0.2})\text{m} = 0.276\text{m}$$

（3）计算单个送风口的送风量 l_0　取 $v_0 = 3\text{m/s}$，$C = 0.8$，据式（6-4），有

$$l_0 = \left(0.8 \times 3 \times \frac{\pi}{4} \times 0.276^2\right)\text{m}^3/\text{s} = 0.14\text{m}^3/\text{s}$$

（4）计算送风口数量 n 和实际送风速度 v_0　据式（6-5），有

$$n = \frac{L_0}{l_0} = \frac{0.83}{0.14} = 5.9 \quad (\text{取} 6 \text{个})$$

据式（6-6），实际的风口送风速度为

$$v_0 = \frac{0.83/6}{\frac{\pi}{4} \times 0.276^2} \, \text{m/s} = 2.31 \, \text{m/s}$$

（5）校核送风速度

射流服务区断面积：　　$F_n = WH/n = (21 \times 3.5/6) \, \text{m}^2 = 12.25 \, \text{m}^2$

射流自由度：　　　　　$\sqrt{F_n}/d_0 = \sqrt{12.25}/0.276 = 12.68$

若以工作区风速不大于 $0.2 \, \text{m/s}$ 为标准，则

$$v_{0,\max} = 0.29 \frac{\sqrt{F_n}}{d_0} = (0.29 \times 12.68) \, \text{m/s} = 3.7 \, \text{m/s}$$

因 $v_0 < v_{0,\max}$，满足回流平均区风速 $\leqslant 0.2 \, \text{m/s}$ 的要求。

（6）校核射流贴附长度

根据式（6-9）有

$$Ar = \frac{9.81 \times 0.276 \times 6}{2.31^2 \times (273+26)} = 0.01$$

从表 6-8 可查得，相对贴附射程为 21m，因此，贴附射程为 $(21 \times 0.276) \, \text{m} = 5.8 \, \text{m} > 5 \, \text{m}$，满足要求。

以上的计算步骤与实例适用于对温度波动范围的控制要求并不严格的空调房间。对于恒温恒湿空调房间的气流分布设计，请参阅有关文献。

二、散流器送风的设计计算

散流器送风的气流流型有平送和下送两种典型的送风方式。设计顶棚密集布置散流器下送时，散流器形式应为流线型。气流流型为平送贴附射流，有盘式散流器、圆形直片式散流器、方形片式散流器和直片形送吸式散流器。平送风盘式分布器是最简单的散流器，其流型见图 6-13。

散流器平送的设计步骤如下：

1. 按照房间（或分区）的尺寸布置散流器，计算每个散流器的送风量

根据空调房间的大小和室内所要求的参数，确定散流器个数。散流器平面一般对称布置或梅花形布置（图 6-14），梅花形布置时每个散流器送出气流有互补性，气流组织更为均匀。

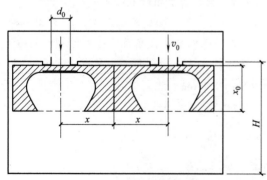

图 6-13　散流器平送示意图

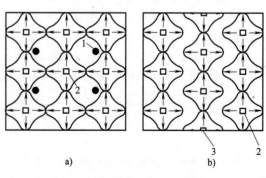

图 6-14　散流器平面布置图

a）对称布置　b）梅花形布置

1—柱　2—方形散流器　3—三面送风散流器

圆形或方形散流器相应送风面积的长宽比不宜大于 1：1.5，散流器中心线和侧墙的距离，一般不应小于 1m。散流器之间的间距也要合适。每个圆形或方形散流器所服务的区域最好为正方形或接近正方形。当散流器服务区的长宽比大于 1.25 时，宜选用矩形散流器。如果采用顶棚回风，则回风口应布置在距散流器最远处。

2. 初选散流器，得到散流器有效面积 F_0、颈部直径 d_0 及颈部风速 v_0

按表 6-9 选择适当的散流器颈部风速 v_0'。层高较低或要求噪声低时，应选低风速；层高较高或噪声控制要求不高时，可选用高风速。选定风速后，进一步选定散流器规格，可参考产品样册。

表 6-9 送风颈部最大允许风速

使用场合	颈部最大风速/（m/s）
播音室	3~3.5
医院门诊室、病房、旅馆客房、接待室、居室、计算机房	4~5
剧场、剧场休息室、教室、音乐厅、食堂、图书馆、游艺厅、一般办公室	5~6
商店、旅馆、大剧场、饭店	6~7.5

选定散流器后可算出实际的颈部风速 v_0。散流器实际出口面积约为颈部面积的 90%，所以：

$$v_0 = \frac{v_0'}{0.9} \tag{6-10}$$

3. 校核射程 x

根据式（6-11）校核射流的射程是否满足要求，中心处设置的散流器的射程应为散流器中心到房间或区域边缘距离的 75%。

$$x = \frac{Kv_0 \sqrt{F_0}}{v_x} - x_0 \tag{6-11}$$

式中　x——射程（m），见图 6-13；

　　　K——射流受限修正系数，多层锥面散流器为 1.4，盘式散流器为 1.1；

　　　v_0——散流器颈部出口风速（m/s）；

　　　F_0——散流器的颈部（有效流通）面积（m²）；

　　　v_x——在 x 处的最大风速（m/s），一般取 0.5m/s；

　　　x_0——自散流器中心起到射流外观原点的距离，多层锥面散流器为 0.07m。

4. 校核工作区的平均速度 v_m

若 v_m 满足工作区风速要求，则认为设计合理；若 v_m 不满足工作区风速要求，则重新布置散流器，重新计算。

等温射流工作区平均风速 v_m 与房间大小、射流的射程有关，可按式（6-12）计算：

$$v_m = \frac{0.381x}{(l^2/4 + H^2)^{1/2}} \tag{6-12}$$

式中　l——散流器服务区边长（m），当两个方向长度不等时，可取平均值；

　　　H——房间净高（m）。

当送冷风时，v_m 应增加 20%，送热风时 v_m 减少 20%。

5. 校核轴心温差 Δt_x

对于散流器平送，其轴心温差衰减可近似地取为

$$\Delta t_x \approx \frac{v_x}{v_0} \Delta t_0 \qquad\qquad (6\text{-}13)$$

式中　Δt_x——射流末端温度衰减值（℃）；

　　　Δt_0——送风温差（℃）；

　　　v_0——散流器的颈部风速（m/s）。

【例 6-2】　某 15m×15m 的空调房间，净高 3.5m，送风量为 1.62m³/s，试选择散流器的规格和数量。

【解】　（1）布置散流器　采用图 6-14a 的布置方式，即共布置 9 个散流器，每个散流器承担 5m×5m 的送风区域。

（2）初选散流器　本例按 $v_0' = 3$m/s 左右选取风口，选用颈部尺寸为 D257 的圆形散流器，颈部面积为 0.052m²，则颈部风速为

$$v_0 = \frac{1.62}{9 \times 0.052} \text{m/s} = 3.46 \text{m/s}$$

散流器实际出口面积约为颈部面积的 90%，即 $F_0 = (0.052 \times 0.9)\text{m}^2 = 0.0468\text{m}^2$。

散流器出口风速　$v_0 = (3.46/0.9)\text{m/s} = 3.85\text{m/s}$

（3）按式（6-13）求射流末端速度为 0.5m/s 的射程，即

$$x = \frac{Kv_0 F_0^{1/2}}{v_x} - x_0 = \left[\frac{1.4 \times 3.85 \times (0.0468)^{1/2}}{0.5} - 0.07\right] \text{m} = 2.26\text{m}$$

散流器中心到边缘距离 2.5m，根据要求，散流器的射程应为散流器中心到房间或区域边缘距离的 75%，所需的最小射程为 (2.5×0.75)m = 1.875m。射程大于所需最小射程，因此射程满足要求。

（4）校核工作区的平均速度

$$v_m = \frac{0.381x}{(l^2/4 + H^2)^{1/2}} = \left[\frac{0.381 \times 2.26}{(5^2/4 + 3.5^2)^{1/2}}\right]\text{m/s} = 0.2\text{m/s}$$

如果送冷风，则室内平均风速为 0.24m/s；送热风时，平均风速 0.16m/s，满足空调风速要求。

第四节　空调管路设计及风机选型

空调系统管路设计及风机选型的原则及方法同第三章第一节。

【例 6-3】　某空调系统如图 6-15 所示，总风量 12000m³/h。风管采用镀锌钢板制作，空调箱阻力 230Pa。试确定该系统的风管断面尺寸和所需的风机风压。

【解】　布置送、回风口（图 6-15），每个散流器承担 1500m³/h 的送风量，每个回风百叶风口承担 3000m³/h 的回风量。局部阻力系数可查附录 28，如 1—2 的局部阻力系数包括散流器 3.4，多叶调节阀 1.0，三通 0.3，弯头 0.39，可得 5.1。送风管、回风管水力计算表分别见表 6-10 及表 6-11。

送风管阻力 $\Delta p_S = 198.9$Pa。

回风管阻力 $\Delta p_H = 88.1$Pa。

总阻力 $\Delta p = \Delta p_S + \Delta p_H + \Delta p_{AHU} = (198.9 + 230 + 88.1)\text{Pa} = 517.0\text{Pa}$，据此可以选择风机全压，而机外余压大于送、回风管阻力之和（198.9Pa + 88.1Pa = 287.0Pa）即可，详见表 6-12，单风机系统压力分布见图 6-16。

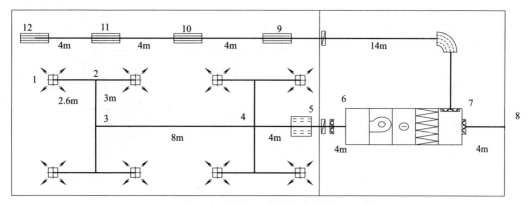

图 6-15　单风机空调系统水力计算示意图

表 6-10　送风管水力计算表

管段编号	流量/(m³/h)	长度 l/m	风管尺寸/mm a×b	流速 v/(m/s)	动压 p_d/Pa	局部阻力系数 $\Sigma\zeta$	局部阻力 Z/Pa	比摩阻 R_m/(Pa/m)	摩擦阻力 $R_m l$/Pa	管段总阻力 $R_m l + Z$/Pa
1—2	1500	2.6	400×250	4.17	10.42	5.1	53.1	0.71	1.85	55.0
2—3	3000	3	630×320	4.13	10.25	1.3	13.3	0.47	1.41	14.7
3—4	6000	8	800×320	6.51	25.43	0.3	7.6	1	8	15.6
4—5	12000	4	1250×400	6.67	26.67	1	26.7	0.74	2.96	29.6
5—6	12000	4	1250×400	6.67	26.67	3.04	81.1	0.74	2.96	84.0

表 6-11　回风管水力计算表

管段编号	流量/(m³/h)	长度 l/m	风管尺寸/mm a×b	流速 v/(m/s)	动压 p_d/Pa	局部阻力系数 $\Sigma\zeta$	局部阻力 Z/Pa	比摩阻 R_m/(Pa/m)	摩擦阻力 $R_m l$/Pa	管段总阻力 $R_m l + Z$/Pa
12—11	3000	4	630×320	4.13	10.25	3.3	33.8	0.47	1.88	35.7
11—10	6000	4	800×320	6.51	25.43	0.15	4	1	4	8
10—9	9000	4	1000×400	6.25	23.44	0.15	4	0.71	2.84	6.8
9—7	12000	14	1250×400	6.67	26.67	1.02	27.2	0.74	10.36	37.6

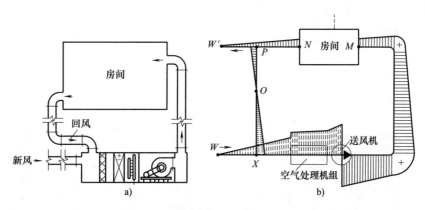

图 6-16　单风机系统风管的压力分布

a）工作原理　b）压力分布

【例 6-4】　某空调系统如图 6-17 所示，总风量 60000m³/h。风管全部采用镀锌钢板制作，试确定该系统的风管断面尺寸和所需的风机风压。空调箱内需送风机承担的阻力为 300Pa，需回风机承担的阻力为 150Pa。

215

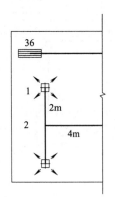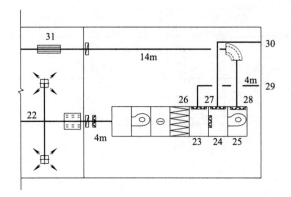

图 6-17 双风机空调系统水力计算示意图

【解】 与【例 6-3】采用类似方法可得送风管阻力 1080Pa，回风管阻力 680Pa。

送风机承担总阻力为

$$\Delta p = \Delta p_S + p_{AHU} = (1080+300)\,Pa = 1380\,Pa$$

回风机承担总阻力为

$$\Delta p = \Delta p_H + 150\,Pa = (680+150)\,Pa = 830\,Pa$$

故根据系统总风量及计算阻力选用风机型号，见表 6-12，双风机系统压力分布见图 6-18。

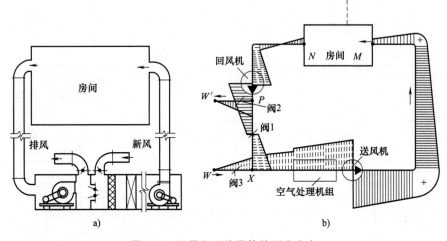

图 6-18 双风机系统风管的压力分布

a）工作原理 b）压力分布

表 6-12 例 6-3 和例 6-4 风机参数

系统	风机功能	风机类型	型号	风量 /(m³/h)	风压 /Pa	全压效率 （%）	转速 /(r/min)	功率 /kW
单风机	送风机	双进离心风机	SYD450K	12533	516	68	749	4
双风机	回风机	双进离心风机	SYQ900K	60000	830	68	945	22
	送风机	双进离心风机	SYQ900Z	60000	1380	76	1093	37

二维码形式客观题

第六章
客观题

微信扫描二维码，可在线做题，提交后可查看答案。

第七章

空调水系统设计

空调工程常采用冷（热）水作介质，通过水系统将冷热源产生的冷（热）量输送给换热器、空气处理设备等，并最终将这些冷（热）量供应至用户。空调水系统主要由三部分组成：

1）冷热源：主要有冷（热）水机组、热水锅炉和换热机组等。

2）输配系统：水泵、供回水管道及各类阀门等附件。

3）末端设备：如换热器（包括表冷器、空气加热器、风机盘管等）、喷水室等热湿交换设备和装置。

按使用对象不同，空调水系统可分为热水系统、冷水系统、冷却水系统和冷凝水系统。

第一节 空调冷热水系统的类型及参数

一、冷热水系统的类型

（一）直接连接水系统和间接连接水系统

冷热水系统按负荷侧水与冷热源侧水是否连通分为直接连接水系统和间接连接水系统，见图 7-1。

1. 直接连接水系统

负荷侧管路中的水与冷热源中的水相连通的系统称为直连系统。直连系统中各设备的水力工况和热力工况是相互影响的。系统换热效率较高，当系统垂直高度较大时，低区设备易超压，且各支路的阻力与流量平衡比较困难。

2. 间接连接水系统

负荷侧管路中的水与冷热源中的水不连通的系统称为间连系统，通常采用板式换热器隔开。各间连系统间的水力工况是各自独立的。换热器会产生热损失，系统换热效率较低，适合于大型系统或不宜直接连接的系统（如腐蚀、不同介质不同承压要求等）；如高层建筑的高区与低区、供热干网与各用户及冰蓄冷系统等，其水系统可采用间接连接的方式。

（二）开式系统和闭式系统

开式水系统在管路之间设有贮水箱（或水池）通大气，回水靠重力自流到回水池，见图 7-2a。开式系统的贮水箱具有一定的蓄能作用，可减少冷热源设备的开启时间，提高能量调节能力，且水温波动较小。但开式水系统含氧量高，管路和设备易腐蚀，水泵扬程要克服高差引

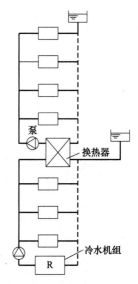

图 7-1 直接连接（下部）和间接连接（上部）

起的静水压力，水泵功耗大。

闭式水循环管路系统中的水不与大气相接触，仅在系统最高点设置膨胀水箱，见图7-2b。闭式系统不论是设备运行或停止期间，管内都充满水，管路和设备不易产生污垢和腐蚀，水泵的扬程只需克服循环阻力，而不用考虑克服提升水的静水压力，水泵功耗较小。

开式系统适用于以下场合：

1）蓄冷、蓄热以削减高峰负荷（水池应布置于系统最高点，实际上也是闭式系统，不存在水泵克服水静压的情况）。

2）末端采用喷水室（民用建筑很少用开式喷水室）。

《民规》规定：除设蓄冷、蓄热水池等直接供冷、供热的蓄能系统及用喷水室处理空气的系统外，空调水系统应采用闭式循环系统。

对于开式系统，应注意水泵吸水真空高度的问题，以防止水泵吸入口汽化，需保证水泵吸入口的水压力大于水的汽化压力。对于闭式系统，在水泵吸入口设置定压装置（膨胀水箱等），保证水系统任何一点的最低运行压力大于5kPa，防止系统中任何一点出现负压，否则有可能导致空气吸入水系统中（抽空）或造成部分软连接向内收缩等问题。

（三）同程式和异程式水系统

根据系统中各负荷侧环路流程长度是否相同，有同程和异程式系统之分。异程式系统中各负荷侧环路长度不同（图7-3），各环路阻力不易平衡，阻力小的近端环路流量会加大，阻力大的远端环路流量相应会减小，从而造成在供热水（或冷水）时近端用户比远端用户所得到的热量（或冷量）多，造成水平失调。如果水系统较小，可适当减小公共管路阻力，增加并联支管阻力；如果水系统较大，则可以在支管上设置平衡阀，这样能克服静态水力失调。

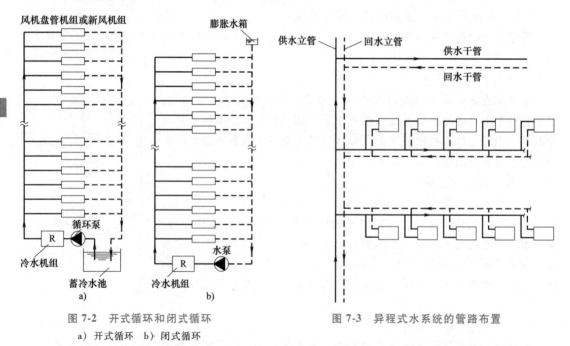

图7-2 开式循环和闭式循环　　图7-3 异程式水系统的管路布置
a）开式循环　b）闭式循环

同程式水系统除了供回水管路以外，还有一根同程管，由于各并联环路的管路总长度基本相等，各用户末端的水阻力大致相等，所以系统的流量分配均匀。同程式水系统的管路布置见图7-4～图7-6。同程式水系统的缺点是管路长度增加、增加投资；占用一定的建筑空间。

设计原则:

1) 建筑标准层水系统管路,当末端设备+其支路阻力相差不大时,建议用同程式水系统;当管路系统较小,末端支管环路阻力占负荷侧环路阻力的60%以上时,建议用异程式水系统。

2) 如垂直各层负荷接近,建议用垂直同程式水系统,见图7-4;垂直各层如果负荷相差较大,建议用垂直异程式水系统。

3) 无论同程或异程,应采取水力平衡措施,各并联支路间阻力相对差值≤15%。

(四)两管、三管、四管制及分区两管制水系统

1) 两管制水系统:在同一时间水管中仅送热水或冷水,因此只需一根送水管和一根回水管的系统,见图7-7a。如风机盘管系统及普通的全空气系统,夏天管内为冷水,冬天管内为热水。两管制水系统是最常见的系统形式,投资较少,通常适用于舒适性空调。

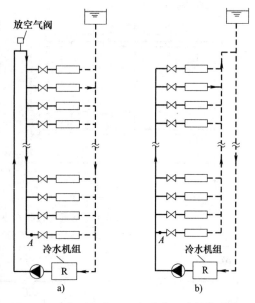

图7-4　垂直(竖向)同程式水系统的管路布置
a)供水立管为同程管　b)回水立管为同程管

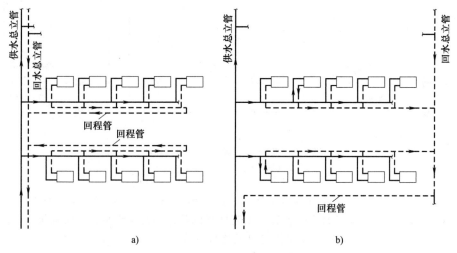

图7-5　水平同程式水系统的管路布置
a)供回水立管在同一管道井　b)供回水立管在两侧管道井

《民规》指出:"全年运行的空气调节系统,仅要求按季节进行供冷与供热转换时,应采用两管制水系统。"两管制系统能满足绝大部分舒适性的空调要求,同时也是各类民用建筑广泛采用的空调水系统方式。

2) 三管制水系统:两根供水管分别供冷水和热水,一根回水管冷、热水共用,各组换热设备并联在供、回水管之间,见图7-7b。这种系统形式虽比四管制经济,但共用回水管会造成冷量和热量的混合损失,同时调节控制也较复杂,几乎没被采用。

3) 四管制系统:采用两根供水管、两根回水管,分别供冷水和热水,热水管路和冷水管路均包括各自的供水管和回水管,见图7-7c。四管制系统各组换热设备并联在供、回水管之间,适

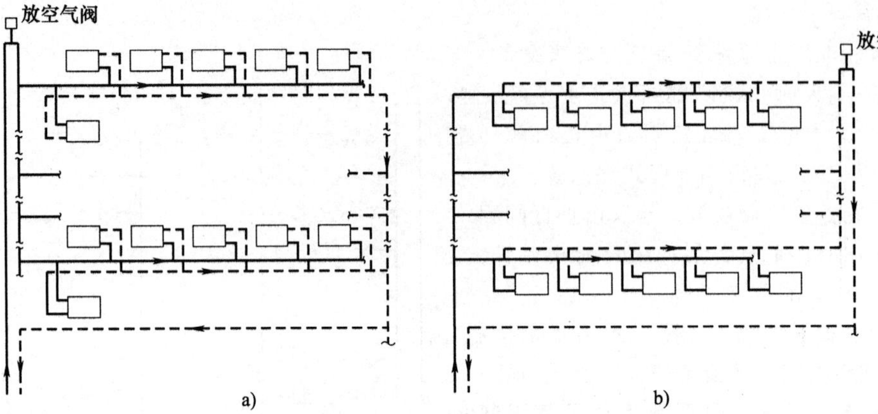

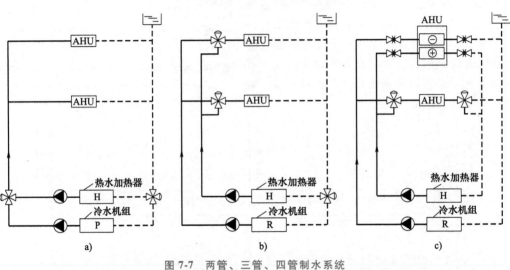

图 7-6　垂直同程和水平同程混合式水系统管路布置

a）供水立管同程　b）回水立管同程

图 7-7　两管、三管、四管制水系统

a）两管制　b）三管制　c）四管制

用于同一系统中各用户供冷、供热需求差异大，供冷和供热工况交替频繁或同时使用等全年参数保证率高的场合，如高星级酒店的客房，工艺性空调等，其初投资高，占用建筑空间大，运行费用高。图 7-8 所示为四管制水系统风机盘管的连接方式。

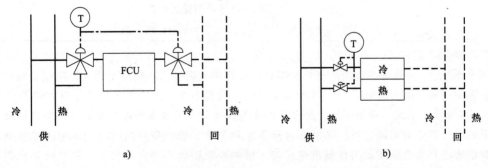

图 7-8　四管制水系统风机盘管的连接方式

a）单一盘管　b）冷热分开的盘管

4) 分区两管制水系统：对于建筑物内存在需全年供冷的区域时（不仅限于内区），这些区域在非供冷季首先应该直接采用室外新风作为冷源，例如全空气系统增大新风比、独立新风系统增大新风量。当新风冷源不能满足供冷量需求时，由于两管制功能不足、四管制投资高，可按建筑物的负荷特性将空气调节分为冷水和冷热水合用的两个两管制系统，见图7-9。

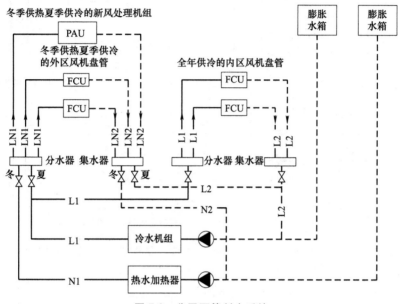

图7-9　分区两管制水系统

《民规》：当空调水系统的供冷和供热工况转换频繁或需同时使用时，宜采用四管制水系统。当建筑物内一些区域的空调系统需全年供应空调冷水、其他区域仅要求按季节进行供冷和供热转换时，可采用分区两管制空调水系统。

（五）定流量、变流量一级泵水系统

输配管路（负荷侧、用户侧）回路：连接分水器、空调设备及集水器的水管回路，该回路负责冷热水的分配、使用和收集。

冷热源侧回路：连接集水器、水泵、冷热源设备、分水器及旁通阀的水管回路，该回路负责冷热水的制备。

一级泵水系统的冷热源侧和用户侧共用一组循环水泵，系统简单、初投资省。一级泵水系统可分为定流量一级泵水系统和变流量一级泵水系统。

1. 定流量一级泵空调水系统

定流量是指输配管路（负荷侧回路）循环的水量为定值，当系统负荷发生变化时，通过改变供回水温差来适应。

定流量一级泵系统简单（图7-10），不设置水路控制阀时一次投资最低。其特点是运行过程中各末端用户的总阻力系数不变，因而其通过的总流量不变（无论是末端不设置水路两通自动控制阀还是设置三通自动控制阀），使得整个水系统不具有实时变化设计流量的功能，当整个建筑处于低负荷时，只能通过冷水机组的自身冷量调节来实现供冷量的改变，而无法根据不同的末端冷量需求来实现总流量的按需供应。当这样的系统设置有多台水泵时，如果空调末端装置不设水路电动阀或设置电动三通阀，仅运行一台水泵时，系统总流量减少很多，但仍按比例流过各末端设备（或三通阀的旁路），由于各末端设备负荷的减少与机组总负荷的减少并不是同步

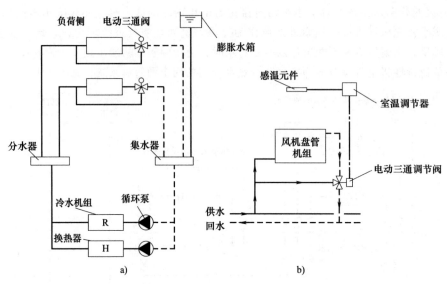

图 7-10　定流量一级泵水系统及末端三通阀能量调节

a) 定流量一级泵水系统　b) 末端三通阀能量调节

的，因而会造成供冷（热）需求较大的设备供冷（热）量不满足要求，而供冷（热）需求较小
的设备供冷（热）量过大。同时由于水泵运行
台数减少，尽管总水量减小，但无电动两通阀
的系统，导致其管网曲线基本不发生变化，运
行的水泵还有可能发生单台超负荷的情况（严
重时甚至出现事故）。因此，《民规》规定：除
设置一台冷水机组的小型工程外，不应采用定
流量一级泵系统。

2. 变流量一级泵空调水系统

变流量系统输配管路（负荷侧回路）的水
流量随着末端装置的调节而实时变化。变流量
系统中供、回水温度保持不变，末端负荷变化
时，末端流量由二通调节阀调节改变供水量。
变流量一级泵空调水系统包括冷水机组定流量
和冷水机组变流量两种方式。

（1）冷水机组定流量、用户侧变流量空调
水系统　如图 7-11 所示，冷源侧设多台冷水机
组，每台冷水机组和循环水泵一对一连接，经
过冷水机组的水流量不变；用户侧空调末端设
备回水管上设置由室内恒温器控制的电动二通
阀，随室内负荷变化进行变流量控制。

冷源侧和用户侧之间的供回水管路上设旁
通管（按一台冷水机组的冷冻水水量确定，管
径直接按冷冻水管最大允许流速选择），在旁

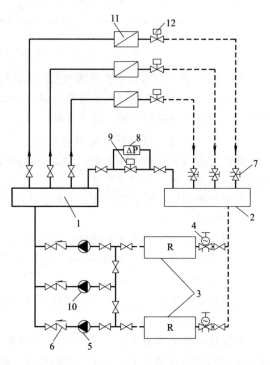

图 7-11　冷水机组定流量、用户
侧变流量一级泵空调水系统

1—分水器　2—集水器　3—冷水机组　4—定流
量阀　5—定流量冷水循环泵　6—止回阀
7—静态水力平衡阀　8—压差控制器　9—电动调节阀
10—冷水备用泵　11—风机盘管　12—电动二通阀

通管上设置压差控制器控制的电动调节阀，当用户侧负荷及水流量减小时，供回水总管之间的压差增大，通过压差控制器使旁通管上的二通调节阀开大，让一部分水旁流。旁通水量的多少亦影响了回水温度的高低，并由回水温度控制冷水机组冷量（如卸缸、滑阀调节等），以保持一定的蒸发器供水温度。与此同时，供回水总管的压差变化亦可控制冷水泵及冷水机组的运行台数（每台冷水泵对应一台冷水机组，且互为连锁），通过冷水机组台数调节实现节能运行。

当空调水系统作用半径较大或水流阻力较高时，循环水泵的装机容量较大，由于水泵定流量运行，冷水机组的进出水温差随着负荷的降低而减小，不利于水泵在运行过程中节能，因此这种系统适用于最远环路总长度在500m之内的中小型工程。

冷水机组定流量、用户侧变流量空调水系统在设计时应注意如下几点：

1）对于设置多台相同容量冷水机组的系统，旁通管上电动调节阀的设计流量是一台冷水机组的额定流量，可保证在台数控制下，每台机组都以一定流量运行。

2）对于冷水机组大小搭配的系统，如果在较多的时间内多台大机组运行、小机组停止运行，则旁通管上电动调节阀的设计流量按照大机组的额定流量确定；也可采用并联的大小口径的旁通阀组，但控制方式较复杂。

3）多台冷水机组和冷水泵之间通过共用集管连接时，每台冷水机组进水或出水管路上应设置与对应的冷水机组和水泵连锁开关的电动二通阀。

（2）冷水机组变流量、用户侧变流量空调水系统　与冷水机组定流量系统相比，是把定流量水泵和冷水机组改为变流量水泵和流量可变的冷水机组，见图7-12。用户侧空调末端装置回水管装设电动二通阀，随室内负荷变化进行变流量调节。

当用户侧末端设备的冷水流量随负荷改变时，水泵变频器根据供回水管压差（或流量、冷量等）信号，改变水泵转速，从而改变系统水流量，此时，冷水机组的水流量同步发生改变。为了保证冷水机组安全可靠地运行，当用户侧水流量小于单台冷水机组的最小允许流量时，通过装在回水管上的流量传感器，调节旁通管上的电动调节阀，让部分水旁通，保证流过冷水机组蒸发器内的水流量不小于机组的最低允许流量。

对于冷水机组变流量的水系统，机组的流量变化范围和允许的变化率是两项重要性能指标。机组的流量变化范围越大，越有利于冷水机组的负荷变化控制，节能效果越明显；机组的流量变化率越大，则冷水机组变流量时出水温度波动越小，系统运行越稳定。因此，在选择冷水机组时，应选用蒸发器流量许可变化范围大、

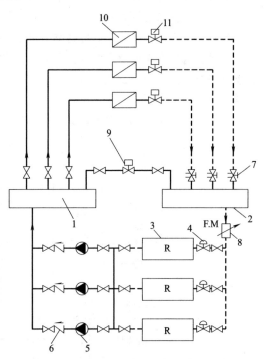

图7-12　冷水机组变流量、用户侧
变流量一级泵空调水系统

1—分水器　2—集水器　3—流量可变冷水机组
4—电动隔断阀　5—变频冷水循环泵　6—止回阀
7—静态水力平衡阀　8—流量计　9—电动调
节阀　10—末端风机盘管　11—电动二通阀

最小流量尽可能低、允许流量变化率大的冷水机组。对于离心式冷水机组，流量变化范围应为30%~130%；螺杆式冷水机组流量变化范围应为45%~120%，它们的最小流量下限宜不低于额定流量的50%或根据机组的安全性能要求确定。机组允许的每分钟流量变化率不低于10%。单台冷水机组流量较大或系统阻力较大时，采用冷水机组变流量方式，对减少水泵能耗，有更明显的节能效果。

冷水机组变流量、用户侧变流量空调水系统设计时应注意以下几点：

1）冷水泵应采用调速泵。

2）在总供水、回水管之间设旁通管和电动调节阀，电动调节阀的设计流量应取各台冷水机组允许的最小流量中的最大值。

3）冷水机组变流量一级泵空调水系统，常采用共用集管的连接方式，循环水泵可与冷水机组一一对应，也可不对应；冷水机组和水泵的台数变化和启停可分别独立控制；冷水机组连接支管上设置电动隔断阀，当某台冷水机组和水泵停机时，应自动隔断停止运行的冷水机组的冷水通路，以免流经运行的冷水机组流量不足。

4）采用多台冷水机组时，应选择在设计流量时蒸发器水压降相同或接近的冷水机组。

《民规》规定：冷水水温和供回水温差要求一致且各区域管路压力损失相差不大的小型工程，宜采用变流量一级泵系统；单台水泵功率较大时，经技术和经济比较，在确保设备的适用性、控制方案和运行管理可靠的前提下，可采用冷水机组变流量方式。

（六）变流量二级泵水系统

变流量二级泵空调水系统的冷源侧和用户侧分别设置一级泵和二级泵，一级泵采用定流量运行，二级泵采用变频调速泵的变流量运行，见图7-13。二次泵系统可看成由一级环路和二级环路两个环路组成，一级环路由集水器、一级泵、冷源、分水器、旁通管构成，负责冷热水的制备；二级环路由分水器、二级泵、空调末端设备、分集水器组成，负责冷热水的输配。

变流量二级泵水系统用户末端设备回水管上的电动二通阀随室内负荷的变化进行变流量控

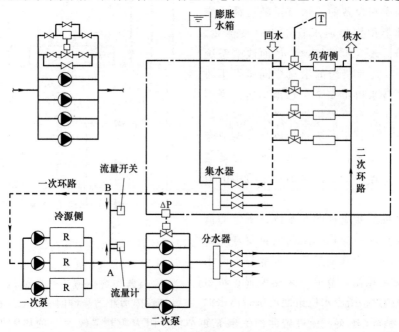

图7-13　二级泵变流量水系统示意图

制；通过供回水总管上的压差（或流量、冷量等）信号，对二级泵进行变频调速控制，改变系统水流量。变流量二次泵空调水系统的一级泵与定流量一级泵水系统相同。

二次泵系统的特点：①用两组（台）水泵来分别保持冷源侧一级环路中的定流量和负荷侧二级环路中的变流量要求；②使用不同的二级泵来适应各用户环路不同的流量和扬程要求（图 7-14）。

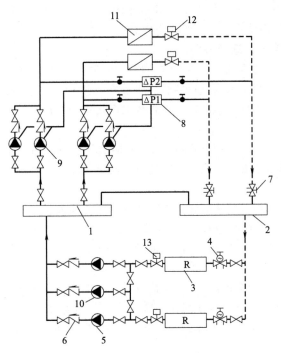

图 7-14 二级泵变流量水系统（二级泵分区布置）示意图

1—分水器 2—集水器 3—冷水机组 4—定流量阀 5—定流量冷水一级泵 6—止回阀
7—静态水力平衡阀 8—压差控制器 9—变频冷水二级泵 10—定流量冷水一级备用泵
11—末端风机盘管 12—电动二通阀 13—电动阀

二级泵空调水系统设计时应注意如下几点：

1）一级泵采用定流量水泵，一台冷水机组对一台水泵，冷水机组和水泵联动控制；可以根据水系统负荷和水流量的变化进行台数控制。

2）二级泵可根据分区水系统的大小和使用功能的差异分区设置（例如，主楼和裙房，主楼和副楼等）。

3）平衡管宜设置在制冷机房内。平衡管管径不宜小于总供回水管管径。如果设计管径过小、平衡管阻力越大、一级泵和二级泵越接近串联状态，一级泵和二级泵水系统之间干扰越大，水系统运行可靠性越差。

《民规》指出：系统作用半径较大、设计水流阻力较高的大型工程，宜采用变流量二级泵系统。这里"负荷侧"系统较大（500m）、阻力较高是推荐采用二级泵系统的充要条件。当空调系统负荷变化很大时，首先应通过合理设置冷源设备的台数和规格解决小负荷运行问题，仅用负荷侧的二级泵无法解决根本问题。另外，当系统各环路阻力相差悬殊时，如分区分环路按阻力大小设置和选择二级泵，比设置一组二级泵更节能。阻力相差"较大"的界限推荐值可采用 0.05MPa，相当于输送距离 100m 或供回水管道在 200m 左右的阻力，水泵所配电机容量也会变化一挡。

《民规》同时指出：当各环路的设计水温一致且设计水流阻力接近时，二级泵宜集中设置；当各环路的设计水流阻力相差较大或各系统水温或温差要求不同时，宜按区域或系统分别设置二级泵。

各区域水温一致且阻力接近时完全可以合用一组二级泵，多台水泵根据末端流量需要进行台数和变速调节，大大增加了流量调节范围和各水泵的互为备用性。且各区域末端的水路电动阀自动控制水量和通断，即使停止运行或关闭检修也不会影响其他区域。

（七）集中空调水系统的选择原则

1）除特殊水系统（例如开式水蓄冷）外，应采用闭式循环水系统，以减少水泵能耗。

2）只要求按季节进行供冷和供热转换的空调系统，应采用二管制水系统。

3）当建筑物内有些空调区需全年供冷，有些空调区需冷、热定期交替供应时，宜采用分区二管制水系统。

4）全年运行过程中，供冷和供热工况频繁交替转换或需同时供冷供热时，宜采用四管制水系统。

5）定流量一级泵系统水系统，虽然系统简单、投资费用低，但限于只有一台冷水机组和一台水泵的小型工程。

6）冷水水温和供回水温差要求一致且各区域管路压力损失相差不大的中小型工程，宜采用变流量一级泵系统，这是目前应用最广泛、最成熟的空调水系统形式。

"冷水机组定流量，用户侧变流量"的变流量一级泵空调水系统一般适用于最远环路总长度在 500m 之内的中小型工程。

"冷水机组变流量，用户侧变流量"的变流量一级泵空调水系统随着空调负荷的减小，冷水机组水流量相应减小，尤其在单台冷水机组所需流量较大或水系统阻力较大时，冷水机组变流量运行，水泵可节省较大的能耗，工程上广泛采用，设计时应重点考虑冷水机组允许的流量变化范围和允许的流量变化率。

7）空调水系统作用半径较大、水流阻力较高或各环路负荷特性或压力损失相差悬殊时，应采用变流量二级泵空调水系统。

各分区水温和环路阻力相近时可以合用一组二级泵；各分区环路阻力相差较大时，可以采用分组设置二级泵，这样更能节省水泵能耗。通常，水环路之间阻力相差 0.05MPa 以上，可考虑二级泵分组，水泵电机容量规格可变化一挡，图 7-15 所示是采用变流量二级泵空调水系统，裙房和主楼分组设置二级泵的方式。

8）冷源设备集中设置用户分散的区域供冷等大规模的空调冷水系统，当二级泵的输送距离较远且各用户管路阻力相差较大或水温（温差）要求不同时，可采用多级泵水系统。

9）采用中间换热器冷却或加热的二次空调水系统的循环水泵宜采用变速调节。

10）冷水机组的冷水供回水设计温差不应小于 5℃，在技术可靠、经济合理时加大冷水供回水温差（可达 8℃左右），以减少水流量，节省水泵能耗。

二、冷热水系统的参数

空调冷热水参数应保证技术可靠、经济合理，以下数值适用于以水为冷热媒对空气进行冷却或加热处理的一般建筑的空调系统，有特殊工艺要求的情况除外。

《民规》对空调冷热水的参数做如下规定：

1）空调冷水系统供水温度 5~9℃，供回水温差 5~10℃；一般供水温度 7℃，回水温度 12℃，供回水温差 5℃。

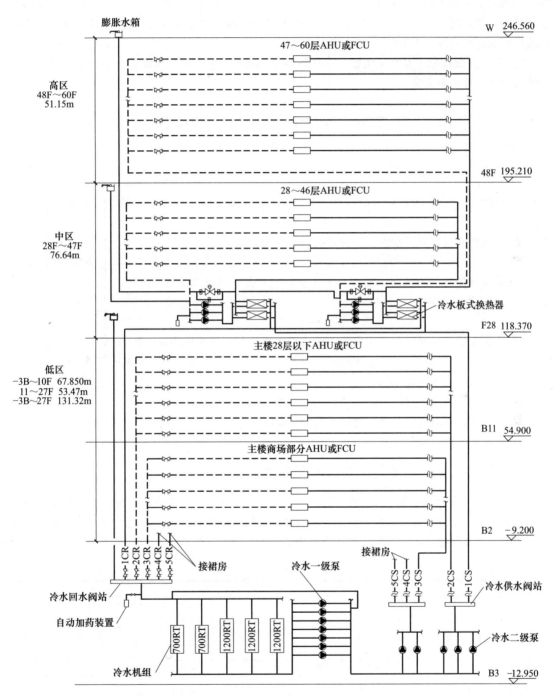

图 7-15　上海世茂国际广场冷水系统

　　根据空调冷水机组蒸发温度的要求，空调冷水供水温度不得低于 5℃，故从安全考虑一般采用 7℃。考虑到高层建筑竖向分区采用板式换热器等情况，二次水温会比一次水温高 1~2℃，因此空调冷水的最高供水温度定为 9℃。

　　2）采用市政热力或锅炉供应的一次热源通过换热器加热二次空调热水时，其空调热水供水温度宜根据系统需求和末端能力确定。对于严寒地区的预热时，不宜低于 70℃；对于一般的非预热盘管，宜采用 50~65℃。严寒地区空调热水的供回水温差不应小于 15℃，寒冷地区空调热水的供回水温差不应小于 10℃。

3）采用直燃式冷（温）水机组、空气源热泵、地源热泵等作为热源，空调热水供回水温度和温差应按设备要求确定。

第二节　空调冷热水系统的设计

一、空调水系统的承压

水系统承受压力最大点在水泵出口，见图 7-16。水系统承压有以下三种情况：

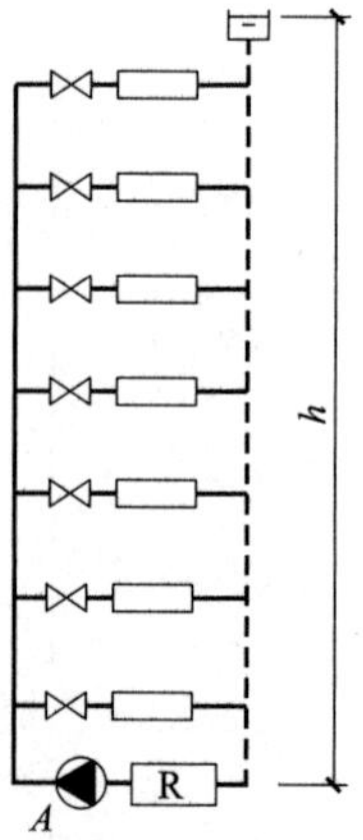

1）系统停止运行时，最大压力为系统静水压力，即

$$p_A = \rho g h \tag{7-1}$$

2）系统开始运行的瞬时，动压尚未形成，出口压力等于静水压力与水泵全压（p）之和，即

$$p_A = \rho g h + p \tag{7-2}$$

3）系统正常运行时，出口压力等于该点静水压力与水泵静压之和，即

$$p_A = \rho g h + p - p_d \tag{7-3}$$

式中　ρ——水的密度（kg/m^3）；

g——重力加速度（m/s^2）；

h——水箱液面至水泵中心的垂直距离（m）；

p_d——水泵出口处的动压（Pa）。

图 7-16　水压图

二、主要设备、管道和配件的承压能力

组成空调水系统的冷水机组、热水锅炉、冷热水循环水泵、末端设备、管道和配件均承受空调水系统的静水压力。由于机械制造和使用材料的原因，空调水系统采用的各种设备、附件、管件及管道的工作压力有一定限制，具体参见表 7-1。

表 7-1　主要设备及管道压力等级　　　　　　　　（单位：MPa）

设备及管道		压力等级
机房主要设备	制冷机	1.0、1.6、2.0、2.5（进口）
	热水锅炉	0.4、0.7、1.0、1.25、1.6
	蒸汽锅炉	0.4、0.7、1.0、1.3、1.6、2.5
	水泵	1.0、1.6、2.5
	板式、管壳式换热器	1.0、1.6、2.5
管材及附件	镀锌钢管（GB/T 3091—2015；≤DN150）	1.0、1.6（加厚）
	焊接钢管（GB/T 8163—2018；DN25~DN600）	1.0、1.6（加厚）
	螺旋缝焊接钢管（≥DN200）	1.0、1.6（加厚）
	热轧无缝钢管（GB/T 8163—2018；≤DN150）	1.0、1.6、2.5、4.0、6.4、10.0 等
	阀门、法兰、垫片	1.0、1.6、2.5、4.0、6.4、10.0 等

（续）

设备及管道		压力等级
末端主要设备	风机盘管	1.0、1.6
	吊顶式空调机组	1.0、1.6
	落地式空调机组	1.0、1.6
	组合式空调机组	1.0、1.6
	水源热泵机组	1.0、1.6

为了减少投资，空调水系统通常以 1.6MPa 作为工作压力划分的界限，即在设计时，使水系统内所有设备、部件、配件及管道的压力都处于 1.6MPa 以下。考虑到水泵扬程大约 40m（相当于 0.4MPa），因此水系统的静压应在 120m（相当于 1.2MPa）以下，这相当于室外高度 100m 左右的建筑（地下室 -10m 左右）。当建筑高度较高，导致水静压大于 1.2MPa 时，水系统宜按竖向进行分区以减少系统内的设备、部件、配件及管道承压。

三、防超压措施

1. 水泵吸出或压入的确定

对于标准型冷水机组，蒸发器的工作压力为 1.0MPa，其他末端设备及阀部件也在允许范围之内，当仅冷水机组进水口侧承受的压力大于所选冷水机组蒸发器的承压能力时，可将水泵安装在冷水机组蒸发器的出水口侧，减少冷水机组的工作压力（此时蒸发器冷水系统静压不大于 1.0MPa，否则应竖向分区）。水泵安装在进水还是出水管上，主要考虑冷水机组的承压问题，如果建筑本身较高，水系统的静压本身较大，那就将水泵接在出水管上也就是从冷水机组蒸发器抽出，以减少冷水机组蒸发器承压；反之则安装于进水管上。原则上水泵安装于进水管上（也就是将水打进冷水机组蒸发器），以尽量减少水泵吸入端的阻力损失避免出现气蚀，只是由于有些系统本身静压较高才有了安装到出水管上的做法。水泵与机组的位置示意见图 7-17。

2. 高、低区冷热源分开设置

冷热源都集中设置在地下室时，冷水系统静压大于 1.0MPa 的高区系统，应选择承压较高的设备（1.6MPa 或 2.0MPa），见图 7-18；高区冷热源设备布置在中间设备层（图 7-19）或顶层时，应妥善处理设备噪声及振动问题。

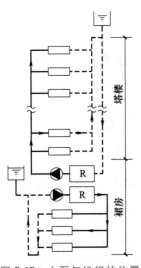

图 7-17　水泵与机组的位置

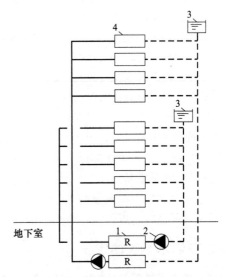

图 7-18　冷热源设备布置在地下室的系统

1—冷水机组　2—水泵　3—膨胀水箱　4—末端设备

229

3. 在中间设备层内布置水-水换热器

制冷机集中设置不分区，冷水系统静压不大于 1.0MPa 的低区直接供冷，超过 1.0MPa 的高区采用板式换热器换热供冷（见图 7-20 和图 7-21），冷水换热温差取 0.5~1.5℃，热水换热温差取 2~3℃。高区空调末端设备出力应按二次水水温进行校核。

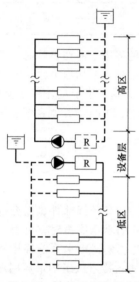

图 7-19　冷水机组设置在塔楼中部的设备层内

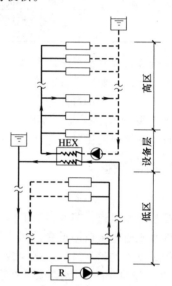

图 7-20　冷水机组设置在地下设备层，在塔楼的技术设备层设水-水板式换热器

4. 高层区独立处理

当高层区上部超过设备负荷量不大，且易引起系统超压时，上部各层可以独立处理，如采用自带冷、热源的空调器或热泵，以减小整个水系统所承受的压力，如图 7-22 所示。

5. 冷、热源布置在顶层

图 7-23 所示就是将冷水机组设置在屋顶。

采用以上几种方式时应注意：

1）冷热源设备设在裙房顶层或中间设备层时，必须满足相关的防火规定；必须充分考虑和妥善解决设备的隔振和噪声，防止噪声传播给周围环境和邻近房间。

2）冷热源设备设在裙房顶层时，根据裙房屋面的周围环境，可以考虑水冷或风冷冷凝器。

3）采用中间层布置冷源设备时，宜选用风冷冷凝器。

4）将循环水泵布置在蒸发器或冷凝器的出水端，有利于降低冷水机组的承压。

5）在同程式水系统中，图 7-4a 所示方式布置方式优于图 7-4b。因为低区增加了水泵出口至 A 点的阻力，减小了 A 点的承压。

6. 采用二级泵水系统

由于系统总的压力损失分别由一级、二级承担，水泵运行时，减小了水泵出口处的承压值，故能有效地降低系统承压。

四、空调水系统的定压

闭式循环水系统要保持管道设备中随时充满水的状态，应保证任何一点的压力高于大气压力，以避免空气吸入。为了节能，空调水系统一般采用开式膨胀水箱定压的闭式循环系统（特

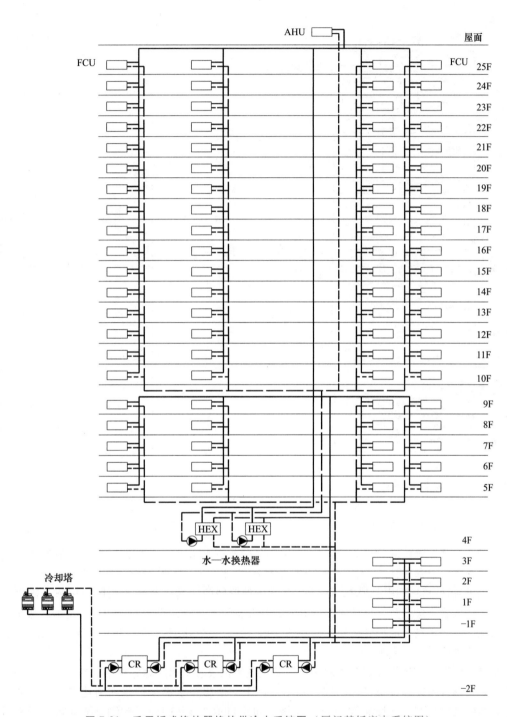

图 7-21　采用板式换热器换热供冷水系统图（厦门某饭店水系统图）

别是当系统静水压力接近冷热源设备能承受的工作压力时）；当为了减少腐蚀或者缺乏安装开式膨胀水箱条件时，也可采用密闭式膨胀罐定压方式或补水泵变频定压方式。

1. 高位开式膨胀水箱定压

图 7-24 所示为方形膨胀水箱示意图。

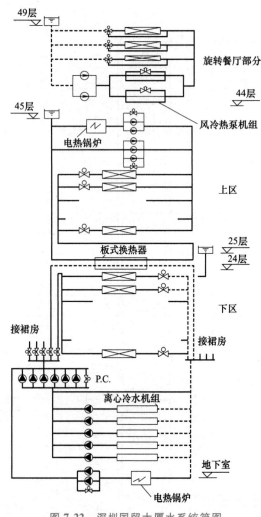

图 7-22　深圳国贸大厦水系统简图

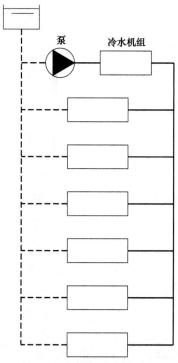

图 7-23　冷水机组设置在屋顶

空调系统膨胀水箱的设置要求：定压点宜设在循环水泵的吸入口处，定压点最低压力应使管道系统任何一点的表压均应高于大气压力 5kPa 以上（图 7-25）；宜优先采用高位水箱定压。当水系统设置独立的定压设施时，膨胀管上不应设置阀门；当各系统合用定压设施且需要分别检修时，膨胀管上应设置带电信号的检修阀，且各空调水系统应设置安全阀。系统的膨胀水量应能够回收。膨胀水箱上的配管应包括膨胀管、信号管、补给水管（手动和浮球阀自动控制）、溢流管、排污管等（图 7-26）。

箱体应保温并加盖板。在寒冷地区，为防止冬季供暖时水箱结冰，在膨胀水箱上接出一根循环管，把循环管接在连接膨胀管的同一水平管路上，使膨胀水箱中的水在两连接点压差的作用下处在缓慢流动状态。膨胀管和循环管连接点间距可取 1.5～3.0m。高位膨胀水箱具有定压简单、可靠、稳定、省电等优点，是目前最常用的定压方式，因此推荐优先采用。

2. 气压罐定压

气压罐定压通常采用隔膜式，因此空气与水完全分开，系统水质能得到较好的保持，适用于对水质净化要求高、对含氧量控制严格的空调循环水系统，气压罐定压的优点是易于实现自动补水、自动排气、自动泄水和自动过压保护，同时，其闭式定压的原理也使得它的设置位置可以不受系统高度的限制，通常可设置在冷、热源机房内。但其缺点是压力波动较大，造价相对较高（需设置闭式补水箱），因此适用于无法正常设置膨胀水箱的系统之中。气压罐方式定压的空调水系统工作原理见图7-27。

3. 变频补水泵定压

变频补水泵定压方式运行稳定，适用于耗水量不确定的大规模空调水系统（$Q \geq 2500\text{kW}$），不适用于中小规模的系统。

五、空调循环水系统的补水

1）循环水系统的小时泄漏量，可按系统水容量 V_c 的1%计算（全空气空调系统水容量可按单位建筑面积 0.40~0.55L 估算，水-空气系统按单位建筑面积 0.70~1.30L，室外管线较长时取较大值）。系统的补水量，宜取系统水容量的2%。

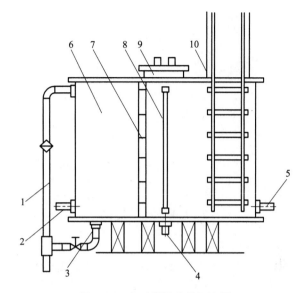

图 7-24　方形膨胀水箱示意图
1—溢水管　2—信号管　3—排水管　4—膨胀管　5—循环管
6—箱体　7—内人梯　8—玻璃管水位计　9—人孔　10—外人梯

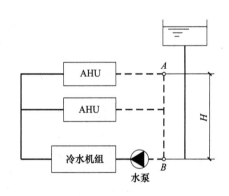

图 7-25　闭式水系统定压

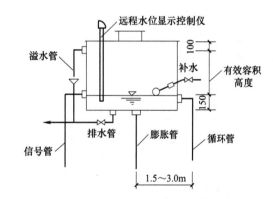

图 7-26　膨胀水箱配管示意图

2）空调水系统的补水，应经软化处理（化学软化或阻垢处理）。仅夏季供冷使用的单冷空调系统，可采用电磁水处理器（安装于水泵后面，主机前面）。补水软化处理系统宜设软化水箱，软化箱的贮水容积，可按补水泵小时流量的0.5~1.0倍配置（系统较小时取上限，系统较大时取下限）。当设置补水泵时，空调水系统应设补水调节水箱储存一部分调节水量；补水箱或软水箱的上部应留有能容纳相当于系统最大膨胀水量的泄压排水容积。

3）循环水系统的补水点，宜设在循环水泵的吸入侧；当补水压力低于补水点的压力时，应设置补水泵；空调补水泵的扬程，应保证补水压力比系统静止时补水点的压力高30~50kPa。考虑事故补水量较大，以及初期上水时补水时间不要太长（小于20h），且膨胀水箱等调节容积可使较大流量的补水泵间歇运行，补水泵宜设置2台，补水泵的总小时流量宜为系统水容量的5%~10%。冷/热水合用的两管制水系统，宜配置备用补水泵。

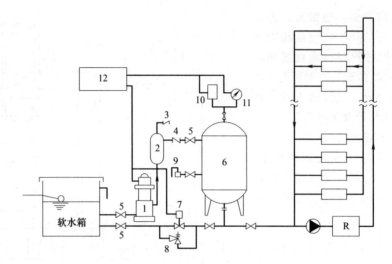

图 7-27　气压罐方式定压的空调水系统工作原理图

1—补给水泵　2—补气罐　3—吸气阀　4—止回阀　5—闸阀　6—气压罐　7—泄水电磁阀
8—安全阀　9—自动排气阀　10—压力控制器　11—电接点压力表　12—电控箱

六、冷热水循环泵的配置

1. 冷热水循环泵是否分开设置的问题

《民规》规定：

1）除空调热水和空调冷水的流量和管网阻力特性及水泵工作特性相吻合的情况外，两管制空调水系统应分别设置冷水和热水循环泵。

2）如果冬、夏季冷热负荷大致相同，冷热水温差也相同（例如采用直燃机、水源热泵等），流量和阻力基本吻合，则可以合用循环泵。

3）分区两管制和四管制系统的冷热水为独立的系统，所以循环泵必然分别设置。

2. 循环泵的台数

1）水泵定流量运行的一级泵，应与冷水机组的台数及蒸发器的额定流量相对应，一泵对一机。

为保证流经冷水机组蒸发器的水量恒定，并随冷水机组的运行台数向用户提供适应负荷变化的空调冷水流量，要求按与冷水机组"一对一"地设置一级循环泵。一级泵（变速）变流量系统的水泵和冷水机组独立控制，不要求对应设置，因此与冷水机组对应设置的水泵强调为"定流量"运行泵。

2）考虑轮流检修，变流量运行的每个分区的各级水泵不宜少于 2 台，无须与冷水机组对应，应按系统分区和每个分区的调节方式配置。

3）考虑冻结危险，空调热水泵台数不宜少于 2 台；严寒及寒冷地区，当热水泵不超过 3 台时，其中一台宜设置为备用泵，且宜采用变频调速水泵。

3. 水泵的台数、调速、变频控制

参照《节能规范》，间接供热系统二次侧循环水泵应采用调速控制方式。当冷源系统采用多台冷水机组和水泵时，应设置台数控制；对于多级泵系统，负荷侧各级泵应采用变频调速控制。

七、冷水机组与冷水泵之间的连接

采用冷水机组定流量的一级泵变流量系统，冷水机组和水泵通过管道一对一连接，冷源设备定流量、负荷侧变流量运行，见图7-28；而采用冷水机组变流量的一级泵变流量系统，冷水机组和水泵不需要一一对应，应通过共用集管连接，负荷侧变流量，而冷热源侧在一定范围内变流量，见图7-29。

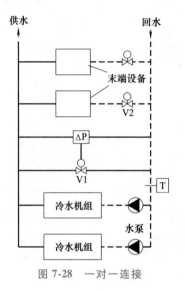

图7-28　一对一连接

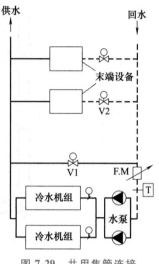

图7-29　共用集管连接

八、循环泵的流量、扬程及水泵的选型

1. 循环泵的流量

一级冷水泵的流量，应为所对应冷水机组的冷水流量；二级冷水泵的流量，应为按该区冷负荷综合最大值计算出的流量。选择冷水泵时所用的计算流量，应将上述流量乘以1.05~1.1的安全系数。

2. 循环泵的扬程

1）当采用闭式循环一次泵系统时，冷水泵扬程相应的压力为管路、管件、阀门、过滤器、冷水机组的蒸发器阻力和末端设备的表冷器阻力之和。

2）当采用闭式循环二次泵系统时，一级冷水泵扬程相应的压力为一级管路、管件、阀门、过滤器和冷水机组蒸发器的阻力之和，二级冷水泵扬程相应的压力为二级管路、管件、阀门、过滤器及末端设备表冷器的阻力之和。

3）当采用开式一次泵冷水系统时，冷水水泵扬程还应包括从蓄冷水池最低水位到末端设备表冷器之间的高差。

4）当采用闭式循环系统时，热水泵扬程相应的压力为管路阻力、管件阻力、换热器阻力和末端设备的空气加热器阻力之和。

5）所有系统的水泵扬程，均应对计算值附加5%~10%的裕量。

3. 循环泵的选型及安装要求

1）空调冷水泵，宜选用低比转数的单级离心泵（1450r/min）。一般选用单吸泵，若流量>500m³/h宜选用双吸泵。

2）在高层建筑的空调系统设计中，应明确提出对水泵的承压要求。

3）在水泵的进出水管接口处，应安装减振接头。在水泵出水管的止回阀与出口阀之间宜连接泄水管。水泵进水和出水管上的阀门，宜采用截止阀或蝶阀，并应装置在止回阀之后，见图7-30。

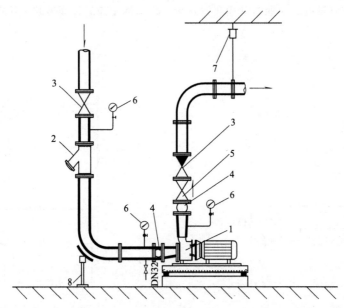

图 7-30　单级单吸卧式离心泵接管示意图

1—水泵（包括电机）　2—Y型过滤器　3—阀门　4—可曲挠接头
5—止回阀　6—压力表　7—弹性吊架　8—弹性托架

4. 空调水系统的输送能效

为了使设计人员在进行水系统设计、循环水泵选型时能确保水系统经济运行，《民规》对空调冷热水系统规定了循环水泵的耗电输冷（热）比的上限值。在选配空调冷（热）水系统的循环水泵时，应计算空调冷（热）水系统耗电输冷（热）比［EC(H)R］，并应标注在施工图的设计说明中。空调冷（热）水系统耗电输冷（热）比应满足式（7-4）：

$$EC(H)R = \frac{0.003096\sum\left(G\dfrac{H}{\eta_b}\right)}{\sum Q} \leqslant \frac{A(B+\alpha\sum L)}{\Delta T} \tag{7-4}$$

式中　EC(H)R——空调冷（热）水系统循环水泵的耗电输冷（热）比；

　　　G——每台运行水泵的设计流量（m^3/h）；

　　　H——每台运行水泵对应的设计扬程（m）；

　　　η_b——每台运行水泵对应的设计工作点效率；

　　　Q——设计冷（热）负荷（kW）；

　　　ΔT——规定的计算供回水温差（℃）；冷水系统取5℃，严寒和寒冷地区的热水系统取15℃，夏热冬冷地区取10℃，夏热冬暖地区取5℃；空气源热泵、溴化锂机组、水源热泵等机组的热水供回水温差应按机组实际参数确定；直接提供高温冷水的机组，冷水供回水温差应按机组实际参数确定；

　　　A——与水泵流量有关的计算系数，当$G\leqslant60m^3/h$，取0.004225；当$60m^3/h<G\leqslant$

200m³/h，取 0.003858；当 G>200m³/h，取 0.003749；

    B——与机房及用户的水阻力有关的计算系数，按表 7-2 选取；

    α——与 $\sum L$ 有关的计算系数，按表 7-3 或表 7-4 选取；

    $\sum L$——从冷热机房出口至该系统最远用户供回水管道的总输送长度（m）；当最远用户为风机盘管时，$\sum L$ 应按机房出口至最远端风机盘管的供回水管道总长度减去 100m 确定。

表 7-2 计算系数 B 值

系统组成		四管制	二管制
一级泵	冷水	28	—
	热水	22	21
二级泵	冷水	33	—
	热水	27	25

注：多级泵冷水系统，每增加一级，B 值增加 5；多级泵热水系统，每增加一级，B 值增加 4。

表 7-3 两管制、四管制冷水管道，四管制热水管道系统的 α 值

系统	管道长度 $\sum L$ 范围/m		
	$\sum L \leqslant 400$	$400 < \sum L < 1000$	$\sum L \geqslant 1000$
冷水	0.02	$0.016 + 1.6/\sum L$	$0.013 + 4.6/\sum L$
热水	0.014	$0.0125 + 0.6/\sum L$	$0.009 + 4.1/\sum L$

表 7-4 两管制热水管道系统的 α 值

系统	地区	管道长度 $\sum L$ 范围/m		
		$\leqslant 400$	$400 < \sum L < 1000$	$\sum L \geqslant 1000$
热水	严寒	0.009	$0.0072 + 0.72/\sum L$	$0.0059 + 2.02/\sum L$
	寒冷	0.0024	$0.002 + 0.16/\sum L$	$0.0016 + 0.56/\sum L$
	夏热冬冷			
	夏热冬暖	0.0032	$0.0026 + 0.24/\sum L$	$0.0021 + 0.74/\sum L$

九、冷热水系统的管路水力计算

    空调冷冻水系统的水管设计与供暖管路有许多相同之处，例如，管路要设立坡度以排除系统中积存的空气，水系统应设膨胀水箱等。

    水在管内流动时产生的阻力为沿程阻力与局部阻力之和。

$$\Delta p = R_{\mathrm{m}} l + \zeta \frac{\rho v^2}{2} \tag{7-5}$$

式中 Δp——水在管内流动时所产生的阻力（Pa）；

    R_{m}——单位沿程阻力（比摩阻）（Pa/m）；宜控制在 100~300Pa/m，附录 29 给出了单位沿程阻力，制表时水温为 10℃，当量绝对粗糙度 K 在闭式系统中取 0.2mm，在开式系统中取 0.5mm；

    ζ——局部阻力系数。一些阀门、管配件的局部阻力系数，可参见表 7-5；三通的局部阻力系数见表 7-6；一些设备的阻力可参见表 7-7；

    l——管道长度（m）；

    v——水流速（m/s），推荐流速可参见表 7-8。

    一般，当管径小于 DN100 时，推荐流速应小于 1.0m/s，当管径在 DN100~DN250 之间时，流速推荐值为 1.5m/s 左右，管径大于 DN250 时，流速可再加大。进行计算时应该注意管径和推

荐流速的对应。管径的尺寸规格有：DN15、DN20、DN25、DN32、DN40、DN50、DN70、DN80、DN100、DN125、DN150、DN200、DN250、DN300、DN350、DN400、DN450、DN500、DN600。选择水泵时，水泵的进出口管径应比水泵所在管段的管径小一个型号。例如：水泵所在管段的管径为 DN125，那么所选水泵的进出口管径应为 DN100。

　　冷热水管道的阻力损失计算方法、步骤同机械循环供暖系统的水力计算。各并联环路压力损失差值不应大于 15%。

表 7-5　阀门、管配件的局部阻力系数

序号	名称		局部阻力系数 ζ						
1	截止阀	普通型	4.3~6.1						
		斜柄型	2.5						
		直通型	0.6						
2	止回阀	升降式	7.5						
		旋启式	DN/mm	150		200		250	300
			局部阻力系数 ζ	6.5		5.5		4.5	3.5
3	蝶阀		0.1~0.3						
4	闸阀		DN/mm	15	20~50	80	100	150	200~250	300~450
			局部阻力系数 ζ	1.5	0.5	0.4	0.2	0.1	0.08	0.07
5	旋塞阀		0.05						
6	变径管	缩小	0.10						
		扩大	0.30						
7	普通弯头	90°	0.30						
		45°	0.15						
8	水泵入口		1.0						
9	过滤器		2.0~3.0						
10	除污器		4.0~6.0						

表 7-6　三通的局部阻力系数

图示	流向	局部阻力系数 ζ	图示	流向	局部阻力系数 ζ
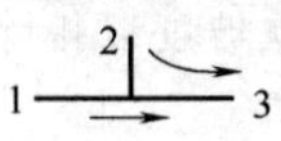	2→3	1.5	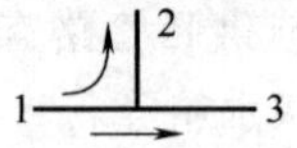	1→2	1.5
	1→3	0.1		1→3	0.1
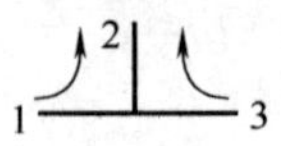	1→2	3.0	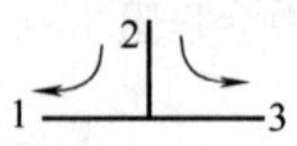	2→1	1.5
	3→2	3.0		2→3	1.5
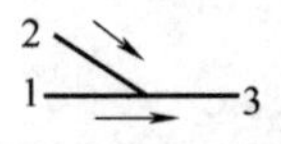	2→3	0.5	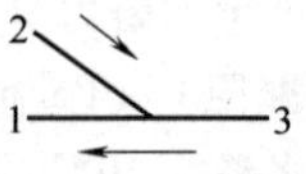	2→1	3.0
	3→2	1.0		3→1	0.1

表 7-7　设备阻力

设备名称		阻力/kPa	备注
离心式制冷机	蒸发器	30~80	按不同产品而定
	冷凝器	50~80	按不同产品而定
吸收式制冷机	蒸发器	40~100	按不同产品而定
	冷凝器	50~140	按不同产品而定

（续）

设备名称	阻力/kPa	备注
冷却塔	20~80	不同喷雾压力
冷热水盘管	20~50	水流速在 0.8~1.5m/s
换热器	20~50	
风机盘管机组	10~20	风机盘管容量越大,阻力越大,最大 30kPa 左右
自动控制阀	30~50	

表 7-8　管内推荐流速　　　　　　　　（单位：m/s）

部位	水泵吸入口	水泵压出口	冷却水	排水管	干管	向上立管	支管
流速	1.2~2.1	2.4~3.6	1.0~2.4	1.2~2.0	1.2~3.0	1.0~3.0	0.5~2.0

第三节　空调冷却水系统

一、冷却水系统组成及类型

1. 组成

空调冷却水系统由空调制冷设备水冷式冷凝器、冷却水泵、冷却塔、除污器和水处理装置等组成，通常无须设置冷却水箱或水池。

2. 类型

1）按照流经空调制冷设备冷凝器的冷却水是否与大气接触分为开式冷却水系统和闭式冷却水系统。

2）按照空调制冷设备冷凝器排热渠道分为单一型系统（如仅通过冷却塔向大气排热）和耦合型系统（如设有冷却塔的井水抽灌型与埋管型地源热泵系统）。

3）按照冷却水低位热能是否利用分为单纯冷却型（冷凝热不利用）和热回收型。

4）冬季供冷型，冬季不经空调制冷设备由冷却塔直接制备空调冷水。

二、冷却塔类型及基本技术参数

1. 冷却塔的类型

冷却塔的类型很多，主要分为湿式（开式）和干湿式（闭式）两类（表 7-9）。民用建筑和中小型工业建筑普遍采用湿式冷却塔，而冷却水水质要求很高的场合或缺水地区宜采用干湿式冷却塔。

表 7-9　冷却塔常用类型、特点

类型		特点
按冷却水与冷凝器接触方式	开式冷却塔	与大气接触实现热湿交换后,降温后的水直接进入冷凝器,形成冷却塔、冷凝器的直接闭路循环
	闭式冷却塔	与大气接触实现热湿交换后,降温后的水不进入冷凝器,而是通过塔内置换热器实现对冷凝器的间接冷却。冷却能力相同时,闭式冷却塔的体积和重量较开式塔大许多
按空气与冷却水的流动方式	逆流式冷却塔	在冷却塔填料层中空气与冷却水逆向流动
	横流式冷却塔	在冷却塔填料层中空气与冷却水横向交叉流动,热湿交换效果较逆流塔差

选用原则：

1）应优先选用无布水压力要求的节能型冷却塔。

2）安装与景观条件允许时，宜优先采用逆流型冷却塔。

3）应根据建筑空调制冷设备类型与环境要求确定冷却塔的具体形式，并宜优先选用机械通风开式冷却塔。空调系统常用中小型开式冷却塔，所以本章重点介绍开式冷却塔。

2. 开式冷却塔的产品标记及基本技术参数

（1）产品标记　机械通风开式冷却塔按横逆流、名义冷却水流量、噪声、能效等级和标准编号进行标记。

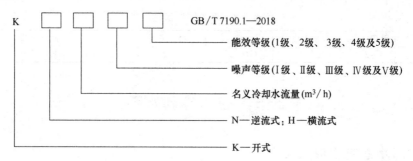

示例：名义冷却水流量 125m³/h，噪声等级为Ⅱ级；能效等级为 1 级的机械通风逆流开式冷却塔标记为：KN-125-Ⅱ-1. GB/T 7190. 1—2018。

（2）标准设计工况　标准设计工况见表 7-10。对取其他设计工况的产品，必须换算到标准设计工况，并在样本或产品说明书中，按标准设计工况标记冷却水流量。

表 7-10　标准设计工况

工况类型	标准设计工况Ⅰ	标准设计工况Ⅱ
进水温度/℃	37	43
出水温度/℃	32	33
设计温差/℃	5	10
湿球温度/℃	28	28
干球温度/℃	31. 5	31. 5
大气压力/hPa	994	994

（3）冷却塔的噪声及噪声控制　标准工况Ⅰ产品噪声分为Ⅰ级、Ⅱ级、Ⅲ级、Ⅳ级；标准工况Ⅱ产品噪声为Ⅴ级。标准工况下，噪声标准测点的噪声指标应不超过《机械通风冷却塔第 1 部分：中小型开式冷却塔》GB/T 7190. 1—2018 的规定值。

（4）能效　能效按耗电比分为 1 级、2 级、3 级、4 级、5 级，各级的限值见表 7-11。

表 7-11　冷却塔的能效等级 （单位：kW/m³）

工况类型	能效等级				
	1 级	2 级	3 级	4 级	5 级
标准工况Ⅰ	≤ 0. 028	≤ 0. 030	≤ 0. 032	≤ 0. 034	≤ 0. 035
标准工况Ⅱ	≤ 0. 030	≤ 0. 035	≤ 0. 040	≤ 0. 045	≤ 0. 050

三、冷却塔选型、冷却水泵扬程及补水量

1. 冷却塔选型

冷却塔的选择要根据当地的气象条件、冷却水进出口温差及处理的循环水量按冷却塔选用曲线（如图 7-31 所示为某型号冷却塔的热力性能曲线）或冷却塔选用水量表来确定。一定要注意，不可按冷却塔给出的冷却水量直接选用。

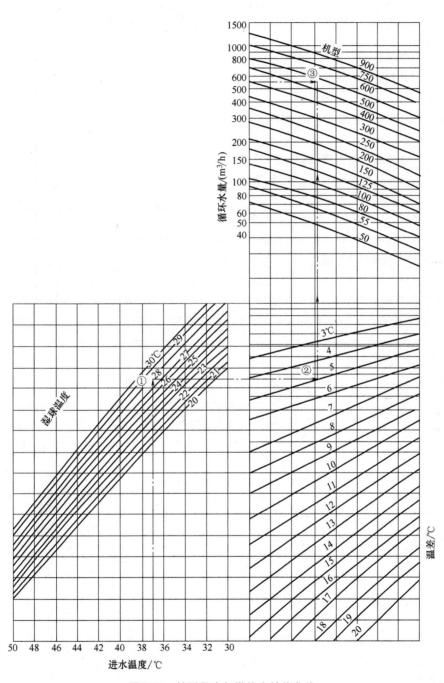

图 7-31　某型号冷却塔热力性能曲线

以下举例说明冷却塔选用步骤。

【例 7-1】　某空调系统冷水机组制冷量 2415kW，当地湿球温度 $\tau = 28℃$；进水温度 $t_1 = 37℃$，出水温度 $t_2 = 32℃$，设计温差 $\Delta t = 5℃$；试确定冷却塔型号。

【解】　1）确定冷却塔设计水量：

$$G_{CT} = k_0 \times 3600 \times \frac{kQ_0}{\rho c_p \Delta t} = 1.1 \times 3600 \times \frac{kQ_0}{\rho c_p \Delta t} \ (\text{m}^3/\text{h}) \tag{7-6}$$

式中　G_{CT}——冷却塔设计水量（m^3/h）；

$\quad\quad k_0$——裕量系数，通常取 1.1；

$\quad\quad Q_0$——制冷机的制冷量（kW）；

$\quad\quad \rho$——35℃时水的密度，取 994kg/m^3；

$\quad\quad c_p$——水的比定压热容 [$\text{kJ}/(\text{kg} \cdot \text{℃})$]；

$\quad\quad kQ_0$——冷凝器的热负荷（kW）；k 与制冷机的形式有关，压缩式制冷机取 1.2~1.3，溴化锂吸收式制冷机取 1.8~2.2；

$\quad\quad \Delta t$——冷却水系统温差（℃）。

据式（7-6），可得冷却塔设计水量为 550m^3/h。

2）由进水温度 $t_1 = 37$℃引垂直线向上与湿球温度 $\tau = 28$℃相交于①点（图 7-31）。

3）从①点向右绘制水平线与温差 5℃相交于②点。

4）从②引垂直线向上与循环水量线 550m^3/h相交于③点。

5）若③点在某塔型线上，则选择该塔型，若③点位于两塔型线之间，则选用两塔型中较大者。本例中③点落在 500~600 之间（图 7-31），则选用 600 型塔。

---

2. 冷却水泵循环水量

冷却水循环水量为

$$G_P = \frac{kQ_0}{c_p(t_{w2} - t_{w1})} \times 3.6 \tag{7-7}$$

式中　G_P——循环水量（t/h）；

$\quad\quad t_{w1}$、t_{w2}——冷却水进、出口水温（℃）。压缩式制冷机温差取 4~5℃，溴化锂吸收式制冷机取 6~9℃（采用 $\Delta t \geqslant 6$℃时，最好选用中温塔）；当地气候比较干燥，湿球温度较低时，可采用较大的进出水温差。

3. 冷却水泵扬程

冷却水系统的水力计算方法同冷热水系统的管路计算。冷却水泵所需扬程相应的压力：

$$H = h_f + h_a + h_m + h_s + h_o \tag{7-8}$$

式中　h_f，h_a——冷却水管路系统总的沿程阻力和局部阻力（mH_2O）；

$\quad\quad h_m$——冷凝器阻力（mH_2O）；

$\quad\quad h_s$——冷却塔中水的提升高度（从冷却塔盛水池到喷嘴的高差）（mH_2O）；

$\quad\quad h_o$——冷却塔喷嘴喷雾压力（mH_2O），约等于 5mH_2O。

4. 补水量

计算冷却塔的补水量是为了确定补水管管径、补水泵和补水箱等设施。

开式冷却水系统的补水量包括：蒸发损失、飘逸损失、排污损失和泄漏损失。当选用逆流式冷却塔或横流式冷却塔时，电制冷机组的冷却水的补水量应为电制冷循环水量的 1.2%~1.6%，溴化锂吸收式制冷机组的冷却水补水量为循环水量的 1.4%~1.8%。

补水位置：不设集水箱的系统，应在冷却塔底盘处补水；设置集水箱的系统，应在集水箱处补水。

5. 水质要求

冷却水的水质应符合国家现行标准的要求，并应采取下列措施：

1）应采取稳定冷却水系统水质的水处理措施。

2）水泵或冷水机组的入口管道上应设置过滤器或除污器。

3）采用水冷管壳式冷凝器的冷水机组，宜设置自动在线清洗装置。

4）当开式冷却水系统不能满足制冷设备的水质要求时，应采用闭式循环系统，可采用闭式冷却塔，或设置中间换热器。

四、冷却水系统设计

除蒸发式冷却塔外，冷却水系统通常为开式系统，冷却塔设置在室外地面或屋面上，对于高层建筑，通常可置于裙房的屋面上。当有多台冷水机组时，冷却塔的台数和运行方式一般要求与冷水机组一一对应。冷却水系统（水泵前置、开式冷却塔、冷凝器一对一接管）见图7-32，冷却水系统（水泵前置、开式冷却塔、共用集管连接）见图7-33。

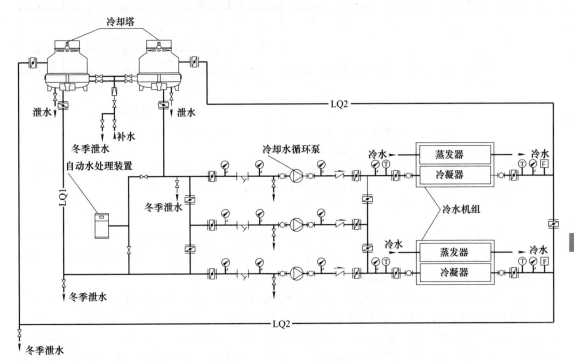

图7-32　冷却水系统（水泵前置、开式冷却塔、冷凝器一对一接管）

注：水泵前置适合于冷却塔安装位置较低的情况；本图所示冬季泄水阀位置仅为示意，
具体设置位置应保证冷却水系统冬季不使用时，室外部分能泄空。

1）冷水机组、冷却水泵、冷却塔或集水箱之间的位置和连接应符合下列规定：

① 冷水机组应自灌吸水，冷却塔集水盘或集水箱最低水位与冷却水泵吸入口的高差应大于管道、管件及设备的阻力。

② 多台冷水机组和冷却水泵之间通过共用集管连接时，每台冷水机组进水或出水管道上应设置与对应的冷水机组和水泵联锁开关的电动两通阀。

③ 多台冷却水泵或冷水机组与冷却塔之间通过共用集管连接时，在每台冷却塔进水管上宜

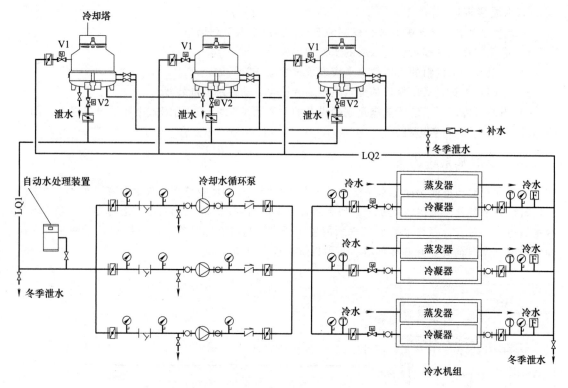

图 7-33　冷却水系统（水泵前置、开式冷却塔、共用集管连接）

注：1. 水泵前置适合于冷却塔安装位置较低的情况。

　　2. 所采用的冷却塔对进水分布水压无要求且各塔风机为集中控制时，可取消电动阀 V1、V2。V1、V2 应配对设置。

　　3. 所有开关型电动阀均与相应的制冷设备联锁，所有电动阀均应具有手动关断功能。

　　4. 本图所示冬季泄水阀位置仅为示意，具体设置位置应保证冷却水系统冬季不使用时，室外部分能泄空。

设置与对应水泵联锁开闭的电动阀；对进口水压有要求的冷却塔，应设置与对应水泵联锁开闭的电动阀。当每台冷却塔进水管上设置电动阀时，除设置集水箱或共用集水盘的情况外，每台冷却塔出水管上还应设置与冷却水泵联锁开闭的电动阀。

　　2）当多台冷却塔与冷却水泵或冷水机组之间通过共用集管连接时，应使各台冷却塔并联环路的压力损失大致相同。底盘之间宜设平衡管，或在各台冷却塔底部设置共用集水盘。

　　3）冷却塔的布置。冷却塔的布置应与建筑协调，保证良好的通风（单侧进风塔的进风面宜面向夏季主导风向，双侧进风塔的进风面宜平行夏季主导风向）、远离高温或有害气体，并避免飘水和噪声对周围环境的影响；在要求严格的场合应采取消声和隔声措施。

　　为了保证空气的流通，冷却塔宜单排布置，间距要求见图 7-34a；当必须多排布置时，长轴位于同一直线上的相邻塔排净距不小于 4m，见图 7-34b；长轴不在同一直线上的，平行布置塔排之间的净距不小于塔的进风口高度 h（图 7-35）的 4 倍，见图 7-34c；冷却塔进风口侧与相邻障碍物的净距不应小于塔进风口高度 h 的 2 倍，见图 7-36；周围进风的塔间净距不应小于塔进风口高度 h 的 4 倍，见图 7-37。

　　冷却塔下沉式安装可视塔四周都为障碍物，塔体与障碍物间距要求参见图 7-37；当塔体出风口高度小于障碍物高度时，宜设导风管，见图 7-38 和图 7-39；若用弯管型导风管（图 7-39），应与厂家配合加大风机容量。

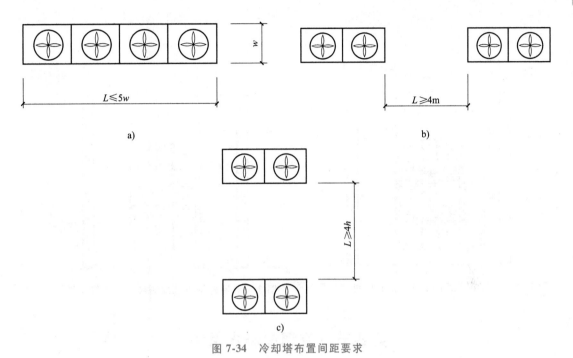

图 7-34　冷却塔布置间距要求

a）冷却塔单排布置间距要求　b）长轴在同一直线布置时的间距要求　c）长轴不在同一直线布置时的间距要求

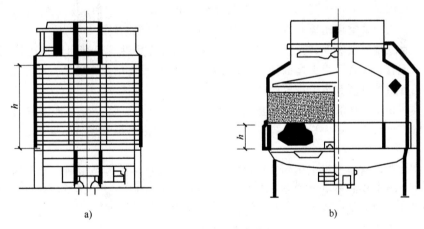

图 7-35　冷却塔进风示意图

h—进风口高度

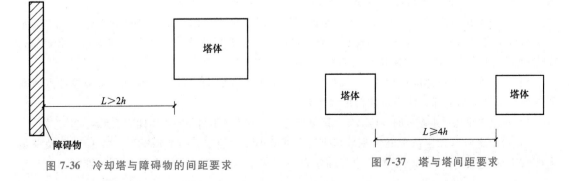

图 7-36　冷却塔与障碍物的间距要求

图 7-37　塔与塔间距要求

245

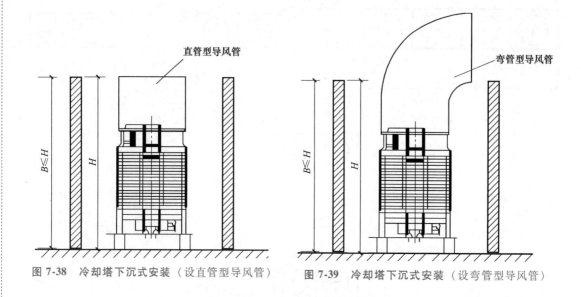

图 7-38　冷却塔下沉式安装（设直管型导风管）　　　图 7-39　冷却塔下沉式安装（设弯管型导风管）

第四节　空调冷凝水系统

空调水系统夏季供应冷水的水温较低，当换热器外表面温度低于与之接触的空气的露点温度时，其表面会因结露而产生凝结水。这些凝结水汇集在设备（例如风机盘管机组，柜式空调器，新风机组，组合式空调箱等）的集水盘中，通过冷凝水管路排走。

空调冷凝水系统一般为开式重力非满管流。为避免管道腐蚀，冷凝水管道可采用聚氯乙烯塑料管或镀锌钢管，不宜采用焊接钢管。为防止冷凝水管道表面结露，通常需设置保温层。冷凝水的排放方式有就地排放和集中排放两种方式。

就地排放，如安装在酒店客房内使用的风机盘管，可以就近将冷凝水排放到同一房间的卫生间里。特点：排水管道短，管道系统漏水的可能性小，但由于排水点多而且分散，有可能影响使用和美观。

集中排放（借助管道系统汇集到某一地点），如安装在写字楼各个房间内使用的风机盘管就需要有专门的冷凝水管道系统来排放冷凝水。特点：排水管道长，漏水的可能性会增大；同时管道的水平距离过长，为保持管道坡度会占用较大的建筑空间。

为保证冷凝水能顺利排走，设计冷凝水管道应注意下列事项：

1) 保证足够的管道坡度。冷凝水集水盘的泄水支管沿凝结水流向坡度不宜小于 0.01，冷凝水水平干管不宜过长，其坡度不应小于 0.003，且不允许有积水部位。

2) 当空调设备冷凝水集水盘位于机组的正压段时，集水盘的出水口宜设置水封；当冷凝水集水盘位于机组内的负压区时，为避免冷凝水倒吸，集水盘的出水口处必须设置水封，水封的高度应比集水盘处的负压（水柱高）大 50% 左右。

3) 冷凝水立管顶部应设计通大气的透气管。水平干管始端应设置扫除口。系统最低点或需要单独排水设备的下部，应设带阀门的放水管，并接入地漏。

4) 冷凝水排入污水系统时，应有空气隔断措施；冷凝水管不得与室内密闭雨水系统直接连接。

5) 冷凝水管管径应按冷凝水流量和冷凝水管最小坡度确定。一般情况下，每 1kW 冷负荷最大冷凝水量可按 0.4~0.8kg 估算。直接与空调设备集水盘连接的冷凝水排水支管管径，应与集水盘排水口管径一致。冷凝水管径可按表 7-12 估算。

表 7-12　冷凝水管径估算表

冷负荷/kW	<10	11~20	21~100	101~180	181~600
DN	20	25	32	40	50
冷负荷/kW	601~800	801~1000	1001~1500	1501~12000	>12000
DN	70	80	100	125	150

第五节　其他附件

一、关断阀和调节阀

水系统初调以及维护管理的关闭都需要阀门。由于阀门结构方面的原因，闸阀、截止阀基本上不具备调节能力，大多用于只需要开、闭的场所，除了系统检修需要时关闭，其余时间处于常开状态。从结构上看，截止阀的密闭性优于闸阀，但截止阀尺寸也大于闸阀，因此通常在大管径上采用闸阀（≥50mm），小管径采用截止阀。

蝶阀具有一定的调节能力，其调节性能接近于线性，且尺寸小，但关闭的严密程度不如闸阀与截止阀（尤其是小管径）。因此，在一些大管径应用场合，蝶阀有替代闸阀的趋势，在一些需要一定调节能力要求的小管径应用场合，它也可以替代调节阀。

调节阀的阀芯通常近似锥形结构，具有较好的调节能力，适用于需要流量调节（如初调试）的场合，其外形尺寸与同口径的截止阀相当，造价较高。

二、平衡阀

平衡阀是一种能改善水力失调现象的平衡元件，正确设计、选用和合理使用平衡阀，不仅可以提高水系统的水力稳定性，还可降低水系统的能耗。

平衡阀可以分为静态平衡阀（手动平衡阀）、动态平衡阀（自动流量平衡阀、自动压差平衡阀）和多功能平衡阀三大类。

1. 静态平衡阀（手动平衡阀）

静态平衡阀是一种可精确调节阀门阻力系数的手动调节阀，用以解决空调水系统静态失调问题。阀件具有开度指示、锁定装置、压差和流量测试点。当设计工况并联环路之间压力损失相对差额超过 15% 时，应采用静态平衡阀平衡环路之间的阻力差。

静态平衡阀一般安装位置：

1）应分级安装在干管、立管和支管上，见图 7-40。

2）安装在每个并联环路上。

3）通常安装在回水管上（为避免汽蚀和噪声）。

2. 动态平衡阀（自动流量平衡阀）

动态平衡阀实际上是一种可保持通过流量不变的定流量阀。其功能是：当系统内有些末端设备，如风机盘管机组、新风机组等调节阀，随空调负荷的变化进行调节后导致管网中压力发生改变时，可使支

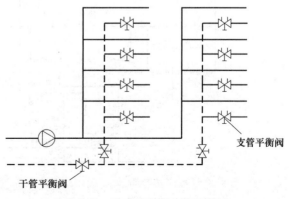

支管平衡阀

干管平衡阀

图 7-40　静态平衡阀安装示意图

路上设置此类阀门的其他末端设备的流量保持不变，仍然与设计值相一致。

自动流量平衡阀一般安装位置：

1）冷水机组、钢炉、热水器等所有需要限制流量的设备，宜安装自动流量平衡阀，以避免这些设备过流或欠流，见图 7-41。

2）安装在各建筑物的热力入口处。

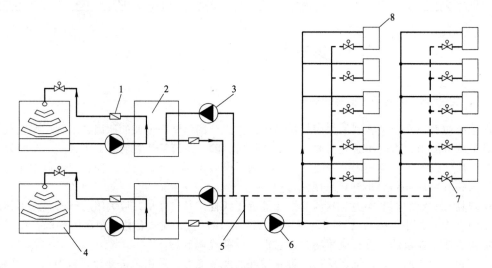

图 7-41　自动流量平衡阀的典型设计排布原则

1—自动流量平衡阀　2—冷水机组　3——级泵　4—冷却塔　5—旁通管

6—二级变频泵　7—电动调节阀　8—风机盘管或空气处理机

静态及自动流量平衡阀应用案例见图 7-42。

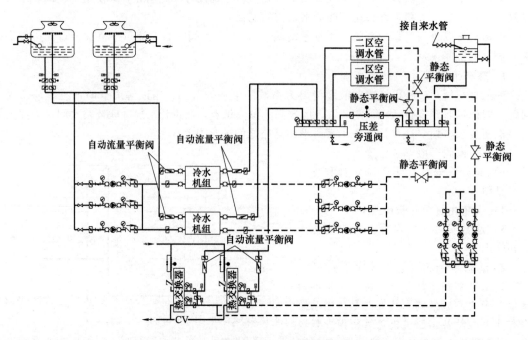

图 7-42　静态及动态平衡阀应用案例

3. 动态平衡阀（自动压差平衡阀）

动态平衡阀也称自力式压差平衡阀或自动压差平衡阀。在变流量水系统中，当空调负荷变化较大时，循环回路或末端设备压差会有很大的变化幅度，使电动调节阀的控制范围变窄，阀权度变小，回路间干扰较大。动态平衡阀具有一定压差范围内恒定压差的功能。动态平衡阀通常安装在以下位置：

1）立管回水管上，稳定立管环路供、回水管之间压差，见图7-43。

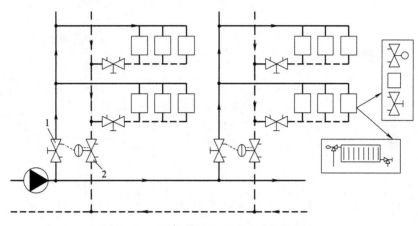

图 7-43　动态平衡阀安装在立管回水管上
1—静态平衡阀　2—动态平衡阀

2）分层分支管环路回水管上，稳定分支环路供、回水管之间的压差，见图7-44。

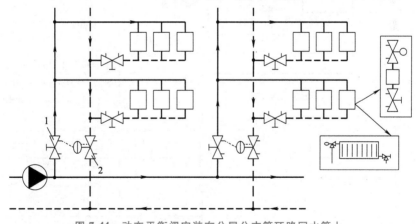

图 7-44　动态平衡阀安装在分层分支管环路回水管上
1—静态平衡阀　2—动态平衡阀

3）电动调节阀两端，稳定电动调节阀的压差，改善调节阀的调节性能，见图7-45。

自力式压差平衡阀的应用实例见图7-46。

4. 多功能平衡阀

随着平衡阀应用的发展，平衡阀与多种功能性阀门与设备的配合使用日益增多，出于空间和性能组合优化的考虑，平衡阀也可向多功能化发展，见图7-47。

1）动态平衡阀与电动二通阀功能结合为一体的动态平衡电动二通阀，一般用于水系统小型末端设备上，如散热器、风机盘管等。

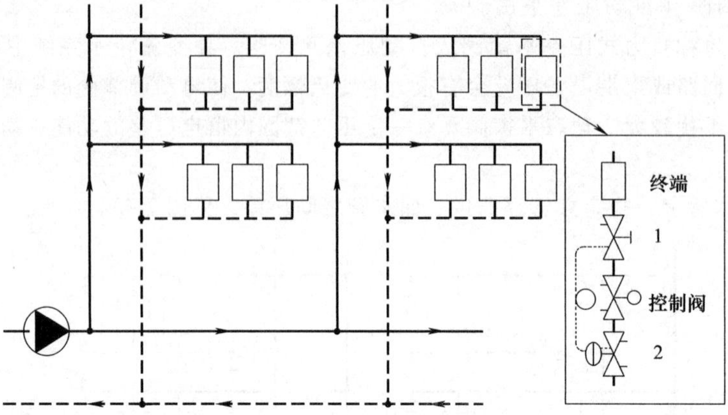

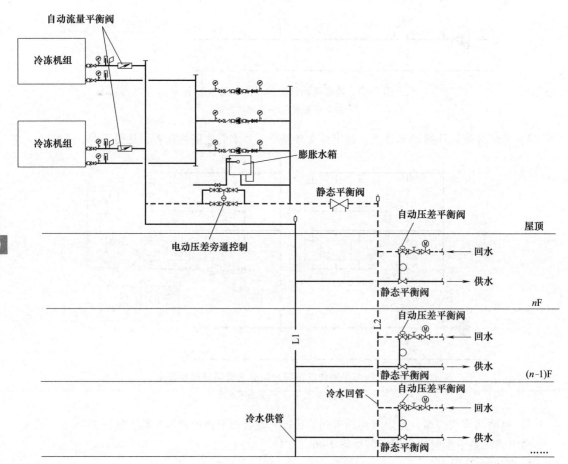

图 7-45　动态平衡阀安装在电动调节阀两端
1—静态平衡阀　2—动态平衡阀

图 7-46　自动压差平衡阀应用实例

2）动态平衡阀与电动调节阀功能结合为一体的动态平衡电动调节阀，一般应用于变流量系统的区域供暖或供冷，且常用于新风机组、空气处理机组等大型末端设备。

任何阀门的设置都是以增加水流阻力为代价的，特别是调节阀、平衡阀等全开阻力较大的阀门，因此应该按照合理的需求进行设置。合理设置的条件是：首先应该进行详细的系统水力计算，通过调整管径、管道长度以及设备的阻力力求实现系统自身的水力平衡。只有当计算调整无法实现的不平衡率要求时，才考虑设置相应的平衡阀。一般来说，在最不利环路上，应尽可能减少调节用阀门的设置，否则会导致水泵的扬程增加，不利于节约运行能耗。

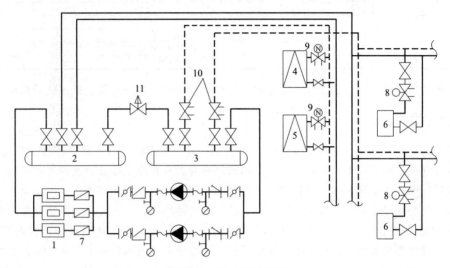

图 7-47　多功能平衡阀

1—冷水机组、锅炉、换热器　2—分水器　3—集水器　4—新风机组　5—空调机组　6—末端（风机盘管、散热器）
7—自动流量平衡阀　8—动态平衡电动二通阀　9—动态平衡电动调节阀　10—静态平衡阀　11—自动压差平衡阀

三、分水器、集水器

分水器起到向各环路分配水流量的作用，集水器起到由各、环路汇集水流量的作用。分水器和集水器是为了便于连接各个水环路的并联管道而设置的，起到均压作用，以使流量分配均匀。两个供应环路及以上的空调水系统，宜设置分水器、集水器。分水器、集水器的直径应按并联管道的总流量，通过该管径时的断面流速 $v = 0.5 \sim 0.8 \mathrm{m/s}$ 来确定，并应大于最大接管开口直径的 2 倍。分水器和集水器的外形见图 7-48，尺寸可参考表 7-13。

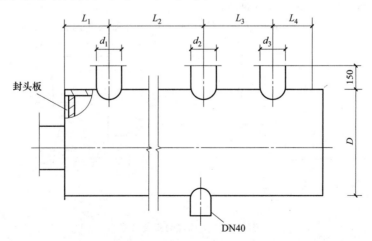

图 7-48　分水器和集水器的外形

表 7-13　分水器和集水器尺寸　　　　　　　　（单位：mm）

内径 D	200	250	300	350	400	450
管壁厚度	6	6	6	8	8	8
封头壁厚	10	12	14	16	18	20
支架（角钢）	∟50×50×5	∟50×50×5	∟60×60×5	∟60×60×5	∟60×60×5	∟60×60×5
支架（圆钢）	$\varphi12$	$\varphi12$	$\varphi14$	$\varphi14$	$\varphi16$	$\varphi16$
L_1	d_1+60					
L_2	d_1+d_2+120					
L_3	d_2+d_3+120					
L_4	d_3+120					

集水器的回水管上应设温度计。压力表、温度计分别设置在分水器、集水器的两端。

四、过滤器

无论开式或闭式系统，水过滤器都是系统设计中必须考虑的，一般设置在冷水机组、水泵、换热器、电动调节阀等设备的入口管道上。当循环水泵设置在冷凝器或蒸发器入口处时，该过滤器可以设置在循环水泵进水口，在保护水泵的同时保护冷水机组的换热器。

目前常用的水过滤器装置有金属网状、Y 形管道式过滤器，直通式除污器等。最广泛应用的是 Y 形过滤器，因为它适合安装在水平与垂直管路上。应注意的是 Y 形过滤器的滤网孔径选择。孔径过大，过滤效果欠佳；孔径过小，极易受堵。工程中常发现因孔径不合适，导致换热设备或滤网需频繁清洗的情况。过滤器应按阀体上流向箭头所示安装在水平或流向向下的垂直管道上。应用于蒸汽或气体的水平管道上时，过滤器阀体应保持在水平面位置，而在液体系统中阀体应为垂直向下位置。为方便维修和更换，过滤器上下游应安装合适的截止阀。

根据工程经验，Y 形过滤器推荐的孔径有：用于水泵前 4mm 左右；用于冷水机组前 3～4mm；用于空调机组前 2.5～3mm；用于风机盘管前 1.5～2mm。此外，滤网的有效流通面积应等于所接管路流通面积的 3.5～4 倍。

五、集气罐

水系统中所有可能积聚空气的"气囊"顶点，都应设置自动放空气的集气罐。滞留在水系统中的空气不但会在管道内形成"气堵"，影响正常水循环；在换热器内形成"气囊"，使换热能力大为下降；还会加快管道和设备腐蚀。

集气罐是由直径为 100～250mm 钢管焊接而成，有立式和卧式两种（图 7-49），安装在水系

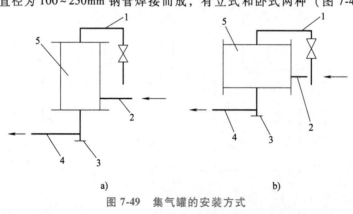

图 7-49　集气罐的安装方式

a）立式　b）卧式

1—放气管　2—进水管　3—螺塞　4—出水管　5—集气罐

统中可能聚集空气的最高点。集气罐顶部排气管设自动放气阀。集气罐规格见表 7-14。

表 7-14 集气罐规格 （单位：mm）

规格	1	2	3	4
直径	100	150	200	250
高（或长）	300	300	320	430
简壁厚	4.5	4.5	6	6
端部壁厚	4.5	4.5	6	8

六、软接头

软接头通常用于水泵、冷水机组和其他振动设备的接口处，防止设备通过水路系统传振。目前常用的主要是橡胶制品和金属制品两种，前者的隔振性能优于后者，但应注意的是：采用橡胶软接头时，由于软接头具有一定的变形，会形成类似波纹管补偿器的推力（由于两个不同流通截面积引起）。当系统的工作压力较大时，推力值较大，此时应采取一定的补偿措施。

空调水系统中的阀门、过滤器、温度计和压力表等的设置见表 7-15。温度表、压力表及其他测量仪表应设于便于观察的地方，阀门高度一般离地 1.2~1.5m，高于此高度时，应设置工作平台。

表 7-15 空调水系统中的阀门、过滤器、温度计和压力表的设置

部位	过滤器/除污器	温度计	压力表	阀门	软接头	排气装置	泄水阀
空气处理设备的进水管①	△			△	△		
空气处理设备的出水管		△		△	△		
冷水机组的进水管	△	△	△	△	△		
冷水机组的出水管		△	△	△	△		
换热器一、二次侧的进水管	△	△	△	△			
换热器一、二次侧的出水管		△	△	△			
分/集水器本体上		△	△				
分/集水器的进、出水干管				△			
集水器分路阀门前的管道上		△					
水泵的出水管		△	△	△②	△		
水泵的进水管	△			△	△		
过滤器的进、出口			△				
与立管连接的水平供回水干管				△（水平分配）			
与水平干管连接的供回水立管				△（垂直分配）			
系统最高处及有可能聚集空气的部位						△	
系统最低点							△

① 必要时进水管也装温度计。
② 闭式系统、并联水泵及开式系统在阀门前还应设止回阀。

第六节 空调水系统设计步骤及案例

一、空调水系统设计的步骤

1）根据各个空调房间的使用功能和特点，确定用水供冷或供暖的空调设备形式。

2）主机设备及末端设备布置。

3）进行水系统类型、参数选择与分区。

4）确定立管位置。

5）进行供回水管线布置，绘制系统轴测图或管道布置简图。

6）连接设备及水管、绘制水系统平面图。

7）进行管路水力计算（含不平衡率校核及水泵的选择），标注管径，确定水泵扬程。

8）完善水系统原理图。

二、工程案例

（一）工程概况

厦门市某酒店，总建筑面积为 24859m²，建筑高度 66.95m。其中首层为酒店大堂、厨房、展厅等；2~6 层为会议室、足浴、餐厅包厢等；主楼 7~17 层为酒店客房；地下室一层为车库、酒店后勤、设备用房等。经负荷计算，该工程总冷负荷为 3344kW，热负荷为 1040kW。

（二）空调冷热源及冷热水系统简介

1. 冷热源的选择

该酒店项目采用 3 台制冷量为 1110kW 的水冷螺杆式冷水机组作为冷源，采用 2 台额定功率为 1700kW 的燃气（燃油）两用常压热水锅炉作为供暖和生活热水（生活热水负荷约为 700kW）热源，一用一备。冷冻水供回水温度为 7℃/12℃；锅炉供回水温度为 95℃/70℃，经过板式换热器二次供回水温度为 60℃/50℃。冷水机组、冷水泵及冷却水泵设置于地下室制冷机房内，冷却塔设置于裙房屋面。制冷机房平面布置见图 7-50，冷水机组参数见表 7-16。

表 7-16 冷水机组参数表

类型	制冷量/ (kW/RT[①])	蒸发器						冷凝器					
		数量/台	水量/(m³/h)	进水温度/℃	出水温度/℃	最大水阻力/kPa	工作压力/MPa	污垢系数/(m²·K/kW)	水量/(m³/h)	进水温度/℃	出水温度/℃	最大水阻力/kPa	工作压力/MPa	污垢系数/(m²·K/kW)
螺杆式冷水机组	1110/315.7	3	191	12	7	67	≥1.6	0.086	225	30	35	90	≥1.0	0.086

类型	压缩机			COP/(kW/kW)	制冷剂	机组噪声/dB(A)	运行重量/kg	减振方式	备注
	电源 φ-V-Hz	额定功率/kW	输入功率/kW						
螺杆式冷水机组	3-380-50	—	200.9	5.53	R134a	≤75	7680	弹簧减振器	

① RT 为冷吨，冷量单位，1RT=3.517kW。

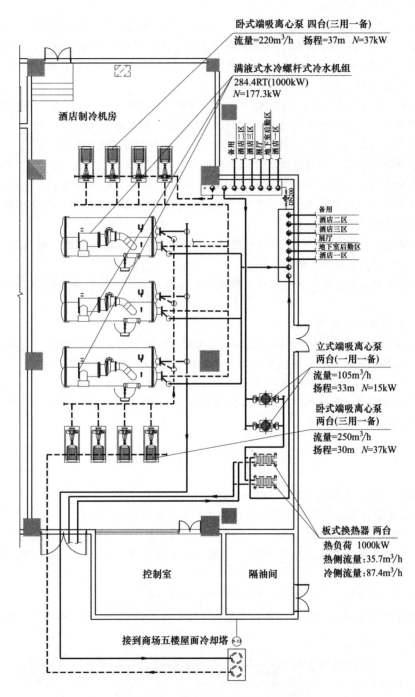

卧式端吸离心泵 四台(三用一备)
流量=220m³/h　扬程=37m　N=37kW

满液式水冷螺杆式冷水机组
284.4RT(1000kW)
N=177.3kW

酒店制冷机房

立式端吸离心泵
两台(一用一备)
流量=105m³/h
扬程=33m N=15kW

卧式端吸离心泵
两台(三用一备)
流量=250m³/h
扬程=30m N=37kW

板式换热器 两台
热负荷 1000kW
热侧流量:35.7m³/h
冷侧流量:87.4m³/h

控制室　　隔油间

接到商场五楼屋面冷却塔

图 7-50　制冷机房平面布置详图

2. 各功能房间空调设备的选择

1）酒店客房：酒店客房数量较多，各房间要求单独调节，且客房及走道净高要求较高，因此采用风机盘管加新风系统，新风系统竖向布置，新风机置于塔楼屋面。

2）酒店大堂及展厅等房间由于空间较大、人员较多，采用全空气空调系统。

3. 空调冷（热）水系统

1）该项目水系统有一定的高度，空调水系统采用闭式系统。根据该项目的规模、负荷特性以及从节能要求，空调水系统选择一级泵变流量系统。两管制系统管路较少，其投资相对较低，所占用的建筑内管道空间较少，适用于冷、热源交替使用（季节切换），故选用两管制系统。制冷系统原理图见图 7-51。

2）水系统的分区与分环路：由于该项目建筑高度为 66.95m，考虑到水泵扬程为 30～40m，可知空调水系统任一点的工作压力小于 1.6MPa，故不对空调水系统进行竖向分区。根据不同的房间功能，以及系统的运行管理与维护要求，对空调水系统划分成五个环路：①地下室酒店后勤区；②展厅；③酒店大堂、西餐厅等；④四季厅、休息厅等；⑤酒店客房。由于环路①～④设备较分散，末端阻力相差较大，采用异程式系统；环路⑤末端为客房风机盘管，末端阻力相差不大，采用水平同程式系统。环路⑤长度最长且承担置于塔楼屋面的新风机，其余环路最长只到 5 层，可知环路⑤为阻力最大的环路。

3）根据建筑平面图，确定立管位置，根据立管位置绘制水系统平面图，见图 7-52。

4）环路⑤空调水系统图，见图 7-53。

5）空调水系统的水力计算（此处仅对空调冷水管路环路⑤进行水力计算，其余环路计算过程均同）。

最不利冷水环路编号见图 7-54。

经计算，最不利环路为酒店顶层的新风机组环路，管路阻力为 152.5kPa（含末端 80kPa 阻力），与 17 层环路相比不含公共段的阻力为 115.7kPa，水力计算详见表 7-17。

17 层环路水力计算的冷水环路编号见图 7-55，水力计算详见表 7-18。

17 层的管路阻力为 97.0kPa（含末端 40kPa 阻力），与最不利环路相比不含公共段的阻力为 60.2kPa，两环路不平衡率为

$$S = \frac{(115.7 - 60.2)}{115.7} \times 100\% = 48.0\%$$

不平衡率 $S > 15\%$，故需在 17 层环路加设静态水力平衡阀。

6）根据最不利环路水力计算结果，确定冷水泵及热水循环泵的扬程。

由表 7-17 得出最不利环路管路阻力为 152.5kPa（含末端 80kPa 阻力），冷水机组蒸发器侧阻力为 67kPa，自动控制调节阀阻力为 40kPa，制冷机房内管路阻力约为 30kPa，则冷水泵扬程相应的压力为

$$H = \left[(152.5 + 40 + 67 + 30) \times 1.1 \right] kPa = 318.5kPa，取 32mH_2O。$$

从冷水机组性能参数表中可得蒸发器水量为 191m³/h，取 1.1 的安全系数得 210m³/h。根据公式（7-4）：

$$ECR = \frac{0.003096 \times \left(210 \times \dfrac{32}{90\%} \right) \times 3}{3344} \leqslant \frac{0.003749 \times \left[28 + \left(0.016 + \dfrac{1.6}{435} \right) \times 435 \right]}{5}$$

$ECR = 0.0207 \leqslant 0.0210$，满足耗电输冷比的要求。冷水泵参数见表 7-19。

需要注意的是，空调冷负荷较热负荷大且热水供回水温差为 10℃，大于空调冷水供回水温差 5℃，该工程为两管制系统，所以需根据空调冷水水力计算后确定的管径计算供热循环水泵的扬程，而后再计算耗电输热比。

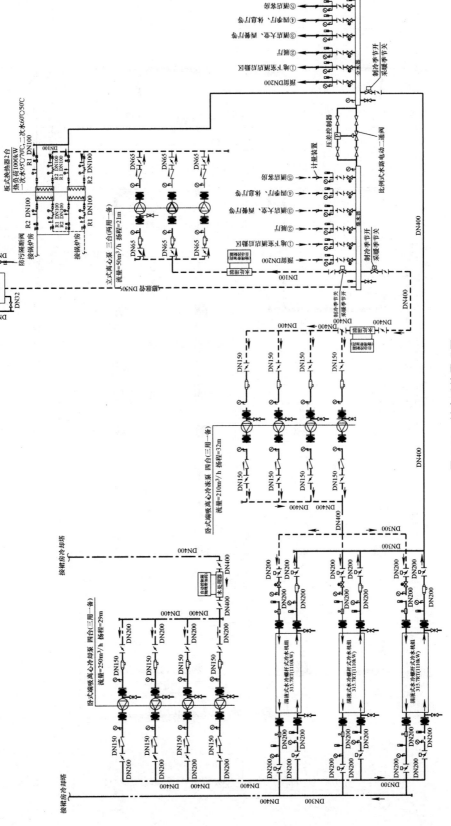

图 7-51 制冷系统原理图

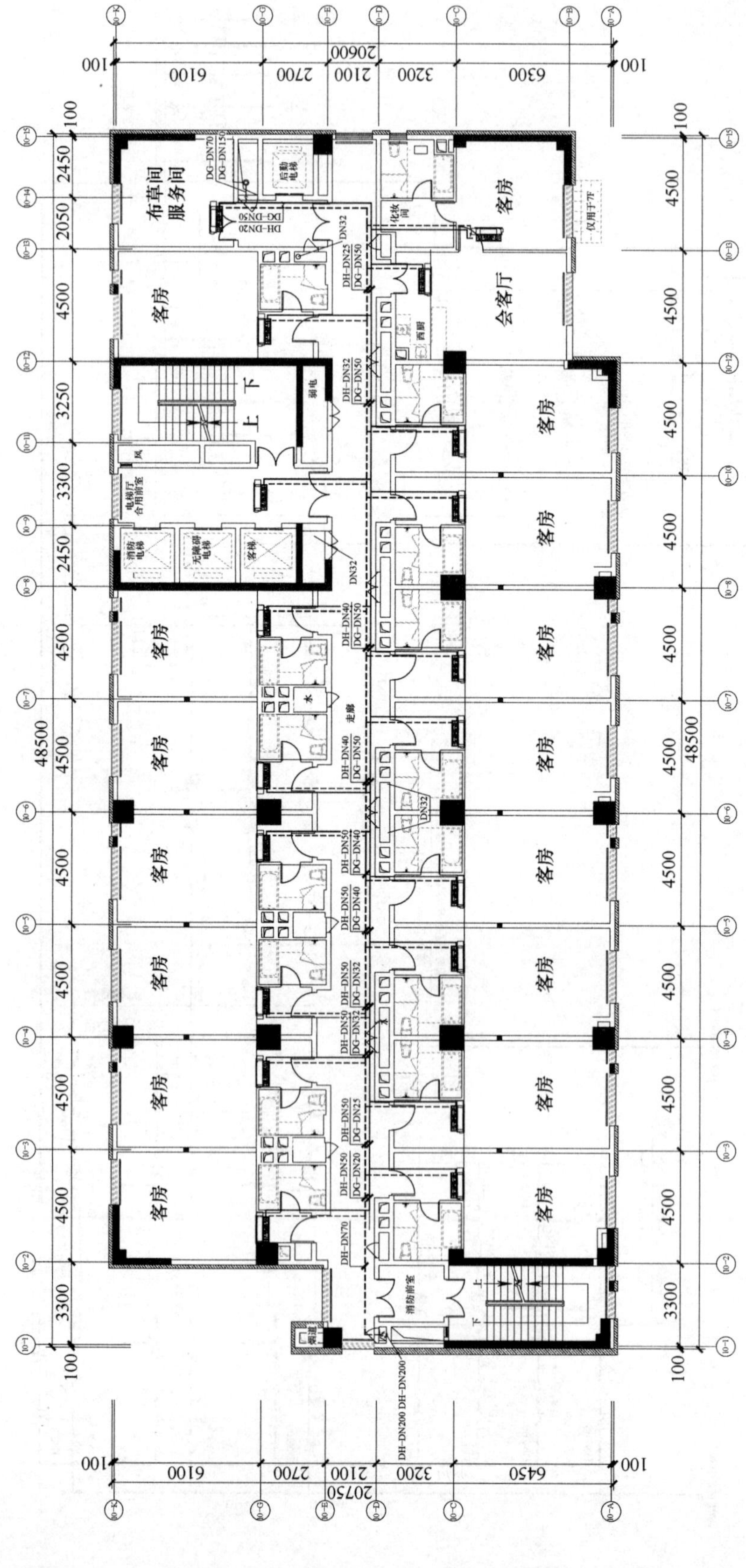

图 7-52 标准层空调水管平面图

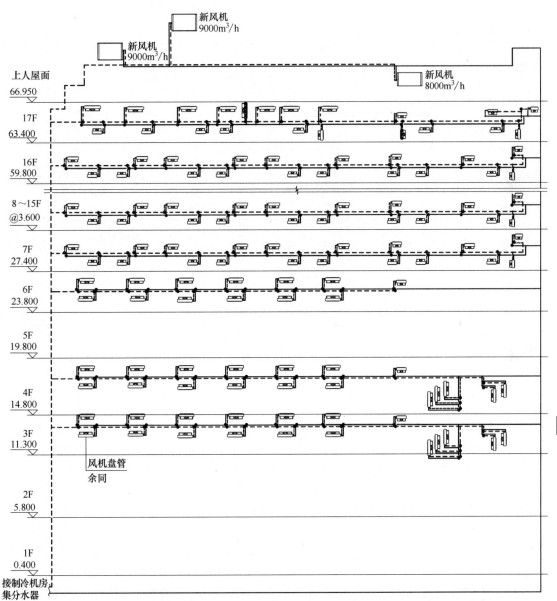

图 7-53　环路⑤空调水系统图

259

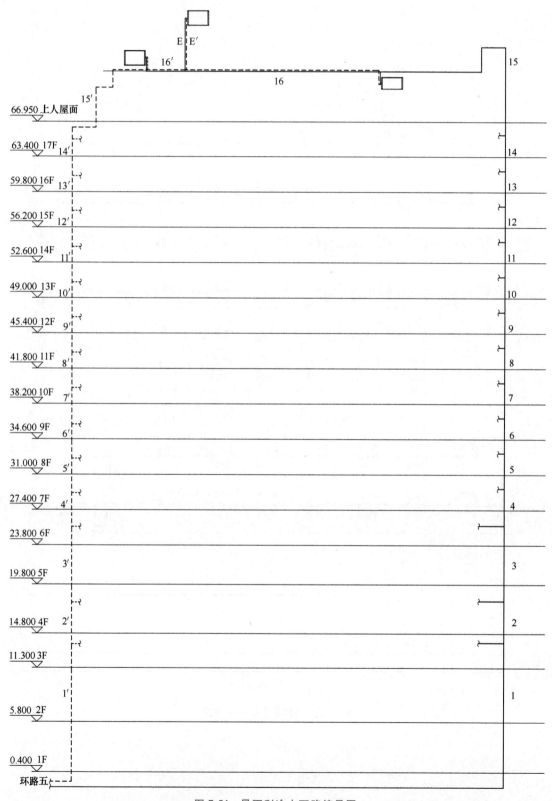

图 7-54　最不利冷水环路编号图

表 7-17　环路⑤冷水管路最不利环路水力计算表

管段编号	负荷/W	流量 /(kg/h)	管长 /m	管径DN	流速 /(m/s)	比摩阻 /(Pa/m)	局阻系数	沿程阻力 /Pa	局部阻力 /Pa	总阻力 /Pa
E	126900	21826.8	18.04	80	1.18	228.74	4.02	4127	84847	88974
16	253800	43653.6	20.46	100	1.4	230.57	0.1	4717	98	4815
15	366800	63089.6	32.98	125	1.3	151.03	2.26	4981	5158	10139
14	482900	83058.8	3.68	125	1.71	257.88	0.1	948	147	1095
13	549400	94496.8	3.6	150	1.34	126.35	0.1	455	90	544
12	615900	105934.8	3.6	150	1.5	157.77	0.1	568	113	681
11	682400	117372.8	3.6	150	1.66	192.65	0.1	694	138	832
10	748900	128810.8	3.6	150	1.83	231	0.1	832	167	998
9	815400	140248.8	3.6	150	1.99	272.81	0.1	982	197	1180
8	881900	151686.8	3.6	200	1.3	87.53	0.1	315	85	400
7	948400	163124.8	3.6	200	1.4	100.81	0.1	363	98	461
6	1014900	174562.8	3.6	200	1.5	115.01	0.1	414	112	526
5	1081400	186000.8	3.6	200	1.6	130.15	0.1	469	127	596
4	1147900	197438.8	3.77	200	1.7	146.21	0.1	551	144	695
3	1248800	214793.6	7.67	200	1.84	172.36	0.1	1323	170	1492
2	1385850	238366.2	4.24	200	2.05	211.3	0.1	896	209	1105
1	1522900	261938.8	94.37	250	1.43	78.59	3.6	7417	3655	11071
16'	239900	41262.8	4.1	100	1.32	206.69	0.1	847	88	935
15'	366800	63089.6	15.05	125	1.3	151.03	3.7	2274	8540	10814
14'	482900	83058.8	3.82	125	1.71	257.88	0.1	986	147	1132
13'	549400	94496.8	3.6	150	1.34	126.35	0.1	455	90	544
12'	615900	105934.8	3.6	150	1.5	157.77	0.1	568	113	681
11'	682400	117372.8	3.6	150	1.66	192.65	0.1	694	138	832
10'	748900	128810.8	3.6	150	1.83	231	0.1	832	167	998
9'	815400	140248.8	3.6	150	1.99	272.81	0.1	982	197	1180
8'	881900	151686.8	3.6	200	1.3	87.53	0.1	315	85	400
7'	948400	163124.8	3.6	200	1.4	100.81	0.1	363	98	461
6'	1014900	174562.8	3.6	200	1.5	115.01	0.1	414	112	526
5'	1081400	186000.8	3.6	200	1.6	130.15	0.1	469	127	596
4'	1147900	197438.8	3.34	200	1.7	146.21	0.1	488	144	632
3'	1248800	214793.6	7.67	200	1.84	172.36	0.1	1323	170	1492
2'	1385850	238366.2	4.24	200	2.05	211.3	0.1	896	209	1105
1'	1522900	261938.8	48.51	250	1.43	78.59	0.72	3812	731	4543
总计										152475

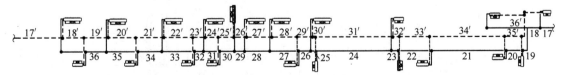

图 7-55　17 层冷水环路编号图

表 7-18　环路⑤17 层环路水力计算表

管段编号	负荷/W	流量 /(kg/h)	管长 /m	管径 DN	流速 /(m/s)	比摩阻 /(Pa/m)	局阻系数	沿程阻力 /Pa	局部阻力 /Pa	总阻力 /Pa
E	9000	1548	5.54	32	0.45	107.16	9.1	594	41159	41753
14	482900	83058.8	3.68	125	1.71	257.88	0.1	948	147	1095
13	549400	94496.8	3.6	150	1.34	126.35	0.1	455	90	544

（续）

管段编号	负荷/W	流量/(kg/h)	管长/m	管径DN	流速/(m/s)	比摩阻/(Pa/m)	局阻系数	沿程阻力/Pa	局部阻力/Pa	总阻力/Pa
12	615900	105934.8	3.6	150	1.5	157.77	0.1	568	113	681
11	682400	117372.8	3.6	150	1.66	192.65	0.1	694	138	832
10	748900	128810.8	3.6	150	1.83	231	0.1	832	167	998
9	815400	140248.8	3.6	150	1.99	272.81	0.1	982	197	1180
8	881900	151686.8	3.6	200	1.3	87.53	0.1	315	85	400
7	948400	163124.8	3.6	200	1.4	100.81	0.1	363	98	461
6	1014900	174562.8	3.6	200	1.5	115.01	0.1	414	112	526
5	1081400	186000.8	3.6	200	1.6	130.15	0.1	469	127	596
4	1147900	197438.8	3.77	200	1.7	146.21	0.1	551	144	695
3	1248800	214793.6	7.67	200	1.84	172.36	0.1	1323	170	1492
2	1385850	238366.2	4.24	200	2.05	211.3	0.1	896	209	1105
1	1522900	261938.8	94.37	250	1.43	78.59	3.6	7417	3655	11071
14′	482900	83058.8	3.82	125	1.71	257.88	0.1	986	147	1132
13′	549400	94496.8	3.6	150	1.34	126.35	0.1	455	90	544
12′	615900	105934.8	3.6	150	1.5	157.77	0.1	568	113	681
11′	682400	117372.8	3.6	150	1.66	192.65	0.1	694	138	832
10′	748900	128810.8	3.6	150	1.83	231	0.1	832	167	998
9′	815400	140248.8	3.6	150	1.99	272.81	0.1	982	197	1180
8′	881900	151686.8	3.6	200	1.3	87.53	0.1	315	85	400
7′	948400	163124.8	3.6	200	1.4	100.81	0.1	363	98	461
6′	1014900	174562.8	3.6	200	1.5	115.01	0.1	414	112	526
5′	1081400	186000.8	3.6	200	1.6	130.15	0.1	469	127	596
4′	1147900	197438.8	3.34	200	1.7	146.21	0.1	488	144	632
3′	1248800	214793.6	7.67	200	1.84	172.36	0.1	1323	170	1492
2′	1385850	238366.2	4.24	200	2.05	211.3	0.1	896	209	1105
1′	1522900	261938.8	48.51	250	1.43	78.59	0.72	3812	731	4543
17	116100	19969.2	1.15	80	1.08	192.63	1.5	221	869	1090
18	113900	19590.8	0.36	80	1.06	185.65	0.1	67	56	123
19	110300	18971.6	1.07	80	1.02	174.5	2.01	187	1831	2018
20	107200	18438.4	1.42	80	0.99	165.18	0.1	235	49	285
21	102700	17664.4	6.49	80	0.95	152.09	0.1	988	45	1033
22	98200	16890.4	2.87	80	0.91	139.54	0.1	401	41	442
23	95100	16357.2	0.64	80	0.88	131.21	0.1	84	39	123
24	92000	15824	6.57	80	0.85	123.13	0.1	809	36	845
25	88900	15290.8	0.32	80	0.82	115.3	0.1	36	34	70
26	79900	13742.8	1.01	65	1.05	230.09	0.1	232	55	287
27	75400	12968.8	2.46	65	0.99	205.78	0.1	506	49	555
28	66400	11420.8	2.14	65	0.87	161.19	0.1	346	38	384
29	57400	9872.8	0.85	65	0.76	121.98	0.1	104	29	133
30	48400	8324.8	1.24	65	0.64	88.16	0.1	109	20	130
31	45300	7791.6	1.39	50	0.98	277.62	0.1	387	48	435
32	36300	6243.6	0.79	50	0.79	181.56	0.1	144	31	175
33	33200	5710.4	2.78	50	0.72	153.12	0.1	426	26	452
34	24200	4162.4	2.1	50	0.52	84.1	0.1	177	14	190
35	21100	3629.2	2.7	40	0.76	239.69	0.1	647	29	676
36	12100	2081.2	1.78	32	0.6	187	0.1	332	18	350
17′	116100	19969.2	4.15	80	1.08	192.63	1.5	800	869	1670
18′	107100	18421.2	1.82	80	0.99	164.88	0.1	299	49	349

（续）

管段编号	负荷/W	流量/(kg/h)	管长/m	管径DN	流速/(m/s)	比摩阻/(Pa/m)	局阻系数	沿程阻力/Pa	局部阻力/Pa	总阻力/Pa
19′	104000	17888	2.08	80	0.96	155.82	0.1	324	47	370
20′	95000	16340	2.4	80	0.88	130.94	0.1	314	39	353
21′	91900	15806.8	2.4	80	0.85	122.87	0.1	295	36	331
22′	82900	14258.8	2.48	80	0.77	100.87	0.1	251	30	280
23′	79800	13725.6	1.09	65	1.05	229.54	0.1	251	55	306
24′	70800	12177.6	1.09	65	0.93	182.32	0.1	200	43	243
25′	67700	11644.4	1.29	65	0.89	167.3	0.1	216	40	256
26′	58700	10096.4	1.1	65	0.77	127.31	0.1	140	30	170
27′	49700	8548.4	2.14	65	0.65	92.71	0.1	199	21	220
28′	40700	7000.4	2.16	50	0.88	226.01	0.1	488	39	527
29′	36200	6226.4	1.31	50	0.78	180.6	0.1	236	31	267
30′	27200	4678.4	0.07	50	0.59	104.87	0.1	7	17	24
31′	24100	4145.2	6.82	50	0.52	83.45	0.1	569	14	583
32′	21000	3612	0.59	40	0.76	237.53	0.1	140	29	169
33′	17900	3078.8	2.62	40	0.65	175.28	0.1	460	21	481
34′	13400	2304.8	6.49	32	0.67	226.9	0.1	1474	22	1496
35′	8900	1530.8	1.48	32	0.44	104.95	0.1	155	10	165
36′	5800	997.6	1.1	25	0.45	145.75	1.6	160	213	372
总计										96979

表 7-19 冷水泵参数表

类型	功能	数量/台	流量/(m³/h)	扬程/mH₂O	泵体工作压力/MPa	转速/(r/min)	电机功率/kW	效率/(%)	噪声/dB(A)	运行重量/kg	减振方式	备注
卧式端吸离心泵	酒店冷冻水循环	4	210	32	≥1.6	1450	37	84	≤75	797	弹簧减振器	变频调速，三用一备

7）热水循环泵选型。

环路⑤热水管路最不利环路水力计算见表 7-20，由表 7-20 得出最不利环路管路阻力为 13.7kPa（不含末端 70kPa 阻力），板式换热器侧阻力约为 50kPa，自动控制调节阀阻力为 40kPa，则热水循环泵扬程相应的压力为 $H=[(13.7+80+50+40)\times1.1]kPa=191.07kPa$，取 21mH₂O。

表 7-20 环路⑤热水管路最不利环路水力计算表

管段编号	负荷/W	流量/(kg/h)	管径DN	管长/m	流速/(m/s)	比摩阻/(Pa/m)	局阻系数	沿程阻力/Pa	局部阻力/Pa	总阻力/Pa
E	126900	10913.4	80	18.04	0.606	59	1091	4	727	1818
16	253800	21826.8	100	20.46	0.699	55	1130	0.1	24	1154
15	366800	31544.8	125	32.98	0.661	38	1252	2	487	1739
14	422300	36317.8	125	3.68	0.761	50	184	0.1	29	213
13	451900	38863.4	150	3.6	0.574	23	83	0.1	16	100
12	481500	41409	150	3.6	0.612	26	94	0.1	18	113
11	511100	43954.6	150	3.6	0.65	29	106	0.1	21	127
10	540700	46500.2	150	3.6	0.687	33	118	0.1	23	142
9	570300	49045.8	150	3.6	0.725	36	131	0.1	26	157
8	599900	51591.4	200	3.6	0.473	12	43	0.1	11	54
7	629500	54137	200	3.6	0.497	13	47	0.1	12	59
6	659100	56682.6	200	3.6	0.52	14	51	0.1	13	64

（续）

管段编号	负荷/W	流量/(kg/h)	管径 DN	管长/m	流速/(m/s)	比摩阻/(Pa/m)	局阻系数	沿程阻力/Pa	局部阻力/Pa	总阻力/Pa
5	688700	59228.2	200	3.6	0.543	15	56	0.1	15	70
4	718300	61773.8	200	3.77	0.567	17	63	0.1	16	79
3	752200	64689.2	200	7.67	0.594	18	141	0.1	17	158
2	797900	68619.4	200	4.24	0.63	21	87	0.1	20	107
1	838700	72128.2	250	94.37	0.409	7	622	4	296	919
E'	113000	9718	80	18.04	0.539	47	871	4	577	1447
16'	239900	20631.4	100	20.46	0.661	49	1012	0.1	22	1034
15'	366800	31544.8	125	32.98	0.661	38	1252	2	487	1739
14'	422300	36317.8	125	3.68	0.761	50	184	0.1	29	213
13'	451900	38863.4	150	3.6	0.574	23	83	0.1	16	100
12'	481500	41409	150	3.6	0.612	26	94	0.1	18	113
11'	511100	43954.6	150	3.6	0.65	29	106	0.1	21	127
10'	540700	46500.2	150	3.6	0.687	33	118	0.1	23	142
9'	570300	49045.8	150	3.6	0.725	36	131	0.1	26	157
8'	599900	51591.4	200	3.6	0.473	12	43	0.1	11	54
7'	629500	54137	200	3.6	0.497	13	47	0.1	12	59
6'	659100	56682.6	200	3.6	0.52	14	51	0.1	13	64
5'	688700	59228.2	200	3.6	0.543	15	56	0.1	15	70
4'	718300	61773.8	200	3.77	0.567	17	63	0.1	16	79
3'	752200	64689.2	200	7.67	0.594	18	141	0.1	17	158
2'	797900	68619.4	200	4.24	0.63	21	87	0.1	20	107
1'	838700	72128.2	250	94.37	0.409	7	622	4	296	919
总计										13655

根据热负荷计算得流量 90.74m³/h，取 1.1 的安全系数得 99.8m³/h。根据式（7-4）得：

$$EHR = \frac{0.003096 \times \left(50 \times \dfrac{21}{90\%}\right) \times 2}{1040} \leqslant \frac{0.004225 \times \left[21 + \left(0.0026 + \dfrac{0.24}{435}\right) \times 435\right]}{5}$$

EHR = 0.0069 ≤ 0.0189，满足耗电输热比的要求。热水循环水泵参数见表 7-21。

表 7-21 热水循环水泵参数表

类型	功能	数量/台	流量/(m³/h)	扬程/mH₂O	泵体工作压力/MPa	转速/(r/min)	电机功率/kW	效率/(%)	噪声/dB(A)	运行重量/kg	减振方式	备注
卧式端吸离心泵	酒店热水循环	3	50	21	≥1.6	2900	7.5	84	≤75	130	弹簧减振器	变频调速，两用一备

（三）冷却水系统

1）选择三台逆流式冷却塔与冷水机组一一对应，冷却塔系统示意图见图 7-56。根据冷水机组产品样册注明的冷凝器的水流量，取安全系数 1.1，得每台冷却塔冷却水流量为 248m³/h，也可根据式（7-7）得冷却塔循环水量为 247m³/h。综上，冷却塔冷却水流量取 250m³/h。

2）冷却水泵的选择：据式（7-5），由冷却水管路水力计算表格（表 7-22）得出最不利环路管路阻力为 39.3kPa，制冷机房内管路阻力约为 50kPa，$h_f = (39.3 + 50)$kPa $= 79.3$kPa，冷水机组冷凝器阻力 $h_m = 90$kPa，查得冷却塔产品参数 $h_s = 40$kPa，$h_0 = 50$kPa。$H = [(79.3 + 90 + 40 + 50) \times 1.1]$kPa $= 285.2$kPa，取 29mH₂O。

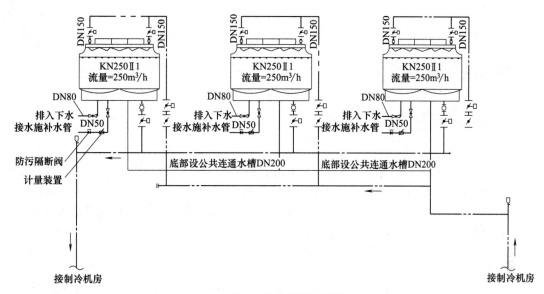

图 7-56　冷却塔系统示意图

冷却水泵流量同冷却塔流量 250m³/h，冷却水泵参数见表 7-23。

表 7-22　冷却水管路水力计算表

编号	负荷 /kW	流量 /(m³/h)	管径 /mm	管长 /m	v /(m/s)	R /(Pa/m)	p_y /Pa	ζ	p_j /Pa	p_y+p_j /Pa
1	4335.44	750	400	81	1.611	54	4407	9	11360	15767
2	2890.29	500	350	10	1.388	47	474	4	3828	4303
3	1445.15	250	225	10	1.313	63	630	4	3426	4056
4	4335.44	750	400	81	1.611	54	4407	3	4260	8667
5	2890.29	500	350	10	1.388	47	474	3	2871	3346
6	1445.15	250	225	10	1.313	63	630	3	2569	3199
总计										39338

表 7-23　冷却水泵参数表

类型	功能	数量 /台	流量 /(m³/h)	扬程 /mH₂O	泵体工作压力 /MPa	转速 /(r/min)	电机功率 /kW	效率 /(%)	噪声 /dB(A)	运行重量 /kg	减振方式	备注
卧式端吸离心泵	酒店冷却水循环	4	250	29	≥1.6	2900	37	81	≤75	873	弹簧减振器	变频调速，三用一备

二维码形式客观题

微信扫描二维码，可在线做题，提交后可查看答案。

第七章
客观题

265

第八章

空调冷热源设计

空调冷热源是空调系统调节室内温湿度的能量源头，并以功能定义，即为室内空气调节末端供应冷量和热量的来源。"冷"与"热"同属于热量概念，其区别在于相对于环境温度的高低。以载冷剂为冷热水的空调系统为例，夏季需要提供比室内温度更低的冷冻水以带走室内余热，空调冷源传递的能量称之为冷量；冬季需要通过温度更高的热水加热室内空气以抵消房间热量损失，空调热源通过空调热水传递的能量称之为热量。末端存在供冷需求时，需设置冷源；末端存在供热需求时，需供应设置热源。

冷热源设计应首先基于系统供冷供热的使用需求和一次能源接入条件，根据设备特性、能源价格、节能和环保要求，选择安全可靠、节能经济、环保绿色的冷热源形式；其次，根据项目使用的具体需求，确定需要采取的技术措施，确认冷热源设计框架；最终，结合系统详细计算数据、设备及系统技术要求，完善冷热源系统设计并落实技术细节。

第一节　空调冷热源分类和常见形式

一、空调冷热源分类

冷热源以功能定义。从功能角度区分，冷热源设备可以分为冷源设备、热源设备、兼作冷源和热源的设备。作为能量消耗和转化的设备，因为能量类型、转化原理、实现途径等的多样性，冷热源设备的类型、形式也是多种多样。

冷热源从性质上区分，可以分为天然冷热源和人工冷热源两大类型。天然冷热源包括能够直接利用的太阳能、深井水、地热水、地表水、室外空气、冰雪等；人工冷热源包括电驱动水冷冷水机组、锅炉、空气源热泵、单元式（分体式）空调等诸多类型。

冷热源从工作原理区分，可以分为热量传递、能量形式转化、高品位能量驱动下的热量迁移这三类。其中，天然冷热源一般仅通过导热、辐射、对流的方式将热量或冷量传递给空调系统，属于热量传递的类型；燃煤、燃油、燃气锅炉通过化石燃料燃烧将化学能转变为热能并传输给空调系统，电锅炉通过电阻加热或电磁感应加热等方式将电能转变为热能并传输给空调系统，这都属于能量形式转化的类型；风冷冷水机组通过机械能驱动蒸汽压缩式循环，蒸汽溴化锂冷水机组通过高温蒸汽驱动蒸汽吸收式循环，这两种方式都可以将高温室外空气中的冷量提取至冷冻水中并传输给空调系统，属于高品位能量驱动下热量迁移的类型。需要说明的是，能量形式转化的过程中，必然存在热量传递的过程；高品位能量驱动下热量迁移时，也存在热量传递和其他形式能量类型转化的过程。

本节主要介绍满足工程实践需求的常见空调冷热源形式。

二、空调冷源

常见空调冷源包括天然冷源和人工冷源（表8-1），其中人工冷源属于高品位能量驱动下的热量迁移类型，具体可分为蒸汽压缩式和蒸汽吸收式两种形式。

表 8-1　空调冷源的不同分类方式

类型	工作原理		不同分类方式
天然冷源	热量传递	自然冷却	按冷源类型分类：空气、水、土壤等
			按换热级数及物质交换分类：直接自然冷却、单级间接自然冷却、多级间接自然冷却等
人工冷源	高品位能量驱动下的热量迁移	蒸汽压缩式	按驱动能源分类：电力驱动、内燃机驱动、蒸汽驱动
			按压缩机形式：往复式、涡旋式、螺杆式、离心式等
			按散热途径分类：水源、空气源、地源等
			按室内冷量传播途径分类：冷水机组、直接膨胀式机组
			按是否具备冷凝热回收功能：热回收型、非热回收（普通）型
			按制冷剂工质分类：R134a、R407c、R123 等
		蒸汽吸收式	按驱动能源分类：蒸汽型、热水型、烟气型、直燃型
			按循环形式：单吸收循环、多吸收循环、复合循环
			按制冷工质对（溶液）分类：氨-水工质对、溴化锂-水工质对等

1. 天然冷源

在技术经济条件合理的前提下，温度较低的室外空气、地下水、地表自然水体、土壤均可以作为空调系统的天然冷源。此处定义的天然冷源是指其冷量能直接或经换热间接输送至室内且无蒸汽压缩式或蒸汽吸收式制冷循环参与的形式。

常见的天然冷源利用形式参见表 8-2。

表 8-2　常见的天然冷源利用形式

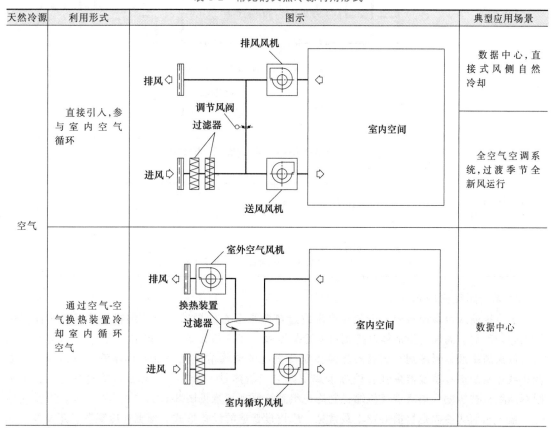

天然冷源	利用形式	图示	典型应用场景
空气	直接引入，参与室内空气循环		数据中心，直接式风侧自然冷却
			全空气空调系统，过渡季节全新风运行
	通过空气-空气换热装置冷却室内循环空气		数据中心

（续）

天然冷源	利用形式	图示	典型应用场景
空气	通过热管或制冷剂循环间接冷却室内空气	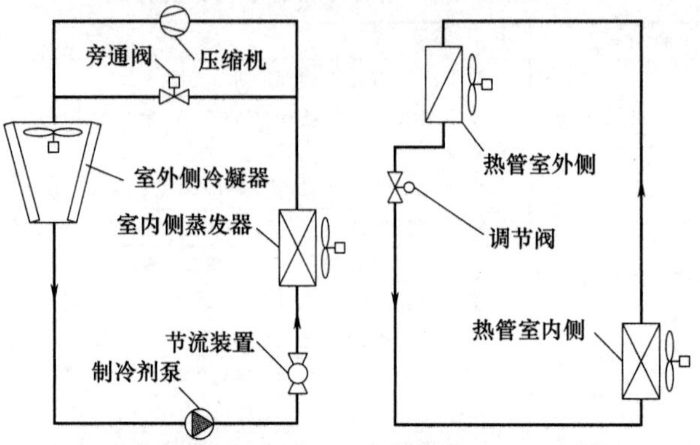 制冷剂循环间接自然冷却（压缩机辅助，带泵）　热管重力循环间接自然冷却	小型数据机房
水	冷却塔自然冷却	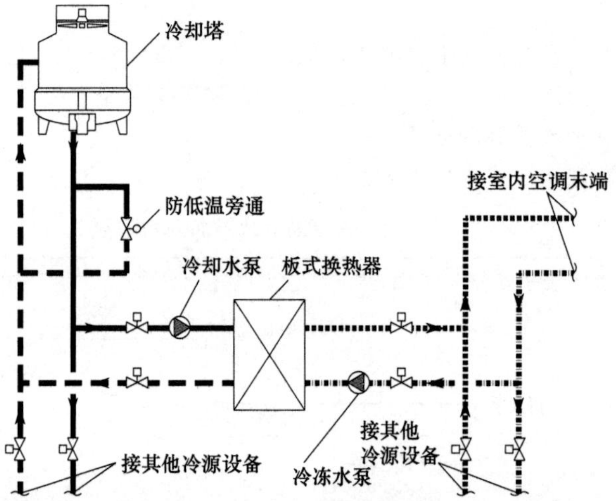	四管制空调系统，过渡季节冷却塔免费供冷
水	自然水体直接冷却	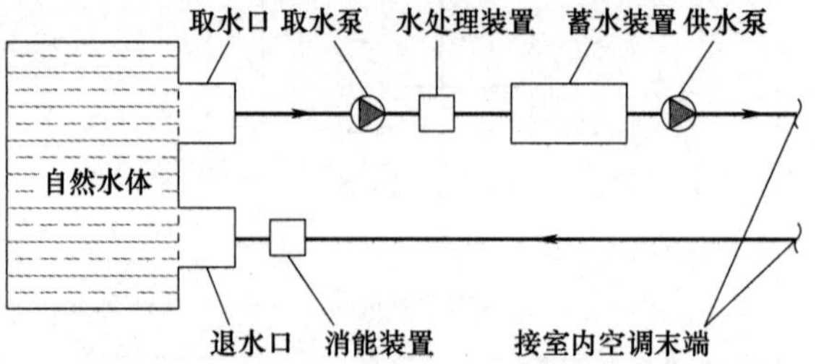	数据中心

2. 蒸汽压缩式冷源

蒸汽压缩式冷源设备中，干饱和蒸汽或过热蒸汽形态的制冷剂经压缩机压缩后变为高温高压液体制冷剂；高温高压液体制冷剂进入冷凝器后，经冷却介质（冷却水、空气）冷却降温后，变为低温高压液体制冷剂；低温高压液体制冷剂经节流阀节流变为低温低压液体制冷剂；低温低压液体制冷剂在蒸发器中吸收冷冻水或室内空气的热量，变为干饱和蒸汽或过热蒸汽，重新回到压缩机被压缩。单级蒸气压缩式制冷机组系统原理示意见图8-1。

蒸汽压缩式冷源是目前市场上最常见、应用最普遍的设备形式。根据其冷凝器、蒸发器、压

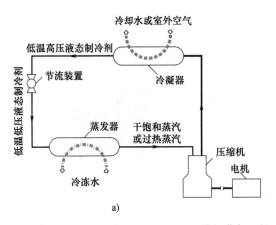
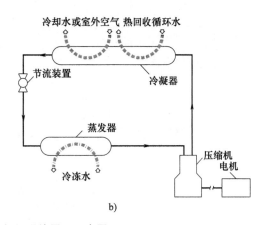

图 8-1　单级蒸气压缩式制冷机组系统原理示意图

a) 无热回收型　b) 冷凝热回收型

缩机形式及组合模式的差异, 蒸汽压缩式冷源具体可以分为很多种类型。从使用功能的角度, 结合冷凝器、蒸发器及系统架构形式, 可按表 8-3 对蒸汽压缩式冷源进行分类。

表 8-3　按使用功能分类的常见蒸汽压缩式冷源形式

蒸汽压缩式冷源	功能	系统配置特点	图示
水冷冷水机组	制取冷冻水, 冷凝热通过外部设备提供的冷却水排放	安装在独立机房内; 需与外部散热装置、冷却水循环泵、冷冻水循环泵及配套冷冻水/冷却水水处理装置组合设置, 通过水环路供应空调末端冷冻水	
风冷冷水机组	制取冷冻水, 冷凝热通过机载散热风扇向环境空气排放	安装在室外; 需与冷冻水循环泵及配套冷冻水水处理装置组合设置, 通过水环路供应空调末端冷冻水	
单冷型窗式空调机	对室内侧空气降温除湿, 冷凝热通过机载散热风扇向环境空气排放	安装在房间外墙或外窗上; 独立一体式设备, 无冷却水和冷冻水; 机组制冷容量一般 ≤3 匹[①]	
单冷型分体空调室外机	向室内侧分体空调室内机(蒸发器侧)输送冷媒, 冷凝热通过机载散热风扇向环境空气排放	安装在室外; 冷媒管(气管+液管)连接对应室内机, 冷媒管允许长度 15～30m, 无冷却水和冷冻水; 机组制冷容量一般 ≤3 匹	

269

（续）

蒸汽压缩式冷源	功能	系统配置特点	图示
单冷型整体式直膨空调机	对室内侧空气降温除湿，冷凝热通过机载散热风扇向环境空气排放	安装在室外；独立一体式设备，无冷却水和冷冻水	
单冷型分体式直膨空调室外机	向室内侧直膨式空调室内机（蒸发器侧）输送冷媒，冷凝热通过机载散热风扇向环境空气排放	安装在室外；冷媒管（气管＋液管）连接对应室内机，冷媒管允许长度15～70m，无冷却水和冷冻水	
单冷型风冷多联空调室外机	向室内侧多台多联空调室内机（蒸发器侧）输送冷媒，冷凝热通过机载散热风扇向环境空气排放	安装在室外；冷媒管（气管＋液管）连接对应室内机，冷媒管允许长度30～150m，无冷却水和冷冻水	
单冷型水源多联空调主机	向室内侧多台多联空调室内机（蒸发器侧）输送冷媒，冷凝热通过外部设备提供的冷却水排放	安装在独立机房内；需与外部散热装置、冷却水循环泵及配套冷却水处理装置组合设置，冷媒管（气管＋液管）连接对应室内机，冷媒管允许长度30～150m，无冷冻水	

① 1 匹 = 7.1kW。

3. 蒸汽吸收式冷源

吸收式制冷具有热驱动、极少电能消耗或无电能消耗的特点，可以结合太阳能等可再生能源、废热余热等的利用，以实现良好的经济性能。与其他热驱动制冷方式（如蒸气喷射制冷、热电制冷、热声制冷）相比，吸收式制冷效率更高。吸收式循环通常采用自然工质，应用广泛的两种工质对为 $H_2O\text{-}LiBr$ 溶液和 $NH_3\text{-}H_2O$ 溶液，具有环境友好的优点。吸收式机组负荷可调节范围大，制冷量可调范围通常在 10%～100%，且在调节范围内性能稳定。除溶液泵外，机组几乎无运动部件，噪声小，满足舒适性要求；此外，这些机组结构简单、制造方便，操作和维护容易。但吸收式制冷也具有以下明显缺点：以 $H_2O\text{-}LiBr$ 溶液为工质时，蒸发压力低，气密性要求高，由于溴化锂的金属腐蚀性，难以实现过高的发生温度，且在机组真空度下降后制冷能力衰减明显；以 $NH_3\text{-}H_2O$ 溶液为工质时，蒸发压力高，循环性能略低；其他工质对都具有或多或少的缺陷。另外，吸收式制冷系统相对于电驱动系统，冷却负荷大。按驱动热源分类，常见溴化锂吸收式冷源形式见表8-4。

表 8-4　按驱动热源分类的常见溴化锂吸收式冷源形式

蒸汽吸收式冷源	功能	系统配置特点
蒸汽型溴化锂吸收式冷水机组(图 8-2)	蒸汽驱动制取冷冻水,吸收器及冷凝器的热量通过外部设备提供的冷却水排放	安装在独立机房内;需与外部散热装置、冷却水循环泵、冷冻水循环泵及配套冷冻水/冷却水水处理装置组合设置,通过水环路供应空调末端冷冻水
热水型溴化锂吸收式冷水机组(图 8-3)	高温热水驱动制取冷冻水,吸收器及冷凝器的热量通过外部设备提供的冷却水排放	
烟气型溴化锂吸收式冷水机组(图 8-4)	高温烟气驱动制取冷冻水,吸收器及冷凝器的热量通过外部设备提供的冷却水排放	需配套设置烟气引入及排放系统;其他同蒸汽型/热水型溴化锂吸收式冷水机组
直燃型溴化锂吸收式冷水机组(图 8-5)	燃油或燃气燃烧驱动制取冷冻水,吸收器及冷凝器的热量通过外部设备提供的冷却水排放	机房参照锅炉房设置要求布置;需配套设置燃气/燃油供应系统及烟气排放系统;其他同蒸汽型/热水型溴化锂吸收式冷水机组

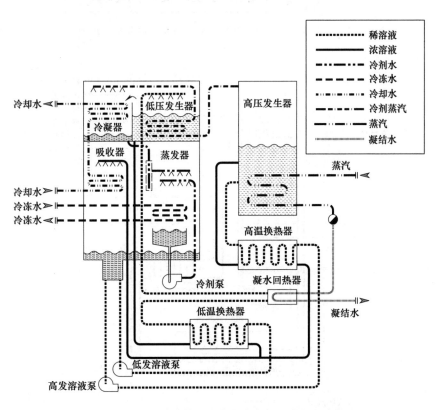

图 8-2　蒸汽型溴化锂吸收式冷水机组流程示意图

4. 区域供冷管网

部分建筑密度较高、负荷较集中的区域建设有区域供冷管网,可以作为全年或夏季冷源接入。区域供冷管网供冷介质一般为冷冻水;接入用户时需设置用户入口装置,接入方式有直接接入和间接接入两种。管网直接接入时,入口须设置调节、计量装置;管网间接接入时,须设置换热机房,包含调节、计量及换热装置。

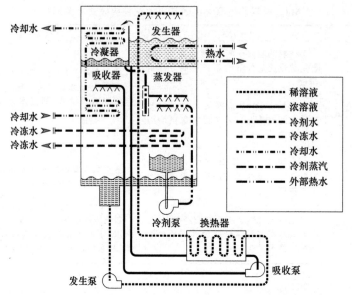

图 8-3 单效型热水型溴化锂吸收式冷水机组流程示意图

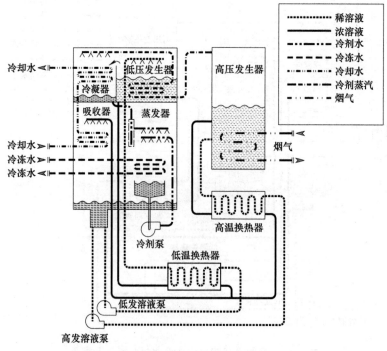

图 8-4 烟气型溴化锂吸收式冷水机组流程示意图

三、空调热源

1. 天然热源

在技术经济条件合理的前提下，太阳能、地热能均可以作为空调系统的天然热源。常见的天然热源利用形式参见表 8-5。

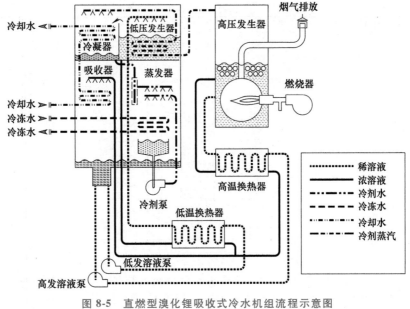

图 8-5 直燃型溴化锂吸收式冷水机组流程示意图

表 8-5 部分天然热源利用形式

天然热源	利用形式	典型应用图示	典型应用场景
太阳能	太阳能热水用于冬季供暖	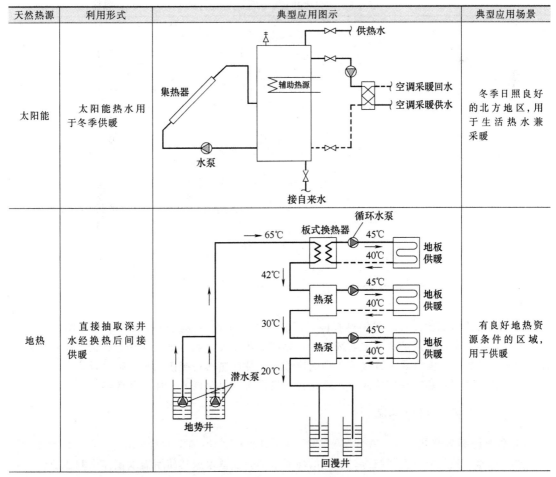	冬季日照良好的北方地区,用于生活热水兼采暖
地热	直接抽取深井水经换热后间接供暖		有良好地热资源条件的区域,用于供暖

（续）

天然热源	利用形式	典型应用图示	典型应用场景
地热	埋管式换热器直接供暖	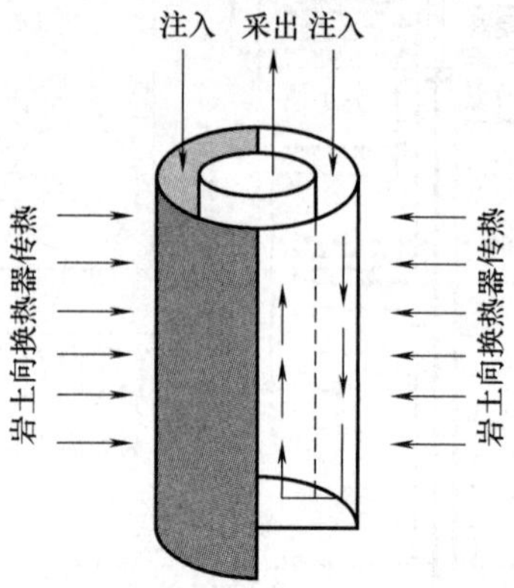	有良好地热资源条件的区域，用于供暖

2. 锅炉

锅炉通过一次能源制取蒸汽或热水，可作为空调供暖系统热源。常见供热锅炉的不同分类方式见表 8-6，其中燃气锅炉为目前应用最普遍的锅炉类型。另外，根据锅炉烟气冷凝热是否回收利用、烟气氮氧化物浓度水平，又有冷凝锅炉、低氮锅炉等产品分类命名方式。

表 8-6　常见供热锅炉的不同分类方式

分类方式	锅炉类型	相关情况说明
一次能源种类	燃煤锅炉	以煤炭作为燃料,已较少应用
	燃油锅炉	以燃油(柴油、重油等)作为燃料
	燃气锅炉	以燃气(天然气、人工煤气等)作为燃料
	燃油燃气两用锅炉	以燃油或燃气作为燃料,提高一次能源供应侧的可靠性
	电热锅炉	以电力为一次能源并将其转化成为热能
热媒介质	蒸汽锅炉	制备水蒸气,以水蒸气作为热载体向外部输送热量
	热水锅炉	制备热水,以热水作为热载体向外部输送热量
锅炉承压	承压锅炉	锅炉本体内热水为承压状态
	常压锅炉	锅炉本体开孔或与大气相通,锅炉本体顶部表压为零
	真空锅炉	锅炉本体内热水为负压状态,外部循环热水通过锅炉换热盘管与锅炉本体内热水换热后向外部输送
内部结构	水管锅炉	水、汽在管内流动中受热
	火管锅炉	燃料燃烧后产生的烟气在火筒或烟管中流过,对火筒或烟管外水、汽或汽水混合物加热
外部体型	立式锅炉	锅炉与其燃烧器垂直布置,占地面积较小,设备容量较小
	卧式锅炉	锅炉与其燃烧器水平布置,占地面积较大

3. 市政热网

部分城市或区域建设有市政供热管网，可以作为全年或冬季热源接入。市政热网的热源类型有热电厂、大型区域锅炉房和工业废热等；热网供热介质一般为蒸气或热水；接入用户时需设置用户入口装置，接入方式有直接接入和间接接入两种。热网直接接入时，须设置热力入口，包含调节、计量装置；热网间接接入时，须设置换热机房，包含调节、计量及换热装置。

四、一体式空调冷热源

1. 蒸汽压缩式热泵

蒸汽压缩式热泵可以实现制冷、制热的功能，部分设备根据其使用需求仅提供制热功能，部分设备具备回收压缩机冷凝热、同时制冷制热功能。热泵制热时，其工作原理与蒸汽压缩式冷源设备相同；热泵制热时，部分设备通过其四通换向阀部件转换冷凝器和蒸发器部件功能，部分设备通过外部接管切换实现供热功能。按使用功能分类的常见蒸汽压缩式一体式冷热源形式见表8-7。

表 8-7 按使用功能分类的常见蒸汽压缩式一体式冷热源形式

蒸汽压缩式冷热源	功能	结构特点	图示
水（地）源热泵机组	制取冷冻水和空调热水，制冷时通过热源水（冷却水）向外部排热，制热时通过热源水从外部取热	安装在独立机房内；需与外部取/放热装置、热源水循环泵、冷热水循环泵及配套冷热水/热源水水处理装置组合设置；通过水环路供应空调末端冷冻水或空调热水	外观同水冷冷水机组，见表8-3
空气源热泵机组	制取冷冻水和空调热水，通过机载风扇向环境空气排放冷凝热或从空气中获取热量	安装在室外；需与冷热水循环泵及配套冷热水水处理装置组合设置，通过水环路供应空调末端冷冻水或空调热水	外观同风冷冷水机组，见表8-3
冷暖型窗式空调机	对室内侧空气降温除湿或加热，通过机载风扇向环境空气排放冷凝热或从空气中获取热量	安装在房间外墙或外窗上；独立一体式设备，无冷热水管或冷媒管连接	外观同单冷型窗式空调机，见表8-3
冷暖型分体空调	向室内侧分体空调室内机（制冷时作为蒸发器，制热时作为冷凝器）输送冷媒，通过机载风扇向环境空气排放冷凝热或从空气中获取热量	安装在室外；冷媒管（气管+液管）连接对应室内机，冷媒管允许长度15~30m，无冷热水管或冷媒管连接；机组制冷容量一般≤5匹	外观同单冷型分体空调室外机，见表8-3
冷暖型整体式直膨空调机	对室内侧空气降温除湿或加热，通过机载风扇向环境空气排放冷凝热或从空气中获取热量	安装在室外；独立一体式设备，无冷热水管或冷媒管连接	外观同单冷型整体式直膨空调机，见表8-3
冷暖型分体式直膨空调机	向室内侧直膨式空调室内机（制冷时作为蒸发器，制热时作为冷凝器）输送冷媒，通过机载风扇向环境空气排放冷凝热或从空气中获取热量	安装在室外；冷媒管（气管+液管）连接对应室内机，冷媒管允许长度15~70m，无冷热水管连接	外观同单冷型分体式直膨空调室外机，见表8-3
冷暖型空气源多联空调机组	向室内侧多台多联空调室内机（制冷时作为蒸发器，制热时作为冷凝器）输送冷媒，通过机载风扇向环境空气排放冷凝热或从空气中获取热量	安装在室外；冷媒管（气管+液管）连接对应室内机，冷媒管允许长度30~150m，无冷热水管连接	外观同单冷型风冷多联空调室外机，见表8-3
冷暖型水源多联空调机组	向室内侧多台多联空调室内机（制冷时作为蒸发器，制热时作为冷凝器）输送冷媒，通过外部设备提供的热源水排放冷凝热或吸收热量	安装在独立机房内或室内；需与外部取/放热装置、热源水循环泵及配套冷热水水处理装置组合设置；冷媒管（气管+液管）连接对应室内机，冷媒管允许长度30~150m	外观同单冷型水源多联空调主机，见表8-3

（续）

蒸汽压缩式冷热源	功能	结构特点	图示
冷暖型燃气多联空调机组	向室内侧多台多联空调室内机（制冷时作为蒸发器，制热时作为冷凝器）输送冷媒，燃气驱动压缩机通过机载风扇向环境空气排放冷凝热或从空气中获取热量	安装室外；需连接燃气管道；冷媒管（气管+液管）连接对应室内机，冷媒管允许长度 30~150m	

2. 蒸汽吸收式冷热源

蒸汽吸收式冷热源分为冷温水机组和蒸汽吸收式热泵两种类型，其功能和系统配置特点见表 8-8。

表 8-8　按使用功能分类的常见蒸汽吸收式一体式冷热源形式

蒸汽吸收式冷热源	功能	系统配置特点
蒸汽型、热水型、烟气型溴化锂吸收式冷温水机组	制冷同吸收式冷水机组；制热时，蒸汽、热水、烟气中的热量经溶液循环传递给空调水系统。无须冷却水或其他低温热源水参与，类似板式换热机组	制冷同蒸汽型、热水型、烟气型溴化锂吸收式冷水机组；制热时无须冷却水参与
直燃型溴化锂吸收式冷温水机组	制冷同吸收式冷水机组；制热时，热量经燃料燃烧、溶液循环传递给空调水系统。无须冷却水或其他低温热源水参与，类似真空热水锅炉	制冷同直燃型溴化锂吸收式冷水机组；制热时无须冷却水参与
溴化锂吸收式热泵机组	制冷同吸收式冷水机组；制热时，以高温蒸汽、高温热水、高温烟气或通过燃料燃烧驱动机组从低品位废热(低温热水、低温烟气)中吸收热量并制取空调循环热水	制冷同蒸汽型、热水型、烟气型、直燃型溴化锂吸收式冷水机组；制热时无须冷却水参与，需低品位废热接入蒸发器提供热量

五、冷凝热回收措施

工程中存在低温用热需求时，通过冷却水排除冷凝热的空调冷源设备，经技术经济分析合理，可采取冷凝热回收措施。冷凝热回收可通过采用具备该功能的一体式设备实现，也可通过冷热源系统设计从外部实现。

冷凝热回收型水冷螺杆式冷水（热泵）机组热回收侧出水温度可达 40~55℃，水冷离心式冷水（热泵）机组热回收侧出水温度可达 35~40℃，风冷螺杆式四管制空气源热泵机组热回收水侧出水温度可达 40~50℃。机组制冷时回收的机组冷凝热可用于生活热水预热或提供空调热水。

六、蓄能措施

与空调冷热源设计相关的蓄能方式有冰蓄冷、水蓄冷、水蓄热、相变蓄热等形式。蓄能必然伴随能量损失，且增加蓄能装置也将增加系统初投资，而部分工程中冷热源系统采取蓄能措施的常见原因如下：

1）存在峰谷电价差，采用蓄能措施可降低系统运行费用。

2）降低冷热源主机容量及系统用电总容量，降低初投资。

3）节能规范要求，例如采用电锅炉时利用低谷电进行蓄热作为供热热源。

几种蓄能系统常见设置形式见表8-9。

表8-9　蓄能系统常见设置形式

蓄能类型	典型系统形式	说明
冰蓄冷	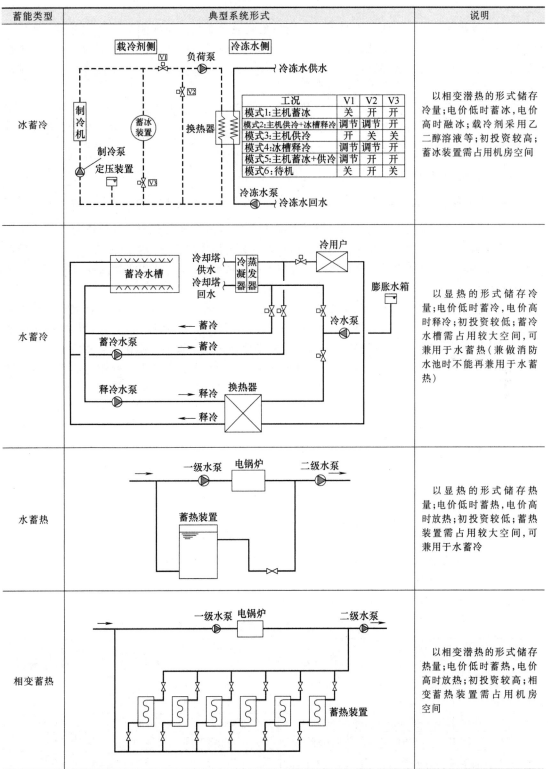	以相变潜热的形式储存冷量；电价低时蓄冰，电价高时融冰；载冷剂采用乙二醇溶液等；初投资较高；蓄冰装置需占用机房空间
水蓄冷		以显热的形式储存冷量；电价低时蓄冷，电价高时释冷；初投资较低；蓄冷水槽需占用较大空间，可兼用于水蓄热（兼做消防水池时不能再兼用于水蓄热）
水蓄热		以显热的形式储存热量；电价低时蓄热，电价高时放热；初投资较低；蓄热装置需占用较大空间，可兼用于水蓄冷
相变蓄热		以相变潜热的形式储存热量；电价低时蓄热，电价高时放热；初投资较高；相变蓄热装置需占用机房空间

表中冰蓄冷工况说明：

工况	V1	V2	V3
模式1：主机蓄冰	关	开	开
模式2：主机供冷+冰槽释冷	调节	调节	开
模式3：主机供冷	开	关	关
模式4：冰槽释冷	调节	调节	开
模式5：主机蓄冰+供冷	调节	开	开
模式6：待机	关	开	关

第二节　空调冷热源选择

在工程设计实践中，空调冷热源形式的选择是暖通专业设计前期的重要工作内容。整个空调系统中，空调冷热源设备初投资较大，运行能耗占比高；选择不同冷热源形式时，空调系统初投资及运行维护成本有显著差异，且对建筑造型及布局、土建结构体系、供配电系统、给水排水系统有重大影响。

空调冷热源形式种类繁多，不同的冷热源形式各有其优点和使用限制条件。针对具体的工程项目，需分析研究其特点和需求，并根据不同冷热源形式及设备的特点，综合各方面因素，进行技术合理性分析和经济性比较，选择合理的冷热源形式及设备。

一、技术合理性分析

1. 气候条件和冷热需求

室外气候状况对空调供暖系统围护结构负荷和供暖负荷有极大影响，部分情况下会决定空调供暖系统需要设置冷源、热源或冷热源。严寒地区普通民用建筑中，夏季新风或自然通风即可带走室内余热时，可仅考虑设置空调热源；夏热冬暖地区部分区域，1月平均温度高于10℃，冬季对室内温度没有严格要求时，可仅考虑设置空调冷源。

气候条件也影响了空气源热泵型冷热源设备的适用性和运行性能。以非低温型空气源热泵机组为例，室外气温越低，其制热量衰减越严重，在冬季室外换热侧（蒸发器侧）进风温度低于-10℃时即保护停机，故空气源热泵机组在北方寒冷地区应用较少。而在夏热冬冷地区，冬季热负荷约为夏季冷负荷的60%~80%，空气源热泵型冷热源设备在考虑在制热制冷能力衰减的情况下，与冷热负荷需求匹配较好，应用则较为普遍。《蒸气压缩循环冷水（热泵）机组　第1部分：工业或商业用及类似用途的冷水（热泵）机组》（GB/T 18430.1—2007）中规定的名义制冷制热工况，风冷式机组制冷时室外空气侧参数为干球温度35℃，制热时室外空气侧参数为干球温度7℃、湿球温度6℃。一般样本给出的空气源热泵机组的制热量是在该名义工况条件下的数据，应用时由于室外温湿度等工况条件与额定工况不同，实际制热量应进行相应修正：

$$Q_{design} = K_1 K_2 K_3 Q_{standard} \tag{8-1}$$

式中　Q_{design}——空气源热泵机组冬季实际制热量（kW）；

K_1——室外干球温度修正系数，按产品样本选取，参见表8-10；

K_2——机组融霜修正系数，每小时融霜1次取0.9，每小时融霜2次取0.8；

K_3——相对湿度修正系数，参见表8-11；

$Q_{standard}$——空气源热泵机组额定工况制热量（kW）。

表8-10　典型空气源热泵温度修正系数

环境温度/℃	制冷能力修正系数	输入功率修正系数	环境温度/℃	制热能力修正系数	输入功率修正系数
25	1.08	0.83	-10	0.67	0.80
30	1.01	0.90	-5	0.80	0.87
35	1.00	1.00	0	1.00	1.00
40	0.93	1.09	7	1.26	1.09
45	0.89	1.15	10	1.35	1.12

表 8-11　部分城市采用空气源热泵，供热量随室外相对湿度变化的修正系数

城市	修正系数	城市	修正系数	城市	修正系数
西安	0.76	南京	0.86	贵阳	0.91
宝鸡	0.77	上海	0.89	南宁	0.97
郑州	0.78	杭州	0.90	桂林	0.93
济南	0.74	长沙	0.91	昆明	0.93
青岛	0.75	南昌	0.90	福州	0.97
武汉	0.87	成都	0.94	台北	1.00
合肥	0.86	重庆	0.96	港澳	0.96

2. 负荷规模及分布特性

不同类型的冷热源设备各有其制冷制热容量规格范围，在部分负荷状态下运行性能也各有其特点。空调系统在冬夏季设计工况下冷热负荷的大小及其在全年运行过程中逐时变化的特性是选择冷热源形式及配置方式的重要依据。

项目实践中，应首先在负荷规模的基础上考虑冷热源形式及配置。以水冷电动压缩式冷水机组为例，其不同类型的选择宜参照表 8-12 给出的制冷量范围，经性能价格综合比较后确定。

表 8-12　水冷电动压缩式冷水机组参考选型范围

单机名义工况制冷量/kW	冷水机组机型
≤116	涡旋式
116~351	螺杆式
351~1054	螺杆式/磁悬浮离心式
1054~1758	螺杆式/离心式
≥1758	离心式

不同的工程项目受其规模、功能、气候条件、使用标准、建筑形体等各方面因素影响，存在其负荷容量及分布规律的差异。以建筑规模相近的上海市某高层办公建筑及某商业购物中心为例，二者全年逐时冷热负荷频率分布见图 8-6、图 8-7。该办公建筑受节假日、夜间加班因素影响，冷热源低负荷运行的时间远高于商业购物中心。在该办公建筑选择冷热源设备形式及配置时，应重点考虑部分负荷工况下的冷热源运行的效率和可靠性。

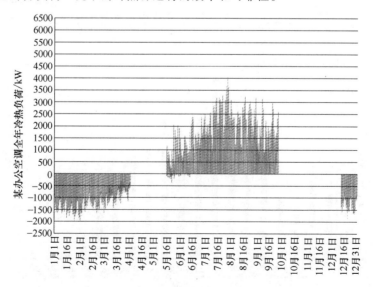

图 8-6　上海市某高层办公建筑负荷分布图

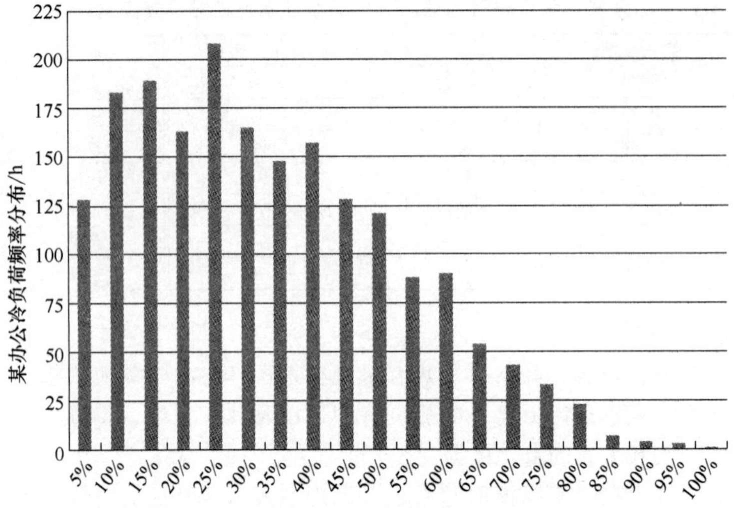

图 8-6　上海市某高层办公建筑负荷分布图（续）

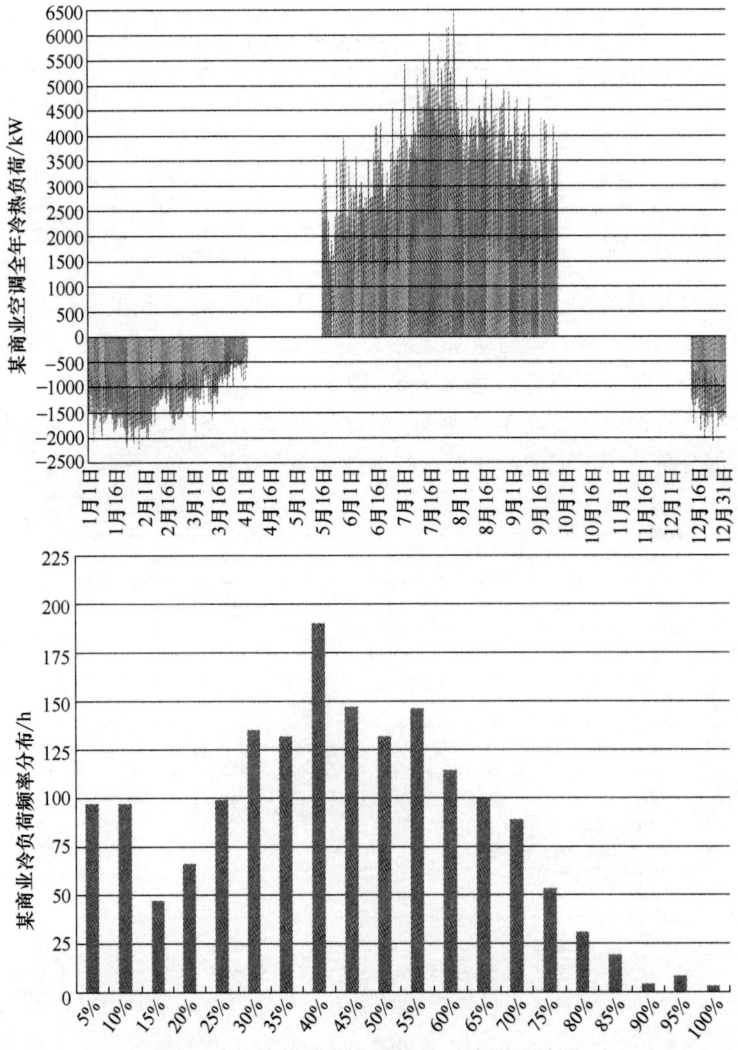

图 8-7　上海市某商业购物中心负荷分布图

3. 市政能源接入条件和可再生能源条件

选择空调冷热源形式前,应对项目所在地市政能源接入条件和可再生能源条件进行充分调研,确认不同类型能源接入的可行性和价格标准。市政能源类型一般包括电力、燃气和热力管网等,部分有区域整体能源规划的地方可能还存在区域集中供冷供热条件。可再生能源条件包括室外地埋管布置区域、地表水源(地下水、江河水、湖水、海水、污水)、地热等。

市政热力管网主要分布在传统北方冬季集中供暖区域,近年来在长江中下游及其他部分城市的部分区域已有建设,见图8-8;另外,在其他存在废热、工业余热热源的工业区附近也可能具备局部热力管网接入条件。调研时,应了解热力管网供应能力、供应时间、热媒形式(蒸汽、热水)、热力技术参数、当地直接或间接供热要求、换热站设置要求及分工界面、初投资及运行费用等信息,新开发区域尚需了解热力管网与所设计项目的建设时间能否匹配。

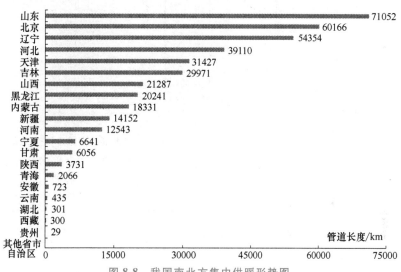

图 8-8 我国南北方集中供暖形势图

国内大部分的城市均已建设市政燃气管网。燃气类型包括天然气、人工煤气、液化石油气等,燃气管道压力等级分为高压 A(2.5~4.0MPa)、高压 B(1.6~2.5MPa)、次高压 A(0.8~1.6MPa)、次高压 B(0.4~0.8MPa)、中压 A(0.2~0.4MPa)、中压 B(0.01~0.2MPa)、低压(0.01MPa 以下)燃气管道。空调冷热源设备用气一般为中压 B 或低压用气,燃气从市政中压 B 或低压燃气管网接入。调研时,应了解燃气管网供应能力、供应时间、燃气性质、管网压力等级、调压及计量要求、初投资及运行费用等信息,新开发区域尚需了解燃气管网与所设计项目的建设时间能否匹配。

部分地区有可再生能源利用的推荐性或强制性要求。以重庆市为例,当地地方标准《公共建筑节能(绿色建筑)设计标准》(DBJ 50-052—2016)规定:"具备可再生资源利用和实施条件,单体建筑面积大于 50000m² (含)且采用集中空调系统的高能耗公共建筑,应采用水源(或土壤源)等热泵技术进行供冷供热。"部分区域在前期规划时,即已确定区域整体供冷供热的能源利用方案,并将区域供热供冷作为项目开发的前置条件。

4. 产权划分及管理、运营、维护需求

工程项目中可能存在不同的业态,其建成后产权及使用也可能存在建设方自持自用、自持出租、某业态整体出售、某业态分单元出售等各种情形,其管理及运营维护职责可能归属不同的物业管理单位。冷热源系统设计时应根据项目产权划分、物业管理的要求及界面选择合理的空

调冷热源系统划分方式；在系统合用时，应考虑相应的冷热源运行策略、运行及维护成本分摊机制。

以江苏省南通市某 240m 超高层综合体建筑为例，该项目分为高星级酒店、办公、公寓式办公、商业、物业管理共五种业态，其分布示意见图 8-9。其中，高星级酒店产权由建设单位持有，并委托酒店管理公司独立运营管理；办公部分自持，部分出租；公寓式办公各楼层划分为 80～160m² 面积的多个单元，并按单元出售；商业整体出售给第三方，并由第三方运营管理；物业管理用房为整个项目各业态的公共配套设施。该项目空调冷热源设计前期即根据产权划分及管理、运营、维护需求，由设计单位提供了多个系统划分方案，供建设方选择，参见表 8-13。

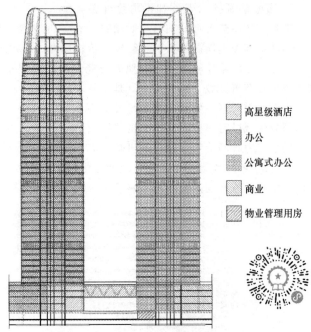

□ 高星级酒店

□ 办公

□ 公寓式办公

□ 商业

□ 物业管理用房

图 8-9　南通市某超高层综合体建筑示意图

（扫描二维码可看彩图）

表 8-13　南通市某超高层综合体冷热源系统划分方案

功能区域概况	功能区域	办公	公寓式办公	物业管理	商业	酒店
	建筑面积/m²	61000	83000	1600	40200	83000
	空调冷负荷/kW	7320	9550	185	8040	4785
	空调热负荷/kW	4880	6228	121	4824	3045
冷热源组合方案	方案 1	★（☆）				
	方案 2	★（☆）				
	方案 3	☆	★（☆）			
	方案 4	☆	☆	★		
	方案 5	☆		★		

注：1. 方案五中公寓式办公按单元设置独立变冷媒流量多联空调室外机作为空调冷热源。

　　2. ★表示需按区域、业态进行冷热量计量，☆表示需按单元进行冷热量计量，（☆）表示局部需按单元进行冷热量计量。

5. 可靠性和安全性

设计冷热源系统时，可靠性是一个重要的考虑因素。冷热源应根据使用需求稳定地输出能量。影响可靠性的既有设备本身性能方面的因素，如溴化锂机组受其机组内部真空度的影响、空气源热泵机组受室外环境温度影响；也有外部市政条件的因素，如部分城市夏季电力或冬季燃气供应紧张、分时段限电限气的情况；还有系统设计不合理的因素，如地源热泵系统室外埋管散热器因热积聚或取放热无法平衡导致失效、离心式冷水机组在低负荷状态运行时发生喘振等问题。

选择冷热源设备及系统形式，还应考虑安全性的要求。以冷水机组为例，部分制冷剂属有毒或易燃易爆物质，相应应选用密封性能良好的设备，并在机房内设置平时通风及事故通风设施；以燃气燃油承压锅炉为例，锅炉本体有爆炸风险，其燃料属易燃易爆物质，设计时应选择满足承压要求、具有可靠的燃烧安全保护装置的设备，并在系统管路上设置必要的安全阀件，锅炉房布置在不与人员密集场所邻贴的位置并设置泄爆口，机房内设置平时通风及事故通风设施。

6. 经济节能

节能体现在提高能源利用效率、降低冷热源运行成本，是冷热源选择、设计的重要工作内容。这既是技术发展的趋势，也是我国的重要方针政策。以《节能规范》为例，该规范对不同类型的冷热源设备性能参数进行了规定。

1）名义工况和规定条件下，锅炉的设计热效率不应低于表 8-14 中的数值。

表 8-14　名义工况和规定条件下锅炉的热效率（%）

锅炉类型及燃料种类		热效率（%）		
燃油燃气锅炉	重油	90		
	轻油	90		
	燃气	92		
燃生物质锅炉	生物质	80（$D \leq 10/Q \leq 7$）		
		86（$D > 10/Q > 7$）		
层状燃烧锅炉	Ⅲ类烟煤	82	84	
流化床燃烧锅炉		88	（$D \leq 20/Q \leq 14$） 88	（$D > 20/Q > 14$）
室燃（煤粉）锅炉产品		88	88	

注：D 为锅炉额定蒸发量（t/h），Q 为额定热功率（MW）。

2）采用电机驱动的蒸汽压缩循环冷水（热泵）机组时，其在名义制冷工况和规定条件下的性能系数（COP）不应低于表 8-15 中的限值。

表 8-15　名义制冷工况和规定条件下冷水（热泵）机组的制冷性能系数（COP）限值

类型		名义制冷量 CC/kW	性能系数 COP/（W/W）					
			严寒地区 A、B 区	严寒地区 C 区	温和地区	寒冷地区	夏热冬冷地区	夏热冬暖地区
水冷	活塞式/涡旋式	CC≤528	4.30/4.20	4.30/4.20	4.30/4.20	5.30/4.20	5.30/4.20	5.30/4.20
	螺杆式	CC≤528	4.80/4.37	4.90/4.47	4.90/4.47	5.30/4.47	5.30/4.56	5.30/4.66
		528<CC≤1163	5.20/4.75	5.20/4.75	5.20/4.75	5.60/4.85	5.60/4.94	5.60/5.04
		CC>1163	5.40/5.20	5.50/5.20	5.60/5.20	5.80/5.23	5.80/5.32	5.80/5.32
	离心式	CC≤1163	5.50/4.70	5.60/4.70	5.60/4.74	5.70/4.84	5.80/4.93	5.80/5.02
		1163<CC≤2110	5.90/5.20	5.90/5.20	5.90/5.20	6.00/5.20	6.10/5.21	6.10/5.30
		CC>2110	6.00/5.30	6.10/5.30	6.10/5.30	6.20/5.39	6.30/5.49	6.30/5.49
风冷或蒸发冷却	活塞式/涡旋式	CC≤50	2.80/2.50	2.80/2.50	2.80/2.50	3.00/2.50	3.00/2.51	3.00/2.60
		CC>50	3.00/2.70	3.00/2.70	3.00/2.70	3.20/2.70	3.20/2.70	3.20/2.70
	螺杆式	CC≤50	2.90/2.51	2.90/2.51	2.90/2.51	3.00/2.60	3.00/2.70	3.00/2.70
		CC>50	2.90/2.70	2.90/2.70	3.00/2.70	3.00/2.79	3.20/2.79	3.20/2.79

注：表中"/"前后的数值，分别为定频、变频机组制冷性能系数限值。

3）电机驱动的蒸汽压缩循环冷水（热泵）机组的综合部分负荷性能系数（IPLV）应符合下列规定：

① 综合部分负荷性能系数（IPLV）计算方法。

电机驱动的蒸汽压缩循环冷水（热泵）机组的综合部分负荷性能系数（IPLV）应按下式计算：

$$IPLV = 1.2\% \times A + 32.8\% \times B + 39.7\% \times C + 26.3\% \times D \tag{8-2}$$

式中　A——100% 负荷时的性能系数（W/W），冷却水进水温度 30℃/冷凝器进气干球温度 35℃；

B——75%负荷时的性能系数（W/W），冷却水进水温度26℃/冷凝器进气干球温度31.5℃；

C——50%负荷时的性能系数（W/W），冷却水进水温度23℃/冷凝器进气干球温度28℃；

D——25%负荷时的性能系数（W/W），冷却水进水温度19℃/冷凝器进气干球温度24.5℃。

② 冷水机组的综合部分负荷性能系数（IPLV）不应低于表8-16中的数值。

表8-16　冷水（热泵）机组的综合部分负荷性能系数 IPLV

类型		名义制冷量 CC/kW	性能系数 IPLV/（W/W）					
			严寒地区 A、B区	严寒地区 C区	温和地区	寒冷地区	夏热冬冷地区	夏热冬暖地区
水冷	活塞式/涡旋式	CC≤528	5.00/5.64	5.00/5.64	5.00/5.64	5.00/6.30	5.05/6.30	5.25/6.30
	螺杆式	CC≤528	5.35/6.15	5.45/6.27	5.45/6.27	5.45/6.30	5.55/6.38	5.65/6.50
		528<CC≤1163	5.75/6.61	5.75/6.61	5.75/6.61	5.85/6.73	5.90/7.00	6.00/7.00
		CC>1163	5.85/6.73	5.95/6.84	6.10/7.02	6.20/7.13	6.30/7.60	6.30/7.60
	离心式	CC≤1163	5.50/6.70	5.50/6.70	5.55/6.83	5.60/6.96	5.90/7.09	5.90/7.22
		1163<CC≤2110	5.50/7.02	5.50/7.15	5.55/7.22	5.60/7.28	5.90/7.60	5.90/7.61
		CC>2110	5.95/7.74	5.95/7.74	5.95/7.74	6.10/7.93	6.20/8.06	6.20/8.06
风冷或蒸发冷却	活塞式/涡旋式	CC≤50	3.10/3.50	3.10/3.50	3.10/3.50	3.20/3.60	3.20/3.60	3.20/3.60
		CC>50	3.35/3.60	3.35/3.60	3.35/3.60	3.40/3.70	3.45/3.70	3.45/3.70
	螺杆式	CC≤50	2.90/3.50	2.90/3.50	2.90/3.50	3.20/3.60	3.20/3.60	3.20/3.60
		CC>50	3.10/3.60	3.10/3.60	3.10/3.60	3.20/3.70	3.30/3.70	3.30/3.70

注：表中"/"前后的数值，分别为定频、变频机组的 IPLV。

4）采用电机驱动的单元式空气调节机、风管送风式空气调节机组时，其在名义制冷工况和规定条件下的能效不应低于表8-17中的数值。

表8-17　名义制冷工况和规定条件下单元式空气调节机、风管送风式空调机组能效限值

类型		名义制冷量 CC/kW	热工区划					
			严寒地区 A、B区	严寒地区 C区	温和地区	寒冷地区	夏热冬冷地区	夏热冬暖地区
风冷单冷型制冷季节能效比 SEER	不接风管（单元式空调机）	7.0<CC≤14.0	3.65	3.65	3.70	3.75	3.80	3.80
		CC>14.0	2.85	2.85	2.90	2.95	3.00	3.00
	接风管（风管送风式）	CC≤7.1	3.20	3.20	3.30	3.30	3.80	3.80
		7.1<CC≤14.0	3.45	3.45	3.50	3.55	3.60	3.60
		14.0<CC≤28.0	3.25	3.25	3.30	3.35	3.40	3.40
		CC>28.0	2.85	2.85	2.90	2.95	3.00	3.00
风冷热泵型全年性能系数 APF	不接风管（单元式空调机）	7.0<CC≤14.0	2.95	2.95	3.00	3.05	3.10	3.10
		CC>14.0	2.85	2.85	2.90	2.95	3.00	3.00
	接风管（风管送风式）	CC≤7.1	3.00	3.00	3.00	3.30	3.40	3.40
		7.1<CC≤14.0	3.05	3.05	3.10	3.15	3.20	3.20
		14.0<CC≤28.0	2.85	2.85	2.90	2.95	3.00	3.00
		CC>28.0	2.65	2.65	2.70	2.75	2.80	2.80
水冷综合部分负荷性能系数 IPLV	不接风管（单元式空调机）	7.0<CC≤14.0	3.55	3.55	3.60	3.65	3.70	3.70
		CC>14.0	4.15	4.15	4.20	4.25	4.30	4.30
	接风管（风管送风式）	CC≤14.0	3.85	3.85	3.90	3.90	4.00	4.00
		CC>14.0	3.65	3.65	3.70	3.70	3.80	3.80

5）采用多联式空调（热泵）机组时，其在名义制冷工况和规定条件下的能效不应低于表8-18、表8-19中的数值。

表 8-18 水冷多联式空调（热泵）机组制冷综合部分负荷性能系数 IPLV

表 8-18 水冷多联式空调（热泵）机组制冷综合部分负荷性能系数 IPLV

名义制冷量 CC/kW	制冷综合部分负荷性能系数 IPLV					
	严寒地区 A、B 区	严寒地区 C 区	温和地区	寒冷地区	夏热冬冷地区	夏热冬暖地区
CC≤28	5.20	5.20	5.50	5.50	5.90	5.90
28<CC≤84	5.10	5.10	5.40	5.40	5.80	5.80
CC>84	5.00	5.00	5.30	5.30	5.70	5.70

表 8-19 风冷多联式空调（热泵）机组全年性能系数 APF

名义制冷量 CC/kW	全年性能系数 APF					
	严寒地区 A、B 区	严寒地区 C 区	温和地区	寒冷地区	夏热冬冷地区	夏热冬暖地区
CC≤14	3.60	4.00	4.00	4.20	4.40	4.40
14<CC≤28	3.50	3.90	3.90	4.10	4.30	4.30
28<CC≤50	3.40	3.90	3.90	4.00	4.20	4.20
50<CC≤68	3.30	3.50	3.50	3.80	4.00	4.00
CC>68	3.20	3.50	3.50	3.50	3.80	3.80

6）采用直燃型溴化锂吸收式冷（温）水机组时，其在名义工况和规定条件下的性能参数应符合表 8-20 中的规定。

表 8-20 名义工况和规定条件下直燃型溴化锂吸收式冷（温）水机组的性能参数

名义工况		性能参数	
冷（温）水进/出口温度 /℃	冷却水进/出口温度 /℃	性能系数/(W/W)	
		制冷	供冷
12/7（供冷）	30/35	≥1.20	—
—/60（供热）	—	—	≥0.90

在大部分的项目中，冷热源的经济性对建设单位来说是最敏感的内容。经济性体现在初投资和运行费用两方面。而运行费用除了与设备、系统的效率相关外，还与不同能源类型的价格相关。大部分情况下，运行费用降低的前提是提高初投资，相应的投资回收期可以作为系统形式和设备类型选择的参考依据。

7. 绿色环保

冷热源在绿色环保方面的理念体现在资源节约、环境友好两方面。资源节约方面的要求与节能要求相近，在《绿色建筑评价标准》（GB/T 50378—2019）中冷热源相关控制项及评价得分策略见表 8-21，在 *Reference Guide for Building Design and Construction V4* 中冷热源相关控制项及评价得分策略见表 8-22。

表 8-21 《绿色建筑评价标准》中冷热源相关控制项及评价得分策略

分类	条目	条文	备注
控制项	7.1.2	空调冷源的部分负荷性能系数 IPLV、电冷源综合制冷性能系数 SCOP 应符合现行国家标准《公共建筑节能设计标准》GB 50189 的规定	
	7.1.5	冷热源、输配系统和照明等各部分能耗应进行独立分项计量	

（续）

分类	条目	条文	备注
评分项	7.2.5	供暖空调系统的冷、热源机组能效均优于现行国家标准《公共建筑节能设计标准》GB 50189 的规定以及现行有关国家标准能效限定值的要求,评价总分值为 10 分 **冷、热源机组能效提升幅度评分规则** （见下方表格）	

冷、热源机组能效提升幅度评分规则

机组类型	能效指标	参照标准	评分要求	
电机驱动的蒸汽压缩循环冷水(热泵)机组	制冷性能系数 COP	现行国家标准《公共建筑节能设计标准》GB 50189	提高 6%	提高 12%
直燃型溴化锂吸收式冷(温)水机组	制冷、制热性能系数 COP		提高 6%	提高 12%
单元式空气调节机、风管送风式和屋顶式空调机组	能效比 EER		提高 6%	提高 12%
多联式空调(热泵)机组	制冷综合性能系数 IPLV(C)		提高 8%	提高 16%
锅炉 燃煤	热效率		提高 3 个百分点	提高 6 个百分点
锅炉 燃油燃气	热效率		提高 2 个百分点	提高 4 个百分点
房间空气调节器	能效比 EER、能源消耗率	现行有关国家标准	节能评价值	1 级能效等级限值
家用燃气热水炉	热效率 η			
蒸汽型溴化锂吸收式冷水机组	制冷、制热性能系数 COP			
得分			5 分	10 分

分类	条目	条文	备注
	7.2.8	采取措施降低建筑能耗,评价总分值为 10 分。建筑能耗相比国家现行有关建筑节能标准降低 10%,得 5 分;降低 20%,得 10 分	
	7.2.9	结合当地气候和自然资源条件合理利用可再生能源,评价总分值为 10 分 **可再生能源利用评分规则**（见下方表格）	

可再生能源利用评分规则

可再生能源利用类型和指标		得分
由可再生能源提供的生活用热水比例 R_{hw}	$20\% \leqslant R_{hw} < 35\%$	2
	$35\% \leqslant R_{hw} < 50\%$	4
	$50\% \leqslant R_{hw} < 65\%$	6
	$65\% \leqslant R_{hw} < 80\%$	8
	$R_{hw} \geqslant 80\%$	10
由可再生能源提供的空调用冷量和热量比例 R_{ch}	$20\% \leqslant R_{ch} < 35\%$	2
	$35\% \leqslant R_{ch} < 50\%$	4
	$50\% \leqslant R_{ch} < 65\%$	6
	$65\% \leqslant R_{ch} < 80\%$	8
	$R_{ch} \geqslant 80\%$	10
由可再生能源提供的电量比例 R_e	$0.5\% \leqslant R_e < 1.0\%$	2
	$1.0\% \leqslant R_e < 2.0\%$	4
	$2.0\% \leqslant R_e < 3.0\%$	6
	$3.0\% \leqslant R_e < 4.0\%$	8
	$R_e \geqslant 4.0\%$	10

（续）

分类	条目	条文	备注
评分项	7.2.11	空调冷却水系统采用节水设备或技术，并按下列规则评分： 1）循环冷却水系统采取设置水处理措施、加大集水盘、设置平衡管或平衡水箱等方式，避免冷却水泵停泵时冷却水溢出，得 3 分 2）采用无蒸发耗水量的冷却技术，得 6 分	
加分项	9.2.1	采取措施进一步降低建筑供暖空调系统的能耗，评价总分值为 30 分。建筑供暖空调系统能耗相比国家现行有关建筑节能标准降低 40%，得 10 分；每再降低 10%，再得 5 分，最高得 30 分	

表 8-22　*Reference Guide for Building Design and Construction* V4
中冷热源相关控制项及评价得分策略

分类	条目	条文	备注
必要项	最低能源表现	表明与基线建筑性能水平相比，拟建建筑的性能水平提高相应比例，或满足 ASHRAE《50% 高阶能源设计指南》或《高级建筑核心性能指南》	
	建筑整体能源计量	总能耗计量，每月跟踪，执行 5 年	
得分点	能源效率优化	能耗模拟，根据节能率确定得分	
	高阶能源计量	能耗分项计量，所有占总能耗 10% 及以上的均需单独计量，系统需保存 36 个月仪表数据，可以远程访问数据。能够单独计量租户能耗，每层每种能源至少安装一个仪表	
	可再生能源	根据可再生能源费用占全年总费用百分比确定得分	

　　冷热源在环境友好方面主要集中在制冷剂管理、烟气排放、噪声与振动影响三个方面，水地源热泵尚需考虑对地下水或自然水体的影响。

　　制冷剂的消耗臭氧层潜值 ODP、全球变暖潜值 GWP 及大气寿命是三个重要的环境评价指标，常用制冷剂相关指标见表 8-23。我国在环保行业标注《环境标志产品技术要求　消耗臭氧层物质替代产品》（HJ/T 225—2005）中规定消耗臭氧层潜值 ODP≤0.11 的制冷剂在现阶段都属环保制冷剂。在 *Reference Guide for Building Design and Construction* V4 中制冷剂相关控制项及评价得分策略见表 8-24。

表 8-23　常用制冷剂环境评价指标

编号	名称	ODP	GWP	大气寿命/年	安全等级	中国禁用时间
R11（CFC-11）	一氟三氯甲烷	1.0	4750	45	A1	2010 年
R12（CFC-12）	二氟二氯甲烷	1.0	10890	100.0	A1	2010 年
R22（HCFC-22）	二氟一氯甲烷	0.05	1810	12.0	A1	2040 年
R32（HFC-32）	二氟甲烷	0	675	4.9	A2	尚无
R123（HCFC-123）	三氟二氯乙烷	0.020	77	1.3	B1	2040 年
R125（HFC-125）	五氟乙烷	0	3450	29.0	A1	尚无
R134a（HFC-134a）	四氟乙烷	0	1430	14.0	A1	尚无
R290	丙烷	0	20	0.041	A3	尚无
R407c（HFC-407c）	R32/R125/R134a	0	1800	（4.9/29/14）	A1	尚无
R410a（HFC-410a）	R32/R125	0	2100	（4.9/29）	A1	尚无
R245fa（HFC-245fa）	五氟丙烷	0	1020	8.8	B1	尚无
R1233zd（HFO-1233zd）	反式 1-氯-3,3,3-三氟丙烯	0	1	0.071	A1	尚无
R717	氨	0	0	/	B2	尚无
R744	二氧化碳	0	1	120	A1	尚无

　　注：1. 用于新设备的 HCFC 类制冷剂生产与消费淘汰期限为 2030 年。
　　　　2. 冷热源设计时应选择能覆盖设备正常使用年限的制冷剂。

287

表 8-24　制冷剂相关控制项及评价得分策略

分类	条目	条文	备注
必要项	基础冷媒管理	在新的供暖、通风、空调和制冷（HVAC&R）系统中不使用氯氟化碳型冷媒制冷机。在利用既有 HVAC&R 设备时，在项目完成之前进行全面的 CFC 淘汰改造。超出项目完成日期的淘汰方案将酌情考虑	
得分点	增强冷媒管理	选项1——无制冷剂或影响较小的制冷剂：不使用制冷剂，或仅使用不会潜在破坏臭氧层（ODP）和全球变暖潜能值（GWP）小于 50 的制冷剂（天然或人工合成） 选项2——制冷剂影响计算：选择供暖、通风、空调和制冷（HVAC&R）设备中使用的制冷剂以尽量减少或消除促使臭氧消耗和气候改变的化合物排放。所有为项目服务的新的和既有的基本建筑和租户的 HVAC&R 设备组合都必须符合以下公式： $$LCGWP+LCODP\times10^5 \leqslant 13$$ 对于多种类型的设备，必须使用以下公式计算所有基础建筑 HVAC&R 设备的加权平均值： $$\frac{\sum\left[(LCGWP+LCODP\times10^5)\times Q_{unit}\right]}{Q_{total}} \leqslant 13$$	LCGWP 为寿命周期直接全球变暖潜值指数；LCODP 为寿命周期臭氧层消耗潜值指数；Q_{unit} 为某类型设备制冷能力；Q_{total} 为所有类型设备总制冷能力

采用锅炉作为空调冷热源时，应注意锅炉烟气排放污染物浓度、烟囱高度的环保要求。《锅炉大气污染物排放标准》（GB 13271—2014）对新建锅炉房的相关规定见表 8-25。

表 8-25　新建锅炉房烟气排放污染物浓度限值及监控位置　（单位：mg/m^3）

污染物项目	限值			污染物排放监控位置
	燃煤锅炉	燃油锅炉	燃气锅炉	
颗粒物	50(30)	30	20	烟囱或烟道
二氧化硫	300(200)	200(100)	50	烟囱或烟道
氮氧化物	300(200)	250(200)	200(150)	烟囱或烟道
汞及其化合物	0.05	—	—	烟囱或烟道
烟气黑度（林格曼黑度，级）	≤1			烟囱排放口

注：括号内数据为重点地区锅炉执行标准。

每个新建燃煤锅炉房只能设置一根烟囱，烟囱高度应根据锅炉房装机总容量按表 8-26 执行。且燃油、燃气锅炉烟囱不低于 8m；锅炉烟囱的具体高度按批复的环境影响评价文件确定；新建锅炉房的烟囱周围半径 200m 距离内有建筑物时，其烟囱应高出最高建筑物 3m 以上。

表 8-26　新建锅炉房烟囱设置要求

锅炉房装机总容量	MW	<0.7	0.7~1.4	1.4~<2.8	2.8~<7	7~<14	≥14
	t/h	<1	1~2	2~<4	4~<10	10~<20	≥20
烟囱最低允许高度	m	20	25	30	35	40	45

冷热源设备选择、布置时应考虑设备噪声、振动对周边房间和室外环境的影响，在经济技术条件可行的情况下选用低噪声的设备。选择设备布置位置时，优先考虑远离噪声敏感区域，并在满足室内噪声标准要求的同时，注意有通风散热要求的冷热源设备对周边环境噪声的影响。《声环境质量标准》（GB 3096—2008）、《社会生活环境噪声排放标准》（GB 22337—2008）、《工业企业厂界环境噪声排放标准》（GB 12348—2008）对用地范围内及边界处环境噪声排放限值要求参见表 8-27。部分型号的冷热源设备噪声数据见表 8-28。

表 8-27　用地范围内及边界处环境噪声排放限值

用地范围内或边界外声环境功能区性质	时段	
	昼间	夜间
0 类 （康复疗养区等特别需要安静的区域）	50dB（A）	40dB（A）
1 类 （以居民住宅、医疗卫生、文化教育、科研办公、 行政办公为主要功能，需要保持安静的区域）	55dB（A）	45dB（A）
2 类 （以商业金融、集市贸易为主要功能，或者居住、商业、 工业混杂，需要维护住宅安静的区域）	60dB（A）	50dB（A）
3 类 （以工业生产、仓储物流为主要功能，需要防止工业噪声对 周围环境产生严重影响的区域）	65dB（A）	55dB（A）
4 类 （以交通干线两侧一定距离内，需要防止交通噪声对 周围环境产生严重影响的区域）	70dB（A）	55dB（A）

表 8-28　典型冷热源设备噪声数据

设备类型	型号	噪声
分体空调室外机	KFR-35GW/BP3DN8Y-PH200(B1)，制冷量 3.5kW	51dB（A）
多联空调室外机	RJLQ6AAV，制冷量 15.5kW	55dB（A）
	RUXYQ12BA，制冷量 33.5kW	59(40)dB（A）
	RUXYQ48BA，制冷量 135.0kW	66(45)dB（A）
模块涡旋式空气源热泵机组	MAC450DR5，制冷量 130.0kW	69dB（A）
螺杆式空气源热泵机组	ERACS3602E-N-B，制冷量 864.0kW	82dB（A）
超低噪声型螺杆式空气源热泵机组	ERACS3602E-N-SL，制冷量 824.0kW	72dB（A）
开式横流冷却塔	CDW-400ASY，冷却水量 400m³/h（W.B.28℃）	72dB（A）
低噪声型开式冷却塔	CDW-400ASSY，冷却水量 400m³/h（W.B.28℃）	70dB（A）
超低噪声型开式冷却塔	CDW-400ASSY-SN，冷却水量 400m³/h（W.B.28℃）	64dB（A）
闭式横流冷却塔	CXW-ASSW，冷却水量 160m³/h（W.B.28℃）	71dB（A）
螺杆式水冷冷水机组	PFSY6N2MSF，制冷量 1407.0kW	87dB（A）
离心式水冷冷水机组	WSC126MBHN0F，制冷量 3517.0kW	88dB（A）
燃气真空热水机组	YHZRQ180，供热量 2100kW	75dB（A）
直燃式溴化锂吸收式冷温水机组	RGD-100，制冷量 3517.0kW	55dB（A）

注：括号内数据为夜间静音运行模式下的噪声数据。

8. 政策要求

随着国内经济的发展和技术水平的进步，国家和行业标准（含规范、规程）不断完善，相关标准从合理、安全、可靠、节能、舒适、绿色环保等不同角度对包括冷热源设计在内的暖通设计提出了强制性要求或推荐性建议。

设计中经常用到的与冷热源相关的国家标准部分罗列如下：

《建筑节能与可再生能源利用通用规范》（GB 55015—2021）

《民用建筑供暖通风与空气调节设计规范》（GB 50736—2012）

《工业建筑供暖通风与空气调节设计规范》（GB 50019—2015）

《锅炉房设计标准》（GB 50041—2020）

《地源热泵系统工程技术规范》（2009 年版）（GB 50366—2005）

《燃气冷热电联供工程技术规范》（GB 51131—2016）

《公共建筑节能设计标准》（GB 50189—2015）

《绿色建筑评价标准》（GB/T 50378—2019）

《锅炉大气污染物排放标准》（GB 13271—2014）

《建筑机电工程抗震设计规范》（GB 55002—2021）

《冷水机组能效限定值及能效等级》（GB 19577—2015）

《房间空气调节器能效限定值及能效等级》（GB 21455—2019）

《多联式空调（热泵）机组能效限定值及能效等级》（GB 21454—2021）

《单元式空气调节机能效限定值及能效等级》（GB 19576—2019）

除国家和行业标准外，设计中尚需特别注意各地方基于其地区特点制定的地方标准和政策、规划要求。各地方对部分国家标准执行方式也存在一定差异，需设计前期进行调研。

9. 建筑条件和建设周期

建筑工程设计是多学科集成的工作，不同学科需求之间存在矛盾和冲突，需要综合权衡与妥协。暖通设计除了营造健康、安全、舒适的室内热湿环境外，还应注意配合建筑整体营造视觉环境、声环境，并能配合工程项目进度。在此过程中，暖通工程师需要与建设单位、建筑师协调，并与结构、电气、给排水专业配合，寻求整体最优解决办法，避免本专业不合理或违反规范要求的方案。

不同冷热源形式对建筑整体效果有较大影响，在设计前期选择冷热源形式时就应考虑相关建筑条件落实的可行性，并与建筑师、建设单位沟通确认。与冷热源设计相关、影响建筑整体效果的常见问题参见表 8-29。

表 8-29　冷热源形式对建筑整体效果的影响

冷热源	问题描述	影响
分体空调、多联机空调	受冷媒管允许接管长度限制,室外机布置平台需就近布置在通风散热条件良好的设备平台上	建筑平面、外立面设计
直燃式溴化锂冷温水机组、燃煤/燃油/燃气锅炉	需设置烟囱排放燃烧废气,烟囱高度须满足环保要求	建筑平面、建筑视觉效果
电驱动水冷冷水机组、溴化锂冷温水机组	需于通风散热条件良好位置布置冷却塔,占地面积较大,运行噪声较大	声环境、结构荷载、建筑视觉效果
地源热泵	需较大面积的室外埋管条件	总体平面布局
空气源热泵机组	需于通风散热条件良好位置布置热泵机组,占地面积较大,运行噪声大	声环境、建筑视觉效果
冷水机组、锅炉等大体量设备	需考虑大型设备初次安装及后期维修、更换的运输通道	结构荷载、吊装孔预留

冷热源形式选择尚需满足工程建设进度的要求，避免市政接入条件、设备供货周期或施工安装周期对工程进度和建成使用时间的影响。

二、冷热源的选择原则

针对大部分的工程，选择冷热源的一般原则如下：

1）在电力供应充足、电价较低的地区，空调冷源应优先选择电驱动冷水机组；在电动式冷水机组中，空调冷负荷较大的工程应优先选择离心式水冷冷水机组。

2）在电力供应紧张或有廉价燃气、燃油、余热、废热等资源的地区，热驱动吸收式冷水机组可作为冷源设备的优先选择，或选用吸收式冷热水机组兼作空调热源。在具有城市或区域供暖条件时应优先考虑城市或区域供暖。当有工业余热可利用时，也应将其作为优先选择热源。

3）在电力供应紧张或电力增容成本较高，且项目有夏季供冷、冬季供暖的需求时，冷热源可考虑采用直燃式冷热水机组。

4）具备城市燃气供应条件的地区，可采用燃气锅炉和燃气热水机供暖，或燃气直燃式冷热水机组供冷、供暖。

5）有稳定的地表水、工业废水或城市污水等资源可供利用，或者有可利用的浅层地下水且能保证100%回灌时，可采用水源热泵系统供冷、供暖。

6）夏热冬冷地区或干旱缺水地区的中、小型建筑和以日间使用空调为主的建筑，可采用空气源热泵冷热水机组或土壤源地源热泵系统供冷、供暖。

7）高层建筑有特殊使用要求的顶部区域，可采用空气源热泵冷热水机组供冷、供暖。

8）对实行分时电价政策且峰谷价差合适的地区，空调系统在低谷电价时段蓄能可明显节省运行费用、投资回收期短时，冷热源可采用蓄能措施。

9）各房间或区域空调负荷特性相差较大、系统需要长时间同时供冷和供暖时，可采用水环热泵或水源多联机系统供冷、供暖。

10）对工程规模较小的项目，冷热源可选择分体空调、变冷媒流量多联机的形式。

11）具有多种能源利用条件的大型项目或可靠性要求较高的项目，可采用复合式冷热源供冷、供暖。

第三节　空调冷热源经济性比较

基于技术合理性分析选择可行、适用的空调冷热源形式后，需要对相应形式进行经济性比较，比较结果作为最终决策的依据。

以上海市松江区某办公楼为例（下称"松江办公楼"），该工程夏季供冷，冬季供暖；商业部分建筑面积 3000m²，夏季空调最大冷负荷 609kW，冬季空调最大热负荷 226kW；办公部分建筑面积 29960m²，夏季空调最大冷负荷 4834kW，冬季空调最大热负荷 2290kW。当地具备良好的电力供应条件和市政天然气管网接入条件，无市政热力或余热、废热接入条件，无设置水源热泵或地源热泵条件。商业部分考虑分单元出租，且运营时间与办公部分不一致，考虑分单元独立设置变冷媒流量多联空调；办公部分为避免对建筑外立面的影响，不考虑变冷媒流量多联空调系统，冷热源选择时，需要对水冷冷水机组+燃气热水锅炉、空气源热泵机组、直燃式溴化锂冷温水机组三种形式进行经济性比较。

经济性比较包括初投资、年运行费用两个方面。在初投资较高、运行费用较低的情况下，需计算其投资回收期以确定增加初投资的合理性。

一、初投资比较

初投资主要为设备费用、安装费用、土建费用和能源接入成本。

松江办公楼工程中，三种冷热源初投资相关数据比较见表 8-30。从表中可以看出水冷冷水机组+燃气热水锅炉方案初投资最低，空气源热泵机组方案次之，直燃式溴化锂冷温水机组方案最高。

表 8-30　三种冷热源初投资

项目	方案 1	方案 2	方案 3
冷热源形式	电驱动水冷冷水机组+燃气低氮真空热水锅炉	直燃式溴化锂冷温水机组	螺杆式空气源热泵机组

（续）

项目		方案 1	方案 2	方案 3
冷热源设备参数		螺杆式水冷冷冷水机组 1635kW×3 燃气低氮真空热水锅炉 1163kW×3 开式冷却塔 400CMH×3 冷却水泵 365CMH×4 冷冻水泵 260CMH×4 空调热水泵 75CMH×3	直燃式溴化锂冷温水机组 1759kW×3 开式冷却塔 560CMH×3 冷却水泵 510CMH×4 冷冻水泵 365CMH×4 空调热水泵 75CMH×3	空气源热泵机组 1280kW×4 空调冷热水泵 240CMH×5
机房面积	m²	500	450	80
设备平台面积	m²	170	240	350
配电容量	kV·A	1400	400	2000
燃气用量	m³/h	250	470	0
设备费用	万元	383	558	494
安装费用	万元	77	84	50
土建费用差额	万元	167	159	59
电力接入及配电成本差额	万元	140	40	200
燃气接入成本差额	万元	5	9	0
初投资合计	万元	772	850	803

注：1. 方案 1 按冷冻水供/回水温度 6℃/12℃、空调热水温度 60℃/45℃、冷却水温度 32℃/37℃；方案 2 按冷冻水供/回水温度 6℃/12℃、空调热水温度 60℃/45℃、冷却水温度 32℃/37.5℃；方案 3 按冷冻水供/回水温度 7℃/12℃、空调热水温度 45℃/40℃。

2. 冷水机组价格按 425 元/kW，锅炉 215 元/kW，溴化锂机组 775 元/kW，空气源热泵机组 930 元/kW。

二、年运行费用比较

空调冷热源系统年运行费用包括能源成本和维护管理费用两部分。能耗费用与年冷热耗量、能源价格及冷热源综合效率有关，维护管理费用与设备、管线、阀门易损易耗部件及系统复杂度有关。

松江办公楼工程中，当地电力、燃气及水的价格见表 8-31~表 8-33；全年逐时负荷曲线见图 8-10，全年累计供冷量 5625.7GJ，全年累计供热量 3178.7GJ。

表 8-31　当地电力价格

季节	时间	电价/[元/(kW·h)]
夏季（7月1日~9月30日）	峰时段	0.916
	平时段	0.567
	谷时段	0.213
非夏季（10月1日~次年6月30日）	峰时段	0.888
	平时段	0.538
	谷时段	0.266

注：1. 电价按沪发改价管〔2019〕27 号文件规定的"两部制"、"一般工商业及其他用电"、10 千伏用电分类。

2. "两部制"非夏季时段划分：峰时段（8—11 时、18—21 时），平时段（6—8 时、11—18 时、21—22 时），谷时段（22 时—次日 6 时）；"两部制"夏季时段划分：峰时段（8—11 时、13—15 时、18—21 时），平时段（6—8 时、11—13 时、15—18 时、21—22 时），谷时段（22 时—次日 6 时）。

根据全年逐时负荷数据、冷热源设备效率及主辅机运行策略，可通过分析计算软件（如 DeST、TRACE™3D Plus、TRNSYS、EnergyPlus 等）或其他简化方法（如当量满负荷运行时间法、负荷频率表法）计算得出不同冷热源方案下的年运行能源成本数据。

表 8-32　当地燃气价格

用气性质		时段	气价/(元/m³)
锅炉用气		全年	3.82
燃气空调用气	月耗气量 ≤40000m³	4 月~11 月	3.09
		12 月~3 月	3.29
	月耗气量 40000~1000000m³	4 月~11 月	3.04
		12 月~3 月	3.24

注：燃气价格按沪燃集〔2018〕80 号文件、沪发改价管〔2019〕21 号文件。

表 8-33　当地水价格

用水类别	水价/(元/m³)		
	供水价格	污水处理费	综合水价
工商业	2.62	2.34	4.73

注：水价按沪发改价管〔2017〕10 号文件；应缴纳污水处理费 = 用水量×征收标准×0.9。

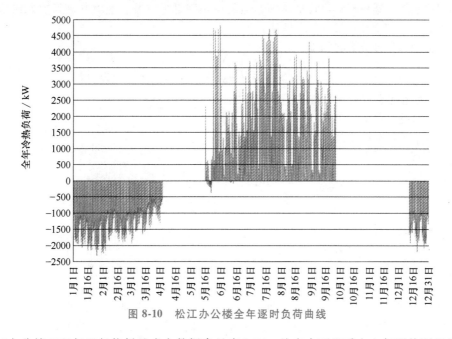

图 8-10　松江办公楼全年逐时负荷曲线

松江办公楼工程年运行能耗及成本数据参见表 8-34，从表中可以看出空气源热泵机组方案运行费用最低，水冷冷水机组+燃气热水锅炉方案略高，直燃式溴化锂冷温水机组方案最高。

表 8-34　松江办公楼工程年运行能耗及成本数据

项目		方案 1	方案 2	方案 3
冷热源形式		电驱动水冷冷水机组+燃气低氮真空热水锅炉	直燃式溴化锂冷温水机组	螺杆式空气源热泵机组
年耗电量	kW·h/a	381808	157589	965469
年耗气量	m³/a	96662	229244	0
年耗水量	m³/a	3796	6833	0
年用电成本	万元/a	31.5	12.8	72.8
年用气成本	万元/a	36.9	72.7	0.0

（续）

项目		方案 1	方案 2	方案 3
冷热源形式		电驱动水冷冷水机组+燃气低氮真空热水锅炉	直燃式溴化锂冷温水机组	螺杆式空气源热泵机组
年用水成本	万元/a	1.8	3.2	0.0
年用能总成本	万元/a	70.2	88.7	72.8
年维护管理费用	万元/a	10.0	12.0	6.0
年运行费用	万元/a	80.2	100.7	78.8

注：1. 耗电量包含冷水机组、锅炉、溴化锂机组、热泵机组、冷却水泵、冷冻水泵、热水泵、冷却塔耗电量。
  2. 耗水量仅考虑冷却水补水量。
  3. 耗气量包含锅炉、溴化锂机组耗气量。

三、投资回收期计算

对不同冷热源方案中，对初投资增加而运行费用降低的方案，应对其进行静态或动态投资回收期计算，以评判增加初投资的合理性。

静态投资回收期计算公式如下：

$$n_s = \frac{\Delta C_C}{\Delta C_O} \qquad (8-3)$$

式中　n_s——静态投资回收期（年）；

　　ΔC_C——初投资差额（万元）；

　　ΔC_O——年运行费用差额（万元）。

动态投资回收期计算公式如下：

$$n_d = -\frac{\ln\left[1 - \frac{\Delta C_C}{\Delta C_O}\left(1 - \frac{1}{1+i}\right)\right]}{\ln(1+i)} \qquad (8-4)$$

式中　n_d——动态投资回收期（年）；

　　ΔC_C——初投资差额（万元）；

　　ΔC_O——年运行费用差额（万元）；

　　i——基准收益率。

与静态投资回收期相比，动态投资回收期反映了资金的时间成本。合理的动态投资回收期不应超过设备正常使用寿命，但由于动态投资回收期计算相对复杂，且不同时期、不同工程基准收益率标准存在差异，故工程设计中一般以静态投资回收期作为方案比较的指标。

在不同基准收益率下，动态投资回收期等于设备正常使用寿命时，其对应的静态投资回收期数据见表 8-35。一般工程中，基准收益率取值 10%～20%，动态投资回收期 20 年时，其静态投资回收期 5.8～9.4 年。参照《公共建筑节能改造技术规范》（JGJ 176—2009）中的相关规定，不同冷热源设备改造的静态投资回收期小于或等于 5～8 年时，宜进行相应的改造或更换。

表 8-35　静态投资回收期 n_s 数据

i	n_d（年）				
	10	15	20	25	30
4%	8.4	11.6	14.1	16.2	18.0
5%	8.1	10.9	13.1	14.8	16.1
6%	7.8	10.3	12.2	13.6	14.6
7%	7.5	9.7	11.3	12.5	13.3

（续）

i	n_d（年）				
	10	15	20	25	30
8%	7.2	9.2	10.6	11.5	12.2
9%	7.0	8.8	10.0	10.7	11.2
10%	6.8	8.4	9.4	10.0	10.4
11%	6.5	8.0	8.8	9.3	9.7
12%	6.3	7.6	8.4	8.8	9.0
13%	6.1	7.3	7.9	8.3	8.5
14%	5.9	7.0	7.6	7.8	8.0
15%	5.8	6.7	7.2	7.4	7.6
16%	5.6	6.5	6.9	7.1	7.2
17%	5.5	6.2	6.6	6.7	6.8
18%	5.3	6.0	6.3	6.5	6.5
19%	5.2	5.8	6.1	6.2	6.2
20%	5.0	5.6	5.8	5.9	6.0

　　在松江办公楼工程中，"直燃式溴化锂冷温水机组"方案的初投资及运行费用均高于"冷水机组+锅炉"方案，故不予考虑；"空气源热泵机组"方案初投资高于"冷水机组+锅炉"方案，运行费用低于"冷水机组+锅炉"方案，计算其静态投资回收期22.1年，经济性劣于"冷水机组+锅炉"方案。另外综合考虑系统运行的可靠性、稳定性、安全性及土建条件，最终选择"冷水机组+锅炉"的冷热源方案。

第四节　空调冷热源组合方案

　　冷热源组合包括冷热功能组合、复合式组合、机组容量配置及组合系统划分组合等方式。

一、冷热功能组合

　　在系统存在供冷、供暖两方面的需求时，冷热源除采用一体式冷热源设备的方式外，可通过组合设置冷源设备、热源设备的方式满足系统需求。部分常见冷热功能组合方式见表8-36。

表8-36　部分常见冷热功能组合方式

常见冷热功能组合方式	说明
电驱动水冷冷水机组供冷+锅炉供暖	中大型项目中使用最多、最传统的组合方案
电驱动水冷冷水机组供冷+市政热网供暖	有热网接入条件时的常见方案
多联机空调供冷及供暖期前后供暖+市政热网供暖	有热网接入条件、冬季多联机空调制热不能满足需求时的常见方案
空气源、水源、地源热泵机组供冷、供暖	一体式冷热源设备
热泵型多联机空调供冷、供暖	一体式冷热源设备
溴化锂冷温水机组供冷、供暖	一体式冷热源设备

二、机组容量配置组合

　　确定采用某种冷热源形式的情况下，应根据系统最大负荷需求、全年负荷变化规律、设备单机容量范围、设备部分负荷运行范围、不同负荷下的设备效率规律等因素采取合理的容量和台数配置。

机组容量配置组合还应注意满足国家或地方规范的要求。《节能规范》规定：电动压缩式冷水机组的总装机容量，应按规范规定计算的空调冷负荷值直接选定，不得另做附加。在设计条件下，当机组的规格不符合计算冷负荷的要求时，所选择机组的总装机容量与计算冷负荷的比值不得大于1.1。《民规》中的相关规定见表8-37。

表 8-37　机组容量配置组合的相关规定

条文编号	内容
8.1.5	集中空调系统的冷水（热泵）机组台数和单机制冷量（制热量）选择，应能适应空调负荷全年变化规律，满足季节及部分负荷要求。机组不宜少于两台；当小型工程仅设一台时，应选调节性能优良的机型，并能满足建筑最低负荷的要求
8.11.3	换热器的配置应符合下列规定： 1. 换热器总台数不应多于四台。全年使用的换热系统中，换热器的台数不应少于两台；非全年使用的换热系统中，换热器的台数不宜少于两台 2. 换热器的总换热量应在换热系统设计热负荷的基础上乘以附加系数（供暖及空调供热取1.1～1.15；空调供冷取1.05～1.1；水源热泵取1.15～1.25） 3. 供暖系统的换热器，一台停止工作时，剩余换热器的设计换热量应保证供热量的要求，寒冷地区不应低于设计供热量的65%，严寒地区不应低于设计供热量的70%
8.11.8	锅炉房及单台锅炉的设计容量与锅炉台数应符合下列规定： 1. 锅炉房的设计容量应根据供热系统综合最大热负荷确定 2. 单台锅炉的设计容量应以保证其具有长时间较高运行效率的原则确定，实际运行负荷率不宜低于50% 3. 在保证锅炉具有长时间较高运行效率的前提下，各台锅炉的容量宜相等 4. 锅炉房锅炉总台数不宜过多，全年使用时不应少于两台，非全年使用时不宜少于两台 5. 其中一台因故停止工作时，剩余锅炉的设计换热量应符合业主保证供热量的要求，并且对于寒冷地区和严寒地区供暖（包括供暖和空调供暖），剩余锅炉的总供热量分别不应低于设计供热量的65%和70%

以电制冷水冷冷水机组为例，冷水机组一般以选用2～4台为宜，中小型规模宜选用2台，较大型可选用3台，特大型可选用4台或以上。机组之间要考虑其互为备用和切换使用的可能性。同一机房内可采用不同类型、不同容量的机组搭配的组合式方案，以节约能耗。并联运行的机组中至少应选择一台自动化程度较高、调节性能较好、能保证部分负荷下能高效运行的机组。当小型工程仅设置一台冷水机组时，应选用调节性能优良的机组，并能满足建筑最低负荷的要求。

以南京市某企业办公总部项目集中冷冻机房为例，冷源采用电驱动水冷冷水机组，总容量要求8000RT。该项目运行存在时段较长的部分区域加班需求，系统小负荷运行时间较长，负荷分布见图8-11。

为减少机组数量并提高部分负荷时段系统运行效率，冷水机组采用3大2小配置，见表8-38；方案B1冷水机组运行策略见表8-39。

三、复合式组合

在可靠性要求较高的大型工程中，可采用不同形式的冷热源同时供冷或供暖。例如，部分医院项目，组合设置电驱动水冷冷水机组、燃气溴化锂冷温水机组、燃油燃气两用热水锅炉，夏季冷水机组、溴化锂机组组合供冷，冬季溴化锂机组、锅炉组合供暖，市政电力供应故障时溴化锂机组维持供冷（应急柴油发电机组负担溴化锂机组等设备的电力供应），燃气供应故障时冷水机组供冷、锅炉燃油供暖，这样可保证医院部分区域的空调冷热水供应。

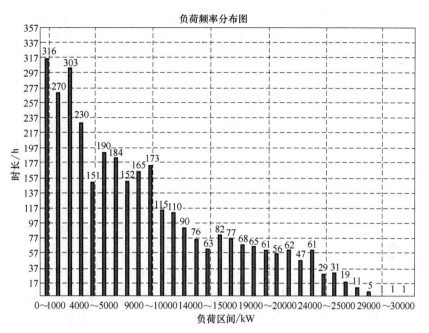

图 8-11　南京市某企业办公总部项目负荷分布

表 8-38　冷水机组配置

配置方案	主机配置
方案 B1	3×2200RT（离心 10kV，定频）+2×650（离心 380V，变频）
方案 B2	3×2400RT（离心 10kV，定频）+2×400（螺杆 380V，变频）

表 8-39　冷水机组运行策略（方案 B1）

负荷比例（%）	负荷/RT	运行小时数/h	10kV 冷水机组 2200RT 1 号	10kV 冷水机组 2200RT 2 号	10kV 冷水机组 2200RT 3 号	380V 冷水机组 650RT 4 号	380V 冷水机组 650RT 5 号
100	7900	4	100%	100%	100%	100%	100%
95	7505	5	95%	95%	95%	95%	95%
90	7110	13	98%	98%	98%	98%	
85	6715	52	93%	93%	93%		93%
80	6320	58	96%	96%	96%		
75	5925	89	90%	90%	90%		
70	5530	91	84%	84%	84%		
65	5135	114	90%	90%		90%	90%
60	4740	124	94%	94%		94%	
55	4345	123	99%	99%			
50	3950	132	90%	90%			
45	3555	117	81%	81%			
40	3160	124	90%			90%	90%
35	2765	115	79%			79%	79%
30	2370	151	83%			83%	
25	1975	226	90%				
20	1580	287	72%				

（续）

负荷比例 （%）	负荷 /RT	运行 小时数 /h	10kV 冷水机组 2200RT 1号	10kV 冷水机组 2200RT 2号	10kV 冷水机组 2200RT 3号	380V 冷水机组 650RT 4号	380V 冷水机组 650RT 5号
15	1185	324				91%	91%
10	790	410				61%	61%
5	395	512				61%	

注：本表仅表示不同负荷情况下大小机运行台数和负载比例，实际运行时，对同规格设备尚应根据累计运行时间均衡的原则确定具体运行设备。

在部分项目中，受限于土建条件或其他因素，或为降低系统初投资和运行费用，也采用复合式冷热源的方式。例如，西安某 300000m² 商业项目，不具备接市政热网和设置燃气锅炉条件，冷热源采用地源热泵、低温空气源热泵、水冷冷水机组组合的方式，夏季供冷时按冷水机组、地源热泵、空气源热泵的优先顺序组合供冷，冬季供暖时按地源热泵、低温空气源热泵的优先顺序组合供暖，见图 8-12。

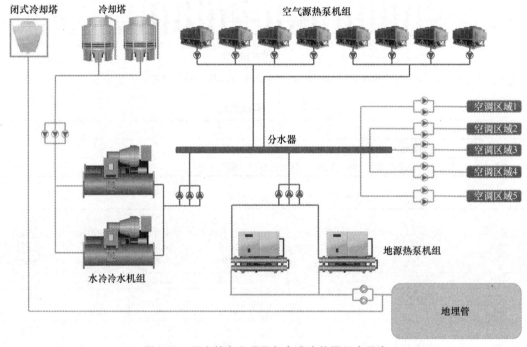

图 8-12　西安某商业项目复合式冷热源组合示意

复合式冷热源还有冷热源串联的方式，通过对冷热水进行梯级处理达到满足使用需求、提高系统效率的目的。

四、系统划分组合

在大型复杂工程中，如存在不同功能性质的使用区域，可考虑冷热源根据不同区域功能性质和使用需求划分为两个或多个系统，各系统均独立运行，分别负担其对应区域的空调冷热负荷需求。

以本章第三节介绍的江苏省南通市某 240m 超高层综合体建筑为例，基于其办公、公寓式办公、物业管理、商业、酒店的业态划分，一个较合理的冷热源系统划分方案如下：酒店设置水冷冷水机组供冷，燃气热水锅炉供应空调热水，燃气蒸汽锅炉供应洗衣房及厨房蒸汽；商业设置水冷冷水机组和空气源热泵在夏季组合供冷（冷水机组优先），空气源热泵机组冬季供暖；办公设置水冷冷水机组供冷，燃气热水锅炉供应空调热水；公寓式办公分户设置户式多联机空调；物业办公用房设置多联机空调。

第五节　空调冷热源系统设计

一、冷热源设备容量确定

1. 空调冷热源的冷热负荷

空调冷热源的冷热负荷基于满足空调系统夏季总冷负荷和冬季总热负荷的需求，并需考虑空调冷热水系统输送时的冷热损失及系统同时使用系数。空调风系统输送时的冷热损失等附加负荷应计入空调系统夏季总冷负荷和冬季总热负荷，相关内容参见第一章的第四节。

空调冷热水系统输送时的冷热损失主要包括水泵温升、冷热水管道热损失和水箱热损失。以某循环水流量 $Q = 100\text{m}^3/\text{h}$ 的冷冻水系统为例，假设冷冻水循环泵扬程 $32\text{mH}_2\text{O}$，效率 80%，配电功率 15kW，供回水主管在室内非空调区域长度共计 300m，规格 DN150，保温采用 32mm 厚、导热系数为 $0.03573\text{W}/(\text{m}\cdot\text{K})$ 的闭孔橡塑管壳，夏季非空调区域温度按 32℃，冷冻水设计供/回水温度 7℃/12℃；经简化计算，水泵做功转化的热量为 10.9kW，相应水温升约 0.095℃；冷冻水经管道向外界热传递损失的冷量约 5.4kW，相应水温升约 0.035℃。在选择空调热源时，水泵温升作为安全因素，不计入热负荷修正。

水泵温升可按式（8-5）计算或按表 8-40 确定：

$$\Delta t = \frac{0.0023 \times H}{\eta} \tag{8-5}$$

式中　Δt——水泵后液体温升（℃）；

　　　H——水泵扬程（m）；

　　　η——水泵效率（m）。

表 8-40　水泵的温升 Δt　　（单位：℃）

水泵效率	水泵扬程/m					
η	10	15	20	25	30	35
0.5	0.05	0.07	0.09	0.12	0.14	0.16
0.6	0.04	0.06	0.08	0.10	0.11	0.13
0.7	0.03	0.05	0.07	0.08	0.10	0.12

冷水管道热损失引起的温升可按式（8-6）计算或按表 8-41 确定：

$$\Delta t = \frac{Q \times L}{1.16W} \tag{8-6}$$

式中　Δt——冷水管道液体温升（℃）；

　　　Q——每米长冷水管道的冷损失（W/m）；

　　　L——冷水管道的长度（m）；

　　　W——冷水管道的流量（kg/h）。

同时使用系数可根据各空调区在使用时间上的不同确定。建筑功能单一时或某建筑功能空调面积达到 90% 以上时可不考虑同时使用系数；建筑功能的冷负荷最大时刻重叠时，应以主要功能为主，同时使用系数取表 8-42 中的较大值，其他功能取较小值；主要建筑功能的冷负荷存在互补时，冷负荷大的功能区域同时使用系数取大值，冷负荷小的功能区域取小值。

表 8-41　每100m 长保温冷水管道的温升 Δt

冷水管道保温层外径 D/mm	50	70~80	100	150	200 以上
水的温升/℃	0.15	0.10	0.07	0.05	0.03

表 8-42　同时使用系数推荐值

建筑类型	同时使用系数	建筑类型	同时使用系数
单身宿舍	0.6~0.7	一般旅馆、招待所	0.7~0.8
一般办公楼	0.7~0.95	高级旅馆、招待所	0.6~0.7
高级办公楼	0.6~0.8	旅游宾馆	0.35~0.45
科研楼	0.8~0.9	电影院、文化馆	0.7~0.8
发展与交流中心	0.6~0.7	剧场	0.6~0.7
教学楼	0.8~0.9	礼堂	0.5~0.7
图书馆	0.6~0.7	体育练习馆	0.7~0.8
幼儿园	0.8~0.9	体育馆	0.65~0.75
小型商业、服务楼	0.85~0.9	展览厅	0.5~0.7
综合商业、服务楼	0.75~0.85	门诊楼	0.6~0.7
食堂、餐厅	0.8~0.9	一般病房楼	0.65~0.75
高级餐厅	0.7~0.8	高级病房楼	0.5~0.6

空调冷热源的冷热负荷可按下式计算：

$$CL_s = CL_{ws} + \sum (K_i \cdot CL_i) \tag{8-7}$$

$$HL_s = HL_{ws} + \sum (K_i \cdot HL_i) \tag{8-8}$$

式中　CL_s、HL_s——空调冷热源的冷热负荷（kW）；

　　　CL_{ws}、HL_{ws}——空调冷热水系统输送时的冷热损失（kW）；

　　　CL_i、HL_i、K_i——各区空调系统冷热负荷及同时使用系数（m）。

2. 冷热源容量配置及其他设计参数

冷热源基于冷热负荷配置其容量，并根据冷热源设备特性和使用需求，基于安全、可靠、经济、节能的原则考虑以下因素：

1）冷热源制冷、制热总容量应能满足最大冷热负荷需求。

2）冷热源设备制冷、制热容量应根据设备特性针对当地气候条件或其他影响因素进行必要修正。例如，空气源热泵机组应用于冬季寒冷地区时，应充分考虑室外温度、湿度及融霜对其制热能力的影响。

3）根据可靠性需求和冷热源设备运行稳定性，确定是否考虑附加、备用或设置辅助冷热源的措施。选用运行可靠性较高的设备，如电动压缩式冷水机组时，一般不另作附加；选用易受气候、能源等条件影响的设备时，可考虑设置备用机组或辅助冷热源。寒冷地区、严寒地区对冬季制热可靠性需求较高时，应考虑换热机组、锅炉等热源设备在单台设备因故停止工作时，剩余设备的总供热能力应不低于设计供热量的65%或70%的。

4）选用的冷热源设备应能满足全年负荷动态变化情况下的需求，在不同工况下设备均应稳定可靠运行，并保证整体较高的系统运行效率。

以厦门市某办公建筑为例，假定该项目需集中冷源承担的夏季总冷负荷为8000kW，冬季总热负荷3400kW。冷热源可考虑采用传统的水冷冷水机组+燃气真空热水锅炉的形式或空气源热泵机组的形式，还可考虑采用空气源热泵机组负责冬季供暖，冷水机组和空气源热泵机组在夏季联合供冷的形式。不同形式下的冷热源容量配置见表 8-43。

表 8-43 不同形式下的冷热源容量配置

冷热源形式	水冷冷水机组+ 燃气真空热水锅炉	空气源热泵	水冷冷水机组+ 空气源热泵
冷源配置	水冷离心式冷水机组 800RT/台×2 台 水冷螺杆式冷水机组 400RT/台×1 台	螺杆式空气源热泵机组 1056kW/台×8 台	水冷离心式冷水机组 550RT/台×2 台 螺杆式空气源热泵机组 1056kW/台×4 台
热源配置	燃气真空热水锅炉 1163kW/台×3 台	螺杆式空气源热泵机组制热 858kW/台×4 台	螺杆式空气源热泵机组制热 858kW/台×4 台
备注	冷水机组按冷负荷配置两大一小 3 台机组 锅炉按热负荷选择同一规格	空气源热泵额定制冷/制热量 1100kW/1080kW;夏季按屋面进风温度 38℃ 取温度修正系数 0.96;冬季按屋面进风温度 3℃ 取温度修正系数 0.91,融霜修正系数 0.9,相对湿度修正系数 0.97	螺杆式空气源热泵机组制热 858kW/台×4 台

冷热源设备配置时还涉及其他设计参数。表 8-44～表 8-46 分别为电驱动水冷冷水机组、燃油(燃气)真空热水锅炉、空气源热泵机组的主要技术参数并予以简单说明。

表 8-44 电驱动水冷冷水机组主要技术参数

冷水机组技术参数表单及数据案例			参数填写说明
序号		1	
设备编号		CH-B1-01-01～02	
参考型号		—	
安装位置		地下一层冷冻机房	
设备类型		离心式	
服务区域		空调冷冻水	
工质		R134a	依据产品样本并选择环保冷媒
制冷量	kW	2814	设计计算确定,并选型确认
	RT	800	
蒸发器	水量	t/h	410	
	进水温度	℃	12	设计确定,一般按出水温度 5～7℃,进出水温差 5～8℃
	出水温度	℃	6	
	水阻限值	kPa	80	选型确定,一般按 50～80kPa
	承压能力	MPa	1.0	根据空调水系统设计确定,一般为 1.0MPa、1.6MPa、2.0MPa
	污垢系数	m² · K/kW	0.018	根据空调水系统设计确定,一般为 0.018m² · K/kW、0.044m² · K/kW、0.086m² · K/kW
冷凝器	水量	t/h	479	
	进水温度	℃	32	设计确定,一般按进水温度 30～32℃,进出水温差 5～8℃
	出水温度	℃	37	
	水阻限值	kPa	80	选型确定,一般按 50～80kPa
	承压能力	MPa	1.0	根据冷却水系统设计确定,一般为 1.0MPa、1.6MPa、2.0MPa
	污垢系数	m² · K/kW	0.044	根据空调水系统设计确定,一般为 0.018m² · K/kW、0.044m² · K/kW、0.086m² · K/kW
制冷性能系数 COP	标准工况	W/W	≥6.26	设计依据规范要求及主流产品性能水平确定
	设计工况	W/W	5.93	设计工况与标准工况不一致时,选型计算确定
IPLV	标准工况	W/W	≥6.20	设计依据规范要求及主流产品性能水平确定
	设计工况	W/W	6.74	设计工况与标准工况不一致时,选型计算确定

（续）

冷水机组技术参数表单及数据案例			参数填写说明
电源	V-φ-Hz	380-3-50	供电方式,按产品样本并符合规范要求(功率较大时需考虑采用高压供电方式)
输入功率	kW	474.5	根据蒸发器、冷凝器进出水温度及污垢系数,选型计算确定
BA①	是/否	是	设计按自控需求确定
噪声限值	dB(A)	85	依据产品样本,按消声减振需求确定
参考运行重量	kg	11700	依据产品样本,与机房土建条件相关
外形尺寸限值	m	4.4×2.3×2.7 (L×W×H)	依据产品样本,与机房土建条件相关
减振方式	—	大阻尼弹簧减振	设计按消声减振需求确定
数量	台	2	
备注		自耦降压启动	

① BA 表示自动接口。

表 8-45　燃气燃油两用真空热水锅炉主要技术参数

热水锅炉技术参数表单及数据案例			参数填写说明
序号		2	
设备编号		BO-B1-01-01~02	
参考型号		—	
安装位置		地下一层锅炉房	
设备类型		低氮冷凝真空燃气热水锅炉	
服务区域		空调热水	
燃料品种		天然气	
制热量	kW	1163	设计计算确定,并选型确认
热水流量	t/h	150	
进水温度	℃	45	设计确定,一般按进出水温差 10~25℃
出水温度	℃	60	
承压能力	MPa	1.0	根据空调水系统设计确定,一般为 1.0MPa、1.6MPa、2.0MPa
水阻限值	kPa	40	选型确定,一般 20~50kPa
燃气耗量	m³/h	112.9	
燃气压力	kPa	10~15	依据产品技术要求
低位热效率	%	104	设计依据规范要求及产品情况确定
NO_x 排放浓度	mg/m³	≤30	设计依据规范要求及产品情况确定
电源	V-φ-Hz	380-3-50	
配电功率	kW	3.7	
BA	是/否	是	设计按自控需求确定
噪声限值	dB(A)	80	依据产品样本,按消声减振需求确定
参考运行重量	kg	4800	依据产品样本,与机房土建条件相关
外形尺寸限值	m	3.8×1.25×2.3 (L×W×H)	依据产品样本,与机房土建条件相关
减振方式	—	—	
数量	台	3	
备注		自带控制箱	

表 8-46　空气源热泵机组主要技术参数

空气源热泵技术参数表单及数据案例			参数填写说明
序号		3	
设备编号		ASHP-RF-01~08	
参考型号		—	
安装位置		裙房屋面	
设备类型		风冷螺杆式	
服务区域		空调冷热水	
工质		R134a	依据产品样本并选择环保冷媒
制冷量	kW	1056	设计计算确定，并选型确认
制热量	kW	983	设计计算确定，并选型确认
供冷工况	水量	t/h	185	设计确定
	进水温度	℃	12	
	出水温度	℃	7	
	环境温度	℃	38	设计根据项目所在地气候条件确定
供热工况	水量	t/h	172	设计确定
	进水温度	℃	40	
	出水温度	℃	45	
	环境温度	℃	3	设计根据项目所在地气候条件确定
水阻限值	kPa	50	
承压能力	MPa	0.6	
水侧污垢系数	$m^2 \cdot K/kW$	0.018	
制冷性能系数 COP	W/W	≥3.18	设计依据规范要求及主流产品性能水平确定
综合部分负荷性能系数 IPLV	W/W	≥3.20	设计依据规范要求及主流产品性能水平确定
电源	V-φ-Hz	380-3-50	
配电功率	kW	345.9	
BA	是/否	是	设计按自控需求确定
噪声限值	dB(A)	75	依据产品样本，按消声减振需求确定
参考运行重量	kg	9120	依据产品样本，与机房土建条件相关
外形尺寸限值	m	10.2×2.3×2.6 (L×W×H)	依据产品样本，与机房土建条件相关
减振方式	—	大阻尼弹簧减振	设计按消声减振需求确定
数量	台	8	
备注			

二、冷热源水系统设计

在冷热源设备选型确定后，后续应进行相应的空调冷热水系统、空调冷却水系统设计。相关具体内容见第七章"空调水系统设计"。

三、能源供给系统及烟气排放系统设计

采用燃煤、燃油、燃气锅炉或直燃型溴化锂机组作为冷热源时，尚需考虑能源供给及燃烧烟

气排放。

在项目所在地具备市政燃气接入条件的前提下，燃气从市政燃气管网接来，根据管网压力及用气设备压力需求，应设置调压装置，经调压、计量后接至用气设备，并采取必要的安全措施。典型燃气供应系统流程图见图8-13。当相关设计内容由专项设计负责时，冷热源设计中应考虑预留燃气接入的土建条件。

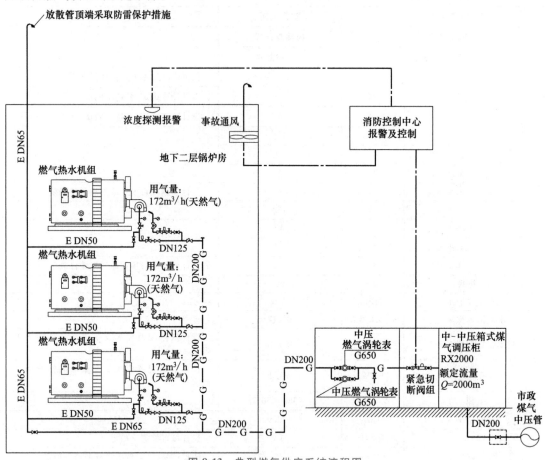

图8-13　典型燃气供应系统流程图

说明：

1. 报警器满足燃气泄漏浓度达到爆炸下限的25%时报警，持续一分钟后自动切断阀切断气源。
   自动切断阀采用自动关闭、现场人工开启的方式。

2. 中压煤气管道进入地下室时，采用厚壁无缝钢管，防腐处理。

3. 地下室燃气管道的末端设放散管，放散管接到室外安全的地方。

4. 消防中心控制室有显示报警器工作状态的装置，显示各点报警、故障信号和自动切断阀启/闭状态、排风机的开/停状态。

5. 本图纸煤气管道仅供参考，具体应由当地燃气公司负责深化设计和施工。

冷热源设备以燃油为燃料时，一般采取设置燃油储罐的形式。燃油储存在埋地或室外燃油储罐内，经油泵输送至日用油箱，再经管道输送至用油设备，见图8-14。日用油箱内的储油应考虑透气、紧急情况下排至安全区域等措施。

燃料燃烧产生的烟气应根据环保要求排放。烟气通过双层成品保温烟囱引至高位排放是一种常见、合理的做法，见图8-15。

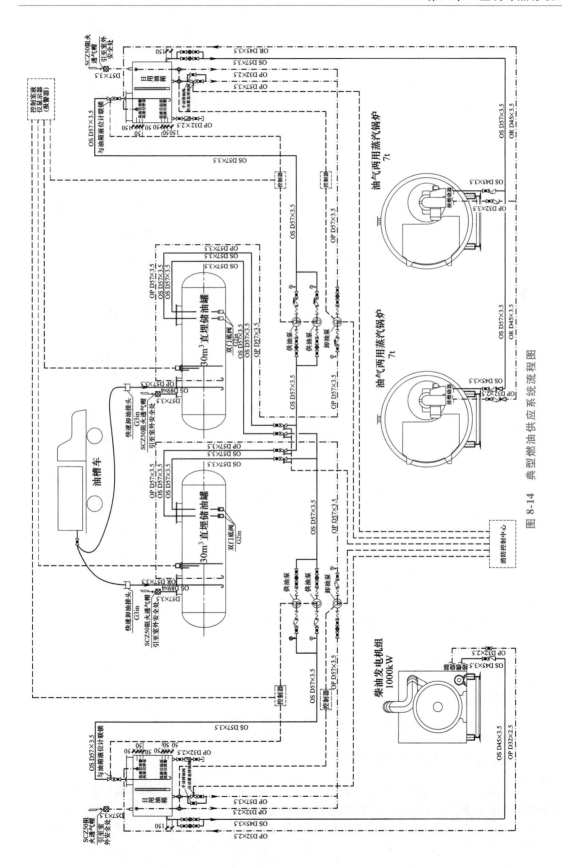

图 8-14　典型燃油供应系统流程图

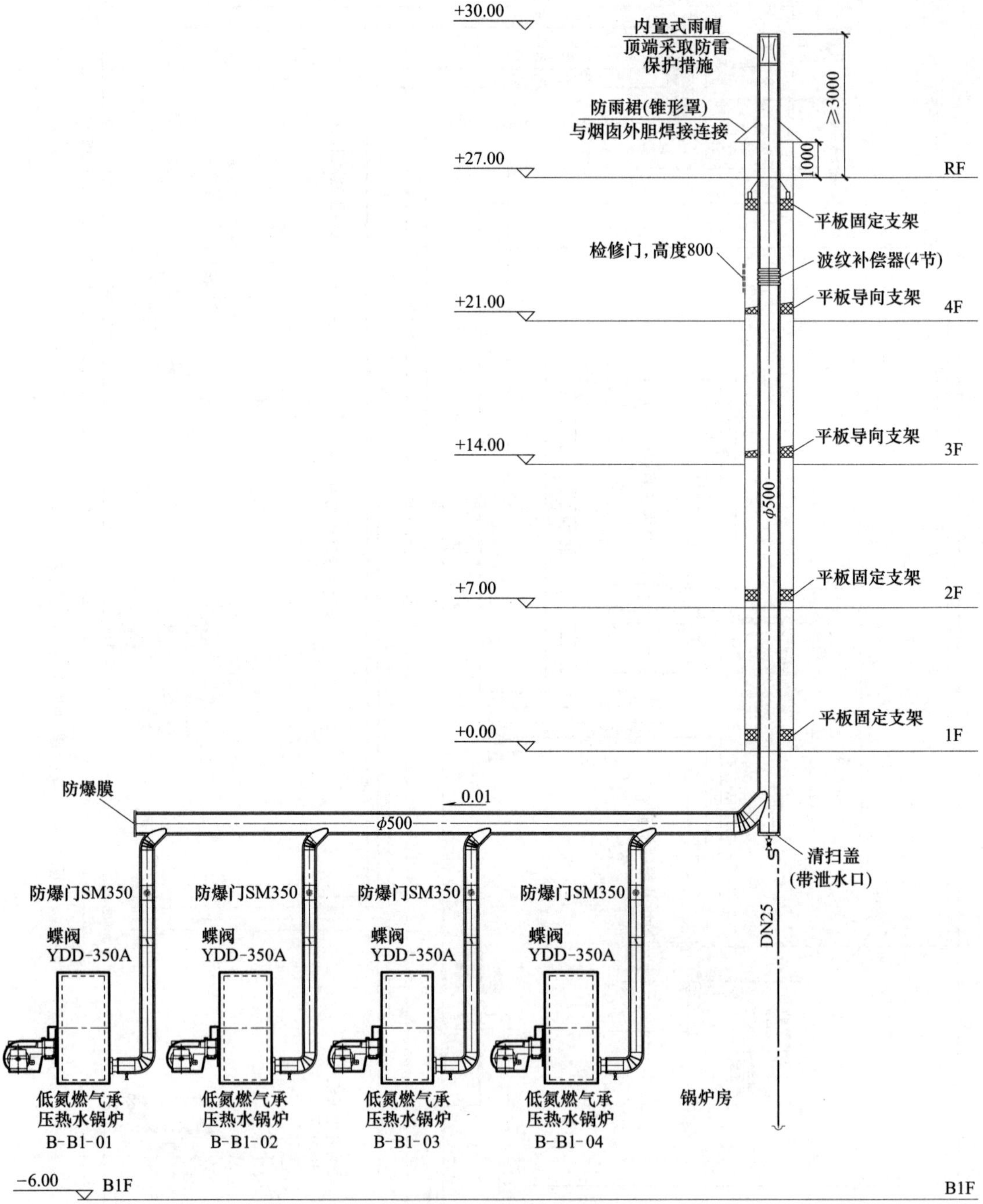

图 8-15　典型锅炉烟气排放系统示意图

四、高效冷热源系统设计措施

在保证满足使用需求的前提下，提高空调系统整体效率、降低系统运行能耗有重要的现实经济价值和社会价值，也是冷热源系统设计的目标。

冷热源系统输出冷量和热量，能耗输入包括电力（冷热源设备用电、冷热水循环泵用电、冷却水循环泵用电、冷却塔用电等）、水（冷却塔补水等）、燃气、燃油等。在设计阶段，实现高效冷热源系统的途径包括：

1）选择合理的冷热源形式。

2）合理配置冷热源设备容量。

3）采用高效冷热源设备、高效率输送水泵、冷却塔等。

4）降低系统输送能耗，包括增大冷热水供回水温差、降低系统管道及设备阻力等。

5）规划系统运行策略并保证系统运行时动态优化的条件。

高效冷热源系统的实现是一个较为复杂的系统性问题，也是空调设计中的一个重点研究方向。以冷源形式为电驱动压缩式冷水机组的冷冻机房为例，增大冷冻水供回水温差、降低系统管道及设备阻力、冷冻水系统变流量运行已证实为有效的节能措施，而提高冷冻水出水温度、增大冷却水供回水温差等措施尚需结合项目需求、系统配置具体讨论，进行必要的分析计算和经济性比较。

第六节　空调冷热源机房设计

一、冷热源机房组成

冷热源机房是指冷热源主机设备、冷热源配套辅机所用房间。冷热源主机设备包括水冷冷水机组、水地源热泵机组、溴化锂吸收式冷温水机组、锅炉、换热器或换热机组等设备。冷热源配套辅机包括冷却水循环水泵、冷热水用循环泵、水处理装置、定压、补水装置。空气源热泵机组、多联式或直膨式空调室外机、冷却塔等设备需要设置于室外通风散热良好的区域，不设置在机房内。

冷热源机房可将不同类型的设备布置在几个机房内，也可集中设置。机房分设可见于大型、超大型项目，其对系统自动化控制水平和管理水平要求相应较高。

二、冷热源机房布置原则和要求

冷热源机房位置选择及布置应考虑以下几个方面：

1）满足设备、管线安装及检修更换的需要。冷热源机房内管线较多，规格尺寸较大，同时主机和部分附属设备较大，设备及管线上的阀门均有操作、检修、更换的要求，机房布置时要考虑机房内安装及检修更换的空间，还要考虑大型设备自外界至机房的运输通道。

2）满足稳定安全运行及方便日常管理维护的需要。机房内应该有良好的通风、照明、给排水条件，并根据使用需要考虑设置值班室、控制室或维修工具间，室内温湿度条件满足设备正常工作需要或人员长期停留的舒适性需求。

3）在可能的条件下，考虑降低输送能耗和配电损耗、冷热损失等节能需要。机房位置宜靠近空调负荷中心，并由电气专业就近空调冷热源主要用电设备设置变配电装置及机房。

4）避免噪声、振动对其他房间区域产生不利影响。冷热源机房内循环水泵、蒸汽压缩式机组、锅炉或直燃溴化锂机组的燃烧器、配套设置的冷却塔均有较大噪声和振动产生，设置位置应远离对噪声、振动敏感的其他功能房间。

参照《民规》《锅炉房设计标准》（GB 50041—2020）、《建筑设计防火规范》（2018 年版）（GB 20016—2014）相关规定，制冷机房、直燃溴化锂机房、燃油燃气锅炉房布置要求如下：

1. 制冷机房设计及设备布置原则

1）制冷机房宜设在空调负荷的中心。

2）宜设置值班室或控制室，根据使用需求也可设置维修及工具间。

3）机房内应有良好的通风设施；地下机房应设置机械通风，必要时设置事故通风；值班室或控制室的室内设计参数应满足工作要求。

4）机房应预留安装孔、洞及运输通道。

5）机组制冷剂安全阀泄压管应接至室外安全处。

6）机房应设置电话及事故照明装置，照度不宜小于100lx，测量仪表集中处应设局部照明。

7）机房内的地面和设备机座应采用易于清洗的面层，机房内应设置给水与排水设施，满足水系统冲洗、排污的要求。

8）当冬季机房内设备和管道中存水或不能保证完全放空时，机房内应采取供热措施，保证房间温度达到5℃以上。

9）机房内设备布置应符合下列规定：

① 机组与墙之间的净距不小于1m，与配电柜的距离不小于1.5m。

② 机组与机组或其他设备之间的净距不小于1.2m。

③ 宜留有不小于蒸发器、冷凝器或低温发生器长度的维修距离。

④ 机组与其上方管道、烟道或电缆桥架的净距不小于1m。

⑤ 机房主要通道的宽度不小于1.5m。

10）氨制冷机房设计应符合下列规定：

① 氨制冷机房单独设置且远离建筑群。

② 机房内严禁采用明火供暖。

③ 机房应有良好的通风条件，同时应设置事故排风装置，换气次数≥12次/h，排风机应选用防爆型。

④ 制冷剂室外泄压口应高于周围50m范围内最高建筑屋脊5m，并采取防止雷击、防止雨水或杂物进入泄压管的装置。

⑤ 应设置紧急泄氨装置，在紧急情况下，能将机组氨液溶于水中，并排至经有关部门批准的储罐或水池。

2. 燃油燃气锅炉房设计及设备布置原则

1）锅炉房位置应靠近热负荷比较集中的地区。

2）锅炉房宜为独立的建筑物，不宜设置在住宅建筑物内；确需贴邻民用建筑布置时，应采用防火墙与所贴邻的建筑分隔，且不应贴邻人员密集场所，该专用房间的耐火等级不应低于二级；确需布置在民用建筑内时，不应设置在人员密集场所和重要部门的上一层、下一层、贴邻位置以及主要通道、疏散口的两旁，并应符合下列规定：

① 燃油或燃气锅炉房应设置在首层或地下一层的靠外墙部位，但常（负）压燃油或燃气锅炉可设置在地下二层或屋顶上。设置在屋顶上的常（负）压燃气锅炉，距离屋面的安全出口不应小于6m。

② 采用相对密度（与空气密度的比值）不小于0.75的可燃气体为燃料的锅炉，不得设置在地下室或半地下室。

③ 锅炉房的疏散门均应直通室外或安全出口。

④ 锅炉房与其他部位之间应采用耐火极限不低于2.00h的防火隔墙和1.50h的不燃性楼板分隔。在隔墙和楼板上不应开设洞口，确需在隔墙上设置门、窗时，应采用甲级防火门、窗。

⑤ 应设置火灾报警装置。

⑥ 应设置与锅炉容量及建筑规模相适应的灭火设施，当建筑内其他部位设置自动喷水灭火系统时，锅炉房也应设置自动喷水灭火系统。

⑦ 锅炉房的外墙、楼地面或屋面应有相应的防爆措施，并应有相当于锅炉间占地面积 10% 的泄压面积。

⑧ 燃油和燃气锅炉应设置独立的通风系统。当采取机械通风时，机械通风设施应设置导除静电的接地装置。燃油锅炉房正常通风量、事故通风量按换气次数不小于 3 次/h、6 次/h 计，燃气锅炉房正常通风量、事故通风量按换气次数不小于 6 次/h、12 次/h 计；燃气锅炉房应选用防爆型事故排风机。

3）锅炉间出入口的设置应符合下列规定：

① 出入口不应少于 2 个；但对独立锅炉房的锅炉间，当炉前走道总长度小于 12m，且总建筑面积小于 200m² 时，其出入口可设 1 个。

② 锅炉间人员出入口应有 1 个直通室外。

③ 锅炉间为多层布置时，其各层的人员出入口不应少于 2 个；楼层上的人员出入口，应有直接通向地面的安全楼梯。

4）锅炉房工艺布置应确保设备安装、操作运行、维护检修的安全和方便，并应使各种管线流程短、结构简单，使锅炉房面积和空间使用合理、紧凑。

5）锅炉与建筑物的净距不应小于表 8-47 中的规定。

表 8-47　锅炉与建筑物的净距

单台锅炉容量		燃气（油）锅炉	锅炉两侧及
蒸汽锅炉/(t/h)	热水锅炉/MW	炉前/m	后部通道/m
1~4	0.7~2.8	2.5	0.8
6~20	4.2~14.0	3.0	1.5
≥35	≥29.0	4.0	1.8

3. 直燃溴化锂机房设计及设备布置原则

1）机房单层面积大于 200m² 时，机房应设直接对外的安全出口。

2）不应设置吊顶。

3）烟道布置不应影响机组的燃烧效率和制冷效率。

4）其他要求参照燃气锅炉房及制冷机房设置要求。

三、冷热源机房设计步骤

建筑工程一般应分为方案设计、初步设计和施工图设计三个阶段，冷热源机房设计在这三个阶段中应逐步细化，最终完成供现场实施的施工图。在实际工程设计实践中，还应注意在不同设计阶段应与其他专业配合，落实土建及供电、通风、给水、排水等条件。

1. 方案设计阶段

冷热源机房设计在方案阶段应进行的工作包括以下内容：

1）收集整理工程概况及使用需求相关信息。

2）调查当地能源供应条件。

3）根据当地空调设计气象参数、空调面积及室内设计参数估算空调冷热负荷；初步确定机组供冷量、供热量，初步确定冷冻水、热水、冷却水或地源水等供回水温度。

4）分析合理、可行的不同冷热源设备组合方案，进行经济技术比较，选择最佳冷热源方案，并与建设单位确认。

5）确定主要冷热源机房及冷却塔、空调室外机布置区域位置及面积，确定烟囱排放口位置，并由建筑专业在建筑平面图中反映；对建筑外观效果有明显影响的内容应在建筑效果图或立面图中反映。

6）完成设计说明书中冷热源相关说明内容，提供自外部引入燃气、市政热力或区域供冷供暖管线的总体平面图。

2. 初步设计阶段

在方案阶段设计成果的基础上，冷热源机房设计一般按以下内容要求继续深化：

1）初步计算热负荷、冷负荷，复核机组容量配置。

2）根据冷热源主机设备容量和供回水温度参数，计算冷却塔冷却水量，计算循环水泵水流量，初步估算水泵扬程，整理定压、补水、水处理相关辅机设备规格、尺寸。

3）绘制冷热源系统流程图。

4）整理冷热源设备表，确定冷热源主机及辅助设备的主要技术参数。

5）绘制冷热源机房平面图，绘出主要设备位置、管线走向，标注设备编号等。

3. 施工图设计阶段

1）根据施工图空调冷热负荷结果复核冷热源主机参数。

2）复核循环水泵流量、扬程等技术参数，复核冷却塔及定压、补水、水处理相关辅机设备技术参数，复核设备承压要求。

3）完善冷热源系统流程图。

4）完善冷热源设备表，明确所有设备技术性参数。

5）完善冷热源系统运行控制策略。

6）根据设备准确尺寸完成冷热源机房设备布置、管线布置、基础布置的平面图及剖面图，图样中应标注设备编号、管线规格尺寸及标高、设备基础尺寸及荷载等信息。

7）完成冷热源机房其他内容，如燃油供应、锅炉烟气排放等设计内容的系统图及平面图。

二维码形式客观题

微信扫描二维码，可在线做题，提交后可查看答案。

第九章
暖通空调监测与控制系统设计

监测与控制系统设计可使暖通空调系统可靠、高效运行，减轻人员的劳动强度；能确保建筑物内部环境满足工艺要求或满足人员舒适性，并提供系统优化运行和能耗控制方案，进行节能管理；能及时提供设备运行的有关信息，并进行统计与分析，作为设备管理决策的依据，方便运行维护管理。

第一节　监测与控制的网络结构形式

一、集中控制系统

集中控制系统由一台智能控制器实现全部的计算及输入输出及控制功能。缺点是：当智能控制器出现故障时，将导致全系统崩溃，风险过于集中；单一智能控制器负担太重，难以适应商场、酒店、办公楼等机电设备较为分散的场合。

二、集散控制系统 DCS

集散控制系统以"分散控制、集中管理"为主要特点。系统由现场控制设备、通信网络、中央管理站组成。设立多台智能控制器和专门中央管理站，控制器放置在被控对象附近，既能独立运行，又能通过通信网络将数据发至中央管理站，实现数据共享。优点是：系统风险降低，系统规模更加灵活、整体功能更强；PLC、DDC 皆能用于构建集散控制系统。

典型的集散控制系统网络结构见图9-1。

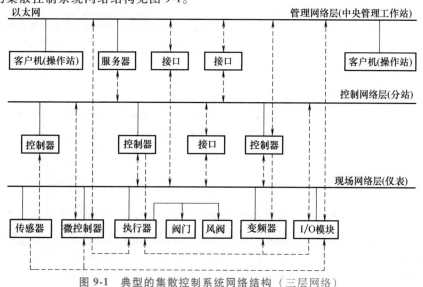

图 9-1　典型的集散控制系统网络结构（三层网络）

1. 管理网络层

1) 完成系统集中监控和各种系统的集成。

2) 应采用符合 IEEE802.3 的以太网。

3) 宜采用 TCP/IP 通信协议。

2. 控制网络层

1) 完成建筑设备的自动控制。

2) 由通信总线和控制器组成。通信总线的通信协议宜采用 TCP/IP、BACnet、LonTalk、Meter Bus、ModBus 等国际标准。

3) 控制器宜采用直接数字式控制器（DDC）、可编程逻辑控制器（PLC）或兼有 DDC、PLC 特性的混合型控制器 HC。

4)《民用建筑电气设计标准》（GB 51348—2019）规定（第 18.4.4 条）：在民用建筑中，除有特殊要求外，宜选用 DDC 控制器。DDC 控制器适用于以模拟量为主的过程控制，PLC 控制器适用于以开关量控制为主的工厂自动化控制。DDC 控制器和 PLC 控制器的区别见表 9-1。

表 9-1 DDC 控制器和 PLC 控制器的区别

序号	内容	DDC（直接数字式控制器）	PLC（可编程逻辑控制器）
1	应用领域	专业楼宇自控系统	工业控制领域，也有一部分楼宇自控系统
2	结构差别	分散式控制系统；组成系统是分层结构，可以实现点对点通信	一种控制装置；组成系统通过特有协议的现场总线连接，通过上位机与其他 PLC 通信
3	协议差别	支持多种协议标准，集成接口丰富，集成第三方设备能力强	通过上位机与其他 PLC 通信时，网络形式基本上是单网结构，网络协议是专有现场总线标准，与第三方设备的集成能力较弱
4	软件特性	上位机软件多为专用软件；内部固化了一部分程序；具体到楼控系统，使用专用的 DDC 比较方便，上位机工作量小	上位机软件既可是专用软件，又可是通用组态软件；具体到楼控系统，无论是下位机编程还是上位机组态都比较麻烦
5	专业性	以模拟量为主的过程控制	以开关量控制为主的工厂自动化控制
6	扩展性	预留大量的可扩展性接口，外接系统和扩展系统方便	通用性、开放性系统；但系统完成以后，随意增加或减少操作员站比较困难
7	调试程度	有标准应用程序和经过严格试验的 PID 算法和能源管理程序	没有内置经过严格试验的能源管理及节能程序，需要非常专业的人做大量的现场调试，调试周期长

3. 现场设备网络层

1) 完成末端设备控制和现场仪表设备的信息采集和处理。

2) 宜采用 TCP/IP、BACnet、LonTalk、Meter Bus、ModBus 等国际标准通信总线。

3) 常用微控制器：AHU 微控制器、FCU 微控制器、MAU 微控制器、吊顶式空调箱微控制器等。

三、现场总线控制系统 FCS

现场总线控制系统将 PID 等控制方法彻底分散到现场设备中，是基于现场总线、全分散、全数字化、全开放和可互操作的新一代生产过程自动化系统。适合数量众多、控制逻辑简单、位置分散的控制对象。

本章将重点介绍在暖通空调工程中使用最广泛的集散式 DDC 控制系统。

第二节　暖通空调常用现场仪表及阀门的控制要求

一、电控阀门的电气条件

电控阀门的电气条件见表 9-2。

表 9-2　电控阀门的电气条件

阀门类型		设置及条件
电动风阀	电动蝶阀	设置在多台风机并联时的风机出入口处
		电源电压:AC 220V(电动控制 AC),DC 24V(与消防控制连接时采用 DC 24V)
		控制方式:双位式控制
	电动多叶调节阀	设置在组合式空调(热回收)机组的新风、排风、回风入口处
		电源电压:AC 24V(电动控制)
		控制方式:连续控制
电动水阀	电动蝶阀	设置在冬夏季节转换或者区域控制转换时的空调供、回水管道上
		电源电压:AC 220V(电动控制)
		控制方式:双位式控制
	电动两通阀	设置在 FCU 回水管上
		电源电压:AC 220V(电动控制)或 AC 24V(高端项目)
		控制方式:双位式控制或连续控制(高端项目)
	PI 电动调节阀及动态平衡电动调节阀	设置在 AHU、MAU 回水管上
		电源电压:AC 24V
		控制方式:连续控制
		控制信号:DC 0~10V 或 4~20mA
		反馈信号:DC 0~10V 或 4~20mA
	电磁水阀	一般使用在小口径管道上需要双位控制时,比如:作为定压补水装置泄压使用的电磁阀
		电源电压:AC 220V(电磁控制),AC 24V;建议采用 AC 220V
		控制方式:双位式控制

二、DDC 控制信号参数

DDC 控制信号参数见表 9-3。

表 9-3　DDC 控制信号参数

名称	符号表示	信号参数内容	备注
数字量输入	DI	中间继电器常开无源触点(或干触点)	水泵及风机状态、压差、防冻开关、水流开关等
数字量输出	DO	24V 继电器线圈或常开无源触点	风机,水泵的启停控制等
模拟量输入	AI	标准 0~10V、4~20mA 输入	温度、湿度、压力、流量、浓度等
模拟量输出	AO	标准 0~10V、4~20mA 输出	电动调节风阀、电动调节水阀、变频控制器等

三、现场仪表、阀门控制要求

1. 传感器

(1) 温度传感器

1）测量范围：测点温度范围的 1.2~1.5 倍。

2）热响应时间：管道内温度传感器不应大于 25s；当在室内或者室外安装时，不应大于 150s。

（2）湿度传感器

1）测量范围：测点温度范围的 1.2~1.5 倍。

2）热响应时间：不应大于 150s。

（3）压力（压差）传感器

1）工作压力（压差）大于该点可能出现的最大压力（压差）的 1.5 倍。

2）量程宜为该点压力（压差）正常变化范围的 1.2~1.3 倍。

（4）流量传感器

1）量程宜为系统最大工作流量的 1.2~1.3 倍。

2）具有瞬态输出。

（5）成分传感器

1）CO 气体宜按 0~300ppm 或者 0~500ppm（1ppm = 10^{-6}）。

2）CO_2 气体宜按 0~2000ppm 或者 0~10000ppm。

（6）风量传感器

1）风速范围：2~16m/s。

2）测量精度不应小于 5%。

2. 电动阀门

1）水路两通阀宜选择等百分比流量特性。

2）变流量一级泵系统（负荷侧变流量，冷源侧定流量）的分集水器之间的压差旁通调节阀应选择等百分比特性或者抛物线特性。

3）变流量一级泵系统（负荷侧变流量，冷源侧变流量）的分集水器之间的流量（温差、压差）旁通调节阀应选择线性。

4）阀权度 S 值较大时，宜采用直线特性的调节阀；阀权度 S 值较小时，宜采用等百分比特性的阀门。

5）水路三通阀宜采用抛物线特性或者线性特性。

6）蒸汽两通阀，当阀权度 $S \geq 0.6$ 时，宜采用线性特性；当阀权度 $S<0.6$ 时，宜采用等百分比特性。

3. 变频器

1）输出频率范围为 1~50Hz。

2）过载能力不应小于 120% 电流。

3）外接给定控制信号应包括电压信号（0~10V）和电流信号（4~20mA）。

第三节　制冷机房、换热站及空调通风末端系统点表原则

一、制冷机房、换热站点表原则

制冷机房、换热站点表原则见表 9-4。

表 9-4　制冷机房、换热站点表原则

名称	DI	DO	AI	AO
制冷机	×2(运行、故障、)	×1(启停)		
水泵	×3(运行、故障、手自动)	×1(启停)		
变频控制器	建议×1(故障)		×1(反馈)	×1(调节)
水流开关	×1(输入)			
电动二通阀	建议×2(状态)	×2(开关)		
电动调节阀			×1(状态)	×1(调节)
流量计			×1(输入)	
水箱液位控制器	×4(超高、高、低、超低)			
名称	DI	DO	AI	AO
冷却水供回水温度			×2	
冷冻水供回水温度			×2	
定压点压力			×1	
一次热网的温度、压力			×2	
空调热水供回水温度、压力			×3	
换热机组供回水温度、压力			×3	
室外温度			×1	

1）冷水机组的电机、压缩机等设备的自动控制和安全保护均由机组自带的控制系统监控，宜由供应商提供数据总线通信接口，直接与 BA 系统交换数据。

2）冰蓄冷、水蓄冷系统宜采用 PLC 可编程逻辑控制器或者 HC 混合型控制器（PLC+DCS）。

二、空调通风末端机组点表原则

空调通风末端机组点表原则见表 9-5。

表 9-5　空调通风末端机组点表原则

名称	DI	DO	AI	AO
空调新风机	×3(运行、故障、手自动)	×1(启停)		
空调排风机	×3(运行、故障、手自动)	×1(启停)		
空调送风机	×3(运行、故障、手自动)	×1(启停)		
空调回风机	×3(运行、故障、手自动)	×1(启停)		
VAVBOX 送风机	×1(运行状态)	×1(启停)		
风机盘管风机	×3(三速运行)	×3(三速开关)		
排风调节阀			建议×1(反馈)	×1(调节)
混风调节阀			建议×1(反馈)	×1(调节)
新风调节阀			建议×1(反馈)	×1(调节)
表冷器电动调节阀			建议×1(反馈)	×1(调节)
加湿器电动调节阀			建议×1(反馈)	×1(调节)
加湿器电磁阀		×1(开关)		
过滤器压差报警	×1			
风机压差	×1			
防冻开关	×1			
变频控制器	建议×1(故障)		×1(反馈)	×1(调节)

（续）

名称	DI	DO	AI	AO
空调送风温、湿度			×2	
空调回风温、湿度			×2	
空调新风温、湿度			×2	
空调排风温度			×1	
回风CO_2浓度检测			×1	
风管静压检测			×1	

第四节　换热站、制冷机房监测与控制

一、换热站自动监测与控制

热力站类型可分为间接连接型和直接连接型。

间接连接：一次水通过换热器与室内系统（二次网）连接，又可根据是否设置加压泵细分为一次水无加压泵间接连接和一次水带加压泵间接连接。

直接连接：一次水直接进入室内系统，又可根据是否设置混水泵细分为无混水泵直接连接和带混水（加压）泵直接连接。

1. 一次水无加压泵间接连接热力站

一次水无加压泵间接连接热力站监控原理图见图9-2。

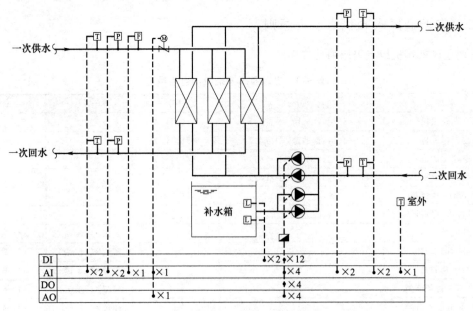

图9-2　一次水无加压泵间接连接热力站监控原理图

（1）检测参数　室外气象温度，一次网供、回水温度，一次网供、回水压力，一次网流量，二次网供、回水温度，二次网供、回水压力，二次网补水水箱水位，循环水泵运行反馈，补水泵运行反馈。

（2）控制对象　根据室外气象温度和二次网的供回水温度（供回水平均温度）调节一次网

供水或回水管道上电动调节阀，从而改变一次网进入换热器的流量，保证二次网的供热量。

　　根据室外气象温度、二次网的供回水平均温度（供回水温度）和最不利用户供回水压力（压差）5 个参数，通过变频器调整循环水泵的运行频率，从而改变二次网的运行流量。

　　根据恒压点的实测压力值与设定压力值的比较偏差，通过变频器改变补水泵电机的运行频率调节补水量，保证二次网恒压点的压力恒定。

2. 一次水带加压泵间接连接热力站

　　一次水带加压泵间接连接热力站监控原理图见图 9-3。

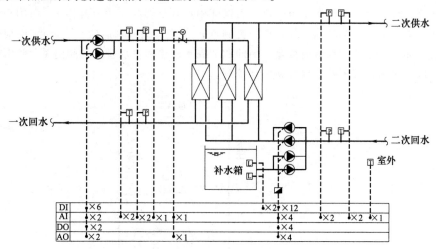

图 9-3　一次水带加压泵间接连接热力站监控原理图

　　若采用变频加压泵，可以根据二次网的温度要求直接控制水泵转速改变一次网的水量，实现负荷调节。这样，就不必设置电动调节阀。

3. 无混水泵直接连接

　　无混水泵直接连接热力站监控原理图如图 9-4 所示，为保证在任何时候都能满足所有用户的

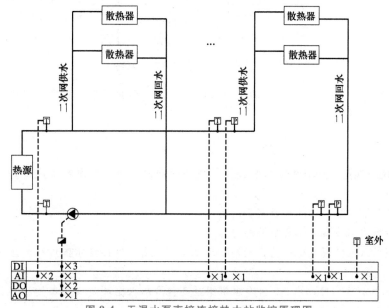

图 9-4　无混水泵直接连接热力站监控原理图

调节要求，把压差控制点确定在最不利用户 n 的入口处，该用户热力入口处的压差设定值 Δp_n 为用户系统的资用压头。

根据室外气象温度按温度补偿曲线要求，闭环调节与控制供水温度；中央管理站根据用户压差数据按要求命令热源现场控制机控制循环水泵频率。

4. 带混水（加压）泵直接连接

带混水泵直接连接监控原理见图 9-5。带混水泵直接连接热力站的特点是：室内系统的供水由热网供水和回水得来的，其温度和流量与该处热网供回水的温度和混水比有关。当某一用户调节其流量后，混水后的流量即发生变化，为保证用户有足够的压力（压差），在用户处设置压力控制点 p_g，调节混水泵的转速，保持压力控制点 p_g 不变。而混水后的出水温度 T_g 应仅与室外气象温度有关而不随用户的调节而变化，因此调节混水前热网供水管上的阀门 V，使出水温度 T_g 达到要求。以上是通过气象补偿仪就地闭环控制。

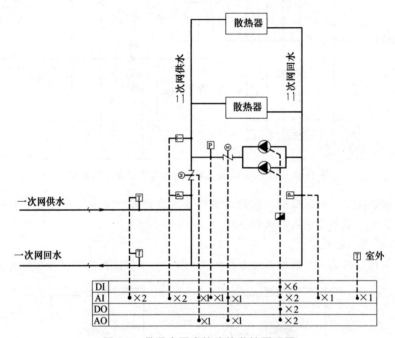

图 9-5　带混水泵直接连接监控原理图

热力站热网压力（压差）控制点的压力（压差）值，则通过中央管理站下令，由热源处变频循环泵的转速所控制。

二、冷却水系统监测与控制

冷却水系统是通过冷却塔和冷却水泵及管道系统向冷水机组冷凝器提供冷却水，其监控系统的作用是：

1）保证冷却塔风机、冷却水泵安全运行。

2）确保冷水机组冷凝器侧有足够的冷却水通过。

3）根据室外气候情况及冷负荷，调整冷却水运行工况，使冷却水温度在要求的设定温度范围内。

图 9-6 所示为有 3 台冷却塔、3 台冷水机组及 3 台冷却水循环泵（无备用）的冷却水系统自控原理图，系统配置和功能参见表 9-6。

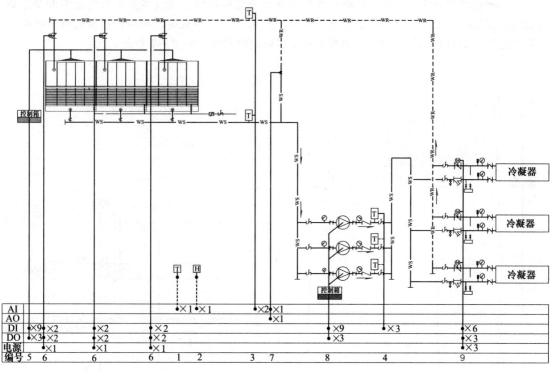

图 9-6　冷却水系统自控原理图

表 9-6　冷却水自控系统配置和功能

编号	名称	信号	功能及说明	
1	温度传感器	1×AI	测量室外干球温度	
2	湿度传感器	1×AI	测量室外相对湿度,可计算出湿球温度,是监测冷却塔运行的重要参数	
3	温度传感器	1×AI	测量冷却塔进出口/冷凝器进口水温及冷凝器出口/冷却塔进口水温	
4	冷却塔风机	3×DI	监测风机手/自动状态、运行状态和故障状态	启停和台数调节根据冷却水温度、冷却水泵开启台数确定
		1×DO	控制风机启停	
5	水阀执行器	1×DI	监测阀位反馈	冷却塔进水管一般采用电动蝶阀,与冷却塔启停连锁
		1×DO	控制阀门开闭	
6	水阀执行器	2×DI	监测阀位反馈	过渡季节冬季运行时,调节混水量,防止进入冷凝器的水温过低
		2×DO	控制阀门开闭	
7	冷却水循环泵	3×DI	监测水泵手/自动状态、运行状态和故障状态	启停和台数调节根据冷水机组开启台数确定
		1×DO	控制水泵启停	
8	水阀执行器	2×DI	监测阀位反馈	冷凝器出水管一般采用电动蝶阀,与冷水机组启停连锁
		2×DO	控制阀门开闭	

　　另一种比较常见的情况是冷却塔风机采用双速或变频电机，通过调整风机转速来改变冷却水温度，以适应外温及制冷负荷的变化。水泵与冷水机组一一对应，而冷却塔台数可不做调节（同时运行），这样冷却效果更好。自控系统也需做相应调整，见图 9-7 和表 9-7。

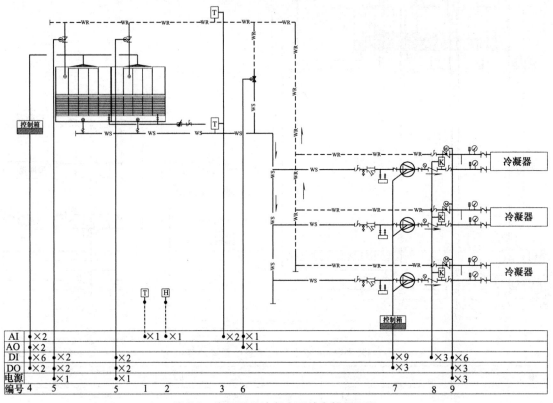

图 9-7　变频风机冷却水系统自控原理图

表 9-7　变频风机冷却水自控系统配置和功能

编号	名称	信号	功能及说明	
1	温度传感器	1×AI	测量室外干球温度	
2	湿度传感器	1×AI	测量室外相对湿度，可计算出湿球温度，是监测冷却塔运行的重要参数	
3	温度传感器	1×AI	测量冷却塔出口/冷凝器进口水温及测量冷凝器出口/冷却塔进口水温	
4	冷却塔风机	4×DI	监测风机手/自动状态、电气主回路状态、变频状态和变频器故障状态	频率根据冷却水温度确定
		1×AI	变频频率反馈	
		2×DO	控制电气主回路、变频器启停	
		1×AO	控制变频器频率	
5	水阀执行器	1×DI	监测阀位反馈	冷却塔进水管一般采用电动蝶阀，与冷却塔启停连锁
		1×DO	控制阀门开闭	
6	水阀执行器	1×AI	监测阀位反馈	过渡季、冬季运行时，调节混水量，防止进入冷凝器的水温过低
		1×AO	控制阀门开闭	
7	冷却水循环泵	3×DI	监测水泵手/自动状态、运行状态和故障状态	启停和台数调节根据冷水机组开启台数确定
		1×DO	控制水泵启停	
8	水流开关	1×DI	测量冷凝器进口水流,水流低于限值给出报警;可监测水泵运行状态并作为冷水机组的保护	
9	水阀执行器	1×DI	监测阀位反馈	冷凝器出水管一般采用电动蝶阀，与冷水机组启停连锁
		1×DO	控制阀门开闭	

三、冷水系统监测与控制

冷水系统由冷水循环泵通过管道系统连接冷水机组蒸发器及用户各种用冷水设备（如空调机和风机盘管）组成。监测与控制任务的核心是：

1）保证冷水机组蒸发器通过足够的水量以使蒸发器正常工作，防止冻坏。

2）向冷水用户提供足够的水量以满足使用要求。

3）在满足使用要求的前提下尽可能减少循环水泵电耗。

1. 一次泵系统

图 9-8 所示为典型的一次泵系统自控原理，监测与控制点配置见表 9-8。

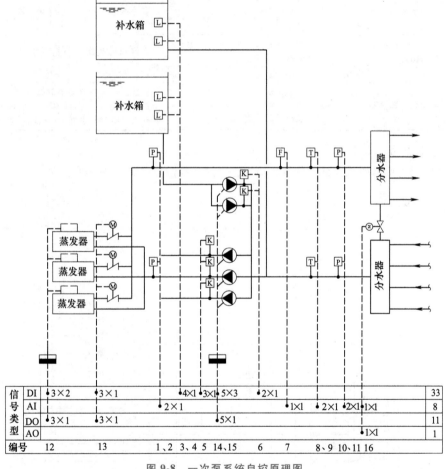

图 9-8　一次泵系统自控原理图

表 9-8　一次泵系统自控原理配置和功能

编号	名称	信号	功能及说明
1	压力传感器	1×AI	测量蒸发器出口水压
2	压力传感器	1×AI	测量蒸发器进口水压
3	水位开关	1×DI	测量膨胀水箱的高低水位
4	水位开关	1×DI	测量补水箱的高低水位
5	水流开关	1×DI	测量蒸发器进口水流,水流低于限值给出报警;可监测冷水泵运行状态并作为冷水机组的保护

（续）

编号	名称	信号	功能及说明	
6	水流开关	1×DI	测量补水流量；可监测补水泵运行状态	
7	流量传感器	1×AI	测量冷水的总流量	
8	温度传感器	1×AI	测量冷水供水温度	
9	温度传感器	1×AI	测量冷水回水温度	
10	压力传感器	1×AI	测量冷水供水压力	
11	压力传感器	1×AI	测量冷水回水压力	
12	冷水机组	2×DI	冷水机组启停状态和故障状态	
		1×DO	控制冷水机组启停	
13	水阀执行器	1×DI	监测阀位反馈	蒸发器出水管一般采用电动蝶阀，与冷水机组启停连锁
		1×DO	控制阀门开闭	
14	补水泵	3×DI	监测水泵手/自动状态、运行状态和故障状态	启停根据膨胀水箱水位开关确定
		1×DO	控制阀门开闭	
15	冷水循环泵	3×DI	监测水泵手/自动状态、运行状态和故障状态	启停和台数调节根据冷水机组开启台数确定
		1×DO	控制水泵启停	
16	水阀执行器	1×AI	监测阀位反馈	供回水旁通管电动调节阀应根据蒸发器进出口压差调节开度，压差大时关小，压差下降时开大以维持蒸发器压差（流量）恒定
		1×AO	控制阀门开闭	

2. 二次泵系统

图 9-9 所示为典型的二次泵系统自控原理，监测与控制点配置见表 9-9。

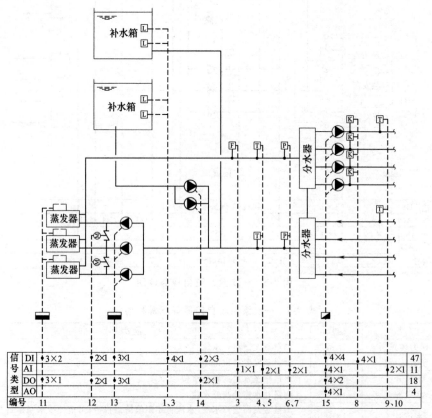

图 9-9　二次泵系统自控原理图

表 9-9　二次泵系统自控原理配置和功能

编号	名称	信号	功能及说明	
1	水位开关	1×DI	测量膨胀水箱的高低水位	
2	水位开关	1×DI	测量补水箱的高低水位	
3	流量传感器	1×AI	测量一次侧冷水的总流量	
4	温度传感器	1×AI	测量一次侧冷水供水温度	
5	温度传感器	1×AI	测量一次侧冷水回水温度	
6	压力传感器	1×AI	测量一次侧冷水供水压力	
7	压力传感器	1×AI	测量一次侧冷水回水压力	
8	水流开关	1×DI	测量二次水流;监测二次水泵运行状态	
9	温度传感器	1×AI	测量二次侧冷水供水温度	
10	温度传感器	1×AI	测量二次侧冷水回水温度	
11	冷水机组	2×DI	冷水机组启停状态和故障状态	
		1×DO	控制冷水机组启停	
12	水阀执行器	1×DI	监测阀位反馈	一般为常闭,某一水泵或冷水机组发生故障时可开启相邻设备作为备用
		1×DO	控制阀门开闭	
13	一次冷水循环泵	3×DI	监测水泵手/自动状态、运行状态和故障状态	与冷水机组一一对应启停和台数调节应根据冷水机组开启台数确定
		1×DO	控制水泵启停	
14	补水泵	3×DI	监测水泵手/自动状态、运行状态和故障状态	启停根据膨胀水箱水位开关确定
		1×DO	控制阀门开闭	
15	二次冷水循环泵	4×DI	监测水泵手/自动状态、电气主回路状态、变频器状态和变频器故障状态	频率调节应根据用户需求确定,常用方法为保证末端最不利回路的压差
		1×AI	变频器频率反馈	
		2×DO	控制电气主回路、变频器启停	
		1×AO	控制变频器频率	

3. 冷水机组台数控制和冷量计量

由空调系统设计人员根据建筑的负荷特性、制冷机房的装机容量、冷水机组台数和其 COP 曲线提出运行策略表,以 3 台冷水机组制冷量相同的制冷机房为例,见表 9-10。

表 9-10　冷水机组运行策略表

冷负荷/制冷机房装机容量(%)	<40	35~70	65~100
运行台数	1	2	3

自控系统的主要工作就是测量实际冷负荷,根据策略表启停冷水机组。目前采用的方式及主要特点见表 9-11。

表 9-11　冷量计量和冷冻机组台数控制的方式

测量仪表	原理	主要特点
水温度传感器	根据实测的供回水温差和冷水泵的设计流量计算制冷量	实施简便、价格低廉 水流量按设计流量计算,误差较大 只适用于定流量系统
水温度传感器 水流量传感器	根据实测的供回水温差和冷水流量计算制冷量	流量传感器的价格高,安装要求严格 适用于定流量和变流量系统
制冷压缩机的电机运行电流	根据冷水机组电机的实际运行电流与额定电流比较,确定是否达到满载	避免了以上两种方式中运行工况对冷机供水温度影响而产生的误差,控制精度高,对冷机保护好;但需要与生产厂商协调参数的测量与协议取出,实现难度较大

【例9-1】 某娱乐城制冷机房、换热站监控系统

某娱乐城制冷机房空调冷水采用变流量一级泵系统（冷源侧定流量、负荷侧变流量），换热站采用一次水无加压泵间接连接，监控原理图见图9-10。

（1）冷源侧定流量、负荷侧变流量运行控制策略

1）空调冷水泵、冷却水泵与冷水机组对应连锁运行，以保持通过冷水机组的空调冷水流量基本不变。开启顺序为：冷却水电动开关阀→空调冷却水泵→冷却塔风机→冷水电动开关阀→空调冷水泵→冷水机组；关闭顺序相反。

2）冷水机组的加载卸载：空调冷水泵、冷却水泵、冷却塔等维持稳定运行，已开启冷水机组通过内部控制进行加载或者卸载运行，以维持空调冷水供水温度。

3）冷水机组的运行台数：根据空调末端侧的实际负荷需求值与已运行冷水机组额定容量值的比较，或冷水机组实际运行电流值与额定电流值的比较，结合系统中冷水机组的容量特点和运行累计时间等因素，确定冷水机组运行台数。

4）冷却塔的运行：空调冷却水温度低于机组开机温度要求（电动压缩式冷水机组不宜小于15.5℃；溴化锂吸收式冷水机组不宜小于24℃）时，调节冷却塔风机台数或转速及冷却水环路旁通调节阀，控制冷水机组的进水温度。

（2）冷源侧定流量、负荷侧变流量一次泵系统注意事项

1）适用条件：冷水水温和供回水温差要求一致且各区域管路压力损失相差不大的中小型工程（最远环路总长度在500m之内），宜采用变流量一级泵系统（冷源侧定流量、负荷侧变流量）。

2）一级泵定流量运行，其设置台数和流量应与冷水机组的台数和流量相对应，并宜与冷水机组的管道一对一连接。

3）电动旁通调节阀设计：设计流量宜取容量最大的单台冷水机组的额定流量；控制方式应采用压差控制；应选择等百分比特性或者抛物线特性阀门。

【例9-2】 将【例9-1】制冷机房改为冷源侧变流量、负荷侧变流量一次泵系统，换热站依旧采用一次水无加压泵间接连接。其监控原理图见图9-11。

（1）冷源侧变流量、负荷侧变流量运行控制策略

1）冷水机组运行台数：通过空调冷水系统温度、流量的数据采集及计算，根据系统冷负荷和流量情况，综合判断后增加或减少冷水机组的运行台数。

2）水泵台数控制：按照末端空调水流量实际需求值并同时结合水泵、电动机及变频器效率分析决定水泵的启停台数。

3）水泵变频控制：通过对压差传感器（最不利环路的空调末端设备两侧）所测得的实际压差值与设定压差值进行比较，调节一级泵的运转频率，以维持实际压差值稳定在设定值。

4）冷水机组允许最大流量变化率控制：通过对控制器参数的设置来保证一级泵运转频率变化所引起的流量变化率低于冷水机组的允许最大流量变化率；冷水机组所配置的电动开关阀的行程时间应与机组的允许最大流量变化率相配合，以期满足达到稳定运行的时间要求。

5）电动旁通调节阀（平时常闭）控制：当一级泵已单台运行，仍需调节至低于允许最低频率时；或当冷水机组已单台运行，仍需调节至低于允许最低流量时，维持在该频率定频运行。压差控制由对水泵的变频控制转变为对旁通调节阀的控制，即通过调节旁通调节阀（最大旁通流量为水泵最低允许运行流量）以维持实际压差值稳定在设定值。同时，制冷机组由冷量控制转

变为出水温度控制。

（2）冷源侧变流量、负荷侧变流量一次泵系统注意事项

1）适用条件：冷水水温和供回水温差要求一致且各区域管路压力损失相差不大的中小型工程。单台水泵功率较大，经技术和经济比较，在确保设备的适用性（冷水机组允许的变水量范围和允许的水量变化率）、控制方案和运行管理可靠（冷水机组的容量调节和水泵变速运行的关系、控制参数和控制策略）的前提下，可采用变流量一级泵系统（冷源侧变流量、负荷侧变流量）。

2）冷水机组与冷水泵的配置：可不一一对应，并应采用共用集管连接方式，冷水机组进（出）水管上设置慢开慢关型隔断阀（最大运行流量变化率为30%的机组，大约2min）。

3）一级调速泵的控制模式：供回水压差、供回水温差、流量、冷量以及这些参数的组合等控制方式；宜根据系统供回水压差变化控制。

4）电动旁通调节阀设计：设计流量宜取各台冷水机组允许的最小流量中的最大值；控制方式可采用流量、温差、压差控制；流量特性应选择线性。

5）冷水机组的水流量变化范围：离心机组30%~130%；螺杆机组40%~120%。冷水机组的水量变化率：每分钟30%~50%。冷水机组出水温度反馈控制功能：应具有减少出水温度波动的控制功能。

6）冷水泵的选择：水泵设计工作点尽可能在高效区偏右一点区域；应选择 Q-H 曲线陡峭的水泵。

7）多台冷水机组时，应选择在设计流量下蒸发器水压降相同或者相近的冷水机组。

【例9-3】　某制冷机房采用二次泵系统，换热站采用一次水无加压泵间接连接。其监控原理见图9-12、图9-13。

（1）二次泵系统的运行控制策略

1）二级泵的台数控制：根据需求运转频率与允许运转频率范围的比较（即采用流量控制方式），增加或者减少二级泵的运行台数。

2）二级泵变频控制方法如下：

方法一：通过压差传感器（分区最不利环路的空调末端设备两侧）所测得的实际压差值与设定值进行比较，调节相应各个分区二级泵的运转频率，以维持实际压差值稳定在设定值。

方法二：动态压力点控制频率+二级泵的台数控制方法。

3）冷水机组、一级泵台数控制：通过空调冷水系统供回水温度、流量的数据采集及计算，根据系统负荷和流量情况，综合判断后增加或减少冷水机组的运行台数；保证连通管中的空调回水不进入空调供水中，并尽量减小连通管上旁通的空调冷水流量。

4）如果设置电动旁通调节阀，控制方式：当二级泵已经单台运行，仍需调节至低于允许最低频率时，维持在最低频率运行，并通过调节旁通调节阀（最大旁通流量为水泵最低允许运行流量）以维持实际压差值稳定在设定值。

（2）二次泵系统注意事项

1）适用条件：系统作用半径较大、设计水流阻力较高的大型工程，宜采用变流量二级泵系统。当各环路的设计水温一致且设计水流阻力接近时，二级泵宜集中布置；当各环路的设计水流阻力相差较大（0.05MPa）或各系统水温或温差要求不同时，宜按区域或系统分别设置二级泵。

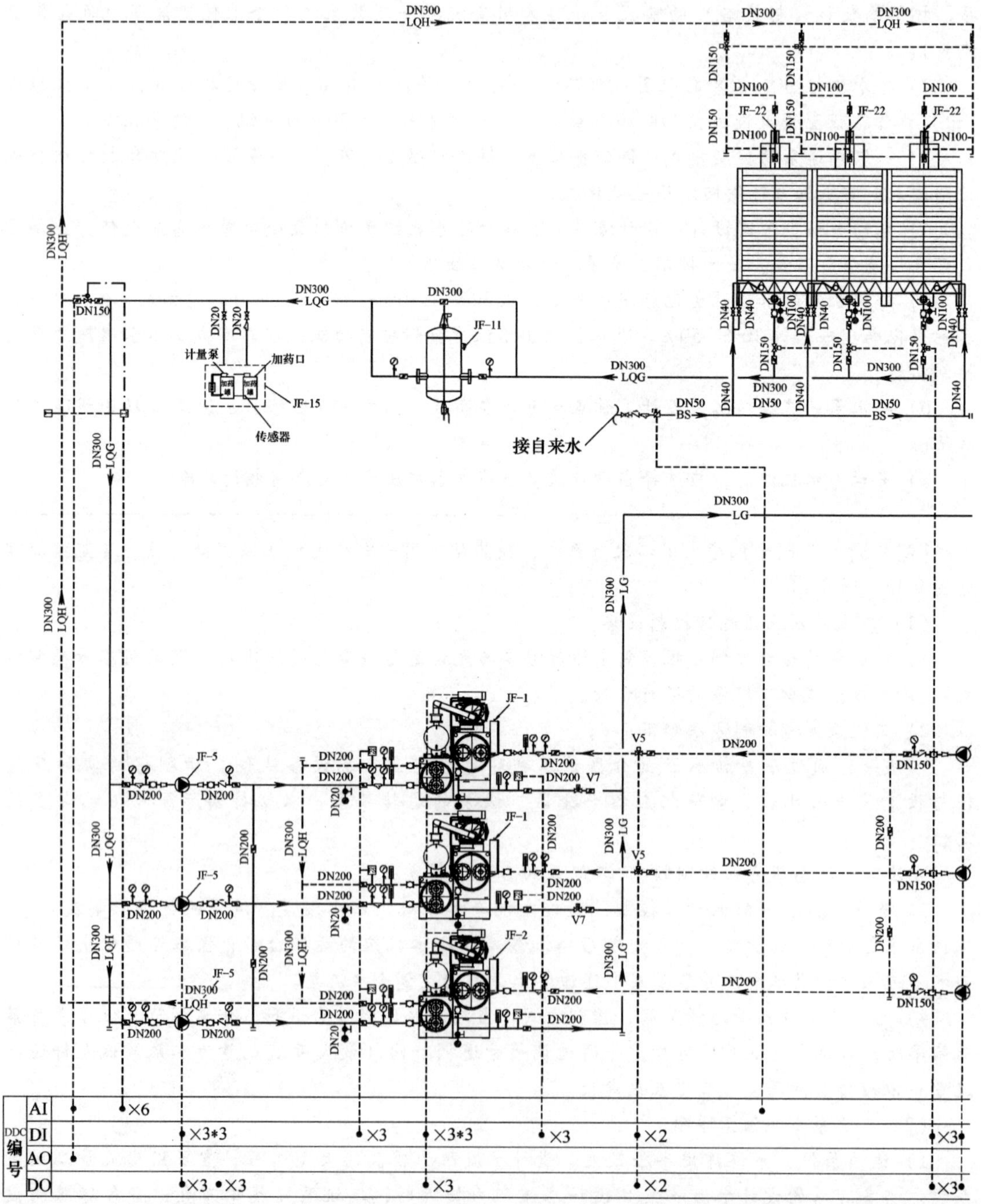

图 9-10　空调冷水变流量一级泵系统

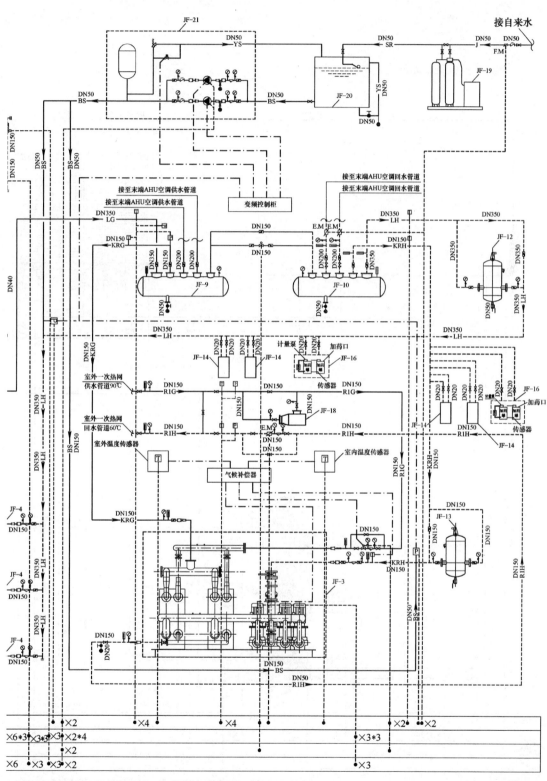

（冷源侧定流量、负荷侧变流量）**DDC 控制原理图**

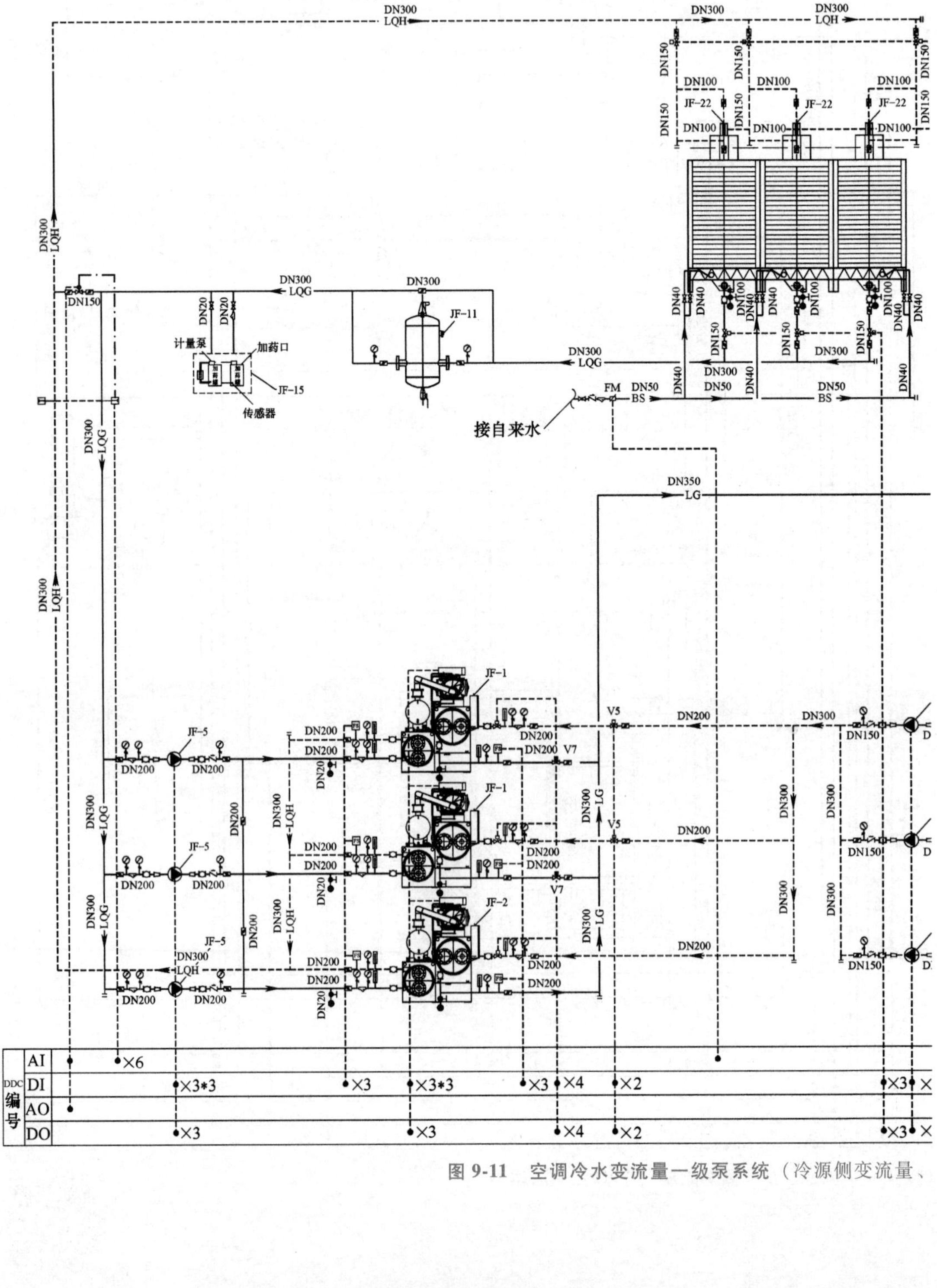

图 9-11　空调冷水变流量一级泵系统（冷源侧变流量、

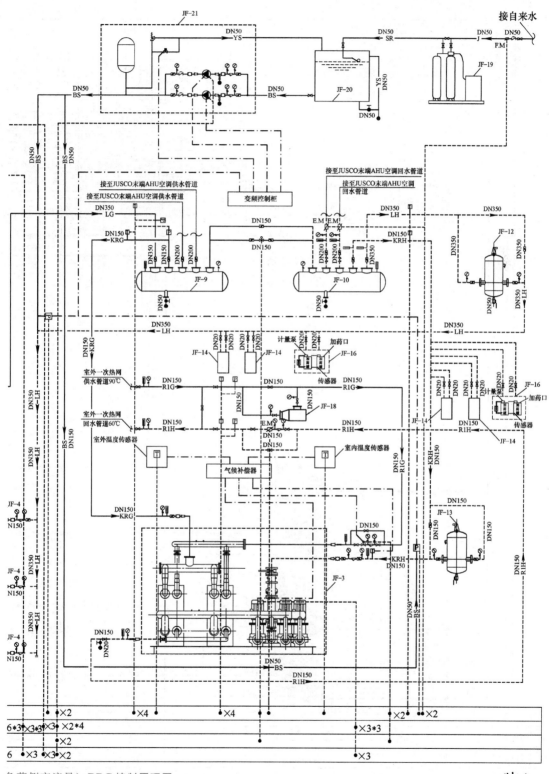

负荷侧变流量）**DDC 控制原理图**

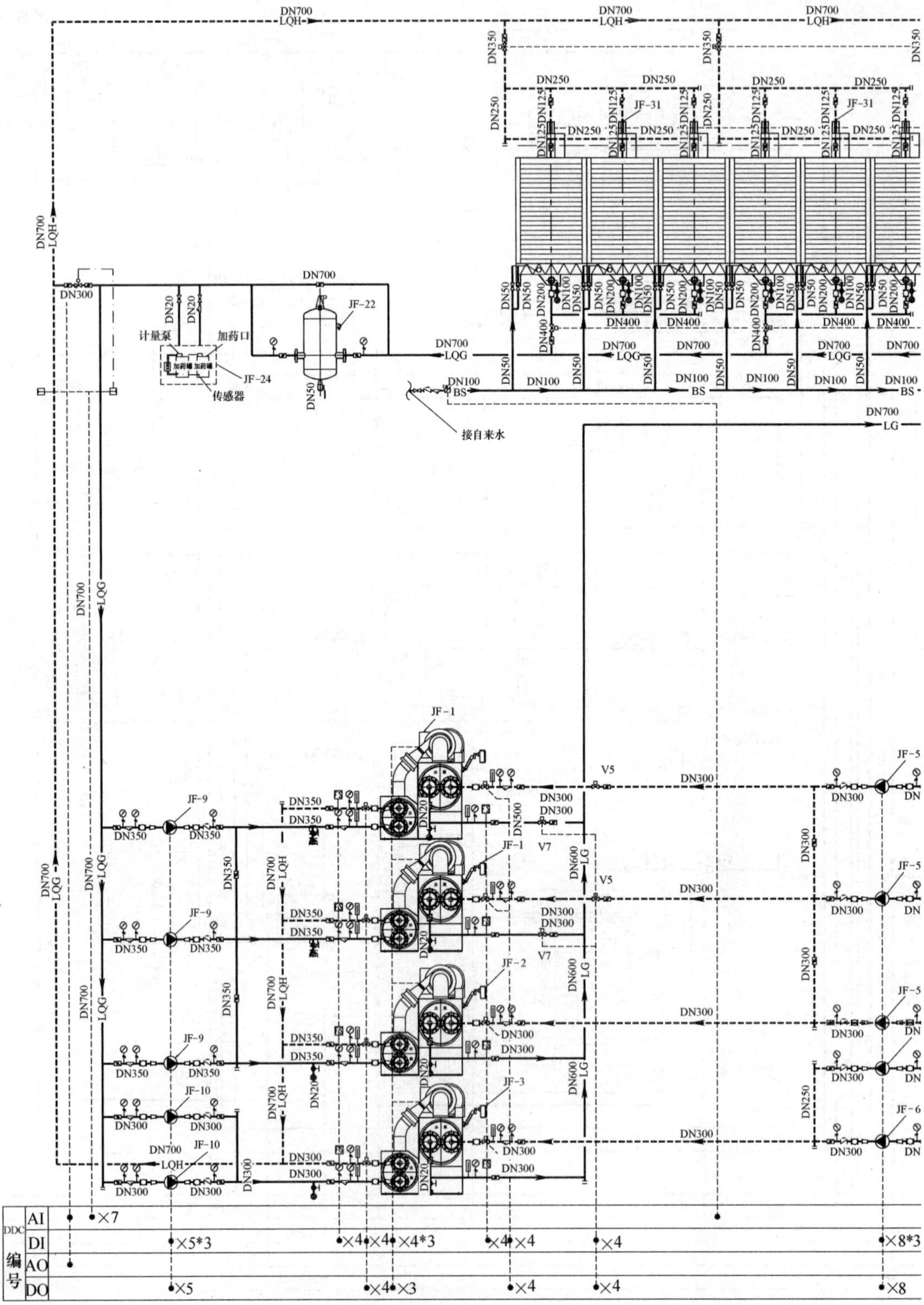

330

图 9-12　空调冷水二级泵

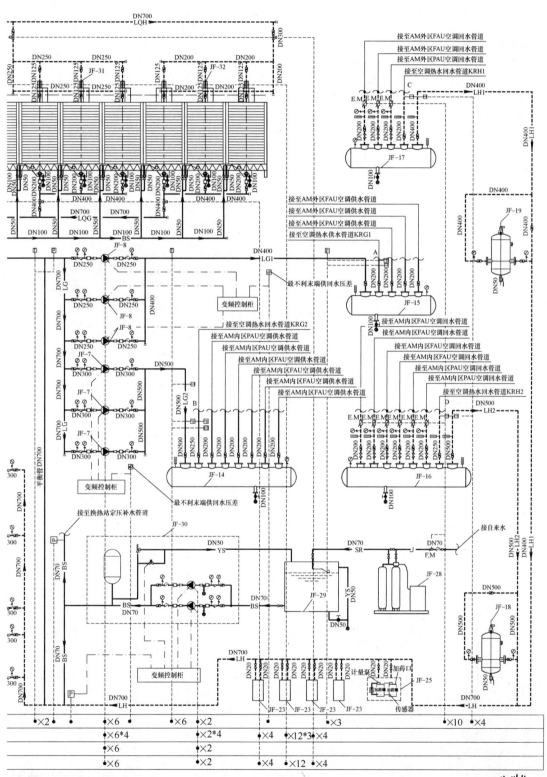

系统 DDC 控制原理图

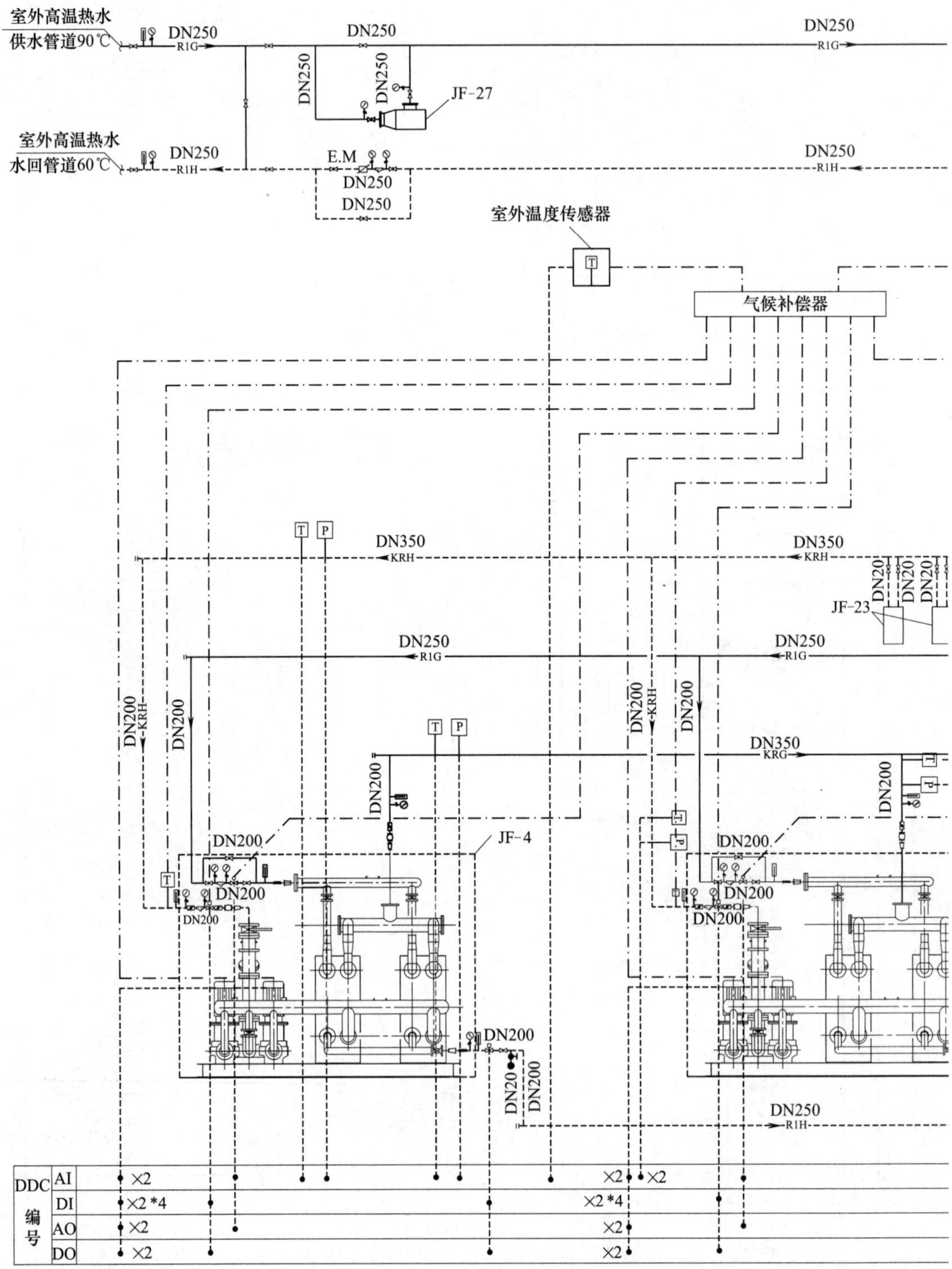

室外高温热水
供水管道90℃　DN250　DN250　DN250

DN250　DN250　JF-27

室外高温热水
水回管道60℃　DN250　E.M　DN250　DN250

室外温度传感器

气候补偿器

T　P　DN350　DN350
KRH　KRH
DN20 DN20 DN20
JF-23

DN250　DN250
R1G　R1G

DN200 DN200
KRH

T　P

DN200

DN200
KRH　DN200

DN350
KRG

DN200

DN200　JF-4　DN200

T　DN200　DN200
DN200

DN200

DN200
DN200

DN250
R1H

DDC编号	AI	×2							×2	×2		
	DI	×2*4						×2*4				
	AO	×2							×2			
	DO	×2							×2			

图 9-13　换热站

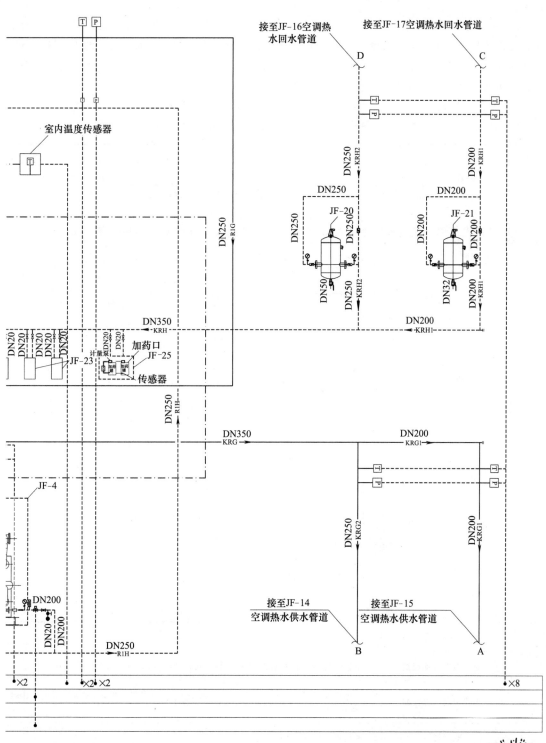

接至JF-16空调热水回水管道

接至JF-17空调热水回水管道

室内温度传感器

DN250
R1G

DN250
KRH2

DN200
KRH1

DN250
JF-20
DN250

DN200
JF-21
DN200

DN250

DN200

DN50
DN250
KRH2

DN32
DN200
KRH1

DN350
KRH

DN20 DN20 DN20 DN20 DN20

DN20 DN20

计量泵
加药口
JF-23
JF-25
传感器

DN200
KRH1

DN250
R1H

DN350
KRG

DN200
KRG1

JF-4

DN250
KRG2

DN200
KRG1

DN200
DN20 DN200

接至JF-14
空调热水供水管道

接至JF-15
空调热水供水管道

DN250
R1H

B

A

×2

×2 ×2

×8

333

监控原理图

2）平衡管（盈亏管、耦合管）设置：推荐设置在冷源机房内；管径不宜小于总供回水管管径。

3）平衡管流量控制：一级泵和二级泵在设计流量完全匹配时，平衡管内无水量通过，即接管点之间无压差。当二级泵流量大于一级泵流量时，平衡管出现倒流现象；当一级泵流量大于二级泵流量时，平衡管内水流向一次泵入口。解决办法：建议一级泵也要设置变频器（最低频率限制）通过变频运行解决平衡管的流量"盈亏"问题。

4）平衡管防倒流设计：二级泵的扬程选择过大，容易导致平衡管发生水"倒流"。

5）二级泵变频要设置最低频率限制：为满足最不利环路阻力需求。

第五节　空调末端系统 DDC 控制原理

1）吊顶式空调机组监控原理图及 BAS 监控主要功能表，分别见图 9-14 和表 9-12。

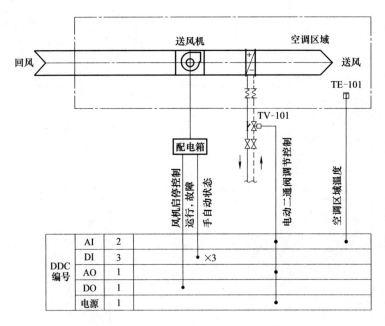

图 9-14　吊顶式空调机组监控原理图

表 9-12　吊顶式空调机组 BAS 监控主要功能表

序号	监控内容	控制方法
1	回风温度自动控制	根据现场温度的测量值,通过控制水阀的开度,保证回风温度为设定值
2	盘管定时启停控制	根据事先排定的工作及节假日作息时间表,定时启停机组,自动统计机组工作时间,提示定时维修
3	联锁控制	风机停止后,自动关闭电动二通阀

2）新风机组（MAU）监控原理图及 BAS 监控主要功能表，分别见图 9-15 和表 9-13。

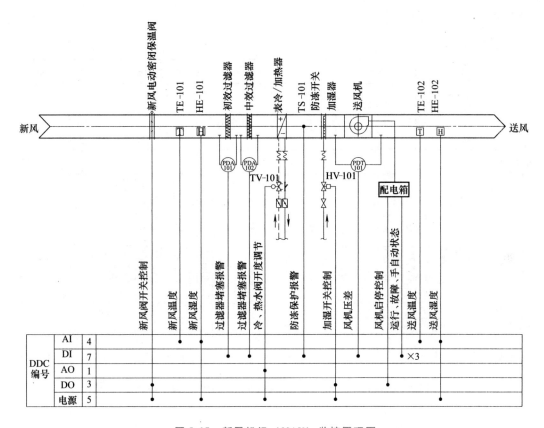

图 9-15 新风机组（MAU）监控原理图

表 9-13 新风机组（MAU）BAS 监控主要功能表

序号	监控内容	控制方法
1	送风温度自动控制	夏季及冬季通过调节电动调节阀开度,保证送风温度为设定值
2	送风湿度自动控制	在北方冬季通过电动二通阀(加湿用水阀)的开关或者电动调节阀(加湿用水阀)的开度调节,保证送风湿度为设定值
3	过滤器堵塞报警	空气过滤器两端压差过大时报警,提示清扫
4	机组定时启停控制	根据事先排定的工作及节假日作息时间表,定时启停机组,自动统计机组工作时间,提示定时维修
5	联锁保护控制	联锁:风机停止后,新风电动阀、电动调节阀、电磁阀自动关闭
		防冻保护:盘管处设置温控开关,当加热盘管背风侧感温探头温度低于4℃时风机停止运行,新风密闭保温阀关闭,热水阀全开,温度回升后机组恢复正常工作
		空气调节系统的电加热器应与送风机联锁,并应设无风断电、超温断电保护装置;电加热器的金属风管应接地

3）单风机定风量全空气处理机组（AHU）监控原理图及 BAS 监控主要功能表,分别见图 9-16 和表 9-14。

335

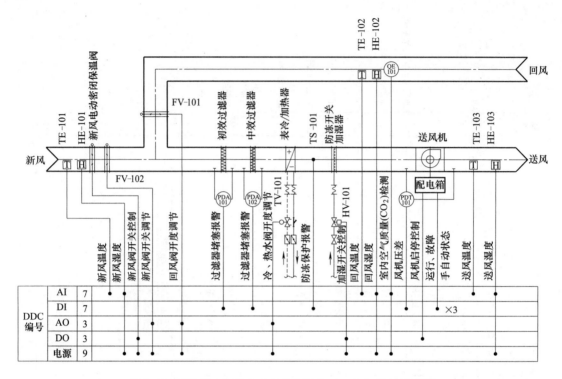

图 9-16　单风机定风量全空气处理机组（AHU）监控原理图

表 9-14　单风机定风量全空气处理机组（AHU）BAS 监控主要功能表

序号	监控内容	控制方法
1	回风温度自动控制	夏季及冬季通过调节电动调节阀开度,保证回风温度为设定值;过渡季节根据新风的温湿度计算焓值,自动调节混风比
2	回风湿度自动控制	自动控制加湿阀开闭或者加湿阀的开度调节,保证回风湿度为设定值
3	过滤器堵塞报警	空气过滤器两端压差过大时报警,提示清扫
4	机组定时启停控制	根据事先排定的工作及节假日作息时间表,定时启停机组,自动统计机组工作时间,提示定时维修
5	联锁保护控制	联锁:风机停止后,新风及回风电动阀、电动调节阀、电磁阀自动关闭
		保护:风机启动后,其前后压差过低时故障报警,并联锁停机
		防冻保护:盘管处设置温控开关,当加热盘管背风侧感温探头温度低于 4℃ 时风机停止运行,新风密闭保温阀关闭,热水阀全开,温度回升后机组恢复正常工作
6	重要场所的环境控制	在重要场所设置温湿度测点,根据其温湿度直接调节空调机组的冷热水阀,确保重要场所的温湿度为设定值
		在重要场所设置 CO_2 测点,根据其浓度调节新风比

4）双风机定风量全空气处理机组（AHU）监控原理图及 BAS 监控主要功能表,分别见图 9-17 和表 9-15。

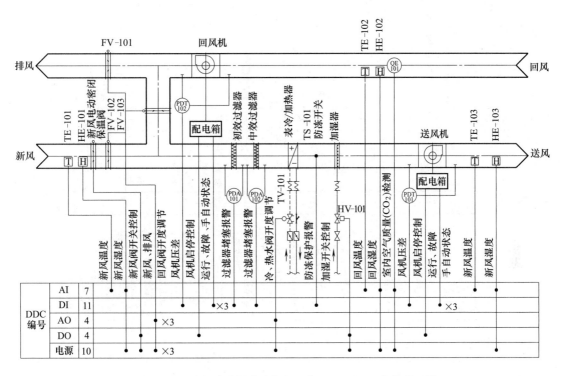

图 9-17　双风机定风量全空气处理机组（AHU）监控原理图

表 9-15　双风机定风量全空气处理机组（AHU）BAS 监控主要功能表

序号	监控内容	控制方法
1	回风温度自动控制	夏季及冬季通过调节电动调节阀开度,保证回风温度为设定值;过渡季节根据新风的温湿度计算焓值,自动调节混风比
2	回风湿度自动控制	自动控制加湿阀开闭或者加湿阀的开度调节,保证回风湿度为设定值
3	过滤器堵塞报警	空气过滤器两端压差过大时报警,提示清扫
4	机组定时启停控制	根据事先排定的工作及节假日作息时间表,定时启停机组,自动统计机组工作时间,提示定时维修
5	联锁保护控制	联锁:风机停止后,新风及回风电动阀、电动调节阀、电磁阀自动关闭
		保护:风机启动后,其前后压差过低时故障报警,并联锁停机
		防冻保护:盘管处设置温控开关,当加热盘管背风侧感温探头温度低于 4℃ 时风机停止运行,新风密闭保温阀关闭,热水阀全开,温度回升后机组恢复正常工作
6	重要场所的环境控制	在重要场所设置温湿度测点,根据其温湿度直接调节空调机组的冷热水阀,确保重要场所的温湿度为设定值
		在重要场所设置 CO_2 测点,根据其浓度调节新风比

5）转轮热回收机组（带冷热盘管）监控原理图及 BAS 监控主要功能表,分别见图 9-18 和表 9-16。

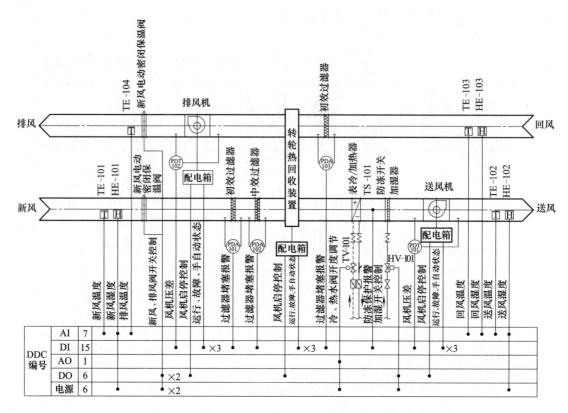

图 9-18　转轮热回收机组（带冷热盘管）监控原理图

表 9-16　转轮热回收机组（带冷热盘管）BAS 监控主要功能表

序号	监控内容	控制方法
1	送风温度自动控制	夏季及冬季通过调节电动调节阀开度,保证送风温度为设定值;新风的温湿度可在室外设置监测点供全系统使用
2	送风湿度自动控制	在北方冬季通过电动二通阀的开关或者电动调节阀的开度调节,保证送风湿度为设定值
3	过滤器堵塞报警	空气过滤器两端压差过大时报警,提示清扫
4	机组定时启停控制	根据事先排定的工作及节假日作息时间表,定时启停机组,自动统计机组工作时间,提示定时维修
5	热交换	根据排风温度和回风温度检测热回收效率
6	联锁保护控制	联锁:新风停止后,排风机、转轮热交换装置、新风及排风阀门自动关闭
		保护:风机启动后,其前后压差过低时故障报警,并联锁停机
		防冻保护:盘管处设置温控开关,当加热盘管背风侧感温探头温度低于4℃时风机停止运行,新风密闭保温阀关闭,热水阀全开,温度回升后机组恢复正常工作

6）板（翅）式热回收机组（带冷热盘管）监控原理图及 BAS 监控主要功能表,分别见图 9-19 和表 9-17。

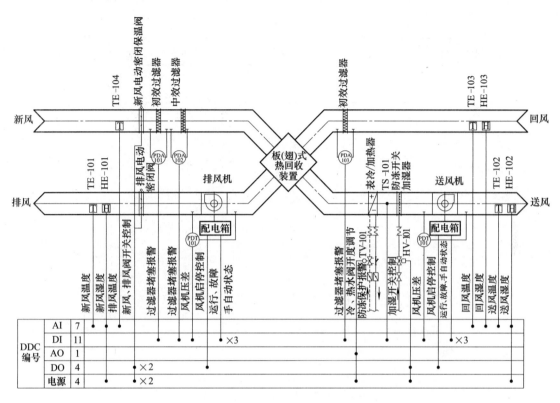

图 9-19　板（翅）式热回收机组（带冷热盘管）监控原理图

表 9-17　板（翅）式热回收机组（带冷热盘管）BAS 监控主要功能表

序号	监控内容	控制方法
1	送风温度自动控制	夏季及冬季通过调节电动调节阀开度,保证送风温度为设定值;新风的温湿度可在室外设置监测点供全系统使用
2	送风湿度自动控制	在北方冬季通过电动二通阀的开关或者电动调节阀的开度调节,保证送风湿度为设定值
3	过滤器堵塞报警	空气过滤器两端压差过大时报警,提示清扫
4	机组定时启停控制	根据事先排定的工作及节假日作息时间表,定时启停机组,自动统计机组工作时间,提示定时维修
5	热交换	根据排风温度和回风温度检测热回收效率
6	联锁保护控制	联锁:新风停止后,排风机、新风及排风阀门自动关闭
		保护:风机启动后,其前后压差过低时故障报警,并联锁停机
		防冻保护:盘管处设置温控开关,当加热盘管背风侧感温探头温度低于 4℃ 时风机停止运行,新风密闭保温阀关闭,热水阀全开,温度回升后机组恢复正常工作

7）风机盘管（FCU）监控原理图及 BAS 监控主要功能表,分别见图 9-20 和表 9-18。

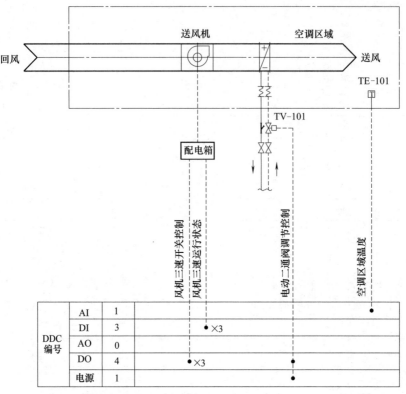

图 9-20 风机盘管（FCU）监控原理图

表 9-18 风机盘管（FCU）BAS 监控主要功能表

序号	监控内容	控制方法
1	送风温度自动控制	根据现场温度的测量值,通过控制水阀的开闭及风机的三速,保证送风温度为设定值
2	盘管定时启停控制	根据事先排定的工作及节假日作息时间表,定时启停机组,自动统计机组工作时间,提示定时维修
3	联锁控制	风机停止后,自动关闭电动二通阀

8）双风机变风量全空气处理机组（AHU）监控原理图（一）及 BAS 监控主要功能表,分别见图 9-21 和表 9-19。

表 9-19 双风机变风量全空气处理机组（AHU）BAS 监控主要功能表

序号	监控内容	控制方法
1	回风温度自动控制	夏季及冬季通过调节电动调节阀开度,保证回风温度为设定值;过渡季节根据新风的温湿度计算焓值,自动调节混风比
2	回风湿度自动控制	自动控制加湿阀开闭或者加湿阀的开度调节,保证回风湿度为设定值
3	定静压自动控制	在送风系统管网的适当位置(通常在离风机 2/3 处)设置静压传感器,通过调节风机变频传感器的输出改变风机的转速,从而保证该点静压值维持在一定数值上
4	过滤器堵塞报警	空气过滤器两端压差过大时报警,提示清扫
5	机组定时启停控制	根据事先排定的工作及节假日作息时间表,定时启停机组,自动统计机组工作时间,提示定时维修
6	风机检测	监测风机运行状态、故障报警、手自动状态及变频反馈
7	风阀控制	新风阀(FV-103)、排风阀(FV-101)及回风阀(FV-102)三阀联动调节,FV-101 与 FV-102 动作相反,阀位之和为 100%,FV-101 与 FV-103 动作相同

（续）

序号	监控内容	控制方法
8	联锁保护控制	联锁：风机停止后，新风及回风电动阀、电动调节阀、电磁阀自动关闭
		保护：风机启动后，其前后压差过低时故障报警，并联锁停机
		防冻保护：盘管处设置温控开关，当加热盘管背风侧感温探头温度低于 4℃ 时风机停止运行，新风密闭保温阀关闭，热水阀全开，温度回升后机组恢复正常工作
9	重要场所的环境控制	在重要场所设置温湿度测点，根据其温湿度直接调节空调机组的冷热水阀，确保重要场所的温湿度为设定值
		在重要场所设置 CO_2 测点，根据其浓度调节新风比

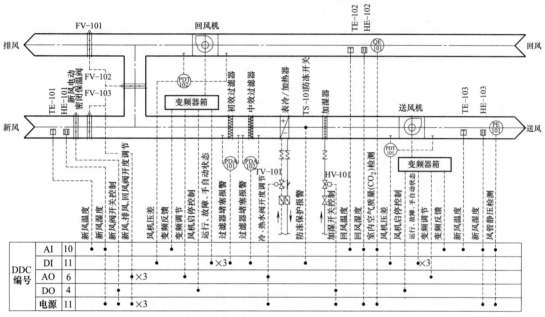

图 9-21　双风机变风量全空气处理机组（AHU）监控原理图（一）

第六节　通风系统 DDC 控制原理

1）车库排风机（常规机械通风）监控原理图及 BAS 监控主要功能表，分别见图 9-22 和表 9-20。

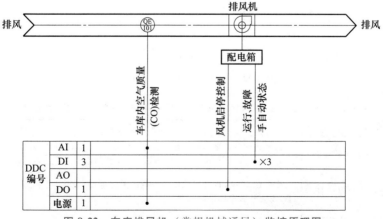

图 9-22　车库排风机（常规机械通风）监控原理图

341

表 9-20　车库排风机（常规机械通风）BAS 监控主要功能表

序号	监控内容	控制方法
1	车库排风机启停控制	在每个防烟分区设置 2 个 CO 浓度传感器，当 CO 浓度（体积分数）超过 24ppm 时，排风机开启
2	车库送风机启停控制	排风机开启后，相应的送风机开启

2）车库排风机（诱导通风）、诱导通风机监控原理图及 BAS 监控主要功能表，分别见图 9-23、图 9-24 和表 9-21。

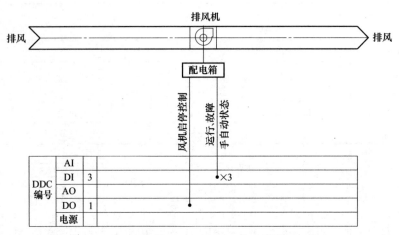

图 9-23　车库排风机（诱导通风）监控原理图

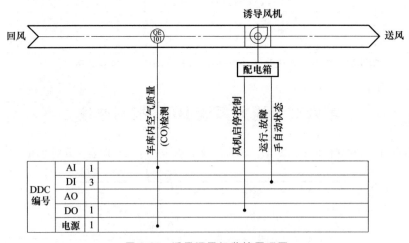

图 9-24　诱导通风机监控原理图

表 9-21　车库排风机（诱导通风）、诱导通风机 BAS 监控主要功能表

序号	监控内容	控制方法
1	车库诱导风机启停控制	每个防烟分区典型位置配置 2 个 CO 浓度传感器，如果 CO 浓度（体积分数）超过 24ppm，CO 浓度传感器将把信息传给 BA 控制器，BA 控制器控制启动诱导风机
2	车库排风机启停控制	如果在 30min 内开启的诱导风机还无法将 CO 浓度（体积分数）降低到 24ppm 以下，需要开启车库的排风机
3	车库送风机启停控制	排风机开启后，相应的送风机开启

3）过渡季节排风机监控原理图及 BAS 监控主要功能表，分别见图 9-25 和表 9-22。

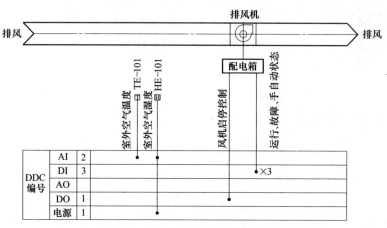

图 9-25　过渡季节排风机监控原理图

表 9-22　过渡季节排风机 BAS 监控主要功能表

序号	监控内容	控制方法
1	排风机启停控制	过渡季节根据室外空气的温湿度计算焓值，新风比例逐步加大，排风机逐步开启
		成组排风机中每台风机的运行时间累计及轮换运行控制

4）餐饮排油烟风机监控原理图及 BAS 监控主要功能表，分别见图 9-26 和表 9-23。

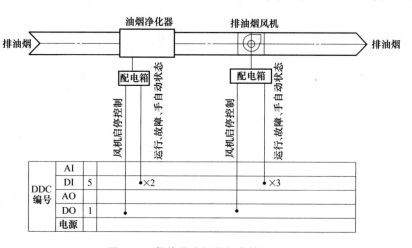

图 9-26　餐饮排油烟风机监控原理图

表 9-23　餐饮排油烟机 BAS 监控主要功能表

序号	监控内容	控制方法
1	排油烟启停控制	排油烟风机按厨房运营时间控制启停
2	补风机启停控制	排油烟开启后，补风机相应开启
3	机组定时启停控制	根据事先排定的工作时间表，定时启停机组，自动统计机组工作时间，提示定时维修

5）建筑排烟系统监视原理图及 BAS 监控主要功能表，分别见图 9-27 和表 9-24。

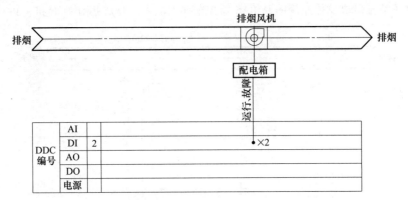

图 9-27 建筑排烟系统监视原理图

表 9-24 建筑排烟系统 BAS 监控主要功能表

序号	监控内容	控制方法
1	排烟风机监控内容	监测每台排烟风机的运行状态及故障报警记录
		每台排烟风机的运行时间累计

二维码形式客观题

微信扫描二维码，可在线做题，提交后可查看答案。

第十章
暖通空调设计文件编制、专业配合及工程案例

第一节 暖通空调设计文件编制

民用建筑工程暖通设计一般分为方案设计、初步设计和施工图设计三个阶段（图 10-1），设计深度依次递增；图纸会审后有资质的施工方在设计院授权下进行施工图深化设计，工程竣工后根据实际施工情况进行竣工图绘制。

一、方案设计

方案设计阶段概况见图 10-2。

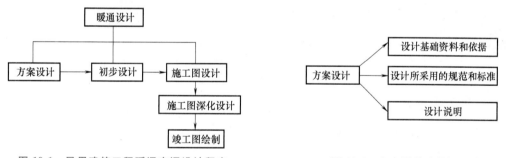

图 10-1 民用建筑工程暖通空调设计程序　　　　图 10-2 方案设计阶段概况

设计成果包括：设备选型表、设备技术参数表、工程报价函，必要时可提供设计图样及施工说明书；工程报价时，设备按选型表执行，工程造价按设备价、系统类型、系统规模、绿建评级、甲方需求等进行估算。

设计内容包括：室内设计参数确定；冷热负荷计算（单位面积指标估算）；冷、热源的选择及其参数；空调系统形式及简单控制方式；防排烟系统形式及控制方式；大型或复杂工程，方案设计时需进行初步的经济、技术分析和方案的比较。

二、初步设计

初步设计阶段概况见图 10-3。

设计成果包括：设备选型表、设备技术参数表、初步设计图样、公司内部工程清单报价表、工程报价总表，出"设计、施工说明"；工程报价时，设备报价按"设备选型表"执行，工程造价按"初步设计图样"进行概算编制。初步设计阶段设计内容见表 10-1。

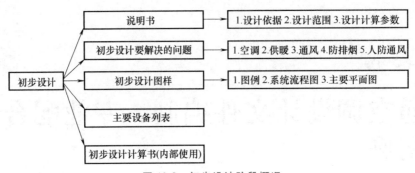

图 10-3　初步设计阶段概况

表 10-1　初步设计阶段设计内容

专业	内容	专业	内容
空调	空调冷、热负荷计算(单位面积指标)	供暖	供暖热负荷
	空调方案确定(冷热源方案、空调方式、系统基本控制)		热源状况、热媒及参数、补水定压
			供暖系统形式及管道敷设方式
	主要设备的选型		供暖设备、散热器类型、加热管材
	系统布置(设备位置、管道走向、风口位置)		供暖分户热计量及控制
	管道材料及管径确定[水管(铜管)、冷凝水管、风管]	防排烟	防排烟系统的形式
	保温设计		换气次数与风量平衡
	风机、水泵、阀门选型(估算)		防排烟设备、阀门、风口等选型
	方案的初步经济、技术分析(基本数据分析、对比表)		风管的管径、走向、布置
			防排烟系统的控制要求
通风	通风形式;换气次数与风量平衡		
	通风设备、阀门、风口等选型;风管的管径、走向、布置		

注:风口、设备等不进行定位尺寸标注;管道不标注标高、坡度等。

三、施工图设计

施工图设计阶段概况见图 10-4。

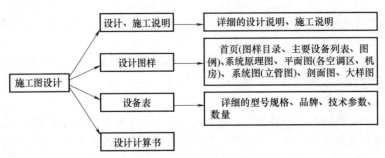

图 10-4　施工图设计阶段概况

设计成果包括:整套施工图设计图样(设计、施工说明,设计全图);设备选型表、设备参数表;工程定额报价表或者工程清单报价表、工程报价总表。

设计内容包括:设计说明与施工说明、设备表、设计图样及设计计算书。

1. 设计说明与施工说明

(1) 设计说明　介绍设计依据、工程概况、设计范围;室内外设计参数、冷热源情况、冷热媒参数，空调冷热负荷、冷热量指标；供暖热负荷、耗热量指标及系统总阻力等；通风系统的计算参数、防排烟系统的计算参数、人防通风系统的计算参数；各系统形式和控制方法，必要时，需说明系统的使用操作要点，例如空调系统季节转换，通风系统的风路转换等；节能、新技术等设计要点专篇。

（2）施工说明　应说明设计中使用的材料和附件，系统工作压力和试压要求；施工安装要求及注意事项。切忌照抄相关验收规范，但需列出与本工程相关的施工及验收规范，并体现出结合本工程的特殊要求。

2. 设备表

施工图阶段，设备表中型号、规格栏应注明详细的技术数据。

3. 设计图样

（1）首页　首页图的内容包括图例、图样目录（先列新绘图样、后列选用的标准图或重复利用图）、设计主要参数说明。有时设计施工说明和设备材料表也放在首页图中。

（2）平面图

1）绘出建筑轮廓，标注主要轴线号、轴线尺寸、室内外地面标高、房间名称。底层平面图上绘出指北针。

2）空调平面绘出冷冻水干管及立管位置、编号；管径；管道的阀门、排气、泄水、固定支架、管沟及检查入口位置。注明干管管径及标高。

3）二层以上的多层建筑，其建筑平面相同的，平面二层至顶层可合用同一张图样。

4）供暖平面图绘出散热器位置，注明片数或长度；绘出并标注干管、立管、支管位置以及编号、管径、固定卡、补偿器等。

5）通风、防排烟、空调平面图用双线绘出风管，单线绘出空调冷冻水、凝结水等管道。标注风管尺寸、标高及风口尺寸（圆形风管注管径、矩形风管注宽×高），标注水管管径及标高；标注各种设备及风口安装的定位尺寸和编号；绘出消声器、调节阀、防火阀等各种部件位置及风管、风口的气流方向（风机盘管等在有待二装设计的情况下，可不标注定位尺寸）。

6）当建筑装修未确定时，风管和水管可先出单线走向示意图，注明房间送、回风量或风机盘管数量、规格。建筑装修确定后，应按规定要求绘制平面图。

（3）通风、防排烟、空调剖面

1）风管或管道与设备连接交叉复杂的部位，应绘剖面图或局部剖面。

2）绘出风管、水管、风口、设备等与建筑梁、板、柱及地面的尺寸关系。

3）注明风管、风口、水管等的尺寸和标高（描述），气流方向及详图索引编号。

（4）通风、防排烟、空调、制冷机房平面图

1）机房图应根据需要增大比例（1∶50），绘出通风、防排烟、空调、换热设备、制冷设备（如冷水机组、换热器、新风机组、空调器、冷冻水泵、冷却水泵、通风机、消声器、水箱等）的轮廓位置及编号，注明设备和基础距离墙或轴线的尺寸，同时注明排水沟设计。

2）绘出连接设备的风管、水管位置及走向；注明尺寸、管径、标高。

3）标注机房内所有设备、管道附件（各种仪表、阀门、软性短管、过滤器等）的位置。

（5）通风、防排烟、空调、制冷机房剖面图

1）当其他图样不能表达复杂管道相对关系及竖向位置时，应绘制剖面图（1∶50）。

2）剖面图应绘出对应与机房平面图的设备、设备基础、管道和附件的竖向位置、竖向尺寸和标高。标注连接设备的管道位置尺寸；注明设备和附件符号以及详图索引编号。

（6）系统图、立管图

1）各系统及复杂的风系统应绘制系统流程图。系统流程图应绘出设备、阀门、控制仪表、配件，标注介质流向、管径及设备编号。流程图可不按比例绘制，但管路分支应与平面图相符。

2）空调的供冷分支水路采用竖向输送时，应绘制立管图，并编号，注明管径、坡向、标高及空调器的型号。

3）各系统有监测与控制时，应有控制原理图，图中以图例绘出设备、传感器及控制元件位置；说明控制要求和必要的控制参数。

（7）详图（1：20~1：50）

1）各系统的各种设备及零部件施工安装，应注明采用的标准图、通用图的图名图号。凡无现成图样可选，且需要交代设计意图的，均应绘制详图。

2）简单的详图，可就图引出，绘局部详图；制作详图或安装复杂的详图应单独绘制。

4. 设计计算书

1）计算书内视工程繁简程度，按照国家有关规定、规范及技术部工程技术措施进行计算，计算结果宜采用表格形式，必要时可采用 Word 描述，做到直观、清楚。

2）采用计算机计算时，计算书应注明软件名称，附上相应的简图及输入数据。

3）通风、防排烟应包括以下内容：

① 总风（烟）量、局部排风量计算及排风（烟）装置的选择计算。

② 空气量平衡及热量平衡计算。

③ 风系统的设备选型计算。

④ 风系统阻力计算（条件允许时尽可能进行水力计算，不要估算）。

⑤ 风口的选择计算。

4）空调、制冷工程计算应包括以下内容：

① 空调房间冷负荷按逐时计算。

② 新风量、新风冷负荷计算。

③ 空调、制冷系统的冷水机组、换热器、冷冻水泵、冷却水泵、冷却塔、空调机组、消声器等设备的选型计算。

④ 必要的气流组织设计与计算。

⑤ 风系统水力计算。

⑥ 空调冷热水、冷却水系统的水力计算。

备注：空调系统设计中，提倡鼓励创新，建议条件可能的情况下，进行全年负荷模拟估算（软件模拟）及气流组织设计中的 CFD 模拟。

第二节　暖通空调工种与其他工种之间的协作关系

一、暖通空调工种（民用建筑）的特点

1）设备占用的房间类型多，面积大。这些设备房间有：①锅炉房；②冷冻热力机房（包括配套的水泵，水处理设备，定压补水装置等）；③空调机房；④风机房（防排烟用的风机须设专用风机房）。

2）各类竖井：①空调水管井（冷水管、热水管、工质管、冷却水管等）；②排（送）风竖井（通风或空调用）；③防烟竖井；④排烟竖井；⑤烟囱井（锅炉房、柴油发电机房）；⑥人防风井。

3）各类管道占用空间大：①风管（防排烟管道、通风管道、有保温的空调风管等）尺寸大，一般贴大梁底安装，房间的净高受影响；②水管（凝结水管有坡度要求）。

4）设备的负载大，运行时有振动，需要大型设备的运输通道：①水冷冷水机组等（通常设在地下室）；②空调机组（一般每层均有）；③空气源热泵机组、冷却塔（通常设在屋面层）；④通风风机；⑤需要安装运输大型设备的通道。

5）用能量大：①冷热源是耗能大户；②电驱动的集中式空调系统，对于公建，用电量约占整个建筑用电的50%以上；③平时通风机在住宅项目中能耗大。

6）对于空调水系统（采用冷却塔水冷式机组），需要一定的补充水量作保证。

7）集中式空调系统的初投资大，常远高于电气工种和给排水工种初投资的总和。

8）运行管理复杂，维护保养的工作量大，需由专业人员维护管理（上岗证）。

二、暖通空调工种与建筑工种的协作关系

1. 方案设计阶段

1）暖通空调工种应收到的其他专业资料，见表10-2。

表10-2 方案设计阶段暖通空调工种应收到其他专业的资料

工种		内　　容		
建筑	设计依据	工程设计有关文件（文字）		
		建设单位任务书（文字）		
		政府主管部门对项目设计提出的要求（规划、消防、交通、人防等）（文字）		
		设计基础资料（地质、地貌、外网条件等）		
		城市规划限定的用地红线及测量图（图）		
		工程规划（建筑面积、总投资、建筑用途功能、容纳人数等）（文字）		
	简要设计说明	主要技术经济指标，建筑层数、层高、总高度，各层功能布局等（文字和表格）		
		设计标准（工程等级、建筑使用年限、耐火等级、装修标准等）		
		总平面布置说明（文字）		
	总平面图	场地的区域位置，场地范围		
		原有建筑及城市道路（注明需保留的建筑物，古树名木等）		
		道路、停车场、广场、绿地、建筑物的布置及间距		
		建筑名称、入口位置、层数		
	各层平面图	柱网及尺寸	各房间使用名称	主要房间的面积
		各层楼面标高,层面标高	室内停车库的停车位和行车路线	
		代表性立面图	划分防火分区	主要剖面图
结构		结构布置原则（进深和柱网建议尺寸,平面长宽比,高宽比等）（图和文字）		
		基础（基础深度,设计等级,可能的基础形式）（文字）		
		上部结构选型（框架结构,框架剪力墙结构等）		
		结构单元划分（伸缩缝、沉降缝、抗震缝的预计位置）（文字）		
		结构设计标准参数（抗震设防烈度,结构安全等级,设计使用年限）（文字）		
给排水		各热水供应系统的工作制度（全日制还是间歇制）（文字）		
		给排水专业所需的由暖通专业提供的供热量、介质、介质参数（文字）		
电气		对暖通有特殊要求的电气设备用房的位置（变、配电站、柴油发电机房等）		

2）暖通空调工种给其他工种提供的资料，见表10-3。

表10-3 方案设计阶段暖通空调工种应提供给其他专业的资料（文字）

工种	内　　容
建筑与结构	供暖、通风、防排烟、空调系统的形式,层高要求
	消防系统自然通风、自然排烟、排烟等对建筑专业的开门、开窗面积及控制的要求
	各类专业机房（锅炉房、制冷机房、热交换站等）的面积及净高要求,设置区域;设备荷载

（续）

工种	内　　容
给排水	锅炉房、换热站的用水量、排水量、水质、水压要求
	制冷机房、空调机房的用水量、排水量、水质、水压要求
电气	暖通空调设备总用电量（当有高电压直接启动制冷机时的电压及功率）

2. 初步设计阶段

1）暖通空调工种应收到的其他专业资料，见表 10-4。

表 10-4　初步设计阶段暖通空调工种应收到的其他专业的资料

工种		内　　容	
建筑	设计依据	规划部门对设计方案的批文	
		建设单位对方案的修改意见（有关会议纪要）	
		建设单位提供的地形图、红线图、市政道路及管线图	
	设计说明	建筑说明	消防设计专篇（建筑部分）
		人防设计专篇（建筑部分）	环保设计专篇（建筑部分）
	总平面图	坐标网	场区道路及停车消防通道
		绿化、景观、休闲设施	±0.00 与绝对标高的关系
	各层平面图	标注每个房间的名称	人防部分　　管道井（包括各工种）
		各层楼面标高	轴线及编号、柱网尺寸、总尺寸
		主要建筑设备的固定位置（水池、卫生洁具等）	
		防火分区（面积、位置、防火门、防火卷帘、疏散方向等）	
		主要结构和建筑构配件（墙、门、窗、电梯、楼梯、中庭、阳台、台阶、夹层等）	
	立面图	各朝向	
	剖面图	能准确反映各部分，各楼层的标高及相互关系	
结构	上部结构	对方案的修改和确认，大跨度、大空间的布局	
	基础图	基础形式（独立、条形、箱型、桩基等）平面图	
	楼、屋面布置草图	梁、板、柱、墙等结构布置及初估截面尺寸	
	设计说明书	结构设计说明（包括人防设计说明）	
给排水	热水供应	供热量、热媒种类及参数要求（文字）、工作制度（全日或定时）	
	设备用房	对通风、温湿度有特殊要求的房间、气体灭火区域	
	冷却塔	标高及水压要求	
电气	设备用房	变配电室（站）、柴油发电机房、缆线夹层、电气井功能用房	
	控制室	冷冻、热力机房的电气控制	
	主要管线、桥架	敷设路径	

2）暖通空调工种给其他工种提供的资料，见表 10-5。

表 10-5　初步设计阶段暖通空调工种应提供给其他专业的资料（文字）

工种	内　　容	
建筑	冷冻热力机房面积及净高要求	锅炉房面积及净高要求（应满足消防及安全要求）
	空调机房，风机房面积及净高要求	空调、通风、防排烟主风管位置及尺寸
	暖通空调各类管井确认	送、排风系统在外墙或出地面的口部要求
	在垫层内埋管的区域和垫层厚度	设备吊装孔位置及尺寸
	设计说明书（包括消防专篇、人防专篇、环保专篇、节能专篇）	
	复核消防系统自然通风、自然排烟、排热等对建筑专业的开门、开窗面积要求	
结构	制冷机房平面布置及荷载要求（图表）	锅炉房平面布置及荷载要求（图表）
	空调机房平面布置及荷载要求（图表）	
给排水	各用水点位置及用水量（锅炉房、制冷机房、换热站等）（图表）	
	各排水点位置（锅炉房、制冷机房、换热站、空调机房等）（设地漏、集水井等）	
	风系统、水系统主要管道的敷设位置及尺寸（图）	

（续）

工种	内　　容
电气	制冷机房、锅炉房、换热站等位置、电量、电压、控制方式（图、表、文字）
	空调机房、通风机房等位置、电量、电压、控制方（图、表、文字）
	防排烟系统等位置、电量、电压、控制方式（图、表、文字；属于消防供电）
	风系统、水系统主要管道敷设位置及尺寸（图）
	人防系统等位置、电量、电压、控制方式（图、表、文字；属于人防供电）

为方便使用，各单位会编制内部使用的初设提资表，见附录30。

3. 施工图阶段

1）暖通空调专业应收到其他专业提供的资料，见表10-6~表10-8。

表10-6　施工图设计阶段暖通空调工种应收到建筑专业的资料

时段	内　　容	
第一	主管部门批准的初步设计审批意见（文字）	根据审批意见，适当调整的初步设计图
	施工图设计过程中需要补充及调整的内容（文字）	
第二	经过确认的地形图、红线图、市政管线图，以及经过审查的地质勘测资料	
	经过各专业确认后第一时段的设计图样	

表10-7　施工图设计阶段暖通空调工种应收到建筑专业的资料深度要求

资料类别	深　　度
总平面图	建筑物及其周边设施，构筑物等
设计说明	各围护结构的材料及其做法；建筑造型及其构造；门窗表及其性能；节能判定表或节能计算表的建筑部分
各层平面图	承重墙、柱及其定位轴线和编号；各房间的面积（包括各类设备用房），以及有关技术要求；车库停车位和通行路线；需要放大的节点详图；室内装饰构造材料表
立面图	各朝向的立面均要有；说明主立面和主立面饰面材料
剖面图	剖切处可见主要结构、高度尺寸（各层层高、总高等）；室外地面标高（一般室内首层标高为±0.00）
其他	人防图应单独出（分战时和平时）

表10-8　施工图设计阶段暖通空调工种应收到结构、水、电专业的资料

工种	内　　容	
结构	楼层的结构平面图：梁、板、柱、剪力墙以及它们的截面尺寸（图）	
	基础平面图：平面尺寸及轴线关系；箱基，筏基，或一般地下室底板厚度；地下室墙（图）	
	大跨度大空间结构的布置方案（网架结构的矢高及网络尺寸）（图）	
	砌体结构墙（图）	
	结构体系形式：框架结构（梁、柱）；混合结构；剪力墙结构（文字）	
给排水	热水供应等所供热量及工作制度（文字）	热媒参数、压力及用热点（图和文字）
	给排水专业设备用房，以及对通风、温度有特殊要求的房间，如对气体灭火装置的设置要求（图与文字）	
	室内给排水干管的垂直与水平的走向及尺寸要求（上水，消防，下水，雨水）	
电气	变配电室、柴油发电机房、各弱电机房等功能用房的设备布置参数及对环境的要求（图、表、文字）	
	冷冻机房电气控制室面积要求（图或文字）	
	空调通风机房内控制箱的要求（空间操作要求）（图、表）	
	电源插座、弱电插座等电气设备布置（图，与散热器等布置相关）	
	主要管线、桥架铺设路径及尺寸（图，与暖通风管水管布置相关）	
	电缆线进出建筑物位置及尺寸	

2）暖通专业给其他专业提供的资料，见表 10-9。

表 10-9　施工图设计阶段暖通空调工种应提供给其他专业的资料

工种	内　容	
建筑	制冷机房设备平面布置图(包括排水沟等)(图)	
	锅炉房设备平面布置图(包括排水沟等)(图)	
	换热站、空调机房、通风机房设备平面布置图(图)	
	散热器位置,分体空调室内外机位置及尺寸(图)	
	在楼板垫层内埋管(如地面辐射供暖)的区域及厚度(图)	
	预留孔洞(包括吊装孔)预埋件的位置、尺寸,以及大型设备进入的吊装孔、运输通道等(图)	
	热力管道入户(引入口)的方式、位置及尺寸	
	室内地沟的位置及尺寸(图)	暖通风管的尺寸(表)
	人防部分的防爆波活门尺寸(根据平时通风量确定)	
	确认消防系统自然通风、自然排烟、排热等对建筑专业的开门、开窗面积及控制要求	
结构	制冷机房设备、屋面层空气源热泵、冷却塔等平面布置图及设备基础平面尺寸、高度、做法、运行荷载	
	锅炉房设备平面布置图及设备基础平面尺寸、高度、做法、运行荷载	
	换热机房、空调机房、通风机房布置及设备基础平面尺寸、高度、做法、运行荷载	
	管道及设备吊装位置及荷载	管道固定支架推力的位置
	复核预留孔洞(包括吊装孔)预埋件的位置、尺寸等(图)	
给排水	所有用水点(冷冻机房、换热站、冷却塔、锅炉房等)的用水量、压力及水质(图)	
	所有排水点(冷冻机房、换热站、冷却塔、锅炉房、空调机房)的排水量	
	风系统、水系统管道位置	宽度大于 1200mm 的风管位置(消防喷淋有要求)
电气	冷水机组、热泵机组、冷却塔及其水泵等配套设备的位置、电量、电压、控制方式(图、表、文字)	
	锅炉房设备位置、电量、电压、控制方式(图、表、文字)	
	消防防排烟系统设备位置、电量、电压、控制方式(图、表、文字)(消防专用电)	
	电动阀、电磁阀设备位置、电量、电压、控制方式(图、表、文字)	
	变配电机房风管布置图	落地安装设备的布置(如散热器、立式风机盘管)
	暖通空调系统自动控制说明,联动控制要求(如冷冻机房各设备启停顺序)	
	特殊空调、分体空调、电散热器等电源要求	
绿色建筑	暖通专业的设计施工说明、平面图、系统图	主要空调、通风系统参数
	绿建专业编写报审表及专篇(暖通专业)	各系统的控制方式

3）管道综合。

① 住宅项目地下室管道综合一般由给排水专业完成,对有冲突的水管、风管、桥架等主要管道,在平面图中进行修改、平移及翻绕,以保证施工净高。

② 公建项目由于空调管道尺寸大且复杂,一般由暖通专业进行管道综合,在平面图中完成各专业冲突管道的平移及翻绕,以保证施工净高;复杂部位用断面图表示各工种管道位置。

4）图纸会签。各专业完成施工图后,应组织集中会签,各专业对其他专业的图样进行复核,以确保所提资条件均有落实,并在其他专业图样上签字确认。

为方便使用,各单位会编制内部使用的施工图提资表,见附录 31。

第三节　厦门某商业中心暖通空调方案设计

一、设计依据（略）

二、设计范围

1）空调系统、通风及供暖。

2）防排烟系统。

三、空调室内外计算参数

（一）室外计算参数（表10-10）

表10-10　厦门某商业中心暖通空调方案设计室外计算参数

季节	空调室外计算干球温度/℃	空调室外计算湿球温度/℃	通风室外计算干球温度/℃	供暖室外计算干球温度/℃	室外平均风速/（m/s）	主导风向
夏季	33.5	27.5	31.3	—	3.1	东南偏南
冬季	6.6	—	12.5	8.3	3.3	东南偏东

（二）室内计算参数

1. 商场

（1）商业区域（表10-11）

表10-11　商业区域室内计算参数

功能地区	干球温度/℃		相对湿度（%）		新风量/[m³/(h·人)]	人员密度①/(m²/人)	照明及设备冷荷估算指标②/(W/m²)
	夏季	冬季	夏季	冬季			
首层及连接地铁的购物通廊	25	20	≤65	—	16	2	25~35
其他楼层的购物通廊	25	20	≤65	—	19	4~6	25~35
百货	24	20	≤65	—	19	3~5	60
主力店	24	20	≤65	—	19	3~5	40~70
首层及B1层商铺	24	20	≤65	—	19	5~6	70~100
其他商铺	24	20	≤65	—	19	5~6	60~80
超市	24	20	≤65	—	19	5	60
美食广场	24	20	≤65	—	25	1.5（按照餐饮区积计算）	60
餐饮	24	20	≤65	—	25	2（按照餐饮区积计算）	40~60
电影院	24	20	≤65	—	12	1.5	40
冰场	24	20	≤60	≤45	30	3	40
公共卫生间	24	20	≤65	—	—	3	40
电梯厅	24	20	≤65	—	19	3	40
餐饮厨房烟罩补风	28	—	—	—	按风平衡调整	—	—

① 表中人均使用面积（人员密度）下限值用于末端 AHU 选型或水泵后管径计算；上限值用于制冷机及水泵、PAU 等设备选型计算。

② 上限值用于末端设备选型或水泵后管径计算；下限值用于制冷机及水泵等设备选型计算。

（2）后勤区域（略）

（3）机房区域（表10-12）

表10-12　机房区域室内计算参数

功能地区	干球温度/℃		备　注
	夏季	冬季	
高压开关房	≤35	≥5	首选通风降温方式，如无法满足温度要求可采用夏季空调降温与其他季节通风降温方式。空调送风管道布置于走道内，风口尽量贴机房侧墙安装

(续)

功能地区	干球温度/℃		备　注
	夏季	冬季	
变压器房	≤35	≥5	首选通风降温方式,如无法满足温度要求可采用夏季空调降温与其他季节通风降温方式。空调送风管道布置于走道内,风口尽量贴机房侧墙安装
低压配电房	≤35	≥5	
发电机房	≤40	≥5	
制冷机房	≤35	≥10	
锅炉房	≤40	≥10	
设备机电值班房	≤26	≥18	设置通风换气设施,满足值班人员新风需要
换热器房	≤35	≥10	
生活水泵房	≤35	≥10	
消防水泵房	≤35	≥10	
弱电网络机房	≤25	≥10	采用分体空调
消防控制中心	≤25	≥18	采用分体空调,设置通风换气设施,满足值班人员新风需要
干、湿垃圾房	18~20	≥5	
电梯机房	≤30	≥5	
空调机房	—	≥10	
通风机房	—	≥10	

2. 办公楼

（1）办公区域（表 10-13）

表 10-13　办公区域室内计算参数

功能地区	干球温度/℃		相对湿度(%)		新风量 /[m³/(h·人)]	人员密度 /(m²/人)
	夏季	冬季	夏季	冬季		
办公楼大堂	24	18	≤60	≥30	10	5
办公楼层	24	20	≤55	≥40	30	8~10
公共卫生间	25	18	≤60	—	—	3
客梯厅	24	18	≤60	≥30	10	3
办公走廊	24	18	≤60	≥30	10	8

注：表中人均使用面积（人员密度）下限值推荐用于末端 AHU 选型或水泵后管径计算；上限值推荐用于制冷机及水泵等设备选型计算。

（2）机房区域（略）

3. 酒店

（1）前台区域（表 10-14）

表 10-14　前台区域室内计算参数

功能地区	干球温度/℃		相对湿度(%)		新风量 /[m³/(h·人)]	人员密度 /(m²/人)
	夏季	冬季	夏季	冬季		
酒店大堂	24	21	45~55	45~55	20	10
客房	24	22	45~55	45~55	50	2 人/客房
餐厅	24	21	45~55	45~55	30	3
前厅	24	22	45~55	45~55	30	1.2
宴会厅	24	22	45~55	45~55	30	1.2
多功能厅	24	22	45~55	45~55	30	1.4
商务中心	24	22	45~55	45~55	25	5
健身中心	24	22	45~55	40~50	30	5
公共区、电梯间	24	21	45~55	45~55	20	10

（续）

功能地区	干球温度/℃		相对湿度(%)		新风量 /[m³/(h·人)]	人员密度 /(m²/人)
	夏季	冬季	夏季	冬季		
中式厨房(煮食区)	27	22	—	—	80 次换气	
西式厨房(煮食区)	27	22	—	—	40 次换气	
洗衣房	27	—	—	—	30 次换气	
室内游泳池	29	29			高于池水 1 ℃	

（2）后勤区域（略）

四、空调/供暖负荷估算量（表 10-15）

表 10-15　空调/供暖负荷估算量

部位	商场	电影院	T1 办公楼	T2 办公楼	酒店
面积/m²	146000	6530	56000	29000	33000
空调负荷/kW	25650	1600	7100	3700	4400
供暖负荷/kW	—	320	1700	900	1850
冷指标/(W/m²)	176	253	127	128	133
热指标/(W/m²)	—	50	30	31	56

五、冷热源

1. 商场

1）商场部分夏季空调负荷为 25650kW，选择 4 台 7032kW 的高压离心冷水机组及 2461kW 的常规离心冷水机组作为空调冷源（具体配置见表 10-16 和表 10-17），冷冻水供/回水温度为 7℃/12℃。系统设置充分考虑高峰负荷及部分负荷工况，不设置备用冷源，1 台 7032 kW 制冷机故障时仍可保证 80%负荷。冷源输送采用二次水泵。电影院设置独立的螺杆式风冷热泵，风冷热泵及配置的水泵、定压补水等装置均设置于裙房屋面。

2）商场不设热源。

表 10-16　冷源主机配置表

制冷机	容量	台数
高压 10kV 离心式制冷机	7032kW	4
380V 离心式制冷机	2461kW	3
总容量	35160kW[①]	
电影院		
风冷螺杆式热泵	1231kW	2

① 如一台 7032kW 制冷机故障，仍可保证 80%负荷。

表 10-17　冷却塔配置表

冷却塔	散热量	台数
双速或变频冷却塔	8800kW	4
双速或变频冷却塔	3100kW	3

2. 办公楼

1）空调冷源为中央制冷机组，冷冻水供/回水温度为 7℃/12℃。系统设置充分考虑高峰负荷及部分负荷工况，一台 7032kW 制冷机故障时仍可保证 80%负荷。冷源输送采用二次水泵。冷源主机配置与商场属同一中央机组。

2）热源为热水锅炉，不设备用。热源主机配置见表 10-18。

表 10-18　热源主机配置表

热水锅炉	容量	台数
热水锅炉	1100kW	3
总容量	2600kW[1]	

① 如一台 1100kW 热水锅炉故障，仍可保证 84% 负荷。

3. 酒店

1）空调冷源为中央制冷机组，冷冻水供/回水温度为 7℃/12℃。系统设置充分考虑高峰负荷及部分负荷工况，不设置备用冷源，一台 1758 kW 制冷机故障时仍可保证 60% 负荷。冷源输送采用一次水泵。冷源具体配置见表 10-19 和表 10-20。

2）采用热水锅炉供生活用热水、冬季供暖热水及过渡季节供暖热水。采用蒸汽锅炉供冬季供暖加湿、过渡季节供暖加湿、洗衣房及厨房用蒸汽。具体配置见表 10-21。

表 10-19　冷源主机配置表

制冷机	容量	台数
离心式制冷机	1758kW	2
螺杆式制冷机	879kW	1
总容量	4395kW[1]	

① 制冷机组配置方面，按总负荷为 4395kW，如一台 1758kW 机组故障，可保证 60% 的负荷要求。

表 10-20　冷却塔配置表

冷却塔	散热量	台数
双速或变频冷却塔	2200kW	2
	1100kW	1

表 10-21　锅炉配置表

锅炉	容量	台数
热水锅炉	1400kW	2
总容量	2800kW[1]	
蒸汽锅炉	2t/h	2
总容量	4t/h[2]	

① 热水锅炉配置方面，按总负荷为 2160kW（空调热水及生活热水），如一台 1400kW 热水锅炉故障，仍可保证 65% 负荷。

② 蒸汽锅炉配置方面，按估算负荷为 3t/h，如一台 2t/h 热水锅炉故障，仍可保证 66% 负荷。

六、空调水系统形式

1）冷、热水管网的概况见表 10-22。

表 10-22　厦门某商业中心冷、热水管网概况

部位		水泵级数	管制	程式
商场	中庭、首层、地下一层商铺	二次泵	二管制冷	异程式
	外区商铺		二管制冷	异程式
	内区商铺		二管制冷	异程式
办公区	办公		四管制	异程式
酒店	客房		四管制	同程式
	前区		四管制	异程式
	后勤地区		二管（切换）	异程式
	其他		二管（切换）	异程式

2）空调水系统分区。以下各区域独立设置冷/热水管网，连接冷/热源及空调系统中各新风机组、空调机组及风机盘管。冷热水循环管网水泵设置见表 10-23 和表 10-24。

表 10-23　冷冻水循环管网

区域	一次冷冻水泵	二次冷冻水泵	冷却水泵
商场	5 台（4 主 1 备）及 4 台（3 主 1 备）	11 台（共三组，一组 2 主 1 备， 两组 3 主 1 备）	5 台（4 主 1 备）及 4 台（3 主 1 备）
T1 办公楼		3 台（2 主 1 备） 高区 3 台（2 主 1 备）	
T2 办公楼		3 台（2 主 1 备）	
酒店	3 台（2 主 1 备） 及 2 台（1 主 1 备）	不适用	3 台（2 主 1 备）及 2 台（1 主 1 备）
酒店厨房冷却	不适用	不适用	2 台（1 主 1 备）

表 10-24　空调热水循环管网

区域	一次供暖水泵	备注
商场	不适用	
T1 办公楼	2 台（1 主 1 备），高区 2 台	
T2 办公楼	2 台（1 主 1 备）	
酒店	3 台（2 主 1 备）	

冷热源及各主干分支环路设置能量计量装置，采用全空气系统的租户其总冷、热水管设置冷、热量计量装置。

七、空调风系统形式

1. 商场

1）中小型商户采用风机盘管+预处理新风机，风机为变频可按日后负荷调节。

2）出租商铺采用变风量（VAV）空调系统，每层送风量可按负荷需求调整变风量阀变化，风机为变频可按日后负荷调节。

3）电影院采用独立空气源热泵机组。

4）采用全空气系统的所有大空间商场、大型餐饮、百货公司、超市/大空间商场的新风管及其百叶按在过渡季节最大限度使用新风可能设计，新风量不小于送风量 50%。

2. 办公楼

1）办公楼商户采用风机盘管+预处理新风机，风机为变频可按日后负荷调节。

2）各楼层空调处理新风由避难层及屋顶层经新风井提供至各层。

3）卫生间、备餐间设排风。

4）设热回收装置。

3. 酒店

1）大堂、大堂吧、宴会前厅、宴会厅、餐厅及健身房采用定风量（CAV）空调系统。

2）厨房及洗衣房采用岗位送风。

3）酒店办公室、中餐包厢、多功能厅、会议室、商务中心、客房层电梯厅及服务房、客房采用风机盘管+预处理新风机。

该商业中心空调风系统形式汇总见表 10-25。

表 10-25　风系统形式汇总表

区域	房间	空调系统的类型
商场	大空间商场	变风量(VAV)空调系统
	中小型商户	风机盘管+预处理新风机系统
	大型商户	定风量 CAV 系统
办公楼	出售单元、标准层电梯厅及卫生间	风机盘管+预处理新风机系统
酒店	大堂、大堂吧、宴会前厅、宴会厅、餐厅及健身房	定风量 CAV 系统
	厨房、洗衣房	定风量 CAV 系统
	酒店办公室、中餐包厢、多功能厅、会议室、商务中心、客房层电梯厅及服务房、客房	风机盘管+预处理新风机系统

八、通风系统简述

1. 设计原则

对室内有热力、水汽、烟气或气味散发的房间，以及地下室的房间，采取通风措施，排风口设于顶层。

通风措施尽量采用自然通风方式；当自然通风方式不能满足卫生要求时，才采用机械通风方式。

送风系统的室外采气口，均设置在室外空气较清洁的地方，并远离排气口，通常设置在排气口的上风侧，并低于排气口的位置；室外采气口均设置防雨百叶。

隔油池及垃圾房设置独立机械通风系统；排风先经过活性炭过滤器过滤以除去臭味，然后才向室外排放。

通风管道于穿越防火分区及火灾危险性较大的房间的隔墙及楼板、变形缝及垂直风管与每层水平风管交接处的水平风管上，设置 70℃ 防火阀。

在厨房及卫生间的垂直排风管的水平支管上，采取止回措施或设置防火阀（厨房防火阀为 150℃）。所有厨房预留独立排油烟管道、补风管道及事故排风管道。

吸烟酒吧餐厅等地区空调回风设有净电除烟味装置。

2. 通风量计算参数

（1）商场

1）商业区域，通风量计算参数见表 10-26。

表 10-26　商业区域通风量计算参数

地区/房间	换气次数/(次/h)
餐饮（面积小于等于 200m^2）	80（按照 1/3 面积为厨房，厨房高度 3m 计算）
餐饮（面积大于 200m^2）	60（按照 1/3 面积为厨房，厨房高度 3m 计算）
美食广场	80（每档位不少于 8000m^3/h）

2）后勤区域，通风量计算参数见表 10-27。

表 10-27　后勤区域通风量计算参数

地区/房间	换气次数/(次/h)	地区/房间	换气次数/(次/h)
车库	6（按照 3m 高度计算）	日用油箱	≥12
卸货区	6（按照实际高度计算）	制冷中心	平时 4~6，事故通风 ≥12
垃圾房	15（负压）	燃气锅炉房及直燃机房	平时及事故通风 ≥12
卫生间	15	清水泵房	4
变电室	以机组散热量决定排风量	污水泵房，隔油池房	8~12
发电机房	以机组散热量决定排风量	电梯机房	10

（2）办公楼

办公楼通风量计算参数见表 10-28。

表 10-28　办公楼通风量计算参数

地区/房间	换气次数/（次/h）	地区/房间	换气次数/（次/h）
车库	6（按照 3m 高计算）	制冷中心	平时 4~6，事故通风≥12
卸货区	6（按照实际高度计算）	燃气锅炉房及直燃机房	平时及事故通风≥12
垃圾房	15（负压）	清水泵房	4
卫生间	15	污水泵房，隔油池房	8~12
变电室	以机组散热量决定排风量	电梯机房	10
发电机房	以机组散热量决定排风量	换热机房	≥10
日用油箱	≥12		

（3）酒店

酒店通风量计算参数见表 10-29。

表 10-29　酒店通风量计算参数

地区/房间	换气次数/（次/h）	地区/房间	换气次数/（次/h）
停车库	6 次（按照 3m 高计算）	燃气锅炉房及直燃机房	平时及事故通风≥12
卸货区	6 次（按照实际高度计算）	机房（除变/配电室外）	10 次
垃圾房	15 次（负压）	厨房（中式）/宴会厅厨房	65 次（煮食区）
卫生间	15 次		15 次（非煮食区）
变电室	以机组散热量决定排风量	厨房（西式）	40 次（煮食区）
配电室	以机组散热量决定排风量		15 次（非煮食区）
发电机房	以机组散热量决定排风量	电梯机房	10
日用油箱	≥12	换热机房	≥10
制冷中心	平时 4~6，事故通风≥12		

九、防排烟系统

1. 地下层

（1）非机动车库（建筑空间净高为 6m 以下）

1）担负一个防烟分区排烟时，其排烟量应按每平方米不小于 $60m^3/h$ 计算，且取值不小于 $15000m^3/h$，或设置有效面积不小于该房间建筑面积 2% 的自然排烟窗（口）。

2）担负两个或以上防烟分区排烟时，应按同一防火分区中任意两个相邻防烟分区的排烟量之和的最大值计算。

3）设置机械排烟的地下室应同时设置补风系统，其补风量不少于排烟量 50%。

（2）机动车库　地下车库设置机械排烟系统（与排风系统合用），按 $\leq 2000m^2$ 划分防烟分区，防烟分区分别设机械排烟系统。车库排风（烟）风机风量的计算方法：平时排风量按不小于该防烟分区的 4 次/h 换气计算确定（当层高小于 3m 时，按实际高度计算换气体积；当层高大于等于 3m 时，按 3m 高度计算换气体积）。消防排烟量按照《汽车库、修车库、停车场设计防火规范》（GB 50067—2014）表 8.2.4 选取。与排风量两者比之大值作为风机风量。

2. 裙楼、酒店塔楼、办公楼

（1）采用自然排烟区域

1）长度超过 20m 的内走道，储烟仓内的可开启外窗有效面积大于走道防烟分区面积的 2%（走道与所连接的房间均设置排烟）或走道两侧自然排烟窗面积均不小于 $2m^2$（仅需在走道设置排烟）。

2）地上建筑面积>50m，且经常有人停留或可燃物较多的房间均设置外窗，其中超100m且净高小于等于6m的房间，设于储烟仓内的可开启外窗有效面积≥房间面积的2%。

3）可开启外窗应方便直接开启，设置在高处不便于直接开启的可开启外窗应在距地面高度为1.3~1.5m的位置设置手动开启装置。

（2）采用机械排烟区域

1）建筑空间净高为6m以下，担负一个防烟分区排烟时，其排烟量应按每平方米不小于60m³/h计算，且取值不小于15000m³/h。担负两个或以上防烟分区排烟时，应按同一防火分区中任意两个相邻防烟分区的排烟量之和的最大值计算。

2）其中净高大于6m的房间，设于储烟仓内的可开启外窗有效面积按照《建筑防烟排烟系统技术标准》（GB 51251—2017）表4.6.3及自然排烟窗（口）处风速计算确定。

3. 防烟楼梯间及其前室

机械加压送风系统的送风量应满足不同部位的余压值要求；并设置余压检测系统，具体详见电施。不同部位的余压值应符合下列规定：

1）塔楼及裙楼的前室、合用前室、封闭避难层（间）、封闭楼梯间与疏散走道之间的压差应为25~30Pa。

2）防烟楼梯间与疏散走道之间的压差应为40~50Pa。

第四节　杭州某宾馆暖通空调初步设计

一、设计依据（略）

二、设计内容

本项目主要包括2幢高层塔楼、裙房及地下室。其中A塔楼、B塔楼为宾馆客房，裙房A1为配套功能用房，裙房A2为配套业务用房，地下室为设备机房。本次设计范围包括上述功能区域的空调系统、通风系统及防排烟系统。

三、空调设计计算参数

1. 室外空调设计参数

（1）夏季　空调干球温度：35.6℃，湿球温度：27.9℃，通风温度：32.3℃；风速：2.4m/s，风向：SW。

（2）冬季　空调温度：-2.4℃，相对湿度：76%，通风温度：4.3℃；风速：2.3m/s，风向：CN。

2. 室内空调设计参数（表10-30）

表10-30　杭州某宾馆室内空调设计参数

主要房间	夏季		冬季		人员密度 /(m²/人)	照明/设备 /(W/m²)	新风量 /[m³/(h·人)]	噪声值 /dB(A)
	温度 /℃	相对 湿度(%)	温度 /℃	相对 湿度(%)				
办公	25	50	20	40	5	8/30	30	≤45
会议	25	55	20	40	2.5	12/10	30	≤45

（续）

主要房间	夏季		冬季		人员密度/(m²/人)	照明/设备/(W/m²)	新风量/[m³/(h·人)]	噪声值/dB(A)
	温度/℃	相对湿度(%)	温度/℃	相对湿度(%)				
大堂	25	50	20	40	10	8/10	20	≤50
A栋客房	24	50	21	45	2人/间	6/20	50	≤35
B栋客房	25	50	20	45	2人/间	6/20	40	≤40
行政酒廊	25	55	20	40	2.5	12/20	30	≤45
健身	25	55	20	40	4	12/20	30	≤50
餐厅	25	55	20	40	2.5	8/10	30	≤50
宴会厅	25	55	20	40	2	8/15	30	≤50
游泳池	28	70	28	70	8	8/10	30	≤50

注：表格中的数值均为计算值。

四、空调冷、热负荷

除有独立运行需求的区域（如移动机房、电信机房、变电所、消防控制室等），经初步计算，空调冷、热负荷见表10-31。

表10-31 该宾馆的空调冷、热负荷

功能区域	冷负荷/kW	热负荷/kW	建筑面积/m²	单位建筑面积冷负荷/(W/m²)	单位建筑面积热负荷/(W/m²)
旅客过夜用房A栋（含A1裙房、地下室）	5140	3272	46747	110	70
旅客过夜用房B栋	3965	2577	39647	100	65
A2裙房	1173	782	7819	150	100

五、空调冷、热源及水系统

1. 空调冷、热源系统

（1）主空调冷、热源系统 冷、热源均独立设置，冷源采用水冷变频冷水机组，热源采用燃气热水锅炉。锅炉配置详见动力设计说明，冷水机组配置见表10-32。

表10-32 该宾馆冷水机组配置

设备编号	服务区域	机组形式	单台额定工况制冷量/kW
CH-A-B1-1,2,3	A栋	螺杆式或磁浮离心式	1720
CH-B-B1-1,2,3	B栋	螺杆式或磁浮离心式	1330

裙房A2的配套业务用房，空调系统采用变制冷剂流量的多联机系统。

（2）独立空调系统 客房、配套业务用房中需24h运行的功能用房设置多联机空调系统或分体空调，具体见表10-33。

表10-33 该宾馆空调系统设置

区域	系统方式	区域	系统方式
A楼10kV	多联机	B楼消防安保	分体空调
A楼消防安保	分体空调	B楼通信机房	分体空调
A楼信息机房	分体空调	B楼移动覆盖机房	分体空调（仅预留电源）
A楼移动覆盖机房	分体空调（仅预留电源）	A2裙房安保	分体空调
B楼低压配电室（地下）	多联机	A2裙房通信机房	分体空调
B楼高、低压配电室（地上）	多联机		

361

2. 空调水系统

A 楼和 B 楼的冷冻机房均设置在地下一层，分别设有 3 台变频冷水机组，冷冻水供/回水温度 6℃/12℃。同时各设置 1 台免费冷却板式换热器，换热量分别为 A 楼 1500kW、B 楼 1200kW。

客房由设置在地下一层的锅炉房内的热水锅炉提供高温热水，供/回水温度为 95℃/60℃（详见动力专业说明）。高温热水经水-水板式换热器换取供/回水温度为 50℃/40℃的一次热水供给地下室、裙房及塔楼各功能房间的空调末端以及大堂和游泳池的地面辐射供暖系统。

空调冷、热水系统均采用一级泵变流量系统，以末端压差控制水泵频率。

A 楼区域空调水系统采用四管制系统，B 楼区域空调水系统采用二管制系统（冷冻机房内通过阀门进行切换），系统工作压力均为 1.0MPa。

A 楼空调冷热水系统采用开式定压装置，B 楼空调冷热水系统采用闭式定压装置。空调冷热水系统均设置真空脱气机，水处理采用在线自动加药措施。

六、空调风系统

1. 各功能区域采用的空调系统形式（表 10-34）

表 10-34　该宾馆各功能区域的空调系统形式

主要区域	空调系统形式	气流组织形式	备注
客房	风机盘管+新风	侧送顶回	新风热回收
大堂	全空气定风量系统	顶送下侧回/侧送下侧回	可变新风比
餐饮	全空气定风量系统	顶送下侧回/顶送顶回	可变新风比
办公	风机盘管+新风	顶送顶回	过渡季加大新风量至 1.5 倍
宴会厅	全空气定风量系统	顶送顶回	可变新风比
A2 裙房办公	天花板内藏风管机+新风	顶送顶回	新风热回收

注：针对风量大于 3000m³/h 的全空气空调箱风机设置变频措施，部分负荷工况下可采取室内温度调节风量或运行手动调节风量的控制方式。

2. 空调箱新风接入方式

1）当空调箱设置在靠外墙的空调机房内时，外墙设防雨百叶，空调箱新风引入管接至外墙百叶。

2）当空调箱设置在内区的空调机房时，新风通过新风风管接至相应空调箱。

七、通风系统

1）各主要区域设置通风系统的具体参数详见表 10-35。

表 10-35　该宾馆各主要区域通风系统的参数

房间名称	排风		送风		备注
	换气次数/(次/h)	方式	换气次数/(次/h)	方式	
公共卫生间	15~20	机械	—	自然渗透补风	设风机盘管
热交换机房	8	机械	排风的 80%	机械	
水泵房	5	机械	4.5	机械	
变电所	按设备发热量计算	机械	排风的 80%	机械	按变压器容量的 1.5%确定发热量，同时设置空调

（续）

房间名称	排风		送风		备注
	换气次数 /（次/h）	方式	换气次数 /（次/h）	方式	
柴油发电机房	按样本数值	机械	排风与燃烧空气量之和	机械	—
储油间	6	机械	排风的 80%	机械	风机防爆型
油箱间	6	机械	排风的 80%	机械	风机防爆型， 事故排风 12 次/h
冷冻机房	6	机械	排风的 80%	机械	事故排风 12 次/h
锅炉房	按设备发热量计算	机械	排风与燃烧空气量之和	机械	值班排风 3 次/h 事故排风 12 次/h
钢瓶间	5	机械	—	自然渗透补风	—
配电室、弱电间	8	机械	—	自然渗透补风	—
隔油间	15	机械	—	自然渗透补风	排风设活性炭过 滤器去除异味
垃圾房	15	机械	—	自然渗透补风	排风设活性炭过滤器， 湿垃圾间设有空调
厨房	60	机械	排风的 80%	机械	补风采用空调箱补风， 空调箱冷量按风量 30%计算 厨房灶台排风设置带孔 板补风的 UV 罩

2）采取气体灭火保护的机房换气次数按 8 次/h 计。考虑在发生火灾时能够关闭相应通风口，且在灾后有清除灭火气体的排风措施，排风口设置在房间下方。

3）所有全空气系统均设置平衡排风，排风量为系统最小新风量的 80%。

八、防、排烟系统

详见消防设计专篇中暖通专业消防设计。

九、自动控制系统

设置楼宇自控系统，采用 DDC 检测、监控，使所有空调及通风设备实现自动启停、调节控制。包括能量控制、空调系统的焓值控制、新风量控制、设备的启停时间和运行方式控制、温湿度设定控制、送风温度控制、自动显示和记录。冷冻机房范围内的空调水系统采用机房群控系统，楼宇自控系统对其只监不控。

（1）冷冻机房群控系统 冷冻机房设置独立机房群控系统，包括进行空调负荷监测，冷水机组、冷却塔、水泵运转台数自动控制，变频水泵控制、冷水供水温度控制等，实现优化控制，以达到高效运行。

（2）空调系统控制 根据室内温度控制回水管上的动态二通平衡调节阀；空调机组风机启停、故障、报警、运行状态显示和手自动状态显示；空调系统各种温、湿度监示；空调机组风过滤器阻塞报警；水侧自控阀与空调系统联锁运行；与 BA 系统通信实现监示、启停和再设定；空调季空调系统采用二氧化碳新风节能控制；过渡季及冬季采用变新风控制及全新风控制。

（3）新风控制系统 根据新风送风温度控制回水管上的动态二通平衡调节阀；新风空调机

组风机启停、故障、报警、运行状态显示和手自动状态显示；新风系统各种温、湿度监示；风机组风过滤器阻塞报警；水侧自控阀与新风空调系统联锁运行；与 BA 系统通信实现监示、启停和再设定、过渡季变新风量运行。

（4）风机盘管控制　以房间温度为控制目标，调节风机盘管回水管上设置的动态平衡电动二通阀（ON-OFF）；风机盘管均为就地控制，带三速开关。

（5）变制冷剂流量空调系统（VRF）控制　变制冷剂流量空调系统自带控制系统，实现室温控制。

（6）其他系统控制　通风系统风机启停控制、故障报警、运行状态和手/自动状态监示；各种电动设备的启停控制、故障报警、运行状态和手自动状态监示；冷热量计量要求；所有消防防排烟设备纳入消防控制中心统一管理，楼宇自动控制系统将有接口与消防中心进行通信。

十、风道、管道的材料及保温材料

1. 风管材料及保温

空调风管、通风管与消防排烟风管采用镀锌钢板制作（表 10-36），长边小于 2000mm 的空调风管、通风管采用共板法兰连接，长边大于或等于 2000mm 的空调风管、通风管及消防风管采用角钢法兰连接。风管的制作、配件、钢板厚度和允许漏风量、风管间连接及加固等均应按《通风与空调工程施工质量验收规范》（GB 50243—2016）的规定。

表 10-36　空调风管、排烟风管尺寸

风管直径或长边尺寸 b/mm	钢板厚度/mm	排烟风管厚度/mm	风管角钢法兰尺寸/mm 肢宽×肢厚
$b \leqslant 450$	0.6	0.75	25×3
$450 < b \leqslant 1000$	0.75	1.0	30×3
$1000 < b \leqslant 1500$	1.0	1.2	30×3
$1500 < b \leqslant 2000$	1.2	1.5	40×4
>2000	1.2	1.5	50×5

空调风管保温材料采用 A 级不燃离心玻璃棉，导热系数 $\leqslant 0.033$W/(m·K)。室内空调风管保温厚度 30mm，室外空调风管保温厚度 50mm。

当排烟管道穿越两个及两个以上防火分区或排烟管道在吊顶内时，采用耐火极限不低于 1h 的防火板包裹；穿越两个防火分区隔墙 2m 范围内的排烟风管，采用耐火极限不低于 3h 的防火板包裹。防火板隔热性能不低于 40mm 厚的岩棉。

厨房排油烟管道采用 1.2mm 厚奥氏体（304）不锈钢板制作。

2. 空调水管管材、配件与连接方式

空调水管管材与连接方式见表 10-37。

表 10-37　空调水管管材及连接方式

种类		管材及连接方式
空调水管	管径≤DN50	热镀锌钢管螺纹连接
	DN50<管径≤DN400	无缝钢管焊接或法兰接（无缝钢管规格见表 10-38）
	管径>DN400	螺旋缝电焊钢管焊接或法兰接（螺旋缝电焊钢管规格见表 10-39）

（续）

种类	管材及连接方式
空调冷凝水管、空调排水管	PVC-U 管粘接
给水管	热镀锌钢管

表 10-38　无缝钢管规格对照表　　　　　　（单位：mm）

公称管径 DN	50	70	80	100	125	150	200
外径×壁厚	57×3.5	76×3.5	89×4	108×4	133×4	159×4.5	219×6
公称管径 DN	250	300	350	400			
外径×壁厚	273×8	325×8	377×9	426×10			

表 10-39　螺旋缝电焊钢管规格对照表　　　　　　（单位：mm）

公称管径 DN	450	500	600	700	800	900
外径×壁厚	480×9	530×9	630×11	720×12	820×12	920×12
公称管径 DN	1000	1100	1200	1300	1400	1500
外径×壁厚	1020×12	1120×12	1220×14	1320×14	1420×14	1520×14

水管保温采用难燃 B1 级的闭孔橡塑保温材料（氧指数≥39，烟密度≤50），空调供回水管保温厚度见表 10-40。

表 10-40　空调水管保温材料及其性能参数

空调水管保温材料名称	导热系数/[W/(m·K)]	公称管径	保温厚度/mm
难燃 B1 级闭孔橡塑发泡保温材料	0.035（20℃）	室内管道　管径≤DN40	35
		室内管道　DN50<管径≤DN70	40
		室内管道　DN80<管径≤DN150	45
		室内管道　DN200<管径≤DN250	55
		室内管道　管径≥DN300	60
		室外管道　管径≤DN40	40
		室外管道　DN50<管径≤DN70	45
		室外管道　DN80<管径≤DN150	55
		室外管道　DN200<管径≤DN250	60
		室外管道　管径≥DN300	65

空气凝结水管保温厚度为 13mm。

3. 抗震支吊架

防排烟风管（含消防兼平时风管）及相关设备必须采用抗震支吊架，冷冻机房内相关管线应采用抗振支吊架，重力大于 1.8kN 的设备吊装应采用抗震支吊架，普通空调、通风风管可采用抗震支吊架。

十一、系统图及剖平面图

本案例摘录了部分空调水系统图、加压防烟系统图及排烟系统图，见图 10-5～图 10-7，部分空调风管平面图、空调水管平面图及防排烟平面图见图 10-8～图 10-10。

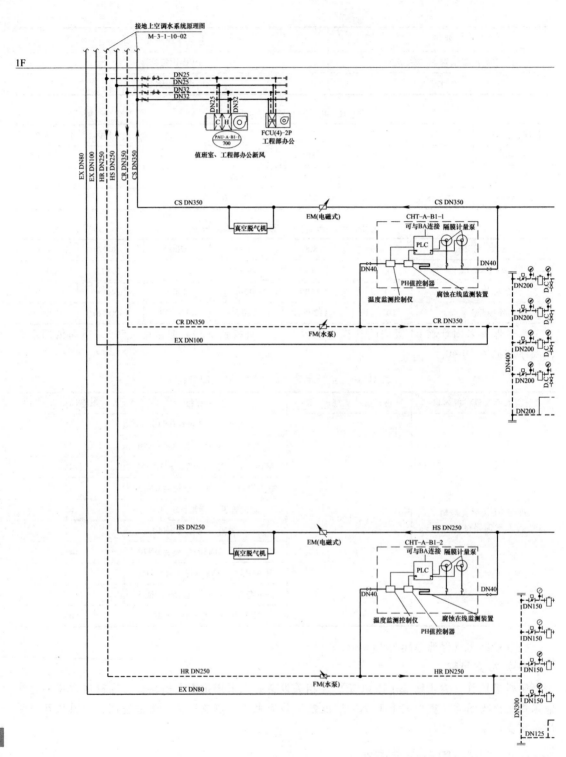

图 10-5　空调

水系统图

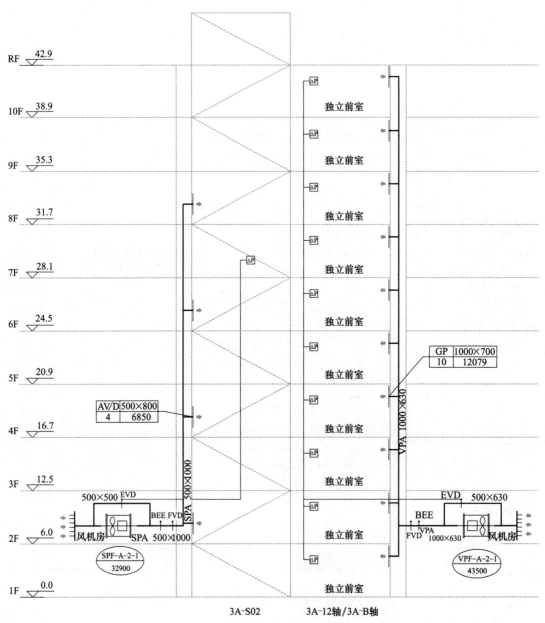

图 10-6 加压防烟系统图

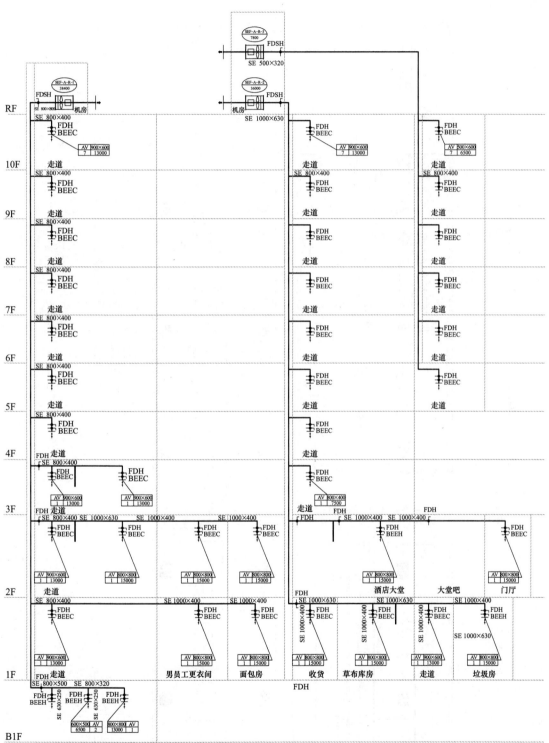

图 10-7　排烟系统图

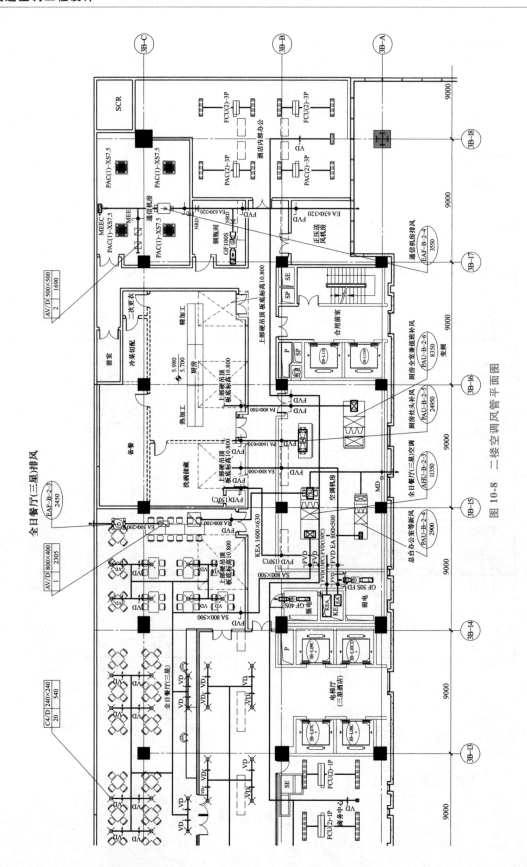

图 10-8　二楼空调风管平面图

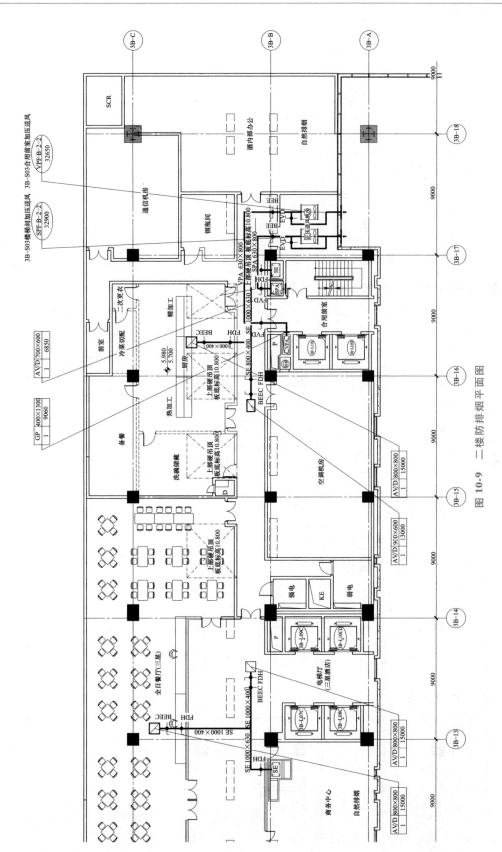

图 10-9　二楼防排烟平面图

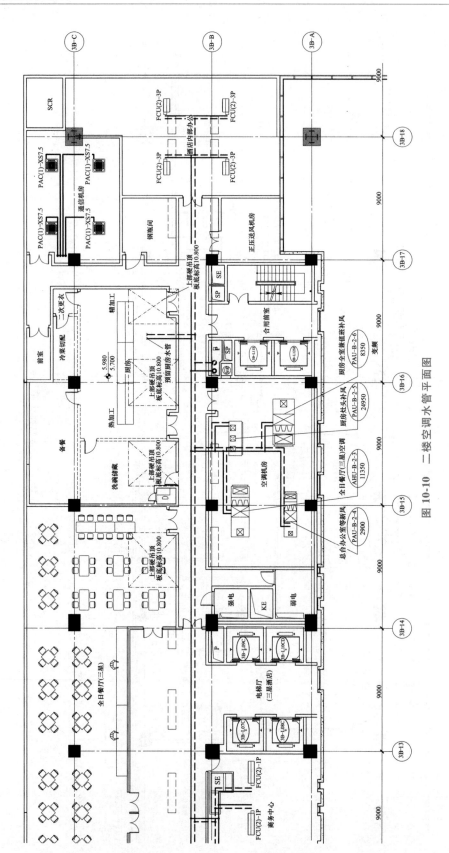

图 10-10 二楼空调水管平面图

第五节　上海市某办公楼暖通空调施工图设计

一、项目概况

该工程位于上海市，属夏热冬冷地区，包括一栋高层办公楼、附属裙房及地下车库。总用地面积 9162m²，总建筑面积 56075m²，其中地上建筑面积 32983m²，地下建筑面积 23092m²。建筑地下 3 层，地上 22 层，建筑高度 98.00m。为一类高层公共建筑，主要使用功能包括办公、大堂、商业、设备用房、地下车库等。该项目设计使用年限 50 年，耐火等级地上二级，地下一级，抗震等级为 7 度。该办公楼的建筑立面图见图 10-11。

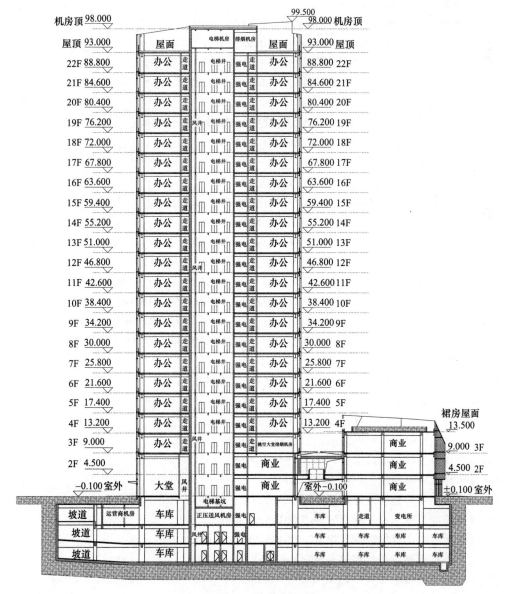

图 10-11　建筑立面图

二、设计内容和范围

（1）舒适性空调系统

（2）机械通风系统

（3）防排烟系统

三、设计依据

（1）建设单位提供的设计任务书

（2）各主管部门的方针政策和对本项目的意见等

（3）建筑图样以及其他配合专业的设计资料

（4）技术标准与规范

1）《民用建筑设计统一标准》（GB 50352—2019）。

2）《建筑工程设计文件编制深度规定》（2016 年版）。

3）《民用建筑供暖通风与空气调节设计规范》（GB 50736—2012）。

4）《建筑设计防火规范》（2018 年版）（GB 50016—2014）。

5）《建筑防烟排烟系统技术标准》（GB 51251—2017）。

6）《汽车库、修车库、停车场设计防火规范》（GB 50067—2014）。

7）《公共建筑节能设计标准》（GB 50189—2015）。

8）《公共建筑节能设计标准》（DGJ 08-107—2015）。

9）《公共建筑绿色设计标准》（DG/TJ 08-2143—2014）。

10）《民用建筑绿色设计规范》（JGJ/T 229—2010）。

11）《绿色建筑评价标准》（GB/T 50378—2019）。

12）《冷水机组能效限定值及能效等级》（GB 19577—2015）。

13）《清水离心泵能效限定值及节能评价值》（GB 19762—2007）。

14）《通风机能效限定值及能效等级》（GB 19761—2020）。

15）《房间空气调节器能效限定值及能效等级》（GB 21455—2019）。

16）《全国民用建筑工程设计技术措施　暖通空调·动力》（2009 年版）。

17）《全国民用建筑工程设计技术措施节能专篇　暖通空调、动力》（2007 年版）。

18）《锅炉房设计标准》（GB 50041—2020）。

19）《城镇燃气设计规范》（GB 50028—2006）（2020 版）。

20）《上海市城市煤气、天然气管道工程技术规程》（DGJ 08-10—2004）。

21）《锅炉大气污染物排放标准》（DB 31/387—2018）。

22）《饮食业环境保护技术规范》（HJ 554—2010）。

23）《餐饮业油烟排放标准》（DB 31/844—2014）。

24）《声环境质量标准》（GB 3096—2008）。

25）《社会生活环境噪声排放标准》（GB 22337—2008）。

26）《民用建筑隔声设计规范》（GB 50118—2010）。

27）《建筑机电工程抗震设计规范》（GB 50981—2014）。

28）《多联机空调系统工程技术规程》（JGJ 174—2010）。

29）《通风管道技术规程》（JGJ/T 141—2017）。

30）《建筑给水排水及采暖工程施工质量验收规范》（GB 50242—2002）。

31)《通风与空调工程施工质量验收规范》（GB 50243—2016）。

32）国家和上海市相关的其他规范和标准。

四、设计参数

1. 室外计算参数

项目位于上海市松江区，室外气象参数见表10-41。

表10-41　上海某办公楼暖通空调设计室外计算参数

室外气象参数	大气压力/hPa	空调计算干球温度/℃	空调计算湿球温度/℃	空调计算相对湿度(%)	供暖计算干球温度/℃	通风计算干球温度/℃	平均风速/(m/s)	最大冻土深度/cm
夏季	1005.4	34.4	27.9	—	—	31.2	3.1	—
冬季	1025.4	-2.2	—	75	-0.3	4.2	2.6	8

注：参照《民规》附录A中的上海数据。

2. 围护结构热工计算参数（表10-42）

表10-42　该办公楼围护结构热工计算参数

围护结构名称		设计指标
屋面	传热系数	$0.47 \text{ W}/(\text{m}^2 \cdot \text{K})$
非透光幕墙	传热系数	$0.38 \text{ W}/(\text{m}^2 \cdot \text{K})$
涂料外墙	传热系数	$0.63 \text{ W}/(\text{m}^2 \cdot \text{K})$
底面接触室外空气的架空层或外挑楼板	传热系数	$0.67 \text{ W}/(\text{m}^2 \cdot \text{K})$
地上供暖空调房间的地下室顶板	热阻	$0.311 \text{ m}^2 \cdot \text{K/W}$
外窗(含透光幕墙)	东 传热系数	$2.0 \text{ W}/(\text{m}^2 \cdot \text{K})$
	东 太阳的热系统 SHGC	0.30
	南 传热系数	$2.0 \text{ W}/(\text{m}^2 \cdot \text{K})$
	南 太阳的热系统 SHGC	0.30
	西 传热系数	$2.0 \text{ W}/(\text{m}^2 \cdot \text{K})$
	西 太阳的热系统 SHGC	0.30
	北 传热系数	$2.0 \text{ W}/(\text{m}^2 \cdot \text{K})$
	北 太阳的热系统 SHGC	0.30

3. 室内设计参数

（1）空调系统　该办公楼空调系统室内计算参数见表10-43。

表10-43　该办公楼空调系统室内计算参数

房间名称	夏季		冬季		新风量 m³/(h·人)	人员密度 人/m²	照明与设备功率 W/m²	允许噪声 dB(A)	设计风速 m/s
	温度/℃	相对湿度(%)	温度/℃	相对湿度(%)					
大堂	25	≤65	19	≥30	30	0.1	4/10	≤50	≤0.25
办公	25	≤60	20	≥30	30	0.1	8/15	≤45	≤0.25
消控中心	25	≤60	20	≥30	30	0.1	10/25	≤45	≤0.25
电梯厅	25	≤60	20	≥30	30	0.1	4/10	≤45	≤0.25

（2）机械通风　该办公楼机械通风计算参数见表 10-44。

表 10-44　该办公楼机械通风计算参数

房间名称	换气次数/(次/h)	备注
变电所	按设备发热量计算	机械排风、机械补风，并设置空调
冷冻机房	6（平时）/12（事故）	机械排风、机械补风
锅炉房	6（平时）/12（事故）	机械排风、机械补风
水泵房	4	机械排风、机械补风
公共卫生间	15	机械排风、设置空调调温
电用房	6	机械排风、自然或机械补风
弱电用房	按设备发热量计算	机械排风、自然或机械补风
垃圾房	12	机械排风、设置分体空调降温
地下机动车库	6	机械排风、自然或机械补风
储藏、库房（非空调房间）	2	机械排风、自然或机械补风
设气体灭火的场所	≥5（消防事故后通风）	机械排风、自然或机械补风

（3）防排烟　该办公楼防排烟计算参数见表 10-45。

表 10-45　该办公楼防排烟计算参数

项目	部位	消防排烟量/加压送风量/自然通风措施
防烟	防烟楼梯间	机械加压送风，送风量计算确定
	合用前室	机械加压送风，送风量计算确定
	消防电梯前室	机械加压送风，送风量计算确定
	设置多个门的前室	机械加压送风，送风量计算确定
排烟	地下机动车库	机械排烟量每个防烟分区 30000 ~ 45000m³/h，按净高确定
	地下非机动车库	60m³/(h·m²)，且≥15000m³/h
	中庭	自然或机械排烟，根据周边场所排烟系统设置情况确定排烟量
	有自然排烟条件、净高≤6m 的场所	设置开启排烟外窗，可开启面积≥房间面积的 2%
	有自然排烟条件、净高>6m 的场所	设置开启排烟外窗，可开启面积由计算确定
	有自然排烟条件的走道	走道两端设置≥2m² 的自然排烟窗
	无自然排烟条件的走道	60m³/(h·m²)，且≥13000m³/h
	地上外窗不满足自然排烟要求、净高≤6m、面积≥100m² 的场所	60m³/(h·m²)，且≥15000m³/h
	地下及地上无可开启外窗，净高>6m、面积>100m² 的场所	排烟量根据规范要求计算确定
排烟补风	无自然进风条件的防火分区设置机械补风，补风量≥50%排烟量；自然补风口风速≤3.0m/s	

五、空调供暖计算冷、热负荷

采用 HDY-SMAD 空调负荷计算及分析软件 V4.0 版进行逐时逐项计算，得出该项目夏季空调冷负荷 4600kW，单位建筑面积冷负荷指标 82.0W/m²；冬季空调供暖热负荷 2215kW，单位建筑

面积热负荷指标 $39.5W/m^2$。各层典型房间的负荷见表 10-46。

表 10-46　典型房间的负荷统计表

部位	楼层	房间面积	房间用途	夏季						冬季	
				室内冷负荷（全热）	夏季室内湿负荷	新风量	总冷负荷（全热）	新风冷负荷	总冷指标	总热负荷（全热）	新风热负荷
		m^2		kW	kg/h	m^3/h	kW	kW	W/m^2	kW	kW
裙楼	1F	732	大堂	304.8	26.9	4392	359.4	54.7	492	−125.1	−54.5
		998	商业	237.5	91.3	14970	423.2	185.6	424.0	−169.7	−73.9
	2F	998	商业	237.5	91.3	14970	423.2	185.6	424.0	−169.7	−73.9
	3F	426	商业	95.0	36.5	5988	169.3	74.3	169.6	−67.9	−29.5
		410	办公	73.3	4.7	1169	90.3	17.0	221	−27.8	−14.5
塔楼	低区标准层 4~13F	1390	办公	158.7	13.1	3213	205.4	46.6	148	−98.9	−39.9
	高区标准层 14~21F	1390	办公	176.7	16.2	3983	234.6	57.8	169	−118.2	−49.4
	顶层 22F	1390	办公	169.3	13.6	3341	217.8	48.5	157	−124.3	−41.5
总计		31275		3551.2	306.3	72892	4600.3	1049.1	148	−2215.6	−904.3

六、设计内容

1. 空调系统

（1）冷热源　根据项目定位、建筑条件、周边市政条件及使用需求，该项目空调冷热源采用电驱动水冷冷水机组+燃气真空热水机组的形式，服务于首层大堂、2~22 层办公等场所（不含 1~3 层辅助商业）及地下一层、地下二层新风处理。

根据建筑物总冷负荷，选用 3 台 1635kW 螺杆式水冷冷水机组。冷水机组及冷却水泵、冷冻水泵、热回收循环水泵、辅机设置在地下一层−6.0m 标高冷冻机房内。冷却塔选用 3 组 2 模块低噪声开式冷却塔模块，冷却塔设置在附属商业裙房屋面标高为+9.0m 的屋面设备平台上。

根据建筑物总热负荷，热水机组选用 2 台 1163kW 燃气低氮真空热水机组。热水机组设置在地下一层−6.0m 标高锅炉房内。热水机组烟囱引至附属商业裙房屋面（标高为+13.5m）排放。热水机组用燃气自市政中压燃气管网接入基地并引至锅炉房内。锅炉房毗邻下沉式天井，锅炉房靠近天井侧外墙设置泄爆口，面积不小于机房面积10%。

冷水机组冷冻水设计供/回水温度 6℃/12℃，冷却水设计供/回水温度 32℃/37℃；热水锅炉热水设计供/回水温度 60℃/45℃。

附属商业用房设计空气源热泵型多联式空调及新排风系统，其中空气源热泵型多联式空调设备基础设置于商业裙房屋顶，新风百叶、排风百叶设置在外墙不同朝向的立面上。

该项目中有特殊用途要求或需要 24h 连续运行的房间，如消控室、变电所、垃圾房等，将根据不同需求设置空气源热泵型多联式空调或分体式空调机等。该办公楼的冷热源布置示意见图 10-12。

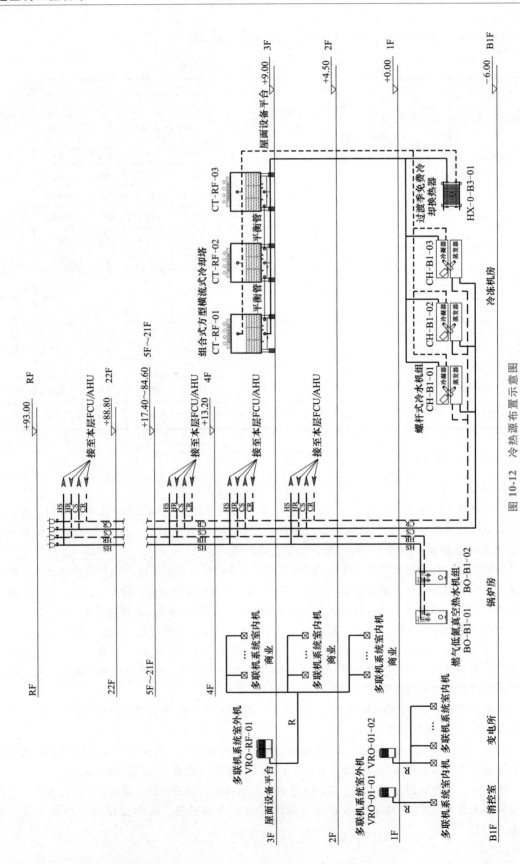

图 10-12 冷热源布置示意图

（2）空调水系统

1）空调冷热水系统采用四管制、异程式、一级泵系统，见图10-13。

2）空调冷冻水主机与冷冻水循环泵均定流量运行，供回水干管之间设置压差旁通控制，并根据冷量需求进行台数控制。冷冻水系统采用闭式定压膨胀机组定压，定压高度101m（-6.0m标高）。热水主机与热水循环泵均定流量运行，供回水干管之间设置压差旁通控制，并根据冷量、热量需求进行台数控制。空调热水系统采用闭式定压膨胀机组定压，定压高度101m（-6.0m标高）。

3）空调冷冻水系统设计供/回水温度6℃/12℃，空调热水系统设计供/回水温度60℃/45℃。空调冷热水系统设置化学加药装置、微泡排气除污装置。热水采用软化水补水。相关辅机均布置在冷冻机房和锅炉房内。

4）空调冷、热源机房内总管上设置冷热量计量表。空调机组末端采用动态平衡电动两通调节阀，风机盘管回水管上设置带计量功能的动态平衡电动调节阀，见图10-14。

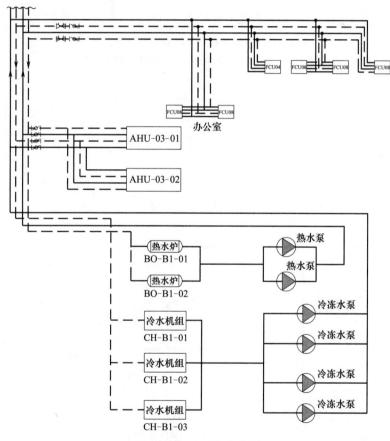

图 10-13　水系统示意图

5）冷却水循环系统采用一次泵定流量系统，冷却水泵与冷水机组对应设置；冷却水供、回水主管设置旁通控制阀，以保证进入冷水机组的冷却水温不低于15.5℃。冷却塔设置于附属商业裙房屋面（标高为+9.0m），见图10-15。循环冷却水系统设置物理旁流、化学加药水处理措施，冷却塔采用加深集水盘并设置平衡管，避免冷却水泵停泵时冷却水溢出。冷却塔采用自来水补水。

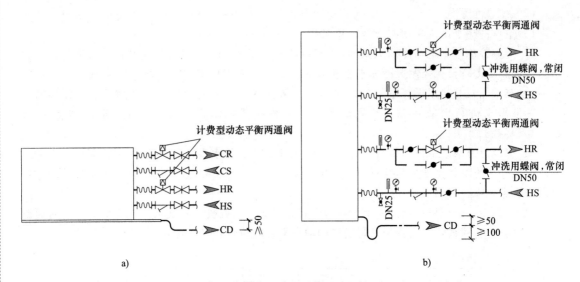

图 10-14　末端动态平衡电动调节阀示意图

a）四管制风机盘管机组接管示意　b）四管制空调机组接管示意

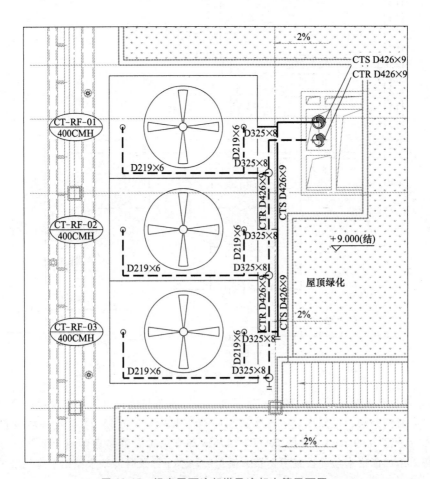

图 10-15　裙房屋面冷却塔及冷却水管平面图

6）空调冷热水循环泵、冷却水循环泵按效率高于《清水离心泵能效限定值及节能评价值》（GB 19762—2007）表 1 的要求选用。

① 冷冻水循环泵扬程估算：

蒸发器 5m+2 个 Y 型过滤器 2m+平衡阀 4m+末端设备 AHU 5m+其他局部阻力 5m=21m

管路阻力：总管长 500m×150Pa/m=7.5m

则 $H=(21+7.5)\text{m}×1.1=32\text{m}$，取 34m。

② 冷却水循环泵扬程计算：

冷凝器 5m+Y 型过滤器 1m+冷却塔积水盘至入水管高差 4m+冷却塔出口喷水压力 5m+其他局部阻力 5m=20m

管路阻力：总管长 50m×150Pa/m=0.75m

则 $H=(20+0.75)\text{m}×1.1=23\text{m}$，取 26m。

③ 空调热水循环泵扬程计算：

锅炉换热器 5m+2 个 Y 型过滤器 2m+平衡阀 4m+末端设备 AHU5m+其他阀门 5m=21m

管路阻力：总管长 500m×100Pa/m=5.0m

则 $H=(21+5.0)\text{m}×1.1=28.6\text{m}$，取 30m。

空调系统耗电输冷比计算及限值判断见表 10-47。

表 10-47　空调系统耗电输冷比计算及限值判断（冷冻水循环泵）

空调系统耗电输冷比计算表					
设计值计算相关数据：					
循环水泵编号	设计流量 G	设计扬程 H	工作点效率 η	数量	$G×H/\eta$
	m^3/h	mH_2O	%	台	
CWP-B1-01～03	260	34.0	80.0	3	33150
总冷量 $\sum Q/\text{kW}$	4221				
限定值计算相关数据：					
系统组成	一级泵,冷水系统			四管制	
A	0.003749				
B	28				
α	0.02				
$\sum L$	400				
ΔT	5				
耗电输冷比 ECR					
设计值 $0.003096\sum(G×H/\eta)/\sum Q$	0.02431				
限定值 $A(B+\alpha\sum L)/\Delta T$	0.02699				
合格判定（是/否）	是				

空调系统耗电输热比计算及限值判断见表 10-48。

表 10-48　空调系统耗电输冷比计算及限值判断（热水循环泵）

空调系统耗电输热比计算表					
设计值计算相关数据：					
循环水泵编号	设计流量 G	设计扬程 H	工作点效率 η	数量	$G \times H / \eta$
	m³/h	mH₂O	%	台	
HWP-B1-01~03	75	30.0	80.0	3	8438
总热量 $\sum Q$/kW	8123				
限定值计算相关数据：					
系统组成	一级泵，热水系统		二管制		夏热冬冷
A	0.003858				
B	21				
$\alpha = \alpha_1 + \alpha_2 / \sum L$	0.00240				
$\sum L$	400				
ΔT	10				
耗电输热比 EHR					
设计值 $0.003096 \sum (G \times H / \eta) / \sum Q$	0.00322				
限定值 $A(B + \alpha \sum L) / \Delta T$	0.00847				
合格判定（是/否）	是				

（3）空调风系统

1）门厅等大空间采用低速定风量全空气系统，根据房间的空间情况采用相应的气流组织形式。一层门厅采用温控型旋流风口，顶送顶回。

2）除采用全空气系统的区域之外，其他区域均采用风机盘管+新风系统，风口采用散流器或百叶风口。新风系统采用竖向系统设置，由地下室的直流式新风机组和屋顶的转轮式热回收机组统一处理后，送至每层水平支管。转轮式热回收机组设置旁通，旁通风量不小于最大送风量的 60%。排风系统统一经竖井排至屋顶，水平支管设置电动风阀，风阀接入 BA 系统，当层办公未使用时，可通过 BA 控制关闭。

3）新风空调箱及空调箱加湿均采用湿膜加湿，并设置板式 G4+袋式 F7 过滤器。

4）全空气系统采取实现全新风运行或可调新风比的措施。新风量的控制与工况的转换，采用新风和回风的焓值控制方法。定风量全空气空调系统最大总新风比不低于 50%。

2. 通风系统

1）地下垃圾房等有污染的区域按 12 次/h 换气次数计算，排风接至竖井至室外排放。

2）机动车库设置机械排风系统，按 6 次/h 换气次数和浓度稀释法计算，并取大值；设置 CO 浓度探测装置，根据 CO 浓度控制送排风机启停，补风为自然或机械送风方式。

3）变配电间设有机械送、排风系统，通风量按热平衡计算确定。

4）机电用房设有机械排风系统，通风换气次数 4~6 次/h，冷冻机房事故排风 12 次/h。

5）锅炉房设置机械送、排系统，平时通风及事故通风换气次数均为 12 次/h，事故通风采用防爆风机。锅炉房设置泄爆口，泄爆口面积大于锅炉房占地面积的10%。锅炉房烟囱设于商业裙房屋面，烟囱顶部高于建筑完成面3m。

6）地下垃圾房、隔油泵房等有异味的房间设置机械排风系统，并设置除异味净化装置；垃圾房内设置分体空调。

7）各个卫生间设有机械排风系统，换气次数15次/h。办公区每层卫生间设置静音箱管道风机，排风接入竖井，屋顶设置柜式离心风机将各层排风统一排至室外。

8）设置气体灭火的房间，应设置事故后排风风机，换气次数不小于5次/h。

9）事故通风风机及事故后排风风机在房间内外便于操作的地点分别设置启停按钮。

10）风机均须设置在弹簧减振基座上，减振基座必须由专业厂家根据工程实际情形和风机自身特性计算设计选型。

3.防排烟系统

（1）防烟　首层直通室外的地下楼梯间、顶层直通屋面的地上楼梯间、靠外墙的楼梯间，具备自然通风条件时，防烟系统采用自然通风的方式；不满足自然通风条件的楼梯间采用机械加压送风方式。前室、合用前室防烟系统采用机械加压送风方式。各系统加压送风量及服务区域见表10-49。

表10-49　各系统加压送风量及服务区域

系统名称	服务区域	系统负担高度/m	系统负担层数	计算送风量/(m³/h)	安全系数	设计送风量/(m³/h)
地下防烟楼梯间—楼梯间	楼梯间	14	3	8595.71	1.2	10314.85
地下防烟楼梯间—合用前室	前室	14	3	24970.68	1.2	29964.82
地上防烟楼梯间—楼梯间	楼梯间	93	22	31584	1.2	37900.80
地下消防电梯前室	前室	14	3	32400	1.2	38880.00
地上防烟楼梯间—合用前室	前室	93	22	29452.68	1.2	35343.22
地下人防封闭楼梯间—前室	前室	14	3	31104	1.2	37324.80

（2）排烟

1）设置排烟系统的场所均划分防烟分区，且防烟分区不跨越防火分区。地下机动车库防烟分区按≤2000m²划分；其他区域防烟分区取最大允许面积及长边长度按《建筑防烟排烟系统技术标准》（GB 51251—2017）第4.2.4条执行。

2）防烟分区采用土建分隔或选用符合《挡烟垂壁》（XF 533—2012）并经过CCCF认证的产品。地下车库区域采用结构板下≥500mm结构梁分隔，其他区域采用固定式单片钢化防火玻璃（厚度6mm）或电动挡烟垂壁，具体位置及高度要求见平面图样标注。

3）地下机动车库：设有机械通风兼消防排烟风机，平时通风，火灾时排烟；每个防烟分区排烟量根据车库净高确定；地下一层车库采用通向室外地面车道自然补风，地下二层车库补风采用机械送风方式，补风风量不小于排烟量的50%。

4）地下及地上长度≥20m走道及面积≥50m²的房间设置机械排烟系统，按防火分区设置水平独立系统或接入竖向排烟系统。排烟补风按防火分区通过外窗、外门等自然补风或设置机械补风系统（补风量≥50%排烟量），自然补风口的风速≤3m/s。竖向排烟系统负担高度≤50m，排烟风机设置在屋顶排烟机房内。

5）门厅等高大空间采用机械排烟方式独立设置排烟风机，排烟风机及其专用机房就近设置。补风采用自然补风。

（3）防排烟系统设施配置控制方式

1）机械加压送风风机采用轴流风机或中、低压离心风机；送风机设置在专用的风机房内。风机房采用耐火极限不低于2.5h隔墙和1.5h的楼板与其他部位隔开，隔墙上的门采用甲级防火门。

2）排烟风机采用离心式或轴流排烟风机（满足280℃时连续工作30min的要求），排烟风机入口处设置能自动关闭的排烟防火阀，并联锁关闭排烟风机。当系统中任一排烟口或排烟阀开启时，排烟风机自行启动。

3）该项目除地下车库外，排烟系统与通风、空气调节系统分开设置，排烟口采用常闭排烟阀加常开百叶风口的形式。

4）加压送风口设置：楼梯间每隔2~3层设一个自垂式百叶送风口；前室每层设一个常闭式加压送风口，灾时由消防控制中心联动开启火灾层的送风口；送风口的风速不大于7m/s。

5）排烟口的设置设在储烟仓内；排烟口常闭，火灾发生时由火灾自动报警装置联动开启排烟区域的排烟口，且在现场设置手动开启装置；排烟口的设置使烟流方向与人员疏散方向相反，排烟口与安全出口的距离不小于1.5m（尽量远离安全出口）；风速不大于10m/s。

6）无自然进风条件的排烟系统，补风量不小于排烟量的50%，空气直接从室外引入，且送风口或空气入口应设在储烟仓以下。

7）正压送风系统根据压差法的计算结果，采取设置压差旁通阀的超压控制措施。

8）所有防排烟系统风机均与消防报警系统联锁。当火灾被确认后，消防控制中心能在15s内联动开启排烟区域的排烟口和排烟风机、着火所在防火分区楼梯间的全部加压送风风机，并在30s内自动关闭与排烟无关的通风、空气调节系统；15s内联动相应防烟分区的全部活动挡烟垂壁，60s以内挡烟垂壁应开启到位。相关具体设计见电气专业图。

（4）通风空调系统的防火措施　所有通风及空调系统均采用不燃难燃的设备和材料，风管采用镀锌钢板制作。

在通风系统和空调系统中，风管穿越防火墙、防火隔断、穿越变形缝的两侧、穿越通风空调机房及重要的或火灾危险大的房间隔墙和楼板处、水平风管与竖向风管连接处均设有防火调节阀［常开，电动关闭或70℃（150℃）熔断关闭］。

排烟风管与可燃或难燃物体之间的距离≥150mm，或采用厚度50mm离心玻璃棉板隔热。

防火封堵：防排烟、通风和空气调节系统中的管道在穿越防火隔墙、楼板和防火墙处的孔隙采用防火封堵材料封堵。

4. 锅炉烟风系统

锅炉燃烧器维持炉膛微正压；燃烧空气由通风系统送入锅炉房后由燃烧器直接吸入。燃烧产生的烟气经烟道蝶阀后接入不锈钢烟囱，出屋面3m高空排放，顶端标高+13.50m，见图10-16。机组烟囱内径700mm，保温层厚度100mm，内胆1.0mm0Cr18Ni9（SUS304）不锈钢，外胆0.8mm0Cr18Ni9（SUS304）不锈钢，保温介质为硅酸铝纤维棉，见图10-17。

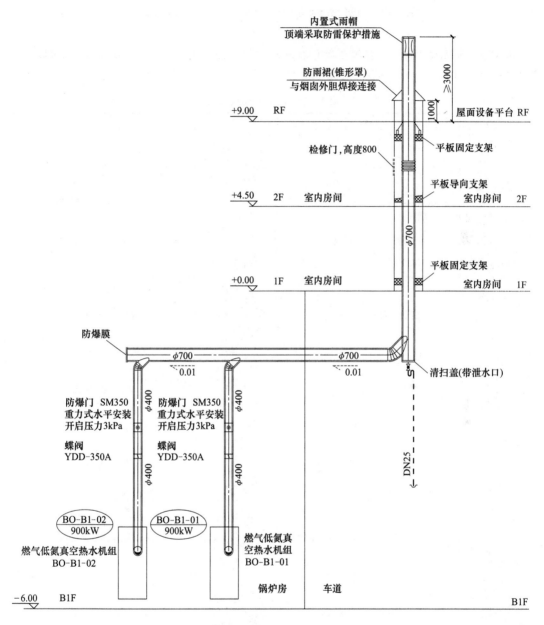

图 10-16 锅炉房烟囱竖向示意图

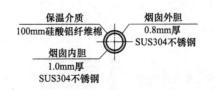

图 10-17 烟囱保温示意图

385

第六节　暖通空调施工图（二维码链接）

由于篇幅及图幅限制，本案例在施工图基础上进行修改，摘录部分供读者参考，为尽可能体现设计原貌，对摘录的图样按图样目录顺序列出，见表10-50。扫描二维码即可查看相应图。

表 10-50　暖通空调施工图

二维码	图名	二维码	图名
	图纸目录		地上屋顶层空调水管风管平面图
	主要设备及材料		防烟系统原理图
	暖通空调设计图例(一)		排烟系统原理图
	暖通空调设计图例(二)		空调末端水系统流程图
	地上三层平时空调通风平面图		冷冻机房空调冷水系统原理图
	地上标准层平时空调通风平面图		锅炉房空调热水系统原理图
	地上屋顶层平时空调通风平面图		地上三层防排烟风管平面图
	地上三层空调水管风管平面图		地上标准层防排烟风管平面图
	地上标准层空调水管风管平面图		地上屋顶层防排烟风管平面图

（续）

二维码	图名	二维码	图名
	冷冻机房管线平面布置图		通风空调节点详图(二)
	锅炉房管线平面布置图		通风空调节点详图(三)
	租户冷却水系统原理图		通风空调节点详图(四)
	通风空调节点详图(一)		

二维码形式客观题

微信扫描二维码，可在线做题，提交后可查看答案。

第十章
客观题

附　　录

附录1　严寒地区甲类公共建筑围护结构热工性能限值

围护结构部位		A、B 区		C 区	
		体形系数 ≤0.30	0.30<体形 系数≤0.50	体形系数 ≤0.30	0.30<体形 系数≤0.50
		传热系数 K/[W/(m²·K)]			
屋面		≤0.25	≤0.20	≤0.30	≤0.25
外墙(包括非透光幕墙)		≤0.35	≤0.30	≤0.38	≤0.35
底面接触室外空气的架空或外挑楼板		≤0.35	≤0.30	≤0.38	≤0.35
地下车库与供暖房间之间的楼板		≤0.50	≤0.50	≤0.70	≤0.70
非供暖楼梯间与供暖房间之间的隔墙		≤0.80	≤0.80	≤1.0	≤1.0
单一立面外窗 (包括透光幕墙)	窗墙面积比≤0.20	≤2.5	≤2.2	≤2.7	≤2.5
	0.20<窗墙面积比≤0.30	≤2.3	≤2.0	≤2.4	≤2.0
	0.30<窗墙面积比≤0.40	≤2.0	≤1.6	≤2.1	≤1.9
	0.40<窗墙面积比≤0.50	≤1.7	≤1.5	≤1.7	≤1.6
	0.50<窗墙面积比≤0.60	≤1.4	≤1.3	≤1.5	≤1.5
	0.60<窗墙面积比≤0.70	≤1.4	≤1.3	≤1.5	≤1.5
	0.70<窗墙面积比≤0.80	≤1.3	≤1.2	≤1.4	≤1.4
	窗墙面积比>0.80	≤1.2	≤1.1	≤1.3	≤1.2
屋顶透光部分(屋顶透光部分面积≤20%)		≤1.8		≤2.3	
围护结构部位		保温材料层热阻 R(m²·K/W)			
周边地面		≥1.1			
供暖地下室与土壤接触的外墙		≥1.5			
变形缝(两侧墙内保温时)		≥1.2			

附录2　寒冷地区甲类公共建筑围护结构热工性能限值

围护结构部位		体形系数≤0.30		0.30<体形系数≤0.50	
		传热系数 K [W/(m²·K)]	太阳得热系数 SHGC(东、南、 西向/北向)	传热系数 K [W/(m²·K)]	太阳得热系数 SHGC(东、南、 西向/北向)
屋面		≤0.40	—	≤0.35	—
外墙(包括非透光幕墙)		≤0.50	—	≤0.45	—
底面接触室外空气的架空或外挑楼板		≤0.50	—	≤0.45	—
地下车库与供暖房间之间的楼板		≤1.0	—	≤1.0	—
非供暖楼梯间与供暖房间之间的隔墙		≤1.2	—	≤1.2	—
单一立面外窗 (包括透光幕墙)	窗墙面积比≤0.20	≤2.5	—	≤2.5	—
	0.20<窗墙面积比≤0.30	≤2.5	≤0.48/—	≤2.4	≤0.48/—
	0.30<窗墙面积比≤0.40	≤2.0	≤0.40/—	≤1.8	≤0.40/—
	0.40<窗墙面积比≤0.50	≤1.9	≤0.40/—	≤1.7	≤0.40/—
	0.50<窗墙面积比≤0.60	≤1.8	≤0.35/—	≤1.6	≤0.35/—
	0.60<窗墙面积比≤0.70	≤1.7	≤0.30/0.40	≤1.6	≤0.30/0.40

（续）

围护结构部位		体形系数≤0.30		0.30<体形系数≤0.50	
		传热系数 K/ [W/(m²·K)]	太阳得热系数 SHGC（东、南、西向/北向）	传热系数 K/ [W/(m²·K)]	太阳得热系数 SHGC（东、南、西向/北向）
单一立面外窗（包括透光幕墙）	0.70<窗墙面积比≤0.80	≤1.5	≤0.30/0.40	≤1.4	≤0.30/0.40
	窗墙面积比>0.80	≤1.3	≤0.25/0.40	≤1.3	≤0.25/0.40
屋顶透光部分（屋顶透光部分面积≤20%）		≤2.4	≤0.35	≤2.4	≤0.35
围护结构部位		保温材料层热阻 R(m²·K/W)			
周边地面		≥0.60			
供暖、空调地下室与土壤接触的外墙		≥0.90			
变形墙（两侧墙内保温时）		≥0.90			

附录 3　夏热冬冷地区甲类公共建筑围护结构热工性能限值

围护结构部位		传热系数 K/[W/(m²·K)]	太阳得热系数 SHGC（东、南、西向/北向）
屋面		≤0.40	—
外墙（包括非透光幕墙）	围护结构热惰性指标 D≤2.5	≤0.60	—
	围护结构热惰性指标 D>2.5	≤0.80	
底面接触室外空气的架空或外挑楼板		≤0.70	—
单一立面外窗（包括透光幕墙）	窗墙面积比≤0.20	≤3.0	≤0.45
	0.20<窗墙面积比≤0.30	≤2.6	≤0.40/0.45
	0.30<窗墙面积比≤0.40	≤2.2	≤0.35/0.40
	0.40<窗墙面积比≤0.50	≤2.2	≤0.30/0.35
	0.50<窗墙面积比≤0.60	≤2.1	≤0.30/0.35
	0.60<窗墙面积比≤0.70	≤2.1	≤0.25/0.30
	0.70<窗墙面积比≤0.80	≤2.0	≤0.25/0.30
	窗墙面积比>0.80	≤1.8	≤0.20
屋顶透光部分（屋顶透光部分面积≤20%）		≤2.2	≤0.30

附录 4　夏热冬暖地区甲类公共建筑围护结构热工性能限值

围护结构部位		传热系数 K/[W/(m²·K)]	太阳得热系数 SHGC（东、南、西向/北向）
屋面		≤0.40	—
外墙（包括非透光幕墙）	围护结构热惰性指标 D≤2.5	≤0.70	—
	围护结构热惰性指标 D>2.5	≤1.5	
底面接触室外空气的架空或外挑楼板		≤1.5	—
单一立面外窗（包括透光幕墙）	窗墙面积比≤0.20	≤4.0	≤0.40
	0.20<窗墙面积比≤0.30	≤3.0	≤0.35/0.40
	0.30<窗墙面积比≤0.40	≤2.5	≤0.30/0.35
	0.40<窗墙面积比≤0.50	≤2.5	≤0.25/0.30
	0.50<窗墙面积比≤0.60	≤2.4	≤0.20/0.25
	0.60<窗墙面积比≤0.70	≤2.4	≤0.20/0.25
	0.70<窗墙面积比≤0.80	≤2.4	≤0.18/0.24
	窗墙面积比>0.80	≤2.0	≤0.18
屋顶透光部分（屋顶透光部分面积≤20%）		≤2.5	≤0.25

附录5 温和A区甲类公共建筑围护结构热工性能限值

围护结构部位		传热系数 $K/[W/(m^2 \cdot K)]$	太阳得热系数 SHGC（东、南、西向/北向）
屋面	围护结构热惰性指标 $D \leq 2.5$	≤ 0.50	—
	围护结构热惰性指标 $D > 2.5$	≤ 0.80	
外墙（包括非透光幕墙）	围护结构热惰性指标 $D \leq 2.5$	≤ 0.80	—
	围护结构热惰性指标 $D > 2.5$	≤ 1.5	
单一立面外窗（包括透光幕墙）	窗墙面积比 ≤ 0.20	≤ 5.2	—
	$0.20 <$ 窗墙面积比 ≤ 0.30	≤ 4.0	$\leq 0.40/0.45$
	$0.30 <$ 窗墙面积比 ≤ 0.40	≤ 3.0	$\leq 0.35/0.40$
	$0.40 <$ 窗墙面积比 ≤ 0.50	≤ 2.7	$\leq 0.30/0.35$
	$0.50 <$ 窗墙面积比 ≤ 0.60	≤ 2.5	$\leq 0.30/0.35$
	$0.60 <$ 窗墙面积比 ≤ 0.70	≤ 2.5	$\leq 0.25/0.30$
	$0.70 <$ 窗墙面积比 ≤ 0.80	≤ 2.5	$\leq 0.25/0.30$
	窗墙面积比 > 0.80	≤ 2.0	≤ 0.20
屋顶透光部分（屋顶透光部分面积 $\leq 20\%$）		≤ 3.0	≤ 0.30

注：只适用于A区。

附录6 乙类公共建筑屋面、外墙、楼板热工性能限值

围护结构部位	传热系数 $K/[W/(m^2 \cdot K)]$				
	严寒A、B区	严寒C区	寒冷地区	夏热冬冷地区	夏热冬暖地区
屋面	≤ 0.35	≤ 0.45	≤ 0.55	≤ 0.60	≤ 0.60
外墙（包括非透光幕墙）	≤ 0.45	≤ 0.50	≤ 0.60	≤ 1.0	≤ 1.5
底面接触室外空气的架空或外挑楼板	≤ 0.45	≤ 0.50	≤ 0.60	≤ 1.0	—
地下车库与供暖房间之间的楼板	≤ 0.50	≤ 0.70	≤ 1.0	—	—

附录7 乙类公共建筑外窗（包括透光幕墙）热工性能限值

围护结构部位	传热系数 $K/[W/(m^2 \cdot K)]$					太阳得热系数 SHGC		
外墙（包括透光幕墙）	严寒A、B区	严寒C区	寒冷地区	夏热冬冷地区	夏热冬暖地区	寒冷地区	夏热冬冷地区	夏热冬暖地区
单一立面外窗（包括透光幕墙）	≤ 2.0	≤ 2.2	≤ 2.5	≤ 3.0	≤ 4.0	—	≤ 0.45	≤ 0.40
屋顶透光部分（透光部分面积 $\leq 20\%$）	≤ 2.0	≤ 2.2	≤ 2.5	≤ 3.0	≤ 4.0	≤ 0.40	≤ 0.35	≤ 0.30

附录8 常见公共建筑空调室内设计参数

建筑类别	房间类型		夏季		冬季		备注
			温度/℃	相对湿度（%）	温度/℃	相对湿度（%）	
旅馆	客房	一级	26~28	—	18~20	—	GB 50189—2015 GB 50736—2012 JGJ 62—2014
		二级	26~28	≤ 65	19~21	—	
		三级	25~27	≤ 60	20~22	≥ 35	
		四级	24~26	≤ 60	21~23	≥ 40	
		五级	24~26	≤ 60	22~24	≥ 40	
	餐厅、宴会厅、多功能厅	一级	26~28	—	18~20	—	
		二级	26~28	—	18~20	—	
		三级	25~27	≤ 65	19~21	≥ 30	
		四级	24~26	≤ 60	20~22	≥ 35	
		五级	23~25	≤ 60	21~23	≥ 40	
	娱乐、健身		24~26	≤ 60	18~20	≥ 40	

（续）

建筑类别	房间类型		夏季		冬季		备　注
			温度/℃	相对湿度（%）	温度/℃	相对湿度（%）	
旅馆	大堂、中庭、门厅、过厅	一级	26~28	—	16~18	—	GB 50189—2015 GB 50736—2012 JGJ 62—2014
		二级	26~28	—	17~19	—	
		三级	26~28	≤65	18~20	—	
		四级	25~27	≤65	19~21	≥30	
		五级	25~27	≤65	20~22	≥30	
办公楼	C类办公室		26~28	≤70	18~20	≥30	JGJ/T 67—2019 GB 50736—2012
	A、B类办公室		24~26	40~60	20~22	≥30	
	会议室、接待室		25~27	<65	16~18	≥30	
	计算机房		25~27	45~65	16~18	≥30	
商业建筑	营业厅		25~28	≤65	18~20（热）20~24（冷）	≥30	JGJ 48—2014
	食品库，药品库		≤32	—	≥5	—	
影剧院	电影院观众厅		24~28	55~70	16~20	≥30	JGJ 58—2008
	剧场		24~28	40~70	18~22	≥30	JGJ 57—2016
学校	教室		26~28	≤65	16~18	—	GB 50099—2011
	礼堂		26~28	≤65	16~18	—	
	实验室		25~27	≤65	16~20	—	
图书馆	阅览室		24~28	40~65	18~20	30~60	JGJ 38—2015
博物馆	展厅		25~27	45~60	18~20	35~50	JGJ 66—2015
美术馆	珍藏、贮放室		22~24	45~60	12~16	45~60	重要艺术收藏恒温恒湿
档案馆	纸质档案库		14~24	45~60	14~24	45~60	恒温恒湿 JGJ 25—2010
	特藏库		14~20	45~55	14~20	45~55	
	音像磁带库		14~24	40~60	14~24	40~60	
	胶片库	拷贝片	14~24	40~60	14~24	40~60	
		母片	13~15	35~45	13~15	35~45	
体育馆	观众席		26~28	55~65	16~18	30~50	JGJ 31—2003
	比赛厅		26~28	≤65	16~18	—	
	练习厅		26~28	≤65	16~18	—	
	游泳池大厅		26~29	60~70	25~27	<75	
	休息厅		28~30	≤65	16~18	—	
电视、广播中心	播音室、演播室		25~27	40~60	18~20	40~50	
	控制室		24~26	40~60	20~22	40~55	
	节目制作室、录音室		25~27	40~60	18~20	40~50	
医院	病房		25~27	45~65	18~22	40~55	特殊病房有空气净化要求
	手术室、产房		25~27	40~60	22~26	40~60	净化、防静电
	检查室、诊断室		25~27	40~60	18~22	40~60	GB 51039—2014
餐饮建筑	用餐区域		24~28	≤65	18~22（热）22~24（冷）	≥30	JGJ 64—2017
	公共区域		26~28	≤65	18~22	≥30	
	食品、酒水区域		按储存要求		≥5		

省/直辖市/自治区			北京	天津	河北	山西	内蒙古
市/区/自治州			北京	天津	石家庄	太原	呼和浩特
站台名称及编号			北京 54511	天津 54527	石家庄 53698	太原 53772	呼和浩特 53463
台站信息	北纬		39°48′	39°05′	38°02′	37°47′	40°49′
	东经		116°28′	117°04′	114°25′	112°33′	111°41′
	海拔/m		31.3	2.5	81	778.3	1063.0
统计年份			1971—2000	1971—2000	1971—2000	1971—2000	1971—2000
年平均温度/℃			12.3	12.7	13.4	10	6.7
室外计算温、湿度	冬季	供暖室外计算温度/℃	-7.6	-7.0	-6.2	-10.1	-17.0
		通风室外计算温度/℃	-3.6	-3.5	-2.3	-5.5	-11.6
		空调室外计算温度/℃	-9.9	-9.6	-8.8	-12.8	-20.3
		空调相对湿度(%)	44	56	55	50	58
	夏季	空气调节干球温度/℃	33.5	33.9	35.1	31.5	30.6
		空气调节室外计算湿球温度/℃	26.4	26.8	26.8	23.8	21.0
		通风计算温度/℃	29.7	29.8	30.8	27.8	26.5
		通风计算相对湿度(%)	61	63	60	58	48
		空气调节室外计算日平均温度/℃	29.6	29.4	30.0	26.1	25.9
室外风向、风速及频率	夏季	平均风速/(m/s)	2.1	2.2	1.7	1.8	1.8
		最多风向	C SW	C S	C S	C N	C SW
		最多风向的频率(%)	18 10	15 9	26 13	30 10	36 8
		最多风向的平均风速/(m/s)	3.0	2.4	2.6	2.4	3.4
	冬季	平均风速/(m/s)	2.6	2.4	1.8	2	1.5
		最多风向	C N	C N	C NNE	C N	C NNW
		最多风向的频率(%)	19 12	20 11	25 12	30 13	50 9
		最多风向的平均风速/(m/s)	4.7	4.8	2.0	2.6	4.2
	年最多风向		C SW	C SW	C S	C N	C NNW
	年最多风向的频率(%)		17 10	16 9	25 12	29 11	40 7
冬季日照百分率(%)			64	58	56	57	63
最大冻土深度/cm			66	58	56	72	156
大气压力	冬季大气压力/hPa		1021.7	1027.1	1017.2	933.5	901.2
	夏季大气压力/hPa		1000.2	1005.2	995.8	919.8	889.6
设计计算用供暖期天数及其平均温度	日平均温度≤+5℃的天数		123	121	111	141	167
	日平均温度≤+5℃的起止日期		11.12—03.14	11.13—03.13	11.15—03.05	11.06—03.26	10.20—04.04
	平均温度≤+5℃期间内的平均温度/℃		-0.7	-0.6	0.1	-1.7	-5.3
	日平均温度≤+8℃的天数		144	142	140	160	184
	日平均温度≤+8℃的起止日期		11.04—03.27	11.06—03.27	11.07—03.26	10.23—03.31	10.12—04.13
	平均温度≤+8℃期间内的平均温度/℃		0.3	0.4	1.5	-0.7	-4.1
极端最高温度/℃			41.9	40.5	41.5	37.4	38.5
极端最低温度/℃			-18.3	-17.8	-19.3	-22.7	-30.5

计算参数

辽宁（2）		黑龙江	上海	江苏（3）			浙江	安徽
沈阳	大连	哈尔滨	上海	南京	徐州	苏州	杭州	合肥
沈阳 54342	大连 54662	哈尔滨 50953	徐家汇 58367	南京 58238	徐州 58027	吴县东山 58358	杭州 58457	合肥 58321
41°44′	38°54′	45°45′	31°10′	32°00′	34°17′	31°04′	30°14′	31°52′
123°27′	121°38′	126°46′	121°26′	118°48′	117°09′	120°26′	120°10′	117°14′
44.7	91.5	142.3	2.6	8.9	41	17.5	41.7	27.9
1971—2000	1971—2000	1971—2000	1971—1998	1971—2000	1971—2000	1971—2000	1971—2000	1971—2000
8.4	10.9	4.2	16.1	15.5	14.5	16.1	16.5	15.8
−16.9	−9.8	−24.2	−0.3	−1.8	−3.6	−0.4	0	−1.7
−11.0	−3.9	−18.4	4.2	2.4	0.4	3.7	4.3	2.6
−20.7	−13.0	−27.1	−2.2	−4.1	−5.9	−2.5	−2.4	−4.2
60	56	73	75	76	66	77	76	76
31.5	29.0	30.7	34.4	34.8	34.3	34.4	35.6	35
25.3	24.9	23.9	27.9	28.1	27.6	28.3	27.9	28.1
28.2	26.3	26.8	31.2	31.2	30.5	31.3	32.3	31.4
65	71	62	69	69	67	70	64	69
27.5	26.5	26.3	30.8	31.2	30.5	31.3	31.6	31.7
2.6	4.1	3.2	3.1	2.6	2.6	3.5	2.4	2.9
SW	SSW	SSW	SE	C SSE	C ESE	SE	SW	C SSW
16	19	12	14	18 11	15 11	15	17	11 10
3.5	4.6	3.9	3.0	3.0	3.5	3.9	2.9	3.4
2.6	5.2	3.2	2.6	2.4	2.3	3.5	2.3	2.7
C NNE	NNE	SW	NW	C ENE	C E	N	C N	C E
13 10	24	14	14	28 10	23 12	16	20 15	17 10
3.6	7.0	3.7	3.0	3.5	3.0	4.8	3.3	3.0
SW	NNE	SSW	SE	C E	C E	SE	C N	C E
13	15	12	10	23 9	20 12	10	18 11	14 9
56	65	56	40	43	48	41	36	40
148	90	205	8	9	21	8	—	8
1020.8	1013.9	1004.2	1025.4	1025.5	1022.1	1024.1	1021.1	1022.3
1000.9	997.8	987.7	1005.4	1004.3	1000.8	1003.7	1000.9	1001.2
152	132	176	42	77	97	50	40	64
10.30—03.30	11.16—03.27	10.17—04.10	01.01—02.11	12.08—02.13	11.27—03.03	12.24—02.11	01.02—02.10	12.11—02.12
−5.1	−0.7	−9.4	4.1	3.2	2.0	3.8	4.2	3.4
172	152	195	93	109	124	96	90	103
10.20—04.09	11.06—04.06	10.08—04.20	12.05—03.07	11.24—03.12	11.14—03.17	12.02—03.07	12.06—03.05	11.24—03.06
−3.6	0.3	−7.8	5.2	4.2	3.0	5.0	5.4	4.3
36.1	35.3	36.7	39.4	39.7	40.6	38.8	39.9	39.1
−29.4	−18.8	−37.7	−10.1	−13.1	−15.8	−8.3	−8.6	−13.5

省/直辖市/自治区			福建		江西	山东(2)	
市/区/自治州			福州	厦门	南昌	济南	青岛
站台名称及编号			福州 58847	厦门 59134	南昌 58606	济南 54823	青岛 54857
台站信息	北纬		26°05′	24°29′	28°36′	36°41′	36°04′
	东经		119°17′	118°04′	115°55′	116°59′	120°20′
	海拔/m		84	139.4	46.7	51.6	76
统计年份			1971—2000	1971—2000	1971—2000	1971—2000	1971—2000
年平均温度/℃			19.8	20.6	17.6	14.7	12.7
室外计算温、湿度	冬季	供暖室外计算温度/℃	6.3	8.3	0.7	−5.3	−5.0
		通风室外计算温度/℃	10.9	12.5	5.3	−0.4	−0.5
		空调室外计算温度/℃	4.4	6.6	−1.5	−7.7	−7.2
		空调相对湿度(%)	74	79	77	53	63
	夏季	空气调节干球温度/℃	35.9	33.5	35.5	34.7	29.4
		空气调节室外计算湿球温度/℃	28.0	27.5	28.2	26.8	26.0
		通风计算温度/℃	33.1	31.3	32.7	30.9	27.3
		通风计算相对湿度(%)	61	71	63	61	73
		空气调节室外计算日平均温度/℃	30.8	29.7	32.1	31.3	27.3
室外风向、风速及频率	夏季	平均风速/(m/s)	3.0	3.1	2.2	2.8	4.6
		最多风向	SSE	SSE	C WSW	SW	S
		最多风向的频率(%)	24	10	21 11	14	17
		最多风向的平均风速/(m/s)	4.2	3.4	3.1	3.6	4.6
	冬季	平均风速/(m/s)	2.4	3.3	2.6	2.9	5.4
		最多风向	C NNW	ESE	NE	E	N
		最多风向的频率(%)	17 23	23	26	16	23
		最多风向的平均风速/(m/s)	3.1	4.0	3.6	3.7	6.6
	年最多风向		C SSE	ESE	NE	SW	S
	年最多风向的频率(%)		18 14	18	20	17	14
冬季日照百分率(%)			32	33	33	56	59
最大冻土深度/cm			—	—	—	35	—
大气压力	冬季大气压力/hPa		1012.9	1006.5	1019.5	1019.1	1017.4
	夏季大气压力/hPa		996.6	994.5	999.5	997.9	1000.4
设计计算用供暖期天数及其平均温度	日平均温度≤+5℃的天数		0	0	26	99	108
	日平均温度≤+5℃的起止日期		—	—	01.11—02.05	11.22—03.03	11.28—03.15
	平均温度≤+5℃期间内的平均温度/℃		—	—	4.7	1.4	1.3
	日平均温度≤+8℃的天数		0	0	66	122	141
	日平均温度≤+8℃的起止日期		—	—	12.10—02.13	11.13—03.14	11.15—04.04
	平均温度≤+8℃期间内的平均温度/℃		—	—	6.2	2.1	2.6
极端最高温度/℃			39.9	38.5	40.1	40.5	37.4
极端最低温度/℃			−1.7	1.5	−9.7	−14.9	−14.3

河南（2）		湖北	湖南	广东	广西		海南	
郑州	洛阳	武汉	长沙	广州	南宁	桂林	海口	三亚
郑州 57083	洛阳 57073	武汉 57494	马坡岭 57679	广州 59287	南宁 59431	桂林 57957	海口 59758	三亚 59948
34°43′	34°38′	30°37′	28°12′	23°10′	22°49′	25°19′	20°02′	18°14′
113°39′	112°28′	114°08′	113°05′	113°20′	108°21′	110°18′	110°21′	109°31′
110.4	137.1	23.1	44.9	41.7	73.1	164.4	13.9	5.9
1971—2000	1971—2000	1971—2000	1971—2000	1971—2000	1971—2000	1971—2000	1971—2000	1971—2000
14.3	14.7	16.6	17.0	22.0	21.8	18.9	24.1	25.8
-3.8	-3.0	-0.3	0.3	8.0	7.6	3.0	12.6	17.9
0.1	0.8	3.7	4.6	13.6	12.9	7.9	17.7	21.6
-6.0	-5.1	-2.6	-1.9	5.2	5.7	1.1	10.3	15.8
61	59	77	83	72	78	74	86	73
34.9	35.4	35.2	35.8	34.2	34.5	34.2	35.1	32.8
27.4	26.9	28.4	27.7	27.8	27.9	27.3	28.1	28.1
30.9	31.3	32.0	32.9	31.8	31.8	31.7	32.2	31.3
64	63	67	61	68	68	65	68	73
30.2	30.5	32.0	31.6	30.7	30.7	30.4	30.5	30.2
2.2	1.6	2.0	2.6	1.7	1.5	1.6	2.3	2.2
C S	C E	C ENE	C NNW	C SSE	C S	C NE	S	C SSE
21 11	31 9	23 8	16 13	28 12	31 10	32 16	19	15 9
2.8	3.1	2.3	1.7	2.3	2.6	2.6	2.7	2.4
2.7	2.1	1.8	2.3	1.7	1.2	3.2	2.5	2.7
C NW	C WNW	C NE	NNW	C NNE	C E	NE	ENE	ENE
22 12	30 11	28 13	32	34 19	43 12	48	24	19
4.9	2.4	3.0	3.0	2.7	1.9	4.4	3.1	3.0
C ENE	C WNW	C ENE	NNW	C NNE	C E	NE	ENE	C ESE
21 10	30 9	26 10	22	31 11	38 10	35	14	14 13
47	49	37	26	36	25	24	34	54
27	20	9	—	—	—	—	—	—
1013.3	1009	1023.5	1019.6	1019.0	1011.0	1003.0	1016.4	1016.2
992.3	988.2	1002.1	999.2	1004.0	995.5	986.1	1002.8	1005.6
97	92	50	48	0	0	0	0	0
11.26—03.02	12.01—03.02	12.22—02.09	12.26—02.11	—	—	—	—	—
1.7	2.1	3.9	4.3	—	—	—	—	—
125	118	98	88	0	0	28	0	0
11.12—03.16	11.17—03.14	11.27—03.04	12.06—03.03	—	—	01.10—02.06	—	—
3.0	3.0	5.2	5.5	—	—	7.5	—	—
42.3	41.7	39.3	39.7	38.1	39.0	38.5	38.7	35.9
-17.9	-15.0	-18.1	-11.3	0.0	1.9	-3.6	4.9	5.1

省/直辖市/自治区		四川(1)、重庆		贵州(2)		云南(2)
市/区/自治州		重庆	成都	贵阳	遵义	昆明
站台名称及编号		重庆 57515	成都 56294	贵阳 57816	遵义 57713	昆明 56778
台站信息	北纬	29°31′	30°40′	26°35′	27°42′	25°01′
	东经	106°29′	104°01′	106°43′	106°53′	102°41′
	海拔/m	351.1	506.1	1074.3	843.9	1892.4
统计年份		1971—1986	1971—2000	1971—2000	1971—2000	1971—2000
年平均温度/℃		17.7	16.1	15.3	15.3	14.9
室外计算温、湿度	冬季 供暖室外计算温度/℃	4.1	2.7	-0.3	0.3	3.6
	通风室外计算温度/℃	7.2	5.6	5.0	4.5	8.1
	空调室外计算温度/℃	2.2	1.0	-2.5	-1.7	0.9
	空调相对湿度(%)	83	83	80	83	68
	夏季 空气调节干球温度/℃	35.5	31.8	30.1	31.8	26.2
	空气调节室外计算湿球温度/℃	26.5	26.4	23	24.3	20.0
	通风计算温度/℃	31.7	28.5	27.1	28.8	23.0
	通风计算相对湿度(%)	59	73	64	63	68
	空气调节室外计算日平均温度/℃	32.3	27.9	26.5	27.9	22.4
室外风向、风速及频率	夏季 平均风速/(m/s)	1.5	1.2	2.1	1.1	1.8
	最多风向	C ENE	C NNE	C SSW	C SSW	C WSW
	最多风向的频率(%)	33 8	41 8	24 17	48 7	31 13
	最多风向的平均风速/(m/s)	1.1	2.0	3.0	2.3	2.6
	冬季 平均风速/(m/s)	1.1	0.9	2.1	1.0	2.2
	最多风向	C NNE	C NE	ENE	C ESE	C WSW
	最多风向的频率(%)	46 13	50 13	23	50 7	35 19
	最多风向的平均风速/(m/s)	1.6	1.9	2.5	1.9	3.7
	年最多风向	C NNE	C NE	C ENE	C SSE	C WSW
	年最多风向的频率(%)	44 13	43 11	23 15	49 6	31 16
冬季日照百分率(%)		7.5	17	15	11	66
最大冻土深度/cm		—	—	—	—	—
大气压力	冬季大气压力/hPa	980.6	963.7	897.4	924.0	811.9
	夏季大气压力/hPa	963.8	948	887.8	911.8	808.2
设计计算用供暖期天数及其平均温度	日平均温度≤+5℃的天数	0	0	27	35	0
	日平均温度≤+5℃的起止日期	—	—	01.11—02.06	01.05—02.08	
	平均温度≤+5℃期间内的平均温度/℃	—	—	4.6	4.4	
	日平均温度≤+8℃的天数	53	69	69	91	27
	日平均温度≤+8℃的起止日期	12.22—02.12	12.08—02.14	12.08—02.14	12.04—03.04	12.17—01.12
	平均温度≤+8℃期间内的平均温度/℃	7.2	6.2	6.0	5.6	7.7
	极端最高温度/℃	40.2	36.7	35.1	37.4	30.4
	极端最低温度/℃	-1.8	-5.9	-7.3	-7.1	-7.8

云南省（2）	西藏	陕西	甘肃	青海	宁夏	新疆	台湾	香港地区
大理	拉萨	西安	兰州	西宁	银川	乌鲁木齐	台北	香港
大理 56751	拉萨 55591	西安 57036	兰州 52889	西宁 52866	银川 53614	乌鲁木齐 51463		
25°42′	29°40′	34°18′	36°03′	36°43′	38°29′	43°47′	25°02′	22°18′
100°11′	91°08′	108°56′	103°53′	101°45′	106°13′	87°37′	121°31′	114°10′
1990.5	3648.7	397.5	1517.2	2295.2	1111.4	917.9	9.0	32.0
1971—2000	1971—2000	1971—2000	1971—2000	1971—2000	1971—2000	1971—2000	1971—2000	1971—2000
14.9	8.0	13.7	9.8	6.1	9.0	7.0	22.1	22.8
5.2	-5.2	-3.4	-9.0	-11.4	-13.1	-19.7	11	10
8.2	-1.6	-0.1	-5.3	-7.4	-7.9	-12.7	15	16
3.5	-7.6	-5.7	-11.5	-13.6	-17.3	-23.7	9	8
66	28	66	54	45	55	78	82	71
26.2	24.1	35.0	31.2	26.5	31.2	33.5	33.6	32.4
20.2	13.5	25.8	20.1	16.6	22.1	18.2	27.3	27.3
23.3	19.2	30.6	26.5	21.9	27.6	27.5	31	31
64	38	58	45	48	48	34	—	—
22.3	19.2	30.7	26.0	20.8	26.2	28.3	30.5	30.0
1.9	1.8	1.9	1.2	1.5	2.1	3.0	2.8	5.3
C NW	C SE	C ENE	C ESE	C SSE	C SSW	NNW	C E	E
27 10	30 12	28 13	48 9	37 17	21 11	15	15 13	25
2.4	2.7	2.5	2.1	2.9	2.9	3.7	—	—
3.4	2.0	1.4	0.5	1.3	1.8	1.6	3.7	6.5
C ESE	C ESE	C ENE	C E	C SSE	C NNE	C SSW	E	E
15 8	27 15	41 10	74 5	49 18	26 11	29 10	29	42
3.9	2.3	2.5	1.7	3.2	2.2	2.0	—	—
C ESE	C SE	C ENE	C ESE	C SSE	C NNE	C NNW	E	E
20 8	28 12	35 11	59 7	41 20	23 9	15 12	24	39
68	77	32	53	68	68	39	—	44
—	19	37	98	123	88	139	—	—
802.0	650.6	979.1	851.5	774.4	896.1	924.6	1019.7	1019.5
798.7	652.9	959.8	843.2	772.9	883.9	911.2	1005.3	1005.6
0	132	100	130	165	145	158	0	0
—	11.01—03.12	11.23—03.02	11.05—03.14	10.20—04.02	11.03—03.27	10.24—03.30	0	0
—	0.61	1.5	-1.9	-2.6	-3.2	-7.1	—	—
29	179	127	160	190	169	180	—	—
12.15—01.12	10.19—04.15	11.09—03.15	10.20—03.28	10.10—04.17	10.19—04.05	10.14—04.11	—	—
7.5	2.17	2.6	-0.3	-1.4	-1.8	-5.4	—	—
31.6	29.9	41.8	39.8	36.5	38.7	42.1	33	36.1
-4.2	-16.5	-12.8	-19.7	-24.9	-27.7	-32.8	-2	0

附录 10　围护结构所在朝向太阳总辐射照度的日平均值　　（单位：W/m²）

纬度（北纬）	20°	25°	30°			35°			40°			45°			50°
大气透明度等级	4	4	4	5	6	3	4	5	2	3	4	2	3	4	3
朝向 S	63	73	90	92	93	109	108	109	133	130	128	157	152	148	172
SW	120	132	143	139	132	162	154	149	183	174	165	195	186	176	198
W	164	168	171	163	151	185	173	165	198	186	174	198	187	174	187
NW	149	146	141	135	128	143	136	130	144	138	131	138	133	126	128
N	104	92	86	86	86	83	83	84	79	79	79	77	77	77	73
H	330	335	338	325	304	335	337	324	369	351	333	362	345	326	336

附表 10-A　夏季空气调节大气透明度分布表

计算大气透明度等级	代 表 城 市
2	伊宁、乌鲁木齐、吐鲁番、哈密
3	克拉玛依、塔城、阿勒泰、拉萨、那曲、昌都、噶尔、香格里拉、攀枝花、唐古拉山、玉树、格尔木、玉门、西宁、甘孜、康定、呼和浩特、鄂尔多斯、乌兰察布、呼伦贝尔、包头、漠河、黑河
4	喀什、库尔勒、临沧、乐山、兰州、金昌、武威、银川、吴忠、榆林、石家庄、北京、大同、齐齐哈尔、伊春、佳木斯、哈尔滨、长春、牡丹江、白城、吉林、通化太原、香港、汕头、深圳、武汉、中黄石、九江、南昌、上饶、抚州、长沙、衡阳、湘潭、株洲、宁波、金华、温州、福州、厦门、漳州、海口、三亚、台北、高雄、南沙群岛、西沙群岛、中沙群岛
5	昆明、沈阳、锦州、鞍山、承德、天津、德州、邯郸、临汾、长治、焦作、西安、延安、咸阳、宝鸡、汉中、六盘水、遵义、贵阳、安顺、南宁、柳州、梧州、贵阳、广州、佛山、澳门、韶光、怀化、济南、潍坊、烟台、威海、连云港、南京、徐州、扬州、合肥、淮南、蚌埠、阜阳、郑州、洛阳、许昌、南阳、信阳、宜昌、十堰、恩施、吉首、无锡、上海、南平、三明、湛江
6	成都、宜宾、重庆、绵阳、乐山、内江

夏季空气调节用的计算大气透明度等级分布，其制定条件是在标准大气压力下，大气质量 $M=2$，（$M=1/\sin\beta$，β 为高度角，这里取 $\beta=30°$）。根据我国气象部门有关科研成果中给出的我国七月大气透明度分布图，并参照全国日照率等值线图改制的。

根据附表 10-A 所标定的计算大气透明度等级，再按附表 10-B 进行大气压力订正，即可确定当地的计算大气透明度等级。最后查附录 10 可得到当地围护结构所在朝向太阳总辐射照度的日平均值。

附表 10-B　大气透明度等级订正表

标定的大气透明度等级	大气压力/hPa							
	650	700	750	800	850	900	950	1000
1	1	1	1	1	1	1	1	1
2	1	1	1	1	1	2	2	2
3	1	2	2	2	2	3	3	3
4	2	2	3	3	3	4	4	4
5	3	3	4	4	4	4	5	5
6	4	4	4	5	5	5	6	6

附录 11　建筑围护结构外表面太阳辐射吸收系数 ρ 值

面层类型	表面性质	表面颜色	太阳辐射吸收系数 ρ
红褐陶瓦屋面	旧	红褐色	0.74
灰瓦屋面	旧	浅灰色	0.52
水泥瓦屋面		深灰色	0.69
浅色油毛毡屋面	不光滑、新	浅黑色	0.72
水泥屋面		素灰色	0.74

（续）

面层类型	表面性质	表面颜色	太阳辐射吸收系数 ρ
绿豆砂保护层屋面		浅黑色	0.65
白石子屋面	粗糙	灰白色	0.62
黑色油毛毡屋面	不光滑、新	深黑色	0.86
石灰粉刷墙面	光滑、新	白色	0.48
水刷石墙面	粗糙、旧	浅灰色	0.68
红砖墙面	旧	红色	0.77
硅酸盐砖墙面	不光滑	黄灰色	0.50
浅色饰面砖		浅黄、浅绿色	0.50
抛光铝反射板		浅色	0.12
水泥拉毛墙	粗糙、旧	米黄色	0.65
白水泥粉刷墙面	光滑，新	白色	0.48
水泥粉刷墙面	光滑，新	浅黄色	0.56
砂石粉刷墙面		深色	0.57
混凝土砌块		灰色	0.65
混凝土墙	平滑	深灰色	0.73
绿色草地		绿色	0.80
水（开阔湖、海面）			0.96
黑色漆	光滑	深黑色	0.92
灰色漆	光滑	深灰色	0.91
褐色漆	光滑	淡褐色	0.89
绿色漆	光滑	深绿色	0.89
棕色漆	光滑	深棕色	0.88
蓝色漆、天蓝色漆	光滑	深蓝色	0.88
中棕色漆	光滑	中棕色	0.84
浅棕色漆	光滑	浅棕色	0.80
棕色、绿色喷泉漆	光亮	中棕、中绿色	0.79
红油漆	光亮	大红	0.74
浅色涂料	光平	浅黄、浅红	0.5
银色漆	光亮	银色	0.25

附录 12　围护结构传热面积丈量的准则

1. 门、窗面积按外墙外表面上的净尺寸计算

2. 外墙面积

（1）水平尺寸　外墙以外表面为基准，内墙则以中心线为基准。

（2）高度尺寸

1）非底层和顶层：从本层地面到上层地面（层高）。

2）底层：层高的基础上再加底层地板厚度。

3）顶层：对于平屋顶，从顶层地面到平屋顶的上表面；对于有闷顶的斜屋面，从顶层地面到闷顶内保温层的上表面。

3. 顶棚面积

1）平屋顶的顶棚面积按建筑物外廓尺寸计算。

2）有闷顶的斜屋面的顶棚面积，外墙以内表面为基准，内墙则以中心线为基准。

4. 地面面积

地面面积计算与有闷顶的斜屋面的顶棚面积相同，外墙以内表面为基准，内墙则以中心线为基准。

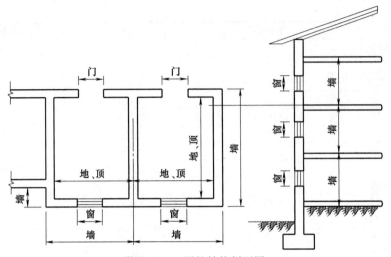

附图 12-A　围护结构剖面图

附录 13　外墙类型及热工性能指标（由外到内）

序号	材料名称	厚度/mm	密度/(kg/m³)	导热系数/[W/(m·K)]	热容/[J/(kg·K)]	传热系数/[W/(m²·K)]	衰减	延迟/h
1	水泥砂浆	20	1800	0.93	1050	0.83	0.17	8.4
	挤塑聚苯板	25	35	0.028	1380			
	水泥砂浆	20	1800	0.93	1050			
	钢筋混凝土	200	2500	1.74	1050			
2	EPS 外保温	40	30	0.042	1380	0.79	0.16	8.3
	水泥砂浆	25	1800	0.93	1050			
	钢筋混凝土	200	2500	1.74	1050			
3	水泥砂浆	20	1800	0.93	1050	0.56	0.34	9.1
	挤塑聚苯保温板	20	30	0.03	1380			
	加气混凝土砌块	200	700	0.22	837			
	水泥砂浆	20	1800	0.93	1050			
4	LOW-E	24	1800	3.0	1260	1.02	0.51	7.4
	加气混凝土砌块	200	700	0.25	1050			
5	页岩空心砖	200	1000	0.58	1253	0.61	0.06	15.2
	岩棉	50	70	0.05	1220			
	钢筋混凝土	200	2500	1.74	1050			
6	加气混凝土砌块	190	700	0.25	1050	1.05	0.56	6.8
	水泥砂浆	20	1800	0.93	1050			
7	涂料面层					0.43	0.19	8.8
	EPS 外保温	80	30	0.042	1380			
	混凝土小型空心砌块	190	1500	0.76	1050			
	水泥砂浆	20	1800	0.93	1050			
8	干挂石材面层					0.39	0.34	7.6
	岩棉	100	70	0.05	1220			
	粉煤灰小型空心砌块	190	800	0.50	1050			
9	EPS 外保温	80	30	0.042	1380	0.46	0.17	8.0
	混凝土墙	200	2500	1.74	1050			
10	水泥砂浆	20	1800	0.93	1050	0.56	0.14	11.1
	EPS 外保温	50	30	0.042	1380			
	聚合物砂浆	13	1800	0.93	837			

（续）

序号	材料名称	厚度/mm	密度/(kg/m³)	导热系数/[W/(m·K)]	热容/[J/(kg·K)]	传热系数/[W/(m²·K)]	衰减	延迟/h
10	黏土空心砖	240	1500	0.64	879	0.56	0.14	11.1
	水泥砂浆	20	1800	0.93	1050			
11	石材	20	2800	3.20	920	0.46	0.13	11.8
	岩棉板	80	70	0.05	1220			
	聚合物砂浆	13	1800	0.93	837			
	黏土空心砖	240	1500	0.64	879			
	水泥砂浆	20	1800	0.93	1050			
12	聚合物砂浆	15	1800	0.93	837	0.57	0.18	9.6
	EPS外保温	50	30	0.042	1380			
	黏土空心砖	240	1500	0.64	879			
13	岩棉	65	70	0.05	1220	0.54	0.14	10.4
	多孔砖	240	1800	0.642	879			

附录 14　屋面类型及热工性能指标（由外到内）

序号	材料名称	厚度/mm	密度/(kg/m³)	导热系数/[W/(m·K)]	热容/[J/(kg·K)]	传热系数/[W/(m²·K)]	衰减	延迟/h
1	细石混凝土	40	2300	1.51	920	0.49	0.16	12.3
	防水卷材	4	900	0.23	1620			
	水泥砂浆	20	1800	0.93	1050			
	挤塑聚苯板	35	30	0.042	1380			
	水泥砂浆	20	1800	0.93	1050			
	水泥炉渣	20	1000	0.023	920			
	钢筋混凝土	120	2500	1.74	920			
2	细石混凝土	40	2300	1.51	920	0.77	0.27	8.2
	挤塑聚苯板	40	30	0.042	1380			
	水泥砂浆	20	1800	0.93	1050			
	水泥陶粒混凝土	30	1300	0.52	980			
	钢筋混凝土	120	2500	1.74	920			
3	水泥砂浆	30	1800	0.930	1050	0.73	0.16	10.5
	细石钢筋混凝土	40	2300	1.740	837			
	挤塑聚苯板	40	30	0.042	1380			
	防水卷材	4	900	0.23	1620			
	水泥砂浆	20	1800	0.930	1050			
	陶粒混凝土	30	1400	0.700	1050			
	钢筋混凝土	150	2500	1.740	837			
	水泥砂浆	20	1800	0.930	1050			
4	挤塑聚苯板	40	30	0.042	1380	0.81	0.23	7.1
	钢筋混凝土	200	2500	1.74	837			
5	细石混凝土	40	2300	1.51	920	0.88	0.16	11.6
	水泥砂浆	20	1800	0.93	1050			
	防水卷材	4	400	0.12	1050			
	水泥砂浆	20	1800	0.93	1050			
	粉煤灰陶粒混凝土	80	1700	0.95	1050			
	挤塑聚苯板	30	30	0.042	1380			
	钢筋混凝土	120	2500	1.74	920			
6	防水卷材	4	400	0.12	1050	0.23	0.21	10.5
	干炉渣	30	1000	0.023	920			
	挤塑聚苯板	120	30	0.042	1380			

（续）

序号	材料名称	厚度/mm	密度/(kg/m³)	导热系数/[W/(m·K)]	热容/[J/(kg·K)]	传热系数/[W/(m²·K)]	衰减	延迟/h
6	混凝土小型空心砌块	120	2500	1.74	1050	0.23	0.21	10.5
7	水泥砂浆	25	1800	0.930	1050	0.34	0.08	13.4
	挤塑聚苯板	55	30	0.042	1380			
	水泥砂浆	25	1800	0.930	1050			
	水泥焦渣	30	1000	0.023	920			
	钢筋混凝土	120	2500	1.74	920			
	水泥砂浆	25	1800	0.930	1050			
8	细石混凝土	30	2300	1.51	920	0.38	0.32	9.2
	挤塑聚苯板	45	30	0.042	1380			
	水泥焦渣	30	1000	0.023	920			
	钢筋混凝土	100	2500	1.74	920			

附录 15　玻璃可见光透射比、窗的 K 值与遮阳系数

玻璃品种及规格（厚度/mm）		玻璃可见光透射比 τ_v	玻璃中部传热系数	非隔热金属型材（框面积15%）		隔热金属型材（框面积20%）		塑料型材（框面积25%）		隔热金属型材多腔密封（框面积20%）		多腔塑料型材（框面积25%）	
				K 值	遮阳系数 SC	K 值	遮阳系数 SC	K 值	遮阳系数 SC	K 值	遮阳系数 SC	K 值	遮阳系数 SC
透明玻璃	3 透明玻璃	0.83	5.8	6.6	0.87	5.8	0.80	5	0.75				
	6 透明玻璃	0.77	5.7	6.5	0.81	5.7	0.74	4.9	0.7				
	12 透明玻璃	0.65	5.5	6.3	0.74	5.6	0.67	4.8	0.63				
吸热玻璃	5 绿色吸热玻璃	0.77	5.7	6.5	0.67	5.7	0.61	4.9	0.57				
	6 蓝色吸热玻璃	0.54	5.7	6.5	0.63	5.7	0.58	4.9	0.54				
	5 茶色吸热玻璃	0.50	5.7	6.5	0.63	5.7	0.58	4.9	0.54				
	5 灰色吸热玻璃	0.42	5.7	6.5	0.61	5.7	0.55	4.9	0.52				
热反射玻璃	6 高透光热反射玻璃	0.56	5.7	6.5	0.57	5.7	0.51	4.9	0.48				
	6 中等透光热反射玻璃	0.40	5.4	6.2	0.44	5.5	0.39	4.7	0.37				
	6 低透光热反射玻璃	0.15	4.6	5.5	0.28	4.8	0.24	4.1	0.23				
	6 特低透光热反射玻璃	0.11	4.6	5.5	0.27	4.8	0.23	4.1	0.22				
单片 Low-E	6 高透光 Low-E 玻璃	0.61	3.6	4.7	0.52	4	0.46	3.4	0.44				
	6 中等透光型 Low-E 玻璃	0.55	3.5	4.6	0.46	4	0.41	3.3	0.38				
中空玻璃	6 透明+12 空气+6 透明	0.71	2.8	4	0.75	3.4	0.69	2.8	0.65	3.2	0.69	2.6	0.65
	6 绿色吸热+12 空气+6 透明	0.66	2.8	4	0.48	3.4	0.43	2.8	0.41	3.2	0.43	2.6	0.41
	6 灰色吸热+12 空气+6 透明	0.38	2.8	4	0.46	3.4	0.41	2.8	0.41	3.2	0.41	2.6	0.38
	6 中等透光热反射+12 空气+6 透明	0.28	2.4	3.7	0.31	3.1	0.27	2.8	0.26	2.9	0.27	2.3	0.26
	6 低透光热反射+12 空气+6 透明	0.16	2.3	3.6	0.18	3.1	0.14	2.4	0.14	2.8	0.14	2.2	0.14

（续）

玻璃品种及规格 （厚度/mm）		玻璃可见光透射比 τ_v	玻璃中部传热系数	非隔热金属型材 （框面积 15%）		隔热金属型材 （框面积 20%）		塑料型材 （框面积 25%）		隔热金属型材 多腔密封 （框面积 20%）		多腔塑料型材 （框面积 25%）	
				K 值	遮阳系数 SC	K 值	遮阳系数 SC	K 值	遮阳系数 SC	K 值	遮阳系数 SC	K 值	遮阳系数 SC
中空玻璃	6 高透光 Low-E+12 空气+6 透明	0.72	1.9	3.2	0.55	2.7	0.5	2.1	0.47	2.5	0.5	1.9	0.47
	6 中透光 Low-E+12 空气+6 透明	0.62	1.8	3.2	0.45	1.6	0.4	2	0.38	2.4	0.4	1.9	0.38
	6 较低透光 Low-E+12 空气+6 透明	0.48	1.8	3.2	0.35	1.6	0.3	2	0.29	2.4	0.3	1.9	0.29
	6 低透光 Low-E+12 空气+6 透明	0.35	1.8	3.2	0.28	1.6	0.24	2	0.23	2.4	0.24	1.9	0.23
	6 高透光 Low-E+12 氩气+6 透明	0.72	1.5	2.9	0.55	2.4	0.5	1.8	0.47	2.2	0.5	1.6	0.47
	6 中透光 Low-E+12 氩气+6 透明	0.62	1.4	2.8	0.45	2.3	0.4	1.7	0.38	2.1	0.4	1.6	0.38

注：传热系数单位为 $W/(m^2 \cdot K)$。

附录 16　渗透冷空气量的朝向修正系数 n 值

地区及站台名称		朝向							
		N	NE	E	SE	S	SW	W	NW
北京	北京	1.00	0.50	0.15	0.10	0.15	0.15	0.40	1.00
天津	天津	1.00	0.40	0.20	0.10	0.15	0.20	0.40	1.00
	塘沽	0.90	0.55	0.55	0.20	0.30	0.30	0.70	1.00
河北	承德	0.70	0.15	0.10	0.10	0.10	0.40	1.00	1.00
	张家口	1.00	0.40	0.10	0.10	0.10	0.10	0.35	1.00
	唐山	0.60	0.45	0.65	0.45	0.20	0.65	1.00	1.00
	保定	1.00	0.70	0.35	0.35	0.90	0.90	0.40	0.70
	石家庄	1.00	0.70	0.50	0.65	0.50	0.55	0.85	0.90
	邢台	1.00	0.70	0.35	0.50	0.70	0.50	0.30	0.70
山西	大同	1.00	0.55	0.10	0.10	0.10	0.30	0.40	1.00
	阳泉	0.70	0.10	0.10	0.10	0.10	0.35	0.85	1.00
	太原	0.90	0.40	0.15	0.20	0.30	0.50	0.70	1.00
	阳城	0.70	0.15	0.30	0.25	0.10	0.25	0.70	1.00
内蒙古	通辽	0.70	0.20	0.10	0.25	0.35	0.40	0.85	1.00
	呼和浩特	0.70	0.25	0.10	0.15	0.20	0.15	0.70	1.00
辽宁	抚顺	0.70	1.00	0.70	0.10	0.10	0.25	0.30	0.30
	沈阳	1.00	0.70	0.30	0.30	0.40	0.35	0.30	0.70
	锦州	1.00	1.00	0.40	0.40	0.25	0.25	0.20	0.70
	鞍山	1.00	1.00	0.40	0.25	0.50	0.50	0.25	0.55
	营口	1.00	1.00	0.60	0.20	0.45	0.45	0.20	0.40
	丹东	1.00	0.55	0.15	0.10	0.10	0.10	0.40	1.00
	大连	1.00	0.70	0.15	0.10	0.15	0.15	0.15	0.70

（续）

地区及站台名称		朝向							
		N	NE	E	SE	S	SW	W	NW
吉林	通榆	0.60	0.40	0.15	0.35	0.50	0.50	1.00	1.00
	长春	0.35	0.35	0.15	0.25	0.70	1.00	0.90	0.40
	延吉	0.40	0.10	0.10	0.10	0.10	0.65	1.00	1.00
黑龙江	爱辉	0.70	0.10	0.10	0.10	0.10	0.10	0.70	1.00
	齐齐哈尔	0.95	0.70	0.25	0.25	0.40	0.40	0.70	1.00
	鹤岗	0.50	0.15	0.10	0.10	0.10	0.55	1.00	1.00
	哈尔滨	0.30	0.15	0.20	0.70	1.00	0.85	0.70	0.60
	绥芬河	0.20	0.10	0.10	0.10	0.10	0.70	1.00	0.70
上海	上海	0.70	0.50	0.35	0.20	0.10	0.30	0.80	1.00
江苏	连云港	1.00	1.00	0.40	0.15	0.15	0.15	0.20	0.40
	徐州	0.55	1.00	1.00	0.45	0.20	0.35	0.45	0.65
	淮阴	0.90	1.00	0.70	0.30	0.25	0.30	0.40	0.60
	南通	0.90	0.65	0.45	0.25	0.20	0.25	0.70	1.00
	南京	0.80	1.00	0.70	0.40	0.20	0.25	0.40	0.55
	武进	0.80	0.80	0.60	0.60	0.25	0.50	1.00	1.00
浙江	杭州	1.00	0.65	0.20	0.10	0.20	0.20	0.40	1.00
	宁波	1.00	0.40	0.21	0.10	0.10	0.20	0.60	1.00
	金华	0.20	1.00	1.00	0.60	0.10	0.15	0.25	0.25
	衢州	0.45	1.00	1.00	0.40	0.20	0.30	0.20	0.10
安徽	亳县	1.00	0.70	0.40	0.25	0.25	0.25	0.25	0.70
	蚌埠	0.70	1.00	1.00	0.40	0.30	0.35	0.45	0.45
	合肥	0.85	0.90	0.85	0.35	0.35	0.25	0.70	1.00
	六安	0.70	0.50	0.45	0.45	0.25	0.15	0.70	1.00
	芜湖	0.60	1.00	1.00	0.45	0.10	0.60	0.90	0.65
	安庆	0.70	1.00	0.70	0.15	0.10	0.10	0.10	0.25
	屯溪	0.70	1.00	0.70	0.20	0.20	0.15	0.15	0.15
福建	福州	0.75	0.60	0.25	0.25	0.20	0.15	0.70	1.00
江西	九江	0.70	1.00	0.70	0.10	0.10	0.25	0.35	0.30
	景德镇	1.00	1.00	0.40	0.20	0.20	0.35	0.35	0.70
	南昌	1.00	0.70	0.25	0.10	0.10	0.10	0.10	0.70
	赣州	1.00	0.70	0.10	0.10	0.10	0.10	0.10	0.70
山东	烟台	1.00	0.60	0.25	0.15	0.35	0.60	0.60	1.00
	莱阳	0.85	0.60	0.15	0.10	0.10	0.25	0.70	1.00
	潍坊	0.90	0.60	0.25	0.35	0.50	0.35	0.90	1.00
	济南	0.45	1.00	1.00	0.40	0.55	0.55	0.25	0.15
	青岛	1.00	0.70	0.10	0.10	0.20	0.20	0.40	1.00
	菏泽	1.00	0.90	0.40	0.25	0.35	0.35	0.20	0.70
	临沂	1.00	1.00	0.45	0.10	0.10	0.15	0.20	0.40
河南	安阳	1.00	0.70	0.30	0.40	0.50	0.35	0.20	0.70
	新乡	0.70	1.00	0.70	0.25	0.15	0.30	0.30	0.15

（续）

地区及站台名称		朝向							
		N	NE	E	SE	S	SE	W	NW
河南	郑州	0.65	0.90	0.65	0.15	0.20	0.40	1.00	1.00
	洛阳	0.45	0.45	0.45	0.15	0.10	0.40	1.00	1.00
	许昌	1.00	1.00	0.40	0.10	0.20	0.25	0.35	0.50
	南阳	0.70	1.00	0.70	0.15	0.10	0.15	0.10	0.10
	驻马店	1.00	0.50	0.20	0.20	0.20	0.20	0.40	1.00
	信阳	1.00	0.70	0.20	0.10	0.15	0.15	0.10	0.70
湖北	光化	0.70	1.00	0.70	0.35	0.20	0.10	0.40	0.60
	武汉	1.00	1.00	0.45	0.10	0.10	0.10	0.10	0.45
	江陵	1.00	0.70	0.20	0.15	0.20	0.15	0.10	0.70
	恩施	1.00	0.70	0.35	0.35	0.50	0.35	0.20	0.70
湖南	长沙	0.85	0.35	0.10	0.10	0.10	0.10	0.70	1.00
	衡阳	0.70	1.00	0.70	0.10	0.10	0.10	0.15	0.30
广东	广州	1.00	0.70	0.10	0.10	0.10	0.10	0.15	0.70
广西	桂林	1.00	1.00	0.40	0.10	0.10	0.10	0.10	0.40
	南宁	0.40	1.00	1.00	0.60	0.30	0.55	0.10	0.30
四川	甘孜	0.75	0.50	0.30	0.25	0.30	0.70	1.00	0.70
	成都	1.00	1.00	0.45	0.10	0.10	0.10	0.10	0.40
重庆	重庆	1.00	0.60	0.55	0.20	0.15	0.15	0.40	1.00
贵州	威宁	1.00	1.00	0.40	0.50	0.40	0.20	0.15	0.45
	贵阳	0.70	1.00	0.70	0.15	0.25	0.15	0.10	0.25
云南	邵通	1.00	0.70	0.20	0.10	0.15	0.15	0.10	0.70
	昆明	0.10	0.10	0.10	0.15	0.70	1.00	0.70	0.20
西藏	那曲	0.50	0.50	0.20	0.10	0.35	0.90	1.00	1.00
	拉萨	0.15	0.45	1.00	1.00	0.40	0.40	0.40	0.25
	林芝	0.25	1.00	1.00	0.40	0.30	0.30	0.25	0.15
陕西	榆林	1.00	0.40	0.10	0.30	0.30	0.15	0.40	1.00
	宝鸡	0.10	0.70	1.00	0.70	0.10	0.15	0.15	0.15
	西安	0.70	1.00	0.70	0.25	0.40	0.50	0.35	0.25
甘肃	兰州	1.00	1.00	1.00	0.70	0.50	0.20	0.15	0.50
	平凉	0.80	0.40	0.85	0.85	0.35	0.70	1.00	1.00
	天水	0.20	0.70	1.00	0.70	0.10	0.15	0.20	0.15
青海	西宁	0.10	0.10	0.70	1.00	0.70	0.10	0.10	0.10
	共和	1.00	0.70	0.15	0.25	0.25	0.35	0.50	0.50
宁夏	石嘴山	1.00	0.95	0.40	0.20	0.20	0.20	0.40	1.00
	银川	1.00	1.00	0.40	0.30	0.25	0.20	0.65	0.95
	固原	0.80	0.50	0.65	0.45	0.20	0.40	0.70	1.00
新疆	阿勒泰	0.70	1.00	0.70	0.15	0.10	0.10	0.15	0.35
	克拉玛依	0.70	0.55	0.55	0.25	0.10	0.10	0.70	1.00
	乌鲁木齐	0.35	0.35	0.55	0.75	1.00	0.70	0.25	0.35
	吐鲁番	1.00	0.70	0.65	0.55	0.35	0.25	0.15	0.70
	哈密	0.70	1.00	1.00	0.40	0.10	0.10	0.10	0.10
	喀什	0.70	0.60	0.40	0.25	0.10	0.10	0.70	1.00

附录17（1）　北京市外墙、屋面逐时冷负荷计算温度

（单位：℃）

类别	编号	朝向	1	2	3	4	5	6	7	8	9	10	11	12	13	14	15	16	17	18	19	20	21	22	23	24
墙体 t_{wq}	1	东	36.0	35.6	35.1	34.7	34.4	34.0	33.7	33.6	33.7	34.2	34.8	35.4	36.0	36.5	36.8	37.0	37.2	37.3	37.4	37.3	37.3	37.1	36.9	36.5
		南	34.7	34.2	33.9	33.6	33.2	32.9	32.6	32.4	32.2	32.1	32.1	32.3	32.7	33.1	33.7	34.2	34.7	35.1	35.4	35.5	35.5	35.5	35.3	35.0
		西	37.4	36.9	36.5	36.1	35.7	35.3	34.9	34.6	34.3	34.1	33.9	33.9	33.9	34.1	34.3	34.7	35.3	36.1	36.9	37.6	38.0	38.2	38.1	37.8
		北	32.6	32.3	32.0	31.8	31.5	31.3	31.1	30.9	30.9	30.9	31.0	31.1	31.2	31.4	31.7	32.0	32.2	32.5	32.7	33.0	33.1	33.1	33.1	32.9
	2	东	36.1	35.7	35.2	34.9	34.5	34.2	33.9	33.8	34.0	34.4	35.0	35.7	36.2	36.6	36.9	37.1	37.3	37.4	37.4	37.4	37.3	37.1	36.9	36.6
		南	34.7	34.3	34.0	33.7	33.3	33.0	32.8	32.5	32.4	32.3	32.3	32.5	32.9	33.3	33.9	34.4	34.9	35.2	35.5	35.6	35.6	35.5	35.4	35.1
		西	37.4	37.0	36.6	36.2	35.8	35.4	35.0	34.7	34.4	34.2	34.1	34.1	34.1	34.2	34.5	34.9	35.6	36.3	37.1	37.7	38.1	38.2	38.1	37.9
		北	32.7	32.4	32.1	31.9	31.6	31.4	31.2	31.1	31.0	31.1	31.2	31.4	31.4	31.6	31.9	32.1	32.4	32.6	32.8	33.1	33.2	33.2	33.2	33.0
	3	东	36.5	35.4	34.4	33.5	32.7	32.0	31.5	31.1	31.1	31.7	32.7	34.1	35.5	36.8	37.8	38.5	38.9	39.2	39.3	39.2	38.9	38.7	38.2	37.5
		南	35.8	34.8	33.8	33.0	32.3	31.7	31.1	30.7	30.3	30.1	30.1	30.3	30.9	31.8	32.9	34.1	35.2	36.3	37.1	37.5	37.7	37.6	37.3	36.6
		西	39.8	38.6	37.4	36.4	35.4	34.5	33.7	33.0	32.5	32.0	31.8	31.7	31.8	32.1	32.5	33.2	34.2	35.6	37.2	38.8	40.2	41.0	41.2	40.7
		北	33.6	32.8	32.0	31.3	30.8	30.3	29.9	29.6	29.4	29.5	29.6	29.8	30.2	30.7	31.2	31.8	32.4	33.0	33.5	33.9	34.3	34.5	34.5	34.2
	4	东	35.3	33.9	32.7	31.7	31.0	30.4	29.9	29.8	30.4	31.8	33.7	35.8	37.7	39.1	40.0	40.5	40.6	40.6	40.4	40.0	39.4	38.7	37.9	36.7
		南	35.1	33.7	32.6	31.7	30.9	30.3	29.8	29.3	29.1	29.1	29.5	30.2	31.3	32.8	34.5	36.1	37.5	38.9	39.0	39.2	38.5	38.4	37.6	36.5
		西	39.8	37.9	36.4	35.0	33.8	32.9	32.0	31.3	30.8	30.6	30.6	30.8	31.3	31.9	32.8	34.1	35.8	37.8	40.0	41.9	43.1	43.3	42.8	41.5
		北	33.3	32.1	31.2	30.4	29.9	29.4	29.0	28.8	28.8	29.0	29.4	29.9	30.5	31.3	32.0	32.8	33.6	34.2	34.7	35.2	35.4	35.4	35.1	34.4
	5	东	35.8	35.4	34.9	34.3	33.8	33.4	32.9	32.7	32.8	33.3	34.2	35.1	35.9	36.6	37.1	37.4	37.6	37.8	37.9	37.8	37.7	37.5	37.2	36.7
		南	33.7	33.8	33.8	33.8	33.8	33.7	33.6	33.5	33.4	33.2	33.1	32.9	32.8	32.7	32.6	32.6	32.6	32.7	32.8	32.9	33.1	33.3	33.4	33.6
		西	35.5	35.7	35.8	35.8	35.9	35.8	35.8	35.7	35.6	35.4	35.3	35.1	34.9	34.8	34.6	34.5	34.5	34.4	34.4	34.5	34.6	34.8	35.0	35.3
		北	31.6	31.7	31.7	31.7	31.7	31.7	31.6	31.5	31.4	31.3	31.2	31.1	31.0	31.0	30.9	30.9	30.9	30.9	31.0	31.1	31.2	31.3	31.4	31.5
	6	东	33.9	32.4	31.3	30.5	29.9	29.4	29.1	29.4	30.7	32.9	35.5	37.9	39.8	40.9	41.4	41.4	41.3	40.9	40.5	39.9	39.1	38.1	37.1	35.6
		南	33.9	32.4	31.3	30.5	29.9	29.3	28.9	28.7	28.6	28.9	29.5	30.7	32.3	34.2	36.2	37.9	39.2	39.9	40.1	39.7	39.1	38.2	37.1	35.6
		西	38.5	36.4	34.7	33.5	32.4	31.6	30.8	30.3	30.0	30.0	30.3	30.8	31.5	32.4	33.6	35.3	37.5	40.0	42.4	44.2	44.8	44.2	42.9	40.8
		北	32.4	31.1	30.2	29.6	29.1	28.7	28.4	28.3	28.6	29.1	29.6	30.3	31.1	32.0	32.9	33.7	34.5	35.1	35.5	35.9	35.9	35.6	35.0	33.9
	7	东	36.1	35.4	34.9	34.3	33.8	33.4	32.9	32.7	32.8	33.3	34.2	35.1	35.9	36.6	37.1	37.4	37.6	37.8	37.9	37.8	37.7	37.5	37.2	36.7
		南	34.9	34.4	33.9	33.4	33.0	32.5	32.1	31.8	31.5	31.4	31.3	31.6	32.0	32.6	33.4	34.2	34.9	35.5	35.8	36.1	36.1	36.0	35.8	35.4
		西	38.0	37.4	36.8	36.2	35.6	35.1	34.5	34.0	33.6	33.4	33.2	33.1	33.2	33.3	33.6	34.1	34.9	35.9	37.0	38.0	38.7	39.0	39.0	38.6
		北	32.8	32.4	32.3	31.9	31.3	31.0	30.7	30.5	30.4	30.4	30.5	30.6	30.8	31.1	31.5	31.9	32.2	32.6	32.9	33.2	33.4	33.5	33.5	33.2
	8	东	34.2	33.2	32.3	31.6	31.0	30.5	30.3	29.1	29.4	29.8	30.7	32.0	33.5	35.0	36.4	37.6	38.3	38.6	38.5	38.1	37.5	36.7	36.0	35.4
		南	33.8	32.8	32.0	31.3	30.7	30.3	29.9	29.1	29.1	29.4	30.0	31.0	32.3	33.8	35.2	36.4	37.3	37.8	38.0	37.8	37.5	36.9	36.0	34.9
		西	37.5	36.1	34.9	33.9	33.1	32.4	31.7	31.3	31.1	31.2	31.5	31.9	32.5	33.2	34.4	36.1	38.1	40.2	42.0	42.9	42.6	41.7	40.5	39.0
		北	32.2	31.4	30.7	30.2	29.7	29.3	29.1	29.1	29.4	29.8	30.3	30.8	31.5	32.2	32.9	33.5	34.1	34.5	34.8	35.1	34.9	34.5	34.0	33.2

序号	朝向																								
9	东	36.4	36.9	37.3	37.7	37.9	38.0	38.1	38.0	37.9	37.7	37.4	36.9	36.1	35.2	34.2	33.4	32.9	32.9	33.2	33.7	34.2	34.7	35.2	35.8
	南	35.2	35.7	36.0	36.2	36.3	36.3	36.1	35.7	35.1	34.3	33.5	32.7	32.1	31.7	31.5	31.5	31.7	32.1	32.4	32.8	33.3	33.7	34.2	34.7
	西	38.4	39.0	39.3	39.4	39.0	38.2	37.1	35.9	34.9	34.2	33.7	33.5	33.3	33.3	33.6	34.0	34.3	34.8	35.3	35.9	36.4	36.5	37.0	37.8
	北	33.1	33.5	33.6	33.7	33.3	33.0	32.8	32.4	31.9	31.6	31.3	31.0	30.6	30.7	30.8	30.6	30.6	30.7	31.0	31.3	31.6	31.9	32.3	32.7
10	东	36.9	37.1	37.0	36.9	36.7	36.4	36.1	35.7	35.2	34.7	34.4	34.0	33.8	33.5	33.6	33.8	34.0	34.4	34.8	35.2	35.5	35.9	36.3	36.7
	南	35.2	35.2	35.0	34.8	34.4	34.0	33.9	33.7	33.4	32.6	32.2	32.0	32.0	32.0	32.2	32.5	33.0	33.5	34.2	34.6	34.5	34.5	34.8	35.1
	西	37.5	37.2	36.7	36.1	35.4	34.8	34.3	33.9	33.8	33.7	33.8	33.9	34.0	34.2	34.3	34.6	35.4	36.6	36.3	36.1	36.9	37.2	37.5	37.6
	北	33.1	32.7	32.4	32.3	31.8	31.5	31.3	31.0	30.6	30.8	30.7	30.8	30.8	30.7	30.9	31.3	31.5	31.6	31.8	31.9	32.2	32.3	32.4	32.7
11	东	36.7	36.7	36.6	36.5	36.4	36.1	35.8	35.4	35.0	34.6	34.1	33.7	33.5	33.4	33.4	33.5	33.7	34.1	34.4	34.8	35.2	35.6	36.0	36.5
	南	34.8	34.7	34.5	34.2	33.8	33.5	33.4	33.2	32.9	32.3	32.0	31.9	31.8	31.7	31.9	32.0	32.3	32.9	33.4	33.8	34.1	34.2	34.6	34.7
	西	36.8	36.5	35.9	35.3	34.7	34.2	33.8	33.6	33.5	33.6	33.8	34.0	34.3	34.6	35.0	35.7	36.4	36.9	37.1	37.1	36.7	36.4	36.9	37.0
	北	32.4	32.2	31.8	31.5	31.3	31.0	30.9	30.4	30.5	30.6	30.7	30.6	30.5	30.4	30.8	31.0	31.2	31.3	31.5	31.5	32.0	32.2	32.3	32.6
12	东	37.0	37.4	37.5	37.6	37.5	37.4	37.2	36.8	36.3	35.7	35.2	35.0	34.8	34.3	33.8	33.5	33.6	33.7	33.9	34.3	34.9	35.5	36.0	36.6
	南	35.6	35.8	35.9	35.8	35.6	35.2	35.0	34.7	34.3	34.0	33.4	33.2	33.6	33.9	34.2	34.3	34.1	33.9	34.3	34.8	35.1	35.5	36.1	38.2
	西	33.2	33.3	33.1	33.1	33.0	32.8	32.5	32.1	31.8	31.5	31.2	30.9	30.7	30.6	30.6	30.6	30.8	31.1	31.3	31.3	31.6	31.8	32.0	33.0
	北	36.9	37.1	37.2	37.2	37.1	36.9	36.6	36.3	35.9	35.5	35.4	35.2	35.3	35.4	35.5	35.7	35.8	36.1	36.3	36.7	37.0	37.2	37.4	37.7
13	东	35.3	35.4	35.5	35.4	35.2	35.0	34.8	34.3	34.0	33.8	33.7	33.7	33.7	33.8	34.0	34.2	34.3	34.8	35.0	35.4	35.5	35.6	35.8	36.0
	南	37.9	37.8	37.5	37.0	37.6	37.4	37.0	36.3	35.5	34.8	34.0	33.8	33.7	33.7	33.7	33.9	34.0	34.1	34.3	34.8	35.4	36.3	37.4	37.7
	西	33.0	33.1	32.9	32.7	32.4	32.2	31.9	31.6	31.3	31.1	30.9	30.8	30.8	30.7	30.9	31.0	31.3	31.6	31.9	32.2	32.4	32.6	32.8	32.8

屋面 t_{wm}																									
1	44.7	44.6	44.4	44.0	43.5	43.0	42.3	41.7	41.1	40.4	39.8	39.4	39.1	39.1	39.2	39.6	40.1	40.8	41.6	42.3	43.1	43.7	44.2	44.5
2	44.5	43.5	42.4	41.4	40.5	39.5	38.6	37.9	37.3	37.0	37.1	37.6	38.4	39.6	40.9	42.3	43.7	44.9	45.8	46.7	46.5	46.6	46.2	45.5
3	44.3	43.9	43.4	42.8	42.3	41.6	41.0	40.4	39.8	39.3	39.2	38.9	38.9	39.2	39.6	40.3	41.1	41.9	42.6	43.3	43.9	44.3	44.5	44.5
4	43.0	42.1	41.3	40.5	39.7	38.9	38.3	37.8	37.6	37.8	38.5	39.4	40.6	41.9	43.2	44.4	45.4	46.1	46.5	46.4	46.1	45.6	44.9	44.0
5	44.4	44.1	43.7	43.2	42.6	41.4	40.8	40.1	39.6	39.2	38.9	38.9	39.1	39.5	40.0	40.7	41.4	42.2	42.9	43.5	44.0	44.4	44.4	44.4
6	45.4	44.7	43.9	42.6	42.0	40.2	39.2	38.4	37.5	37.3	37.4	37.8	38.1	38.9	40.0	41.2	42.5	43.7	44.7	45.5	45.5	45.9	46.1	45.9
7	42.9	42.9	42.9	43.4	42.5	42.3	42.0	41.6	41.2	40.8	40.2	39.9	39.8	39.8	39.9	40.1	40.4	40.8	41.2	41.7	42.1	41.7	42.4	42.7
8	45.9	45.0	44.4	43.4	42.3	41.0	39.5	38.4	37.4	36.5	36.0	36.7	37.9	39.3	41.0	42.7	44.4	45.8	47.0	47.8	47.8	47.6	47.0	47.0

注：其他城市的地点修正值可按下表采用：

地点	石家庄、乌鲁木齐	天津	沈阳	哈尔滨、长春、呼和浩特、银川、太原、大连
修正值	+1	0	-2	-3

附录17（2） 西安市外墙、屋面逐时冷负荷计算温度

（单位：℃）

类别	编号	朝向	1	2	3	4	5	6	7	8	9	10	11	12	13	14	15	16	17	18	19	20	21	22	23	24
墙体 t_{wq}	1	东	36.9	36.4	35.9	35.6	35.2	34.8	34.5	34.3	34.3	34.7	35.2	35.8	36.4	36.9	37.2	37.5	37.7	37.9	38.0	38.1	38.0	37.9	37.7	37.3
		南	34.9	34.5	34.2	33.9	33.6	33.3	33.0	32.8	32.8	32.5	32.5	32.7	32.9	33.3	33.8	34.3	34.8	35.2	35.5	35.6	35.7	35.6	35.5	35.3
		西	38.0	37.5	37.1	36.7	36.3	35.9	35.5	35.2	35.2	34.7	34.6	34.6	34.6	34.8	35.0	35.5	36.1	36.8	37.6	38.2	38.6	38.8	38.7	38.4
		北	33.9	33.6	33.3	33.0	32.7	32.5	32.2	32.1	32.1	32.0	32.0	32.2	32.3	32.6	32.9	33.2	33.5	33.8	34.0	34.3	34.4	34.4	34.4	34.2
	2	东	36.9	36.5	36.1	35.7	35.3	35.0	34.6	34.5	34.6	34.9	35.4	36.1	36.6	37.0	37.4	37.6	37.9	38.0	38.1	38.1	38.1	37.9	37.7	37.4
		南	35.0	34.6	34.3	34.0	33.7	33.4	33.2	32.9	32.8	32.7	32.7	32.8	33.2	33.6	34.0	34.5	35.0	35.3	35.6	35.7	35.7	35.6	35.6	35.3
		西	38.0	37.6	37.2	36.8	36.4	36.0	35.7	35.3	35.1	34.9	34.8	34.8	34.8	35.0	35.2	35.7	36.3	37.0	37.8	38.4	38.7	38.8	38.7	38.4
		北	34.0	33.6	33.4	33.1	32.9	32.6	32.4	32.2	32.1	32.1	32.2	32.3	32.5	32.8	33.0	33.3	33.6	33.9	34.2	34.4	34.5	34.5	34.5	34.3
	3	东	37.5	36.4	35.4	34.4	33.7	33.0	32.4	31.9	31.2	30.6	30.6	30.8	31.2	31.7	32.3	32.9	33.6	34.3	34.9	35.3	35.8	36.0	36.0	35.6
		南	36.0	35.1	34.2	33.4	32.7	32.1	31.6	31.2	30.8	30.6	30.6	30.8	31.3	32.0	32.9	34.1	35.2	35.2	36.1	37.4	37.6	37.6	37.4	36.9
		西	40.3	39.1	38.0	36.9	35.9	35.1	34.3	33.6	33.0	32.6	32.4	32.4	32.5	32.9	33.4	34.1	35.1	36.5	38.0	39.5	40.8	41.5	41.7	41.2
		北	34.9	34.1	33.3	33.3	32.6	32.0	31.5	31.1	30.7	30.4	30.4	30.5	30.8	31.2	31.7	32.3	32.9	33.6	34.3	35.3	36.0	36.0	36.0	35.6
	4	东	36.4	35.0	33.7	32.8	32.0	31.3	30.7	30.5	30.8	31.9	33.6	35.6	37.5	39.1	40.1	40.8	41.1	41.3	41.2	40.5	39.8	38.9	39.0	37.8
		南	35.5	34.2	33.1	32.2	31.5	30.9	30.4	29.9	29.7	29.7	30.0	30.6	31.6	32.9	34.4	35.9	37.2	38.2	38.8	39.0	38.8	38.5	38.0	37.4
		西	40.2	38.4	36.9	35.5	34.4	33.5	32.6	31.9	31.2	30.6	30.2	30.0	30.6	32.8	33.7	35.0	36.7	38.7	40.8	42.5	43.6	43.7	43.2	41.9
		北	34.6	33.5	32.4	31.6	31.0	30.4	30.0	29.7	29.8	29.8	30.2	30.7	31.6	32.8	34.1	34.9	34.9	35.6	36.3	36.7	36.6	36.3	36.0	35.8
	5	东	36.4	36.3	36.4	36.5	36.3	36.2	36.0	35.9	35.7	35.5	35.3	35.3	35.2	35.1	35.1	35.2	35.3	35.4	35.6	35.8	35.9	36.0	36.2	36.3
		南	33.9	34.0	34.0	34.0	34.0	33.9	33.8	33.7	33.6	33.5	33.3	33.2	33.1	33.0	32.9	32.9	32.9	32.9	33.0	33.1	33.3	33.5	33.6	33.8
		西	36.1	36.3	36.4	36.5	36.5	36.4	36.4	36.4	36.2	36.0	35.9	35.7	35.5	35.4	35.2	35.1	35.1	35.1	35.3	35.5	35.7	35.9	36.0	35.9
		北	32.8	32.9	33.0	33.0	33.2	32.9	32.8	32.7	32.6	32.5	32.4	32.4	32.3	32.2	32.1	32.1	32.1	32.1	32.2	32.3	32.4	32.5	32.6	32.7
	6	东	35.0	34.4	35.0	35.9	36.2	36.0	35.7	35.1	34.6	34.2	33.8	34.5	35.3	35.9	36.9	37.5	38.7	39.5	39.8	39.6	39.2	38.4	38.3	36.8
		南	34.4	32.9	33.3	31.9	32.0	30.8	29.6	29.3	29.3	29.4	29.8	30.1	32.5	34.1	35.9	36.3	38.4	39.2	39.6	39.2	38.4	37.5	36.1	36.1
		西	39.0	36.9	35.3	34.0	33.0	32.2	31.5	30.9	30.6	30.7	31.0	31.6	32.4	33.4	34.6	36.3	38.4	40.9	43.1	44.7	45.2	44.6	43.3	41.2
		北	33.7	32.4	31.4	30.7	30.1	29.7	29.3	29.2	29.4	29.8	30.5	31.8	33.8	33.6	34.1	35.1	35.9	36.6	37.1	37.5	37.1	36.5	36.5	35.2
	7	东	37.0	36.3	35.8	35.2	34.7	34.2	33.8	33.4	33.5	33.6	34.5	35.5	36.2	36.9	37.5	37.8	38.1	38.4	38.5	38.6	38.7	38.3	38.0	37.5
		南	35.2	34.7	34.2	33.7	33.3	32.9	32.5	32.2	32.0	32.0	31.8	32.0	32.3	33.1	34.0	34.2	34.9	35.4	35.8	36.1	36.1	36.0	36.0	35.6
		西	38.6	38.0	37.3	36.7	36.2	35.6	35.1	34.6	34.2	34.0	34.0	33.8	33.9	34.2	34.4	34.9	35.7	36.7	37.8	38.7	39.3	39.5	39.5	39.1
		北	34.1	33.7	33.3	32.9	32.5	32.2	31.8	31.6	31.4	31.4	31.4	31.5	31.7	31.9	32.2	33.0	33.5	33.8	34.2	34.5	34.8	34.8	34.8	34.5
	8	东	35.2	34.2	33.3	32.6	32.0	31.4	31.1	30.2	30.2	30.5	31.1	32.1	33.4	34.2	34.2	34.9	35.5	36.0	36.3	36.5	36.4	36.1	36.3	36.4
		南	34.3	33.3	32.5	31.9	31.3	30.8	30.4	30.2	30.3	31.8	31.9	32.1	33.4	33.4	34.8	35.4	38.0	38.3	38.4	38.1	37.6	37.0	36.3	35.3
		西	37.9	36.6	35.5	34.5	33.7	33.0	32.4	31.9	31.8	31.9	32.2	32.7	33.4	34.2	35.4	37.1	39.0	41.0	42.5	43.2	43.0	42.0	40.9	39.5
		北	33.5	32.6	31.9	31.3	30.8	30.4	30.1	30.0	30.3	30.7	31.2	31.9	32.6	33.3	34.2	34.9	35.5	36.0	36.3	36.5	36.4	35.9	35.4	34.5

屋面 t_{wm}

类型/朝向	1	2	3	4	5	6	7	8	9	10	11	12	13	14	15	16	17	18	19	20	21	22	23	24
9 东	37.3	37.8	38.2	38.5	38.7	38.8	38.7	38.6	38.4	38.1	37.7	37.2	36.4	35.5	34.6	33.9	33.6	33.7	34.1	34.5	35.0	35.5	36.1	36.7
9 南	35.5	35.9	36.2	36.3	36.4	36.3	36.1	35.7	35.1	34.4	33.7	33.0	32.4	32.1	32.0	32.0	32.1	32.3	32.6	32.9	33.2	33.6	34.0	34.5
9 西	39.0	39.5	39.8	39.9	39.7	38.9	37.9	36.8	35.7	35.0	34.5	34.2	34.0	34.0	34.0	34.2	34.5	34.9	35.4	35.9	36.0	36.5	37.0	38.3
9 北	34.5	34.8	35.0	35.1	35.0	34.7	34.4	34.0	33.6	33.2	32.8	32.4	32.1	31.8	31.7	31.6	31.7	31.9	32.1	32.5	32.8	33.2	33.6	34.0
10 东	37.7	37.8	37.7	37.6	37.5	37.2	36.9	36.5	36.1	35.6	35.1	34.7	34.3	34.2	34.2	34.5	34.8	35.2	35.5	35.9	36.3	36.8	37.1	37.5
10 南	35.3	35.3	35.1	34.9	34.5	34.1	33.7	33.2	32.8	32.5	32.3	32.2	32.3	32.4	32.6	32.9	33.1	33.4	33.8	34.1	34.4	34.7	35.0	35.2
10 西	38.1	37.9	37.4	36.8	36.1	35.5	35.0	34.6	34.4	34.3	34.3	34.4	34.6	34.8	35.2	35.5	35.9	36.3	36.7	37.1	37.5	37.8	38.1	38.2
10 北	34.1	34.0	33.8	33.6	33.3	33.0	32.6	32.4	32.1	31.9	31.8	31.7	31.7	31.8	31.8	31.9	32.1	32.3	32.6	32.9	33.1	33.4	33.7	34.0
11 东	37.3	37.4	37.3	37.1	36.9	36.6	36.3	35.9	35.4	35.0	34.6	34.3	34.1	34.1	34.2	34.5	34.8	35.2	35.5	35.9	36.3	36.7	37.0	37.2
11 南	34.9	34.8	34.5	34.3	33.9	33.5	33.1	32.7	32.4	32.2	32.1	32.1	32.2	32.4	32.6	32.7	32.9	33.2	33.4	33.7	34.0	34.3	34.5	34.7
11 西	37.5	37.1	36.6	36.0	35.4	34.9	34.6	34.3	34.2	34.3	34.3	34.4	34.6	34.9	35.2	35.5	35.9	36.3	36.6	36.9	37.2	37.5	37.6	37.6
11 北	33.6	33.5	33.3	33.0	32.7	32.5	32.3	32.0	31.8	31.6	31.5	31.5	31.6	31.6	31.8	32.0	32.2	32.3	32.5	32.7	33.0	33.2	33.4	33.7
12 东	37.9	38.2	38.3	38.4	38.3	38.2	37.9	37.6	37.2	36.7	36.1	35.4	34.7	34.1	34.5	34.8	35.3	35.7	36.1	36.5	36.9	37.2	37.6	38.8
12 南	35.8	36.0	36.0	35.8	35.6	35.2	34.7	34.1	33.5	33.0	32.5	32.2	32.0	32.0	32.1	32.4	32.7	32.9	33.6	33.9	33.9	34.2	34.9	35.4
12 西	39.1	39.2	38.9	38.3	37.6	36.7	35.8	35.1	34.6	34.3	34.1	34.0	34.2	34.2	34.5	34.8	35.3	35.7	36.1	36.5	36.7	36.9	37.2	38.3
12 北	34.6	34.7	34.6	34.4	34.1	33.7	33.4	33.0	32.6	32.3	32.0	31.8	31.7	31.8	31.6	31.7	31.9	32.2	32.5	32.9	33.0	33.4	33.9	34.3
13 东	37.6	37.8	37.9	37.9	37.8	37.6	37.4	37.1	36.7	36.3	35.6	34.9	34.4	34.1	33.8	34.0	34.4	34.9	35.5	36.0	36.5	37.0	37.4	38.3
13 南	35.4	35.5	35.5	35.3	35.1	34.7	34.3	33.8	33.4	32.9	32.6	32.4	32.3	32.0	32.1	32.2	32.5	32.7	33.3	33.6	33.9	34.3	34.6	35.2
13 西	38.5	38.4	38.1	37.6	37.0	36.3	35.6	35.1	34.7	34.5	34.4	34.4	34.5	34.7	34.9	35.2	35.6	36.0	36.4	36.8	37.1	37.5	37.9	38.3
13 北	34.2	34.3	34.2	34.0	33.7	33.4	33.1	32.8	32.5	32.3	32.1	31.9	31.8	31.8	31.9	32.0	32.2	32.5	32.7	33.0	33.3	33.6	33.9	34.1
1	45.2	44.8	44.3	43.7	42.9	42.1	41.3	40.6	40.1	39.8	39.7	39.8	40.1	40.5	41.1	41.8	42.5	43.1	43.7	44.3	44.8	45.1	45.3	45.4
2	46.3	47.0	47.3	47.4	47.2	46.5	45.5	44.2	42.7	41.3	40.0	38.8	38.1	37.7	37.6	38.0	38.6	39.0	39.4	39.9	40.3	40.3	44.3	45.3
3	45.2	45.2	45.0	44.6	43.9	43.2	42.4	41.6	40.8	40.2	39.7	39.5	39.5	39.7	40.1	40.6	41.2	41.8	42.4	43.0	43.6	44.2	44.6	45.0
4	44.8	45.7	46.4	46.9	47.2	47.2	46.8	46.1	45.0	43.7	42.1	40.6	39.9	39.0	38.4	38.2	38.5	39.0	39.7	40.5	41.3	41.9	42.3	43.8
5	45.2	45.0	44.7	44.2	43.5	42.8	42.0	41.2	40.5	40.0	39.6	39.5	39.6	39.9	40.3	40.9	41.6	42.2	42.8	43.4	44.0	44.4	44.8	45.1
6	46.7	46.8	46.7	46.2	45.4	44.3	43.0	41.7	40.5	39.4	38.5	38.0	37.8	38.0	38.5	39.2	40.0	41.0	41.9	42.8	43.7	44.6	45.5	46.2
7	43.4	43.1	42.7	42.3	41.8	41.4	41.0	40.7	40.5	40.4	40.4	40.6	40.9	41.2	41.6	42.0	42.4	42.7	43.0	43.3	43.6	43.6	43.6	43.5
8	47.8	48.4	48.6	48.3	47.6	46.4	44.9	43.1	41.3	39.6	38.2	37.1	36.5	36.3	36.6	37.3	38.2	38.2	39.3	40.4	41.6	42.9	45.5	46.8

注：其他城市的地点修正值可按下表采用：

地点	济南	郑州	兰州、青岛	西宁
修正值	+1	-1	-3	-9

附录 17（3）　上海市外墙、屋面逐时冷负荷计算温度

（单位：℃）

类别	编号	朝向	1	2	3	4	5	6	7	8	9	10	11	12	13	14	15	16	17	18	19	20	21	22	23	24
墙体 t_{wq}	1	东	36.8	36.4	36.0	35.6	35.2	34.9	34.6	34.5	34.6	35.0	35.6	36.2	36.8	37.2	37.5	37.8	37.9	38.1	38.1	38.1	38.0	37.9	37.7	37.3
		南	34.4	34.0	33.7	33.5	33.2	32.9	32.7	32.5	32.4	32.3	32.3	32.5	32.8	33.1	33.6	34.0	34.4	34.7	34.9	35.1	35.1	35.1	35.0	36.4
		西	38.0	37.6	37.2	36.8	36.4	36.0	35.7	35.4	35.1	34.9	34.8	34.8	34.8	35.0	35.3	35.7	36.3	37.1	37.8	38.4	38.8	38.9	38.8	35.4
		北	34.0	33.6	33.3	33.1	32.8	32.6	32.5	32.4	32.4	32.5	32.7	32.9	33.0	33.3	33.3	33.5	33.8	34.0	34.3	34.4	34.6	34.6	34.5	34.7
	2	东	36.9	36.5	36.1	35.7	35.4	35.0	34.8	34.7	34.9	35.3	35.8	36.4	37.0	37.4	37.7	37.9	38.1	38.2	38.2	38.2	38.1	37.9	37.7	37.4
		南	34.5	34.1	33.8	33.6	33.3	33.1	32.9	32.7	32.5	32.5	32.5	32.7	33.0	33.4	33.8	34.2	34.5	34.8	35.0	35.1	35.2	35.1	35.0	34.8
		西	38.1	37.7	37.3	36.9	36.5	36.1	35.8	35.5	35.3	35.1	35.0	35.0	35.0	35.2	35.5	35.9	36.5	37.3	38.0	38.5	38.8	38.9	38.8	38.5
		北	34.0	33.7	33.5	33.2	32.9	32.7	32.5	32.4	32.4	32.4	32.5	32.6	32.8	33.0	33.3	33.5	33.8	34.0	34.3	34.5	34.6	34.6	34.5	34.3
	3	东	37.3	36.2	35.2	34.4	33.6	33.0	32.5	32.1	32.1	32.5	33.5	34.8	36.2	37.5	38.5	39.2	39.6	39.9	40.0	40.0	39.8	39.5	39.0	38.3
		南	35.3	34.5	33.6	32.9	32.3	31.8	31.4	31.0	30.7	30.6	30.7	30.9	31.4	32.1	32.9	33.9	34.8	35.6	36.2	36.6	36.8	36.8	36.6	36.1
		西	40.2	39.1	37.9	36.8	35.9	35.1	34.4	33.8	33.2	32.9	32.7	32.7	32.8	33.1	33.6	34.4	35.4	36.8	38.3	39.8	40.9	41.6	41.7	41.2
		北	34.9	34.1	33.3	32.6	32.0	31.6	31.2	30.9	30.7	30.7	30.9	31.2	31.6	32.1	32.7	33.3	33.9	34.4	35.0	35.4	35.8	35.9	35.9	35.6
	4	东	36.1	34.8	33.6	32.7	31.8	31.0	30.3	30.0	29.9	29.9	30.4	31.4	32.0	33.1	34.0	35.4	37.1	39.1	41.1	42.7	43.6	43.6	43.0	41.7
		南	34.8	33.4	32.4	31.5	30.9	30.6	30.2	30.0	29.9	30.0	30.3	31.4	32.0	33.1	34.0	34.9	35.4	36.6	36.3	36.7	36.9	36.8	36.4	35.6
		西	40.0	38.3	36.8	35.5	34.4	33.5	32.8	32.2	31.7	31.6	31.6	31.9	32.0	32.8	34.0	35.3	37.0	39.1	41.3	42.7	43.6	43.6	43.0	41.7
		北	34.5	33.1	32.4	31.6	31.0	30.6	30.2	30.0	29.9	30.0	30.3	31.2	31.9	32.8	33.7	34.3	35.0	35.7	36.3	36.7	36.9	36.8	36.4	35.6
	5	东	36.6	34.1	33.6	32.6	32.1	31.6	31.3	30.8	30.7	32.6	34.5	35.5	38.3	39.7	40.6	41.1	41.3	41.3	41.1	40.8	40.2	39.5	38.7	37.5
		南	36.3	34.8	33.6	32.7	32.0	31.4	31.0	30.8	31.4	32.6	34.5	35.8	35.7	35.5	35.4	35.3	35.2	35.2	35.2	35.3	35.5	35.7	35.9	36.0
		西	36.0	33.3	32.6	31.6	31.2	31.4	31.0	30.0	29.9	29.9	30.2	30.9	31.8	32.9	34.2	35.5	36.5	37.4	37.8	38.0	37.9	37.5	36.9	36.0
		北	33.0	34.8	33.1	32.7	32.0	33.0	32.9	30.0	30.3	32.6	34.5	35.8	35.7	35.5	35.4	35.3	35.2	35.3	35.2	35.1	35.2	35.7	35.9	36.0
	6	东	34.8	33.8	32.6	31.5	30.9	30.5	30.2	30.5	31.6	33.0	36.0	38.4	40.3	41.5	42.0	42.1	42.0	41.7	41.3	40.7	39.9	39.0	37.9	36.5
		南	33.8	32.8	31.5	30.9	30.4	30.0	29.7	29.5	29.5	29.8	30.4	31.3	32.6	34.1	35.6	36.9	37.9	38.5	38.7	38.5	38.1	37.4	36.6	35.3
		西	38.8	36.7	35.2	34.0	33.1	32.3	31.7	31.2	31.0	31.1	31.4	32.0	32.8	33.7	34.9	35.3	36.0	41.2	43.4	44.8	45.1	44.3	43.0	41.0
		北	33.6	32.3	31.4	30.7	30.3	29.9	29.6	29.6	29.9	30.4	30.4	31.9	32.7	33.6	34.4	35.3	36.0	36.6	37.1	37.4	37.3	36.9	36.3	35.1
	7	东	36.9	36.3	35.7	35.2	34.7	34.3	33.9	33.6	33.7	34.2	34.9	35.8	36.6	37.3	37.8	38.1	38.4	38.5	38.6	38.6	38.5	38.3	38.0	37.5
		南	34.6	34.1	33.7	33.3	32.9	32.6	32.3	32.2	31.8	31.7	31.7	31.9	32.2	32.7	33.3	33.9	34.5	34.9	35.3	35.4	35.5	35.5	35.3	35.0
		西	38.6	38.0	37.4	36.8	36.3	35.8	35.5	34.8	34.4	34.2	34.0	34.0	34.1	34.4	34.9	35.7	36.6	37.0	38.0	38.9	39.4	39.7	39.6	39.2
		北	34.2	33.7	33.3	32.9	32.6	32.3	32.0	31.8	31.7	31.7	31.8	32.0	32.2	32.5	32.9	33.3	33.6	34.0	34.3	34.6	34.8	34.9	34.8	34.5
	8	东	35.1	34.1	33.3	32.7	32.1	31.6	31.3	31.1	31.3	31.5	37.1	38.9	40.0	40.5	40.6	40.6	40.6	40.4	40.0	39.5	38.8	38.1	37.3	36.2
		南	33.7	32.8	32.2	31.6	31.1	30.7	30.4	30.3	30.3	30.6	31.2	32.1	33.3	34.5	35.7	36.6	37.2	37.5	37.5	37.2	36.8	36.2	35.6	34.7
		西	37.9	36.6	35.5	34.6	33.9	33.2	32.6	32.2	32.1	32.2	32.5	33.0	33.6	34.4	35.6	37.3	39.3	41.2	42.7	43.3	42.9	42.0	40.8	39.4
		北	33.5	32.6	32.0	31.4	31.0	30.6	30.3	30.4	30.7	31.2	31.7	32.5	33.0	33.7	34.4	35.0	35.5	36.0	36.3	36.5	36.3	35.8	35.3	34.5

类别	朝向	1	2	3	4	5	6	7	8	9	10	11	12	13	14	15	16	17	18	19	20	21	22	23	24
9	东	36.6	36.0	35.5	35.0	34.6	34.2	33.8	33.8	34.2	35.0	35.9	36.9	37.6	38.1	38.4	38.6	38.8	38.8	38.8	38.7	38.5	38.1	37.8	37.2
	南	34.5	34.0	33.6	33.3	32.9	32.6	32.3	32.0	31.9	31.9	32.0	32.4	32.8	33.4	34.1	34.7	35.2	35.5	35.7	35.8	35.7	35.6	35.3	34.9
	西	38.4	37.7	37.1	36.6	36.1	35.6	35.1	34.7	34.4	34.2	34.3	34.4	34.7	35.2	35.9	37.0	38.1	39.1	39.8	40.0	39.9	39.6	39.0	39.0
	北	34.1	33.6	33.3	32.9	32.6	32.3	32.0	31.9	31.9	32.0	32.2	32.4	32.7	33.1	33.4	33.8	34.2	34.5	34.8	35.0	35.1	35.0	34.9	34.5
10	东	37.5	37.1	36.8	36.3	35.9	35.6	35.2	34.8	34.5	34.4	34.4	34.6	35.0	35.5	36.0	36.4	36.8	37.2	37.4	37.6	37.8	37.8	37.8	37.7
	南	34.7	34.5	34.2	33.9	33.6	33.3	33.1	32.8	32.5	32.3	32.2	32.1	32.1	32.1	32.4	32.6	33.0	33.4	33.8	34.1	34.4	34.6	34.7	34.8
	西	38.3	38.1	37.9	37.5	37.1	36.8	36.4	36.0	35.6	35.3	35.0	34.8	34.6	34.5	34.5	34.6	34.9	35.2	35.7	36.4	37.0	37.6	38.0	38.3
	北	34.1	33.9	33.7	33.4	33.2	32.9	32.7	32.4	32.3	32.1	32.0	31.9	32.0	32.1	32.2	32.4	32.6	32.9	33.1	33.4	33.7	33.9	34.1	34.2
11	东	37.3	37.0	36.7	36.3	35.9	35.6	35.2	34.9	34.5	34.3	34.2	34.3	34.5	34.9	35.3	35.8	36.2	36.5	36.8	37.1	37.3	37.4	37.5	37.4
	南	34.4	34.2	34.0	33.7	33.5	33.2	33.0	32.7	32.5	32.2	32.1	31.9	31.9	31.9	32.0	32.2	32.5	32.8	33.2	33.5	33.8	34.1	34.3	34.4
	西	37.8	37.8	37.6	37.3	37.0	36.7	36.3	36.0	35.7	35.3	35.0	34.7	34.7	34.4	34.4	34.4	34.5	34.8	35.2	35.7	36.2	37.0	37.3	37.6
	北	33.8	33.7	33.5	33.3	33.0	32.8	32.6	32.3	32.1	31.9	31.8	31.7	31.7	31.8	31.9	32.0	32.2	32.4	32.7	32.9	33.2	33.5	33.6	33.7
12	东	37.4	34.5	34.4	34.1	33.9	33.8	33.8	33.8	33.9	34.1	34.4	35.0	35.8	36.5	37.1	37.5	37.9	38.2	38.3	38.4	38.4	38.3	38.2	37.8
	南	34.8	34.4	34.1	33.6	33.2	32.9	32.7	32.4	32.1	32.0	32.0	31.9	32.1	32.4	32.8	33.3	33.8	34.3	34.7	35.1	35.2	35.3	35.3	35.1
	西	38.8	38.3	37.8	37.3	36.8	36.3	35.8	35.4	35.0	34.7	34.4	34.3	34.2	34.3	34.5	34.8	35.3	36.0	36.9	37.8	38.5	39.0	39.2	39.2
	北	34.3	34.0	33.6	33.2	32.9	32.7	32.4	32.3	32.2	32.0	31.9	31.9	32.1	32.3	32.6	32.9	33.2	33.6	33.9	34.2	34.5	34.7	34.7	34.6
13	东	37.3	37.3	37.3	36.9	36.5	36.1	35.7	35.4	35.1	35.0	35.0	35.1	35.6	36.2	36.7	37.1	37.4	37.6	37.8	37.9	38.0	38.0	37.9	37.7
	南	34.7	34.1	33.8	33.4	33.2	32.9	32.7	32.4	32.2	32.1	32.0	32.1	32.2	32.4	32.7	33.1	33.5	33.9	34.3	34.6	34.8	34.9	35.0	34.9
	西	38.8	38.4	38.1	37.7	37.3	36.9	36.5	36.1	35.5	35.1	34.9	34.7	34.6	34.6	34.7	34.9	35.5	35.8	36.5	37.2	38.3	38.8	38.6	38.6
	北	34.2	33.9	33.9	33.6	33.4	33.1	32.8	32.6	32.2	32.1	32.0	32.1	32.2	32.3	32.5	32.8	33.0	33.3	33.6	33.9	34.1	34.3	34.4	34.3
屋面 t_{wm}	1	45.7	45.4	45.3	44.9	44.9	44.4	44.3	43.3	42.0	41.3	40.8	40.4	40.1	40.1	40.2	40.6	41.2	41.9	42.7	43.4	44.1	44.8	45.3	45.6
	2	45.4	44.4	42.3	41.4	41.4	40.5	39.6	38.8	38.3	38.1	38.2	38.7	39.5	40.7	42.1	43.5	44.9	46.0	47.0	47.5	47.7	47.7	47.1	46.4
	3	45.2	44.4	44.3	43.8	43.2	42.6	42.0	41.4	40.8	40.3	40.0	39.9	39.9	40.3	40.7	41.4	42.2	43.0	43.7	44.4	44.7	44.9	45.5	45.4
	4	44.0	43.0	42.2	41.4	40.7	39.9	39.3	38.8	38.7	38.9	39.6	40.5	41.7	43.1	44.4	45.6	46.6	47.2	47.5	47.4	46.6	46.5	45.8	44.9
	5	45.3	45.0	44.6	44.1	43.5	42.9	42.3	41.7	41.1	40.6	40.2	40.0	39.9	40.1	40.5	41.1	41.8	42.5	43.3	44.0	44.6	45.0	45.3	45.4
	6	46.3	45.6	44.7	43.8	42.9	42.0	41.1	40.2	39.4	38.8	38.4	38.3	38.5	39.1	40.0	41.1	42.4	43.7	44.8	45.8	46.6	47.0	47.1	46.8
	7	43.8	43.9	43.8	43.7	43.5	43.2	42.9	42.6	42.2	41.8	41.5	41.1	40.9	40.8	40.8	40.9	41.1	41.4	41.8	42.3	42.7	43.1	43.4	43.7
	8	46.8	45.5	44.2	42.9	41.6	40.4	39.3	38.3	37.5	37.0	36.8	37.1	37.8	39.0	40.5	42.2	43.9	45.6	47.0	48.0	48.6	48.6	48.5	47.8

注：其他城市的地点可修正值按下表采用：

地点	重庆、武汉、长沙、南昌、合肥、杭州	南京、宁波	成都	拉萨
修正值	+1	0	-3	-11

附录 17（4）　广州市外墙、屋面逐时冷负荷计算温度

（单位：℃）

类别：墙体 t_{wq}

编号	朝向	1	2	3	4	5	6	7	8	9	10	11	12	13	14	15	16	17	18	19	20	21	22	23	24
1	东	36.4	36.0	35.6	35.2	34.9	34.6	34.3	34.1	34.1	34.4	34.9	35.5	36.1	36.6	36.9	37.2	37.4	37.6	37.7	37.7	37.6	37.4	37.2	36.9
	南	33.2	32.9	32.6	32.4	32.2	31.9	31.7	31.6	31.6	31.4	31.5	31.6	31.8	32.1	32.4	32.7	33.0	33.3	33.5	33.7	33.7	33.8	33.7	33.5
	西	34.5	34.1	33.8	33.6	33.3	33.0	32.8	32.6	32.4	32.4	32.4	32.4	32.6	32.9	33.2	33.5	33.9	34.4	34.7	34.9	35.1	35.0	35.0	34.8
	北	36.5	36.1	35.7	35.4	35.0	34.7	34.4	34.2	33.9	33.8	33.8	33.8	33.9	34.1	34.3	34.7	35.2	35.8	36.5	36.9	37.2	37.3	37.2	36.9
2	东	36.5	36.1	35.7	35.4	35.0	34.7	34.4	34.2	34.2	34.3	34.7	35.2	35.9	36.5	36.9	37.3	37.5	37.6	37.7	37.7	37.7	37.5	37.3	37.0
	南	33.3	33.0	32.7	32.5	32.3	32.1	31.9	31.7	31.6	31.6	31.6	31.8	32.0	32.2	32.6	32.9	33.2	33.4	33.6	33.8	33.8	33.8	33.8	33.6
	西	34.2	34.1	33.9	33.7	33.4	33.2	32.9	32.7	32.6	32.5	32.5	32.6	32.8	33.0	33.4	33.7	34.1	34.5	34.8	35.0	35.2	35.1	35.1	34.9
	北	36.6	36.2	35.8	35.5	35.1	34.8	34.6	34.3	34.0	33.9	33.9	34.0	34.1	34.3	34.5	34.9	35.4	36.0	36.6	37.1	37.3	37.4	37.2	37.0
3	东	37.0	36.0	35.0	34.1	33.4	32.8	32.2	31.8	31.6	32.0	32.8	34.0	35.3	36.6	37.7	38.5	39.0	39.3	39.5	39.5	39.4	39.1	38.6	37.9
	南	34.0	33.3	32.5	31.9	31.4	31.0	30.6	30.3	30.1	30.0	30.0	30.2	30.6	31.2	31.8	32.5	33.3	33.9	34.5	34.9	35.1	35.2	35.1	34.7
	西	35.6	34.8	33.9	33.2	32.6	32.1	31.6	31.2	30.9	30.7	30.7	30.9	31.2	31.7	32.3	33.0	33.9	34.8	35.6	36.3	36.7	36.9	36.8	36.4
	北	38.3	37.2	36.2	35.3	34.5	33.8	33.2	32.7	32.2	32.0	31.9	32.0	32.2	32.6	33.1	33.8	34.7	35.8	37.0	38.2	39.1	39.6	39.6	39.2
4	东	35.9	34.5	33.4	32.5	31.8	31.2	30.7	30.5	30.8	31.4	32.7	34.0	35.3	36.6	37.7	38.5	39.0	39.3	39.3	39.3	39.1	38.7	38.4	37.9
	南	33.7	33.0	32.2	31.6	31.0	30.3	29.8	29.5	29.3	29.4	29.8	30.2	30.7	31.2	31.8	32.5	33.3	34.1	34.5	34.2	34.3	34.9	34.7	34.9
	西	35.3	34.1	33.0	32.2	31.5	31.0	31.8	31.3	31.0	30.9	30.7	30.9	31.3	32.1	33.7	34.7	36.1	37.7	39.3	40.6	41.3	41.3	40.7	39.6
	北	38.1	36.5	35.2	34.1	33.2	32.4	31.8	31.3	31.4	30.9	30.9	31.0	31.3	32.0	32.8	33.8	35.0	35.6	36.6	36.7	36.4	36.0	35.9	36.0
5	东	36.1	36.1	36.0	36.0	36.0	35.8	35.5	35.1	34.8	34.5	34.2	34.9	35.6	36.1	36.5	37.5	37.6	37.8	38.1	38.1	38.0	38.1	38.4	38.9
	南	32.3	32.3	32.4	32.4	32.3	32.2	32.1	31.9	31.8	31.6	31.6	31.6	31.8	31.7	32.2	32.6	33.0	33.4	33.6	34.0	34.1	34.1	34.0	33.8
	西	33.4	33.4	33.5	33.5	33.5	33.4	33.3	33.1	33.1	33.1	33.3	33.4	33.5	32.5	33.3	33.4	33.5	34.4	34.9	35.2	35.4	35.4	35.4	35.1
	北	33.3	34.3	35.9	35.4	34.9	34.4	34.0	33.6	33.3	33.3	33.3	33.0	33.2	33.5	33.8	34.3	35.0	35.8	36.7	37.4	37.9	38.0	38.4	37.5
6	东	35.0	33.7	32.6	31.7	31.0	30.1	29.8	29.5	29.3	29.4	29.7	30.2	31.0	31.8	32.8	34.2	34.6	35.3	35.8	36.1	36.1	35.9	35.5	36.5
	南	34.6	34.1	33.0	32.2	31.4	31.0	30.6	30.2	30.0	30.0	30.2	30.7	31.3	32.1	33.1	34.7	36.1	37.7	39.3	40.6	41.3	41.3	40.7	39.6
	西	32.8	32.5	32.1	31.9	31.6	31.4	31.8	31.3	31.0	30.9	30.7	30.9	31.3	32.1	32.7	33.7	34.7	35.2	35.6	35.5	35.6	35.8	36.0	36.0
	北	34.3	34.8	35.2	34.9	34.4	34.0	33.6	33.3	33.3	33.3	33.6	34.5	35.9	37.3	38.7	40.3	40.5	39.5	39.3	40.6	41.3	41.3	40.7	39.6
7	东	36.9	35.1	33.5	32.4	32.0	32.8	33.6	33.3	33.3	33.6	34.3	35.1	36.6	36.6	37.1	37.5	37.8	39.5	41.2	42.3	42.4	41.8	40.7	38.9
	南	36.5	35.9	33.1	32.1	32.0	31.7	31.4	31.2	31.9	31.9	30.9	31.8	31.4	31.7	32.2	32.6	33.0	33.4	33.3	34.0	34.1	34.1	34.0	37.1
	西	33.4	34.3	33.8	35.4	34.4	32.8	32.5	32.2	33.3	33.1	33.3	32.8	33.2	32.5	33.3	33.4	33.5	34.4	34.9	35.2	35.4	35.4	34.0	33.8
	北	34.7	36.4	35.9	35.4	34.9	34.4	34.0	33.6	33.3	33.3	33.3	33.0	33.2	33.5	33.8	34.3	35.0	35.8	36.7	37.4	37.9	38.0	37.9	37.5
8	东	37.0	35.0	33.1	32.4	31.9	32.0	31.1	31.3	32.5	34.2	36.2	37.9	39.1	39.7	40.0	40.1	40.1	39.9	39.6	39.1	38.5	37.7	37.0	36.0
	南	34.8	33.3	31.4	30.9	30.5	30.1	29.8	29.7	29.8	30.1	30.6	31.3	32.1	33.5	33.9	34.6	35.2	35.5	35.7	35.6	35.3	34.9	34.4	33.7
	西	32.8	34.2	32.6	32.1	31.6	31.1	30.8	30.6	30.6	30.8	31.2	31.9	32.7	33.5	34.4	35.3	36.1	36.7	37.2	37.2	37.0	36.6	36.0	35.2
	北	36.2	35.0	34.1	33.3	32.6	32.0	31.6	31.2	31.2	31.4	31.8	32.4	33.1	33.9	35.0	36.5	38.2	39.8	41.0	41.3	40.8	39.9	38.8	37.6

9	东	36.8	37.4	37.7	38.0	38.2	38.4	38.4	38.2	38.1	37.8	37.5	36.9	36.1	35.2	34.3	33.7	33.4	33.5	33.9	34.3	34.7	35.2	35.7	36.3
	南	33.7	34.0	34.2	34.3	34.3	34.2	33.9	33.6	33.2	32.8	32.3	31.9	31.5	31.3	31.2	31.1	31.1	31.2	31.5	31.7	32.0	32.3	32.6	32.9
	西	35.0	35.4	35.5	35.6	35.6	35.4	35.0	34.6	34.1	33.6	33.1	32.7	32.4	32.2	32.1	32.0	32.1	32.2	32.5	32.8	33.1	33.4	33.8	34.6
	北	37.4	37.9	38.2	38.4	38.4	38.2	37.7	37.0	36.2	35.3	34.7	34.3	34.0	33.5	33.3	33.2	33.3	33.5	33.9	34.3	34.7	35.2	35.7	36.8
10	东	37.2	37.3	37.4	37.3	37.1	36.9	36.6	36.2	35.8	35.3	34.9	34.4	34.1	34.0	33.9	34.2	34.5	34.9	35.3	35.6	35.9	36.4	36.7	37.0
	南	33.4	33.4	33.3	33.0	32.8	32.5	32.2	31.9	31.6	31.4	31.2	31.2	31.3	31.4	31.6	31.8	32.0	32.2	32.5	32.7	33.0	33.2	33.3	33.2
	西	34.7	34.6	34.4	34.1	33.8	33.4	33.1	32.7	32.4	32.3	32.2	32.3	32.4	32.6	32.9	33.3	33.7	34.1	34.6	35.0	35.3	35.7	36.0	34.2
	北	36.8	36.6	36.2	35.7	35.2	34.7	34.3	33.9	33.7	33.5	33.3	33.2	33.3	33.5	33.9	34.2	34.6	35.2	35.7	36.0	36.4	36.6	36.8	34.0
11	东	36.9	36.9	37.0	36.9	36.8	36.5	36.3	36.0	35.6	35.2	34.8	34.0	33.8	33.6	33.9	34.0	34.5	35.1	35.8	36.4	36.9	37.0	36.9	36.8
	南	33.0	32.9	32.7	32.5	32.3	32.0	31.7	31.5	31.2	31.1	31.2	31.4	31.6	31.9	32.1	31.2	31.5	31.9	32.3	32.5	32.7	32.9	33.0	33.0
	西	34.2	34.0	33.8	33.5	33.3	33.0	32.6	32.3	32.1	32.0	32.1	32.3	32.5	32.8	33.2	33.6	34.0	34.3	34.7	35.0	35.3	35.5	34.1	34.2
	北	36.3	36.1	35.8	35.4	35.0	34.6	34.3	34.0	33.8	33.6	33.4	33.3	33.5	33.8	34.1	34.5	34.9	35.2	35.6	35.9	36.2	36.3	36.2	36.3
12	东	37.0	37.4	37.7	37.9	38.0	37.6	37.3	36.9	36.4	35.8	35.1	34.4	34.1	33.9	33.6	33.5	33.8	34.1	34.5	35.0	35.4	35.8	36.1	37.0
	南	33.4	33.4	33.3	33.0	32.8	32.5	32.1	31.8	31.5	31.4	31.1	31.2	31.3	31.5	31.7	31.9	32.1	32.3	32.5	32.9	32.8	32.9	33.2	33.2
	西	34.6	34.2	34.0	33.8	33.5	33.2	32.9	32.5	32.2	32.1	32.0	32.4	32.3	32.5	32.8	33.1	33.6	33.8	33.8	34.1	34.3	34.7	33.8	34.1
	北	37.2	37.6	37.5	37.4	37.1	36.8	36.4	36.0	35.7	35.5	35.4	35.4	35.5	35.7	36.0	36.3	36.5	36.5	36.8	37.1	37.3	37.5	36.3	37.2
13	东	37.2	37.4	37.5	37.4	37.3	32.9	32.6	32.0	31.7	31.5	31.3	31.5	31.7	31.9	32.1	32.3	32.5	32.6	32.9	33.2	33.4	33.2	32.9	33.4
	南	33.5	33.6	33.4	33.2	33.0	32.6	32.2	31.9	31.6	31.3	31.3	31.6	31.7	31.9	32.1	33.3	33.2	32.8	33.0	33.3	33.6	33.9	32.9	33.2
	西	34.8	34.9	34.6	34.3	34.0	33.7	33.4	33.2	33.2	33.2	33.3	33.6	33.9	33.9	33.6	33.9	34.3	34.3	34.6	34.8	34.9	34.8	34.2	34.7
	北	37.1	37.0	36.9	36.5	36.2	35.9	35.3	34.8	34.0	34.3	34.8	35.3	35.9	36.4	36.5	36.5	36.9	37.0	37.0	37.0	37.0	37.1	36.6	36.9
屋面 t_{wm}	1	45.0	44.6	44.2	43.5	43.4	42.8	42.1	41.5	40.8	40.3	39.8	39.6	39.5	39.6	40.0	40.5	41.2	42.0	42.8	43.4	44.0	44.4	44.8	45.1
	2	45.9	46.6	47.0	46.9	46.4	45.4	44.2	42.7	41.3	40.0	39.1	38.7	37.9	37.5	37.4	37.8	38.4	39.2	40.1	41.0	41.9	42.8	43.9	44.9
	3	44.9	46.6	47.1	43.8	43.1	42.3	41.5	40.7	40.0	39.6	39.3	39.3	39.5	39.8	40.3	40.9	41.5	42.1	42.7	43.2	43.8	44.3	44.7	44.7
	4	44.4	44.9	44.7	44.4	43.7	44.2	43.1	41.5	40.0	43.7	43.1	42.0	40.2	38.8	38.3	38.1	39.5	40.2	41.0	41.8	42.6	43.2	43.5	43.5
	5	44.9	45.3	44.5	44.0	43.4	42.7	41.9	41.1	40.4	39.8	39.5	39.6	40.1	40.6	41.2	41.9	42.5	43.1	43.6	44.1	44.5	44.8	44.8
	6	46.3	46.5	46.4	46.0	45.2	44.2	43.0	41.7	40.4	39.3	38.4	37.7	37.8	38.3	39.5	40.6	41.9	42.4	43.3	44.2	45.1	45.8	45.8
	7	43.1	42.9	42.5	42.1	41.6	41.2	40.8	40.3	40.2	40.2	40.4	40.6	40.4	40.1	41.3	41.7	42.1	42.4	42.9	43.2	43.3	43.3	43.3
	8	47.3	48.0	48.2	48.1	47.5	46.4	44.9	43.1	41.4	39.6	38.1	37.0	36.2	36.4	37.1	37.9	39.0	40.0	41.2	42.4	43.7	45.1	46.3

注：其他城市的地点修正值可按下表采用：

地点	福州、南宁、海口、深圳	贵阳	夏门	昆明
修正值	0	-3	-1	-7

暖通空调工程设计

附录18 典型城市外窗传热逐时冷负荷计算温度 t_{wc} （单位：℃）

地点	1	2	3	4	5	6	7	8	9	10	11	12	13	14	15	16	17	18	19	20	21	22	23	24
北京	27.8	27.5	27.2	26.9	26.8	27.1	27.7	28.5	29.3	30.0	30.8	31.5	32.1	32.4	32.4	32.3	32.0	31.5	30.8	30.1	29.6	29.1	28.7	28.3
天津	27.4	27.0	26.6	26.3	26.2	26.5	27.2	28.1	29.0	29.9	30.8	31.6	32.2	32.6	32.7	32.5	32.2	31.6	30.8	30.0	29.4	28.8	28.3	27.9
石家庄	27.7	27.2	26.8	26.5	26.4	26.7	27.5	28.5	29.6	30.6	31.6	32.5	33.2	33.6	33.7	33.5	33.2	32.5	31.6	30.7	30.0	29.3	28.8	28.3
太原	23.7	23.2	22.7	22.4	22.3	22.6	23.4	24.5	25.6	26.7	27.8	28.7	29.5	30.0	30.0	29.8	29.5	28.8	27.8	26.8	26.1	25.4	24.8	24.3
呼和浩特	23.8	23.4	23.0	22.7	22.5	22.9	23.6	24.5	25.5	26.4	27.3	28.2	28.9	29.3	29.3	29.1	28.8	28.2	27.4	26.6	25.9	25.3	24.8	24.3
沈阳	25.7	25.3	25.0	24.7	24.6	24.9	25.5	26.3	27.2	27.9	28.7	29.4	30.0	30.4	30.4	30.2	30.0	29.5	28.8	28.0	27.5	27.0	26.6	26.2
大连	25.4	25.2	24.9	24.8	24.7	24.9	25.3	25.8	26.3	26.8	27.3	27.7	28.1	28.3	28.3	28.2	28.1	27.7	27.3	26.8	26.5	26.2	25.9	25.7
长春	24.4	24.0	23.7	23.4	23.3	23.6	24.2	25.1	25.9	26.8	27.6	28.3	28.9	29.3	29.3	29.2	28.9	28.4	27.6	26.9	26.3	25.8	25.3	24.9
哈尔滨	24.3	23.9	23.6	23.3	23.2	23.5	24.1	25.0	25.9	26.8	27.7	28.4	29.1	29.4	29.5	29.3	29.1	28.5	27.7	26.9	26.3	25.7	25.3	24.8
上海	29.2	28.9	28.6	28.3	28.2	28.5	29.0	29.7	30.5	31.2	31.9	32.5	33.1	33.4	33.4	33.3	33.1	32.6	31.9	31.3	30.8	30.3	30.0	29.6
南京	29.6	29.3	29.0	28.7	28.6	28.9	29.4	30.1	30.9	31.6	32.3	32.9	33.5	33.8	33.8	33.7	33.5	33.0	32.3	31.7	31.2	30.7	30.4	30.0
杭州	29.8	29.4	29.1	28.8	28.7	29.0	29.6	30.4	31.3	32.0	32.8	33.5	34.1	34.5	34.5	34.3	34.1	33.6	32.9	32.1	31.6	31.1	30.7	30.3
宁波	28.6	28.2	27.8	27.5	27.4	27.7	28.4	29.3	30.2	31.1	32.0	32.8	33.4	33.8	33.9	33.7	33.4	32.5	32.0	31.2	30.6	30.0	29.5	29.1
合肥	30.2	29.9	29.6	29.4	29.3	29.6	30.1	30.7	31.4	32.1	32.7	33.3	33.8	34.1	34.1	33.9	33.8	33.3	32.7	32.2	31.7	31.3	30.9	30.6
福州	28.5	28.0	27.6	27.3	27.2	27.5	28.3	29.3	30.4	31.4	32.4	33.3	34.0	34.4	34.5	34.3	34.0	33.3	32.4	31.5	30.8	30.1	29.6	29.1
厦门	28.0	27.6	27.3	27.1	27.0	27.2	27.8	28.6	29.4	30.1	30.9	31.5	32.1	32.4	32.5	32.3	32.1	31.6	30.9	30.2	29.7	29.2	28.8	28.4
南昌	30.6	30.3	30.0	29.8	29.7	29.9	30.4	31.1	31.8	32.5	33.1	33.8	34.2	34.5	34.6	34.4	34.2	33.8	33.2	32.6	32.1	31.7	31.3	31.0
济南	29.8	29.5	29.2	29.0	28.9	29.1	29.6	30.3	31.0	31.7	32.3	33.0	33.4	33.7	33.8	33.6	33.4	33.0	32.4	31.8	31.3	30.9	30.5	30.2
青岛	26.3	26.2	26.0	25.8	25.8	25.9	26.3	26.7	27.1	27.5	27.9	28.3	28.6	28.8	28.8	28.7	28.6	28.3	28.0	27.6	27.3	27.0	26.8	26.6
郑州	28.1	27.7	27.3	27.0	26.8	27.2	27.9	28.8	29.8	30.7	31.6	32.5	33.2	33.6	33.6	33.4	33.1	32.5	31.7	30.9	30.2	29.6	29.1	28.6
武汉	30.6	30.3	30.0	29.8	29.7	29.9	30.4	31.1	31.7	32.3	33.0	33.6	34.0	34.3	34.3	34.2	34.0	33.7	33.0	32.4	32.0	31.6	31.2	30.9
长沙	29.7	29.3	29.0	28.7	28.6	28.9	29.5	30.4	31.2	32.1	32.9	33.6	34.2	34.6	34.6	34.5	34.2	33.7	32.9	32.2	31.6	31.1	30.6	30.2
广州	29.1	28.8	28.5	28.2	28.2	28.4	28.9	29.6	30.4	31.1	31.8	32.4	32.9	33.2	33.2	33.1	32.9	32.4	31.8	31.1	30.6	30.2	29.8	29.5
深圳	29.1	28.8	28.5	28.3	28.2	28.4	28.8	29.6	30.2	30.8	31.5	32.1	32.5	32.8	32.7	32.7	32.5	32.1	31.5	30.9	30.5	30.1	29.8	29.4
南宁	29.0	28.6	28.3	28.1	28.0	28.2	28.8	29.6	30.4	31.1	31.9	32.7	33.1	33.4	33.6	33.6	33.1	32.6	31.9	31.2	30.7	30.2	29.8	29.4
海口	28.4	28.0	27.6	27.3	27.2	27.5	28.2	29.2	30.1	31.0	31.9	32.7	33.4	33.8	34.0	33.6	33.4	32.8	31.9	31.1	30.5	29.9	29.4	29.0
重庆	30.9	30.6	30.3	30.1	30.0	30.2	30.7	31.4	32.0	32.6	33.3	33.9	34.3	34.6	34.6	34.5	34.3	33.9	33.3	32.7	32.3	31.9	31.5	31.2
成都	26.1	25.8	25.5	25.2	25.1	25.4	26.0	26.8	27.6	28.3	29.1	29.8	30.4	30.7	30.7	30.6	30.3	29.8	29.1	28.4	27.9	27.4	27.0	26.6
贵阳	24.9	24.6	24.3	24.0	23.9	24.2	24.7	25.4	26.2	26.9	27.6	28.2	28.8	29.1	29.1	29.0	28.8	28.3	27.6	27.0	26.5	26.0	25.7	25.3
昆明	20.7	20.3	20.0	19.8	19.7	19.9	20.5	21.3	22.1	22.8	23.6	24.2	24.8	25.1	25.2	25.0	24.8	24.3	23.6	22.9	22.4	21.9	21.5	21.1
拉萨	17.0	16.6	16.1	15.8	15.7	16.0	16.8	17.8	18.8	19.7	20.7	21.6	22.3	22.7	22.8	22.5	22.3	21.6	20.7	19.9	19.2	18.6	18.0	17.6
西安	28.8	28.4	28.0	27.7	27.6	27.9	28.6	29.4	30.3	31.2	32.0	32.8	33.4	33.8	33.8	33.6	33.4	32.8	32.0	31.3	30.7	30.1	29.7	29.3
兰州	23.6	23.2	22.8	22.4	22.3	22.6	23.4	24.5	25.6	26.6	27.6	28.5	29.3	29.7	29.8	29.5	29.3	28.6	27.6	26.7	26.0	25.3	24.8	24.3
西宁	18.2	17.7	17.2	16.9	16.7	17.1	18.0	19.1	20.3	21.4	22.5	23.6	24.4	24.9	24.9	24.7	24.4	23.6	22.6	21.6	20.8	20.1	19.5	18.9
银川	23.9	23.5	23.1	22.7	22.6	23.0	23.7	24.7	25.8	26.7	27.7	28.6	29.4	29.8	29.8	29.6	29.3	28.7	27.8	26.9	26.2	25.5	25.0	24.5
乌鲁木齐	25.9	25.5	25.1	24.7	24.6	24.9	25.7	26.8	27.9	28.9	29.9	30.8	31.6	32.0	32.1	31.8	31.6	30.9	29.9	29.0	28.3	27.6	27.1	26.6

附录 19 内墙夏季热工指标

序号	基本结构		厚度 δ/mm	传热系数 K /[W/(m²·K)]	传热衰减系数 β	延迟时间 ξ/h	放热衰减倍数 Vf	热惰性指标 D
1	1. 砂浆 2. 主体材料(A,B,C,D) 3. 砂浆	A:混凝土多孔砖	240	1.66	0.27	9	2.0	3.43
2		B:PKI多孔砖	240	1.45	0.25	10	1.9	3.75
3		C:混凝土空心砌块	190	1.89	0.46	7	1.7	2.53
4		D:加气混凝土砌块	240	0.80	0.42	8	1.4	3.55
5	1. 砂浆 2. 主体材料(A,B) 3. 20mm保温砂浆 4. 抗裂石膏	A:钢筋混凝土	140	1.60	0.32	6	2.4	2.09
6			160	1.57	0.28	7	2.5	2.28
7			180	1.54	0.24	7	2.6	2.48
8			200	1.51	0.22	8	2.6	2.67
9		B:混凝土空心砌块	190	1.40	0.43	7	1.7	2.45
10	1. 砂浆 2. 15mm保温砂浆 3. 主体材料(A,B) 4. 15mm保温砂浆 5. 抗裂石膏	A:钢筋混凝土	140	1.78	0.29	7	1.7	2.25
11			160	1.75	0.26	7	1.7	2.45
12			180	1.71	0.22	8	1.8	2.65
13			200	1.68	0.20	8	1.8	2.84
14		B:混凝土空心砌块	190	1.39	0.40	7	1.5	2.71
15	轻钢龙骨内隔墙(石膏板,GRC板,埃特板,中夹保温棉)				1.00		1.0	

附录 20 层间楼板夏季热工指标

序号	基本结构		厚度 δ/mm	传热系数 K /[W/(m²·K)]	传热衰减系数 β	延迟时间 ξ/h	放热衰减倍数 Vf	热惰性指标 D
1	1. 细石混凝土 2. 钢筋混凝土板100mm 3. 保温材料δ(A,B) 4. 抗裂石膏+网格布+柔性腻子	A:保温砂浆	15	1.88	0.42	5	2.2	1.65
2							1.4	
3		B:聚苯颗粒浆料	15	1.89	0.43	5	2.2	1.58
4							1.4	
5	1. 木地板δ(A,B) 2. 木龙骨 3. 水泥砂浆 4. 钢筋混凝土100mm	A:实木地板	18	1.84	0.45	6	1.4	1.72
6							2.1	
7		B:实木地板+细木板	27	1.49	0.42	6	1.3	1.87
8							2.2	

注:每种层间楼板的放热特性有两行,上行对应于干热扰量作用在上表面的情况,即围护结构作为空调房间顶棚的情况;下行对应于热扰量作用在下表面的情况,即围护结构作为空调房间顶棚的情况,均可视其属于 $V_f \le 1.2$ 的轻型构造。如楼板上满铺地毯的情况,均不论该楼板构造如何,并且认为每10mm地毯厚度约使楼板总热阻增加0.19m²·℃/W。

附录21 透过无遮阳标准玻璃太阳辐射冷负荷系数 C_{clC}

地点	房间类型	朝向	1	2	3	4	5	6	7	8	9	10	11	12	13	14	15	16	17	18	19	20	21	22	23	24
北京	轻	东	0.03	0.02	0.02	0.01	0.01	0.13	0.3	0.43	0.55	0.58	0.56	0.17	0.18	0.19	0.19	0.17	0.15	0.13	0.09	0.07	0.06	0.04	0.04	0.03
		南	0.05	0.03	0.03	0.02	0.02	0.06	0.11	0.16	0.24	0.34	0.46	0.44	0.63	0.65	0.62	0.54	0.28	0.24	0.17	0.13	0.11	0.08	0.07	0.05
		西	0.03	0.02	0.02	0.01	0.01	0.03	0.06	0.09	0.12	0.14	0.16	0.17	0.22	0.31	0.42	0.52	0.59	0.6	0.48	0.07	0.06	0.04	0.04	0.03
		北	0.11	0.08	0.07	0.05	0.05	0.23	0.38	0.37	0.5	0.6	0.69	0.75	0.79	0.80	0.8	0.74	0.7	0.67	0.5	0.29	0.25	0.19	0.17	0.13
	重	东	0.07	0.06	0.05	0.05	0.06	0.18	0.32	0.41	0.48	0.49	0.45	0.21	0.21	0.21	0.21	0.2	0.18	0.16	0.13	0.11	0.1	0.09	0.08	0.07
		南	0.1	0.09	0.08	0.08	0.07	0.1	0.13	0.18	0.24	0.33	0.43	0.42	0.55	0.55	0.52	0.46	0.3	0.26	0.21	0.17	0.16	0.14	0.13	0.11
		西	0.08	0.07	0.07	0.06	0.06	0.07	0.09	0.1	0.13	0.14	0.16	0.17	0.22	0.3	0.4	0.48	0.52	0.52	0.4	0.13	0.12	0.11	0.1	0.09
		北	0.2	0.18	0.16	0.15	0.14	0.31	0.4	0.38	0.47	0.55	0.61	0.66	0.69	0.71	0.71	0.68	0.65	0.66	0.53	0.36	0.32	0.28	0.25	0.23
西安	轻	东	0.03	0.02	0.02	0.01	0.01	0.11	0.27	0.42	0.54	0.59	0.57	0.2	0.22	0.22	0.22	0.2	0.18	0.14	0.1	0.08	0.07	0.05	0.04	0.03
		南	0.06	0.05	0.04	0.03	0.03	0.07	0.14	0.21	0.3	0.4	0.51	0.53	0.67	0.68	0.65	0.44	0.39	0.32	0.22	0.17	0.14	0.11	0.09	0.07
		西	0.03	0.02	0.02	0.01	0.01	0.03	0.07	0.1	0.13	0.16	0.19	0.2	0.25	0.34	0.46	0.55	0.6	0.58	0.1	0.08	0.07	0.05	0.04	0.03
		北	0.1	0.08	0.07	0.05	0.04	0.18	0.34	0.43	0.48	0.59	0.68	0.74	0.79	0.8	0.79	0.75	0.69	0.63	0.37	0.29	0.24	0.19	0.16	0.12
	重	东	0.07	0.06	0.06	0.05	0.05	0.18	0.31	0.41	0.48	0.48	0.45	0.22	0.23	0.23	0.23	0.21	0.19	0.17	0.13	0.12	0.11	0.09	0.08	0.07
		南	0.12	0.11	0.1	0.09	0.08	0.12	0.17	0.22	0.3	0.39	0.47	0.48	0.58	0.57	0.54	0.41	0.37	0.32	0.25	0.21	0.19	0.17	0.15	0.13
		西	0.08	0.08	0.07	0.06	0.05	0.07	0.1	0.12	0.14	0.16	0.18	0.19	0.26	0.35	0.44	0.51	0.52	0.48	0.16	0.14	0.12	0.11	0.1	0.09
		北	0.19	0.17	0.15	0.14	0.13	0.27	0.36	0.41	0.46	0.54	0.61	0.65	0.69	0.7	0.7	0.67	0.65	0.61	0.4	0.34	0.3	0.27	0.24	0.21
上海	轻	东	0.03	0.02	0.02	0.01	0.01	0.11	0.27	0.42	0.53	0.58	0.56	0.19	0.2	0.21	0.2	0.19	0.17	0.13	0.09	0.07	0.06	0.05	0.04	0.03
		南	0.07	0.06	0.05	0.04	0.03	0.08	0.16	0.24	0.34	0.43	0.54	0.57	0.69	0.7	0.67	0.5	0.44	0.36	0.26	0.2	0.16	0.13	0.11	0.09
		西	0.03	0.02	0.02	0.01	0.01	0.03	0.06	0.09	0.12	0.15	0.18	0.19	0.24	0.33	0.44	0.54	0.6	0.58	0.09	0.07	0.06	0.05	0.04	0.03
		北	0.1	0.08	0.07	0.05	0.04	0.2	0.36	0.45	0.48	0.59	0.68	0.75	0.79	0.81	0.8	0.76	0.7	0.66	0.37	0.29	0.24	0.19	0.16	0.12
	重	东	0.06	0.06	0.05	0.05	0.09	0.2	0.32	0.41	0.47	0.46	0.44	0.21	0.22	0.22	0.21	0.2	0.18	0.15	0.12	0.11	0.1	0.09	0.08	0.07
		南	0.13	0.12	0.1	0.09	0.1	0.14	0.2	0.26	0.35	0.43	0.5	0.52	0.59	0.58	0.55	0.45	0.4	0.34	0.27	0.23	0.21	0.18	0.16	0.15
		西	0.08	0.07	0.06	0.06	0.06	0.07	0.1	0.12	0.14	0.16	0.17	0.2	0.28	0.36	0.44	0.49	0.49	0.43	0.15	0.13	0.11	0.1	0.09	0.08
		北	0.18	0.17	0.15	0.14	0.17	0.29	0.38	0.44	0.48	0.55	0.62	0.67	0.7	0.71	0.69	0.69	0.65	0.58	0.39	0.34	0.3	0.26	0.24	0.21

广州	轻	东	0.03	0.02	0.01	0.01	0.01	0.08	0.23	0.39	0.52	0.58	0.57	0.21	0.22	0.23	0.22	0.2	0.18	0.14	0.1	0.08	0.06	0.05	0.04	0.03
		南	0.09	0.06	0.06	0.05	0.04	0.08	0.2	0.32	0.45	0.56	0.65	0.72	0.77	0.78	0.76	0.7	0.61	0.47	0.34	0.27	0.22	0.18	0.14	0.12
		西	0.03	0.02	0.01	0.01	0.01	0.02	0.06	0.09	0.13	0.16	0.19	0.21	0.26	0.35	0.47	0.56	0.6	0.55	0.1	0.08	0.06	0.05	0.04	0.03
		北	0.1	0.06	0.06	0.05	0.04	0.14	0.32	0.47	0.58	0.63	0.67	0.74	0.79	0.82	0.82	0.79	0.75	0.64	0.35	0.28	0.22	0.18	0.15	0.12
	重	东	0.07	0.06	0.05	0.05	0.05	0.15	0.28	0.39	0.46	0.47	0.44	0.22	0.23	0.23	0.22	0.21	0.19	0.16	0.13	0.11	0.1	0.09	0.08	0.07
		南	0.17	0.13	0.13	0.12	0.11	0.15	0.24	0.34	0.43	0.51	0.58	0.63	0.67	0.68	0.66	0.61	0.54	0.44	0.35	0.3	0.27	0.24	0.21	0.19
		西	0.08	0.07	0.06	0.06	0.05	0.06	0.09	0.11	0.14	0.16	0.16	0.2	0.27	0.36	0.45	0.5	0.51	0.42	0.15	0.13	0.12	0.11	0.1	0.09
		北	0.19	0.17	0.15	0.13	0.13	0.25	0.37	0.46	0.53	0.58	0.61	0.66	0.69	0.72	0.73	0.72	0.69	0.58	0.38	0.33	0.3	0.26	0.24	0.21

注：其他城市可按下表选用：

代表城市	适用城市
北京	哈尔滨、长春、乌鲁木齐、沈阳、呼和浩特、天津、银川、石家庄、太原、大连
西安	济南、西宁、兰州、郑州、青岛
上海	南京、合肥、武汉、成都、重庆、南昌、长沙、宁波
广州	贵阳、福州、台北、昆明、南宁、海口、厦门、深圳

房间应依据其各个面围护结构的夏季热工指标，特别是内墙和楼板的放热衰减倍数 V_f（见附录19及20）进行分类。房间分类指标的概略值见下表：

附表 A 房间类型的分类表

房间类型	围护结构的放热衰减倍数 V_f	
	内墙	地板
轻型	≤1.2	≤1.4
中型	1.3~1.9	1.5~1.9
重型	≥2.0	≥2.0

如果楼面上满铺地毯，则不论楼板构造如何，均视该楼板为轻型。如果内墙属于轻钢龙骨或轻质条板之类的隔墙，则不论隔墙的具体构造如何，均视该内墙为轻型。如果楼板和内墙分别属于不同的类型，则视房间分别属于中型、重两个类型。如果楼板和内墙分别属于轻型和重型，则视房间为中型。有空调吊顶的办公室建筑，因吊顶的存在使房间的热惰性变大，计算时宜选重型房屋的数据。

附录22 人体显热散热冷负荷系数值 C_{r1}

从开始工作时刻算起到计算时刻的持续时间/h

工作小时数/h	1	2	3	4	5	6	7	8	9	10	11	12	13	14	15	16	17	18	19	20	21	22	23	24
1	0.44	0.32	0.05	0.03	0.02	0.02	0.02	0.01	0.01	0.01	0.01	0.01	0.01	0.01	0.01	0.00	0.00	0.00	0.00	0.00	0.00	0.00	0.00	0.00
2	0.44	0.77	0.38	0.08	0.05	0.04	0.03	0.03	0.03	0.02	0.02	0.02	0.01	0.01	0.01	0.01	0.01	0.01	0.01	0.01	0.01	0.00	0.00	0.00
3	0.44	0.77	0.82	0.41	0.10	0.07	0.06	0.05	0.04	0.04	0.03	0.03	0.02	0.02	0.02	0.02	0.01	0.01	0.01	0.01	0.01	0.01	0.01	0.01
4	0.45	0.77	0.82	0.85	0.43	0.12	0.08	0.07	0.06	0.05	0.04	0.04	0.03	0.03	0.03	0.02	0.02	0.02	0.02	0.01	0.01	0.01	0.01	0.01
5	0.45	0.77	0.82	0.85	0.87	0.45	0.14	0.10	0.08	0.07	0.06	0.05	0.04	0.04	0.03	0.03	0.03	0.02	0.02	0.02	0.02	0.01	0.01	0.01
6	0.45	0.77	0.83	0.85	0.87	0.89	0.46	0.15	0.11	0.09	0.08	0.07	0.06	0.05	0.04	0.04	0.03	0.03	0.03	0.03	0.02	0.02	0.02	0.01
7	0.46	0.78	0.83	0.85	0.87	0.89	0.90	0.48	0.16	0.12	0.10	0.09	0.07	0.06	0.06	0.05	0.04	0.04	0.03	0.03	0.03	0.02	0.02	0.02
8	0.46	0.78	0.83	0.86	0.88	0.89	0.91	0.92	0.49	0.17	0.13	0.11	0.09	0.08	0.07	0.06	0.05	0.05	0.04	0.04	0.03	0.03	0.02	0.02
9	0.46	0.78	0.83	0.86	0.88	0.89	0.91	0.92	0.93	0.50	0.18	0.14	0.11	0.10	0.09	0.07	0.06	0.06	0.05	0.04	0.04	0.03	0.03	0.03
10	0.47	0.79	0.84	0.86	0.88	0.90	0.91	0.92	0.93	0.94	0.51	0.19	0.14	0.12	0.10	0.09	0.08	0.07	0.06	0.05	0.05	0.04	0.04	0.03
11	0.47	0.79	0.84	0.87	0.88	0.90	0.91	0.92	0.93	0.94	0.95	0.51	0.20	0.15	0.12	0.11	0.09	0.08	0.07	0.06	0.05	0.05	0.04	0.04
12	0.48	0.80	0.85	0.87	0.89	0.90	0.92	0.93	0.93	0.94	0.95	0.96	0.52	0.20	0.15	0.13	0.11	0.10	0.08	0.07	0.07	0.06	0.05	0.04
13	0.49	0.80	0.85	0.88	0.89	0.91	0.92	0.93	0.94	0.95	0.95	0.96	0.96	0.53	0.21	0.16	0.13	0.12	0.10	0.09	0.08	0.07	0.06	0.05
14	0.49	0.81	0.86	0.88	0.90	0.91	0.92	0.93	0.94	0.95	0.95	0.96	0.96	0.97	0.53	0.21	0.16	0.14	0.12	0.10	0.09	0.08	0.07	0.06
15	0.50	0.82	0.86	0.89	0.90	0.91	0.93	0.94	0.94	0.95	0.96	0.96	0.97	0.97	0.97	0.54	0.22	0.17	0.14	0.12	0.11	0.09	0.08	0.07
16	0.51	0.83	0.87	0.89	0.91	0.92	0.93	0.94	0.95	0.95	0.96	0.96	0.97	0.97	0.98	0.98	0.54	0.22	0.17	0.14	0.12	0.11	0.09	0.08
17	0.52	0.84	0.88	0.90	0.91	0.93	0.94	0.94	0.95	0.96	0.96	0.97	0.97	0.98	0.98	0.98	0.98	0.54	0.22	0.17	0.15	0.13	0.11	0.10
18	0.54	0.85	0.89	0.91	0.92	0.93	0.95	0.95	0.96	0.96	0.96	0.97	0.97	0.97	0.98	0.98	0.98	0.99	0.55	0.23	0.17	0.15	0.13	0.11
19	0.55	0.86	0.90	0.92	0.93	0.94	0.96	0.96	0.96	0.97	0.97	0.98	0.98	0.98	0.98	0.98	0.99	0.99	0.99	0.55	0.23	0.18	0.15	0.13
20	0.57	0.88	0.92	0.93	0.94	0.95	0.96	0.97	0.97	0.97	0.97	0.98	0.98	0.99	0.99	0.99	0.99	0.99	0.99	0.99	0.55	0.23	0.18	0.15
21	0.59	0.90	0.93	0.94	0.95	0.96	0.96	0.98	0.98	0.98	0.99	0.99	0.99	0.99	0.99	0.99	0.99	1.00	1.00	1.00	0.99	0.56	0.23	0.18
22	0.62	0.92	0.95	0.96	0.97	0.97	0.97	0.99	0.99	0.98	0.99	0.99	1.00	0.99	0.99	1.00	0.99	1.00	1.00	1.00	1.00	1.00	0.56	0.23
23	0.68	0.95	0.97	0.98	0.98	0.98	0.99	0.99	1.00	0.98	1.00	1.00	1.00	1.00	1.00	1.00	1.00	1.00	1.00	1.00	1.00	1.00	1.00	0.56
24	1.00	1.00	1.00	1.00	1.00	1.00	1.00	1.00	1.00	1.00	1.00	1.00	1.00	1.00	1.00	1.00	1.00	1.00	1.00	1.00	1.00	1.00	1.00	1.00

附录23 照明冷负荷系数 C_{zm}

工作小时数/h	从开始工作时刻算起到计算时刻的持续时间/h																							
	1	2	3	4	5	6	7	8	9	10	11	12	13	14	15	16	17	18	19	20	21	22	23	24
1	0.37	0.33	0.06	0.04	0.03	0.03	0.02	0.02	0.02	0.01	0.01	0.01	0.01	0.01	0.01	0.01	0.01	0.00	0.00	0.00	0.37	0.33	0.06	0.04
2	0.37	0.69	0.38	0.09	0.07	0.06	0.05	0.04	0.04	0.03	0.03	0.02	0.02	0.02	0.02	0.01	0.01	0.01	0.01	0.01	0.37	0.69	0.38	0.09
3	0.37	0.70	0.75	0.42	0.13	0.09	0.08	0.07	0.06	0.05	0.04	0.04	0.03	0.03	0.02	0.02	0.02	0.02	0.01	0.01	0.37	0.70	0.75	0.42
4	0.38	0.70	0.75	0.79	0.45	0.15	0.12	0.10	0.08	0.07	0.06	0.05	0.05	0.04	0.04	0.03	0.03	0.02	0.02	0.02	0.38	0.70	0.75	0.79
5	0.38	0.70	0.76	0.79	0.82	0.48	0.17	0.13	0.11	0.10	0.08	0.07	0.06	0.05	0.05	0.04	0.04	0.03	0.03	0.02	0.38	0.70	0.76	0.79
6	0.38	0.70	0.76	0.79	0.82	0.84	0.50	0.19	0.15	0.13	0.11	0.09	0.08	0.07	0.06	0.05	0.05	0.04	0.04	0.03	0.38	0.70	0.76	0.79
7	0.39	0.71	0.76	0.80	0.82	0.85	0.87	0.52	0.21	0.17	0.14	0.12	0.10	0.09	0.08	0.07	0.06	0.05	0.04	0.04	0.39	0.71	0.76	0.80
8	0.39	0.71	0.77	0.80	0.83	0.85	0.87	0.89	0.53	0.22	0.18	0.15	0.13	0.11	0.10	0.08	0.07	0.06	0.05	0.05	0.39	0.71	0.77	0.80
9	0.40	0.72	0.77	0.80	0.83	0.85	0.87	0.89	0.90	0.55	0.23	0.19	0.16	0.14	0.12	0.10	0.09	0.08	0.06	0.06	0.40	0.72	0.77	0.80
10	0.40	0.72	0.78	0.81	0.83	0.86	0.87	0.89	0.90	0.92	0.56	0.25	0.20	0.17	0.14	0.13	0.11	0.09	0.07	0.07	0.40	0.72	0.78	0.81
11	0.41	0.73	0.78	0.81	0.84	0.86	0.88	0.89	0.91	0.92	0.93	0.57	0.25	0.21	0.18	0.15	0.13	0.11	0.08	0.09	0.41	0.73	0.78	0.81
12	0.42	0.74	0.79	0.82	0.84	0.86	0.88	0.90	0.91	0.92	0.93	0.94	0.58	0.26	0.21	0.18	0.16	0.14	0.10	0.10	0.42	0.74	0.79	0.82
13	0.43	0.75	0.79	0.82	0.85	0.87	0.89	0.90	0.91	0.92	0.93	0.94	0.95	0.59	0.27	0.22	0.19	0.16	0.12	0.12	0.43	0.75	0.79	0.82
14	0.44	0.75	0.80	0.83	0.86	0.87	0.89	0.91	0.92	0.93	0.94	0.94	0.95	0.96	0.60	0.28	0.22	0.19	0.14	0.14	0.44	0.75	0.80	0.83
15	0.45	0.77	0.81	0.84	0.86	0.88	0.90	0.91	0.92	0.93	0.94	0.95	0.95	0.96	0.96	0.60	0.28	0.23	0.17	0.17	0.45	0.77	0.81	0.84
16	0.47	0.78	0.82	0.85	0.87	0.89	0.90	0.92	0.93	0.94	0.94	0.95	0.96	0.96	0.97	0.97	0.61	0.29	0.20	0.20	0.47	0.78	0.82	0.85
17	0.48	0.79	0.83	0.86	0.88	0.90	0.91	0.92	0.93	0.94	0.95	0.95	0.96	0.96	0.97	0.97	0.98	0.61	0.23	0.24	0.48	0.79	0.83	0.86
18	0.50	0.81	0.85	0.87	0.89	0.91	0.92	0.93	0.94	0.95	0.95	0.96	0.96	0.97	0.97	0.97	0.98	0.98	0.29	0.29	0.50	0.81	0.85	0.87
19	0.52	0.83	0.87	0.89	0.90	0.92	0.93	0.94	0.95	0.96	0.96	0.96	0.97	0.97	0.98	0.98	0.98	0.98	0.62	0.62	0.52	0.83	0.87	0.89
20	0.55	0.85	0.88	0.90	0.92	0.93	0.94	0.95	0.95	0.97	0.96	0.97	0.97	0.98	0.98	0.98	0.98	0.99	0.98	0.99	0.55	0.85	0.88	0.90
21	0.58	0.87	0.91	0.92	0.93	0.94	0.95	0.96	0.96	0.98	0.97	0.98	0.98	0.98	0.98	0.99	0.99	0.99	0.99	0.99	0.58	0.87	0.91	0.92
22	0.62	0.90	0.93	0.94	0.95	0.96	0.96	0.97	0.97	0.98	0.98	0.98	0.98	0.99	0.99	0.99	0.99	1.00	0.99	0.99	0.62	0.90	0.93	0.94
23	0.67	0.94	0.96	0.97	0.97	0.98	0.98	0.98	0.99	0.99	0.99	0.99	0.99	0.99	0.99	0.99	1.00	1.00	1.00	1.00	0.67	0.94	0.96	0.97
24	1.00	1.00	1.00	1.00	1.00	1.00	1.00	1.00	1.00	1.00	1.00	1.00	1.00	1.00	1.00	1.00	1.00	1.00	1.00	1.00	1.00	1.00	1.00	1.00

附录24　设备冷负荷系数 C_{sb}

工作小时数/h	\	从开始工作时刻算起到计算时刻的持续时间/h																						
	1	2	3	4	5	6	7	8	9	10	11	12	13	14	15	16	17	18	19	20	21	22	23	24
1	0.77	0.14	0.02	0.01	0.01	0.01	0.01	0.01	0.00	0.00	0.00	0.00	0.00	0.00	0.00	0.00	0.00	0.00	0.00	0.00	0.00	0.00	0.00	0.00
2	0.77	0.90	0.16	0.03	0.02	0.02	0.01	0.01	0.01	0.01	0.01	0.01	0.01	0.01	0.00	0.00	0.00	0.01	0.00	0.00	0.00	0.00	0.00	0.00
3	0.77	0.90	0.93	0.17	0.04	0.03	0.02	0.02	0.02	0.01	0.01	0.01	0.01	0.01	0.01	0.01	0.01	0.01	0.00	0.00	0.00	0.00	0.00	0.00
4	0.77	0.90	0.93	0.94	0.18	0.05	0.03	0.03	0.02	0.02	0.02	0.02	0.01	0.01	0.01	0.01	0.01	0.01	0.01	0.01	0.01	0.00	0.00	0.00
5	0.77	0.90	0.93	0.94	0.95	0.19	0.06	0.04	0.03	0.03	0.02	0.02	0.02	0.02	0.01	0.02	0.01	0.01	0.01	0.01	0.01	0.01	0.01	0.00
6	0.77	0.91	0.93	0.94	0.95	0.95	0.19	0.06	0.05	0.04	0.03	0.03	0.02	0.02	0.02	0.02	0.02	0.02	0.01	0.01	0.01	0.01	0.01	0.01
7	0.77	0.91	0.93	0.94	0.95	0.95	0.96	0.20	0.07	0.05	0.04	0.04	0.03	0.03	0.02	0.03	0.02	0.02	0.02	0.01	0.01	0.01	0.01	0.01
8	0.77	0.91	0.93	0.94	0.95	0.96	0.96	0.97	0.20	0.07	0.05	0.04	0.04	0.03	0.03	0.03	0.03	0.02	0.02	0.02	0.01	0.01	0.01	0.01
9	0.78	0.91	0.93	0.94	0.95	0.96	0.96	0.97	0.97	0.21	0.08	0.06	0.05	0.04	0.04	0.04	0.03	0.03	0.02	0.02	0.02	0.01	0.01	0.01
10	0.78	0.91	0.93	0.94	0.95	0.96	0.96	0.97	0.97	0.97	0.21	0.08	0.06	0.05	0.05	0.04	0.04	0.03	0.03	0.02	0.02	0.02	0.01	0.01
11	0.78	0.91	0.93	0.94	0.95	0.96	0.96	0.97	0.97	0.98	0.98	0.21	0.08	0.06	0.06	0.05	0.05	0.04	0.03	0.03	0.02	0.02	0.02	0.02
12	0.78	0.92	0.94	0.95	0.95	0.96	0.96	0.97	0.97	0.98	0.98	0.98	0.22	0.08	0.09	0.07	0.06	0.05	0.04	0.03	0.03	0.02	0.02	0.02
13	0.79	0.92	0.94	0.95	0.96	0.96	0.97	0.97	0.97	0.98	0.98	0.98	0.98	0.22	0.22	0.09	0.07	0.06	0.05	0.04	0.03	0.03	0.02	0.02
14	0.79	0.92	0.94	0.95	0.96	0.96	0.97	0.97	0.98	0.98	0.98	0.98	0.99	0.99	0.22	0.09	0.08	0.07	0.06	0.04	0.04	0.03	0.03	0.03
15	0.79	0.92	0.94	0.95	0.96	0.96	0.97	0.97	0.98	0.98	0.98	0.99	0.99	0.99	0.99	0.22	0.09	0.09	0.07	0.05	0.04	0.04	0.03	0.03
16	0.80	0.93	0.94	0.96	0.96	0.97	0.97	0.97	0.98	0.98	0.99	0.99	0.99	0.99	0.99	0.99	0.23	0.09	0.09	0.06	0.05	0.04	0.04	0.03
17	0.80	0.93	0.95	0.96	0.96	0.97	0.97	0.98	0.98	0.99	0.99	0.99	0.99	0.99	0.99	0.99	0.99	0.23	0.09	0.07	0.06	0.05	0.05	0.04
18	0.81	0.94	0.95	0.96	0.97	0.97	0.98	0.98	0.98	0.99	0.99	0.99	0.99	0.99	0.99	0.99	0.99	0.99	0.23	0.09	0.07	0.06	0.05	0.05
19	0.81	0.94	0.96	0.97	0.97	0.98	0.98	0.98	0.99	0.99	0.99	0.99	0.99	0.99	0.99	0.99	0.99	1.00	1.00	0.23	0.09	0.07	0.05	0.05
20	0.82	0.95	0.97	0.97	0.98	0.98	0.98	0.98	0.99	0.99	0.99	0.99	0.99	0.99	0.99	0.99	0.99	1.00	1.00	1.00	0.23	0.10	0.07	0.06
21	0.83	0.96	0.97	0.98	0.98	0.98	0.99	0.99	0.99	0.99	1.00	1.00	1.00	1.00	1.00	1.00	1.00	1.00	1.00	1.00	1.00	0.23	0.10	0.07
22	0.84	0.97	0.98	0.98	0.99	0.99	0.99	0.99	1.00	1.00	1.00	1.00	1.00	1.00	1.00	1.00	1.00	1.00	1.00	1.00	1.00	1.00	0.23	0.10
23	0.86	0.98	0.99	0.99	0.99	0.99	0.99	1.00	1.00	1.00	1.00	1.00	1.00	1.00	1.00	1.00	1.00	1.00	1.00	1.00	1.00	1.00	1.00	0.23
24	1.00	1.00	1.00	1.00	1.00	1.00	1.00	1.00	1.00	1.00	1.00	1.00	1.00	1.00	1.00	1.00	1.00	1.00	1.00	1.00	1.00	1.00	1.00	1.00

附录 25（1）　PE-X 管单位地面面积的有效散热量 q_x 和向下传热损失 q_d （单位：W/m²）

地面层为水泥、陶瓷、磨石或石料，面层热阻 $R = 0.02\,m^2 \cdot K/W$

平均水温	室内空气温度	加热管间距/mm									
		300		250		200		150		100	
℃	℃	q_x	q_d	q_x	q_d	q_x	q_d	q_x	q_d	q_x	q_d
35	16	84.7	23.8	92.5	24.0	100.5	24.6	108.9	24.8	116.6	24.8
	18	76.4	21.7	83.3	22.0	90.4	22.6	97.9	22.7	104.7	22.7
	20	68.0	19.9	74.0	20.2	80.4	20.5	87.1	20.5	93.1	20.5
	22	59.7	17.7	65.0	18.0	70.5	18.4	76.3	18.4	81.5	18.4
	24	51.6	15.6	56.1	15.7	60.7	16.3	65.7	15.7	70.1	15.7
40	16	108.0	29.7	118.1	29.8	128.7	30.5	139.6	30.8	149.7	30.8
	18	99.5	27.4	108.7	27.9	118.4	28.5	128.4	28.7	137.6	28.7
	20	91.0	25.4	99.4	25.7	108.1	26.5	117.3	26.7	125.6	26.7
	22	82.5	23.8	90.0	23.9	97.9	24.4	106.2	24.6	113.7	24.6
	24	74.2	21.3	80.9	21.5	87.8	22.4	95.2	22.4	101.9	22.4
45	16	131.8	35.5	144.4	35.5	157.5	36.5	171.2	36.8	183.9	36.8
	18	123.3	33.2	134.8	33.9	147.0	34.5	159.8	34.8	171.6	34.8
	20	114.5	31.7	125.3	32.0	136.6	32.4	148.5	32.7	159.3	32.7
	22	106.0	29.4	115.8	29.8	126.2	30.4	137.1	30.7	147.1	30.7
	24	97.3	27.6	106.5	27.5	115.9	28.4	125.9	28.6	134.9	28.6
50	16	156.1	41.4	171.1	41.7	187.0	42.5	203.6	42.9	218.9	42.9
	18	147.4	39.2	161.5	39.5	176.4	40.5	192.0	40.9	206.4	40.9
	20	138.6	37.3	151.9	37.5	165.8	38.5	180.5	38.9	194.0	38.9
	22	130.0	35.2	142.3	35.6	155.3	36.5	168.9	36.8	181.5	36.8
	24	121.2	33.4	132.7	33.7	144.8	34.4	157.5	34.7	169.1	34.7
55	16	180.8	47.1	198.3	47.8	217.0	48.6	236.5	49.1	254.8	49.1
	18	172.0	45.2	188.7	45.6	206.3	46.6	224.9	47.1	242.0	47.1
	20	163.1	43.3	178.9	43.8	195.6	44.6	213.2	45.0	229.4	45.0
	22	154.3	41.4	169.3	41.5	185.0	42.5	201.5	43.0	216.9	43.0
	24	145.5	39.4	159.6	39.5	174.3	40.5	189.9	40.9	204.3	40.9

注：计算条件：加热管公称外径为 20mm、填充层厚度为 50mm、聚苯乙烯泡沫塑料绝热层厚度 20mm、供回水温差 10℃。

附录 25（2）　PE-X 管单位地面面积的有效散热量 q_x 和向下传热损失 q_d （单位：W/m²）

地面层为塑料制品，面层热阻 $R = 0.075\,m^2 \cdot K/W$

平均水温	室内空气温度	加热管间距/mm									
		300		250		200		150		100	
℃	℃	q_x	q_d	q_x	q_d	q_x	q_d	q_x	q_d	q_x	q_d
35	16	67.7	24.2	72.3	24.3	76.8	24.6	81.3	25.1	85.3	25.7
	18	61.1	22.0	65.2	22.2	69.3	22.5	73.2	22.9	76.9	23.4
	20	54.5	19.9	58.1	20.1	61.8	20.3	65.3	20.7	68.5	21.3
	22	48.0	17.8	51.1	18.1	54.3	18.1	57.4	18.5	60.2	18.8
	24	41.5	15.5	44.2	15.9	46.9	16.0	49.5	16.3	51.9	16.7
40	16	85.9	30.0	91.8	30.4	97.7	30.7	103.4	31.3	108.7	32.0
	18	79.2	27.9	84.6	28.1	90.0	28.6	95.3	29.1	100.1	29.8
	20	72.5	26.0	77.5	26.0	82.4	26.4	87.2	26.9	91.5	27.6
	22	65.9	23.7	70.3	24.0	74.8	24.2	79.1	24.7	83.0	25.3
	24	59.3	21.4	63.2	21.9	67.2	22.1	71.1	22.5	74.6	23.1
45	16	104.5	35.8	111.7	36.1	119.0	36.8	126.1	37.6	132.9	38.5
	18	97.7	33.8	104.5	34.1	111.2	34.7	117.8	35.4	123.9	36.3

（续）

平均水温	室内空气温度	加热管间距/mm									
		300		250		200		150		100	
℃	℃	q_x	q_d	q_x	q_d	q_x	q_d	q_x	q_d	q_x	q_d
45	20	90.9	31.8	97.2	32.1	103.5	32.6	109.6	33.2	115.2	33.9
	22	84.2	29.7	89.9	30.0	95.8	30.4	101.4	31.0	106.5	31.9
	24	77.4	27.7	82.7	28.0	88.1	28.2	93.2	28.8	97.9	29.4
50	16	123.3	41.8	131.9	42.2	140.6	42.9	149.1	43.9	156.9	44.9
	18	116.5	39.6	124.6	40.3	132.8	40.8	140.7	41.7	148.1	42.7
	20	109.6	37.7	117.3	38.1	125.0	38.7	132.4	39.5	139.3	40.4
	22	102.8	35.5	109.9	36.2	117.1	36.6	124.1	37.3	130.6	38.3
	24	96.0	33.7	102.7	33.9	109.4	34.4	115.9	35.1	121.8	35.9
55	16	142.4	47.7	152.3	48.6	162.5	49.1	172.4	50.2	181.5	51.4
	18	135.4	45.8	145.0	46.2	154.6	47.0	164.0	48.0	172.7	49.3
	20	128.6	43.7	137.6	44.3	146.8	44.9	155.6	45.9	163.8	47.0
	22	121.7	41.6	130.2	42.2	138.9	42.8	147.3	43.7	155.0	44.9
	24	114.9	39.6	122.9	39.9	131.0	40.7	138.9	41.5	146.2	42.6

注：计算条件：加热管公称外径为20mm、填充层厚度为50mm、聚苯乙烯泡沫塑料绝热层厚度20mm、供回水温差10℃。

附录 25（3）　PE-X 管单位地面面积的有效散热量 q_x 和向下传热损失 q_d （单位：W/m²）

地面层为木地板，面层热阻 $R = 0.10 m^2 \cdot K/W$

平均水温	室内空气温度	加热管间距/mm									
		300		250		200		150		100	
℃	℃	q_x	q_d	q_x	q_d	q_x	q_d	q_x	q_d	q_x	q_d
35	16	62.4	24.4	66.0	24.6	69.6	25.0	73.1	25.5	76.2	26.1
	18	56.3	22.3	59.6	22.5	62.8	22.9	65.9	23.3	68.7	23.9
	20	50.3	20.1	53.1	20.5	56.0	20.7	58.8	21.1	61.3	21.6
	22	44.3	18.0	46.8	18.2	49.3	18.5	51.7	18.9	53.9	19.3
	24	38.4	15.7	40.5	16.1	42.6	16.3	44.7	16.6	46.5	17.0
40	16	79.1	30.2	83.7	30.7	88.4	31.2	92.8	31.9	96.9	32.5
	18	72.9	28.3	77.2	28.6	81.5	29.0	85.5	29.6	89.3	30.3
	20	66.8	26.3	70.7	26.5	74.6	26.9	78.3	27.4	81.7	28.1
	22	61.7	24.0	64.2	24.4	67.7	24.7	71.1	25.2	74.1	25.8
	24	54.6	21.9	57.8	22.1	60.9	22.5	63.9	22.9	66.6	23.4
45	16	96.0	36.4	101.8	36.9	107.5	37.5	112.9	38.2	117.9	39.1
	18	89.8	34.1	95.1	34.8	100.5	35.3	105.6	36.0	110.2	36.8
	20	83.6	32.2	88.6	32.7	93.5	33.1	98.2	33.8	102.6	34.5
	22	77.4	30.1	82.0	30.4	86.6	30.9	90.9	31.6	94.9	32.4
	24	71.2	28.0	75.4	28.4	79.6	28.8	83.6	29.3	87.3	30.0
50	16	113.2	42.3	120.0	43.1	126.8	43.7	133.4	44.6	139.3	45.6
	18	106.9	40.3	113.3	41.0	119.8	41.6	125.9	42.4	131.6	43.4
	20	100.7	38.1	106.7	38.7	112.7	39.4	118.5	40.2	123.8	41.2
	22	94.4	36.1	100.1	36.7	105.7	37.2	111.1	38.0	116.1	38.9
	24	88.2	34.0	93.4	34.6	98.7	35.1	103.8	35.7	108.4	36.6
55	16	130.5	48.6	138.5	49.1	146.4	50.0	154.0	51.1	161.0	52.2
	18	124.2	46.6	131.8	47.1	139.3	47.9	146.6	48.9	153.2	50.0
	20	118.0	44.4	125.1	45.0	132.2	45.7	139.1	46.7	145.4	47.8
	22	111.7	42.2	118.4	42.8	125.2	43.6	131.6	44.5	137.6	45.5
	24	105.4	40.1	111.7	40.8	118.1	41.4	124.2	42.2	129.8	43.2

注：计算条件：加热管公称外径为 20mm、填充层厚度为 50mm、聚苯乙烯泡沫塑料绝热层厚度 20mm、供回水温差 10℃。

附录 25（4）　PE-X 管单位地面面积的有效热量 q_x 和向下传热损失 q_d　（单位：W/m²）

地面层为地毯，面层热阻 $R=0.15\text{m}^2\cdot\text{K/W}$

平均水温	室内空气温度	加热管间距/mm									
		300		250		200		150		100	
℃	℃	q_x	q_d	q_x	q_d	q_x	q_d	q_x	q_d	q_x	q_d
35	16	53.8	25.0	56.2	25.4	58.6	25.7	60.9	26.2	62.9	26.8
	18	48.6	22.8	50.8	23.2	52.9	23.5	54.9	23.9	56.8	24.3
	20	43.4	20.6	45.3	20.9	47.2	21.2	49.0	21.7	50.7	22.1
	22	38.2	18.4	39.9	18.7	41.6	19.0	43.2	19.3	44.6	19.8
	24	33.2	16.2	34.6	16.4	36.0	16.7	37.4	17.0	38.6	17.4
40	16	68.0	31.0	71.1	31.6	74.2	32.1	77.1	32.7	79.7	33.3
	18	62.7	28.9	65.6	29.3	68.4	29.8	71.1	30.4	73.5	31.0
	20	57.5	26.7	60.1	27.1	62.7	27.6	65.1	28.1	67.3	28.7
	22	52.3	24.6	54.6	24.9	57.0	25.3	59.2	25.9	61.2	26.4
	24	47.1	22.3	49.2	22.7	51.3	23.1	53.3	23.5	55.0	23.9
45	16	82.4	37.3	86.2	37.9	90.0	38.5	93.5	39.2	96.8	40.0
	18	77.1	35.1	80.7	35.7	84.2	36.3	87.7	37.0	90.5	37.6
	20	71.8	33.0	75.1	35.5	78.4	34.0	81.5	34.7	84.3	35.5
	22	66.5	30.7	69.6	31.2	72.6	31.8	75.4	32.4	78.0	32.9
	24	61.3	28.6	64.1	29.1	66.8	29.5	69.4	30.1	71.8	30.8
50	16	97.0	43.4	101.5	44.2	106.0	44.9	110.2	45.7	114.1	46.7
	18	91.6	41.4	95.9	42.0	100.1	42.7	104.1	43.5	107.8	44.5
	20	86.3	39.2	90.3	39.8	94.3	40.5	98.0	41.3	101.5	42.1
	22	81.0	37.0	84.7	37.7	88.5	38.3	92.0	39.0	95.2	39.8
	24	75.7	34.9	79.2	35.3	82.6	36.0	85.9	36.7	88.9	37.4
55	16	111.7	49.7	117.0	50.6	122.2	51.4	127.1	52.4	131.6	53.4
	18	106.3	47.7	111.4	48.4	116.3	49.2	120.9	50.1	125.2	51.2
	20	101.0	45.5	105.7	46.2	110.4	47.0	114.8	47.9	118.9	49.0
	22	95.6	43.3	100.1	43.9	104.5	44.8	108.7	45.6	112.5	46.7
	24	90.3	41.2	94.5	41.8	98.6	42.5	102.6	43.3	106.2	44.2

注：计算条件：加热管公称外径为20mm、填充层厚度为50mm、聚苯乙烯泡沫塑料绝热层厚度20mm、供回水温差10℃。

附录 26（1）　PB 管单位地面面积的有效散热量 q_x 和向下传热损失 q_d　（单位：W/m²）

地面为水泥、瓷砖、磨石或石料，面层热阻 $R=0.02\text{m}^2\cdot\text{K/W}$

平均水温	室内空气温度	供热管道的间距(mm)，q_x—有效散热量，q_d—向下热损失									
		300		250		200		150		100	
℃	℃	q_x	q_d	q_x	q_d	q_x	q_d	q_x	q_d	q_x	q_d
35	16	76.5	21.9	84.3	22.3	92.7	22.9	101.8	23.7	111.1	24.1
	18	68.9	20.1	75.9	20.4	83.5	20.9	91.5	21.7	99.8	22.6
	20	61.4	18.2	67.5	18.7	74.3	19	81.4	19.6	88.6	20.6
	22	53.9	16.5	59.3	16.8	65.1	17.2	71.4	17.5	77.6	18.5
	24	46.6	14.6	51.2	14.8	56.1	15.3	61.4	15.7	66.8	16.4
40	16	97.3	27.1	107.4	27.6	118.5	28.3	130.3	29.2	142.4	30.6
	18	89.6	25.4	98.9	25.9	109.1	26.4	119.9	27.2	130.9	28.6
	20	82	23.5	90.4	24.1	99.6	24.6	109.5	25.2	119.5	26.5
	22	74.4	21.7	82	22.1	90.3	22.7	99.2	23.3	108.2	24.4
	24	66.8	19.9	73.6	20.3	81	20.8	88.9	21.5	96.9	22.4
45	16	118.6	32.4	131.1	33	144.9	33.8	159.6	35.1	174.7	36.6
	18	110.8	30.6	122.5	31.2	135.3	31.9	149	33	163.1	34.6

（续）

平均水温	室内空气温度	供热管道的间距(mm),q_x—有效散热量,q_d—向下热损失									
		300		250		200		150		100	
℃	℃	q_x	q_d	q_x	q_d	q_x	q_d	q_x	q_d	q_x	q_d
45	20	103.1	28.8	113.9	29.4	125.7	30	138.4	31.2	151.4	32.5
	22	95.3	27	105.3	27.5	116.2	28.2	127.9	29.1	139.8	30.5
	24	87.7	25.2	96.7	25.6	106.7	26.3	117.4	27.2	128.3	28.4
50	16	140.3	37.6	155.2	38.4	171.8	39.4	189.5	40.8	207.9	42.7
	18	132.4	35.8	146.5	36.5	162.1	37.5	178.8	38.9	196	40.6
	20	124.6	34	137.8	34.7	152.4	35.7	168.1	36.8	184.2	38.6
	22	116.8	32.2	129.1	32.9	142.7	33.8	157.3	35	172.4	36.6
	24	109	30.5	120.4	31.1	133.1	31.9	146.7	32.9	160.7	34.5
55	16	162.2	42.9	179.7	43.7	199.1	44.9	220	46.5	241.7	48.7
	18	154.3	41.1	170.9	42	189.3	43	209.9	44.4	229.7	46.7
	20	146.4	39.3	162.2	40.1	179.5	41.3	198.3	42.6	217.7	44.7
	22	138.5	37.5	153.4	38.3	169.8	39.5	187.5	40.7	205.8	42.7
	24	130.7	35.8	144.6	36.5	160	37.5	176.7	38.7	193.9	40.6

注：计算条件：加热管公称外径为20mm、填充层厚度为50mm、聚苯乙烯泡沫塑料绝热层厚度20mm、供回水温差10℃。

附录26（2）　**PB管单位地面面积的有效散热量 q_x 和向下传热损失 q_d**　（单位：W/m²）

地面为塑料制品，面层热阻 $R = 0.075\text{m}^2 \cdot \text{K/W}$

平均水温	室内空气温度	供热管道的间距/mm									
		300		250		200		150		100	
℃	℃	q_x	q_d	q_x	q_d	q_x	q_d	q_x	q_d	q_x	q_d
35	16	62	23.2	66.8	23.5	72	23.5	77.2	24.2	82.3	24.8
	18	55.9	21.3	60.3	21.6	64.9	21.6	69.5	22.1	74.2	22.6
	20	49.9	19.3	53.7	19.9	58	19.9	62	20	66.1	20.6
	22	43.9	17.4	47.2	17.9	51	17.9	54.5	17.9	58	18.5
	24	38	15.3	40.8	15.9	44.1	15.9	47.1	15.7	50.1	16.3
40	16	78.5	28.9	84.7	29.6	91.5	29.6	98.1	30.1	104.8	30.9
	18	72.4	27.1	78.1	27.7	84.4	27.7	90.5	27.8	96.5	28.8
	20	66.3	25.1	71.5	25.7	77.2	25.7	82.8	25.8	88.3	26.8
	22	60.2	23.1	64.9	23.7	70.1	23.7	75.1	23.8	80.1	24.5
	24	54.1	21.1	58.3	21.7	63	21.7	67.5	21.5	71.9	22.3
45	16	95.4	34.6	103	35.4	111.4	35.4	119.5	36.1	127.7	37.2
	18	89.2	32.5	96.3	33.4	104.1	33.4	111.7	33.9	119.4	35
	20	83	30.6	89.6	31.5	96.9	31.5	104	31.8	111	32.9
	22	76.9	28.5	82.9	29.5	89.7	29.5	96.2	29.6	102.7	30.8
	24	70.7	26.9	76.3	27.5	82.5	27.5	88.5	27.5	94.4	28.4
50	16	112.5	40.2	121.6	41.2	131.5	41.2	141.3	41.9	151.1	43.4
	18	106.2	38.4	114.8	39.3	124.2	39.3	133.4	40.1	142.6	41.3
	20	100	36.4	108	37.4	116.9	37.4	125.5	38.1	134.2	39.1
	22	93.8	34.5	101.3	35.4	109.6	35.4	117.7	35.8	125.7	37
	24	87.6	32.3	94.6	33.4	102.3	33.4	109.8	33.6	117.4	34.8
55	16	129.8	45.7	140.3	47.1	151.1	47.1	163.4	47.4	174.8	49.6
	18	122.8	46.8	132.9	44	145.1	44	155.9	45.5	166.7	47
	20	117.2	42.1	126.8	42.7	137.2	42.7	147.5	43.7	157.7	45.4
	22	110.9	40.3	120	41	129.8	41	139.5	41.8	149.2	43.4
	24	104.7	38.2	113.2	39.2	122.5	39.2	131.6	39.9	140.7	41.2

注：计算条件：加热管公称外径为20mm、填充层厚度为50mm、聚苯乙烯泡沫塑料绝热层厚度20mm、供回水温差10℃。

附录 26（3） PB 管单位地面面积的有效散热量 q_x 和向下传热损失 q_d （单位：W/m^2）

地面为木地板，面层热阻 $R = 0.10 m^2 \cdot K/W$

平均水温	室内空气温度	供热管道的间距/mm									
		300		250		200		150		100	
℃	℃	q_x	q_d	q_x	q_d	q_x	q_d	q_x	q_d	q_x	q_d
35	16	57.4	23.1	61.5	23.1	65.6	23.9	69.7	24.6	73.7	25.4
	18	51.8	21.4	55.5	21.4	59.2	21.7	62.9	22.4	66.5	23.1
	20	46.2	19.2	49.5	19.2	52.7	19.9	56.1	20.2	59.3	20.9
	22	40.7	17.7	43.5	17.7	46.5	17.5	49.3	18	52.1	18.7
	24	35.2	15.2	37.7	15.2	40.2	15.6	42.7	15.8	45.1	16.4
40	16	72.6	29.3	77.8	29.3	83.1	29.8	88.5	30.6	93.7	31.6
	18	66.9	27.3	71.8	27.3	76.6	27.7	81.5	28.4	86.3	29.4
	20	61.4	24.7	65.8	24.7	70.2	25.6	74.6	26.4	79	27.2
	22	55.8	22.7	59.9	22.7	63.7	23.6	67.8	24.2	71.7	24.9
	24	50.2	20.7	53.8	20.7	57.3	21.3	60.9	21.9	64.5	22.7
45	16	88.2	34.4	94.7	34.4	101.1	35.4	107.6	36.5	114	37.8
	18	82.4	32.4	88.5	32.4	94.5	33.6	100.6	34.6	106.6	35.6
	20	76.7	30.4	82.4	30.4	87.9	31.5	93.6	32.4	99.2	33.5
	22	71.1	28.4	76.3	28.4	81.4	29.4	86.7	30.1	91.8	31.2
	24	65.6	26.4	70.2	26.4	74.9	27.4	79.7	28.1	84.4	29
50	16	103.9	40.1	111.6	40.1	119.2	41.5	127	42.6	134.6	44.3
	18	98.1	38.1	105.4	38.1	112.6	39.3	119.9	40.5	127.1	42
	20	92.4	36.1	99.2	36.1	106	37.4	112.9	38.5	119.6	39.9
	22	86.7	34.2	93	34.2	99.4	35.3	105.8	36.3	112.2	37.6
	24	81	32.2	86.9	32.2	92.8	33.2	98.8	34.2	104.7	35.4
55	16	119.7	45.9	128.6	45.9	137.5	47.3	146.6	48.8	155.5	50.5
	18	114	43.8	122.4	43.8	130.8	45.5	139.5	46.8	148	48.5
	20	108.1	41.9	116.2	41.9	124.2	43.5	132.4	44.5	140.5	46.2
	22	102.3	39.9	110	39.9	117.5	41.5	125.3	42.4	132.9	44.1
	24	96.6	37.9	103.8	37.9	111	39.1	118.2	40.3	125.4	41.7

注：计算条件：加热管公称外径为20mm、填充层厚度为50mm、聚苯乙烯泡沫塑料绝热层厚度20mm、供回水温差10℃。

附录 26（4） PB 管单位地面面积的有效散热量 q_x 和向下传热损失 q_d （单位：W/m^2）

地面铺地毯，面层热阻 $R = 0.15 m^2 \cdot K/W$

平均水温	室内空气温度	供热管道的间距/mm									
		300		250		200		150		100	
℃	℃	q_x	q_d	q_x	q_d	q_x	q_d	q_x	q_d	q_x	q_d
35	16	49.9	23.6	52.8	23.8	55.6	24.4	58.4	25.1	61.1	26.1
	18	45.2	21.3	47.7	21.7	50.2	22.3	52.7	23	55.2	23.7
	20	40.3	19.4	42.6	19.7	44.8	20.1	47.1	20.8	49.3	21.4
	22	35.5	17.4	37.5	17.6	39.5	18.1	41.5	18.6	43.4	19.1
	24	30.8	15.4	32.5	15.5	34.2	15.9	35.9	16.4	37.6	16.9
40	16	63.2	29	66.7	29.7	70.3	30.5	73.9	31.3	77.5	32.4
	18	58.2	27.2	61.6	27.6	64.9	28.5	68.2	29.2	71.4	30.1
	20	53.4	25.2	56.4	25.6	59.4	26.3	62.4	27.1	65.4	27.9
	22	48.6	22.9	51.3	23.4	54	24.2	56.8	24.8	59.4	25.7
	24	43.7	21	46.1	21.4	48.6	21.9	51.1	22.6	53.5	23.3
45	16	76.5	34.4	80.4	35.5	85.3	36.6	89.7	37.6	94	38.9
	18	71.6	32.9	75.6	33.5	79.7	34.6	83.9	35.6	87.9	36.7

（续）

平均水温	室内空气温度	供热管道的间距/mm									
		300		250		200		150		100	
℃	℃	q_x	q_d	q_x	q_d	q_x	q_d	q_x	q_d	q_x	q_d
45	20	66.6	31.2	70.4	31.5	74.3	32.3	78.1	33.4	81.9	34.3
	22	61.8	28.8	65.2	29.4	68.8	30.3	72.3	31.1	75.8	32.1
	24	56.8	26.9	60.1	27.3	63.3	28.1	66.6	28.9	69.8	29.8
50	16	90	40.6	95.2	41.5	100.4	42.6	105.6	44	110.8	45.3
	18	85	38.7	89.9	39.4	94.8	40.7	99.8	41.8	104.6	43.1
	20	80.1	36.6	84.7	37.4	89.3	38.6	94	39.6	98.5	40.9
	22	75.1	34.8	79.4	35.4	83.8	36.3	88.1	37.5	92.4	38.6
	24	70.2	32.5	74.2	33.3	78.3	34.2	82.3	35.3	86.3	36.4
55	16	103.6	46.2	109.6	47.4	115.7	48.7	121.7	50.3	127.7	52.1
	18	98.6	44.8	104.3	45.4	110.1	46.8	115.9	48.1	121.5	49.8
	20	93.6	42.7	99	43.4	104.5	44.7	110	46	115.4	47.5
	22	88.6	40.7	93.8	41.1	98.9	42.5	104.1	43.8	109.3	45.3
	24	83.7	38.3	88.5	39.3	93.4	40.5	98.3	41.7	103.1	43

注：计算条件：加热管公称外径为20mm、填充层厚度为50mm、聚苯乙烯泡沫塑料绝热层厚度20mm、供回水温差10℃。

附录27　塑料管、铝塑复合管的水力计算表（$t=45$℃）

比摩阻 $R/$(Pa/m)	管内径 dn(mm)/管外径 dw(mm)					
	12/16		16/20		20/25	
	流速 $v/$(m/s)	流量 $G/$(kg/h)	流速 $v/$(m/s)	流量 $G/$(kg/h)	流速 $v/$(m/s)	流量 $G/$(kg/h)
11	0.06	23.7	0.08	53.1	0.10	112.5
22	0.10	39.5	0.12	79.6	0.15	168.7
43	0.15	59.2	0.18	119.5	0.22	247.5
65	0.19	75.0	0.23	152.7	0.28	314.9
86	0.22	86.9	0.27	179.2	0.33	371.2
108	0.25	98.7	0.31	205.8	0.37	416.2
129	0.28	110.6	0.34	225.7	0.41	461.2
151	0.31	122.4	0.37	245.6	0.45	506.1
172	0.33	130.3	0.40	265.5	0.48	539.9
194	0.35	138.2	0.43	285.4	0.52	584.9
215	0.38	150.0	0.45	298.7	0.55	618.6
237	0.40	157.9	0.48	318.6	0.58	652.4
258	0.42	165.8	0.50	331.9	0.60	674.9
280	0.44	173.7	0.52	345.1	0.63	708.6
301	0.45	177.7	0.55	365.0	0.66	742.3
323	0.47	185.6	0.57	378.3	0.68	764.8
344	0.49	193.5	0.59	391.6	0.71	798.6
366	0.51	201.4	0.61	404.9	0.73	821.1
387	0.52	205.3	0.63	418.1	0.76	854.8
409	0.54	213.2	0.65	431.4	0.78	877.3
430	0.56	221.1	0.67	444.7	0.80	899.8
452	0.57	225.1	0.69	458.0	0.82	922.3
473	0.59	233.0	0.70	464.6	0.84	944.8
495	0.60	236.9	0.72	477.9	0.87	978.5
517	0.61	240.8	0.74	491.1	0.89	1001.0

（续）

比摩阻 $R/(\text{Pa/m})$	管内径 $dn(\text{mm})$/管外径 $dw(\text{mm})$					
	12/16		16/20		20/25	
	流速 $v/(\text{m/s})$	流量 $G/(\text{kg/h})$	流速 $v/(\text{m/s})$	流量 $G/(\text{kg/h})$	流速 $v/(\text{m/s})$	流量 $G/(\text{kg/h})$
538	0.63	248.7	0.75	497.8	0.91	1023.5
560	0.64	252.7	0.77	511.1	0.93	1046.0
581	0.66	260.6	0.79	524.3	0.94	1057.3
603	0.67	264.5	0.80	531.0	0.96	1079.8
624	0.68	268.5	0.82	544.2	0.98	1102.3
646	0.70	276.4	0.83	550.9	1.00	1124.8
667	0.71	280.3	0.85	564.2	1.02	1147.3
689	0.72	284.3	0.86	570.8	1.04	1169.8
710	0.73	288.2	0.88	584.1	1.05	1181.0
732	0.75	296.1	0.89	590.7	1.07	1203.5
753	0.76	300.1	0.91	604.0	1.09	1226.0
775	0.77	304.0	0.92	610.6	1.11	1248.5
796	0.78	308.0	0.94	623.9	1.12	1259.7
818	0.79	311.9	0.95	630.5	1.14	1282.2
839	0.80	315.9	0.96	637.2	1.15	1293.5
861	0.82	323.8	0.98	650.4	1.17	1316.0
882	0.83	327.7	0.99	657.1	1.19	1338.5
910	0.84	331.7	1.00	663.7	1.20	1349.7
925	0.85	335.6	1.02	677.0	1.22	1372.2
947	0.86	339.6	1.03	683.6	1.23	1383.5
968	0.87	343.5	1.04	690.3	1.25	1405.9
990	0.88	347.5	1.06	703.5	1.26	1417.2
1011	0.89	351.4	1.07	710.2	1.28	1439.7
1033	0.90	355.3	1.08	716.8	1.29	1450.9
1055	0.91	359.3	1.09	723.4	1.31	1473.4
1076	0.92	363.2	1.10	730.1	1.32	1484.7
1119	0.94	371.1	1.13	750.0	1.35	1518.4
1162	0.96	379.0	1.15	763.3	1.38	1552.2
1205	0.98	386.9	1.17	776.5	1.41	1585.9
1248	1.00	394.8	1.20	796.4	1.43	1608.4
1291	1.02	402.7	1.22	809.7	1.46	1642.1
1334	1.04	410.6	1.24	823.0	1.48	1664.6
1377	1.06	418.5	1.26	836.3	1.51	1698.4
1420	1.08	426.4	1.28	849.5	1.54	1732.1
1505	1.09	430.4	1.31	869.5	1.56	1754.6
1506	1.11	438.3	1.33	882.7	1.59	1788.4
1549	1.13	446.2	1.35	896.0	1.61	1810.9
1593	1.14	450.1	1.37	909.3	1.63	1833.4
1636	1.16	458.0	1.39	922.6	1.66	1867.1
1679	1.18	465.9	1.41	935.8	1.68	1889.6
1722	1.19	469.8	1.43	949.1	1.7	1912.1
1756	1.21	477.7	1.45	962.4	1.73	1945.8
1808	1.23	485.6	1.46	969.0	1.75	1968.3
1851	1.24	489.6	1.48	982.3	1.77	1990.8

附录 28　风管局部阻力系数

序号	名称	图形	局部阻力系数 ζ（按图内所示速度 v 计算）

1　直管出口　　1.05

2　直管进口　

部位	b/D_0								
	0.0	0.002	0.005	0.01	0.02	0.05	0.1	0.2	0.5
进口	0.5	0.57	0.63	0.68	0.73	0.80	0.86	0.92	1.0

3　喇叭管进口　

进口条件	r/D_0								
	0	0.01	0.02	0.03	0.04	0.05	0.06	0.08	0.12
无壁面	1.0	0.87	0.74	0.61	0.5	0.4	0.32	0.2	0.1
有壁面	0.5	0.44	0.37	0.31	0.26	0.22	0.19	0.15	0.09

4　孔板进出口　

部位	F_0/F_1								
	0.1	0.2	0.3	0.4	0.5	0.6	0.7	0.8	0.9
进风	57	24	11	5.8	3.5	2.0	1.3	0.8	0.5
出风	57	30	15	9.0	6.2	3.9	2.7	1.9	1.05

5　固定直百叶风口　

部位	F_0/F_1								
	0.2	0.3	0.4	0.5	0.6	0.7	0.8	0.9	1.0
进风	33	13	6.0	3.8	2.2	1.3	0.79	0.52	0.5
出风	33	14	7.0	4.0	3.5	2.6	2.0	1.75	1.05

6　固定斜百叶风口　

部位	F_0/F_1									
	0.1	0.2	0.3	0.4	0.5	0.6	0.7	0.8	0.9	1.0
进风	—	45	17	6.8	4.0	2.3	1.4	0.9	0.6	0.5
出风	—	58	24	13	8.0	5.3	3.7	2.7	2.0	1.5

7　活动百叶风口　　进风 $\zeta=1.4$；出风 $\zeta=3.5$（$F_0/F_1=0.8$）

8　管道侧口出流　　$\zeta=2.5$

9　管道侧口出流　

部位	v_2/v_1					
	0.4	0.5	0.6	0.8	1	>1.2
直流（v_1）	0.06	0.01	-0.03	-0.06	-0.03	—

部位	v_0/v_1					
	0.4	0.8	1.0	1.2	1.6	2.0
分流（v_0）	1.8	1.7	1.8	1.9	2.3	3.0

10　渐缩喷口　

d/D	0.5	0.7	1.0
ζ	17	4.4	1.05

11　渐扩出口　

F_0/F_1	α			
	10°	20°	30°	40°
0.7	0.64	0.72	0.79	0.86
0.6	0.55	0.64	0.74	0.83
0.5	0.48	0.58	0.70	0.79
0.4	0.40	0.53	0.65	0.76
0.3	0.34	0.48	0.62	0.73

（续）

序号	名称	图形	局部阻力系数 ζ（按图内所示速度 v 计算）								

| 12 | 散流器（盘式） | | H/d | | 0.2 | | 0.4 | | 0.6~1.0 | | |
| | | | ζ | | 3.4 | | 1.4 | | 1.05 | | |

| 13 | 散流器 | | 1.0 | | | | | | | | |

14 送风孔板

开孔率 = 孔面积/(a×b)

v—面风速

v	开孔率		
	0.2	0.4	0.6
0.5	30	6.0	2.3
1.0	33	6.8	2.7
1.5	36	7.4	3.0
2.0	39	7.8	3.2
2.5	40	8.3	3.4
3.0	41	8.6	3.7

15 圆形风道内蝶阀

α	10°	15°	20°	30°	40°	45°	50°	60°	70°
ζ	0.52	0.95	1.54	3.80	10.8	20	35	118	751

16 矩形风道内四平行叶片阀

α	0°	10°	15°	20°	30°	40°	45°	50°	60°	70°	75°
ζ	0.83	0.93	1.05	1.35	2.57	5.19	7.08	10.4	23.9	70.2	144

17 矩形风道对开式阀

n—叶片数

nb/2(a+b)	α								
	0°	10°	20°	30°	40°	50°	60°	70°	80°
0.3	0.52	0.85	2.1	4.1	9.0	21	73	284	807
0.4	0.52	0.92	2.2	5.0	11	28	100	332	915
0.5	0.52	1.0	2.3	5.4	13	33	122	377	1045
0.6	0.52	1.0	2.3	6.0	14	38	148	411	1121
0.8	0.52	1.1	2.4	6.6	18	54	188	495	1299
1.0	0.52	1.2	2.7	7.3	21	65	245	547	1521
1.5	0.52	1.4	3.2	9.0	28	107	361	677	1654

18 插板阀

管道类型	h/H(h/D)									
	0.1	0.2	0.3	0.4	0.5	0.6	0.7	0.8	0.9	1.0
圆管	97.8	35	10.0	4.6	2.06	0.98	0.44	0.17	0.06	0
矩形管	193	44.5	17.8	8.12	4.0	2.1	0.95	0.39	0.09	0

19 突缩管

管道变化	f/F									
	0	0.1	0.2	0.3	0.4	0.5	0.6	0.7	0.8	0.9	1.0
突缩	0.5	0.47	0.42	0.38	0.34	0.3	0.25	0.20	0.15	0.09	0

20 突扩管

管道变化	f/F									
	0	0.1	0.2	0.3	0.4	0.5	0.6	0.7	0.8	0.9	1.0
突扩	1.0	0.81	0.64	0.49	0.36	0.25	0.16	0.09	0.04	0.01	0

21 渐扩管（圆形）

$$l = \frac{D-d}{2\tan\frac{\alpha}{2}}$$

F_1/F_0	α					
	10°	15°	20°	25°	30°	45°
1.25	0.01	0.02	0.03	0.04	0.05	0.06
1.5	0.02	0.03	0.05	0.08	0.11	0.13
1.75	0.03	0.05	0.07	0.11	0.15	0.20
2.0	0.04	0.06	0.10	0.15	0.21	0.27
2.25	0.05	0.08	0.13	0.19	0.27	0.34
2.5	0.06	0.1	0.15	0.23	0.32	0.40

（续）

序号	名称	图形	局部阻力系数 ζ（按图内所示速度 v 计算）					

序号 22 渐扩管（矩形）

F_1/F_0	α				
	10°	15°	20°	25°	30°
1.25	0.02	0.03	0.05	0.06	0.07
1.5	0.03	0.06	0.10	0.12	0.13
1.75	0.05	0.09	0.14	0.17	0.19
2.0	0.06	0.13	0.20	0.23	0.26
2.25	0.08	0.16	0.26	0.30	0.33
2.5	0.09	0.19	0.30	0.36	0.39

序号 23 渐缩管

$$\zeta = 0.1\,(\alpha \leqslant 45°)\ (\text{矩形})$$

$$\zeta = 0.47\sqrt{\frac{\tan\alpha}{2}}\left(\frac{F_1}{F_0}\right)^2\ (\text{圆形})$$

序号 24 变断面短管

$$\alpha < 14°\quad \zeta = 0.15$$

序号 25 直角弯头（变截面）

h/b_0	b_1/b_0						
	0.6	0.8	1.0	1.2	1.4	1.6	2.0
0.25	1.76	1.43	1.24	1.14	1.09	1.06	1.06
1.0	1.70	1.36	1.15	1.02	0.95	0.90	0.84
4.0	1.46	1.10	0.9	0.81	0.76	0.72	0.66

序号 26 90°弯头 $\dfrac{r_0}{b_0}=1;\ \dfrac{h}{b_0}=2.4$

r_1/b_0	b_1/b_0						
	0.4	0.6	0.8	1.0	1.2	1.4	1.6
0	0.38	0.29	0.22	0.18	0.20	0.30	0.50
1.0	0.38	0.29	0.26	0.25	0.28	0.35	0.44
2.0	0.49	0.33	0.20	0.13	0.14	0.22	0.34

序号 27 矩形 90°弯头

b/h	R/b			
	0.75	1.0	1.25	1.5
0.5	0.40	0.26	0.19	0.13
1.0	0.47	0.29	0.21	0.14
1.5	0.52	0.31	0.22	0.15
2.0	0.55	0.34	0.24	0.16
2.5	0.57	0.36	0.25	0.17

序号 28 带导流片 90°弯头（方形）

α	35°	37°	39°	41°	43°	45°	47°	51°	55°
ζ	0.45	0.36	0.29	0.22	0.17	0.13	0.11	0.12	0.14

序号 29 带导流片 90°弯头（矩形） 同上，按矩形管高（h）宽（b）比对 28 项的 ζ 值进行修正

h/b	1.0	1.5	2	3	4	5	6	8
修正系数 C	1.0	0.7	0.5	0.39	0.35	0.34	0.34	0.34

（续）

序号	名称	图形	局部阻力系数 ζ（按图内所示速度 v 计算）									

序号 30 圆管弯头

α	R/d		
	0.75	1.0	2.0
30°	0.23	0.12	0.07
45°	0.32	0.16	0.09
60°	0.39	0.19	0.12
90°	0.50	0.25	0.15

序号 31 乙字弯（矩形） 管宽 = $2b_0$

l/b_0	0	0.4	0.6	0.8	1.0	1.2	1.4	1.6	1.8	2.0
ζ	0	0.62	0.89	1.61	2.63	3.6	4.0	4.2	4.2	4.18
l/b_0	2.4	2.8	3.2	4.0	5.0	6.0	7.0	8.0	10.0	∞
ζ	3.8	3.3	3.2	3.1	3.0	2.8	2.7	2.5	2.4	2.3

序号 32 合流三通

α = 30°

L_2/L	旁通,F_2/F_1					直通,F_2/F_1				
	0.2	0.4	0.6	0.8	1.0	0.2	0.4	0.6	0.8	1.0
0.1	-2.0	-9.86	-22.0	-382	-50.9	0.10	0.16	0.21	0.25	0.30
0.2	0.33	-1.11	-3.32	-6.28	-9.62	-0.03	0.17	0.25	0.30	0.34
0.3	0.65	0.16	-0.53	-1.48	-2.55	-0.59	0.05	0.22	0.30	0.35
0.4	0.73	0.50	0.22	-0.15	-0.55	-1.95	-0.39	0.03	0.21	0.31
0.5	0.75	0.60	0.46	0.29	0.13	-5.11	-1.48	-0.49	-0.08	0.13
0.6	0.76	0.63	0.54	0.45	0.39	-12.6	-4.18	-1.85	-0.89	-0.38
0.7	0.75	0.63	0.56	0.50	0.46	-32.2	-11.6	-5.70	-3.23	-1.93

α = 45°

L_2/L	旁通,F_2/F_1					直通,F_2/F_1				
	0.2	0.4	0.6	0.8	1.0	0.2	0.4	0.6	0.8	1.0
0.1	-1.97	-9.8	-21.9	-38.0	-50.7	0.12	0.17	0.21	0.26	0.3
0.2	0.38	-1.02	-3.2	-6.14	-9.46	0.05	0.21	0.27	0.31	0.35
0.3	0.71	0.26	-0.41	-1.34	-2.39	-0.33	0.15	0.28	0.34	0.38
0.4	0.78	0.59	0.34	-0.01	-0.39	-1.35	-0.13	0.18	0.31	0.38
0.5	0.81	0.69	0.58	0.44	0.29	-3.78	-0.91	-0.16	0.14	0.29
0.6	0.81	0.72	0.66	0.59	0.55	-9.6	-2.91	-1.11	-0.40	-0.03
0.7	0.81	0.72	0.68	0.64	0.62	-25.0	-8.48	-3.91	-2.04	-1.07

α = 60°

L_2/L	旁通,F_2/F_1					直通,F_2/F_1				
	0.2	0.4	0.6	0.8	1.0	0.2	0.4	0.6	0.8	1.0
0.1	-1.9	-9.6	-21.7	-37.3	-50.5	0.14	0.18	0.22	0.26	0.30
0.2	0.45	0.33	-3.04	-5.96	-9.35	0.16	0.26	0.29	0.33	0.36
0.3	0.77	0.37	-0.25	-1.16	-2.18	-0.01	0.29	0.36	0.39	0.42
0.4	0.85	0.71	0.50	0.17	0.18	-0.59	0.19	0.37	0.44	0.47
0.5	0.87	0.81	0.74	0.62	0.50	-2.06	-0.17	0.27	0.43	0.50
0.6	0.88	0.84	0.82	0.77	0.76	-5.72	-1.25	-0.14	0.25	0.44
0.7	0.88	0.84	0.83	0.82	0.83	-15.6	-4.47	-1.57	-0.46	-0.05

（续）

序号	名称	图形	局部阻力系数 ζ（按图内所示速度 v 计算）

33 合流三通

$R = 3b$　$F = F_1$

L_2/L	旁通，F_2/F			直通，F_2/F	
	0.25	0.5	1.0	0.5	1.0
0.1	-0.6	-0.6	-0.6	0.20	0.2
0.2	0.0	-0.2	-0.3	0.2	0.22
0.3	0.40	0.0	-0.1	0.10	0.25
0.4	1.2	0.25	0.0	0.0	0.24
0.5	2.3	0.40	0.01	-0.1	0.2
0.6	3.6	0.70	0.2	-0.2	0.18
0.7	—	1.0	0.3	-0.3	0.15
0.8	—	1.5	0.4	0.4	0.0

34 分流三通

L_2/L	旁通，F_2/F				直通，F_2/F	
	0.25	0.50	0.75	1.0	0.25	1.0
0.1	0.7	0.61	0.65	0.68		
0.2	0.5	0.5	0.55	0.56		
0.3	0.6	0.4	0.40	0.45	—	—
0.4	0.8	0.4	0.35	0.40	0.05	0.03
0.5	1.25	0.5	0.35	0.30	0.15	0.05
0.6	2.0	0.6	0.38	0.29	0.20	0.12
0.7	—	0.8	0.45	0.29	0.30	0.20
0.8	—	1.05	0.58	0.30	0.40	0.29
0.9		1.5	0.75	0.38	0.46	0.35

35 分叉三通

三通类型	F_1/F	
	0.5	1.0
分流	0.304	0.247
合流	0.233	0.072

36 分流三通

适于直通时：$F = F_1 + F_2$
旁通时：$F = F_1$
$F_1 + F_2 > F$
$\dfrac{v_i}{v}$：旁通时为 $\dfrac{v_2}{v}$
直通时为 $\dfrac{v_1}{v}$

$\dfrac{v_i}{v}$	α						
	旁通					直通	
	15°	30°	45°	60°	90°	15°~60°	60°
0.4	0.22	0.36	0.54	0.79	1.57	0.36	0.68
0.5	0.19	0.34	0.50	0.75	1.53	0.25	0.45
0.6	0.15	0.29	0.47	0.72	1.50	0.16	0.28
0.8	0.14	0.28	0.46	0.71	1.49	0.04	0.06
1.0	0.20	0.34	0.52	0.77	1.55	0.0	0.0
1.2	0.33	0.47	0.65	0.90	1.68	0.09	0.09
1.4	0.50	0.64	0.82	1.08	1.85	0.43	0.43
1.6	0.75	0.89	1.07	1.32	2.10	0.89	0.89
1.8	1.06	1.20	1.38	1.63	2.41	2.0	2.0
2.0	1.44	1.58	1.76	2.01	2.79	3.2	3.2
2.2	1.90	2.04	2.22	2.47	3.25	—	—
2.4	2.40	2.56	2.74	3.0	3.8	—	—
2.6	3.08	3.22	3.4	3.65	4.43	—	—

37 倒锥体伞形帽

部位	h/d									
	0.1	0.2	0.3	0.4	0.5	0.6	0.7	0.8	0.9	1.0
进风	2.9	1.9	1.59	1.41	1.33	1.25	1.15	1.10	1.07	1.06
排风	—	2.9	1.90	1.50	1.30	1.20	—	1.10	—	—

（续）

序号	名称	图形	局部阻力系数 ζ（按图内所示速度 v 计算）							
38	伞形罩		形状	α						
				10°	20°	30°	40°	90°	120°	150°
			圆形	0.14	0.07	0.04	0.05	0.11	0.20	0.30
			矩形	0.25	0.13	0.10	0.12	0.19	0.27	0.37
39	风机出口		l/b	B/b		
				1.6	2.2	3.0
			2	0.12	0.28	—
			3	0.07	0.17	0.38
			4	—	0.12	0.25

附录 29 水管单位沿程阻力损失表 （R_1、R_2 分别为 $K=0.2$，$R=0.5$mm 时的比摩阻）

动压 p_d/Pa	水流速度 v/(m/s)		公称管径 DN															
			15	20	25	32	40	50	65	80	100	125	150	200	250	300	350	400
20	0.2	L	0.04	0.07	0.11	0.20	0.26	0.44	0.73	1.03	1.57	2.45	3.53	6.72	10.50	15.00	21.20	26.10
		R_1	68	45	33	23	19	14	10	8	6	5	4	2	2	1	1	1
		R_2	85	56	40	27	23	16	11	9	7	5	4	3	2	2	1	1
45	0.3	L	0.03	0.11	0.17	0.3	0.4	0.66	1.09	1.54	2.35	3.68	5.29	10.1	15.8	22.5	31.9	39.2
		R_1	143	95	69	48	40	29	21	17	13	10	8	5	4	3	3	2
		R_2	183	120	86	59	49	35	25	20	15	11	9	6	4	4	3	3
80	0.4	L	0.03	0.14	0.23	0.4	0.53	0.88	1.45	2.06	3.14	4.9	7.06	13.4	21	29.9	42.5	52.2
		R_1	244	163	111	82	63	49	36	28	22	16	13	9	7	5	4	4
		R_2	319	209	150	102	85	60	43	34	26	20	15	10	8	6	5	4
125	0.5	L	0.1	0.18	0.29	0.5	0.66	1.1	1.81	2.57	3.92	6.13	8.82	16.8	26.3	37.4	53.1	65.3
		R_1	371	248	180	125	101	75	54	43	33	25	20	13	10	8	7	6
		R_2	492	323	231	158	131	93	67	53	40	30	24	16	12	10	8	7
180	0.6	L	0.12	0.21	0.34	0.6	0.79	1.32	2.18	3.09	4.7	7.35	10.6	20.2	31.6	44.9	63.7	78.3
		R_1	525	351	255	176	147	106	77	61	47	35	28	19	14	11	9	8
		R_2	702	460	330	225	187	132	95	76	57	43	34	22	17	14	11	10
245	0.7	L	0.14	0.25	0.4	0.7	0.92	1.54	2.54	3.6	5.49	8.58	12.4	23.5	36.8	52.4	74.3	91.4
		R_1	705	471	343	237	193	142	103	82	63	48	38	25	19	15	12	11
		R_2	948	622	446	304	253	179	129	102	73	58	46	30	23	18	15	13
319	0.8	L	0.16	0.28	0.45	0.8	1.05	1.76	2.9	4.12	6.27	9.8	14.1	26.9	42.1	59.9	84.9	104.4
		R_1	911	609	443	306	256	183	133	106	81	61	49	33	25	20	16	14
		R_2	1232	808	580	395	328	233	167	133	101	75	60	40	30	24	19	17
404	0.9	L	0.18	0.32	0.51	0.9	1.19	1.98	3.26	4.63	7.06	11	15.9	30.2	47.3	67.4	95.6	117
		R_1	1142	764	555	384	321	230	167	134	102	77	61	41	31	25	20	18
		R_2	1553	1019	731	498	414	293	210	167	127	95	75	50	37	30	24	21
499	1.0	L	0.19	0.35	0.57	1	1.32	220	3.63	5.14	7.84	12.3	17.6	33.6	52.6	74.9	106	131
		R_1	1400	936	681	471	394	282	205	164	125	95	75	50	38	31	25	22
		R_2	1912	1254	900	613	509	361	259	206	156	117	92	61	46	37	30	26
604	1.1	L	0.21	0.39	0.63	1.1	1.45	2.42	3.99	5.66	8.62	13.5	19.4	37	57.9	82.3	117	144
		R_1	1685	1126	819	566	473	339	246	197	151	114	90	61	46	37	30	26
		R_2	2307	1513	1086	739	614	435	313	248	188	141	112	74	56	44	36	31

（续）

动压 p_d/Pa	水流速度 v/(m/s)		公称管径 DN														
			15	20	25	32	40	50	65	80	100	125	150	200	250	300	350	400
719	1.2	L	0.23	0.42	0.69	1.2	1.53	2.64	4.35	6.17	9.41	14.7	21.2	40.3	63.1	89.8	127	157
		R_1	1995	1334	970	671	561	402	292	233	179	135	107	72	54	44	35	31
		R_2	2739	1797	1289	878	729	517	371	295	224	163	132	88	66	953	42	37
844	1.3	L	0.25	0.46	0.74	1.3	1.71	2.86	4.71	6.69	10.2	15.9	22.9	43.7	68.4	97.3	138	170
		R_1	2331	1559	1134	784	655	470	341	273	209	157	125	84	63	51	41	36
		R_2	3208	2105	1510	1029	854	605	435	345	262	196	155	103	77	62	50	44
978	1.4	L	0.27	0.5	0.8	1.4	1.85	3.08	5.08	7.2	11	17.2	24.7	47	73.6	105	149	183
		R_1	2693	1801	1310	906	757	543	394	315	241	182	145	97	73	59	48	42
		R_2	3714	2437	1748	1191	989	701	503	400	304	227	180	119	90	72	58	51
1123	1.5	L	0.29	0.53	0.86	1.5	1.98	3.3	5.44	7.72	11.8	18.4	26.5	50.4	78.9	112	159	196
		R_1	3082	2061	1499	1036	867	621	451	361	276	208	166	111	84	67	54	48
		R_2	4258	2793	2004	1365	1134	803	577	458	348	260	206	136	103	82	66	58
1278	1.6	L	0.31	0.57	0.91	1.6	2.11	3.52	5.8	8.23	12.5	19.6	28.2	53.8	84.2	120	170	209
		R_1	3496	2338	1701	1176	983	705	512	409	313	236	188	126	95	77	62	54
		R_2	4838	3174	2277	1551	1289	913	656	521	395	296	234	155	117	93	75	66
1442	1.7	L	0.33	0.6	0.97	1.7	2.24	3.74	6.16	3.74	13.3	20.8	30	57.1	89.4	127	180	222
		R_1	3937	2633	1915	1324	1107	794	576	461	353	266	212	142	107	86	70	61
		R_2	5456	3579	2568	1749	1453	1029	739	587	446	334	264	175	132	105	85	74
1617	1.8	L	0.35	0.64	1.03	1.8	2.37	3.96	6.53	9.26	14.1	22.1	31.8	60.5	94.7	135	191	235
		R_1	4404	2945	2142	1481	1238	888	644	515	394	298	237	158	120	96	78	69
		R_2	6110	4009	2876	1959	1627	1153	828	658	499	374	295	196	147	118	95	83
1802	1.9	L	0.37	0.67	1.09	1.9	2.5	4.18	6.89	9.77	14.9	23.3	33.5	63.8	99.9	142	201	248
		R_1	4896	3274	2382	1647	1377	987	717	573	439	331	263	176	133	107	87	76
		R_2	6802	4462	3202	2181	1812	1284	922	732	556	416	329	218	164	131	105	93
1996	2	L	0.39	0.71	1.14	2	2.64	4.4	7.25	10.3	15.7	24.5	35.3	67.2	105	150	212	261
		R_1	5415	3621	2634	1821	1523	1092	793	634	485	366	291	195	148	119	96	84
		R_2	7531	4940	3545	2415	2006	1421	1021	811	615	461	364	241	182	145	117	103
2201	2.1	L	0.41	0.74	1.2	2.1	2.77	4.62	7.61	10.8	16.5	25.7	37	70.6	110	157	223	274
		R_1	5960	3985	2899	2004	1676	1202	872	698	534	403	320	214	162	131	105	93
		R_2	8297	5443	3905	2660	2210	1566	1124	893	678	508	401	266	200	160	129	113
2416	2.2	L	0.43	0.78	1.26	2.2	2.9	4.85	7.98	11.3	17.3	27	38.8	73.9	116	165	234	287
		R_1	6531	4367	3177	2196	1837	1317	956	765	585	441	351	235	178	143	115	102
		R_2	9099	5969	4283	2918	2423	1717	1233	979	744	557	440	292	219	176	141	124
2640	2.3	L	0.45	0.81	1.31	2.3	3.03	5.07	8.34	11.8	18	28.2	40.6	77.3	121	172	244	300
		R_1	7128	4766	3468	2397	2005	1437	1043	835	639	482	383	256	194	156	126	111
		R_2	9939	6520	4678	3187	2647	1875	1347	1070	812	608	481	318	240	192	154	135
2875	2.4	L	0.47	0.85	1.37	2.4	3.16	5.29	8.7	12.4	18.8	29.4	42.3	80.6	126	180	255	313
		R_1	7751	5183	3771	2607	2180	1563	1135	907	694	524	417	279	211	170	137	121
		R_2	10816	7096	5091	3468	2881	2041	1466	1164	884	662	523	347	261	209	168	147
3119	2.5	L	0.49	0.89	1.43	2.51	3.29	5.51	9.06	12.9	19.6	30.6	44.1	84	131	187	265	326
		R_1	8400	5617	4087	2825	2363	1694	1230	984	753	568	452	302	229	184	149	131
		R_2	11730	7695	5522	3761	3124	2214	1590	1263	959	718	567	376	283	226	182	160
3374	2.6	L	0.51	0.92	1.49	2.61	3.43	5.73	9.43	13.4	20.4	31.9	45.9	87.3	137	195	276	339
		R_1	9075	6069	4415	3052	2553	1830	1329	1063	813	614	488	327	247	199	161	141
		R_2	12681	8319	5969	4066	3377	2393	1719	1365	1036	776	613	406	306	245	196	173
3639	2.7	L	0.53	0.96	1.54	2.71	3.56	5.95	9.79	13.9	21.2	33.1	47.6	90.7	142	202	287	352
		R_1	9776	6538	4756	3288	2750	1972	1431	1145	876	661	526	352	266	214	173	152
		R_2	13669	8968	6434	4383	3641	2580	1853	1471	1117	836	661	438	330	264	212	186

（续）

动压 p_d/Pa	水流速度 v/(m/s)		公称管径 DN															
			15	20	25	32	40	50	65	80	100	125	150	200	250	300	350	400
3913	2.8	L	0.54	0.99	1.6	2.81	3.69	6.17	10.2	14.4	22	34.3	49.4	94.1	147	210	297	365
		R_1	10504	7024	5110	3533	2955	2118	1538	1230	94.1	710	565	378	286	230	186	164
		R_2	14695	9640	6917	4712	3914	2773	1992	1582	1201	899	711	471	354	284	228	200
4198	2.9	L	0.56	1.03	1.66	2.91	3.82	6.39	10.5	14.9	22.7	35.5	51.2	97.4	153	217	308	378
		R_1	11257	7528	5477	3786	3167	2270	1648	1318	1009	761	605	405	307	247	199	175
		R_2	15757	1033	7417	5052	4197	2973	2136	1696	1288	964	762	505	380	304	244	215
4492	3	L	0.58	1.06	1.71	3.01	3.95	6.61	10.9	15.4	23.5	36.8	52.9	101	158	225	319	392
		R_1	12037	8049	5856	4049	3386	2428	1762	1409	1079	814	647	433	328	264	213	188
		R_2	16856	11058	7934	5405	4489	3181	2285	1815	1378	1031	815	540	406	325	261	230

附录 30　初步设计阶段暖通空调专业提资表

1. 暖通空调专业接收建筑专业的资料后，经与其他专业配合，确定本专业设计方案，给各专业提供暖通空调专业资料，见附表 30-1。

附表 30-1　暖通空调专业提供资料（第一时段）

接收专业	内容	深度要求					表达方式			备注
		位置	尺寸	标高	荷载	其他	图	表	文字	
建筑	制冷机房(电制机房或吸收式制冷机房)设备平面布置	●	●				●	●		1. 核算泄漏面积,核对防爆墙等安全设施的设置及烟囱的位置,尺寸 2. 主管道的平面布置影响各专业间的综合
	燃油燃气锅炉房设备平面布置(酒店、供暖、制热热源)	●	●				●			
	排风、排烟、空调、新风机房设备平面布置及风管井、水管井	●	●				●			
	换热站、膨胀水箱间设备平面布置(北方供暖)	●	●				●			
	通风空调系统主风管道平面布置	●		●			●			
	设备吊装孔及运输通道	●	●				●			
	人防口部工艺流程布置是否符合要求(包括进风口部、排风口部)	●		●			●			
	在垫层内埋管的区域和垫层厚度	●	●				●			
	设计说明书(包括:设计说明、消防专篇、人防专篇、环保专篇),配合方案部门制定								●	
结构	制冷机房(电制机房或吸收式制冷机房)设备平面布置	●	●		●		●	●		
	燃油燃气锅炉房设备平面布置	●	●		●		●			
	空调机房荷载要求	●	●		●		●			
	空调设备、水箱设备布置位置、尺寸、重量	●	●				●			
	管道平面布置	●	●	●			●			
	设备吊装孔及运输通道	●		●	●		●			
给排水	用水点(锅炉房、制冷机房、换热站、空调机房等)	●					●	●		
	排水点(锅炉房、制冷机房、换热站、空调机房等)	●					●	●		
	风系统、水系统主要管道敷设路由	●	●	●			●			

（续）

接收专业	内容	深度要求					表达方式			备注
		位置	尺寸	标高	荷载	其他	图	表	文字	
电气	制冷机房（电制冷机房或吸收式制冷机房）、燃油燃气锅炉房、换热房	●					●	●	●	1. 做 BAS 设计需要提供设备控制要求
	空调机房及空调系统、通风机房及通风系统	●					●	●	●	2. 高电压直接启动的制冷机等电压、负荷应特别提示
	防排烟系统	●					●	●	●	3. 复杂工程应提供控制原理图，控制要求说明，联动控制要求等
	其他用电设备	●					●	●	●	
	风系统、水系统主要管道敷设路由	●					●	●	●	

2. 暖通空调专业接收给排水、电气专业资料（第二时段）

暖通空调专业提供资料的同时接收给排水专业资料和电气专业资料，见附表 30-2。

附表 30-2　暖通空调专业接收给排水、电气专业提供资料（第二时段）

提出专业	内容	深度要求				表达方式			备注
		位置	尺寸	标高	荷载	图	表	文字	
给排水	热水供应所需供热量，一次热煤种类和参数要求							●	
	各热水系统的工作制							●	
	给排水专业设备用房对通风、温度有特殊要求的房间、设置气体灭火的区域	●				●		●	
	主要干管敷设路由	●	●	●		●			
	冷却塔标高及冷却要求的水压	●	●	●		●			
电气	变配电室（站）、缆线夹层、柴油发电机房、电气井等功能用房	●				●	●		
	冷冻机房电气控制室	●				●	●		
	主要管线、桥架	●	●	●		●			

附录 31　施工图设计阶段暖通空调专业提资表

1. 暖通空调专业提供资料（第一时段）

暖通空调专业接收建筑专业的资料后，经与其他专业配合，确定本专业设计方案，给各专业提暖通空调专业资料，见附表 31-1。

需注意：一般设备基础为预留混凝土基础，尺寸比设备基座周边尺寸大 100mm，高出地面 100～200mm；水泵基础应根据样本或标准图提供的基础做法预留。水箱、风冷冷水机组等的基础一般为条形基础，宽 250～300mm、高 250～500mm。排水沟的尺寸一般为宽 200mm 深 250mm。

附表 31-1　暖通空调专业提供资料（第一时段）

接收专业	内容	深度要求					表达方式			备注
		位置	尺寸	标高	荷载	其他	图	表	文字	
建筑	制冷机房（电制冷机房或吸收式制冷机房）设备平面布置，排水沟平面布置	●	●	●			●			1. 核算泄爆面积，核对防爆墙等安全设施的设置，核对烟囱、地下车库等通风系统出地面口部的位置
	燃油燃气锅炉房设备平面布置，排水沟平面布置	●	●	●			●			
	换热站设备平面布置，排水沟平面布置	●	●	●			●			
	空调机房、通风机房、膨胀水箱间设备平面布置	●	●	●			●			2. 供暖、空调水系统管径常与给排水专业合用
	分体空调室外机位置、散热器位置	●	●				●			

（续）

接收专业	内容	位置	尺寸	标高	荷载	其他	图	表	文字	备注
		深度要求					表达方式			
建筑	管道平面布置、管井位置	●	●				●			1. 核算泄爆面积,核对防爆墙等安全设施的设置,核对烟囱、地下车库等通风系统出地面口部的位置 2. 供暖、空调水系统管径常与给排水专业合用
	在垫层内埋管的区域和垫层厚度	●	●	●			●			
	墙体预埋件、预留洞	●	●				●			
	设备吊装孔及运输通道	●	●				●			
	人防扩散室方爆破活门、人防进排风口部	●				根据平时通风量确定	●			
	动力管道入户	●	●	●			●			
	管道地沟	●	●	●			●			
	节能计算表(暖通部分)	●	●	●				●		
	室外管线平面布置	●					●			
结构	制冷机房(电制冷机房或吸收式制冷机房)设备平面布置,排水沟平面布置	●	●		●	设备基础平面尺寸、高度、做法运行荷载	●	●		电制冷机、水泵、风机还应给出电机的转速
	燃油燃气锅炉房设备平面布置,排水沟平面布置	●	●		●		●	●		
	换热站设备平面布置,排水沟平面布置	●	●		●		●	●		
	空调机房	●			●		●	●		
	通风、空调、水箱、冷却塔设备的尺寸、位置、重量	●	●	●	●		●	●		
	设备吊装孔及运输通道	●	●		●	荷载包括自重及运转重量	●			
	机房设备检修安装用吊钩(轨)	●	●	●	●	运行方式	●			
	管道吊装荷载	●					●	●		
	管道固定支架推力	●					●	●		
给排水	用水点	●				用水量、用水压力、水质	●			
	排水点	●				排水量	●			
	制冷机房冷冻机台数及运行方式、控制要求、冬季使用要求	●				冷却水循环水量、供回水温度				
	燃油燃气锅炉平面布置、换热站平面布置图	●	●				●		●	
	不能保证给排水专业温度要求房间	●				给排水管道需另作保温、加热措施				
	风系统、水系统管道位置	●				须与给排水专业配合				
	宽度大于800mm的风管	●	●	●			●			
电气	制冷机房(电制冷机房或吸收式制冷机房)	●	●			设备位置、电量、电压、控制方式	●	●	●	1. 做BAS设计需要提供设备控制要求,控制点数 2. 高压电直接启动的制冷机等电压、负荷应特别提示 3. 复杂工程应提供控制原理图,控制要求说明,联动控制要求等 4. 防止暖通设备与电器插座等的安全距离不满足规范要求
	燃油燃气锅炉房	●	●			设备位置、电量、电压、控制方式	●	●	●	
	换热站	●	●			设备位置、电量、电压、控制方式	●	●	●	
	空调机房、新风机房、通风机房	●	●			设备位置、电量、电压、控制方式	●	●	●	
	水箱、气压罐	●	●			设备位置、水位信号、控制方式	●	●	●	
	电动阀、电磁阀	●	●	●		设备位置、电量、电压、控制方式	●	●	●	

（续）

接收专业	内容	深度要求					表达方式			备注
		位置	尺寸	标高	荷载	其他	图	表	文字	
电气	消防防排烟系统	●	●			设备位置、电量、电压、控制方式	●	●	●	1. 做 BAS 设计需要提供设备控制要求，控制点数 2. 高压电直接启动的制冷机等电压、负荷应特别提示 3. 复杂工程应提供控制原理图，控制要求说明，联动控制要求等 4. 防止暖通设备与电器插座等的安全距离不满足规范要求
	变配电机房通风管道布置图	●	●	●			●			
	暖通空调系统自动控制说明、联动控制要求					设备位置、电量、电压、控制方式	●	●	●	
	落地安装设备的布置（散热器、风机盘管等）	●	●				●			
	分体空调机（器）、电散热器等电源要求			●						

注：1. 当采用水环热泵系统时，冷却水侧部分宜由暖通空调专业设计（有的设计院由给排水专业设计空调冷却水系统），或特别提醒给排水专业注意供热运行。

2. 水、暖、电专业应对吊顶面等进行配合，确定风口、温感、烟感、喷洒头的布置原则。

2. 暖通空调专业接收给排水、电气专业提供资料（第二时段）

暖通空调专业提供资料的同时接收给排水专业和电气专业资料，见附表 31-2。

附表 31-2　暖通空调专业接收给排水、电气专业提供资料（第二时段）

提出专业	内容	深度要求					表达方式			备注
		位置	尺寸	标高	荷载	其他	图	表	文字	
给排水	热水供应等所需的供热量					供热量的数值			●	
	各热水系统的工作制					是全天工作还是定时工作			●	
	热媒介质的温度、压力要求、热媒引入点	●				温度、压力的数值和热媒用量			●	
	给排水专业设备用房对通风、温度有特殊要求的房间	●				要求的温湿度参数、通风次数	●		●	
	冷却塔标高及要求的水压	●		●						
	气体灭火的区域	●				泄压口的要求				
	室内给排水干管走向	●	●	●			●			
电气	交配电室、缆线夹层、柴油发电机房、各弱电机房、电气竖井等功能用房	●				空调、环境、进排风量要求	●	●	●	
	冷冻机房电气控制室	●	●	●			●			
	空调、排风机房内控制箱	●	●	●		操作空间要求	●		●	
	电源插座、弱电插座等电器设备布置	●	●	●			●			
	主要管线、桥架敷设路径	●	●	●			●			
	缆线进出建筑物	●	●	●			●	●		

3. 暖通空调专业提供资料（第三时段）

暖通空调专业在设计基本完成时，应将与建筑、结构专业有关的预埋、预留内容提供给建筑与结构专业，见附表 31-3。

附表 31-3　暖通空调专业提供资料（第三时段）

接收专业	内容	深度要求					表达方式			备注
		位置	尺寸	标高	荷载	其他	图	表	文字	
建筑	人防工程预埋件、预留洞	●	●	●						
	墙体预埋件、预留洞	●	●	●						满足人防工程通风要求
	建筑外墙面上的进排风百叶面积及屋面风井的百叶面积	●	●	●						
结构	混凝土墙体、梁、柱预埋件、预留洞	●	●	●	●		●			
	人防工程墙体、楼板预埋件、预留洞	●	●	●			●			

注：施工图设计阶段暖通空调专业第三时段提供给结构专业的资料，不应影响结构安全，或引起结构专业大的修改。

参 考 文 献

[1] 陆亚俊. 暖通空调 [M]. 3版. 北京：中国建筑工业出版社，2015.

[2] 黄翔. 空调工程 [M]. 3版. 北京：机械工业出版社，2017.

[3] 邹平华. 供热工程 [M]. 北京：中国建筑工业出版社，2018.

[4] 王汉青. 通风工程 [M]. 2版. 北京：机械工业出版社，2018.

[5] 赵荣义. 空气调节 [M]. 4版. 北京：机械工业出版社，2009.

[6] 赵文田. 地面辐射供暖设计施工手册 [M]. 北京：中国电力出版社，2014.

[7] 关文吉. 供暖通风空调设计手册 [M]. 北京：中国建材工业出版社，2016.

[8] 钱以明. 简明空调设计手册 [M]. 北京：中国建筑工业出版社，2017.

[9] 陆耀庆. 实用供热空调设计手册 [M]. 2版. 北京：中国建筑工业出版社，2008.

[10] 中华人民共和国住房和城乡建设部. 民用建筑热工设计规范：GB 50176—2016 [S]. 北京：中国建筑工业出版社，2017.

[11] 中华人民共和国住房和城乡建设部. 公共建筑节能设计标准：GB 50189—2015 [S]. 北京：中国建筑工业出版社，2015.

[12] 中华人民共和国住房和城乡建设部. 严寒和寒冷地区居住建筑节能设计标准：JGJ 26—2018 [S]. 北京：中国建筑工业出版社，2018.

[13] 中华人民共和国住房和城乡建设部. 夏热冬冷地区居住建筑节能设计标准：JGJ 134—2010 [S]. 北京：中国建筑工业出版社，2010.

[14] 中华人民共和国住房和城乡建设部. 夏热冬暖地区居住建筑节能设计标准：JGJ 75—2012 [S]. 北京：中国建筑工业出版社，2012.

[15] 中华人民共和国住房和城乡建设部. 温和地区居住建筑节能设计标准：JGJ 475—2019 [S]. 北京：中国建筑工业出版社，2019.

[16] 中华人民共和国住房和城乡建设部. 民用建筑供暖通风与空气调节设计规范：GB 50736—2012 [S]. 北京：中国建筑工业出版社，2012.

[17] 中华人民共和国住房和城乡建设部. 工业建筑供暖通风与空气调节设计规范：GB 50019—2015 [S]. 北京：中国建筑工业出版社，2016.

[18] 中华人民共和国住房和城乡建设部. 辐射供暖供冷技术规程：JGJ 142—2012 [S]. 北京：中国建筑工业出版社，2013.

[19] 中华人民共和国住房和城乡建设部. 公共建筑室内空气质量控制设计标准：JGJ/T 461—2019 [S]. 北京：中国建筑工业出版社，2019.

[20] 中华人民共和国国家卫生健康委员会. 工作场所有害因素职业接触限值　第1部分：化学有害因素：GBZ 2.1—2019 [S]. 北京：中国标准出版社，2019.

[21] 中华人民共和国住房和城乡建设部. 住宅厨房和卫生间排烟（气）道制品：JG/T 194—2018 [S]. 北京：中国标准出版社，1998.

[22] 国家环境保护总局. 饮食业油烟排放标准：GB 18483—2001 [S]. 北京：中国标准出版社，2001.

[23] 中华人民共和国住房和城乡建设部. 住宅排气管道系统工程技术标准：JGJ/T 455—2018 [S]. 北京：中国建筑工业出版社，2019.

[24] 住房和城乡建设部工程质量安全监管司，中国建筑标准设计研究院. 全国民用建筑工程设计技术措施：暖通空调　动力 [M]. 北京：中国计划出版社，2009.

[25] 中华人民共和国建设部. 人民防空地下室设计规范：GB 50038—2005 [S]. 北京：中国计划出版社，2006.

［26］ 中华人民共和国住房和城乡建设部. 建筑设计防火规范（2018 年版）：GB 50016—2014 ［S］. 北京：中国建筑工业出版社，2018.

［27］ 中华人民共和国住房和城乡建设部. 建筑防烟排烟系统技术标准：GB 51251—2017 ［S］. 北京：中国计划出版社，2018.

［28］ 中华人民共和国住房和城乡建设部. 人民防空工程设计防火规范：GB 50098—2009 ［S］. 北京：中国计划出版社，2009.

［29］ 中华人民共和国住房和城乡建设部. 汽车库、修车库、停车场设计防火规范：GB 50067—2014 ［S］. 北京：中国计划出版社，2015.

［30］ 中国建筑标准设计研究院.《建筑防烟排烟系统技术标准》图示：15K606 ［S］. 北京：中国计划出版社，2018.

［31］ 程广振. 热工测量与自动控制 ［M］. 2 版. 北京：中国建筑工业出版社，2013.

［32］ 中华人民共和国住房和城乡建设部. 旅馆建筑设计规范：JGJ 62—2014 ［S］. 北京：中国建筑工业出版社，2015.

［33］ 中国建筑标准设计研究院. 建筑设备管理系统设计与安装：19X201 ［S］. 北京：中国计划出版社，2020.

［34］ 中国建筑标准设计研究院. 民用建筑工程暖通空调及动力施工图设计深度图样：09K601 ［S］. 北京：中国计划出版社，2009.

［35］ 中华人民共和国住房和城乡建设部. 热回收新风机组：GB/T 21087—2020 ［S］. 北京：中国标准出版社，2020.

［36］ 中国建筑材料联合会. 机械通风冷却塔 第 1 部分：中小型开式冷却塔：GB/T 7190.1—2018 ［S］. 北京：中国标准出版社，2019.

［37］ 中华人民共和国住房和城乡建设部. 绿色建筑评价标准：GB/T 50378—2019 ［S］. 北京：中国建筑工业出版社，2019.

［38］ 中华人民共和国住房和城乡建设部. 民用建筑电气设计标准：GB 51348—2019 ［S］. 北京：中国建筑工业出版社，2020.

［39］ 龙恩深. 冷热源工程 ［M］. 3 版. 重庆：重庆大学出版社，2013.

［40］ 中华人民共和国住房和城乡建设部. 锅炉房设计标准：GB 50041—2020 ［S］. 北京：中国计划出版社，2020.

［41］ 中华人民共和国环境保护部. 锅炉大气污染物排放标准：GB 13271—2014 ［S］. 北京：中国环境科学出版社，2014.

［42］ 中南建筑设计院股份有限公司. 建筑工程设计文件编制深度规定 ［M］. 北京：中国建材工业出版社，2017.

［43］ U. S. Green Building Council. LEED Reference Guide for Building Design and Construction：V4 ［S］. Washington D. C. U. S. Green Building Council, 2013.